智能制造与装备制造业转型升级丛书

MACHINE INTELLIGENCE

ARTIFICIAL PSYCHOLOGY

机器智能

人工心理

王志良／著

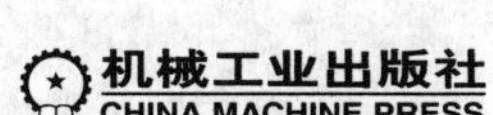

本书是一本较为全面地介绍人工心理的研究方法和相关技术的著作。在对人工心理、人工情感和情感计算的基本概念、主要内容和应用领域进行介绍之后，分别对心理建模、情感建模、人工大脑、人脸识别、人脸合成、表情识别、行为理解、人性化信息服务系统、数字虚拟人技术、个人机器人技术做了详细的介绍，最后对人工心理的未来研究做了展望。

本书适宜于计算机、电子信息、自动化、智能科学、数字娱乐及工业设计的科技人员阅读，也可以作为大专院校相关专业的教师、研究生和高年级本科生的教学参考书。

图书在版编目（CIP）数据

机器智能：人工心理/王志良著. —2版. —北京：机械工业出版社，2017.7
（智能制造与装备制造业转型升级丛书）
ISBN 978-7-111-57267-1

Ⅰ.①机… Ⅱ.①王… Ⅲ.①人工智能-研究 Ⅳ.①TP18

中国版本图书馆CIP数据核字（2017）第148454号

机械工业出版社（北京市百万庄大街22号 邮政编码100037）
策划编辑：罗 莉 责任编辑：罗 莉
责任印制：常天培 责任校对：胡艳萍 李锦莉
北京京丰印刷厂印刷
2017年7月第2版·第1次印刷
184mm×260mm·22.5印张·552千字
0 001—3 000册
标准书号：ISBN 978-7-111-57267-1
定价：99.00元

凡购本书，如有缺页、倒页、脱页，由本社发行部调换

电话服务	网络服务
服务咨询热线：010-88361066	机 工 官 网：www.cmpbook.com
读者购书热线：010-68326294	机 工 官 博：weibo.com/cmp1952
010-88379203	金 书 网：www.golden-book.com
封面无防伪标均为盗版	教育服务网：www.cmpedu.com

前　　言

以人为中心的技术研究已经成为信息学科乃至科学研究的重要发展方向之一。人工智能学科以其独特的魅力吸引着越来越多不同学科研究者投入其中，广义人工智能、人工生命、人工大脑、人工情感、人工免疫和人工心理等多种人工科学的理论方法不断涌现。同时，它带给我们的挑战是要求研究者要具有心理学、脑科学、神经科学、信息科学等多学科知识背景。作者就是在这种新世纪科学技术多学科合作交叉研究的时代特征下，进行人工心理研究并萌生写作本书的想法。

人工心理理论是利用信息科学的手段，对人的心理活动的更全面内容（尤其是情感、意志、性格、创造等）的再一次人工机器（计算机、模型算法等）实现。自1998年提出人工心理的概念以来，作者所领导的课题组一直进行了若干探索性研究，取得了一些研究进展。并整理汇集到本书之中，与读者共享研究成果。

全书共分为9章。第1章主要介绍人工心理的基本概念与研究内容；第2章介绍了人工大脑的基本方法及其前沿研究；第3章叙述了人工情感的基本内容与情感计算方法；第4章介绍了人脸工学的研究内容；第5章对人类行为理解的图像处理技术作以介绍；第6章主要介绍了基于人工心理的个性化商品导购计算机信息系统；第7章介绍了虚拟人技术，主要是对虚拟人的认知心理数字化技术的介绍；第8章论述了以人为服务对象的个人机器人技术；第9章展望了人工心理的未来研究。

全书由王志良执笔统稿。刘欣进行了全稿的校正和修订工作。王国江、刘欢、朱大鹏参与了第2章的研究工作或资料整理；刘冀伟、魏哲华、腾少冬、张琴、车玲玲、祝长生参与了第3章的研究工作或资料整理；徐正光、程宁、刘芳、王丽娟、陆晓娟参与了第4章的研究工作或资料整理；韩洪哲、韩忠涛、王晓伟参与了第5章的研究工作；王莉、马毖、王婷婷、张琴参与了第6章的研究工作或资料整理；赵薇、王娟参与了第7章的研究工作或资料整理；解仑、张雪元、李庆恩参与了第8章的研究工作或资料整理。

这里，首先感谢国家自然科学基金委员会信息学部自动化学科徐孝涵老前辈，没有徐先生独到慧眼、力排众议的创新支持，就没有人工心理概念的提出；感谢国家自然科学基金重点项目（项目编号：No. 61432004）、国家重点研发计划项目（课题编号：No. 2016YFB1001404）的支持；没有国家的支持，就没有人工心理的研究发展。感谢中国人工智能学会涂序彦、钟义信前辈的支持扶植；特别感谢机械工业出版社孙流芳老师、牛新国老师的大力支持，本书才得以出版。

由于作者的水平与对人工心理的研究有限，书中肯定有不少的缺点与疏漏之处，敬请读者继续批评指正。

王志良　于北京科技大学

目　录

第1章 人工心理

在《国家中长期科学和技术发展规划纲要（2006—2020年）》中，指出了信息技术将继续向高性能、低成本、普适计算和智能化等主要方向发展，寻求新的计算与处理方式和物理实现是未来信息技术领域面临的重大挑战。纳米科技、生物技术与认知科学等多学科的交叉融合，将促进基于生物特征的、以图像和自然语言理解为基础的“以人为中心”的信息技术发展，作为信息学科前沿技术要研究个性化的智能机器人和人机交互系统。

在国家科技发展纲要中如此描述信息技术的发展方向，这表明新世纪科学发展的特征是对人的研究、对人与自然和谐相处的研究；其表现是纳米-生物-信息-认知（Nano-Bio-Info-Cognition，NBIC）多学科交叉、多技术融合研究的突起；是数字人（物理机器人与虚拟软件人的总称；数字人与数字社会的关系研究）技术的趋于热门化和普遍化。

以人为本，以人与自然的和谐相处为研究目标，以多学科交叉结合为研究手段，以人工科学为主要研究领域，将是未来若干年科学技术研究的主要特征。

1.1 NBIC会聚技术

2001年12月，美国国家科学基金会和国家科技委员会纳米科学工程与技术分委会，在华盛顿联合发起了一次由科学家、政府官员等各界顶级人物参加的圆桌会议，会议就“提升人类技能的会聚技术”议题进行研讨，首次提出了“NBIC会聚技术”的概念。NBIC会聚技术是指当前四个迅速发展的科学技术领域的协同和融合。这四个领域分别是：纳米技术、生物科学（包括生物制药及基因工程）、信息技术（包括先进计算机与通信）和认知科学（包括认知神经科学），如图1-1所示。与会专家认为：当前，以上四个领域的技术都在迅速发展，每一个领域都潜力巨大，其中任何技术的两两或交叉融合、会聚或者集成，都将产生难以估量的影响。“NBIC会聚技术”代表着研究与开发新的前沿领域，其发展将显著改善人类生命质量，提升和扩展人的技能，这四大前沿技术的融合还将缔造全新的研究思路和全新的经济模式，将大大提高整个社会的创新能力和国家的生产力水平，从而增强国家的竞争力，也将对国家安全提供更强有力的保障。从NBIC会聚技术概念的提出到现在，16年过去了。这此期间，NBIC技术可谓“一日千里”，它所昭示的技术范式变革在各方面都正在成为现实。

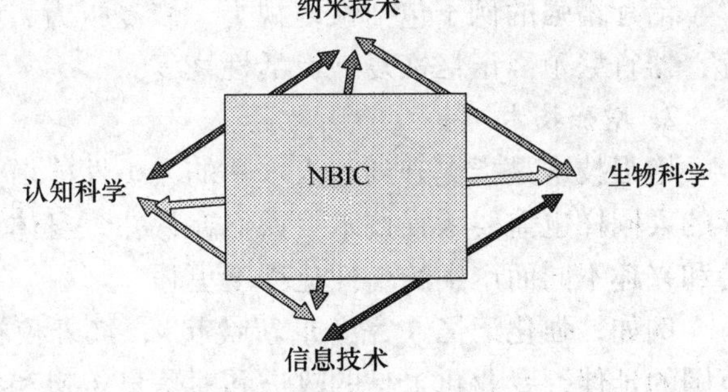

图1-1 NBIC会聚技术

NBIC这四门科学技术其实本身已经是交叉学科，例如认知科学是研究人类感知和思维信息处理过程的科学，包括从感觉的输入到复杂问题求解，从人类个体到人类社会的智能活动，以及人类智能和机器智能的性质。它的研究内容包括知觉、学习、记忆、推理、语言理解、注意、情感和统称为意识的高级心理现象。它涉及生物学、心理学、细胞学、脑科学、遗传学、神经科学、语言学、逻辑学、信息科学、人工智能、数学、人类学等多个领域，是多学科交叉研究发展的领域，也是当今最活跃的研究领域之一。

在美国国家科学基金会主持编写的《提升人类能力的会聚技术》报告中这样提到：纳米、生物、信息、认知四大科学技术具有以下互补关系："如果认知科学家能够想到它，纳米科学家就能够制造它，生物科学家就能够使用它，信息科学家就能够监视和控制它。"

会聚技术为未来的发展提供了巨大的机遇，第一次使人类能够将自然界、人类社会和科学研究理解为几个紧密相连的复杂而又层次分明的系统，在技术成就不断演进的同时，通过技术整合进而提高人类能力。

NBIC 会聚技术给人类描绘了这样一个前景：基于会聚技术的认识和应用，人类大脑的潜力将被激发出来，人的悟性、效率、创造性及准确性将大大提高，人体及感官对外界的突然变化，如事故、疾病等的感知能力变得敏感，人类将可以以原子或分子为起点来诊断和修复自身与世界，帮助老龄人群普遍改善体能与认知功能的衰退，人与人之间产生包括脑与脑交流在内的高效通信手段，社会群体有效地改善合作效能，社会大幅度减少资源与能源的消耗，降低对生态环境的破坏与污染。总之，人类将在纳米的物质层重新认识和改造世界及人类自身。

"NBIC 会聚技术"的发起者曾经达成了这样一个共识——最重要的是要通过纳米技术、生物科学、信息技术、认知科学的融合发展，推翻学科之间的研究和发展壁垒，使得四门技术在融合发展中迸发出足够的潜力。

NBIC（纳米技术、生物科学、信息技术和认知科学）包含人类性能增强技术的三大领域：治疗学（Therapeutic）、增强（Augmentation）技术和计划演进（Designed Evolution）。

1. *治疗学*

治疗学是指为残疾人和人体机能障碍患者恢复其正常人体机能的人类性能增强技术。它的治疗领域主要包括由于疾病、先天缺陷或意外事故引起的残疾或机能缺陷。这个领域已经出现并且会通过纳米技术、生物科学、信息技术和认知科学的发展促进其发展。

治疗增强的例子包括恢复视力，恢复听力，修复肢体，遗传疫苗，低压处理，专业化医疗，器官繁殖，记忆恢复，灵活性恢复。

2. *增强技术*

增强技术是指提升到超人水平的人类性能增强技术。任何一个在人体性能增强中需要治疗的人同样也需要增强技术。人们在认知、身体和其他方面能力的增强都会使自身职业、年龄和兴趣不同而产生的个性化程度更强。

例如，强化记忆（完全重新唤起），红外夜视（安全作业工人），扩大听觉范围，视力范围的延伸，专业化工具的改进和对信息传递和控制的研究（医生、工程师），嵌入式无线通信系统（知识分子），高速度机械结构（运动员），适时力量增强，预防科学和遗传健康改进，多任务感知（项目管理者），个人遗传最优化分析，视觉认知的大容量存储（交易代理商），实时视觉和语音数据的采集，探寻和发现，合成认知接入端口（直接网络链接），触觉虚拟通信接口技术（同声传译）。

3. *计划演进*

计划演进是指人们在受精以前和出生后可以选择进行体外实验的人类增强技术，包括按照伦理和科学方法选择的作为个体和作为群体的人类基因组。计划演进主要包括体外实验引起的记忆力、智力、速度、灵活性及某种行为和身体特质的加强。

应用的最大领域就是体外实验中对不明基因的鉴定，这些不明基因很有可能成为造成官能障碍和引起癌症以及酒精中毒的初级粒子。

例如，增加寿命，最优化免疫防护，人与机械的同步进化，数位管理个性特征，克隆人，抑制恶化的反萎缩肌体，自我补给的骨骼，适时搜寻和消灭细胞内疾病的清道夫。

这些情况和设想对于规划未来发展的进程是完全可能的。思科公司的路由器是以中枢网络的形式运行，它有自己的语言而不同于人类的语言。摩托罗拉公司采用数字 DNA 的形式交流，IBM 的 Waston 是采用认知计算系统的商业人工智能代表，它让世界正变得更健康、更安全、更个性、更富有创造力。Waston 的智能每天都在进步，认知也在持续发展，它正在改变整个世界的工作、决策、创新、学习和思考方式。近日，来自加州大学尔湾分校的研究人员通过大规模、多任务课度学习网络进行“目标”基因表达谱预测，并在预测精度上获得了显著提升，目前，所有的基因发现已经在 IT 业优化应用。事实上，生物信息技术已经成为无硅效应代替传统实验方式的新模式。这项工作证实了 NBIC 模式的兴起。

人们需要新的科学探索模式去揭开与现实生活密不可分的奥秘。人们对大脑和认知科学知之甚少，而这两项内容又对人们了解宇宙至关重要。医生对个体基因交互作用缺乏深刻的了解，所以只能在分子层面上治疗疾病。

在不久之前，科学家才开始迈开解密人类基因密码的第一步，人们仍然一知半解地称之为 DNA。也许需要新的模式去加速地发现。这也就是 NBIC 会聚技术如此令人感兴趣的原因——不是为了它会揭开今天的秘密，而是为了它会在未来创造发现新模式。

人们需要创造另外一种解放思维、开发策略、解决问题的方式，来形成解决方案。总会有一天，造成艾滋病、心血管疾病和癌症盛行的秘密会用诸如 NBIC 系统方法加以解决。在人们前进的过程中，需要对社会责任和个人民主权利保持同样密切的关注，不允许 NBIC 会聚技术和人类性能增强技术被低级的趣味所玷污，也不允许那些滥用技术和压迫个人的公司和企业将其破坏。人类性能增强技术应该是在政府保护下的个人自由选择，而不能受他人支配，它也不是进行压迫或对自由选择进行攻击的工具。不是所有的文化都会接受这样的观念，但是科学和社会的价值观念需要人们通过赞赏和敬意的眼光去展望未来。

NBIC 会聚技术并不会使人类一劳永逸。这说明了更大的效率会产生于思考新的通向科学的系统模式之中。NBIC 会聚技术所提供的创新、策略和解决方案的整合系统将成为人类性能增强技术的催化剂。

NBIC 会聚技术会给我们指出通往更加美好未来的路，在这条路上，通过个体的自由选择，人类将获得更大的生产力和更高质量的生活。

1.2 数字人技术

在 NBIC 会聚技术中，认知科学与信息技术、生物科学的融合就是数字人（Digital Human）技术；数字人是物理机器人与虚拟软件人的总称。

数字人技术的研究分为三个层次：数字人的生理结构；数字人的心理与认知结构；数字人的运动结构。图 1-2 所示为数字人的生理层次研究内容，其中图 a 为数字器官，图 b 为数字头部。

数字人与数字社会的关系研究成为数字人技术的前沿问题，和谐人机交互正在成为信息技术研究的重要领域。数字人技术越来越成为社会发展需要的技术之一。在《国家中长期科学和技术发展规划纲要（2006—2020年）》中，指出了作为信息学科前沿技术要研究个性化的智能机器人和人机交互系统。作为制造业前沿技术要研究智能服务机器人（智能服务机器人是在非结构环境下，为人类提供必要服务的多种高技术集成的智能化装备。以服务机器人和危险作业机器人应用需求为重点，研究设计方法、制造工艺、智能控制和应用系统集成等共性基础技术）。图1-3所示为美国麻省理工学院（Massachusettes Institute of Technology，MIT）研制的社会机器人与情感数字人。

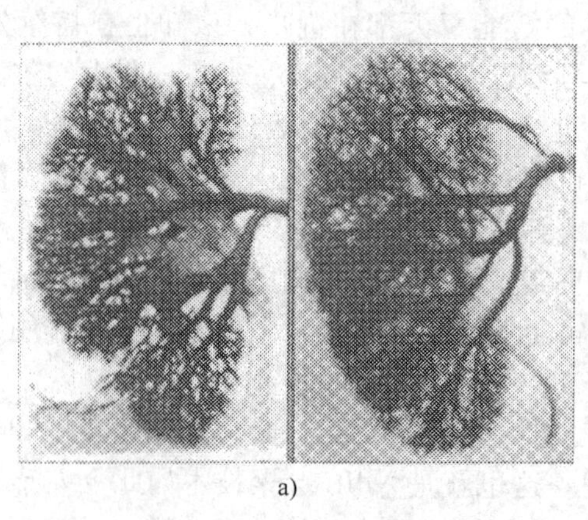

a)

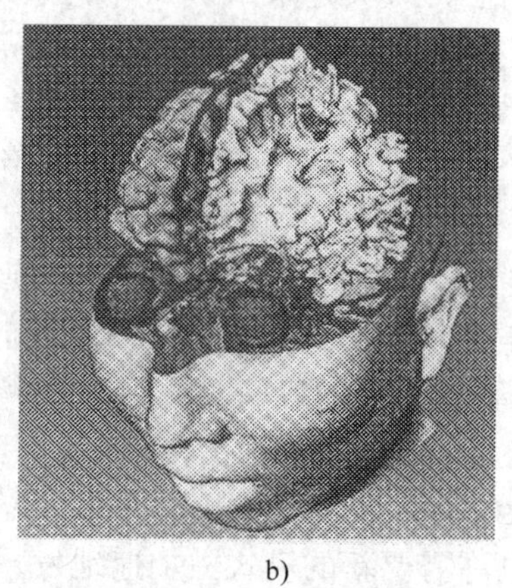

b)

图1-2　数字人的生理层次研究内容

a）数字器官　b）数字头部

a)

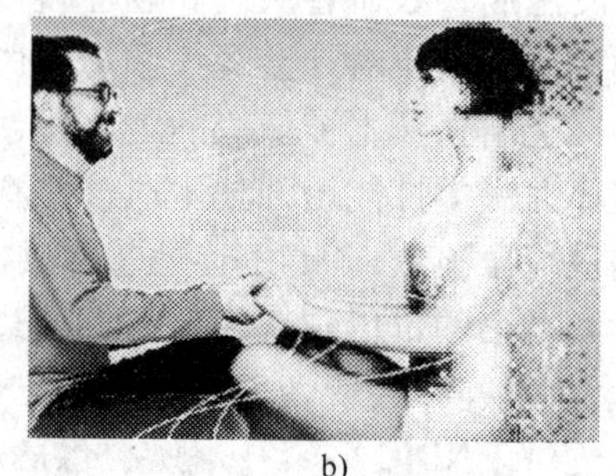

b)

图1-3　社会机器人与情感数字人

a）社会机器人——机器小精灵　b）情感虚拟数字人

进入21世纪（2001年），日本国家工业研究院开展了“数字人技术”国家层面攻关研究计划。其目的是从心理认知、运动行为和生理状态三个层次面上研究人类，在这个基础上研究开发拟人系统和为人类服务的技术。

这个研究计划的内容是：

1. 认知理解人类的技术

研究以构造人类模型的人类机能为基础，建立将所有功能集成化、模型化的软件平台，特别是开展将人类的心理、认知功能模型化的探索性研究。图1-4所示为进行理解人类行为的模拟驾驶行为的虚拟平台。

2. 与人类相伴的技术

在房间和环境周边安装大量的测人传感器，检测感知人类的状态、行为；根据此状态和行为为人类提供相应的服务。主要研究测人传感器技术和人类行为数字化技术。

3. 以人类为本（匹配）的设计技术

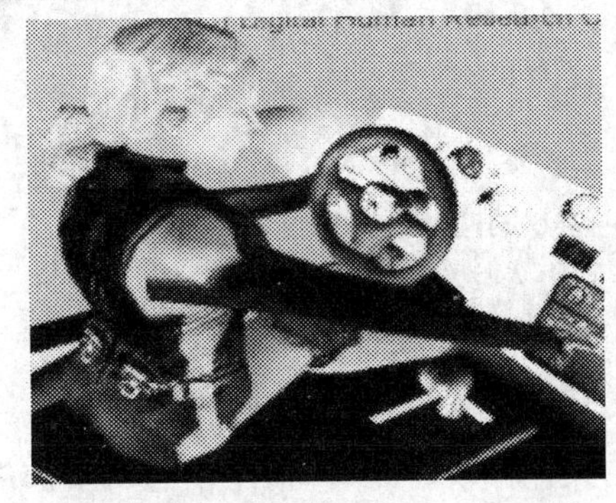

图 1-4　模拟驾驶行为的虚拟平台

研究衣服、眼镜、相机、汽车等人类使用产品制造的易使用、易理解的设计方法，研究计测人体和动作技术和在计算机上虚拟再现模拟使用产品时人的感受的技术，如图 1-5 所示。

4. 人类支援技术

研究支持人类生活和行动的技术和类人机器人技术；特别要研究声音提示技术；重点研究既能够检测和识别人，又能够稳定高速步行的双足个人机器人技术。图 1-6 所示为进行家庭服务的人类支援机器人。

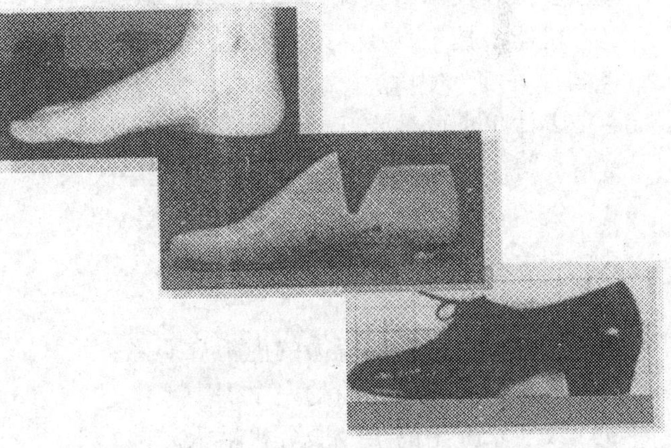

图 1-5　以人为本的设计技术

另外，正在开展的研究项目还有基于三维（3D）人脸的合适匹配眼镜的开发；基于现代女性平均 3D 人体的服装人体的开发等，如图 1-7 所示。

图 1-8 所示为日本研究的家用机器人与个人机器人。个人机器人（P-Robot）、家庭服务机器人和情感机器人正在成为发达国家机器人研究的尖端技术；虚拟软件人正在成为基于网络的信息服务系统和智能用户界面的支撑技术；其中，人工情绪、认知-情绪-意识的关系问题正在成为数字人技术的重要基础理论问题。

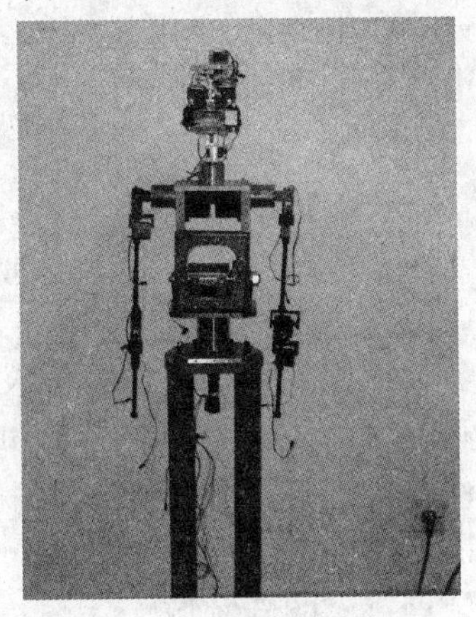

图 1-6　人类支援机器人

这里，我们可以看到，日本已经把引以为豪的机器人技术引申为数字人技术。

信息科学技术发展的重要目标是数字化社会（环境 + 人）。和谐的信息社会必须包括数字化地球和数字化人类两个层次的研究，否则就不是和谐、文明的数字化社会。

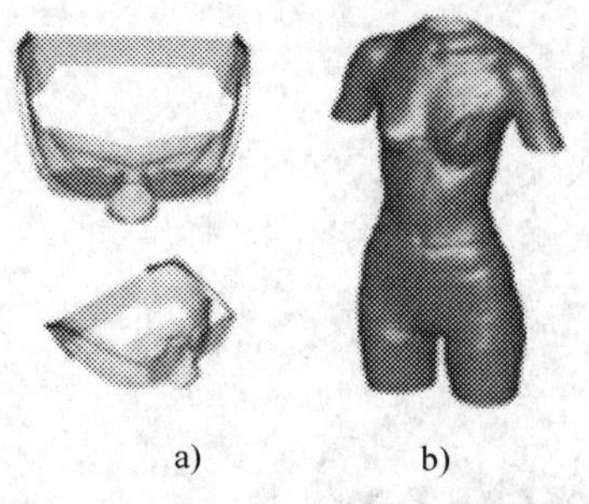

a) b)

图 1-7 基于 3D 的匹配眼镜和服装人体
a）基于 3D 人脸的合适匹配眼镜
b）基于现代女性平均 3D 人体的服装人体

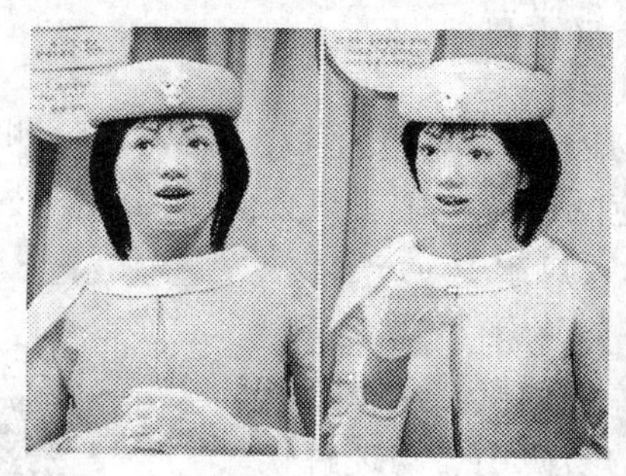

图 1-8 家用机器人与个人机器人

数字人技术是数字自然环境（数字地球、数字中国、数字北京）技术的延伸，是 NBIC 会聚技术的具体体现，是 21 世纪信息科学前沿技术发展的必然。

数字人技术的研究领域主要包括两个方面：

1）虚拟人技术（网络环境 + 多媒体技术）；

2）机器人技术（个人机器人技术；服务机器人技术）。

数字人的研究内容：

1）人体生理的数字化（我国 973 计划研究侧重于医学与生理层次）；

2）人类心理的数字化（认知与心理层次）；

3）人类行为的数字化（运动/机械层次）；

4）和谐人机交互技术与个人机器人技术。

数字人的应用领域：

1）具有智能和情感能力的虚拟志愿者；

2）基于图像智能监控的安全保卫系统；

3）数字家庭中的个人服务机器人；

4）老龄化社会的人性化养老服务事业。

1.3 人工心理相关研究

作为 NBIC 会聚技术分支之一；数字人技术和拟人系统的一个主要科学问题和支撑技术，需要研究人工心理（人工智能、情感和意识的统一作用）问题、人工情绪与认知的关系问题。

在信息科学领域，大家一直把模仿人、模仿人脑、模仿人的智能、模仿人的行为作为重要的研究方向和内容。回顾自动化科学和技术的发展历史，更会感到人们是把脑科学、心理学、神经科学作为神经机械学（拟人控制）、自控理论的源泉，来研究控制策略和算法的。我们也是沿着这条路子，从心理学以及相关领域的学习研究出发，来探索、研究并试图开辟智能学科以及信息科学的新领域。

众所周知，经过几十年的研究，人工智能的研究已经达到了很高的水平。然而，它的研究目的只是在于模拟人的智能，如判断、推理、证明、识别、感知、理解、设计、思考、规划、学习和问题求解等思维活动。研究内容是怎样表示知识、获得知识并使用知识。这在拟人化的研究领域还只是很初步的阶段。因为人的心理活动包括感觉、知觉、记忆、思维、情感、意志、性格、创造等方面。而人工智能仅仅研究了感觉、知觉、记忆、思维等心理活动，对于情感、意志、性格、创造等心理活动根本不涉及，这显然是不够的。因此，利用人工智能已有的基础（研究成果、研究方法），结合心理学、脑科学、神经科学、信息科学、计算机科学、自动化科学的新理论和新方法，对人的心理活动（尤其是情感、意志、性格、创造等）全面进行人工机器模拟，这正是我们研究人工心理理论的基础和目的所在。

1. 人工心理学

人工心理理论就是利用信息科学的手段，对人的心理活动更全面内容的再一次人工机器（计算机、模型算法等）实现。它的应用前景是非常广泛的，如支持开发有情感、意识和智能的机器人；真正意义上的拟人机械研究；使控制理论更接近于人脑的控制模式。我们知道，已有的拟人控制理论主要就是维纳的“反馈”控制论和人工智能，这与人脑的控制模式还有很大差别，因为人脑控制模式是：感觉、知觉+情感决定行为；而现有的控制系统决策不考虑也无法考虑情感的因素。人工心理应用的另一大领域是符合人性化的商品设计和市场开发。毫不夸张地说，人工心理理论是人工智能的高级阶段，是自动化乃至信息科学的全新研究领域。它的研究将会大大促进拟人控制理论、情感机器人、人性化的商品设计和市场开发等方面的进展，为最终营造一个人与人、人与机器和谐的社会环境做出贡献。

虽然没有人提出人工心理的概念，但近几年对它的相关技术研究却正在形成一种趋势，尤其以日本最为先进。自1990年以来，在日本科学技术界流行“感性工学（Kansei Engineering）”的新术语。按照日本人的解释，感性工学是研究情感、感觉、知觉、记忆和思维的总称。为了保持21世纪在信息技术领域的领先地位，在日本通产省和文部省的重点支持下，由日本通产省工业技术院牵头，组织各方面的专家，以“人类媒体（Human Media）”为总题目，自1994~1995年进行了两年时间的调研工作，1996年开始研究，现在已经取得了一些成果。这在1997年名古屋召开的国际人工智能大会和1998年度日本的电子信息类学术刊物上面有所反映。由于这是一个新领域，日本所取得的成果都是初步的，有许多问题急待解决。比如，日本提出的“感性工学”的定义不清楚（现有十多种定义），其研究范围只是对准人类心理活动的一个方面——感性，所以我们提出人工心理的大概念，目的是创立具有普遍意义的用机器模拟人类心理活动的人工心理学。近年来，美国人对脑科学的研究非常重视，1989年美国参众两院通过立法，把1990年1月1日开始的十年确定为“脑的十年”。这标志着脑科学开始了一个蓬勃发展的时期，也取得了不少成果。人类的感觉、运动、学习和记忆、思维、情感和行为等都是脑的功能，也就是说，人的心理是人脑的机能。心理是客观现实在人脑中的反映，脑科学是心理学的自然科学基础，心理学家必须熟习脑结构和机能问题。人工心理学研究者必须将脑科学和心理学作为主要的理论基础。我国在这方面的研究几乎是空白，因为在人工智能领域，用机器模拟人的情感是一个“禁区”。但我们已经认识到，用计算机模拟人的情感是信息科学领域的前沿技术，这在“1999年度（中国）国家高技术研究发展计划纲要新概念新构思课题重点项目指南中的：信息技术——和谐人机环境中的情感计算理论研究”得到体现。可以说，提出人工心理的概念，只是顺应了这一前沿学科的学术研究趋势，也是迫不及待的；同时又是力图使中国在拟人理论和人工智能领域占有一席地位。

综上所述，人工心理理论研究具有前沿科学的特征，既有重大的理论意义，也有着很广泛的应用前景。

2. 人工心理学的基本问题

我们知道，心理学是研究心理现象的发生、发展及其活动规律的一门基础科学。心理是指人的思想、感情等内心活动，是感觉、知觉、记忆、思维、情感、意志、性格、创造等的总称，是人的头脑对客观现实的反映过程。

按照心理学的定义，心理学是研究人的心理现象（或称心理活动）发生、发展规律的科学，具体研究心理过程发生、发展的规律性；研究个性心理形成和发展的过程；研究心理过程与个性心理相互关系的规律性的科学。人的心理活动包括紧密联系的两个方面：心理过程和个性心理。心理过程包括认识过程、情绪情感过程和意志过程三个方面。个性心理（简称个性）包括个性心理倾向性（简称个性倾向性）和个性心理特征两个方面。心理学的研究内容如图 1-9 所示。

应该着重指出的是，心理学一直作为人工智能学科的理论源泉与方法基础，被信息学科的研究人员所重视。人工智能是关于知识的科学，它研究的是知性——理性知识，即心理活动的高级过程（感觉、知觉、记忆、思维），经常使用名词、动词来描述，是较为清晰的。人工心理研究的是情感、意志、性格、创造等心理活动（日本的感性工学着重研究情感），包括低级心理活动，经常使用形容词、副词来描述，更多的是心理的模糊性，人工智能和人工心理的关系如图 1-10 所示。人工心理是人工智能的扩展研究和高级阶段，是以人工智能为基础的，并有着更广泛的内容。两者是相辅相成、互相关联的。

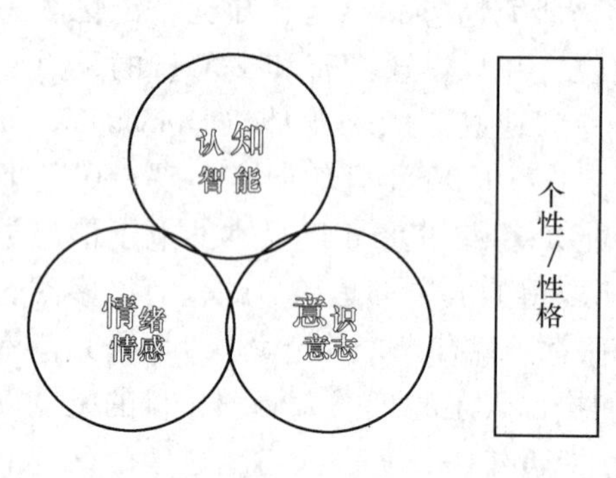

图 1-9　心理学的研究内容

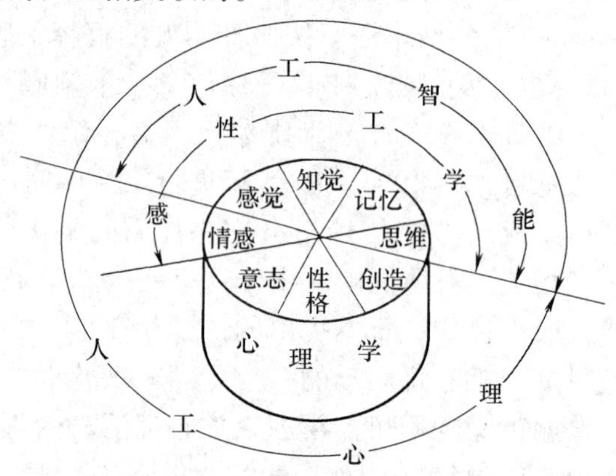

图 1-10　人工智能和人工心理的关系

由图 1-10 可知，人工心理的概念，它不是心理学领域里的工程心理学（或称心理技术学），也不是日本提出的“感性工学”，又不同于“1999 年度（中国）国家高技术研究发展计划纲要新概念新构思课题重点项目指南中的：信息技术——和谐人机环境中的情感计算理论研究”，与它们相比，人工心理学有着新的含义和更广泛的内容。遵循着这个新概念，本书试图研究建立人工心理的理论结构体系（目的、法则、研究内容、应用范围、研究方法等），并使之得到应用，使人工智能的研究走向更深、更高层次，开辟自动化学科乃至信息科学的研究新领域。

人工心理学是一门交叉学科，如图 1-11 所示。其理论根源来自脑科学、心理学、生理学、伦理学、神经科学、人类工学、感性工学、语言学、美学、法律、信息科学、计算机科学、自动化科学、人工智能；它的应用范围主要是情感机器人的技术支持、拟人机械、人性化商品设计、感性市场开发、人工心理编程语言、人工创造技术、人类情感评价计算机系统（虚拟技术）、人类心理数据库及数学模型、人际和谐环境技术和人机和谐多通道接口等。

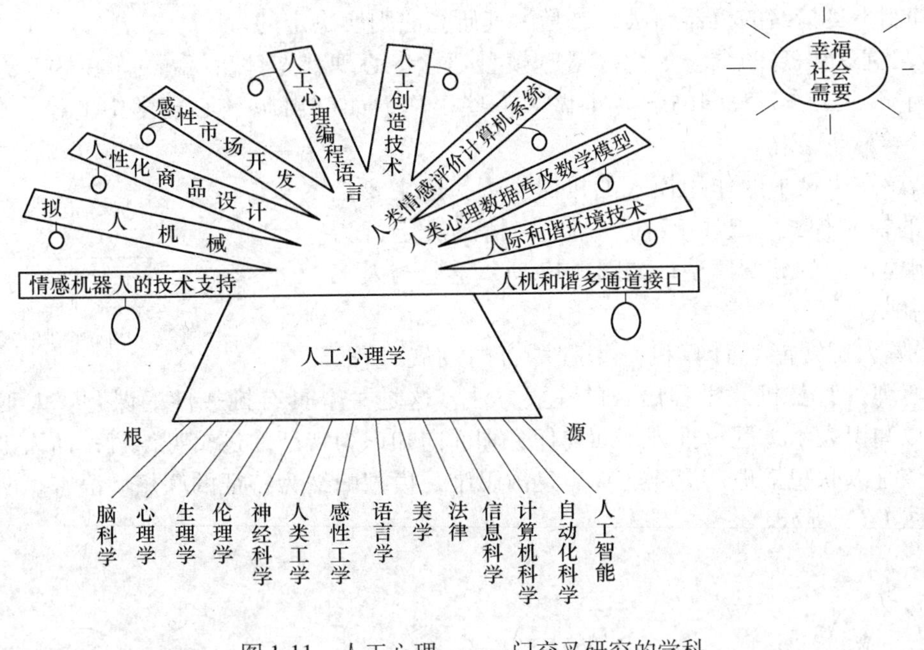

图 1-11　人工心理——一门交叉研究的学科

下面来谈谈人工心理的理论结构（定义、目的、法则、研究内容、应用范围、研究方法等）。

（1）定义　人工心理理论就是利用信息科学的手段，对人的心理活动（着重是人的情感、意志、性格、创造）的更全面内容的再一次人工机器（计算机、模型算法等）实现。

（2）目的　营建人与机器和谐、人与人和谐、人与自然和谐，大家幸福的社会环境。

（3）法则

1）积极向上地模拟人的心理；

2）道德感、美感和幸福感是人工心理学的根本法则；

3）创造性和主观能动性地模拟人的心理；

4）（人工）机器永远服从（自然）人。

（4）研究目标　提出人工心理的概念，利用人工智能已有的基础（研究成果、研究方法），结合心理学、脑科学、神经科学、信息科学、计算机科学、自动化科学的新理论和新方法，对人的心理活动（尤其是情感、意志、性格、创造等）全面进行人工机器模拟。研究确立人工心理的理论结构体系（目的、法则、研究内容、应用范围、研究方法等），并使之得到应用。

3. 人工心理学的研究内容与研究方法

（1）研究内容

1）研究建立人工心理的理论结构体系（目的、法则、研究内容、应用范围、研究方法等）。尤其是人工心理学说的定义、研究规则、研究内容的界定问题，主要使之研究符合人类道德规范，这个问题在人工智能领域是不存在的。

2）研究人工心理与人工智能的相互关系，如何使两者相辅相成、互相促进、共同发展。尤其是借鉴人工智能已有的研究成果，建立人工心理的理论体系。

3）抑制不良情绪的机器算法，这是由其研究法则所决定的。

4）人类心理信息的数学量化（心理模型建立、心理状态评价标准）。在这个方面，日本已经做了不少工作，我国的学者也做了一些工作，如已出版《心理学中的模糊集分析》《心理测量学》等著作。

5）情感在决策中的作用模式的机器实现，这主要是模拟人脑的控制模式，建立感觉、知觉 + 情感决定行为（人脑控制模式）的数学模型，如图 1-12 所示。它与人工智能的控制模式不同。

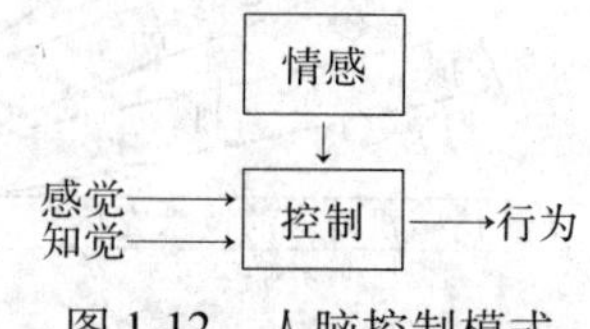

图 1-12　人脑控制模式

6）借鉴人工智能（计算机）编程语言的发展过程，探索人工心理（计算机）编程语言的建立方法。这是一个具有挑战性的课题。人工智能编程语言是以知识表示、逻辑推理、面向任务和面向知识为特征的逻辑型语言；而人工心理编程语言应该是以联想推理、混沌运算、发散思维、模糊归纳为特征的联想型语言。两者的特征对比如图 1-13 所示。

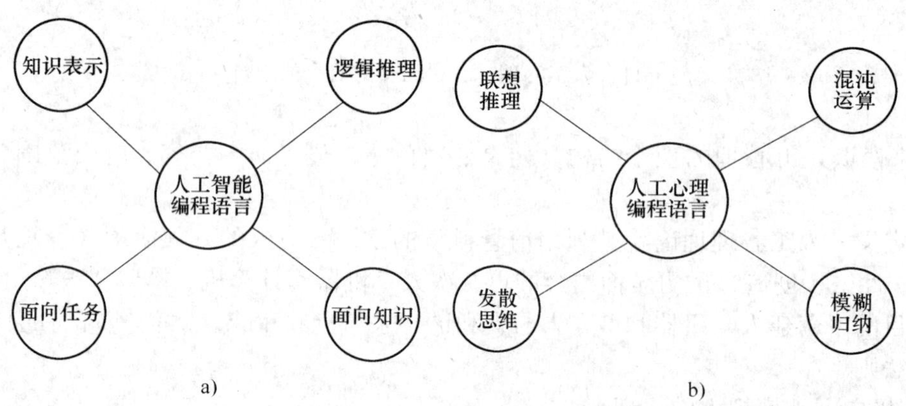

图 1-13　人工智能和人工心理编程语言的特征对比
a）人工智能编程语言　b）人工心理编程语言

7）情感培养的机器算法。

8）灵感（顿悟）产生的机器实现策略，如图 1-14 所示。

（2）研究方法及技术路线

1）研究方法：以心理学、脑科学作为理论根据，以模糊逻辑、神经网络等人工智能、混沌理论、先进算法（遗传算法等）为基本研究方法，以计算机技术（数据库、虚拟现实、语言编程）为研究手段，建立人工心理学说。这里，我们更倾向于从行为主义学说/进化主义/控制论的角度出发进行研究，目的在于应用。

2）技术路线：首先深入研究心理学、脑科学的基本内容和最新进展，借鉴日本感性工学的研究方法，采用模糊逻辑、神经网络及混沌理论方法，推导建立人类心理状态（情感、意志、性格等）的数学模型，并用计算机语言进行编程，将人工心理理论以软件技术的形式体现出来，做出人工心理数据库、感性信息处理软件模块，利用计算机虚拟现实（VR）技术对人类心理状态进行模拟、评判，实现心理（情感、性格等）评判专家系统和模拟人脑控制（感觉、知觉 + 情感决定行为）模式，借以推动人工心理理论的发展。

4. 人工心理研究的七个主题

在过去几年的研究过程中，我们感觉到，在已有研究内容的基础上，应该明确人工心理的几个主题，凝聚研究方向，这样会有力地促进人工心理学科的发展。经过集体思考、讨论，提出了人工心理研究的七个主题：人工心理的核心思想、核心方法；人工心理统一模型；情绪基本理论研究与情感计算建模；动机-情绪-决策的关系；心理计算方法；人工心理研究平台；人工心理应用问题，以此作为人工心理未来的指导思想和研究纲领。

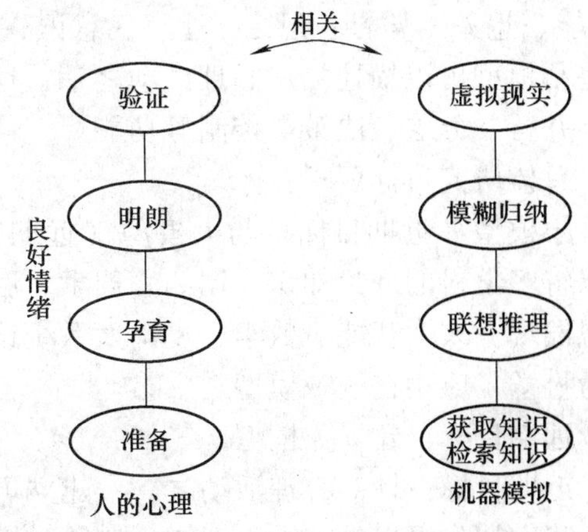

图 1-14 灵感（顿悟）产生的机器实现策略

5. 人工心理的核心思想、核心方法

每一个学科都有自己的核心思想或核心方法，人工心理作为一门新兴学科，研究提出其核心思想和核心方法是最重要的问题。也许一个学科的核心思想确定过程是不断丰富和逐步深化的，但由于它对研究工作起到的是指路明灯作用，我们还是提出自己的想法。

我们认为：人工心理的核心思想是，情绪激发在心理活动中的作用和自主意识的机器实现。人工心理基本思想方法：自我调节，正向情绪，协同工作，能量平衡。

前面已经提到，人工心理理论就是利用信息科学的手段，对人的心理活动的更全面内容的再一次人工机器（计算机、模型算法等）实现。而人类的心理活动，几乎毫无例外地都与情绪有关系，比如情绪-动机、情绪-认知、情绪-行为、情绪-决策、情绪-评价、情绪-学习、情绪-性格、情绪-记忆、情绪-意识；情绪-智力、情绪-欲望、情绪-理智等，可以说人类几乎所有心理活动都受情绪的影响和激发。人是感情动物——这是一句人人都知道的名言，所以人工心理的核心应该研究情感对其他心理活动的激发和彼此之间关系的机器实现问题。另外，以往情绪通常被看作是附属的心理过程或人类活动的干扰因素。如今，这一观点（在心理学界）已有很大的改变，大多数情绪心理学理论都认为情绪是具有内部的、行为的社会适应的机能，是认知、行动、社会交往和发展的重要的激发物和组织者。这就为人工心理研究提供了理论源泉。自主意识是人类心理活动的重要内容，所以自主意识的机器实现也应该是人工心理的核心思想之一。

所谓人工心理基本思想方法是指在研究中我们始终要坚持的指导原则：

1）自我调节强调机器实现时要充分认识到人类的自我、内省和意识作用；

2）正向情绪是指我们在机器实现中要弘扬人类的愉悦情绪，抑制不良情绪；

3）协同工作是指心理活动是人类大脑协同工作的产物，复杂大系统理论是研究人工心理的有力工具；

4）能量平衡是指人类心理能量产生内驱力对心理活动的作用。

6. 人工心理统一模型建立

一个学科在未引入数学之前，不能称其为学科——恩格斯。

人工心理研究要引入数学，其前提就是建立一个统一的心理数学模型，这样可以为以后的研究奠定一个基础，建立一个框架。

人工心理统一的数学模型的研究目标：在一定约束条件下，能够描述人类全部心理活动（智能、想象、学习、记忆、注意、意识、情绪等），或者是从大模型中抽出若干个小模型，这些小模型可以描述上述心理活动之一；还可以描述认知-情绪、动机-情绪-决策，并具有协同、并行、分层、决策与控制等功能。

总体研究目标要求：

小模型（近期目标）与大模型（远期目标）的关系是简单组合、搭积木的关系，而且可以将多学科的理论知识，比如心理学、脑科学、神经科学、内分泌学、生理学、控制论、知识发现、人工智能、数学、复杂大系统论、非线性理论、系统工程、数据结构、人类学、行为科学，应用在统一模型之中。

远期目标：建立大模型。

近期目标：针对心理活动之一，建立可行、能使用的任务单一的小模型。

我们初步提出的人工心理统一的数学模型如图 1-15 所示。

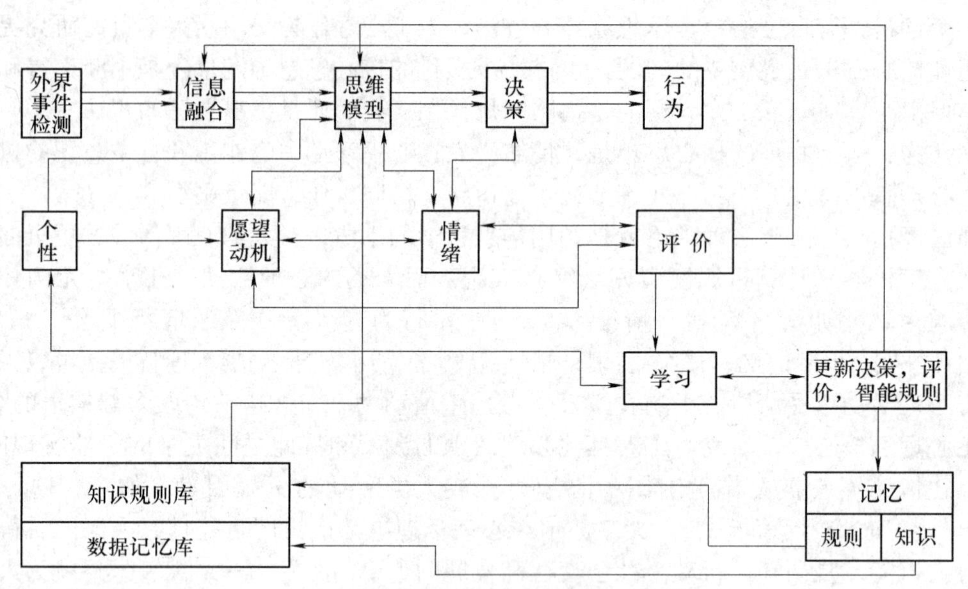

图 1-15　人工心理统一的数学模型

这个模型的基本想法是能够描述人的意志过程、认知过程、情绪过程和个性心理，其基础应该是脑科学的基本知识，而且是以情绪激发为基本点。其特点在于：

1）小模型服从统一大模型；

2）模块化的小模型构成统一大模型；

3）统一大模型能够描述人类的全部心理活动；而小模型能够单独描述某种特定的心理活动；

4）小模型内部是控制过程，大模型内部是小模型协同决策过程，小模型之间是协同、并行、分时、耦合关系；

5）在建模过程中，应该以计算机的知识、体系结构为技术手段，以电子线路知识为方法，以系统论、控制论和信息论方法作为基本方法。

7. 情绪基本理论研究与情感计算建模

在信息科学领域，科学家们已经提出认知科学、人工智能、情感计算和感性工学的概念和学科。这里，我们应该重视它们的模仿本源——心理学。如果我们把目光投向心理学领域（其主要研究内容为认知过程、情绪过程、意志过程和个性心理），就会发现这个历史悠久的年轻学科的飞速发展。比如，20 世纪的初期和中期，受行为主义（控制界、机器人领域）和认知心理学（认知科学）的影响，情绪通常被看作是附属的心理过程或人类活动的干扰因素。如今，这一观点（在心理学界）已有很大的改变，大多数情绪理论都认为情绪是具有内部的、行为的社会适应的机能，是认知、行动、社会交往和发展的重要激发物和组织者。

前面已经提到，我们把人工心理的核心问题看作是情绪激发和自我意识，所以必须深入研究情绪基本理论，这样才能从根本上搞清楚，不至于本末倒置，做出走弯路式的学问。比如，目前信息科学领域的情感计算研究，没有深入地从情绪心理学家的观点看问题。这样做的缺陷在于：

1）由于情绪心理学的多样性和困难性，导致情感计算研究者的畏难情绪；

2）不从情绪心理学的角度和深度来研究情感计算问题，不把情绪放在人类整个心理活动中来考虑问题，可能导致研究走入无解境地，比如情感计算的知名专家认为：情感计算没有建模问题，即不可能建模；表情识别的理论基础问题，都遵从 EKMAN 肌肉模型，事实上还有许多情绪心理学理论，比如伊扎德模型、杜尼克模型等。

从信息科学研究者的角度出发，深入研究情绪心理学的基本理论，主要研究情绪的定义、情绪的主要成分（因素）、情绪的数学维度描述、基本情绪与复合情绪的分类以及转换关系、情绪发展理论、情绪的来源/起源、情绪特性（感染性）、情绪与表情的关系（表情反馈论）、情绪与行为的关系、情绪与动机的关系、情绪与决策的关系、环境与情绪、色彩与情绪、音乐与情绪、情商问题、人类情绪的商业化、情绪心理学的代表人物及名著。应该说，以上内容是情感计算和人工心理研究者进行理论学习的重要内容。

建立可以在机器上实时运行的情绪心理计算模型，使得计算机真正能够识别、适应人类的情感和心理，这是人工心理研究所追求的目标。目前我们已经建立了欧几里得空间模型、概率描述模型、自组织理论模型、离散数学描述模型、隐马尔可夫模型（HMM）、灰色理论模型。但是，目前离实用的成熟模型的建立还有较长的路要走，尤其是机器情感的拟人正确性、适应性如何验证，或者说是机器情绪的图灵测试方法研究，都将是我们长期研究的目标。

8. 动机（心理需要）-情绪-决策的关系

提出人工心理需要-动机-行为结构框架，在此框架下探讨机器情感生成机制，并以控制系统的概念讨论机器情感自动生成的实现方法。目的在于从人的心智结构模型大前提下研究情感计算问题，考虑所提出的情感计算方法在拟人思考中所起的作用和所处的地位，以此验证本书所提出的人工心理需要-动机-行为结构模型和情感计算模型、情感转移方法的拟人正确性，如图 1-16 所示。

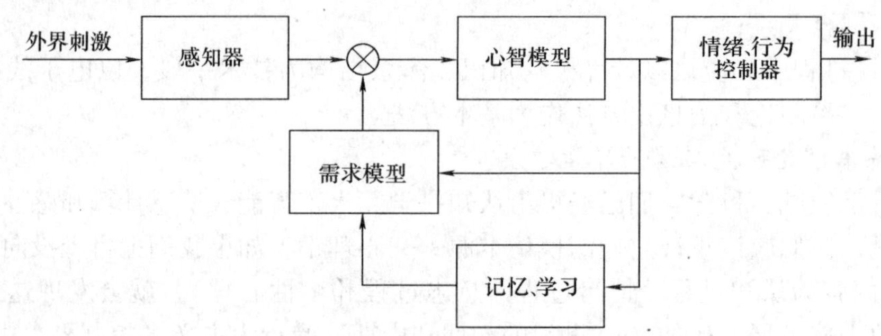

图 1-16　情感自动生成的一般结构模型

依据西米诺夫的认知理论，提出人工心理需要-动机-行为结构框架，并在此框架下探讨机器情绪生成机制，并以控制系统的概念讨论机器情绪自动生成的实现方法。其目的在于从人的心智结构模型大前提下研究情感计算问题；考虑所提出的情感计算方法在拟人思考中所起的作用和所处的地位，以此验证提出的人工心理需要-动机-行为结构模型和情感计算模型、情感转移方法的拟人正确性。

系统叙述如下：感知器获取外界刺激并进行归类、分析和量化，将由感知器的输出与需求的差所得出的结果送给心智模型，心智模型与记忆、学习构成了机器的思考、比较过程，其中包括情感计算模型、智能推理模型，这个过程主要分析机器欲望需求的满足程度及其对应的各种情绪、行为，并适时积极地调整机器的需求，情绪、行为控制器获取计算的结果，控制机器情绪、行为的表现。

对于机器的应激反应，感知器获取外界刺激并进行归类、分析和量化，由于应激刺激的优先级别高，所以仅经由心智模型产生机器的情绪、行为，直接将结果送到情绪、行为控制器，控制机器情绪、行为的外在表现。

各模块之间是相互联系但又相对独立的。感知器获取外界刺激并进行归类、分析；需求是根据机器的七层需要产生的；系统与反馈为机器的思考过程，其中包括情感计算模型、智能推理模型等；情绪、行为控制器是用以控制与机器欲望需求的满足程度对应的各种情绪、行为。

待解决的问题：机器需求生成模型的构造，外界刺激的量化、归类；心智模型的构造及机器情绪的状态转移，机器欲望需求的满足程度与各种情绪、行为的对应关系等。

拟研究路线：以情绪心理学为基础，运用数学和计算机工具来实现。

9. *心理计算方法（人工心理研究方法）*

当研究目的与任务明确之后，利用哪些方法进行研究就是非常关键的问题。我们的研究思路如下：建立理论体系要用理科的思想，强调理论体系的严谨性，而实际使用时，采用工程的方法，追求计算的快速性和实用性。

具体采用的数学方法大致考虑如下：

1）有界区间内的研究方法；

2）复杂大系统理论方法；

3）系统论、控制论、信息论基本方法；

4）熵的理论方法；

5）HMM（隐马尔可夫模型）；

6）MM（马尔可夫模型）；

7）灰色理论方法；

8）离散数学方法；

9）模糊数学；

10）数学建模方法；

11）量子计算。

具体是哪种数学方法可以用于人工心理研究，取决于数学方法的适合性和研究者对它的掌握程度。

10. 应用问题

工程的目的是应用，工程的创新是技术创新，所以人工心理研究发展的最高阶段是应用，主要就是在人工系统中考虑人类的心理和情绪成分，使得人造的控制系统和计算机系统更符合、适应人类的情感，实现人际、人机和谐，达到科学为人类服务的幸福目的。

具体应用如下：

1）基于计算机网络系统，提高工作、教育效率，例如远程教育中以提高教学效果为目标的人类心理和情绪成分的实时检测和理解方法技术，电子商务中考虑消费者心理取向的实时销售系统；

2）以情绪心理学理论和方法为基本内容，利用计算机构成情商专家系统，用于人际之间的情感识别与理解，辅助心理健康，并在学校的美学美育方面发挥作用；

3）情感机器人技术主要分为两种形式：以信息咨询和服务为目的虚拟机器人（包括导购员、解说员、教师和伙伴等机器人）和以家庭服务为目的的机器人（包括家庭服务、人类服务、家庭老人照料和智能图像监控等机器人）。

11. 人工心理研究平台（心理理论、情感计算理论、计算机仿真语言平台、大型数据库建立）

把人工心理研究所得到的成果整合起来，建立可供所有情感计算研究者使用的开放性研究平台（内含情绪心理学基本理论方法，情感计算的多种资源，研究得到的表情数据库，心理特征数据库，心理结构模型及其程序实现，提出的几种情感计算方法及其仿真程序），此平台向使用者提供情感计算的理论与方法，辅助使用者学习情绪心理学基本理论方法，进行情感计算的仿真研究，为情感计算研究做出贡献。

建立此平台的研究路线如下：

1）归纳情绪心理学基本理论方法，形成数据库；

2）建立虚拟的面部表情库；

3）建立心理特征库，起到人脸库、表情库的类似作用，目的在于从脸部语言理解人的个性特征；

4）将提出的基于欧氏空间的情感建模方法、基于概率空间的HMM情感建模方法和基于情绪维度的机器情感非线性动态模型等情感计算方法进行编程实现，以开放的方式向情感计算研究者提供研究仿真手段，可以进行情感计算、情感自动生成参数优化，推动情感计算研究的进展。

5）将提出的人工心理需要-动机-行为结构模型进行编程实现，以开放的方式向情感计算研究者提供研究仿真手段，可以进行心智模型计算，推动认知—情绪计算研究的进展。

另外，人工心理主要研究还应瞄准意识的机器实现问题（无意识、有意识、选择性注意）；对于脑科学、生理学、认知神经科学等知识的学习也都是人工心理研究的重要问题；将所提出的研究问题继续细化分成许多具体小问题，将会便于研究过程的可操作性。

12. 人工心理的研究历程

人工心理的研究内容与情感计算与感性工学基本相似。对于情感计算与感性工学的研究始于20世纪90年代。所谓感性工学，就是将感性与工程结合起来的技术，是在感性科学的基础上，通过分析人类的感性，把人的感性需要加入到商品设计、制造中去，它是一门从工程学的角度实现能给人类带来喜悦和满足的商品制造的技术科学，感性工学由于可以给人们的生活带来快乐和舒适，因而也被称为“快乐而舒适”的科学。把基于感性工学技术而生产的商品称为“感性商品”。日本已经形成了举国研究感性工学的高潮。1996年日本文部省就以国家重点基金的方式开始支持“情感信息的信息学、心理学研究”的重大研究课题，参加该项目的有十几个大学和研究单位，主要目的是把情感信息的研究从心理学角度过渡到心理学与信息科学等相关学科的交叉融合，每年都有日本感性工学全国大会召开。与此同时，一向注重经济利益的日本，在感性工学产业化方面取得了很大成功。日本各大公司竞相开发、研究、生产了所谓的个人机器人（Personal Robot）产品系列。其中，以SONY公司的AIBO机器狗（已经生产6万只，获益近10亿美元）和QRIO型以及SDR-4X型情感机器人为典型代表。应该说，日本在人工情绪技术的应用方面是领先全世界的。

目前情感计算的研究普遍受到学术界和企业界的关注，国际知名公司（如IBM和British Telecom公司等）均成立了专门的情感计算研究小组。国际知名大学也纷纷建立情感计算研究小组。总的来说，情感计算研究均处于起步阶段。MIT目前的工作侧重于有关情感信号的获取（如各类传感器的研制）、情感计算的应用和可穿戴计算机。日本学者的研究侧重于感性信息处理（Kansei Information Processing）方面。在情感计算的研究过程中，与之密切相关的可穿戴计算机的研究近几年来也得到了迅猛的发展。这种计算机的特点是可以巧妙地构成日常穿戴的一部分（如眼镜、手表、项链、手镯、腰带、鞋、帽、服装等），使计算机和穿戴者始终保持形影不离。可穿戴计算机可为情感计算的研究提供一个很好的研究平台，另外情感计算的最终表现形式可能是可穿戴计算机或植入人体的芯片，从而将情感计算、移动计算和计算机融合而真正成为个性化的人机融合。虽说情感计算是一门新兴学科，但以往的研究也为其提供了一定的知识积累。从情感方面来讲，人类心理学和生理学的研究为情感计算提供了坚实的基础；从相关研究内容来讲，如人脸及面部表情识别、人脸及面部表情合成、手语识别与合成、气味识别等也是学术界一直研究的重点；同样各种医疗器械、测谎仪等的研制成功也为情感计算提供了一定的依据。

欧盟国家也在积极地对情感信息处理技术（表情识别、情感信息测量、可穿戴计算等）进行研究。欧洲许多大学成立了情感与智能关系的研究小组，其中比较著名的有：日内瓦大学Klaus Scherer领导的情绪研究实验室，布鲁塞尔自由大学的D. Canamero领导的情绪机器人研究小组以及英国伯明翰大学的A. Sloman领导的认知与情感研究计划（Cognition and Affect Project）。A. Sloman教授提出了情感三层体系结构CogAff Agent Architecture（认知情感体系），其目的是探讨情感与认知的相互作用。在市场应用方面，德国Mehrdad Jalali-Soli等人在2001年提出了基于EMBASSI（网络型电子商务）系统的多模型购物助手。EMBASSI系统是由德国教育及研究部（BMBF）资助，并由20多个大学和公司共同参与的，以考虑消费者心理和环境需求为研究目标的网络型电子商务系统。欧盟国家的HUMANEID（类人机器人）计划联合了英国、瑞士、德国、法国以及意大利的心理学家和信息科学专家，研究人工情感的理论方法和技术问题。

我国对人工情感的研究始于20世纪90年代，大部分研究工作是针对人工情感单元理论与技术实现。北京科技大学研究人工心理和情感计算，并应用于情感机器人，商品选购系统等实际系统中，正在情感建模、人机情感交互系统、情感机器人等方面进行深入探讨。北京交通大学进行多功能感知机同情感计算的融合研究。哈尔滨工业大学研究多功能感知机，它是将人工智能与并行处理相结合，将智能体技术、数字模拟混合计算（利用自然法则计算）技术、并行计算技术、实时处理技术以及语音识别、表情识别、人脸识别、人脸检测与跟踪、文字识别、手语识别、手语合成、表情合成、自然语言理解等技术有机地结合在一起，构造一个可以研究和开发包括视觉、听觉等人类语言（自然语言 + 人体语言）的软件和硬件平台，其中人体语言的认知与理解包括手势、表情、头部运动的身体动作和会话过程中肯定、否定以及其他人体语气语言的识别，并与海尔公司合作研究服务机器人。中国科学院计算技术研究所正在研究带有表情和动作的虚拟人。北京工业大学正在进行多功能感知机和情感计算的融合研究。中国科学院自动化研究所主要研究基于生物特征的身份验证。中国科学院心理学研究所、生物研究所主要注重情绪心理学与生理学关系的研究。重庆大学主要研究智能服务、增强现实、环境感知、智能手表等，注重软件方面的研究。东南大学学习科学研究中心把儿童面部表情与情感语音信息分析、情绪与认知、虚拟现实与脑科学可视化技术、认知与生物信息学研究作为中心主要研究方向。中国科技大学开展了基于内容的交互式感性图像检索的研究。中国科学院软件研究所主要研究人机交互理论和智能用户界面 。浙江大学研究E-Teatrix中虚拟人物及情绪系统构造。

工程学的目的是应用，工程学的创新是技术创新。所以，人工心理研究发展的最高阶段是应用，主要就是在人工系统中考虑人类的心理和情绪成分，使得人造的控制系统和计算机系统更符合、适应人类的情感，实现人际、人机和谐，达到科学为人类服务的幸福目的。对于人工心理的研究主要集中在情感模型建立与形式化、情感机器人、虚拟数字人、人工心理的个性化信息系统、表情识别、人类行为理解的图像处理技术等方面。研究项目举例如下：

基于网络的个性化智能商品选购系统；

基于计算机视觉的情感虚拟人交互技术；

用于情感机器人的表情识别技术；

基于HMM的人工心理建模方法及虚拟人相关技术；

人脸检测与基于Web的面部信息处理技术；

情感虚拟人中的人工心理建模和虚拟现实应用；

具有情感交互能力的机器人综合平台的实现研究；

人工心理在个性化导购系统中的应用；

普适环境下的信息服务系统中的多智能体技术；

具有情感和语音交互能力的虚拟人技术；

基于图像处理的面部特征提取与表情识别方法；

用于 E-LEARNING 智能辅助系统的人工心理和图像理解技术；
双足步行机器人的控制策略与行为建模技术；
双足步行机器人的硬件平台实现研究；
基于人工心理的情感机器人技术；
基于计算机视觉的步态特征提取与身份识别；
表情识别与情感计算建模技术。

参考文献

[1] 中华人民共和国国务院. 国家中长期科学和技术发展规划纲要（2006—2020 年）[R]. 北京，2006.

[2] 裴钢. NBIC 会聚技术：中国的新机遇 [J]. 世界科学，2005（9）.

[3] 李学勤. NBIC 与 "人类认知组计划" [J]. 科学中国人，2003（12）.

[4] 上海科技情报研究所信息咨询与研究中心. 21 世纪的科技复兴——NBIC 会聚技术 [J]. 科技成果纵横，2004（4）.

[5] Lotfi A Zadeh. From Computing with Numbers to Computing with Words: From Manipulation of Measurements to Manipulation of Perceptions [C]. IPMM'99 Honolulu, Hawaii: 1999.

[6] Wang Zhiliang, Xie Lun. Artificial Psychology-an Attainable Scientific Research on the Human Brain [C]. IPMM'99 (KEYNOTE PAPER), Honolulu, USA, 1999.

[7] Picard R W. Affective Computing [R]. Perceptual Computing Technical Report No. 321, MIT Media Lab, 1995.

[8] Picard R W. Affective Computing [M]. MIT Press, London, England, 1997.

[9] 日本文部省重点研究领域：情感信息处理的信息学、心理学研究 [R]. 1999.

[10] 王志良. 人工心理学—关于更接近人脑工作模式的科学 [J]. 北京科技大学学报. 2000，22（5）：478-481.

[11] Aaron Sloman. What Is The Emotion Theories About? Architectures for Modeling Emotion [C]. Cross-Disciplinary Foundations American Association for Artificial Intelligence 2004 Spring Symposium . Stanford University, Palo Alto, California, 2004.

[12] 谷学静，石志国，王志良. 基于 HMM 的人工心理建模方法的研究 [C] //第一届中国情感计算及智能交互学术会议论文集. 北京：西郊宾馆，2003：7-8.

[13] Xue Weimin, Wei Zhehua, Wang Zhiliang. The Research of Artificial Psychology Model [C]. IEEE TENCON'02., Beijing, China. 2002, 1: 691-693.

[14] 马云. 基于网络的个性化智能商品选购系统的应用研究 [D]. 北京：北京科技大学，2004.

[15] 薛为民. 基于计算机视觉的情感虚拟人交互技术研究 [D]. 北京：北京科技大学，2003.

[16] 陈锋军. 用于情感机器人的表情识别技术研究 [D]. 北京：北京科技大学，2003.

[17] 谷学静. 基于 HMM 的人工心理建模方法及虚拟人相关技术研究 [D]. 北京：北京科技大学，2003.

[18] 韩洪哲. 基于计算机视觉的步态特征提取与身份识别研究 [D]. 北京：北京科技大学，2003.

[19] 贾文晋. 人脸检测与基于 Web 的面部信息处理技术研究 [D]. 北京：北京科技大学，2004.

[20] 滕越. 情感虚拟人中的人工心理建模和虚拟现实应用 [D]. 北京：北京科技大学，2004.

[21] 司现军. 基于人工心理的个人机器人技术研究 [D]. 北京：北京科技大学，2004.

[22] 李庆恩. 具有情感交互能力的机器人综合平台的实现与研究 [D]. 北京：北京科技大学，2006.

[23] 王婷婷. 人工心理在个性化导购系统的应用研究 [D]. 北京：北京科技大学，2006.

[24] 温惠容. 普适环境下的信息服务系统中的多智能体技术研究 [D]. 北京：北京科技大学，2006.

[25] 李真．具有情感和语音交互能力的虚拟人研究［D］．北京：北京科技大学，2006.
[26] 刘芳．基于图像处理的面部特征提取与表情识别方法研究［D］．北京：北京科技大学，2006.
[27] 王晓伟．用于 E-LEARNING 智能辅助系统的人工心理和图像理解研究［D］．北京：北京科技大学，2006.
[28] 刘涛．双足步行机器人的控制策略与行为建模研究［D］．北京：北京科技大学，2006.
[29] 汤超．双足步行机器人的硬件平台研究［D］．北京：北京科技大学，2006.
[30] 魏哲华．基于人工心理的情感机器人技术［D］．北京：北京科技大学，2006.
[31] 韩鸿哲．基于计算机视觉的步态特征提取与身份识别研究［D］．北京：北京科技大学，2006.
[32] 梁宁建．心理学学习与考试一本全［M］．2 版．上海：华东师范大学出版社，2003.
[33] 中国人工智能学会．中国人工智能进展（2005）［M］．2005.

第2章 人工大脑

2.1 概论

《国家中长期科学和技术发展规划纲要（2006—2020年）》中指出：作为前沿技术之（7）的脑科学与认知科学的主要研究方向为脑功能的细胞和分子机理，脑重大疾病的发生发展机理，脑发育、可塑性与人类智力的关系，学习记忆和思维等脑高级认知功能的过程及其神经基础，脑信息表达与脑式信息处理系统，人脑与计算机对话等。

这里所讲的脑式信息处理系统和人脑与计算机对话研究，对于从事信息科学领域的人工智能技术、服务机器人技术、人机交互技术研究的人们有着很大的吸引力。人们将其称为人工大脑技术。人类心理是大脑对自然的客观反映。研究人工心理，首先也应该研究人工大脑技术。

2.1.1 “人工大脑”的概念

“人工大脑”是广义人工生命的核心器官，从信息处理的角度对人脑进行研究，并由此研制出像人脑那样能够思维的智能计算机和智能信息处理方法。

1. “广义人工生命”的定义

广义人工生命（GAL）是“自然生命”的模型、延伸和扩展，是“具有自然生命现象、行为特性、功能的人造系统。”GAL可以是工程人造系统或生物人造系统。

作为“广义人工生命”核心器官的“广义人工大脑”可以为人脑（或动物脑）的模型、延伸和扩展，是具有人脑（或动物脑）的现象、行为（和/或）特性、功能的人造系统。它包括生物人工脑（Biological Artificial Brain，BAB）、工程人工脑（Engineering Artificial Brain，EAB）和生物工程人工脑（Biological-Engineering Artificial Brain，BEAB）。

2. “人工大脑”定义的一些其他看法

“人工大脑”采取了进化的思想，其实是建立在理解人脑、模拟人脑并实现人脑功能的基础上的。

1）日本ATR研究所（Advanced Telecommunication Research Institute，先进通信技术研究所）的进化系统部（Evolutionary Systems Department）致力于开发新的信息处理系统，这种基于人工神经网络的系统具有类似于人脑的某些信息处理功能，如自治性和智能性等，他们把这样的系统称为“人工大脑”。

2）人工智能及神经网络专家从人工生命的观点出发，用计算机作为手段再现脑的思维决策过程，用人工脑控制器使机器人更聪明。其信息加工流程为：人工脑通过学习具有前期和后期记忆的能力，可以通过“感知”外界环境的刺激进行“思考”和“决策”，产生对外界环境进行“反应”。

2.1.2 “人工大脑”的技术与实现

按人工大脑的实现方式可分为：①类似生命的模型；②社会模型。

人工大脑包括传统的用于神经系统的学习模型，如人工神经网络。在类似生命的模型中，系统有一个类似于生命系统胚胎发育的功能，使得系统的结构和组成单元能够发生变化，形成复杂系统。

在社会模型中，系统被视为一个动态过程，在这个过程中，局部的、各个单元之间的连接使得整体的、全局的功能、次序、状态发生突现。反过来，各个单元也受到全局状态的影响。

1. 按“人工大脑”的人造方法和技术分类

人工大脑可划分为生物人工脑、工程人工脑、生物工程人工脑三类。

生物人工脑是用生物方法和技术（如克隆技术、转基因技术等）生成的。例如“人工羊”多莉的脑显然就是用人工方法得到的“人造脑”。

工程人工脑是用工程技术的方法（如计算机软件，光、机、电硬件等）制造的。例如ATR研究所的“细胞自动机-仿脑机”（CAM-Brain Machine，CBM）。

生物工程人工脑则是由生物方法技术与工程技术相结合而生成或制造的。这种方法的代表有：

（1）计算机微芯片　即用一个可以模拟人类神经系统的电子电路——“计算机微芯片”成功地植入大脑，利用仿生学的原理对人体神经进行修复。它与大脑协作发出复杂的指令给电子装置，监测大脑的活动或者是代替一部分大脑的功能。剑桥大学的翰福瑞斯认为，在不久的将来，人们可以在脑中放入增加记忆的芯片，使人类有一个备用的大脑。

（2）生物电子人　佐治亚理工学院的研究人员近来已经利用取自动物脑部的组织细胞与计算机硬件进行结合，这样研制而成的机器就被称为“生物电子人”或者“半机器人”。如果芯片与神经末梢相吻合，就可将芯片通过神经纤维和身体上的神经系统连接起来。这样就通过计算机提高人的大脑功能。

2. 按“人工大脑”的工程实现方法分类

（1）基于神经工程（NE）的“人工大脑”　人工神经网络（Artificial Neutral Network，ANN）由许多简单的、并行工作的处理单元组成，单元之间按照一定的结构相互连接，构成神经计算机。神经计算机采用众多相互类似的简单处理单元（相当于人脑中的神经细胞）有机地结合在一起，以并行的“集体工作”方式进行工作。信息的存储、传播和处理都与生物神经网络类似。

（2）基于AI的“人工大脑”　这种实现方法主要采用人工智能技术中的启发式算法（HA）、专家系统（ES）、通用问题求解（GPS）和知识信息处理系统（KIPS）等，从功能上而不是刻意从结构上模拟人脑的功能。

例如通过借鉴人脑信息处理的特点，综合运用模糊逻辑、人工神经网络，以及遗传算法（CA）来建立具有专家素质的仿生人脑模型。采用知识挖掘技术，获取外部信息，丰富和更新专家大脑模型的知识。通过模糊推理得到评价准则。这样的人脑模型已经在专家系统中得到了良好的应用。

（3）基于超级计算机的“人工大脑”　严格说来，超级计算机只有并行操作和资料搜寻的能力，谈不上“智能”两字。但是在特定的领域（“简单”问题），借助优良的软件完全可以与人脑匹敌，故可以充当“人工脑”的角色。

2.2 大脑的基本知识

2.2.1 概述

研究人工大脑技术，首先应该学习人类大脑的基本知识，以作为未来研究的理论基础。人类大脑已经成为美国（大脑十年计划和行为十年计划）、日本（国家重大科技计划）和欧洲等发达国家竞相研究的对象。作为工科领域的工作者，学习一些脑科学的基本知识，对于未来进行人工大脑的前沿研究，有着非常重要的实际意义。

人脑是由上千亿个神经元组成的复杂巨系统。这个复杂巨系统已经超过了单纯的医学或心理学研究的概念范畴。它实际上是一个信息科学的概念。大脑为人类提供了知觉、运动、注意、记忆、思维、语言、情感、意识等重要的高级功能的认知行为。

科学家预言21世纪生命科学的走向是：基因组—蛋白组—脑—认知—行为。

脑科学（Brain Sciences）是研究人脑的结构与功能的综合性学科。由于脑并不是孤立存在的，研究的对象不只局限于脑，而是包括与脑密不可分的整个神经系统，甚至包括感觉和效应器官。因此，脑科学也称为神经科学（Neuro Sciences），也与神经生物学（Neurobiology）常常通用。脑科学属于综合性学科，需要各学科相互渗透，哲学家试图理解思维的脑或脑的思维；物理学家试图理解物理的脑或脑的物理学；计算机专家试图理解计算的脑或脑的计算。当然，生物学家也试图理解生物的脑或脑的生物学……但是，脑同时是物质的、精神的、思维的、物理的、生物的……脑将是一切科学家最终攻克的巨型堡垒，由此而产生了脑科学这一神秘而又有时代和超时代意义的科学领域。

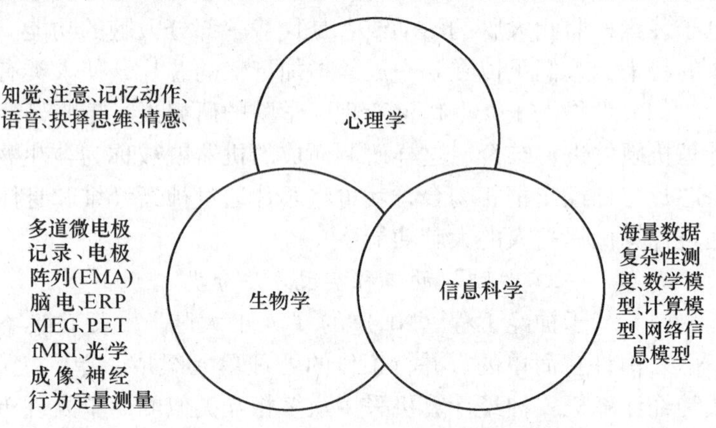

图 2-1 脑科学与三大学科的交叉

EMA—电极阵列 ERP—事件相关脑电位 MEG—脑磁图

PET—正电子断层扫描 fMRI—功能性核磁共振成像

脑科学的研究范围很广泛，可以涉及生命科学各个领域，如数学、物理学、化学、信息学等当今任何一个学科，从图2-1不难看出脑科学与其他科学的交叉。

认识脑，首先要从脑的基本知识出发，脑和脊髓一样，是中枢神经系统的一部分，而脑又由端脑（大脑和基底神经节）、间脑、中脑、脑桥、延髓和小脑构成。其中大脑的组成如图2-2所示。脑干包括中脑、脑桥和延髓三部分。延髓连着脊髓，好像是脊髓的延长，故称延髓。

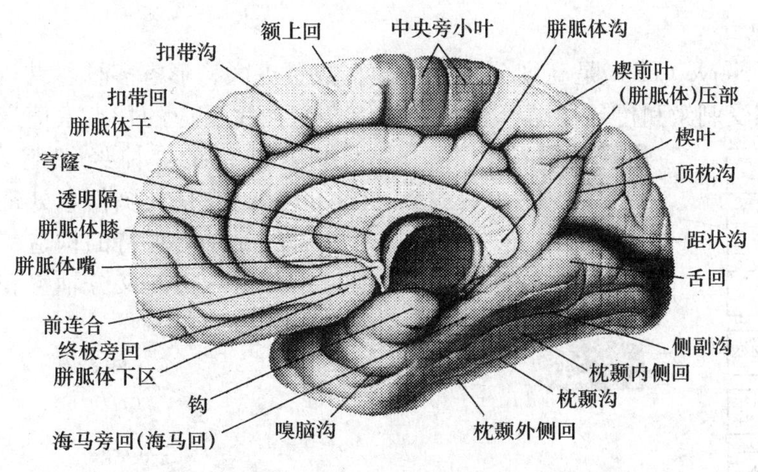

图 2-2　大脑的组成示意图

大脑各部分功能见表 2-1。

表 2-1　大脑中枢神经系统各部分的主要功能

部　　位	功　　能
脊髓	中枢神经系统的最尾侧部。控制四肢及躯干运动，接受由四肢及躯干皮肤、关节及肌肉传入的感觉信息并进行加工
延髓	直接位于脊髓上方，内有许多与生命相关的自主性中枢，包括消化、呼吸及心率控制
脑桥	位于延髓上方，把有关运动的信息传向小脑
小脑	位于脑桥后方，有三对小脑脚与脑干相连，调制运动的力量与范围，并与运动技巧的学习有关
中脑	位于脑桥的嘴侧。控制许多感觉及运动功能，包括眼球运动及视、听反射的协调
间脑	位于中脑的嘴侧，包括丘脑及下丘脑两部分。丘脑加工从脑的其他部分进入大脑皮层的信息；下丘脑调节自主性、内分泌及内脏功能
大脑	包括大脑皮层及三个深位置的结构：基底神经节参与运动调节；海马参与记忆存储的某些方面；杏仁核群协调与情绪有关的各种自主性及内分泌反应，它也是恐惧性条件反射的中枢之一

其中，大脑由左右大脑半球组成，两半球占人脑重量 60%，其体积为整个中枢神经系统的 1/3，它覆盖在间脑、中脑和小脑的上面。大脑皮层指大脑半球表面，它由灰质所覆盖，人类的大脑皮层是人类意识活动的物质基础。大脑皮层的神经细胞约有 140 亿个，面积约为 2200cm^2，大脑皮层凹凸不平，布满深浅不同的沟，沟与沟之间隆起称为大脑回。每个半球以几条主要沟为界，分为不同的脑叶。而在各脑叶区域内，有许多小的脑沟，其中蕴藏着各种神经中枢，分担不同的任务，形成了大脑皮质的分区专司功能。图 2-3 是大脑功能的结构示意图。

2.2.2　大脑的基本组织结构

与人体的其他器官一样，脑的基本构成单位也是细胞，构成人脑的细胞按功能和结构不同分为两大类：神经细胞和神经胶质细胞。

1. 神经细胞

神经细胞（Nerve Cell）是高度分化的细胞，数量庞大，形态多样，结构复杂，在生理功能上具有能感受刺激和传导冲动（进行分析综合）产生反应的特点。信息处理就是由这类细胞进行的。神经细胞又称为神经元（Neuron），它是人脑信息处理的基本功能单位。神经元具有独特的构造，它分为胞体和突起两部分，突起又分轴突和树突两种，如图 2-4 所示。

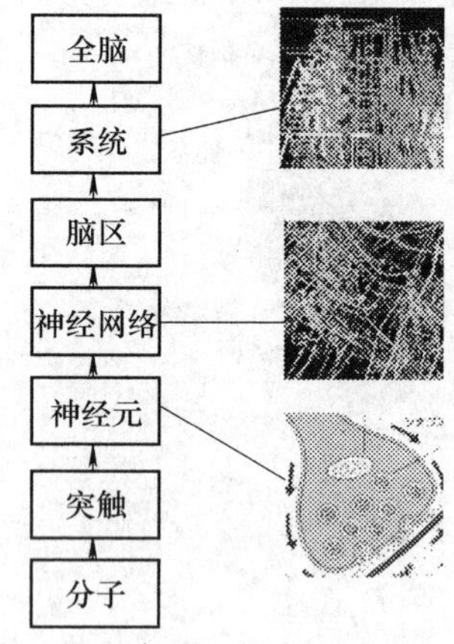

图 2-3　大脑功能的结构示意图

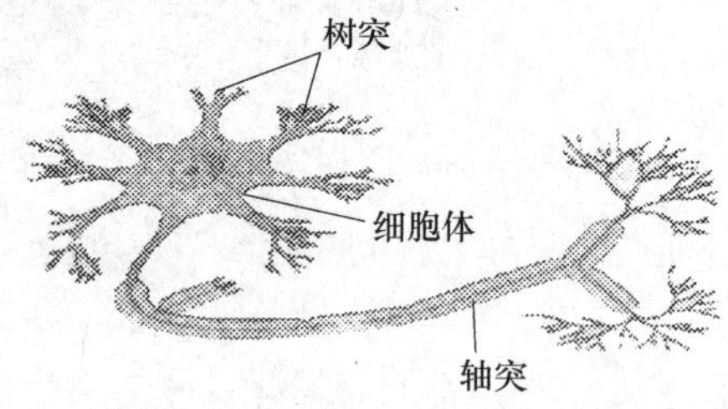

图 2-4　神经元

神经元的胞体位于脑和脊髓的灰质及神经节内，其形态各异，常见的形态为星形、锥体形、梨形和圆球形等。胞体大小不一，直径在 5 ~ 150μm 之间。胞体是神经元的代谢和营养中心。突起中，突起数量比较多、个头比较小的叫作树突；突起比较长、个头也比较粗大的，叫作轴突。这些突起与信息传导有密切的联系，树突是负责接收信息的，而轴突是负责传出信息的。

2. 神经网络

神经细胞是人体细胞的一种，同其他细胞一样，它也有一个从小到大、生老病死的过程，但是与其他细胞不同，它的胞体不能再生，不能像其他细胞死了一个再补充一个，细胞的总数大致维持不变。神经细胞的数量在人类出生时后的几个月里基本就固定下来了，以后也不再增长。这里所说的单指神经细胞，胶质细胞是可以再生的。

虽然神经元不能再生，但是它上面的突起却可以再生，并且总是在进行互相连接的活动。正是有这种活动，才使神经细胞之间建立起各种联系，使神经系统成为神经网络这样一个机能活动系统，如图 2-5 所示。事实上，脑的机能并不取决于脑细胞的绝对数量，而是与脑细胞之间建立起来的网络的复杂性密切相关。神经网络是脑的功能系统的框架，由于神经系统的复杂，使得人类的各种高级心理活动成为可能。而神经网络形成的物质基础是突触，突触是具有强大的可增长性的。

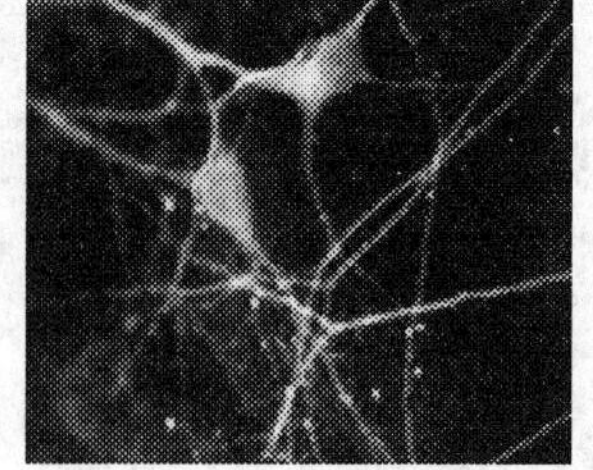

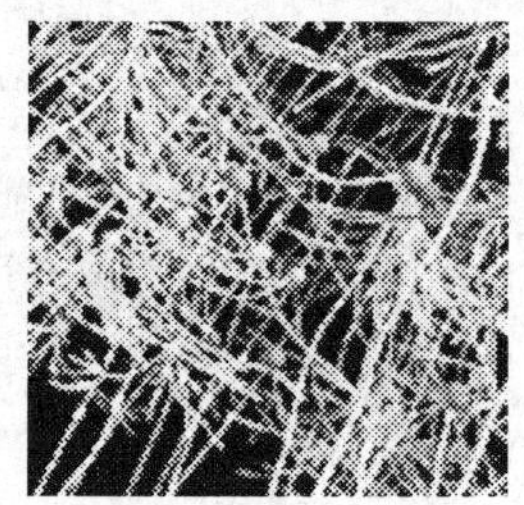

图 2-5　神经网络示意图

2.2.3 大脑的三个部分

地球生命已有30多亿年的历史，在这个历史长河中，生物的大脑缓慢地进化，形成了今天的样子。人类的大脑里面也有着这种进化的痕迹。

根据脑的结构、皮质的类型和作用的不同，科学家提出了人脑的三位一体学说，即大脑有三个部分：古脑，也叫作爬行脑；旧脑，也叫作哺乳脑；最后一个是新脑，也就是大脑的新皮层，如图2-6所示。这三个大脑部分，一个覆盖着一个，在进化的阶梯上逐步形成，并且后来的掌管它前面的。

爬行脑位于最底部，是一个状似爬行动物的结构，它是爬行动物就已全部具备了的脑结构，已有2亿年的历史。爬行脑的主要部分就是脑干，主要负责人类的非随意性行为，即那些不受我们思想制约的那些无意识的生理性活动，比如说调节心跳和呼吸等维持生命活动的基本功能等。此外，爬行脑在人类的本能性的身体反应中也起着重要的作用。

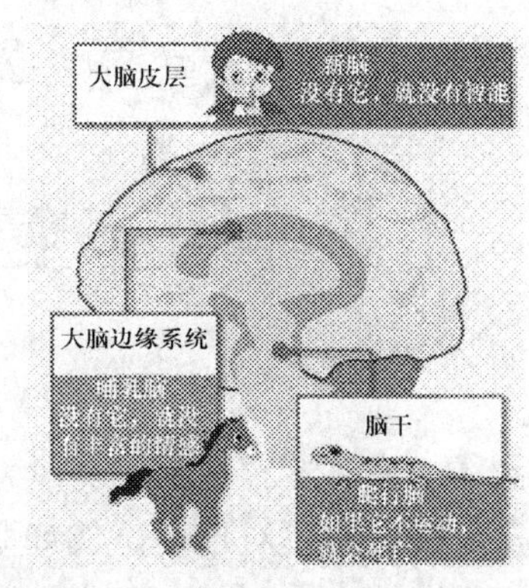

图2-6 人类大脑的三大组成部分

哺乳脑在爬行脑的上面，没有爬行脑那么古老，但也有6000万年之久，它的结构类似老鼠的大脑结构，哺乳脑是哺乳动物共有的。哺乳脑的功能比较复杂，它掌管着繁殖、吃喝的节律，还是情绪的发起中心和操纵平台，控制着人类复杂的情绪和情感活动。与爬行脑一样，它所掌管的那些功能也不受思想控制。人遇到危机情况时的紧张、受惊吓时的恐惧，以及各种微妙的情感波动，所有这些的生物学基础都是哺乳脑的功能活动。

新皮层是人类独有的，从进化上看，人类的大脑皮层包含了几种不同的成分。在种系演化上，最早出现的皮质是嗅觉性的，主要的功能是调节内脏的活动，这种皮质在鱼类就已经出现，叫作古皮质。从爬行类开始，非嗅觉的新皮质出来了，在以后的进化过程中，新皮质的面积不断增加，发展迅速。到了哺乳类，特别是高等哺乳类，新皮质已占据了主导地位。在人类的大脑中，新皮质占了全部皮质的96%，而古皮质则剩下很小的部分。新皮层是人类进行思维的部分，它负责人类的各种高级认知机能，如言语、记忆、判断、推理、计划、组织以及各种有意识的行为。由于新皮层是在爬行脑和哺乳脑的基础上发展起来的，所以它对于它的前身具有调控作用。

2.2.4 左右脑的区别与联系

大脑两半球功能的不对称性，又称大脑两半球功能的专化（Functional Specialization）或功能的单侧化（Functional Lateralization）。人们曾对大脑半球的功能不对称性方面的研究倾注了很大的热情，甚至有人希望它能作为打开大脑“黑箱”的钥匙。随着研究的逐渐深入，人们逐渐认识到，大脑左右半球的分工并不是那么泾渭分明，功能的单侧化只具有相对的意义，左右半球既有相对的分工，又有密切的协作，人的许多重要的心理功能都需要左右半球的密切协作才能完成。

2.2.5 左右脑的结构与功能

人脑由左半球和右半球构成，其结构几乎完全一样，如图 2-7 所示。但两者有不同的功能，分管人的不同行为。这就好比中国古代朝廷有左丞相和右丞相，分管不同的工作。

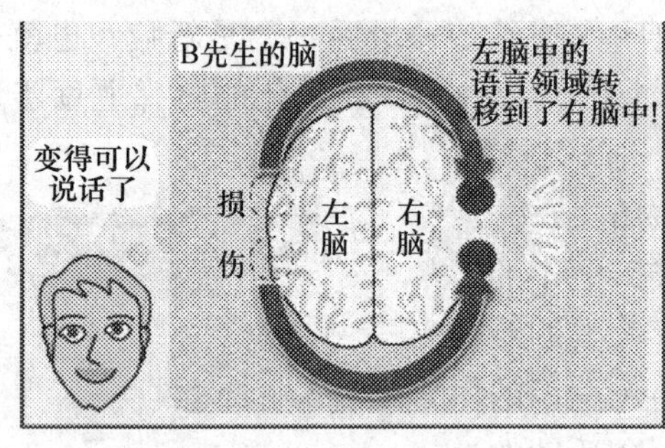

图 2-7 左右脑示意图

人体的许多器官都是不完全对称的，有的很明显，如心、肝、肺、脾等，有的仔细检查才可发现两边的不对称性，例如眼的大小、嘴唇的边缘以及面肌的运动等都有细微的不对称性。人们在致力于探索左右半球功能差别的同时，也在力图寻找左右脑形态方面的差异，并试图使其与功能方面的差异联系起来。

自从 19 世纪 60 年代法国医生布罗卡提出左额下回受损可导致失语症以后，大脑半球功能一侧化的问题引起了人们极大的兴趣。为了搞清左右大脑半球的功能差别，人们进行了大量的研究。时至今日，相当多的人认为，大脑左右半球的功能差别已研究得相当清楚，它们各司其职。

在图 2-8 中，大家可以看到部分功能区在左半球所处位置。

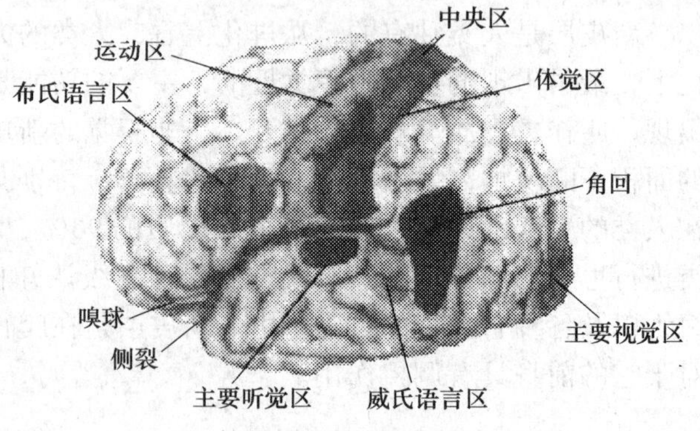

图 2-8 大脑左半球分区功能

1988 年，Bryden 总结了较大的三种病例的利手与语言倾向的关系。结果表明，三组利手者 95% 以上的语言倾向在左半球，且无双侧语言代表区。左利手者三组差异较大。Carter 等报道，左利手者语言代表区在双侧半球者达 66%，而 Segalowitzand 和 Bryden 报道，61% 左利手者语言代表区在左半球。虽差别较大，但都认为相当数量左利手者的语言代表区在双侧半球，见表 2-2。

表 2-2 语言倾向与利手的关系

	语言倾向（%）	左	双	右		语言倾向（%）	左	双	右
右利手	Carter 等	99	0	1	左利手	Carter 等	23	66	11
	Segalowitzand 和 Bryden	95	0	5		Segalowitzand 和 Bryden	61	20	19
	Rasmussen 和 Milner	96	0	4		Milner	70	15	15

右脑控制左半身活动，它是处理表象和进行具体形象思维、发散思维、直觉思维的中枢。它主管人的视知觉、复杂知觉、模型再认、形象记忆、认识空间关系、识别几何图形、想象、做梦、理解隐喻、音乐、节奏、舞蹈以及态度、情感等，具有不连续性、弥漫性、整体性等功能，称之为“情感半球”或“形象半球”。

右脑是用表象进行思维的，它在再认识和处理复杂知觉模型方面占有极大的优势。它的判断不是一步一步地做出的，而是瞬间就可以做出；它能根据整个表象同时考虑大量数据，而不是单独地考虑每一个因素；在整个判断过程中，它不需要语言和逻辑作为思维的工具，因而也不能用语言加以解释。对于那些难以转换成语言和难以按逻辑步骤理解的任务，右脑可以发挥出其特有的作用。例如，它可以在人群中只需扫一眼就将某张脸再次认出，而左脑则不行。左脑只能一次一步地逐一对照面部特征，然后才能加以确认。又如，右脑可以毫不费力地估计空中来球的速度和轨道，甚至可以同时考虑到风向的影响和地面的斜度，指令手臂将来球准确地抓住，而左脑就做不到了。

有人对割裂脑病人进行知觉能力的测验中，发现右半球在按图样搭拼积木、绘画和临摹各种图形的能力方面优于左半球；右半球在从部分构成整体概念的思维活动能力方面也较左半球强。这说明空间操作功能的主要神经机理在右半球。

临床观察，左半球或右半球受损病人的情绪往往有所不同。右半球受损的病人常有积极情绪，往往显得满不在乎，对自己的病情轻描淡写，或予以否认，爱与人开玩笑；左半球受损的病人常有消极情绪，显得痛苦、绝望或愤怒。有实验者给正常人右侧颈动脉内注射阿米妥（一种抑制剂，可使注射的一侧大脑半球麻痹）后常出现欣快感，甚至爆发一阵大笑，而左侧注射后常出现忧郁和流泪。

为了醒目起见，两个半球不同功能对比见表2-3。

表 2-3　左右脑功能对比

项目	左　脑	右　脑
功能	控制身体右侧活动 控制右部视觉 相继处理输入的信息 感觉局部 感觉时间 主司言语技能 逻辑分析 思维	控制身体左侧活动 控制左部视觉 同时处理输入的信息 感觉整体 感觉空间 主司形象化技能 直觉和动觉 知觉和表象
积极的技术	公式化	视觉化
消极习惯	紊乱	空想

当然，这只是一个大致上的轮廓，实际情况远比这复杂。因为人脑的秘密是世界最后的秘密。今天我们对人脑内部运作的机密或机制仅仅是刚刚看到了冰山露出的一小角。

脑科学研究发现，一般儿童到2岁之后，左脑开始慢慢发育，言语中枢逐步发达，此前基本上是生活在右脑形象世界里；到3岁左右，对于言语运用已达到一定程度的自如；4～6岁是幼儿在自己的形象库内选择语言，是语言头脑进一步发达的重要时期，但6岁以前，幼儿仍是以具体形象性的右脑思维为主。

大脑左右半球在功能上各有分工，正确评价大脑左右半球的功能，这使得当大脑受到意外伤害时，医学工作者和有关人员就会通过其来判断大脑损伤的部位，即到底是大脑左半球还是大脑右半球受到损伤。这样就可以为临床诊断提供精确的依据，提高治疗效果。

2.2.6　左右脑协调工作的机理

大脑两个半球的功能一侧化和所谓的优势概念都只具有相对的意义。任何一种心理活动都是双脑协调活动的结果。双脑协调活动的概念与功能的一侧化不能绝对对立。在不同的条件下，大脑左右半球既相对分工，又密切合作，并且其分工与合作的情况与刺激的性质、场合因素、人的心理特点等都有一定关系。

大脑分左右两个半球，在神经传导的运作上，两半球相对的神经中枢，彼此配合，发生交叉作用：两半球的运动区对身体部位的管理，是左右交叉、上下倒置的。左半脑主要具有语言、分析、计算、抽象、逻辑、对时间感觉等思维功能；右半脑具有表象、综合、直观、音乐、对空间知觉和理解等思维功能。在思考方式上，左半球是垂直的、连续的、因果式的；右半球是并行的、发散的、整体式的。在这两个功能不同的大脑半球之间有2亿多条神经纤维束——胼胝体相沟通，从而使两半球的功能互相配合、互相补偿，以保证大脑功能的高度统一。

1. *左、右脑沟通的桥梁——胼胝体*

在正常情形之下，大脑两半球的功能是分工合作的，在两半球之间，由神经纤维构成的胼胝体（见图2-9）负责沟通两半球的信息。胼胝体是由2亿条左右神经纤维组成的“束”，大脑皮层的每一部位都有神经纤维进入胼胝体，以每秒40亿个神经冲动的速度在两半球之间传递信息。这就使得两半球总是息息相通、高度统一协调，构成了一个统一的控制系统。创造活动正是在这个统一的控制系统的基础上实现的。Sperry的研究表明，胼胝体“缺失”，会降低人脑右半球中专门化的非言语和空间定位的正常能力，同时左半球的言语和意志活动能力也会受到极大的影响。Sperry认为，左右两半球处于“共生”的整体之中，在正常状态下，它们紧密结合如同是一个单位进行工作，而不是一个开动着，另一个闲置着。大量的研究也表明，两半球在功能上不仅有分工，而且还有一定的互补能力，它们在一些具体功能上虽然存在主次之分，但都是相对而言的，而不是一种“全或无”的关系；它们既各司其职，又相互密切配合。比如言语功能，在词意和连续性方面依赖于左脑，但其声调还需要由右脑来控制。因此，左右脑就好比是个不同类型的信息加工、控制系统，两半球间存在着密切的相辅相成、协调统一的工作关系。正是由于有胼胝体沟通左右两半球的这一连接功能，才会有大脑两半球的协同合作，才会形成既具有抽象的性质，又具有形象特征的“顿悟”或“灵感”，才能保证人类创造得以成功。创造活动离不开左右脑两半球的沟通，它是大脑左右两半球的整体功能，是整个大脑的整合作用。

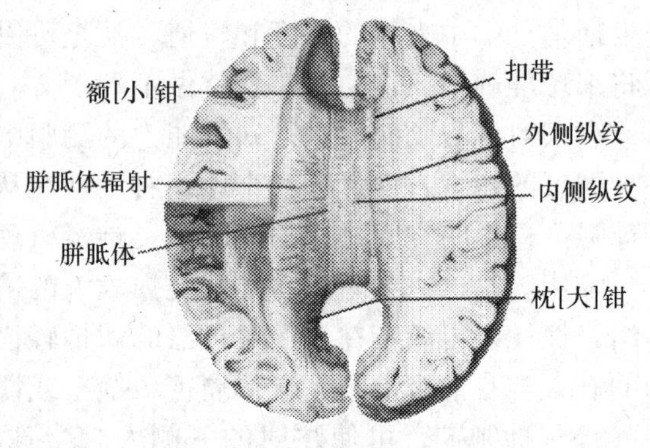

图2-9　胼胝体（顶视）

2. *左、右脑*

近来的脑科学研究成果证明，右半球在很多方面明显优于左半球。人类许多较高级的认知功能，如具体思维能力、空间认知能力以及对复杂关系的理解能力等，都集中在右半球。右半球与人类的创造活动也有密切联系，因为在创造过程中起重要作用的想象、直觉和整体综合等都是右半球的功能。

科学家指出，强调右半球的功能，绝不是贬低左半球的作用。事实上，在人类的一切活动中，只有大脑左右两半球的功能平衡发展，人的创造力才能得到最好的发挥。实践证明，许多具有高度创造才能的人，不仅大脑左半球发达，右半球也特别发达，而且两者的活动十分和谐。这使得他们既善于抽象分析，又善于具体综合，并具有丰富的想象力。

2.3 事件相关脑电位在脑科学研究中的作用

事件相关脑电位（Evenet-Related Brain Potential，ERP）被广泛应用于脑功能的研究，在心理学、生理学、认知科学及其他生命科学相关领域具有很高的应用价值。对于人工智能和人工心理研究领域也是一种重要的研究手段。ERP 是一项无损伤性脑认知成像技术。它的定义是：凡是外加一种特定的刺激，作用于感觉系统或脑的某一部位，在给予刺激或撤消刺激时，在脑区所引起的电位变化。这种电位变化是人类身体或心理活动与时间相关的脑电活动，可在头皮表面记录到，并以信号过滤和叠加的方式从脑电图（Electroencephalography，EEG）中分离出来。ERP 主要包含外源性成分和内源性成分。外源性成分是人脑对刺激产生的早成分，受刺激物理特性（强度、类型、频率等）的影响，如听觉 P50 和 N1、视觉 C1 和 P1 等；内源性成分与人们的知觉或认知心理加工过程有关，也与人们的注意、记忆、智能等加工过程密切相关，不受刺激的物理特性的影响，如 CNV、P300、N400 等。内源性成分为研究人类认知过程的大脑神经系统活动机制提供了有效的理论依据。

近年来，随着认知神经科学研究的突飞猛进，ERP 更是受到脑科学界更为广泛的关注。就认知神经科学而言，它是侧重于研究认知过程神经机制的交叉学科，而 ERP 的优势正是具有很高的时间分辨率（微秒~毫秒），此外，ERP 便于与传统的心理测量指标——反应时间有机地配合，进行认知过程研究，且具有无创性，可以精确地评价发生在脑内的认知加工活动。

2.3.1 事件相关脑电位的提取原理

自发脑电（亦称自发电位）与从脑电图中提取出的事件相关脑电位 ERP；亦称诱发电位（Evoked Potentials，EP），都可提供心理活动时脑的实时信息。特别是 ERP，它可以记录心理活动引起的真实的脑电实时波形，时间分辨率可精确至微秒级，是卓有成效的脑科学研究方法。但是它的空间分辨率不够高。正电子断层扫描（PET）、功能性核磁共振成像（fMRI）等是神经代谢测量技术，它们可提供心理活动相关脑组织的精确定位，空间分辨率很高，但是它们的时间分辨率不够高。因此，将 ERP 与 PET 或 fMRI 的数据融合分析，从而得到最高时空分辨率的数据，是洞察心理活动脑机制的强有力方法，目前已开始在实验室实施。近年又出现了 ERP 与 PET 或 fMRI 同时记录的设备，可进一步提高研究工作效率，目前尚处于试用阶段。

EEG 的谐波成分相当复杂，只是在偶然情况下才出现正弦状波形。EEG 经过技术处理，虽然可以显示为二维脑功能成像图形，但所观察到的只是频率或不同频段的波幅域数值（如功率谱等），丢失了与脑功能相关的时间与波形特性，在这种经典的自发电位频率简单分析水平上，并没有观察到脑的高级功能活动所产生的脑电信号本身。脑的高级功能活动所产生的脑电信号通常比自发电位小，它被淹埋在自发电位中而难以观察。采用计算机叠加技术可将这种信号波形从自发电位中提取出来。图 2-10 显示 EEG 与听觉 ERP 波形及两者的关系。图中，上部显示 EEG 从头皮引出后，经过放大器放大所直接获得的 EEG 波形，未叠加前，刺激所诱发的ERP被淹埋在EEG中而不能观察到，两者构成小信号与大噪声的关系。

为了从EEG中提取出ERP，需对被试者施以多次重复刺激“S”。将每次刺激产生的含有ERP的EEG加以叠加与平均。由于作为ERP背景的EEG波形与刺激间无固定的关系，而其中所含的ERP波形在每次刺激后是相同的，且ERP波形与刺激间的时间间隔（潜伏期）是固定的，经过叠加，ERP与叠加次数成比例地增大，而EEG则按随机噪声叠加。若刺激次数为n，则叠加n次后ERP增大n倍，而EEG只增大$\sqrt{n}$倍，信噪比提高$\sqrt{n}$倍。若叠加前ERP波幅为EEG波幅的1/2，ERP被淹埋在EEG中难以观察，经过100次叠加后，ERP增加100倍，EEG增加10倍，叠加后的ERP波幅是EEG的5倍，于是ERP就从EEG背景中浮现出来了。叠加后的ERP数值除以叠加次数，其平均值即还原为一次刺激的ERP数值，因此，ERP又称为平均诱发电位。通常所谓的“平均”实际就意味着是叠加后的平均。这就是提取ERP的基本原理。

ERP含有一系列正波与负波，它们对可依刺激通道分为听觉ERP、视觉ERP和体感觉ERP等；可依潜伏期分为早成分、中成分、晚成分和慢波；可依刺激性质分为外源性（即生理性）与内源性（即心理性）成分。以听觉ERP为例，其早成分、中成分、晚成分和慢波的潜伏期范围分别为10ms以内、10 ~ 50ms、51 ~ 500ms和500ms以上。早成分是由脑干产生的，中成分是由初级感觉皮质产生的，晚成分和慢波一般认为是由次级感觉皮质及其以后的神经活动产生的。图2-10所示的下部即为听觉RRP早成分（Ⅰ ~ Ⅱ）、中成分（N0、P0、Na、Pa、Nb）、晚成分（P1、N1、P2、N2、P3）和慢波（SW）的示意图。在实际工作中，可以以波的极性字母和峰潜伏期数值命名，例如，P300表示在刺激后300ms左右达到峰值的正波，N27表示在刺激后27ms左右达到峰值的负波。外源性成分的潜伏期和波幅是由刺激的物理属性（例如刺激强度和刺激速度等）决定的。内源性成分的潜伏期和波幅是由心理因素决定的。早成分和中成分属于外源性成分，一般的晚成分和慢波属于内源性成分。外源性成分可以不受心理因素的影响。内源性成分对任务的认知功能敏感。例如，P300与注意相关，伴随性负变化（Contingent Negative Variation，CNV）与心理负荷有关，运动预备电位是运动发生前的意动的产物，N400则是语言加工所产生的。心理因素不但可以决定内源性成分的潜伏期和波幅，而且可以决定其头皮分布。

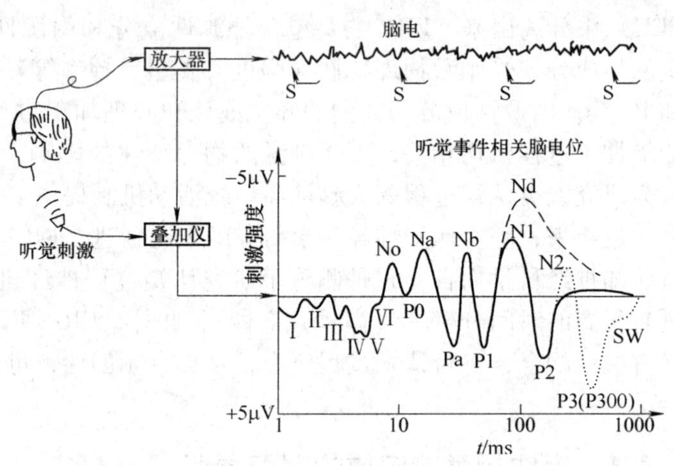

图2-10　EEG与听觉ERP波形及其关系示意图

关于经典EEG节律形成的机制，目前一般认为，主要是由皮质大量神经组织的突触后电位同步总和所形成的。这就是说，电位主要来自突触后电位变化，即胞体和树突的电位变化。对于EEG的主要节律来说，轴突的动作电位变化过快，难以形成为EEG的主要成分。由于单个神经元的电活动过于微小，实际上只有神经元群的同步电位才可以被记录到。其中，某些同步化作用来自丘脑非特异投射系统。ERP则与EEG不同，除了皮质突触后电位以外，还含有皮质下组织活动及轴突动作电位成分。无创伤的 EEG 与 ERP 记录不能精确确定其脑内信号发生源的位置。偶极子的数学推导、手术中的颅内记录、脑损伤或脑局部切除术患者的颅外记录、动物模型等方法，可得到 EEG 与 ERP 脑内源空间定位的较为可靠的资料，从而弥补无创伤 EEG 与 ERP 记录在定位上的不足。

只有偶极子源具有开放式电场，才能被远距离记录到。简单地说，当脑组织中神经元的排列方向一致时，例如皮质第三、五层的锥体细胞，其同步发放所形成的电场即是开放式电场，此时神经元电场相加总合，可在颅外记录到相应的电位。当缺乏上述清楚的局部神经元解剖学基础时，例如内侧丘核，则产生封闭式电场。此时，神经元虽可同步发放，但局域外电场方向不能一致，互相抵消，偶极子电场不能总合，远距离处则不能记录到有关的电位。

记录点与活动神经元源的距离是影响头皮电位强弱的主要因素。头皮电位的颅内神经元发生器（源）可分为近场源与远场源两类。初级体感诱发电位产生于中央后回，是近场源的例子。其神经元源位于半球表面，头皮电场较强，波幅最高处位于顶部电极点，恰在中央后回之处。典型的远场源例子是脑干听觉诱发电位（BAEP）。BAEP 的脑内源包括从第Ⅷ对脑神经到下丘脑的一系列脑干结构。这些脑内源与头皮距离颇远，其偶极子电场强度在头皮上很弱，所记录到的 BAEP 波幅也就很小。

2.3.2 事件相关脑电位在认知科学与脑科学研究中的重要作用

目前，ERP/EEG 的研究已经深入到心理学、生理学、医学、神经科学、人工智能等多个领域，发现了许多与认知活动过程密切相关的成分。例如，英国神经生理学家 Walter 等首次报道的 CNV，与人脑对时间的期待、动作准备、定向、注意等心理活动密切相关；Sutton 等在识别不同声调时记录到一个潜伏期约 300ms 的正波（P300），大量研究结果表明，P300 是与注意、辨认、决策、记忆等认知功能有关的 ERP 成分，现在已广泛应用于心理学、医学、测谎等领域；Nanttanen 等采用相减的方法首先提取出失匹配负波（Mismatch Negativity，MMN）和加工负波（Processing Negativity，PN），并提出了注意的脑机制模型和记忆痕迹理论，成为近年注意研究的前沿问题；Kutas 和 Hillyard 首先观察到反映语义认知加工过程的 N400，围绕 N400 的一系列研究，促进了对人脑语言加工脑机制的认识，而且 N400 的发现不仅在于使 ERP 增加了一个具有特定意义的成分，扩大了 ERP 的研究范围，重要的是将 ERP 成功地运用到了语言心理学，给语言心理学注入了新的活力，使探讨语言加工的脑机制成为可能。

下面仅就与无意识加工、注意、面孔/表情识别、情绪加工领域的 ERP 研究进行简要表述，从而可以清楚地看到 ERP 在认知科学与脑科学研究中的重要价值。

1. MMN 是研究大脑信息自动加工的可靠的客观指标

脑的信息自动加工亦称“脑的自动加工”“脑对信息的自动加工”，它长期被实验科学所忽视，然而它是一种普遍存在的现象。如人的行为受到脑的控制，是脑功能的表现，行为自动化是脑的信息自动加工的结果。

MMN 于 1978 年为 Nanttanen 等首先报道。其中的一个典型实验范式是，令被试者双耳分听，即只注意一只耳朵的声音，而不注意另一只耳朵的声音。结果无论注意耳朵还是非注意耳朵，偏差刺激（小概率出现的纯音，如 1008Hz）均比标准刺激（大概率的纯音，如 1000Hz）引起更高的负波。偏差刺激与标准刺激的差异波中约有 100～250ms 之间的明显的负波，即为失匹配负波。由于偏差刺激出现的概率很小，且与标准刺激差异甚小，因此在由标准刺激和偏差刺激组成的一系列刺激中，偏差刺激乃是标准刺激的一种变化，偏差刺激引起的差异波 MMN 就是该变化的反映。由于这一刺激变化可以在非注意条件下产生（即在被试者非意识的条件下产生），MMN 反映了脑对信息的自动加工。

脑对信息的自动加工能力是脑的一种奇特的高级功能，对人类具有重要价值。MMN 的发现为脑的信息自动加工提供了难得的客观指标，由此不但客观地、物质地证实了人脑信息自动加工的存在，而且可以利用 MMN 研究一些困难而重大的问题，如人脑自动加工的广度、深度和脑机制等。这是当前人工智能、生命科学等众多学科均待解决的问题。研究表明，MMN 的脑内源有两处：一处为感觉皮质，另一处为额叶。MMN 可以反映出感觉阈限附近的外界变化，足见人脑自动加工的精细，MMN 是多么灵敏。

关于 MMN 的研究结果将生命科学的研究引入到了非意识的深奥领域，使认知与脑科学提高到了一个新的水平。此外，在无意识、不能取得主诉（如患者为婴儿或处于昏迷状态等），给疾病的诊断带来困难时，MMN 可以发挥独特的诊断作用。

我国学者魏景汉等在前人研究的基础上，创建了新的研究 MMN 的实验模式——“跨视听通道延迟反应”（见图 2-11）。该模式已得到国际认可，从而使 MMN 的研究更为可靠，更有说服力，亦更为深入。

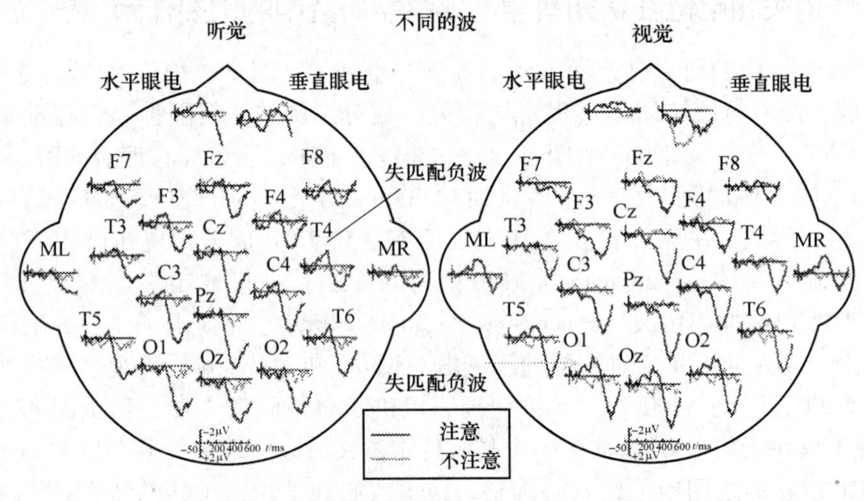

图 2-11　由跨视听通道延迟反应得到的 MMN

2. 注意研究中的早期 ERP 注意效应和 P3a 成分

注意问题作为心理活动的调节机制，在近代心理学发展的初期就已经受到重视，James（1890 年）曾定义道：“注意的实质是意识的集中”。注意是脑的高级功能研究中的一个重要问题。注意是意识的一个属性，是心理活动对一定事物的指向与集中。心理活动的指向性是由脑对信息的过滤或选择功能实现的。人类生活环境中的事物在不断变化，这些信息都作用于人的感官。可是难以同时对多件事物进行意识加工，所知觉的只是其中的少数信息，说明正常人脑是在不断地对这些信息自动进行选择，以保证只有有用的信息进入意识，做进一步加工。注意的选择性是一种在意识加工前阻止无用信息进入意识的能力。注意是保证心理活动正常进行的基本功能，注意功能障碍将导致其他一系列脑的高级功能障碍。

认知科学关于注意的研究可以分为两个方面：一是关于注意选择性发生的时程问题，即早选择与晚选择的理论之争；另一是关于注意的选择性与集中性的脑机制问题。传统心理学由于方法学（反应时和错误率）的局限，对注意的研究难以提供有充分说服力的证据，ERP比传统心理学指标揭示的认知过程更加明确：分析其潜伏期，可以估计加工事件的时间进程；分析其波幅，可以估计信息加工时的心理过程强度；分析其头皮分布，可以估计对刺激加工起作用的脑内源。ERP研究在早选择与晚选择的理论之争及关于感觉输入信息的抑制、注意保持、对新异刺激的觉察等注意诸方面都做出了重要贡献。

（1）早期ERP注意效应　听觉选择注意的ERP研究中，Hillyard等用双耳分听的实验模式，在选择性地注意某一耳信号的过程中记录到一个增大的负波N1，即“N1注意效应”。该工作创造性地记录到了注意通道与非注意通道的ERP，在选择性注意的ERP研究中具有很大的影响。其后，Woldorff和Hillyard进行系统研究发现，听觉脑干诱发电位成分不受注意的影响，而中潜伏期成分（P20-50，刺激后20~50ms）则表现出明显的注意效应。目前认为P20-50是最早受注意影响的成分。通过多导ERP记录的脑成像及脑磁图的研究表明，P20-50发生在听皮质（包括初级听皮质），说明P20-50发生在听觉信息加工的早期阶段，是支持注意选择性发生在加工早期的有利证据。

对视觉ERP研究发现，反映初级视皮质（纹状皮质）活动的潜伏期50~70ms的C1成分不受注意的影响，而头皮后部的P1和N1则受注意的显著影响，表现为幅值的增强。基于P1的发生源在外侧纹状皮质，目前一般认为，当视觉信号从纹状皮质传导到周围的外侧纹状皮质时才开始受到注意影响，此时约为刺激后100ms。

（2）非随意注意的脑机制——P3a　P300的发现倍受关注。其中，新异刺激引起的P300称为P3a。P3a的潜伏期较短，头皮分布较广泛，最大波幅位于额叶后部，比P3b（反映了注意过程）明显靠前。新异刺激不是一般的刺激或环境变化，而是一种未预料到的突然的刺激，它以产生朝向反应为特征。朝向反应的本质是一种非随意注意，其注意对象原本不是心理活动的指向者，只是由于突发刺激具有足够的强度和新异性，心理活动被动地被它吸引了过去，这种心理活动的指向性不是随意的、主观不能控制的。朝向反应把非注意对象变成了瞬间注意的对象，如果这一对象是有意义的，则再进一步加工。可见，朝向反应能使机体觉知与应对不测事件，使之优先进入认知加工，对机体具有重要的保护意义。现已公认P3a是朝向反应的主要标志。

基于以上所述，ERP为意识的研究提供了客观指标。注意不等于意识，对阈下刺激的注意不能引起意识，但注意可以提高意识水平，意识水平的提高也可以增强注意强度，意识可以用注意作窗口进行观察。作为新异性刺激引起的一种反射活动，朝向反应的过程是刺激物获得注意资源的过程，是非注意向注意转化的过程、注意开启的过程，属于非意识向意识转化的过程，因此可以作为实验性地研究意识转化的开始点。而目前已知与朝向反应相关的ERP成分包括N1（反映刺激的新异性，可以引起朝向反应）、MMN（反映偏差刺激被自动加工）、P3a（反映朝向反应出现，注意开启完成），通过不同性质的外界刺激所引起的注意开启的ERP异同，考察是否激活不同的自动加工机构，即可观察非意识向意识转化的脑活动机制。

3. 面孔识别和表情特征分析的ERP成分

面孔是一种内容非常丰富的非语言刺激，可提供性别、年龄、表情和个体识别特征等信息。面孔识别比物体识别在人类的生长发育过程中发展得更早，人类刚一出生就倾向于将面孔与其他物体区别开来。面孔识别是人类社会生活中的一项重要功能，对模式识别、计算科学、人工智能等应用基础研究，对脑损伤及阿兹海默症病人面孔记忆的缺失原理的研究以及临床应用等均有重要的意义。ERP 技术的应用为面孔识别的研究开创了新的纪元。

Bruce 和 Young 基于脑损伤的病人提出面部表情的加工独立于最初对面孔的感知加工（主要完成对面孔的结构编码）。由于 ERP 的高时间分辨率，有利于研究面孔加工的时间特点、验证面孔感知加工和表情加工的时间过程。

到目前为止,普遍认为枕颞区的 N170 是反映面孔特异性的 ERP 成分(面孔加工比对其他客体加工诱发更大的负波,在刺激呈现后 170ms 左右达到峰值),这个成分反映了面孔识别的早期感知加工。另外,除了 N170,还有顶正电位(Vertex Positive Potential,VPP),VPP 的潜伏期为刺激呈现后 150 ~ 200ms,顶区-中央区分布,也反映了面孔识别的感知阶段的加工。

面孔加工的另一个重要问题是表情加工问题。许多研究者发现，对情绪刺激进行加工能引起一个晚期正成分（Late Positive Component，LPC），与中性表情相比，有情绪的面部表情能引起 ERP 更大的正成分,并且晚期正成分受面孔情绪强度的影响。Orozco 等发现与高兴的面孔相比,悲伤面孔能引起更大的 LPC,认为这是由于悲伤面孔的情绪强度比愉快面孔的情绪强度大。赵仑等(2004 年)利用表情特征更为明显的卡通脸图进行的 ERP 研究发现,对表情分类引起明显的中央顶区分布的表情加工晚成分 Pd,该成分的潜伏期和幅值受表情特征类型的影响(愤怒面孔的 Pd 潜伏期最短、幅值最大,微笑面孔的 Pd 潜伏期最长、幅值最小)。

4. 情绪的 ERP 研究

情绪（Emotion）是指人类个体受到某种刺激所产生的一种身心激动状态，是情感的外部表现，它的产生不是自发的，而是由内部或外在的刺激引起的。在心理学研究中，情绪比一般的认知活动更为复杂，更多地涉及社会环境与文化。大量实验证明，ERP 可以敏感地反映出情绪活动在脑内的活动过程。

我国学者魏景汉实验成功了研究情绪的独特的 ERP 实验研究方法，即“猜测 CNV 实验模式”，使关于人类情绪性质的 ERP 研究得以开展起来。正情绪使心理负荷解脱波（Extrication of Mental Load，EML）波幅增高、潜伏期缩短，负情绪则产生相反的变化。

研究表明，中性情绪和负性情绪（愤怒、悲伤等）对引发听觉 P300 起正性作用，而愉快等正性情绪对听觉 P300 则起负性作用；也有研究发现，情绪面孔图像诱发出明显的枕部 N270 成分，验证了“情绪信号促进刺激的早期视觉信息处理过程”的假说。

对用不同情绪色彩的词汇产生的 ERP 研究表明：P2 反映对情绪重要性的一般评价过程，P3 反映与任务相关的决策，正慢波（SPW）则反映个体在既往情绪经验基础上做出的控制决定。

在记忆试验中，负性和正性情绪单词较中性情绪单词的 ERP 新旧效应显著加强，表明单词的情绪成分对语义记忆过程有显著影响。

认知、运动和情感三个功能系统分别对觉醒状态的体验起到特定作用，并通过三个系统在前额叶皮质整合后发出的一致行为来维持觉醒状态。通过研究不同 ERP 成分与情绪刺激处理过程中特定中间程序的联系，可以阐明情绪认知过程及对情绪认知活动中神经基础的准确定位。

另外，尽管 ERP 可以很好地研究认知过程，但并不排除其在脑功能状态评定中的重要价值。ERP 采用心理和生理指标相结合的测试方法，不仅可以给出信息输入与行为输出之间加工过程的信息，而且也可以得到 ERP 各成分的潜伏期与幅值及其在头皮的分布，揭示神经细胞群活动机理，从而更准确有效地评价其功能状态。目前，ERP 已用于多种作业的工作负荷的评定，在脑功能康复治疗、神经精神医学、运动医学、军事医学等多方面具有重要的不可替代的作用。

总之，利用 ERP 提供的时空信息可以用于许多不同的研究工作，包括对大脑奥秘的探索、脑机制的了解等。

2.4 脑机接口（BCI）技术

2.4.1 BCI 技术概述

近年来，一种基于人脑信号的控制系统正在兴起，愈来愈引起人们的关注。与通常的控制系统不同，这种控制系统直接以人脑信号为基础，通过脑机接口（Brain-Computer Interface，BCI）技术来实现控制。

如图 2-12 所示，BCI 是通过戴在人头顶的测量电极获取人脑活动信号、经过预处理、特征提取等过程，再进行分类，转化为控制信号，提交给外部设备或者反馈给本人。

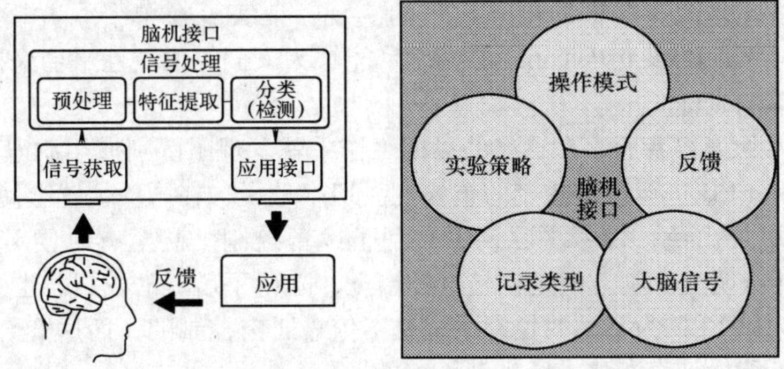

图 2-12　BCI 的基本框图

BCI 是一种可以让用户通过思想来控制特殊的计算机设备的通信方式。目前大部分的实现都是基于 EEG 记录。EEG 是测量、分类人想象时的不同信号。通过 BCI 技术，能够监测出不同 EEG 信号对应的特定任务，用来控制外部设备。

目前，许多国家的实验室开始探索和开发 BCI 技术，这项技术是为帮助那些因神经肌肉损伤而行动受到阻碍的人（如肌肉萎缩、中枢神经系统损伤、重度中风的病人等），使他们不需要依靠周围的神经和肌肉，只利用脑部的信号，来达到与外界沟通，传递信息，自主活动，以及自我照顾等目的。而这项技术的基础是，当大脑活动时，会产生特定的脑波变化，由此可以利用 EEG 对脑波进行检测与辨别，进而控制仪器或进行交互。BCI 技术的发展，不但能够节省社会负担，减轻病人及其家庭的痛苦，还能让病人独立行动，建立患者与外界的沟通桥梁，提高病人的生活品质，有着很大的经济效益和社会效益。目前，BCI 技术已经引起了世界上很多国家的充分重视，特别是计算机技术在全世界领先的美国，投入了巨大的人力物力，并且也取得了很大进展。最近由美国科学家研制的“思考帽子”（Thinking Cap）已经可以直接用人的思想控制计算机。而 BCI 技术的全面成熟则有赖于广泛的多学科合作，需要神经学科学家、工程师、心理学家、软件专家和行为学专家的通力合作。

2.4.2 BCI 技术的发展历史

自从 1929 年汉斯·伯格发明 EEG 之后，人们就开始思索能否通过这个神奇的发明让大脑不借助任何其他媒介（包括神经和肌肉）来直接进行沟通交互和设备控制。到了 20 世纪 70 年代，有一些科学家已经开发出一种利用由头部的电活动记录控制的简单交互系统。而美国国防部高级研究计划局（Advanced Research Project Agency，ARPA）在大力开发国际互联网的同时，也对这项能为人和计算机提供更“亲密接触”机会的技术产生了浓厚的兴趣。其中值得一提的是，为了提高那些在军队中因从事高风险工作的人的表现，乔治·劳伦斯（George Lawrence）教授提出并负责一项开发生物反馈技术的研究。这项研究并没有在他预期的方向上取得多少进展，却在生物反馈本身有了意外的突破。一个新的方向，被称为生物控制论的学科产生了，并在接下来的几年中成为仿生学研究的重点。

而在生物控制论中很重要的方向，就是评估将生物信号利用计算机实时转换成电信号，进而帮助控制如汽车、武器和其他系统的可能性。当时在这方面最有成就的要数由加利福尼亚大学洛杉矶分校的杰奎尔·维达（Jacques Vidal）教授负责的 BCI 实验室，他的团队通过计算机发出的可视化刺激和精密的信号过程的实现，证实了在单个（并非每个）试验中，可视诱发电位（Visual Evoked Potentials，VEP）能够为人们提供交互平台来控制在计算机屏幕上二维迷宫的移动光标。

这些 BCI 技术的先行者们，在自己的早期工作中就发现了区别使用肌电图（Electromyographic，EMG）和 EEG 进行系统控制的重要性。坦率地说，在同一位置上使用 EMG 和 EEG 时，EMG 的表现更加出色，信号更强，更有利于设备控制。甚至有时候 EMG 可以伪装成 EEG，与后者没什么明显区别。但是正是这种错觉，阻碍了后者的发展，也会将 BCI 技术发展引入歧途，因为以 EEG 为基础的控制系统是不依靠肌肉控制的，而这恰恰是 EMG 的致命弱点，它根本就不能做到真正的人脑和计算机的通信。

基于 EEG 的 BCI 系统是目前脑机接口技术研究的主流技术。BCI 技术发展的首要目的就是为那些有严重行动障碍和小儿麻痹患者，提供一种全新的交互方式，因为其他传统的交互方式都要借助各种形式的肌肉控制，而这些传统的交互方式对那些有严重行动障碍的患者是可望而不可及的。

与其他的交互控制系统相似，一个 BCI 系统由输入、输出以及将输入信号转换成输出信号的脑电信号处理算法来实现。目前，BCI 输入信号的方法分为非嵌入头皮层和嵌入头皮层方法。非嵌入式使用头顶记录 EEG 或诱发电位，而嵌入式使用皮层内记录神经单位活动或 EEG 硬脑膜记录。

不同的 BCI 系统使用不同的脑电信号处理算法，这些算法可能包括线性的和非线性的、有关神经网络的或其他的方法，并且将重要的参数混合来理解输入信息。输出信息包括光标移动、字符选择、图形选择和一些其他的设备控制，还包括将信息反馈给患病者，使其能与外界达到最完美的交互效果。除以上主要部分外，还可能配有开/关、反应时间显示、速度、精度，以及由它们共同影响的脑电信号处理率这些参数等。

1. 不同 BCI 系统的性能比较

不同的BCI系统在其输入、输出和脑电信号处理算法上都存在很大的差异，通常比较两个不同的BCI系统是非常困难的。因为似乎在不同的应用上，不同的BCI系统都有自己的优势，但必须注意到，没有统一的标准来衡量是不利于BCI技术发展的。在2000年第一次召开的BCI技术国际会议上提出了一个标准尺度：比特率，即每个单位时间内信息成功传送的数量。比特率依靠的是传送信息的速度和准确率。结合目前比较先进的BCI设备的现状，绘制出图2-13所示的信息传递的准确率和速度之间的关系，此图论证了在不同的可能选择个数（包括2、4、8、16、32个）范围内信息传递的准确率和速度之间的关系。信息传送速度用单位次数选择（单位实验）传递的比特数（bit/次）和每分钟传递的比特数（bit/min）分别表示。从图中不难发现，传输速度越快，传输准确率也相应越高。比如当可能选择为二选一时，如果想要把准确率从80%提高到90%，速度就必须提高一倍。而如果可能的选择由两个增加为四个时，如果想保持与前者一致的传输速度，就只能以将准确率降到65%为代价。应该说，比特率还是一个比较不同BCI系统的一个非常客观的参数。

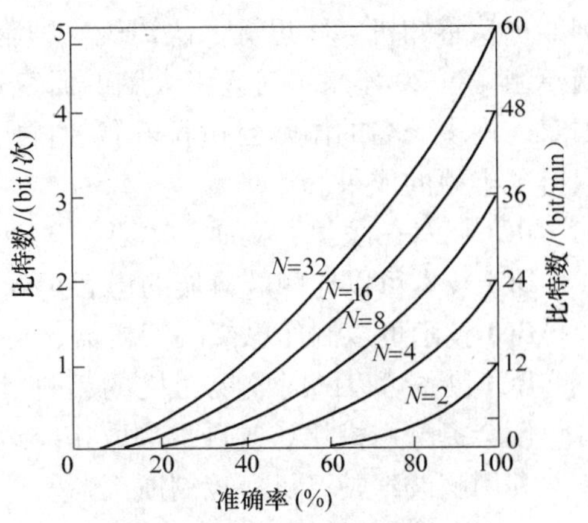

图2-13 信息传递的准确率和速度之间的关系

信息传输率用bit/次和bit/min表示，准确率Accuracy用%表示，并且在可能选择N分别用2、4、8、16、32表示。

2. BCI 的脑电信号处理算法

脑电信号处理算法就是把BCI获得的输入信号转换成实际设备控制的一系列计算过程。任意的一个脑电信号处理算法都需要有三个关键特征来划分：脑电信号处理函数、适应能力和输出。其中脑电信号处理函数可以是线性的（线性方程），或非线性的（神经网络）；算法可以是适应的或非适应的；适应算法可利用手动规律或更精密的机器算法。算法的输出可以是离散的或连续的。不同的现实世界应用是这些脑电信号处理算法不同的根本原因。

目前大量的BCI算法都是服务于头顶记录的EEG，而这种现状都是由于EEG技术是目前唯一可以广泛应用的BCI技术。EEG反映的是众多神经皮质的整体活动，如果想把这种活动所抽象出的输入特征用于有效的沟通，就必须有两个以上可分辨的状态来反应使用者的意志。但是，随着电极嵌入技术的发展，现在的算法将需要更大的发展。

但是，不论脑电信号处理算法的本质和计算能力如何，如果不具备现实应用价值，它都没有存在的意义，就像BCI控制光标活动的精确性和速度只有在具体的选择目标中才有价值。虽然BCI研究涉及的理论性问题对脑科学的探索是有重要揭示作用的，但真正能推动BCI技术是它在现实中对行动上存在严重缺陷的人们的帮助。

为了BCI技术的进一步发展，需要一种比较不同算法的客观方法。即使对同一种应用，甚至同一个BCI系统，想要进行这种比较是非常困难的。但是，如果要采纳特定的应用基准、设置一致的数据，或者使用标准进程，就可以进行合理的比较。由于大脑适应能力和体能差别，脑电信号处理算法的比较需要采用适当的统计方法，并将其应用于众多的用户和相关的应用中。不同的算法适用于不同的应用场合，不见得一种算法就能适用于所有的应用。

2.4.3 BCI 技术的应用领域

从 20 世纪 40 年代以来，关于脑模型或人工大脑的研究，人们已在仿生学、人工智能、人工神经网络、模式识别、超级计算机等领域进行了大量的探索，取得了一系列研究成果。例如，从感知机、联想机、认知机、细胞自动机到星脑等，都是某种简化的、局部的人工大脑模型。近 20 年来，对人工大脑的研究进入了一个新的阶段，尤其是在欧、美、日等发达国家，许多著名的国际公司和著名的科研院所都把对人工脑的研究列为专门的研究课题，并取得了丰硕的成果。

BCI 技术在医学、交通、军事、工业、农业等领域具有广阔的应用前景。

BCI 技术可以让四肢瘫痪的患者重新恢复行动自由。

BCI 技术可以制作思想解读机器，可以不问而获取人的想法。

BCI 设备可以随时监视司机的精神状况，一旦检测到驾车者脑部活动有过于紧张或疲劳，便会提醒司机注意或自主采取相应运动。

利用脑波驾驶飞机、控制航天器。

利用脑波对周围的环境进行控制，如开灯、打开电视机等。

利用脑波建立虚拟现实系统等等。

现举以下例子来说明 BCI 技术的应用前景。

1. 猴子脑控机械臂

美国科学家将极细微的电极植入两只雌性恒河猴大脑的额叶和顶叶部位，每个电极不到人的一根头发丝粗细。它们发出的微弱电信号通过导线进入一套独特的计算机系统。该系统能识别与动物手臂特定运动相关的大脑信号模式，信号经脑电信号处理后用来对机械手运动进行控制。这项重大突破使意念与机械结合的研究跨出了一大步，如图 2-14 所示。

图 2-14　脑控机械臂

2. 脑控驾驶飞机

美国佛罗里达大学的科学家们利用 2.5 万个老鼠脑神经细胞创造了一个活“大脑”，它可以驾驶模拟高速飞机。科学家们将一个电极栅格放于玻璃盘子底部，栅格上面覆盖老鼠的神经元细胞。细胞最初像一盘散沙一样漂浮于培养液中，但是通过显微镜可以很快看到它们开始互相聚集，慢慢地形成了一个有机的神经系统网络——也就是类似大脑一样的东西——这东西被迪马斯称作“活着的计算装置”。然后大脑通过一台计算机和飞机模拟装置连接在一起。就像人类的大脑一样，人造大脑也可以学习。最初的时候，人造大脑并不知道怎样控制飞机，它没有任何经验。但是，“随着时间的推移，正确的反复刺激修正了神经网络的反应，慢慢地（15min 后）神经元学会了控制飞机。最后的结果是神经网络系统可以控制飞机在相对稳定的路线和高度成功飞行。”

3. 电信号刺激增强记忆力

美国的神经学专家们在 2005 年于圣地亚哥举行的神经学会年度学术会议上，提交了一项研究成果。他们在人的前额装上小电池，将很微弱的电流作用于人的前额部位脑神经，

20min 以后，试验对象的语言能力就会提高 20%。这主要是由于该装置所发出的轻微的电流刺激了前额部位的头皮，激发了该部位的脑神经活力，使其反应能力迅速增强，从而提高了语言和记忆能力，如图 2-15 所示。

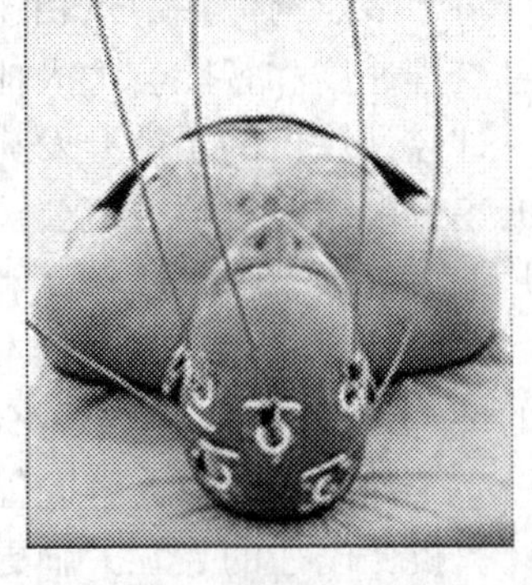

图 2-15　电信号刺激增强记忆力

4. 将电机头植入大脑皮层，病人不动手就能玩电子游戏

美国华盛顿大学的埃里科·来塔德特等科学家，首次成功地将电子栅格植入人的大脑皮层，用来传出病人大脑的信号，使病人不动手就能玩最简单的电子游戏。借助类似技术，瘫痪的人将来也许可以用思维控制机器或工具，或者重新获得对手脚运动的控制能力。这种技术甚至还有可能用于开发出微型机器人，它们会直接被人脑信号操纵。

5. 模仿大脑的电子线路

美国麻省理工学院的科学家创造了一种电子线路。和传统的电子线路不同，它可以模仿大脑的生物线路，接收如大脑皮质的回授信号。该电子线路是由很多人造的神经单元组成，这些人造的神经单元可以通过一些人造的神经原的神经线连接，相互通信。图 2-16 所示是科学家发明的电子线路。它是由 16 个人造神经单元组成。

图 2-16　人工大脑芯片

6. 世界第一个修补大脑的芯片

美国科学家研制出了一块能发挥大脑内海马部位功能的硅芯片。可把这个芯片用来替换病人大脑内海马组织的病变部位，一旦被替换，它就可以接收来自大脑神经元的生物电信号，通过芯片的处理模拟出海马组织的功能，并把处理后的信号传给大脑的其他神经元。其主要的功能和上述的模拟大脑的电子线路是近似的。如果确认有效，脑部病变或受伤而无法产生新记忆的病人将能重新完整地感受生活。其工作方式如图 2-17 所示。

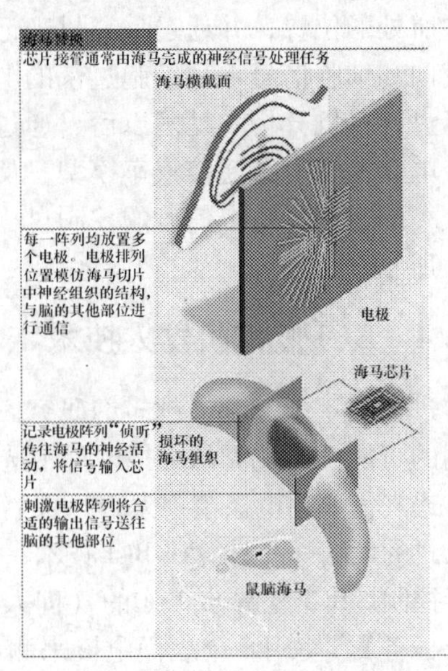

图 2-17　人工（大脑）海马芯片

7. 用人体皮肤作为传送信号的数据总线

微软公司的科学家近日表示，他们已经获得了利用人体皮肤作为能量管道和数据总线的专利。如今可穿戴电子产品越来越普及，但其输出和输入设备却相对冗余，为了解决输入和输出设备冗余问题，通过该皮肤总线技术就可以搭建一个“个人局域网（PAN）”，允许所有的便携设备都使用同一个输入、输出设备。例如，无论是腕式手表，还是个人数字助理（PDA），它们都可以使用同一个扬声器。同时人体作为一种天然电阻，还可以用作虚拟键盘。

8. 神经计算机

人脑有 140 亿个神经元及 10 亿多个神经键，每个神经元都与许多个神经元交叉相连，它们协力工作。科学家认为，每个神经元都相当于一台微型计算机。

人脑总体运行速度相当于每秒1000万亿次的计算机功能。如果用许多微处理机模仿人的神经元结构，采用大量的并行分布式网络就构成了神经计算机。神经计算机还有类似神经的节点，每个节点与许多节点相连。若把每一步运算分配给每台微处理机，它们同时运算，其他信息处理速度和智能会大大地提高。

神经计算机的研究开发势头令人鼓舞。1989年美国贝尔实验室制成可供神经计算机使用的集成电路；三菱电机公司开发出神经计算机用的大规模集成电路芯片，它在1.5cm^{2}的硅片上设置了400个神经元和40000个神经键。应用这种芯片实现了每秒2亿次的运算速度。它的学习能力很强。日本电气公司还推出一种神经网络声音识别系统，能够识别出任何人的声音，正确率已达99.8%。俄罗斯科学家声称1991年成功地研制出首个人工电子大脑——一个拥有与人类大脑同等智力潜能的“神经计算机”。科学家瓦利采夫说，这个俄罗斯新计算机比以往的人工大脑更优越，因为它是利用神经生理学和神经形态学的尖端技术制造出的能够真正思考的机器。他说：“我们必须把这种机器当作刚出世的婴儿那样训练，必须把它当作朋友，不要把它视作犯人或敌人，这是非常重要的”。

神经计算机将来会有更广泛的应用，如完成识别文字、符号、图形、语言以及声呐和雷达接收的信号，判读支票等；实现知识处理，如对市场进行估计，顾客情况分析，新产品分析，进行医学诊断等；进行运动控制，如控制智能机器人，实现汽车自动驾驶和飞行器的自动驾驶等；在军事上，用来发现、识别来犯之敌，判定攻击目标，进行智能决策和智能指挥等。神经计算机的发展前途是不可估量的，其研究也在不断地创新、前进。

9. 脑控驾驶汽车模型

佐治亚理工学院的科学家们在一个玻璃器皿中培养了一个老鼠的脑组织细胞，并同时在脑细胞组织中植入一个电子芯片来接收细胞的活动信号，同时通过显微镜来观察细胞的生长状况及芯片的引脚在细胞中所处的位置，并通过计算机来记录电子流向和细胞信号。从细胞过来的电子信号经过计算机分析和处理以后，通过一个无线电装置发射给遥控汽车模型，从而控制汽车的运行。整个信号的控制过程如图2-18所示。

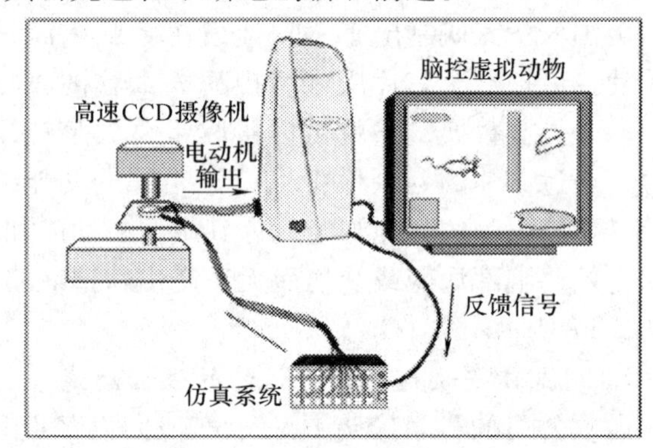

图2-18　脑控驾驶汽车模型

2.4.4 BCI脑控机器人技术

过去几年中，越来越多的研究表明了分析人类大脑实时活动和将大脑的状态转换为动作控制的可能性，例如从虚拟键盘中选择一个字母或者移动一个机器人设备。这些研究包括介入方式（需要用电极植入大脑）或者采用BCI同步数据通信协议。本节描述了一种便携式非插入式的大脑——计算机BCI技术，它可以使用虚拟键盘对迷宫式家居环境中的移动式机器人进行控制。BCI是异步工作的（即人脑发出自我调节的命令，控制一个大脑意识任务转向下一个任务）。使用8个表面电极来测量脑电信号，并采用一个统计分类器从这些脑电信号中识别三种不同的大脑意识状态。这里给出了五位志愿者在他们和移动式机器人以及虚拟键盘之间脑控交互试验的结果。志愿者中的两位志愿者成功地在几个区域里移动了机器人，另外三位志愿者（其中有一位患有脊髓肌肉萎缩症）采用虚拟键盘进行了BCI的信息控制。

1. 概述

BCI技术对于身体残疾的人们操作计算机非常重要。大脑的状态可以被测量并控制动作，例如从一个虚拟键盘选择一个字母或者移动一个机器手臂。BCI技术可以通过一系列的方法监控大脑活动，这些方法可以粗略地分为介入式和非介入式。大部分非介入式的脑机接口系统使用EEG信号，与电相关的大脑活动由位于头皮的电极记录下来。脑电信号的主要来源是成千上万个头皮神经元的同步活动。测量脑电信号是一种简单的非介入的监控大脑电信号活动的方式，但是它不能提供单个神经元（或者小的脑区）活动的详细信息。此外，它具有小信号振幅（几微伏）和噪声测量（尤其在不具有屏蔽的屋里记录时）的特征。

除了电活动，神经元活动也产生其他类型的信号，例如电磁和新陈代谢信号，这些可以在BCI中使用。电磁场可以被脑磁描记法记录，而新陈代谢活动——反映在血液流动的变化中——可以被正电子发射断层扫描、核磁共振成像和光学成像观察到，但是这些可选技术要求非常复杂的设备，这些设备只能在专业的研究室里操作。此外，测量血液流动的技术需要很长的反应时间，并且它们不太适合用于BCI技术。

在介入式的脑机接口系统中，单个神经元的活动（它们的峰值形成速率）由植入脑中的微电极记录。在一些对老鼠和猴子的试验中，研究人员监控到与运动执行和计划的相关皮层的不同区域——运动神经、运动前区和后顶叶皮层。从一个对神经元总体活动的实时分析中得出，测定动物的运动意图，预知猴子运动的轨迹，并且驱动一个计算机光标到预定位置是可能的。在人类患者中，迈向介入式方法的第一步已经完成。其中一个病人最终能够驱动光标并书写信息。

考虑到永久外科植入式BCI设备在大脑中产生的风险和相关的伦理关系，最好只采用非介入方式进行脑电信号的测量，尤其是由脑电图测量的大脑电信号。对于确定的刺激，例如闪过的图像和光，脑电图显示出一个明显的特征信号，也就是所谓的唤醒电位，它反映了大脑对这些外部刺激的即时响应。从理论上讲，唤醒电位容易被头部电极捕捉，而且已经在BCI技术中得到应用。然而研究外部刺激的必要性在很大程度上限制了唤醒电位的应用。对于BCI技术，一个更自然和合适的方法是分析与自发的“有意识的”精神活动相关的成分。因此，一些学者从头皮顶部测量不活跃脑皮层的电位，这种电位的振幅与一个特定皮层网络的整体的预备兴奋度有关。其他的团体则关注局部的EEG律动变化。一个独特且重要的EEG律动能从某些头皮的中心区域记录下来，这些头皮覆盖在想象身体运动时的感觉皮层之上。但是，除了与动机相关的律动，其他的精神认知活动也正在探测中。对于生物认知的研究可以采用多种方法，例如几何图形的旋转、算术运算和语言表达等模式。

目前基于EEG的BCI受到容量和速度的限制，在控制快速和复杂的活动序列时响应速度不够快。而且基于EEG的控制任务也只局限于一些简单的操作，例如移动鼠标指针到显示屏的边角处或打开手矫形器。本节给出的志愿者能够在短短的几天内学会操作能够识别三种精神状态的基于EEG的便携式BCI设备。两位志愿者仅靠意识成功地控制在几个区域之间走迷宫的机器人，而且大脑意识控制的效果与手动控制相差无几。在第二个大脑控制的互动演示中，描述了一个能使人们从一个虚拟键盘上选择字母和书写信息的通信工具。给出了三个志愿者使用虚拟键盘的报告，一个熟练的和两个初级的。其中一名熟练的用户已经可以连续使用虚拟键盘几个月，而初学者则在一天内就完成了训练。其中一位志愿者患有脊椎肌肉萎缩症。

2. BCI 数据通信协议

目前基于 EEG 的大脑—计算机交互设备受到速度低的限制，大部分系统的数据传输速度都低于 0. 5bit/s。其中一个主要原因是它们采用的是同步数据通信协议。在这种协议下，对于每 4 ~ 10s 重复一次的整齐的外部刺激，EEG 的周期是固定的，BCI 的响应是这一时期的平均结果。从准确了解大脑活动状态和与背景 EEG 活动有关的差异来讲，这种同步数据通信协议有助于 EEG 的分析。但是由于速度太慢而且 BCI 系统从测量 EEG 的电信号中只能识别两种大脑活动状态，所以使用一种异步的数据通信协议来分析检测人们精神状态的 EEG 信号，可以在任何时候自由地改变而不用等待外部的刺激。这种快速的异步 BCI 技术，响应时间可以达到 0. 5s。处理速度在理论上能够达到 1 ~ 1. 5bit/s。

电极的放置是根据国际标准 10-20 系统。EEG 系统需要从灰色表示的 8 个前部-中央-顶骨电极中获得大脑电信号。所有的信号都参照耳联参考值（从两个耳垂中测量的平均电位）记录下来。

EEG 电位被记录在 8 个标准前部-中央-顶骨部位 F3、F4、C3、Cz、C4、P3、Pz 和 P4，如图 2-19 所示。参与测试的志愿者们戴上装好电极（如图 2-21 中所示的小圆环）的帽子。采样率为 128Hz。原始的 EEG 电位过于嘈杂而且易变，不易直接测量，因此第一步应该对它们进行预处理来增加它们的信噪比和提取相关的特征，使它更好地用于描述识别的大脑思维状态。原始的 EEG 电位首先要经过表层拉普拉斯（SL）算法变换。首先给第二种次序的球形键槽插值，然后计算第二个对局部化的电位活动的来源灵敏空间导数。它可从上述 8 个电极位置计算出来。通常，SL 算法变换需要通过大量电极信号来进行计算，但是有人指出，对于 BCI 的操作，不论大量还是少量电极信号得出的 SL 波形在统计上都产生相似的分级结果。还有人比较了在使用很少电极信号时计算 SL 的不同方法。用于 BCI 操作的在原始电位上 SL 算法变换的优越性是明显的。

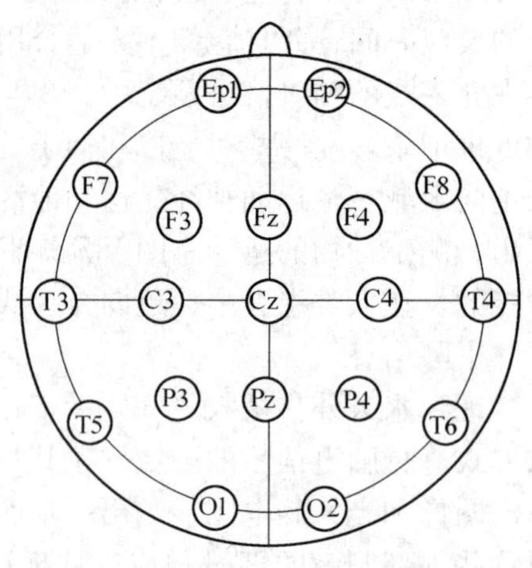

图 2-19　大脑 EEG 测量的电极配置

从 8 个 SL 算法变换的电极信号所提取的特征是在时域傅里叶变换的基础上得到的。使用韦尔奇周期图算法来测定每一个信道的最终功率频谱。可以明确地将快速傅里叶变换（FFT）以 0. 5s 平均分为 3 段（各段间有 50% 的重叠），得到了 2Hz 的频率分辨率。这个值在 8 ~ 30Hz 的频谱下根据在波段上总能量被标准化。因而，一个 EEG 样本有 96 个特征（8 通道乘以 12 个组件）。EEG 样本运算每 62. 5ms 一次（每秒运算 16 次）。采用异步数据通信协议，可以更好地表现周期图特征。

图 2-20 所示为在位置 C3 和 C4 以及与它们相应周期图特征下测得的 1s 的原始 EEG 信号的两个例子。这两个例子都是间隔 3s，而志愿者“B”是连续地执行“向左”的大脑命

令。图 2-20 表明了以下两点：首先，除了原始 EEG 信号的易变性，它们的周期图特征相当稳定；其次，除了通道 C3 和 C4 被定位在大脑的左、右运动神经区外，它们各自的暂时动作与想象的单手动作非常相似（在这个事例中为左手）。这表明在这个任务中，EEG 信号的空间立体解决方法是相当低水平的，因而 EEG 不同差别的能量与电极数量不成比例。

在大脑位置 C3 和 C4 测得的两个典型的原始 EEG 信号的例子如图 2-20 所示和图中所有波段的周期内的总结果（能量 2Hz）是统计分类器的输入。这里，有五位志愿者作为被测试对象参加了研究，其中四位是健康的（志愿者 A、B、C 和 D），而第五位患有脊骨肌肉萎缩症（志愿者 E）。脊骨肌肉萎缩症是骨头和肌肉的发育受到损伤，他只能有限地控制他的右手。志愿者 A 和 B 用 BCI 控制走迷宫机器人，而志愿者 C、D 和 E 通过虚拟键盘进行交流。

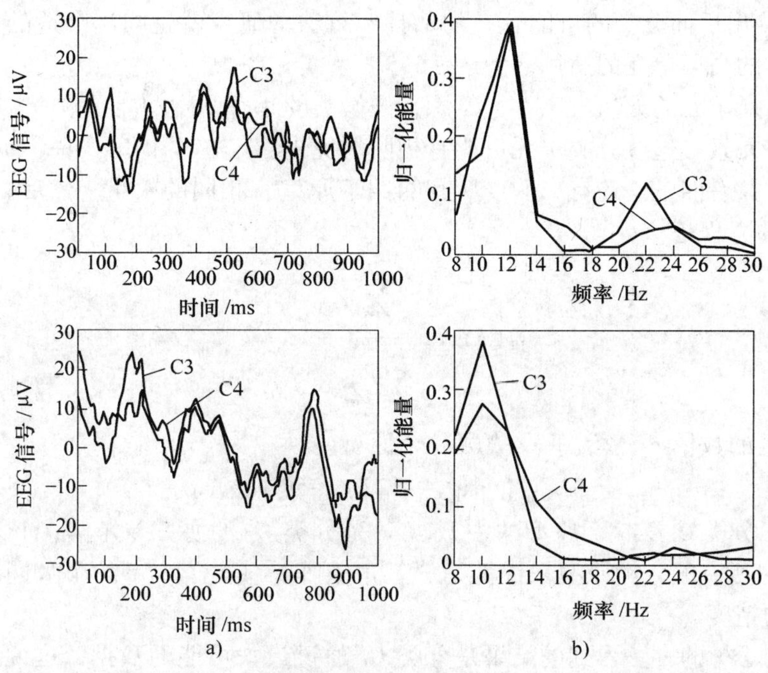

图 2-20　在大脑位置 C3 和 C4 测得的 EEG 信号与周期图

a）原始 EEG 信号　b）周期图

为了与被大脑控制的走迷宫机器人或虚拟键盘进行交互，志愿者经过了最初训练阶段，从几小时（志愿者 D 和 E）到几天（志愿者 A、B 和 C），在这里，他们学习控制所选的三个大脑智力任务。这些任务包括放松、想象肢臂的运动、想象一个旋转、执行一个固定数的减法运算（如 64 − 3 = 61、61 − 3 = 58 等）、用同样的字母构造单词。三个志愿者（C、D 和 E）闭上眼睛放松，而志愿者 A 和 B（他们是控制智能走迷宫机器人的）睁着眼睛放松。所有其他任务都是睁着眼睛进行大脑控制。片刻评估之后，志愿者 B 选择做三个联系到一块的任务，即放松-向左-向右，而另四个志愿者选择放松-向左-空间的任务组合。然后将这些智力任务编为 1 号、2 号和 3 号（也即，放松是 1 号，向左是 2 号，向右或空间是 3 号）。没有一个志愿者事先经过 BCI 或智力训练。

每天，志愿者参加四个连续的训练段（除了志愿者 E 做了 7 个训练段），每段为 5s，间隔是 5 ~ 10min。在每个训练中，志愿者每 10 ~ 15s 在三个任务中随机交换。志愿者通过计算机显示屏上的彩色按钮在线接收反馈信息。每个按钮连接一个可识别的智力任务。当一个EEG样本被归类到相应的智力任务时，一个按钮闪亮。每个训练后的统计分类数据被离线最优化。在初始训练后，志愿者学会用大脑意识控制走迷宫机器人（志愿者A、B）或者虚拟键盘（志愿者C、D和E）。在训练期间，他们两人一组彼此适应来准备实验。

3. 统计分类器

采用一个高斯分类器把大脑智力任务（或类别）进行分类识别，对于上面讲到的1号，2号，3号或“不可知”的EEG样本，这种分类器胜过支持向量机和动态过程神经网络方法。

在这种分类统计中，每一个高斯单元代表了一个需要组织的分类的原型。它的输出是为一个EEG例子给出后面分类的可能分布的估计。算法的研究就是找出合适的中心和在高斯空间中各个分类的高斯单元的适用区间。

尽管混合高斯单元的方法大家都很熟悉，假设类的状态密度功能函数C_k是个关于N_k高斯原型的过电势元素。这些分类单元可能有相同的优先性。在这个例子中，所有的分类有相同数目的原型，共有四个。还有，假设所有的四个原型有相同的权重。然后，丢掉常量组，结果y_k变量x的方程是

$$y_k(x) = \frac{\sum_{i=1}^{N_k} a_k^i(x)}{\sum_{j=1}^{N_c}\sum_{i=1}^{N_j} a_j^i(x)} \tag{2-1}$$

式中，N_c是分类的数量a_k^i激活了C_k的第i个原型。

$$a_k^i(x) = |\boldsymbol{\Sigma}_k|^{-1/2}\exp(-1/2(x-\mu_k^i)^{\mathrm{T}}\Sigma(x-\mu_k^i)) \tag{2-2}$$

式中，μ_k^i相应了分类C_k第i个原型的中型；$\boldsymbol{\Sigma}_k$是分类C_k的协方差矩阵；$|\boldsymbol{\Sigma}_k|$是矩阵的值。这里，$\boldsymbol{\Sigma}_k$对所有的分类原型来说都是斜三角矩阵。减少了变量的个数同时，增加了这些变量估计值的精度。

这种计算例子x的方法得到的结果是分类C_k通过最大可能的数据，这说明哪些数据要比给定可能的极限要大一些。或者说，结果是不太清楚的。这种拒绝判定保持较少数量的错误，因为从大量的错误中恢复会导致大量的费用。选择这个可能的极限是由前一段时间一个BCI研究小组提出的，他们对志愿者进行了初步训练，实际的数值是基于志愿者进行初期训练过程中的表现提出的。特别地有A和B可能的极限为0.85，C为0.9，D和E为0.75。

为开始设计原型中心和分类C_k的协方差矩阵，运行了一个叫Clustering Algorithm的软件来计算需要原型的数目和位置。然后，初始值的协方差矩阵是

$$\boldsymbol{\Sigma}_k = \frac{1}{S_k}\sum_{n=1}^{S_k}(x^n-\mu_k^{i(n)})(x^n-\mu_k^{i(n)})^{\mathrm{T}} \tag{2-3}$$

式中，S_k表示C_k类测试例子的数量；$i(n)$是这种分类与例子x^n最近的原型。

因为μ_k^i可以解释为原型的单元，在训练当中，把它移向了EEG例子中它们表现出来的心理工作。为了防止有其他因素影响原型单元，把EEG中其他的工作移走了。特别是为了使每个例子x都在训练项目中，所有分类的原型的更新原则是符合下列式子：

$$\Delta\mu_k^i(x) = \partial(t_k(x)-y_k(x))\boldsymbol{\Sigma}_k^{-1}(x-\mu_k^i)\frac{a_k^i(x)}{A(x)} \tag{2-4}$$

式中，a 是学习效率；t_k 是目标段第 k 个组件；A 是整个网络所有的活动。

在反复试验以后，使用式（2-3）重新估计了一下 $\boldsymbol{\Sigma}_k$ 的值。可以通过很多精确的方式估计协方差矩阵的值，包括通过梯度递减的方法，这样能够起到最小化错误的功能，但这里没有这样做。

人脑与计算机交互是每 0.5s 进行一次，开始这能够满足为每个类计算出分类状况的能力。然后把分类状况能力均分在 8 个连续的例子中，它能通过使用贝叶斯公式计算得到的平均分类状况能力来估计后期的能力。它能用得到的后期能力与可信的边界进行对比。在训练后期，错误和未知情况大约在 5% ~30% 之间。下面是使用前期分类训练过的数据进行一次新网络上的测试的结果。理论上的频道接口容量大约在 1bit/s 左右。接口也可以运行在另外一种模式（模式Ⅱ）下，这种模式中，通过使用 2 个或 3 个连贯的 0.5s 的相应阶段发出相同的分类，可以使分类错误大大地降低。在模式Ⅱ中，错误或者未知情况在 2% ~40% 之间，可信的是，理论的信道能力大约在 1bit/s（2 个连续的响应）或者 0.6bit/s（3 个连续的响应）。

4. 大脑控制的走迷宫机器人

这项工作是驱动机器人走迷宫。走迷宫机器人是一个直径 5.7cm 双轮小车。机器人以每秒 1/3 直径的速度移动，这种速度差不多和一个轮椅在办公大楼里的移动速度相近。

在图 2-21 所示的一次实验中，一个志愿者通过意识操纵机器人穿过环境中的不同区域。

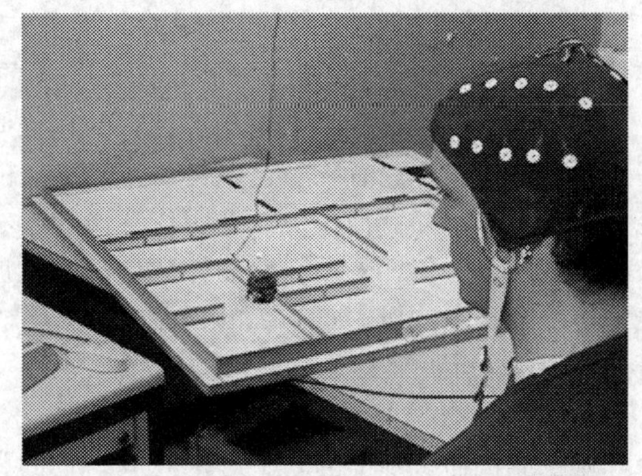

图 2-21　大脑控制走迷宫机器人实验

（1）设置和控制机器人　为了使机器人沿着预期的路线移动，需要确定电动机速度，以控制小车前进的每一步。显然，仅仅依靠三条大脑意识指令是不可能完成的。一个关键的控制策略是操纵者的大脑意识状态和高水平的指令相关联（例如，“在下一个地方右拐”），这样机器人通过依据传感器的信号执行相应的指令。另一个对机器人控制的想法是志愿者可以在任意时刻发出指令。这是因为对 BCI 的操作是异步的，和同步方式不同，它不要求等待外部指令，机器人能够自主执行一个高水平的指令，直到接收到了下一条指令。

走迷宫机器人依靠一个基于 BCI 输出信号的控制器来执行指令，以保证避开障碍物和平滑转弯。在这种控制器中，需要经常读取传感器信号，并确定下一个要做的动作。志愿者的大脑意识状态（或者命令）到机器人动作的映射并不是简单的一一对应，为了达到对机器人更灵活的控制，对一个有 6 种动作状态的自动控制，大脑活动状态只是它的一个输入。动作之间的转换取决于 3 个大脑活动状态（1 号、2 号、3 号）、6 个关于环境的感知状态（机器人的感知信息：左墙、右墙、前方的墙或者障碍物、左方的障碍物、右方的障碍物，以及无遮挡空间）和一些内部存储器变量。图 2-22 给出了一个简化了的机器人控制的 6 种动作转换。正确地实现不同的动作需要存储变量。因此，如果机器人正在执行“向前”这个动作，并且感觉到左方的墙，它会自动切换到“沿左墙移动”这个动作。对“向前”这个动作的转换是必需的，例如，如果机器人接近了一个开着的门而志愿者不想让机器人进入该区域。另一方面，机器人一旦它感觉到前方有障碍物，以避免发生碰撞而需要“停止”（图中为了简化，并没有给出所有对“停止”这个动作的转换）。对大脑一个思维状态的解释取决于机器人的感知状态。因此，在一个空旷的地方，大脑思维状态2号代表“左转”，而如果在左边检测到有墙，这个相同的大脑思维状态会被解释为“沿左墙移动”。类似地，大脑思维状态3号代表“右转”或者“沿右墙移动”；大脑思维状态1号总是意味着“向前移动”。总而言之，志愿（操纵）者觉得这种控制策略简单并且使用起来很直观，因为每一个大脑思维状态与一类动作相关联（例如，种类“向左”），且感知状态决定子种类（例如，大脑指令“向左”有“左转”或者“沿左墙移动”）不同状态。

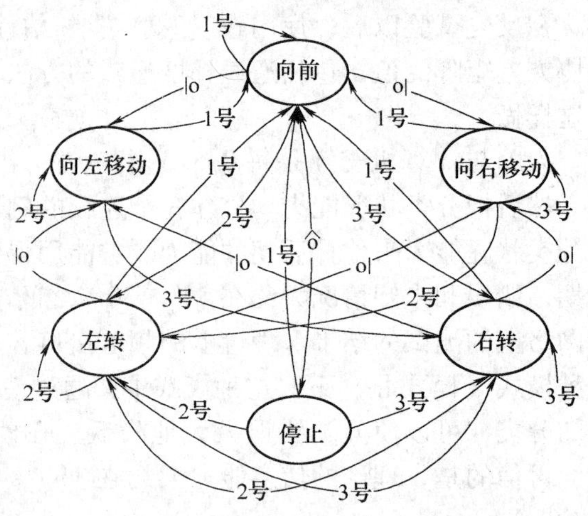

图2-22　机器人控制的6种动作转换

图2-22中的6个动作之间的转换取决于3个大脑思维状态（1号、2号、3号）、6个传感器感知状态（|o：左墙，o|：右墙，ô：前方有墙或者障碍物）和部分存储器变量。

走迷宫机器人是一个双轮车。在它的直径周围有8个红外线传感器用来检测障碍物。这些传感器的监测距离有限，这使得从未经加工的信息中识别不同状态有些困难。为了提高性能，采用多层感知器把8个红外线传感器的未经加工的信息映射到相应的感知状态。对这个神经系统的分类器，采用斜率的导数进行脱机训练来估计一个感知样本分配给6个感知状态表中每一个状态的概率。训练的样本（每一个感知状态有500个）通过在已知的环境中随机放置机器人定位产生。

一个端元素是使用一个合适的反馈来显示当前被嵌入的分类器识别出来的大脑意识指令。这依靠机器人顶部的3个灯来完成，它们和训练阶段使用的按钮颜色相同。前面的灯是绿色的，并且当机器人接收到1号大脑意识指令时会亮。左边的灯是蓝色的，并且和2号大脑意识指令相关联，而右边的灯是红色的，并且和3号大脑意识指令相关联。

蓝色的左灯与2号大脑意识指令相联系，红色的右灯与3号大脑意识指令相联系。如果机器人沿着左边墙接近开着的门，蓝色的反馈灯会指示机器人将要向左转，以便于继续沿着左边墙走（这样一来，它将进入这个区域）。相反，绿色的反馈灯指示机器人将会沿着走廊一直走，当来到门口时不会进入区域。这种简单的反馈模式，可以让志愿者在发生错误时，及时改变机器人的前进路线。

（2）走迷宫机器人的试验结果　在操作界面模式1下，初始训练3天，志愿者A和B达到了令人满意的执行水平（正确识别率在65%以上，而错误率在7%以下——仍有一些“未知”反应）。志愿者参加了每天4次的试验训练。图2-23显示两个志愿者在相同训练次数下的特征曲线。一开始的训练倾向于收集初始EEG例子来训练统计分类器，所以志愿者此时得不到任何反馈。对于志愿者A，前两天的训练与剩余三天的训练间相隔了几个周期的时间。图2-23所示为在第一天（2～4次训练）、第三天（5～8次训练）、第五天（9～12次训练）志愿者

A 的操作行为精确度和操作错误率。图 2-23 表明 4 或 5 次训练后错误率显著下降。

图 2-23 显示了在三天内（每天 4 次）不同的训练表现。图 a 显示正确操作的精确度，图 b 所示为操作错误率。每次训练后的百分率相当于“未知”反应。在第一次训练时志愿者没有接收到反馈信息。

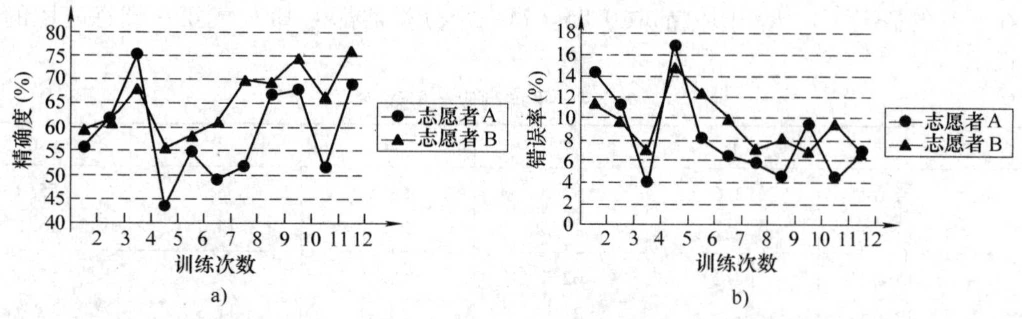

图 2-23 志愿者 A 和 B 的操作行为精确度与错误率

a）精确度 b）错误率

除了这些观察资料，志愿者在操作行为精确度曲线中都展示了相同的趋势。第一天他们的操作行为有很明显的进步，在第二天时操作行为精确度降低但又恢复了。这说明由于人脑的自然多样性、EEG 信号的限制和志愿者操作 BCI 的能力还不稳定，所以从第一天到第二天得出结论是很困难的。第三天志愿者的 BCI 操作技术趋向稳定，第一次训练时，BCI 操作技能先降低随后又提高，在以前的试验中，其他的志愿者也表现出相似的趋势。对后来的志愿者进行几何学研究表明，在连续训练之间有许多相似之处。最初的两者在最后训练时技能提高有一定联系，说明志愿者的 BCI 操作技术正在趋于稳定。

图 2-24 显示第二次和最后一次训练时的两位志愿者每个大脑意识指令的不同。在各种情况下，可能性开始是 0.85，每个分类器被以前练习的 EEG 例子训练。McNemar 统计测试显示，4 种原型分类器性能比其他数目原型分类器要好得多或水平相等。特别是，使用超过 4 个原型同常会导致在开始训练时不正常，这可能是由于 EEG 例子的多变量在训练结束时减少。

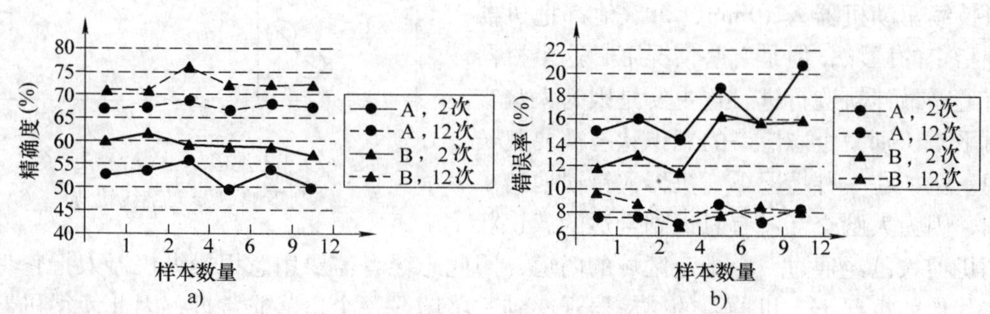

图 2-24 参与者 A 和 B 的操作行为精确度和错误率

a）精确度 b）错误率

在图2-24中，他们在初始训练阶段的第二个和最后一个中，每个大脑意识指令使用不同数量的模式原型。图a显示正确操作的精确度，图b显示操作错误率。每次训练后的百分率相当于“未知”反应。

表2-4所示为两个志愿者在他们的第二个训练阶段根据反应率平均在0.5s以上的操作行为表现。此表现正确与否用精确度和错误率来衡量。剩余的百分比与“未知”反应相对应。在所有的情况下，概率阈值都取0.85。每一个分类器都由EEG的第一训练阶段的样本进行训练。

表2-4　平均响应数值表　(%)

志愿者		1	2	4	8	16
A	精确度	62.6	57.0	58.8	55.7	55.0
	错误率	27.1	17.2	23.2	14.2	15.1
B	精确率	62.2	62.2	60.4	59.3	57.8
	错误率	31.7	21.9	13.4	11.3	12.6

从表2-4可以看出，根据志愿者A和B在他们的第二次训练过程中连续响应的数量均值超过1/2s。这意味着，如果把N个EEG样本的响应取平均值，每一个占据电源周期的1/(2N) s。此前在所有可能的情况下，概率阈值都取0.85，每一个分类器都用初次实验的EEG样本训练过。当这个均值略小于8时，就会产生相当大的误差。还可以观察到，当超过8时，结果不会有很大的改善。对于后面情况的原因是在连续EEG样本之间瞬间移动的很小，以至于样本非常相似。

经过初步训练之后，志愿者用两天的时间学习用大脑意识控制这个移动机器人，并运行于第二种模式的人机交互界面。在第二阶段的训练中，志愿者必须用大脑意识指令控制机器人从初始位置到第一个目标区域；一旦到达这里，第二个目标区域就被选中，以此类推，就可以用大脑意识指令控制机器人不断地前进。

图2-25所示为一个由志愿者A在训练两天以后产生的路线轨迹。被控机器人走过了三个不同的区域，随机移动的，从“S”处出发。尽管这个数字没有显示在屋里的轨迹细节，但是机器人在它们中的每一个都做了小的探索。试验中，志愿者持续驱动机器人10min，每次他都把机器人带到指定的区域，但是有些情况下，这个机器人没有遵循最佳轨迹行进。这主要是因为大脑交互相对平常识别一个志愿者的意识状态需要更长的时间。例如在一种情况下，机器人错误地转了一个圈，因为大脑交互没有意识到合适的意识状态直到机器人已经通过一个指定区域的门道，因此志愿者需要用意识操纵机器人把它带回门口。在其他的情况下，机器人的感应器观察到一堵墙或一个角落非常近，因此使得机器人自动停止来避免撞击。在这些情况下，志愿者需要用意识控制来转动机器人远离障碍，并且重新回到轨道上。

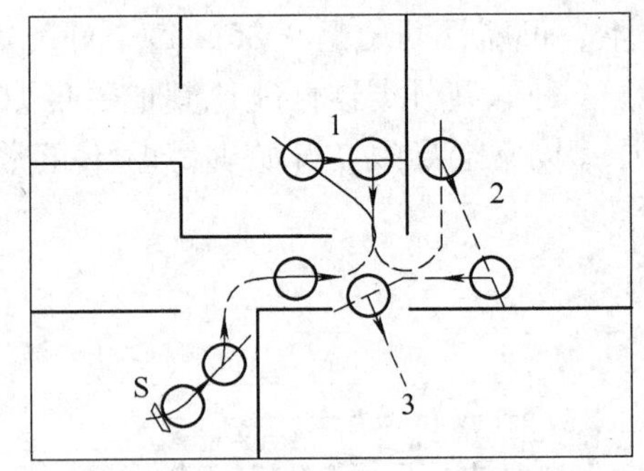

图2-25　志愿者A大脑意识指令控制下的机器人路线轨迹

在第一次的一系列试验中，机器人从左下角的区域离开，然后访问了其他的三个区域，定性地说，这个路线轨迹已经相当好地显示了机器人按照预订的命令访问了四个区域，被控机器人忠实地执行了人类大脑意识指令。但是为了评价脑控多个机器人方面的性能表现，志愿者 A 和 B 也在有略微差距的区域里作了第二次的一系列试验，这些区域在走廊的两边。

在一个规定的试验中，机器人必须从一个初始区域出发到一个指定的区域，同时也要求路经中间的区域。这个区域的顺序被任意指定。最初，志愿者通过意识控制机器人访问指定的区域，然后志愿者手动控制机器人沿着相同顺序访问。在这种情况下，志愿者用相同的控制模式描述上面的试验，不是发指令给机器人，他只是简单地按了三个键中的一个。这个模式可以比较大脑意识控制和手动控制方法的优劣。同时，手动轨迹需要相当接近当前志愿者设定的最佳路径。需要指出的是，为什么最初使用大脑意识控制，而后的试验都用手动控制呢，这样做是为了避免任何有助于意识控制的学习过程。

表 2-5 给出了对两个志愿者在三个不同的试验中不同的路线轨迹所用时间对照表，还给出了在每次试验中用大脑意识控制和手动控制的时间。大脑意识控制只比手动控制多了 35% 的时间。这个关系如果在机器人提高速度的情况下将会更糟，因为没有在正确的时刻传递正确的命令的可能性会增加。

表 2-5　轨迹控制时间对照表　（单位：s）

志愿者	试验	意识	手动	志愿者	试验	意识	手动
A	1	149	124	B	1	219	156
	2	183	135		2	189	155
	3	191	129		3	175	117
	平均值	174	129		平均值	194	143

5. 脑控虚拟键盘

BCI 技术还可以用来从计算机屏幕的虚拟键盘上选择字母和书写信息，如图 2-26 所示。

首先，整个键盘（26 个字母加上它们之间的空隙，总共是一个有 27 个符号的 3 行 ×9 列的矩阵）分为三块，每块对应着一项大脑意识任务，它们之间的联系在训练状态下通过颜色来关联。每块包括相同数目的符号，也就是 9 个（3 行 ×3 列）。然后，一旦统计分类器识别出来用户正在注意哪块时，这个块被分为三个小块，这样每块中只有 3 个符号（1 行）。当第二层次块中的某一个被选中时，它又被分为三个部分。在第三层也是最后层中，每块只包含一个符号。为了选中要求得符号，用户应注意由符号颜色来暗示的意识任务。这个符号组成信息，整个进程又开始了。因此，写一个单独字母的过程需要三个决定性的步骤。

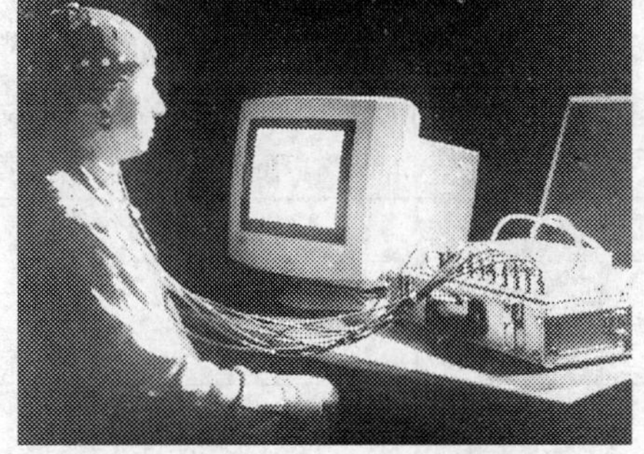

图 2-26　脑控虚拟键盘

首先，整个键盘分为三块，每块对应着一项大脑意识任务。其次，当统计分类器识别到一项智能工作时，相应的块就被分为更小的块直到选定一个字母。这个字母进入信息（在屏幕下方)，整个进程又开始了。在整个训练过程中，块和智能工作之间的联系由相同的颜色暗示。左边的块对应的是2号意识任务，中间的块对应的是1号意识任务，右边的块对应的是3号意识任务，如图2-27所示。

为了增加正确功能的可靠性，一个块的实际选择还包含许多辅助的可靠性测量（除了统计拒绝标准外)，尤其是在已经选定的各种公众实证（包括现场直播的电视节目）过程中。

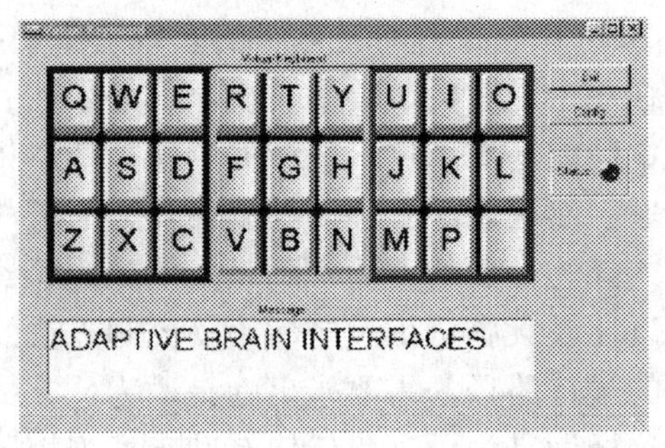

图2-27　虚拟键盘

更特别的是，仅仅当相应的意识任务在一行中被识别出来三次时，这部分键盘才被选定，并且如果选择错误，用户还可以通过立即注意他选择的其他工作而不去做它。因此，在完成每一个选择进入下一个层次时，系统会等待一段时间（3.5s)。如果用户没有最佳的表现，意识任务过去常常不被选中。

对于年老的志愿者C，选定一个字母平均需要22s，这个时间包括修正错误。尽管所有这些辅助检查都在实际选中块之前，和其他确定一个字母需要1min或2min的非主动性脑活动虚拟键盘相比较，这个时间段还是有优势的，它和1min写三个字母的主动性方式是相似的。在一些辅助检查要求不严格的实验中（两个连续的响应相同，等待时间省略，但是为放弃最后的选择增加了辅助标志)，志愿者C写字母的平均速度可以达到7s。更不用说结合统计语言模型或其他用于单词联想的技术，如在微型电话中的T9，将最终加速写作速度。志愿者C在非正规的方式下运用虚拟键盘写短信（在1~5个字母之间）的所需时间几乎长到不可忍受的程度。有趣的是，一旦这个志愿者在他训练的开始阶段有了好的表现，就不必经常调整统计分类器，可以连续六个月用相同的分类器来操作虚拟键盘。在测试模式1的操作时，志愿者C的平均成绩是：精确度为70.5%，错误率为2.8%，停留在未知响应的百分率是26.7%。

表2-6所示为行为表现用精确度和错误率来表示。余下的百分率对应的是未响应的百分率。在第一个训练阶段，用户没有收到反馈。

表2-6　两个志愿者在一天的连续训练阶段的结果　　(%)

志愿者		2	3	4	5	6	7
D	精确度	76.1	55.4	70.6	—	—	—
	错误率	4.9	7.3	7.2	—	—	—
E	精确度	55.6	62.0	65.0	59.9	65.4	65.9
	错误率	13.1	7.4	9.2	8.8	11.8	4.8

除了年老的用户，其他的两个志愿者在一天内就学会了操作虚拟键盘。志愿者D是一位在展览领域做训练的女性。在完成模式1系统操作的最初4个训练阶段后，她已经能够在毫无错误的情况下编写短信。志愿者E是在他的家里训练的，他在模式1的系统操作下训练了4个阶段，然后也能成功地使用虚拟键盘。不过，没有测定这些志愿者的写字速度，他们明显低于志愿者C。表2-6显示了志愿者D和E在不同训练阶段的成绩。

6. 讨论

本节讲述了有五个志愿者参加的使用便携式非介入大脑计算机接口控制走迷宫机器人和虚拟键盘的实验研究。这里的 BCI 技术主要是采用了对于不同志愿者 EEG 脑电特征的机器学习算法和用于 EEG 脑电信号在线分析的异步数据通信协议。这种 BCI 技术与先进机器人控制策略相结合，使得在室内环境中用大脑意识直接控制机器人（轮椅）成为可能。

在实验中，对于两种任务用限制阈值可以分为三类问题，随机分类方法最多可以实现 33.3% 的正确行为反应。在采用 I 类模型训练之后，所有志愿者在大约 3000 个样本训练当中表现出超过 65% 的正确分类行为。为了估定统计方法的正确性，把这个样本以每 500 个样品为一批分为 6 批。正确行为反应的准确率是 70.5% ±9.0%，显然高于随机分类方法（33.3%）。但是仅仅依靠偶然大脑意识操作这两种应用是不可能的。例如，为了选定一个给定的字母，接口必须做出 3 个选择。从而概率是（1/3）的 3 次方，每个字母和写一个 5 个字母的单词是（1/3）的 15 次方。相似地，由于志愿者要在一个通道内传输最小 13 个大脑指令，那么控制机器人的可能性也是很小的，从而发生一个正确信道的概率是（1/3）的 13 次方。

如果要把脑控机器人的控制系统扩展为能够完成更加复杂的任务则有两种方法：一个是仍然保持同样少数大脑意识状态和增加控制系统的复杂性，这可能导致只依靠直觉上不能实用的一种 BCI 技术；另一种是保持控制系统的复杂性和增加分类器可以识别的大脑意识状态数量，但是 EEG 处理的能力是有限的，这是一个挑战。此外试验时，许多大脑意识状态不能被 EEG 进行快速的可视化反馈识别。

BCI 技术需要进一步研究，以获取更快的书写速度和满足残疾人对机器人轮椅的复杂操作。把这里的 BCI 技术用到机器人轮椅中还不成熟，一是因为残疾人坐在移动的运动平台上操作 BCI 交互的难度太大，使用者需要长时间的 BCI 使用训练。其次，当前有限的 BCI 指令只能控制几个简单的动作，不能满足实际应用的要求。不过，最近 EEG 分析技术的进展表明，许多大脑意识状态可以被识别用来控制机器人，可以使用一种更自然灵活的方式来加快与虚拟键盘的交互。将把有更多电极（32 个、64 个或更多）记录的微小电位转变成脑电图来获取在小范围大脑表面区域活动的细节信息。嵌入在 BCI 装置中的高斯分类器能够对这些脑电图的所选区域分析，而不对 EEG 特征产生影响。

一个重要的要求是，把 BCI 经常地与使用者进行交互。这是因为当使用者获得经验时，他们具有了新的能力和改变 EEG 脑电信号的模式。另外，大脑活动总是在自然地发生变化。这就是从一个样本（分类器通过其训练数据所得到）到下一个样本（分类器在此得以应用）的一种情况。当志愿者操作一个脑控设备时，面临的挑战是要适应在线分类器。初步的结果表明这种方法对于用户在最初训练时的好处，即一个重要的结果是来保持他们的动机和帮助他们快速到达稳定的执行状态。

2.5 人工大脑简单记忆功能的电路实现

本节要讲述的是，依据人工智能的方法，采用电子设计自动化（EDA）软件平台设计电子线路，并使之能够实现对人脑功能的部分模拟。具体地说，就是设计一个电子线路，模拟 Hopfield 神经网络，在信息不完整的状况下，实现数字的记忆联想判断的大脑思维功能。

也就是讲述人工大脑简单功能的电子实现方法。

2.5.1 Hopfield 神经网络

Hopfield 神经网络是一种神经动力学系统，具有稳定的平衡状态，即存在着吸引子，因而 Hopfield 神经网络具有联想记忆功能。将 Hopfield 神经网络作为联想记忆网络需要设计或训练网络的权值，使吸引子存储记忆模式。比如，现在欲存储 m 个 n 维记忆模式，那么就要设计网络的权值使这个 m 个模式正好是网络能量函数的 m 个极小值。常用的设计或学习算法有：外积法（Outer Product Method）、投影学习法（Projection Learning Method）、违逆法（Pseudo Inverse Method）及特征结构法（Eigen Structure Method）等。

设网络有 N 个神经元，每个神经元均取 1 或 -1 两个值，则网络共有 2^N 个状态，这 2^N 个状态构成离散状态空间。设在网络中 m 个 n 维记忆模式为

$$m < n = : U_k = [u_1^k, u_2^k, \cdots, u_j^k, \cdots, u_m^k]^{\mathrm{T}},$$
$$k = 1,2,\cdots,m;\ i = 1,2,\cdots,n;\ u_l^k \in \{-1,1\} \tag{2-5}$$

采用外积法设计网络的权值，使这种 m 个模式是网络 2^N 个状态空间中的 m 个稳定状态，即

$$w_{ij} = \frac{1}{N}\sum_{k=1}^{m} u_i^k u_j^k \qquad (i = 1,2,\cdots,n; j = 1,2,\cdots,n) \tag{2-6}$$

式中的 $1/N$ 作为调节比例的常量，这里取 $N = n$。考虑到离散 Hopfield 神经网络的权值满足如下条件：$w_{ij} = w_{ji}$；$w_i = 0$，则有

$$w_{ij} = \begin{cases} \dfrac{1}{n}\displaystyle\sum_{k=1}^{m} u_i^k u_j^k & (j \neq i) \\ 0 & (j = i) \end{cases} \tag{2-7}$$

将式（2-7）用矩阵形式表示，则有

$$\boldsymbol{W} = \frac{1}{n}\left(\sum_{k=1}^{m} \boldsymbol{U}_k \boldsymbol{U}_k^{\mathrm{T}} - m\boldsymbol{I}\right) \tag{2-8}$$

式中，$\boldsymbol{I}$ 为 $n \times n$ 单位矩阵。

以上是离散 Hopfield 神经网络的存储记忆过程，下面再看其联想回忆过程。从所记忆的 m 个模式中任选设一模式 $\boldsymbol{U}_l$，经过编码可使其元素取值 1 和 -1。设离散 Hopfield 神经网络中神经元的偏差均为零。将模式 $\boldsymbol{U}_l$ 加到该离散 Hopfield 神经网络，假定记忆模式向量彼此是正交的（这个是特例，容易检验），则网络的状态为

$$\boldsymbol{U}_i^{\mathrm{T}} \boldsymbol{U}_j = \begin{cases} 0 & (j \neq i) \\ n & (j = i) \end{cases} \qquad i,j = 1,2,\cdots,m \tag{2-9}$$

$$\boldsymbol{W}\boldsymbol{U}_l = \frac{1}{n}\left(\sum_{k=1}^{m} \boldsymbol{U}_k \boldsymbol{U}_k^{\mathrm{T}} - m\boldsymbol{I}\right)\boldsymbol{U}_l = (n - m)\boldsymbol{U}_l \tag{2-10}$$

状态的演化为 $\mathrm{sgn} = (\boldsymbol{W}\boldsymbol{U}_l) = \mathrm{sgn}((n-m)\boldsymbol{U}_l) = \boldsymbol{U}_l$，可见网络稳定在模式 $\boldsymbol{U}_l$。

例如，对于两个记忆模式（1，-1，1）和（-1，1，-1）（这是一个记忆模式向量非正交的例子），按式（2-7）设计网络权值为

$$\boldsymbol{W} = \frac{1}{3}\begin{bmatrix} 0 & -2 & +2 \\ -2 & 0 & -2 \\ +2 & -2 & 0 \end{bmatrix}$$

可见该权值满足离散 Hopfield 网络的的条件。现将（1，-1，1）作为网络的输入，则有

$$\boldsymbol{W}y_1=\frac{1}{3}\begin{bmatrix}0&-2&+2\\-2&0&-2\\+2&-2&0\end{bmatrix}\begin{bmatrix}+1\\-1\\+1\end{bmatrix}=\frac{1}{3}\begin{bmatrix}+4\\-4\\+4\end{bmatrix}$$

$$\operatorname{sgn}[\boldsymbol{W}y_1]=\begin{bmatrix}+1\\-1\\+1\end{bmatrix}=y_1$$

可见状态（1，-1，1）为网络的稳定状态，即网络记住了该状态。同样，对状态向量（-1，1，-1）而言，有

$$\boldsymbol{W}y_1=\frac{1}{3}\begin{bmatrix}0&-2&+2\\-2&0&-2\\+2&-2&0\end{bmatrix}\begin{bmatrix}-1\\+1\\-1\end{bmatrix}=\frac{1}{3}\begin{bmatrix}-4\\+4\\-4\end{bmatrix}$$

$$\operatorname{sgn}[\boldsymbol{W}y_2]=\begin{bmatrix}-1\\+1\\-1\end{bmatrix}=y_2$$

可见状态（-1，1，-1）也是网络的稳定状态，即网络也记住了该状态。

Hopfield 神经网络的运行步骤：

第一步：设定记忆模式。将欲存储的模式进行编码，得到权值为 1 和 -1 的记忆模式为

$$(m<n):\boldsymbol{U}_k=[u_1^k,u_2^k,\cdots,u_j^k,\cdots,u_n^k]^{\mathrm{T}}\qquad(k=1,2,\cdots,m)$$

第二步：设计网络的权值。

$$w_{ij}=\begin{cases}\dfrac{1}{n}\displaystyle\sum_{k=1}^{M}u_i^k u_j^k & (j\neq i)\\ 0 & (j=i)\end{cases}$$

式中，w_{ij}是神经元j到i突触权值，一旦计算完毕，突触权值将保持不变。

第三步：初始化网络状态。将欲识别模式 $\boldsymbol{U}'=[u'_1,u'_2,\cdots,u'_i,\cdots,u'_n]^{\mathrm{T}}$ 设为网络状态的初始状态，即 $v_i(0)=u'_i$，$v_i(0)$是网络中任意神经元i在$t=0$时刻的状态。

第四步：迭代收敛。根据公式

$$v_i(t+1)=\operatorname{sgn}\left[\sum_{j=1}^{N}w_{ij}x_j(n)\right]\qquad(t=t+1)$$

随机地更新某一神经元的状态，反复迭代直至网络中所有神经元的状态不变为止，假设此时的$t=T$。

第五步：网络输出。这时的网络状态（稳定状态）即为网络的输出 $y=v_i(T)$。

以上的第一步和第二步是神经网络记忆过程，第三步至第五步所组成的迭代过程是神经网络的联想过程。

对于以上所介绍的 Hopfield 神经网络，需要做几点说明：

1）以上所介绍的 Hopfield 神经网络的激励函数为符号函数，即神经元的状态取 1 和 -1 的情况。对于神经网络的激励函数为阶跃函数，即神经元的状态取 1 和 0 时，相应的公式有所变化。设在网络中存储 m 个 n 维的记忆模式（$m<n$）：

$$\boldsymbol{U}_k=[u_1^k,u_2^k,\cdots,u_j^k,\cdots,u_n^k]^{\mathrm{T}}$$

$$(k=1,2,\cdots,m;\ i=1,2,\cdots,n;\ u_i^k\in\{0,1\}) \tag{2-11}$$

对 $u_i^k\in\{-1,1\}$ 的情况,前面已经讨论过了,而当 $u_i^k\in\{0,1\}$ 时,可以进行一个变换,即使得 $(2u_i^k-1)\in\{-1,1\}$,所以用 $(2u_i^k-1)$ 代换前面公式中的 u_i^k 即可。

2）Hopfield 神经网络的记忆容量就是在一定的联想出错概率容限下，网络中存储互不干扰样本的最大数目。记忆容量 ∂ 反映所记忆的模式 m 和神经元数目 N 之间的关系：$\partial=m/N$。记忆 m 个模式所需的神经元数 $N=m/\partial$，连接权值数目为 $(m/\partial)^2$，若 ∂ 增加一倍，连接权值数目将为原来的1/4，这是一对矛盾，在技术实现上也是很困难的。实验和理论研究表明，Hopfield 神经网络记忆容量的上限为 $0.15N$。

3）Hopfield 神经网络存在伪状态（Spurious State），伪状态是指除记忆状态之外网络多余的稳定状态。从以上对 Hopfield 神经网络的分析可见，要构成一个对所有输入模式都很合适的 Hopfield 神经网络是很不容易的，需要满足的条件是很苛刻的。所记忆的模式 m 过大，权值矩阵 $\boldsymbol{W}$ 中会存在若干个相同的特征值；所记忆的模式 m 小于神经元的数目 N，权值矩阵 $\boldsymbol{W}$ 中会存在若干个 0，构成所谓的零空间。因此，零空间存在于网络中，零空间是 Hopfield 神经网络的一个固有特性，即 Hopfield 神经网络不可避免地存在着伪状态。

2.5.2 电路设计

1. 系统的功能、目标、目的

为何选择联想记忆功能进行模拟：联想记忆是神经网络理论的重要组成部分，也是神经网络用于智能控制、模式识别与人工智能等领域的一个重要功能。而且它具有成形的数学模型进行功能的描述，这对于跨学科（电子信息科学与神经科学）的研究是至关重要的。因为要用电子技术即 EDA 技术对神经科学进行模拟，就要搞清 EDA 技术中的各个器件对应的计算单元或整体所表达的数学方程式，因此对功能的清晰数学描述是关键。

设计采用 Hopfield 神经网络，是由于它是反馈神经网络，也是一个反馈动力学系统，具有很强的计算能力，并且运算原理清晰，原理与联想记忆相似，极适合于表达联想记忆功能。

本系统采用 MAX + plus Ⅱ软件，是由于它具有原理图输入和文本输入（采用硬件描述语言）两种输入手段，利用该工具所配置的编辑、编译、仿真、综合、芯片编程等功能，将设计电路图或电路描述程序变成基本的逻辑单元写入到可编程的芯片（如 FPGA 现场可编程门阵列芯片）中，做成 ASIC 芯片。这里利用 MAX + plus Ⅱ中的文本输入和 VHDL（超高速集成电路描述语言）编写程序。该语言是自顶向下的硬件电路描述语言，通过人和计算机都能看懂的语言描述电路设计，使设计更简便，并可进行仿真。这里用以描述人工智能学中的 Hopfield 神经网络，再试图将此程序利用 FPGA 硬件实现出来，让人们能够直观地、清晰地看到联想记忆的过程、效果和结果。

目的是用电子信息技术中的硬件系统表达出停留在理论上的 Hopfield 神经网络，并模拟联想记忆这一人脑功能，使电子信息技术和脑科学结合起来。目标是用硬件表达出模拟成果，并可使观察者清晰、直观地观察到联想记忆的结果。

2. 技术指标

本系统采用16 个神经元，即 16 个计算单元组成 Hopfield 神经网络。最后的仿真结果将下载，用可编程逻辑器件显示。16 个神经元将用 16 个小灯显示，组成 4 × 4 的方阵。由前所述，Hopfield 联想记忆网络记忆容量的上限为 0.15N，此时 $N=16$，则记忆容量为 0.15 × 16 = 2.4，即可以记住至多两个稳定状态，这里为了方便起见，让网络记住了一个稳定状态。网络运行时可以输入形似 4 的图形，让网络自行运行，网络会一步一步趋向设定的稳定状态。这就类似于人脑的联想记忆功能，即看到类似于自己曾经记忆过的图形，会联想起以前的图形。

3. 数据设定

在编写程序之前要设定一些必要的数据，首先要设定与所记忆模式相关的网络权值。

本设计要求系统事先记忆目标模式，而目标模式的记忆是由设定网络权值来实现的。由以上所述，这几要记忆的目标模式如图 2-28 所示。

1		1	
1		1	
1	1	1	
	1		

图 2-28　目标模式示意图

其实它就是一个 4 × 4 的矩阵：$\begin{bmatrix} 1 & 0 & 1 & 0 \\ 1 & 0 & 1 & 0 \\ 1 & 1 & 1 & 1 \\ 0 & 0 & 1 & 0 \end{bmatrix}$

此矩阵安排的顺序，也就是安排神经元 a_n 的顺序是从 a_{n1} 到 a_{n16} 时，由从左到右、从上到下、先横排、后纵排的顺序排列的。左上角是 a_{n1}，右下角是 a_{n16}。那么目标模式写成 16 位二值逻辑形式就是“1010 1010 1111 0010”。有了这个要求记忆的模式，就可以根据下式计算出权值矩阵：

$$\boldsymbol{w}_{ij} = \begin{cases} \dfrac{1}{n}\sum\limits_{k=1}^{m} u_i^k u_j^k & (j \neq i) \\ 0 & (j = i) \end{cases} \tag{2-12}$$

程序中权值矩阵部分数值如下：

- - w_1_1: =0; w_1_2: = -625; w_1_3: =625; w_1_4: = -625; w_1_5: = 625;

w_1_6: = -625; w_1_7: =625; w_1_8: = -625; w_1_9: =625; w_1_10: = 625;

w_1_11: =625; w_1_12: =625; w_1_13: = -625; w_1_14: = -625;

w_1_15: =625; w_1_16: = -625。

在计算时，真正的矩阵中的数值应该都是 0.0625 或 -0.0625（除自反馈权值为 0 外），这里都改成了 625 和 -625，待写在程序中时，又都改成了 1 或 -1，这样做的原因是便于程序运算处理。

程序中还要设定初值。由于程序中定义 16 位总线端口的语句是 16 DOWNTO 1，也就是从 a_{n16} 开始定义到 a_{n1}，所以程序中的顺序与上面所说的顺序正好相反，是从右下角到左上角。那么目标模式就应该是“0100 1111 0101 0101”，用十六进制数表示就是“4F55”。设定的检测模式矩阵为

$$\begin{bmatrix} 0 & 1 & 0 & 0 \\ 1 & 0 & 1 & 0 \\ 1 & 0 & 0 & 1 \\ 0 & 0 & 1 & 0 \end{bmatrix}$$

设定为“0100 1001 0101 0010”，用十六进制数表示为“4952”。

2.5.3 电路的实现过程与实验结果

1. 实现过程

用 Hopfield 神经网络来表达人脑的联想记忆这一功能。并采用 EWB 或 Multisim 软件来形成原理图，即用这些软件提供的仿真元器件进行连接，用元器件组成神经元，再把这些神经元连接成 Hopfield 反馈网络，但这个方案遇到了困难。首先是设定网络的初始状态有困难，设定后无法撤销初始状态使其自动运行。其次是数目过多的神经元使加权相加的实际实现发生困难，要用一个相加器实现 15 个数字的相加是非常不容易的。再次，电原理图所模仿的神经元网络需要有能量的提供，可是理论上的网络找不到能量输入的环节，因此网络的自动运行便无法实现。图 2-29 是用 EWB 所做的电原理图，为简便起见，这里用了三个神经元来说明原理：

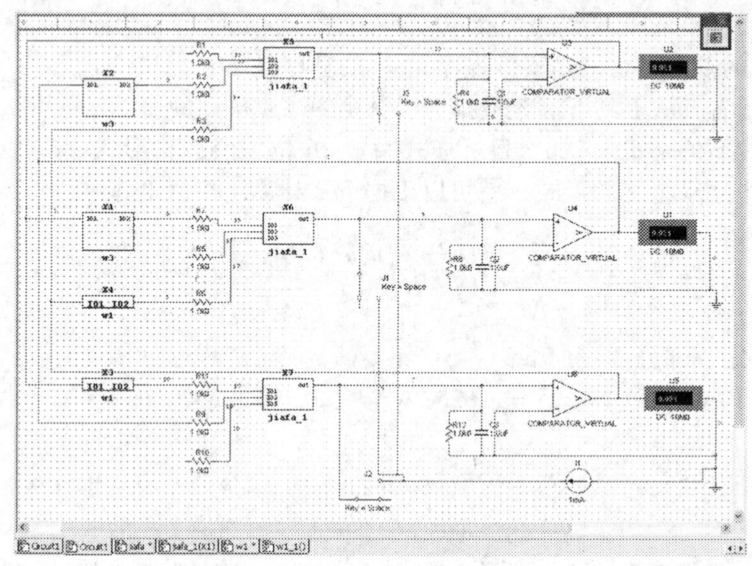

图 2-29　用 EWB 所做的三个神经元的电原理图

鉴于以上原因，改用 VHDL 来编写程序，实现神经元网络的连接与模拟。这样可以做到不关心网络内部的具体结构，从而解决了找不到神经元电路的具体实现以及无法正确地将这些电路连接到一起而实现联想记忆网络的问题。在计算机上用 VHDL 编写成功后，还可以直接进行编译、综合、模拟记忆以及仿真，最后如果成功仿真，还可下载到 FPGA 板上，进行硬件实现，所以更为直观。

在编写的过程中，开始时的设计是要设计 in _1 _1，in _1 _2 等 16 个输入端口和 1 _1 _1，1 _1 _2 等 16 个与之对应的输出端口，实际上就是设想中的 16 个小灯组成的 4×4 的矩阵。W _1 _1、W _1 _2 分别代表神经元 1 到神经元 1、2 的连接权值，直到 W _16 _16，共 256 个连接权值。设 m1，m2，…，m16，共 16 个中间变量，h _1 ~ h _16 共 16 个比较变量，用于比较加权后的结果与 0 之间的大小关系。由于输入与输出都是位运算，即 0 或者 1 两种状态，因此在计算过程中要变为 -1 和 1 两种状态，这样既简便易懂又与理论贴近，这就需要把输入赋值给中间变量的过程中转换状态，最后再把计算结果变成0和1输出。在由输入给中间变量赋值的过程中，开始采用LOOP（循环）语句赋值，即

```
chan: FOR i IN 1 TO 16 LOOP
        IF(an_i<1) THEN
      an_i<=-1;
       ELSE
       an_i<=1;
         END IF;
END LOOP chan;
```

但是在VHDL中，不像C++语言中的变量赋值那样可以直接对an（i）这样的变量进行循环赋值。而在VHDL语言中，变量加编号只能用下划线“_”连接，写成an_i，因此不能用上面那个循环语句进行直接循环赋值。因此要将输入输出的类型改为总线型结构，即可循环赋值，即an：INOUT BIT_VECTOR（16 DOWNTO 1）；an为16位总线结构，输入输出双向端口。但由于中间变量m仍然是一个一个的单独变量，所以放弃用循环赋值，而改用IF…ELSE语句进行赋值，即

```
IF (an(1)='0') THEN
   m1:=-1;
     ELSE
   m1:=1;
     END IF;
```

这个语句用16次，即可将输入转化为中间变量要使用的-1和1两值状态。

h是每个神经元的加权和，用以和0比较大小进而决定该神经元下一个时刻的输出。加权语句为

```
h_1:=m2*w_2_1+m3*w_3_1+m4*w_4_1+m5*w_5_1+m6*w_6_1+
m7*w_7_1+m8*w_8_1+m9*w_9_1+m10*w_10_1+m11*w_11_1+m12*w_
12_1+m13*w_13_1+m14*w_14_1+m15*w_15_1+m16*w_16_1;
```

其中，各个m为其他神经元本时刻的输出；w为对应的权值，在程序开始时已经根据目标状态由计算得出并设定好。共有16个这样的语句，分别与16个神经元的判断机制相对应。

得出相加结果后，再用IF语句判断其与0的大小关系，并依此为输出及下一个状态赋值。其语句如下：

```
IF (h_1>0) THEN
   an(1)<='1';
ELSE
   an(1)<='0';
END IF;
```

同样，这样的语句有16个，将计算结果又返回给神经元的输出而显示出来，同时又为下一次计算准备了数据。

上述整个过程都是嵌套在一个大的循环里面，这个循环用IF语句引导，以时钟信号的

上升沿为激活信号，使得每有一个时钟上升沿来临时，系统运行一次计算，这样一直迭代计算下去。其语句为

```
IF( clk' EVENT AND clk ='1') THEN
END IF;
```

接下来进入调试阶段。

在调试时，首先权值的设定出现问题。权值是根据所设定的状态按公式推算出来的。记住的状态是图形“4”，根据计算，除了对自身的反馈权值为 0 外，其他的反馈权值都为 0.0625 或 -0.0625。在编译时，系统报错，经查阅资料发现 MAX + plus Ⅱ开发软件不支持浮点型数据的计算，这就说明这样的权值是不可以的。由于 h 是 m 与权值相乘后相加的结果，而后还要与 0 做比较，所以想到可以在两边都同时乘以相应的倍数，结果不变。这样，0 乘以任何数还是 0，而 h 式里面的 15 个权值就可以乘以 10000，而变成 625 或 -625 这样的整数加以运算了。这样改过之后，消除了语法上的错误，开始进行编译和综合过程。

2. 实验结果

下面是整个过程的说明以及相关的图片和演示。图 2-30 是部分程序界面。

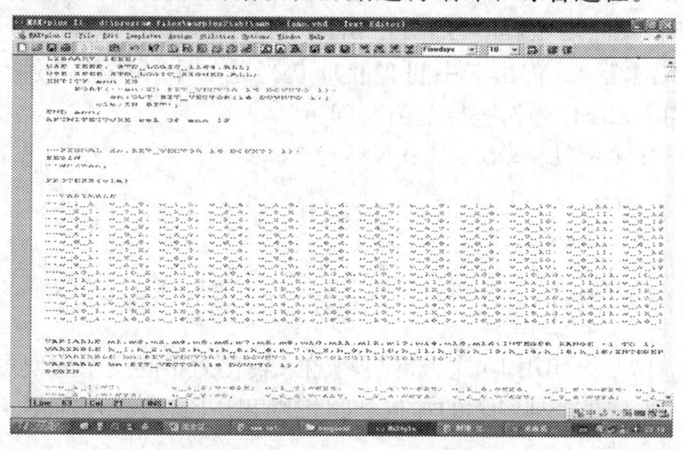

图 2-30　部分程序界面

程序调通后开始编译过程，图 2-31 就是编译通过后的情景。

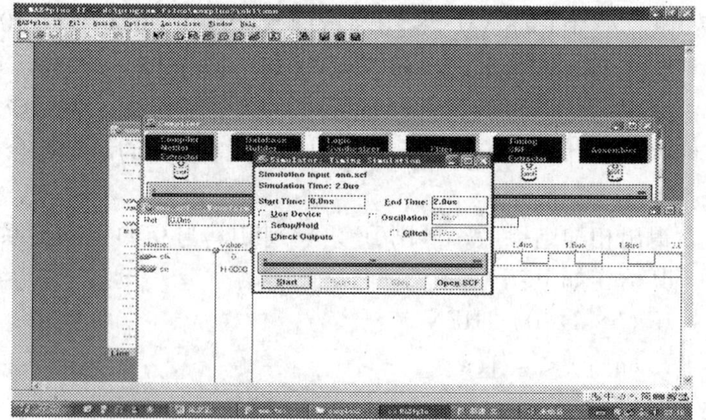

图 2-31　编译通过后界面

仿真通过后可以打开波形图察看仿真结果，图 2-32 是仿真结果波形。

从图 2-32 中可以看到输入信号为时钟信号 clk，输出为 cn，它们在图中的模式都是 16 位总线结构，用 4 位十六进制数来表示。输出的初始值为 0，当第一个上升沿来临时，系统开始计算，从而使系统的输出状态达到稳定状态 4F55。

其实，系统是经过计算而逐步趋向于稳定态 4F55 的，只是由于设定的目标模式较少，比较简单，而加快了趋向过程，从而看不到中间的去向步骤。但是将波形图放大，还是会看见一些中间的不稳定状态，从而证明了系统的逐步趋向性，图 2-33 就是放大波形图后看到的中间环节。

最后，这个系统还在 FPGA 现场可编程门阵列器件上得以硬件实现。图 2-34 就是在硬件上显示结果的照片。

可以看见，逻辑器件板上的右上方有一排 16 个小灯，从左至右分别代表输出 cn1 ~ cn16。

照片上显示的就是输出达到稳定的目标状态的时刻。如果小灯亮为 1、灭为 0，则可以看见小灯的亮灭情况为“1010 1010 1111 0010”。虽然这款板子上没有 4 ×4 的矩阵形小灯，但通过重置，仍可以直观地看到结果。

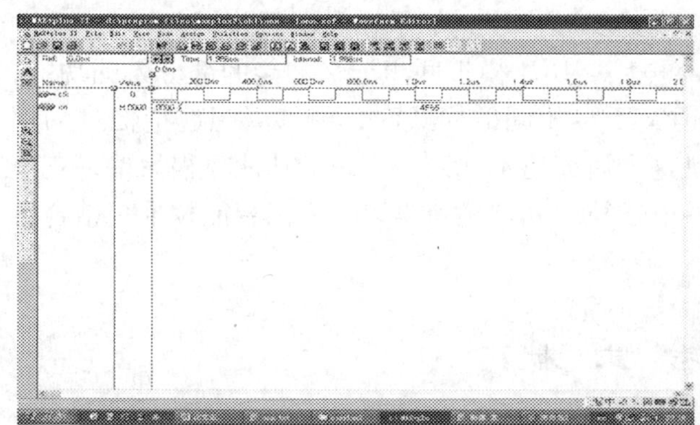

图 2-32　仿真结果波形

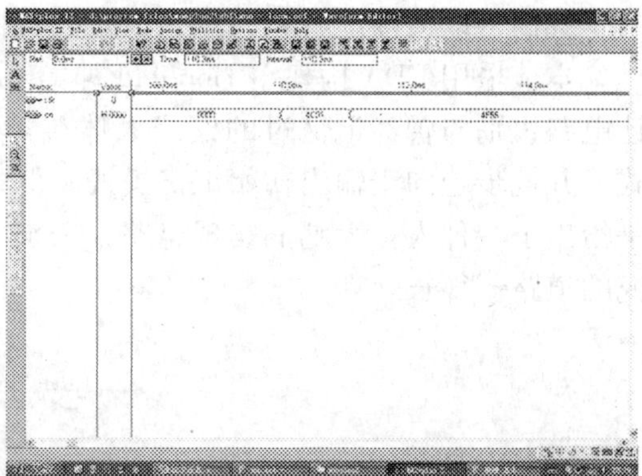

图 2-33　放大波形图后看到的中间环节

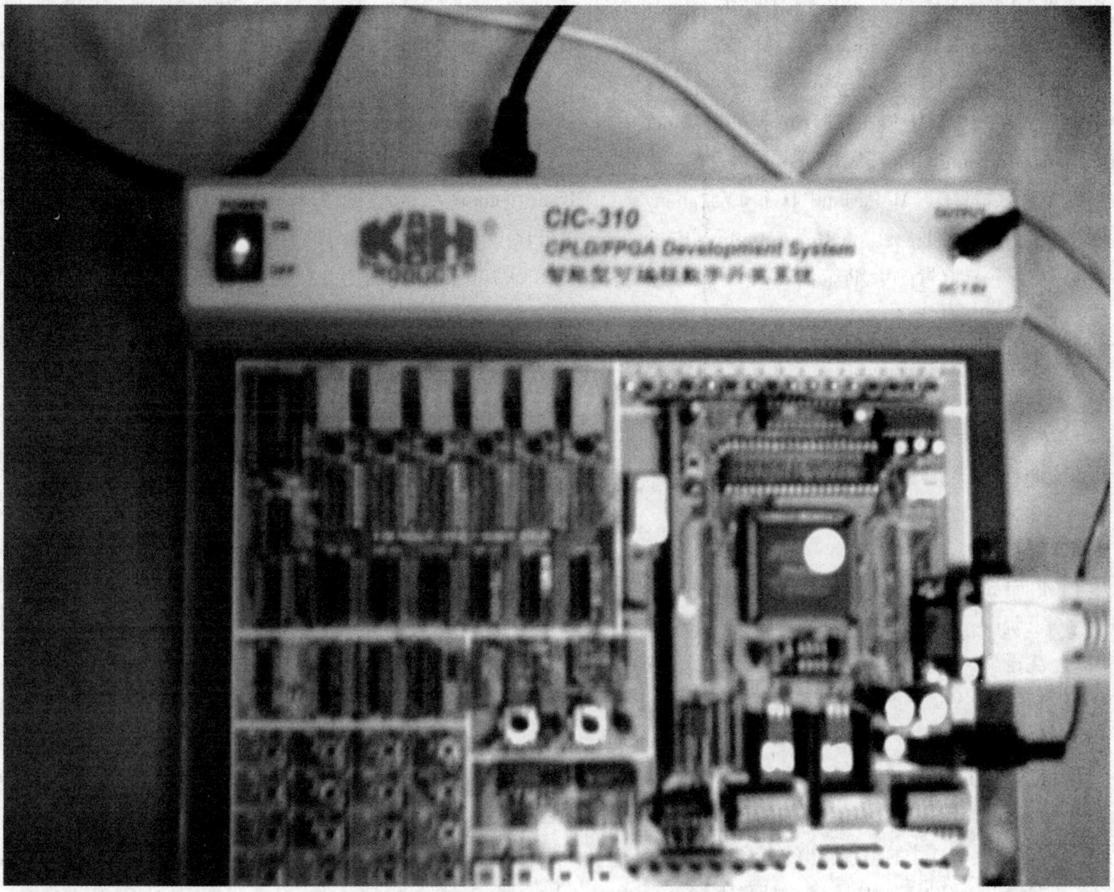

图 2-34　在硬件上显示的实验结果

如果把这些小灯从左至右每4个为一个横行，就可以排成一个4×4的矩阵，显示如下：

$$\begin{bmatrix} 1 & 0 & 1 & 0 \\ 1 & 0 & 1 & 0 \\ 1 & 1 & 1 & 1 \\ 0 & 0 & 1 & 0 \end{bmatrix}$$

我们可以清晰地看到，预先设定的目标模式图形“4”，显示在我们面前。

本节采用EDA构建了Hopfield神经网络电路，用于模拟联想记忆功能的部分人脑功能，让电路识别与曾经记忆过的模式大体相仿但又不尽相同的模式时，能够联想起记忆过的模式，并逐步趋向于输出初始记忆模式。但是这个研究还不深入，实现的功能还很简单，它只是给出了一种人工大脑的实现思路，未来的电子技术和神经科学以及人工智能技术相结合研究的道路还很长。

参考文献

[1] José del R Millana, Frédéric Renkensb, Josep Mouriñoc, et al. Brain-Actuated Interaction [J]. Artificial Intelligence, 2005 (4).

[2] Ward D J, MacKay D J C. Fast hands-free writing by gaze direction [J]. Nature, 2002 (418): 838.

[3] Wolpaw J R, Birbaumer N, McFarland D J, et al. Brain-computer interface for communication and control [J]. Clinical Neurophysiology 2002 (113): 767-791.

[4] Wolpaw J R, McFarland D J. Multichannel EEG-based brain-computer communication [J]. Electroencep halography and Clinical Neurophysiology, 1994 (90): 444-449.

[5] Wolpaw J R, McFarland D J, Vaughan T M. Brain-computer interface research at the Wadsworth center [J]. IEEE Trans. on Rehabilitation Engineering, 2000 (8). 222-226.

[6] 赫尔曼·哈肯. 大脑工作原理——脑活动、行为和认知的协同学研究 [M]. 上海：上海科技教育出版社，2000.

[7] 尹文刚. 大脑潜能——脑开发的原理与操作 [M]. 北京：世界图书出版公司，2005.

[8] 刘德明. 大脑奥秘谈 [J]. 生物学教学，1994 (12).

[9] 蔡润民. 脑科学研究的新进展 [J]. 生物学教学，1999 (1).

[10] 孙久荣. 脑科学导论 [M]. 北京：北京大学出版社，2001.

[11] 安书成. 脑科学研究的现状与展望——脑科学的概念及其研究概述 [J]. 中学生物教学，1997 (11).

[12] 陈宜张. 脑的奥秘 [M]. 北京：清华大学出版社；广州：暨南大学出版社，2002.

[13] 王晓萍. 心理潜能 [M]. 北京：中国城市出版社，1997.

[14] 沈德立. 脑功能开发的理论与实践 [M]. 北京：教育科学出版社，2001.

[15] 杉下守弘. 分离脑からみた右半球の机能 [J]. Clinical Neuro science, 2001, 19 (4): 396-400.

[16] Gazzaniga M S. Cerebral specialization and interhemispheric communication: Dose the corpus callosum enable the human condition [J]. Brain, 2000, 123: 1293-1326.

[17] Zaidel E, Seibert L. Speech in the disconnected right hemisphere [J]. Brain Lang, 1997, 60: 188-192.

[18] 高山秀一，小林正人，杉下守弘. しりとり负荷fMRIによる言语言位半球の同定 [J]. 脑神经外科杂志，2001, 10 (3): 155-162.

[19] 托马斯 R 布莱克斯利. 右脑与创造 [M]. 傅世侠，夏佩玉，译. 北京：北京大学出版社，1992.

[20] Moir A, Jessel D. Brain sex-The Real Difference Between Men and Women [M]. Penguin Books Ltd, 2003.

[21] Zucher K J brabley S J, Oliver G, et al. Psychosexual development of women with congenital adrenal hyperplasia, Hormones and behavior [M]. 1996.

[22] 张明岛，陈兴时. 脑诱发电位学 [M]. 上海：上海科技教育出版社，1995.

[23] 郑日昌，蔡永红，周益群. 心理测量学 [M]. 北京：人民教育出版社，1999.

[24] Wade SB, Oommen P, Conner WC, et al. Overlapping and divergent actions of estrogen and the neurotrohins on cell fate and p53-dependent signal transduction in conditionally immortalized cerebral cortical neuroblasts [J]. Neurosci, 1999, 19 (16): 6994-7006.

[25] 邵郊. 生理心理学 [M]. 北京：人民教育出版社，1987.

[26] ARCHER J. Biological explanations of psychological sex differences [M]. London: Academic Press, 1976.

[27] BEACH, F A. Hormonal control of sex related behaviour [M]. Baltimore: Johns Hopkins University Press, 1976 .

[28] 唐孝威. 脑功能成像 [M]. 合肥：中国科学技术大学出版社，1999.

[29] 赵仑. ERP 实验教程 [M]. 天津：天津社会科学院出版社，2004.

[30] 魏景汉，罗跃嘉. 认知事件相关脑电位教程 [M]. 北京：经济日报出版社，2002.

[31] 朱大鹏. 基于电子信息技术的人脑功能模拟研究 [D]. 北京：北京科技大学，2005.

第3章 人工情感

3.1 概论

人工情感(Artificial Emotion)是利用信息科学的手段对人类情感过程进行模拟、识别和理解,使机器能够产生类人情感,并与人类进行自然和谐地人机交互的研究领域。目前对人工情感的研究主要有两个相关领域:情感计算(Affective Computing)和感性工学(Kansei Engineering)。人工情感的研究内容、支撑学科与技术如图3-1所示,其应用领域如图3-2所示。

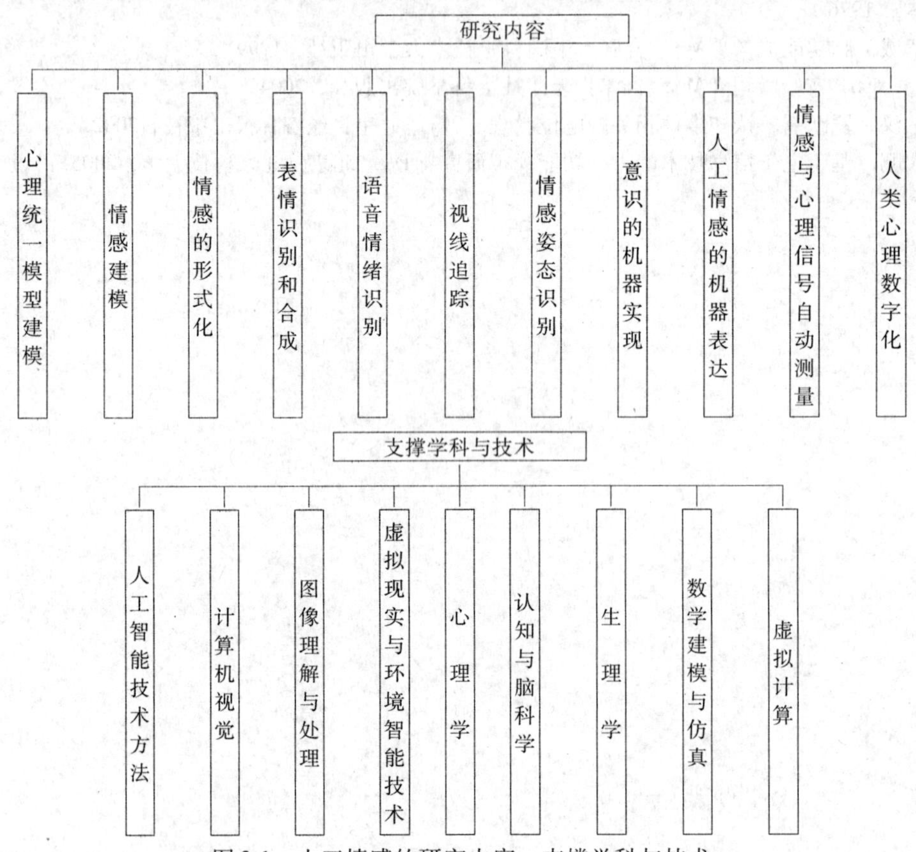

图3-1 人工情感的研究内容、支撑学科与技术

国内外相关研究情况如下:

很久之前，人们就注意到了情绪对认知、情绪对智能的作用，即情绪与认知、情绪与智能之间的关系。1981年就有人研究人工情感问题，但只是在1990年以后才开始逐渐引起人们的注意。

1. 情感计算

让计算机具有情感能力首先是由美国麻省理工学院Minsky教授（人工智能创始人之一）

提出的。他在1985年的专著《The Society of Mind（意识社会）》中指出，问题不在于智能机器能否有任何情感，而在于机器实现智能时怎么能够没有情感。从此，赋予计算机情感能力，并让计算机能够理解和表达情感的研究、探讨引起了计算机界许多人士的兴趣。美国MIT媒体实验室的R. Picard教授于1995年提出情感计算（Affective Computing）的概念，并于1997年正式出版专著《Affective Computing（情感计算）》。在该书中，她定义“情感计算是与情感相关、来源于情感或能够对情感施加影响的计算”。所谓的情感计算就是试图赋予计算机像人一样的观察、理解和生成各种情感特征的能力。情感计算研究就是试图创建一种能感知、识别和理解人的情感，并能针对人的情感做出智能、灵敏、友好反应的计算机系统。

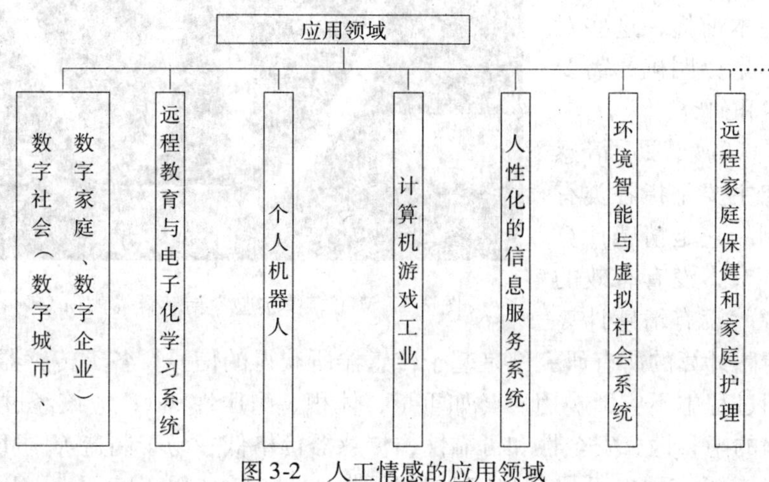

图3-2　人工情感的应用领域

R. Picard将情感计算的研究内容具体分为九个方面：情感机理、情感信息的获取、情感模式识别、情感的建模与理解、情感的合成与表达、情感计算的应用、情感计算机的接口、情感的传递与交流、可穿戴计算机。目前的工作则侧重于有关情感信息的获取（如各类传感器的研制）与识别。情感计算可以从两个方面理解：一是基于生理学的角度，通过各种测量手段检测人体的各种生理参数，如心跳、脉搏、脑电波等，并以此为根据来计算人体的情感状态；二是基于心理学的角度，通过各种传感器接受并处理环境信息，并以此为根据计算人造机器（如个人机器人）所处的情感状态。R. Picard教授领导的情感计算课题组以对人类情绪的生理信号处理为基本出发点，研究取得了很多进展，其应用领域日益扩大，Picard教授在MIT媒体实验室的技术报告中已经涉及约50种应用。图3-3所示为MIT媒体实验室情感计算的研究内容及关系图。

从人类情感的交流过程来讲，情感计算的研究可分为四步（见图3-4）。通过传感器直接或间接与人接触获得情感信息，通过建模对情感信息进行分析与识别，对分析结果进行推理达到感性的理解，将理解结果通过合理的方式表达出去也就完成了情感交流的全过程。根据上述过程，情感计算的研究内容主要应包括：情感信息的获取、情感信息的分析与识别、情感信息的理解和情感的表达。此外，情感信息与人类行为和生理特征之间的关系，即情感机理，是情感计算研究的基础，情感计算的最佳实现平台是可穿戴计算机。

1）情感机理的研究：情感机理的研究主要是情感状态判定及与生理和行为之间的关

系。它涉及心理学、生理学、认知科学等，为情感计算提供理论基础。人类情感的研究已经是一个非常古老的话题，心理学家、生理学家已经在这方面做了大量的工作。任何一种情感状态都可能会伴随几种生理或行为特征的变化；而某些生理或行为特征也可能起因于数种情感状态。因此，确定情感状态与生理或行为特征之间的对应关系是情感计算理论的一个基本前提，这些对应关系目前还不十分明确，需要做进一步的探索和研究。

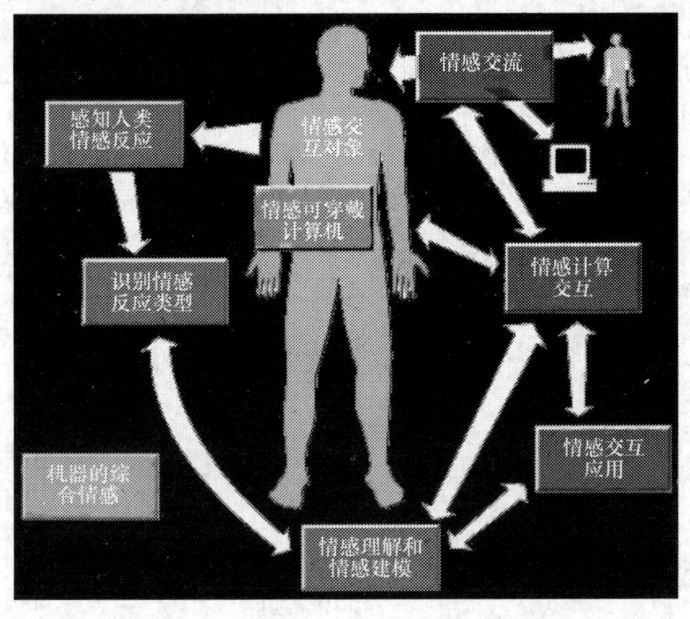

图 3-3　MIT 媒体实验室情感计算的研究内容及关系

2）情感信息的获取：情感信息的获取研究主要是指各类有效传感器的研制。它是情感计算中极为重要的环节，没有有效的传感器，可以说就没有情感计算的研究，因为情感计算的所有研究都是基于传感器所获得的信号。各类传感器应具有如下的基本特征：使用过程中不应影响用户（如重量、体积、耐压性等）；应该经过医学检验对用户无伤害；数据的隐私性、安全性和可靠性；传感器价格低、易于制造等。MIT 媒体实验室的传感器研制走在了前面，已研制出多种传感器，如脉压（Blood Volume Pulse）传感器、皮肤电流（Galvanic Skin Response）传感器及肌电流（Electromyogram）传感器等。皮肤电流传感器可实时测量皮肤的电导率，通过电导率的变化可测量用户的紧张程度。脉压传感器可时刻监测由心动变化而引起的脉压变化。汗液传感器是一条带状物，可通过其伸缩的变化时刻监测呼吸与汗液的关系。肌电流传感器可以测得肌肉运动时的弱电压值。

→ 情感信息获取 → 情感信息的分析与识别 → 情感信息的理解 → 情感的表达 →

图 3-4　情感计算研究过程示意图

3）情感信息的分析、建模与识别：一旦由各类有效传感器获得了情感信息，下一步的任务就是将情感信息与情感机理相应方面的内容对应起来，这里要对所获得的信号进行建模和识别。由于情感状态是一个隐含在多个生理和行为特征之中的不可直接观测的量，不易建模，部分可采用诸如隐马尔可夫模型、贝叶斯网络模式等数学模型。MIT 媒体实验室给出了一个隐马尔可夫模型，可根据人类情感概率的变化推断得出相应的情感走向（显然由生气转化为愤怒的概率高于转化为高兴的概率）。

4）情感理解：通过对情感的获取、分析与识别，计算机便可了解其所处的情感状态。情感计算的最终目的是使计算机在了解用户情感状态的基础上，作出适当反应，去适应用户情感的不断变化。因此，这部分主要研究如何根据情感信息的识别结果，对用户的情感变化作出最适宜的反应。在情感理解的模型建立和应用中，应注意以下事项：情感信息的跟踪应该是实时的和保持一定时间记录的；情感的表达是根据当前情感状态、适时的；情感模型是针对个人生活的，并可在特定状态下进行编辑；情感模型具有自适应性（可根据情况自动进行调整）；通过理解情况反馈调节识别模式；用户的模型是完整的、非片面的；保证情感的隐私性、秘密性和安全性等。

5）情感表达：前面的研究是从生理或行为特征来推断情感状态。情感表达则是研究其反过程，即给定某一情感状态，研究如何使这一情感状态在一种或几种生理或行为特征中体现出来，例如如何在语音合成和面部表情合成中得以体现，使机器具有情感，能够与用户进行情感交流。情感的表达提供了情感交互和交流的可能，对于单个用户来讲，情感的交流主要包括人与人、人与机、人与自然和人类自己的交互、交流。

6）可穿戴计算机：可穿戴计算机是情感计算实现的最佳平台，主要研究可穿戴计算机的传感器和输入、输出装置。可穿戴计算机的研究体现在软、硬件两个方面，难点在于结构的设计。可穿戴计算机应具有如下特征：结构轻便，满足一定的强度和韧性；不影响使用者的正常生活；具有隐秘性、安全性和可靠性；价格低，便于大规模生产；设计应具有个性化、美感等。可穿戴计算机的发展必将推动情感计算的研究。同样，没有情感计算理论的武装，可穿戴计算机很难最大限度地发挥其潜能和优势。可穿戴计算机的研究早于情感计算，而且研究单位众多，主要集中在美国和日本，如美国各大学的计算机系几乎都有相关内容的研究组。

2. 感性工学

日本学者 Nagamachi 提出一种以消费者导向的新产品开发技术，即感性工学；并将感性工学定义为：将消费者对于产品所产生的感觉或意境予以转化成设计要素的技术。感性工学有四个主要的研究方向：①如何通过对人的心理评估来掌握消费者对于产品的感觉；②如何通过消费者的感觉来找出产品的设计特征；③如何建立一套人因（Human Factor）技术的感性工学；④随着社会的变化及人们的偏好趋势来修正产品设计的方向。表 3-1 所示为日本感性工学的部分应用范围与相关技术。

感性的测量方法主要有两种：表出法和印象法。

表出法对于人类五官在生理上的“感觉量”进行测定，即对视觉、听觉、触觉、痛觉、温觉、味觉、嗅觉、筋肉感觉、平衡感、时间感等进行测量。另外，感觉量中的舒适性，与人体生理的变化量，理论上相当程度上能视同一致。将人们受到外在刺激后，透过测量生理上反应值（如血压、呼吸、心跳等）的变化，将这些数值转化为舒适性的值。这些测定方法与技术，基本上都是透过测定人体外在的生理变化来推导的。

由于外在“表出法”的测量，有其一定的局限性。相对于此，另一个方式便是测量内在的“印象法”。印象法受测者接受不同程度的外在刺激后，以问卷的方式让其陈述自己的感受，如此，即能将内在的感性信息定量化。

人工智能领域对于人工情感的相关研究在第 1 章 1.3 节中已有介绍，这里不再赘述。

不仅仅是人工智能领域的专家、学者关心人工情感与人工心理的研究问题，更值得注意的是，情绪心理学家对于“情绪智力与人工智能中的感情计算”也进行了很深入的思考。他们认为，基于情绪智力是加工、处理情绪及情绪信息的能力，而人工智能中的情感计算是要赋予计算机与人互动过程中情感信息的加工能力，人脑处理情绪信息的能力与电脑处理情绪信息的能力可以进行类比。近几年来，人工智能专家已经认识到情绪智力在情感计算中的重要作用和意义，把人类识别和表达情感的能力赋予计算机，开发了具有部分情感能力的计算机。新一代情感计算机的研发和应用依赖于人工智能专家与心理学家之间的密切合作，两者的研究成果可以相互借鉴和互补。

表 3-1　日本感性工学的部分应用范围与相关技术

序号	应用领域	研究内容	研究方法	研究单位
1	心理学	婴儿的印象形成过程	不同年龄的儿童去画一幅画，根据描绘的程度、颜色的使用等方面分析婴儿的印象形成程度	广岛国际大学人类环境学部感情情报科
2	销售	评论销售手段的有效性	调查网上评论某化妆品的满意程度	信州大学研究生院工学系研究科、信州大学纤维学部感性工学科
3	产品设计（汽车）	利用 IREC 在车的曲线形状设计中的应用	对话型缩约进化算法（IREC）	都立科技研究院
4	文字处理	文字的美感由何而来	三次元动作分析装置测定初学者和书法家写字的速度和角度等因素，并进行感性评价	平安女子学院
5	电脑绘图	表现针织品表面曲线的质感的方法	利用电脑绘图来绘制织物中线的立体构造并与实物进行比较	兵库县立工业技术中心、岐阜大学
6	服装	服装设计中颜色的选择	采用 10 种颜色制作出样本，试验对象对样本进行评价（5 个等级），得到的数据利用神经网络分析	宫城高专
7	音乐	全自动的乐曲合成系统	对话型进化算法（IEC）	工学院大学研究生院 工科研究所 情报学专攻
8	生理科学	睡眠状态下心跳速率的变动	用混沌解析法分析 REM（快速眼动睡眠）期和 SWS（慢波睡眠）期的心跳速率与睡眠深度的关系	立命馆大学理工学研究科
9	道德伦理	对于性骚扰，男女意识的差别	在特定的场景下，受到性骚扰时的态度和反应，以及对实验对象的性别、年龄、婚姻、发型等的情况进行调查	中部学院大学人类福利学部
10	教育	培育“生命力”的教育改革	对两个不同的俱乐部进行问卷调查，分析“生命力”的相关因素，并进行比较	东京工业大学
11	农业	感性工学在农业中的应用	从改善劳动和生活环境的角度出发，利用色彩学等感性工学的手法设计草地景观等	三重大学生物资源学部
12	建筑	对住宅环境声音的感性性能评价	将有关人的声音的感性因素作为定量化的指标，对实验对象进行感性评价试验	香川大学
13	交互	设计具有看护能力的机器人	机器人具有模拟感性系统	青山学院大学、延世大学、青山学院女子短期大学

他们认为，人工智能下一个重大突破性的发展可能来自与其说赋予机器更多的逻辑智能，倒不如说赋予计算机更多的情感智能。

心理学家认为，人工情感是在人工智能理论框架下的一个质的进步。因为从广度上讲，它扩展并包容了情感智能；从深度上讲，情感智能在人类智能思维与反应中体现了一种更高层次的智能。人工情感必将为计算机的未来应用展现一种全新的方向。

他们认为，人工智能科学家才刚刚认识到情感智能在人工智能领域的重要性。因为哪怕是人类很低级的智能，也会涉及认知、情绪、动机、意志，认知与情绪、情感的相互作用，认知、情绪、情感与环境的关系等等。因此，人类的情感智能与计算机的情感计算能力有着本质的区别。虽然现在心理学家在人类情感智力方面的研究成果还不能完全在计算机上实现，但它可为研发更高级的情感计算机提供理论依据和实践指导。

心理学家预言，人工智能中的感情计算与人类情感智力结合产生的科学突破将对人类生活质量产生重大的影响[6]。他们特别指出，如果当代心理学家能考虑情绪智力与人工智能（情感计算机）的关系，那将对心理学的发展有着深远的意义。这充分表明了21世纪人工科学的多学科交叉研究、彼此互为影响的特点。

3.2 情绪心理学

3.2.1 基本情绪理论

心理学把心理现象分为三个过程，即认识过程、情绪过程和意志过程。认识过程是对外界刺激事件本身特性的反映。人们凭借认识活动，在心理上处理事件，加工信息，进行决策，解决问题。意志过程是认识活动的能动方面和自觉调节方面，是在决策和解决问题的过程中，更多做意识上的加工，并在行动上付诸实现的过程，是认识活动与必要时在行动中的体现。

情绪与认识和意志不同，情绪是人类对客观事物的态度体验与相应的行为反应，它似乎同人的切身需要和主观态度联系着。情绪是一种复杂的心理活动，它具有鲜明的生理基础，也具有很强的社会建构性。Lazarus（1984年）曾描述情绪为人生戏剧的展现，情绪联系着个人与情境，反映着人们的生活目标、信念以及对世界的认识。情绪领域存在着多种理论，Strongrman（1996年）在他的《情绪心理学：情绪研究的理论》中，阐述了研究历史上曾经出现的150多个情绪理论。Izard（1989年）指出，这些理论可大致划分为生物社会理论和认知社会理论。生物社会理论认为情绪的重要特征来源于个体的生理结构，遗传是具体情绪的阈限及其特征性强度水平的决定因素。按照生物社会观点，情绪生活是个体遗传倾向与评价系统、信念系统以及在生活经历中形成的角色系统相互作用的结果。认知社会理论（或建构理论）认为，在情绪过程中，遗传的作用并不重要，情绪更多是由认知建构的，是个体与环境（尤其是社会环境）相互作用的结果。根据认知社会理论，情绪是个体对其生存和学习的环境和文化进行评价的结果。

不同的心理学家对于情绪有不同的定义。P. Kleinginna等人在1981年收集、分析了92种关于情绪的定义，其中部分定义相互差异很大，或很含糊。他们给出了一种对于情绪的比较全面的定义：

情绪是一系列在主观和客观因素之间的复杂的交互作用，神经/激素系统是引起它的媒介，情绪具有以下特征：

1）引起诸如觉醒、快乐、烦恼等心理体验；

2）产生某种特定的认知过程，诸如与情绪相关的知觉反应、评估等；

3）普遍地刺激生理调节达到唤醒状态；

4）导致一些行为，这些行为常常是富于表情、目标确定和有适应性的。

表3-2是情感、情绪、感情及心境在不同文献中给出的定义，由此可见，学术界对“情感、情绪”的定义并未达成统一的认识。

表3-2　情绪在心理学中的基本定义

	现代汉语词库	心理学大词典	情绪心理学	心理学	人类情绪	心理学概论	实验心理学
情感（Feeling）	对外界刺激的肯定和否定的心理反应，如喜欢、愤怒、悲伤、恐惧、爱慕、厌恶等	情感是同情绪既有联系又有区别的一个概念。从广义而言，它与情绪一样，也是对客观事物的态度体验。从狭义而言，它又不同于情绪，是和人的社会性需要相联系的一种复杂而又稳定的态度体验	情感作为一个感情性反映的范畴，着重于表明情绪过程的感受方面，也就是情绪过程的主观体验方面	以需要为中介的人对客观事物和对象的态度与体验	经常被用来描述社会性高级感情。一般认为，具有稳定而深刻社会含义的感情性反映叫作情感，它标示感情的内容		
情绪（Emotion）	对外界刺激比较强烈的心理反应	情绪，广义包括情感，是人对客观事物的态度体验，狭义指有机体受到生活环境中的刺激时生理需要是否获得满足而产生暂时性的较剧烈的态度及其体验。有愉快、悲哀、愤怒、恐惧、忧愁、赞同等不同形态，它是人对客观世界的一种反映形式，产生根源在于客观现实本身	1（苏联）是人对客观事物的态度的体验 2（美 C. Izard）为情绪下定义必须包括生理基础、表情行为和主观体验三个方面	以需要为中介的人对客观事物和对象的态度与体验	代表感情性反映的过程	情绪是由认知因素和生理因素共同构成的反应或经验	情绪是体验，又是反应；是冲动，又是行为；它是有机体的一种复合状态
感情（Affection）	人对某种活动时产生的兴奋心理状态		作为情绪、情感这一类心理现象的笼统称呼来使用		把区别于认识活动、有特定主观体验和外显表情、同人的特定需要相联系的感性反映统称为感情		
心境（Mood）			是人在一个相当时期之内持续存在的某种情绪状态			指的是一般的愉快或不愉快的情绪经验	心境是一种比较微弱、持久具有渲染性的情绪

从表 3-2 中可以看出，对于情绪（Emotion）、情感（Feeling/Affection）和感情（Affection）三者的定义和它们彼此之间的关系，不同流派、不同专家有着他们不同的见解。这就使得我们工程技术人员无从下手，而本书的着眼点主要是用信息科学的手段对人类情感过程进行模拟、识别和理解，使机器能够产生类人情绪，所以在本书中，作者将情绪等同于情感；人工情绪等同于人工情感；情绪机器等同于情感机器；情绪计算机等同于情感计算机。

3.2.2 情绪的主要成分

情绪具有以下三种成分：

1）主观体验，是指个体对不同情绪的自我感受，与外部反应有着固定关系；

2）外部表现，就是我们通常所说的表情，在情感状态发生时身体各部分的动作量化形式。表情包括面部表情（面部肌肉变化所组成的模式）、姿态表情（面部肌肉变化的表情动作）和语调表情（言语的声调、节奏、速度等方面的变化）；

3）生理唤醒，则是指情绪产生的脑基础和生理反应与多个脑结构有关。

3.2.3 情绪的维度描述

情绪具有多维度结构，维度是情绪的一种特性。维度论认为几个维度组成的空间包括了人类所有的情绪。维度论把不同情绪看作是逐渐的、平稳的转变，不同情绪之间的相似性和差异性是根据彼此在维度空间中的距离来显示的。迄今提出的维度划分方法是不同的和各式各样的，各维度理论具体定义见表 3-3。

表 3-3 维度论的定义汇集

冯特（W Wundt）	认为感情过程是由三对感情元素构成的。每一对感情元素都具有处于两极之间的程度变化。它们是愉快—不愉快、兴奋—沉静、紧张—松弛这三个维量。每一种情绪在具体发生时，都按照这三个维量分别处于它们两极的不同位置上。冯特的感情三维理论虽然建立在主观推测的基础上，但它至今仍有理论和实际的意义
施洛伯格（H Schosberg）	他按照 Woodworth R S 早期关于依据面部表情对情绪实行分类研究，提出了一个三维量表。他提出的三维量表是根据具体情绪提出的第一个维度量表。根据这个量表，可以把任何情绪准确地予以定位
普拉奇克（R Plutchik）	他认为任何情绪的相近程度都有不同，任何情绪都有与其在性质上相对立的另一种情绪，任何情绪都有不同的强度，他用一个倒立的锥体，在锥体切面上分隔为块，切面上的每一块代表一种情绪
克雷奇（Krech）	认为强度是指各种情绪由弱到强的变化范围；紧张水平是对要发生动作的冲动而言；复杂度是对多种情绪组合而成的复杂情绪度量；快感度指的是情绪在不愉快至愉快之间的变化。根据情绪的四维度模式，可以对情绪进行描述，其强度有多大、紧张水平如何、快感度有多大、复杂程度怎样等，这样就顾及了情绪的各个方面了
布鲁门瑟尔	认为情绪是注意、唤起和愉快三个因素的结合，据此可把这三个因素的特定结合解释为某种情绪
弗利达（Frijda）	认为情绪是愉快/不愉快、兴奋、兴趣、社会评价、惊奇和简易/复杂的混合体
沃森（Watson）	根据对儿童进行的一系列观察，Watson 假定有三种类型的基本情绪反应——恐惧、愤怒和爱。他把这三种反应标示为 X、Y 和 Z

（续）

米伦森（Millenson）	认为有些情绪是基本需要（焦虑、欢欣和愤怒），其他情绪则是这些基本情绪的合成。他采用Watson的X、Y和Z因素，发展出一个三维度的情绪坐标系统，以这三种原始情绪作为基本轴线。他也清楚他的模式没有包括所有的人类情绪，但他表示，那些被排除在外的情绪只是原始情绪的混合物
伊扎德（Izard）	伊扎德最初提出的八种维量是从众多的对情绪情境作自我评估的数据中得出的，后经筛选，确定了四个维量。筛选掉的四个维是活跃度、精细度、可控度和外向度。伊扎德对所选的四个维量解释是：愉快维，这是评估主观体验最突出的享乐色调方面；紧张维，这是表示情绪的神经生理激活水平方面的；冲动维，涉及对情绪情境出现的突然性，以及个体缺乏预料和缺少准备的程度；确信维，表达个体胜任、承受感情的程度
泰勒（J G. Taylor）	采用评价（相当于快乐度）、唤醒和行为（相当于趋避度）这三个维度值对陌生面孔进行表情识别

3.2.4 基本情绪与复合情绪

1. 正向情绪与负向情绪

1）Gomi等在其研究中提出八种工情绪的元素，其中将生理知觉（饥饿）也包含在其情绪元素中。这八种情绪元素是：恐惧（Fear）、好奇（Curiosity）、寻求关爱（Affection-seeking）、饥饿（Hunger）、愉悦（Joy）、恼怒（Irritation）、愤怒（Anger）和平静（Peace）。

2）Kort等在其研究中发现，许多理论中最常见的四种情绪是：恐惧（Fear）、愤怒（Anger）、悲伤（Sadness）、愉悦（Joy）。

3）Picard等人的研究则提出较为复杂的八种基本情绪状态：无情绪（No Emotion）、愤怒（Anger）、憎恨（Hate）、悲痛（Grief）、柏拉图式的爱（Platonic Love）、罗曼蒂克的爱（Romantic Love）、愉悦（Joy）、敬畏（Reverence）。

4）Ekman将基本情感与相关联的基本面部表情对应起来，定义了六种基本情绪：恐惧、愤怒、悲哀、高兴、厌恶和惊奇。

5）Johnson-Laird和Oatley通过分析情感语句而给出基本情绪，就是用590个英语术语来描述各种情绪，并因此给出了五种基本情绪：恐惧、愤怒、悲哀、高兴和厌恶。

6）除了定义基本情绪外，也有通过定义情绪的n维取值来描述不同的情绪（Schlosberg，1954年；Lang，1995年）。比如最常见的二维取值是程度（平静的/兴奋的）和取向（负的/正的）。Lang认为，根据n维取值比根据离散的分类更可信（Lang，1984年）。

也可以把情绪的离散分类看作是连续空间的一个区域。这样就很难认定两种不同方法的优劣。由于原始的情绪的分类涉及许多学术领域，范围相当广泛，例如人格发展学、心理学、生理学，甚至生物学等，都对情绪有许多相关研究，因此到目前为止，对于基本情绪的分类仍然没有一个共同认可的结论。

2. 情绪的性质和情绪反应的特点

（1）情绪的性质　在现代心理学中，认为“情绪”是指个体受到某种刺激所产生的一种身心激动状态；情绪状态的发生，虽然可以被个体所体验，但对于它所引起的生理变化和行为反应，却不能被个体本身所控制，因此对个体的生活具有影响作用。这个定义包涵了四层含义：

1）情绪是由刺激引起的：引起情绪的刺激多半是外在的，但也有内在的；有时是具体可见的，但有时也是隐藏不明显的。

2）情绪是主观意识经验：由刺激所引起的喜、怒、哀、乐等不同的情绪经验，只有当事人才能真正体验得到。

3）情绪状态不容易自我控制：情绪经验的产生，虽然与个体的认知有关，但在情绪状态下，伴随产生的生理变化与行为反应，当事人是无法控制的。

4）情绪与动机有连带关系：情绪与动机的连带关系表现在两个方面：其一，情绪是伴随着动机性行为而产生的。因为一般行为的产生，均由动机所激发的，故而一般称为动机性行为。由动机所激发的行为，其目的在于寻求动机的满足；其二，在某些情形下，情绪本身即可视为动机。此时的情绪能促动个体的行为活动，称为情绪性行为。

（2）情绪反应的特点

1）反应的衰减：情绪反应随时间的增加而衰减，除非有新的激励。

2）重复的打击：对一种情绪的快速、重复的激励会导致对这种刺激的感知强度的增加。但是，当超过某一感知强度时，该刺激信号的作用就会越来越弱。

3）气质和个性：影响对同一激励的情绪反应。

4）激励：产生情绪反应的条件是外界激励必须超过一定的感知强度，即超过某一感知阈值。

5）容纳量：情绪反应本身有上、下界，而与外界激励的强度、频率无关。

6）认知的和物理的反馈：情绪的反应可以由认知过程或物理过程激活。

（3）情绪的成分和表达　强烈的情绪包括一些共同的成分：

1）情绪的主观经验：和情绪有关的情感状态和感受；

2）内在身体反应：特别是涉及自主神经系统的反应；

3）和情绪及有关情境的认知：随情绪而来的思考和信念的集合；

4）脸部表情：例如感到厌恶时通常会皱眉，然后张大嘴巴等；

5）情绪反应：例如负面情绪会使人对世界感到灰暗；

6）行为倾向：人们经历某种情绪时所表现的一组行为倾向。

以上这些成分可以组合产生某一种特定的情绪，而且每种成分之间互相影响。

心理学认为：所谓情绪表达，是指个体将其情绪经验，经由行为活动表露于外，从而显现其心理感受，并借以达到与外界沟通的目的。情绪表达有很多不同的方式，下面分别介绍如下：

（4）情绪表达的心理学研究　在心理学上，对情绪表达的研究，集中在对三个问题的探讨：

1）情绪经验的双向特征：情绪经验不只单向的表达，情绪表达时多半是有沟通对象的，情绪表达主体与对象，必须对情绪表达方式具有共同的认识，然后才能达到表达沟通的目的。

2）非语言的情绪表达：语言所表达的情绪比较间接，而且受到文化教育的影响，个体间的差异较大，不容易发现情绪心理的原则。

3）情绪经验的形成：喜怒哀乐的情绪不但人类都具有，而且有些动物也会表达情绪。

（5）面部表情　情绪的表达以外部表情为主，面部表情一方面表示情绪表达者当事人的心理状态，另一方面也可以让交互者了解当事人的心理状态，因此面部表情具有沟通能力。

某些面部表情具有普遍性的意义。Ekman 研究发现，美国等五个国家的人们观看了显示快乐、悲伤、厌恶、害怕和惊讶的面部表情图片，确认表情传达的情绪上均无困难。甚至未接触西方文化偏远部落的成员，也能正确判断西方文化人类的面部表情。事实上，仅以眉毛和嘴唇的动作变化，便可以表现出相当多样化的面部表情。面部表情与情绪的对照关系如图 3-5 所示。

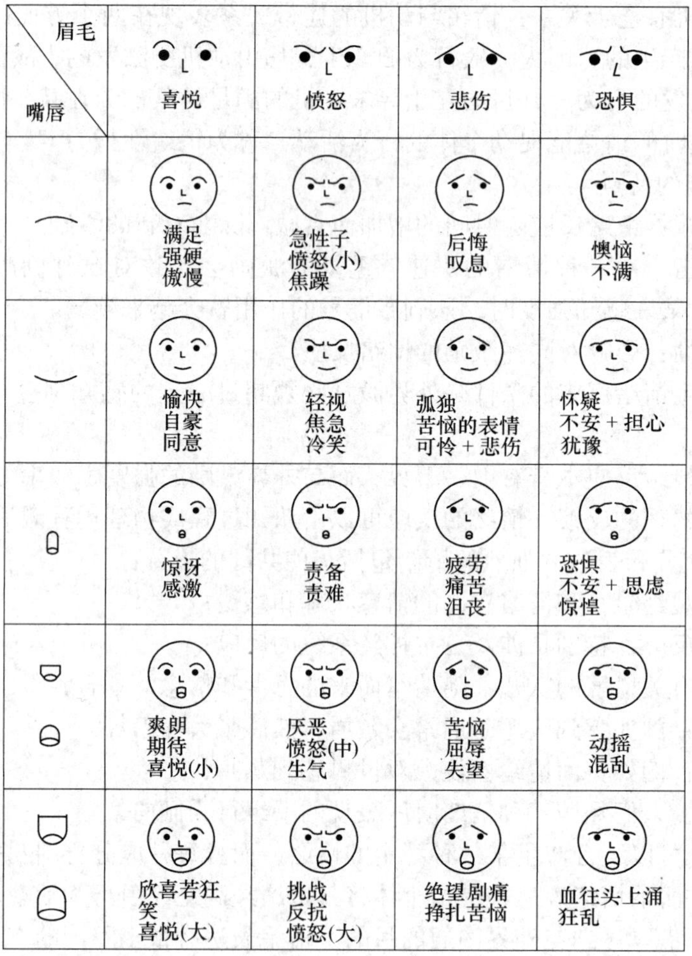

眉毛 / 嘴唇	喜悦	愤怒	悲伤	恐惧
	满足 强硬 傲慢	急性子 愤怒(小) 焦躁	后悔 叹息	懊恼 不满
	愉快 自豪 同意	轻视 焦急 冷笑	弧独 苦恼的表情 可怜 + 悲伤	怀疑 不安 + 担心 犹豫
	惊讶 感激	责备 责难	疲劳 痛苦 沮丧	恐惧 不安 + 思虑 惊惶
	爽朗 期待 喜悦(小)	厌恶 愤怒(中) 生气	苦恼 屈辱 失望	动摇 混乱
	欣喜若狂 笑 喜悦(大)	挑战 反抗 愤怒(大)	绝望剧痛 挣扎苦恼	血往头上涌 狂乱

图 3-5　面部表情与情绪对照

3. 情绪、情感与感情的区别与联系

情绪与情感都是对需要满足状况的心理反映，是属于同一类而不同层次的心理体验，是既有区别又紧密联系着的两个概念。

（1）情绪与情感的区别

1）情绪的生理性和情感的社会性：情绪更多是与生理需要满足与否相联系的心理活动，而情感则是与社会性需要满足与否相联系的心理活动。如在饥饿时有食物吃就会很高兴，这是一种情绪反应，而不能说他产生了热爱食物的情感。情绪是原始的，是人和动物所共有的，情感则是人类所特有的心理活动，具有一定的社会历史性。如民族自豪感是与对本民族的爱相伴而生的社会性情感。

2）就人类个体而言，情绪发展在先，情感体验产生于后：婴儿最初的表情反应具有无条件反射的性质，而情感则是社会接触过程中逐渐产生的。婴儿对母亲的依恋是不断受到母亲爱抚、关怀的过程中产生出愉快的情绪体验而逐渐培养起来的。

3）与情感相比，情绪不稳定：情绪是反应性、活动性的过程，会随着情境的改变以及需要满足情况的变化而发生相应的改变。情感具有较强的稳定性、深刻性和持久性，是对事物态度的反映，是构成个性心理品质中稳定的成分。

4）情绪表现的外显性和情感表现的内在性：情绪表现有明显的冲动性和外部特征，面部表情是情绪的主要表现形式，而情感多以内在感受、体验的形式存在。人们高兴时手舞足蹈，愤怒时咬牙切齿，这些都是情绪的外部表现，而爱国主义情感是一种内心体验，虽不轻易表露但对行为有重要的调节作用。

（2）情绪和情感的联系　情绪与情感的区别是相对的，虽然它们所表达的主观体验的内容有所不同，但往往在强烈的情绪反应中也有稳定的主观体验，而情感也多通过情绪反应表现出来。情绪和情感彼此之间具有密切的联系。

1）情绪是情感的基础，情感离不开情绪：这表现在情感是在情绪的稳固基础上发展建立起来的；情感通过情绪的形式表达出来。

2）对人类而言，情绪离不开情感，是情感的具体表现：情感的深度决定着情绪表现的强度，情感的性质决定了在一定情境下情绪表现的形式。情绪发生过程中往往深含着情感因素。

而对于感情这个概念，从有关情绪的文献中可以发现，学者们一般把区别于认识活动、有特定主观体验和外显表情、同人的特定需要（自然的或社会的）相联系的感性反映统称为感情。所以，感情是标示这一感性反映的普遍的、一般的概念。它一般地包含着情绪和情感的综合过程，既有情绪的含义，也有情感的含义。因此可以肯定，无论情绪、情感还是感情，指的都是同一过程和同一现象。

（3）情绪的主要成分　人类情绪不仅具有独特的主观体验和表情行为，还伴随着一定的生理反应，即生理激活，三者共同组成了情绪这美好而奇特的事物。

1）主观体验：主观体验是情绪最主要的特点，它是指个体对不同情绪的自我感受，与外部反应有着固定关系。每种具体情绪的主观体验的色调是不同的，它们分别代表着人们不同的感受。例如，当你考试获得好成绩或在工作上取得巨大进步时，你会感到由衷的喜悦，对自己之前的付出感到满足，对自己也更加自信；当你工作受挫，你很可能会感到十分沮丧，情绪低沉；而当你将要面临一场灾难，如地震、火灾时，你一定会感到恐惧万分等，这些都是人们对情绪的主观体验。正是由于这个世界包含了这么丰富而多姿多彩的情绪体验，才会如此生动可爱。

2）表情行为：表情行为就是我们通常所说的广义表情，在情感状态发生时身体各部分的动作量化形式。表情包括面部表情、姿态表情和语调表情。面部表情是指面部肌肉的变化所组成的模式，它是鉴别情绪的主要标志。面部表情是由眼睛、嘴唇、眼睑和眉毛按照不同的位置组合而成的。托尔斯泰就曾描写过 85 种不同的眼神和 97 种不同的微笑，用以揭示人的情绪状态。姿态表情是指身体各部分的姿态变化，如激动时振臂欢呼，高兴时捧腹大笑，悔恨时捶胸顿足，愤怒时摩拳擦掌。语调表情是指言语的声调、节奏、速度等方面的变化，如喜悦时语调高昂，语速较快，悲伤时则语调低沉、语速缓慢。

外部表现与主观体验是共生的，并有着固定的联系，有什么样的主观体验就必然伴随着相应的行为模式，如喜悦时放声大笑，悲伤时痛哭流涕，忧郁时紧锁眉头，恐惧时尖声大叫。表情其实就像是情绪的镜像，可以折射出各种情绪的状态。

3）生理激活：生理激活是指情绪产生的脑基础和生理反应，与多个脑结构有关。情绪发生在一定的生理激活水平上，且需要一定的能量，这些能量来自人体生理功能的激活，如心率加快、血压升高、瞳孔放大、外周血管的舒张与收缩、神经内分泌的变化等。这些器官活动的增强能保证机体活动时所需的能量供应。

不同的情绪生理反应模式是不一样的。例如，满意、愉快时心跳节律正常；暴怒时心跳加速、血压升高、呼吸频率增加，甚至出现间歇或停顿；恐惧时尿内肾上腺素和去甲肾上腺素排出量都有增加；焦虑、抑郁可抑制胃肠道和消化液的分泌，导致食欲减退。

（4）情绪的维度与极性　情绪具有多维度结构，维度是情绪的一种特性。维度论认为，几个维度组成的空间包括了人类所有的情绪。维度论把不同情绪看作是逐渐的、平稳的转变，不同情绪之间的相似性和差异性是根据彼此在维度空间中的距离来显示的。情绪的维度主要是指情绪的快感度、激动性、紧张度和强度等方面。而在每种维度上，情绪都表现出互相对立的两极性。这种两极性是情绪的主要特征之一。

1）情绪的快感度有愉快与不愉快两极。这种体验与主体需要满足的程度相联系。一般地讲，需要得到满足时，产生积极肯定的情绪；而需要得不到满足时，则会产生消极负面的情绪。当情绪由积极向消极转化时，就伴随着愉快和不愉快两种对立的反映，如快乐和悲哀，敬仰和轻蔑、热爱与憎恨等。

2）情绪的激动性有激动与平静两极。它在很大程度上反映着个体的机能状态，激动和平静两极反应过度兴奋和抑制状态。激动是一种强烈的、外显的情绪状态，如狂喜、暴怒、极度恐惧等。平静是一种稳定安静的情绪状态，是人们平时正常生活工作的基本情绪状态。情绪的激动性对情绪的快感度有一定的影响，如愉快的情绪在激动时是狂喜，在平静时是恬淡的欣喜。

3）情绪的紧张度有紧张和轻松两极。紧张的程度既决定于当前事件的紧迫性，也取决于人的心理准备状态以及应变能力。在事件处于十分紧急的状态、个体心理准备不足且应变能力差时，人们一般都会有高度紧张感。而如果情况不太紧张，个体心理准备比较充分，应变能力强时，人们则会感觉轻松。轻松是一种情绪松弛状态。有实验表明，紧张程度中等时，人的操作行为效果最佳，过度紧张或松弛都会降低操作效率。

4）情绪的强度有强和弱两极。情绪体验在强度上可以有不同等级的变化，人们常用情绪表现的强弱作为划分情绪的标准。例如，喜由弱到强划分为：适意、愉快、欢乐、大喜和狂喜；怒由弱到强划分为：不满、微愠、愤怒、大怒和暴怒；哀由弱到强划分为：伤感、难过、悲伤、哀痛和惨痛。

正是由于情绪具有维度与极性，而两极间又有不同程度的变化，所以情绪的表现是复杂而多样的。情绪的这四个维度的两极间并不是绝对互相排斥的，它们之间有一定的联系性，如“乐极生悲”、“破涕为笑”、“喜极而泣”等成语，都反映了这种变化。

（5）情绪的功能　情绪作为人反映客观世界的一种形式，是人的心理的重要组成部分，对人的现实生活和精神生活等方面都有重要作用。

1）适应功能：人的行为总是伴随着一定的情绪状态的，情绪是人适应生存的精神支柱。下面从三个方面来理解情绪的适应功能。

首先，高等动物的情绪具有适应功能。表情的发展是情绪的适应功能发展的标志。类人猿等高级灵长类动物，如黑猩猩，有着与人类相似的表情，可以表达喜、怒、哀、乐等基本情绪。生存需要得到满足，有了同伴，它们就欢喜；受到外敌侵犯就怒目圆睁；亲密的同伴死亡时便会悲哀落泪。这些基本情绪是高等动物在生存适应过程中发展、分化出来的。

其次，婴儿的情绪具有适应功能。婴儿的情绪是随他们逐渐适应社会环境而发展起来的。哭是婴儿最具特征的适应方式。婴儿用哭声告诉大人他身体不适、饿了。随着要表达内容的增加、活动范围的扩大，与大人交流的情绪反应也逐渐增加并产生分化。笑对初生的婴儿而言，只是一种生理上舒适的反应，后来在与成人的接触中，婴儿产生主动的微笑反应，才产生了具有社会意义的"微笑"。情绪的社会性参照作用是儿童以情绪为信号进行社会交往的典型例子。如在"视觉悬崖"前儿童往往会驻足不前，视察母亲的表情。如果母亲是支持和鼓励的表情，儿童往往会奋力爬过"视崖"；如果母亲显出担心和害怕，儿童就会畏缩不前。

再次，成人的情绪也具有适应功能。人类除了要存在于一个自然环境中，还会不可避免地存在于一个社会群体中。尤其是现代社会，随着物质文明和精神文明的高度发展，社会变化的速度也越来越快，对人的适应能力的要求也越来越高，情绪调解也就成了适应社会环境的重要手段。人们适应不良时往往会产生挫折感，导致焦虑和紧张。通过适当地调节情绪，降低焦虑和紧张，就能让人更好地适应环境，克服困难。如情绪不好而吃不下饭，就是日常生活中情绪影响适应的明显表现。

2）动机作用：人的各种需要是行为动机产生的基础和主要来源，而情绪是需要是否得到满足的主观体验，它们能激励人的行为，改变行为效率，因此情绪具有动机作用。

积极的情绪状态会成为行为的积极诱因；消极的情绪状态则起消极诱因作用，人们会受激发以摆脱这种状态，这样情绪状态就起到了动机的始动作用和指引功能，使人们追求导致积极情绪的目标而回避导致消极情绪的目标。积极的情绪可以提高行为效率，起正向推动作用；消极的情绪则会干扰、阻碍人的行动，甚至引发不良行为，起反向的推动作用。

研究发现，适度的情绪兴奋性会使人的身心处于最佳活动状态，能促进主体积极地行动，从而增进行为的效率。一定情绪紧张度的维持有利于行为的进行，过于松弛或过于紧张对行为的进程和问题的解决不利。

3）组织功能：情绪这种特殊的心理活动，对其他心理过程而言是一种检测系统，是心理活动的组织者。积极的情绪具有调节和组织作用，消极的情绪则有干扰、破坏作用。

①促成知觉选择：知觉具有选择性，情绪的偏好是影响知觉选择性的因素之一。比如，婴儿喜欢红、黄色，他们选择玩具时重点是红、黄色的物品，而对其他的却很少注意。

②监视信息的移动：对信息的监视实际上是注意的过程，但情绪和情感对维持稳定的注意起着重要作用。人们对有兴趣、好奇的信息监视准确，而往往忽视自己厌恶、不感兴趣的信息。

③影响工作记忆：情绪对记忆的影响有两个方面：一是喜好影响记忆的效率，人们容易记住喜欢的事物，对不喜欢的记忆起来十分吃力；二是使记忆的内容根据情绪进行归类，在同样情绪状态下，记住的材料更容易回忆起来。

④影响思维活动：情绪对人的思维活动的影响也是十分明显的。过于亲近和喜欢的容易偏听、偏信，过度兴奋的情绪状态也会影响思维的进程和方向。“感时花溅泪，离别鸟惊心”是情绪影响思维的写照。

⑤情绪影响人的行为表现：愤怒往往使人冲动而不计行为的后果，畏惧往往令人退缩不前。

4）通信交流功能：情绪和语言一样，是人际通信交流的重要手段。两者也都有显著的、但却十分不同的外显形式。言语交际以语声（或书写）的形式来表达思想、陈述意见。而情绪的外显形式则是表情。

面部表情、声音表情和身体姿势都能显示主体的情绪状态。人们通过表情反映自己的意愿，也通过对他人表情的观察和体验来了解周围人的态度和意愿。如微笑通常表示满意、赞许或鼓励；厌恶、怒目圆睁表示否定的态度。喜、怒、哀、乐是人们交流彼此的思想、愿望、需要、态度以及观点的有效途径。

情绪的通信交流作用还表现在一些特定的感情连接上。母婴依恋是最初的，也是最突出、最重要的感情连接模型。半岁多的婴儿，在母亲离开他时，表现不安并哭闹，这是最初建立的同母亲亲近依恋关系的反映，称为“分离反抗”。婴儿在七八个月以后，在母亲经常接近和离开的不断重复中，学会预料母亲接近和离开的后果，形成同母亲依恋的安全感。具有这种依恋安全感的婴儿在情绪上会更加快乐，更容易同其他人接近并建立友好关系，更愿意认识和探索外界新鲜事物。这是儿童情绪健康和形成比较全面发展的人格的重要基础。

3.3 情感计算的数学模型与情感形式化

情感建模问题，就是使用数学方法：维度空间、非线性、统计、灰色理论、随机过程等方法。把人类的情绪模型化，目的在于能够在计算机实现人工情感的形式化，实现能够具有人工情感的机器系统。

3.3.1 情绪的数学描述

1. 用数学方法描述情绪的重要性

情绪的定义迄今仍无明确的共识。概括地说，情绪是一种多成分、多维量、多种类、多水平整合的复合心理过程。情绪是对趋向知觉为有益的、离开知觉为有害的东西的一种体验倾向。这种体验倾向被一种相应的接近或退避的生理变化模式所伴随；这种模式在不同的情绪中是不同的。情绪既涉及体验，又涉及生理反应，还包含行为。它是有机体的一种复合状态，其组成成分至少应包括情绪体验、情绪表现和情绪生理三种因素。情绪是瞬变的心理——生理现象，它代表机体对不断变化的环境所采取的适应模式。情绪是人类不断进化发展而来的，它有很大的帮助人类适应环境的价值。当代人类有多种情绪早在婴儿早期即已出现，诸如愉快、悲伤、愤怒、惧怕、惊奇、厌恶等等。人们可以很容易地用语言来表达自己的情绪，比如“我感到很高兴”、“我很讨厌这种事情”语言，还可以用表情表达自己的情绪，如当一个人心情很好时就会笑容满面。一些基本情绪的面部表情不需要社会学习就能产生，例如新生儿在饥饿或疼痛时哭叫的表情，温饱、舒适时出现的微笑表情，都是不学就具备的。而且几乎每个正常人无需任何特别训练就能通过语言、表情和姿态来获取别人的情绪状态。然而，要想让计算机具备产生、识别和表达情绪能力却不这么容易，因为计算机是以数值计算的方法对信号进行加工处理的，而复杂的人类情绪是很难进行科学的分析和量化的，目前各领域的情绪研究还无法确立一个可靠的、能够用精确的数字表示情绪的评定系统。

尽管情绪的笼统性和复杂性使得难以对它进行数量分析，但是人们从来没有停止尝试用不同的研究策略，生理学、心理学、语言学、信息论以及计算机科学等不同学科都在对情绪进行不断的研究。

目前，信息学界已经开始对情感进行可计算化研究。虽然情绪在人和其他动物中起着非常重要的作用，但为什么我们要对情感进行可计算化研究呢，或者说为什么要赋予机器情绪系统呢？要对情感进行计算化研究的原因，L. Canamero 认为有两个主要方面：

1）从对科学探索的角度，赋予智能体情感可以作为检验人和动物的自然情绪的实验平台，提供一个综合方法来对神经系统的分析研究进行补充。

2）从工程的角度来说，探索情感在生物体中所扮演的一些角色来发展机制和工具，用来增强人工社会和混合智能体社会中的自治性、适应能力和社会交互的能力。对于这个方法根本的假设是，由于情绪是生物体在复杂的、动态的、不可预知的以及资源缺少的环境中生存的适应性机制，那么人工智能体面对这样的环境时，也需要有类似的机制来达到与环境的适应，把情绪作为控制机制。

如果把 L. Canamero 所说的工程角度方面再细化一下，可以分为三个方面。即情绪可以影响和调节认知过程。在感知和记忆中进行着对信息的加工和选择。按情感的适应性而言，它帮助人选择信息与环境相适应。情感可以协调社会交往。事实上，目前很多对于情绪的可计算化的研究也集中在这三个方面。下面我们对这几个方面分别讨论一下。

（1）适应机制　国际认知科学界的最新发展提出了一系列崭新的概念，包括诸如“情景认知”和“分布认知”等，形成了认知科学的新理论基础——“基于环境的认知研究方向”。这个理论强调人类认知和环境的交互作用关系的根本重要性。因此，在传统人工智能研究中长期被忽略的环境的作用正在认知科学的发展中越来越得到重视。

适应性的思想对计算机科学是十分重要的。人工智能中对适应性的研究主要有两种形式：Brooks 的临场人工智能以及 Minsky 的多智能体（Agent）系统。前者以低级生物为基础，研究群体的自组织行为。后者以人类社会为基础，在限制领域的条件下，研究社会的行为。但对于混合智能系统而言，人是一个带有感情的环境，面对情感环境，要实现适应性可能需要考虑情感对适应性的参与作用。

比如在适应性的一个方面——学习能力中，在传统的刺激-反应学习理论中，通常不考虑情感对适应性的参与作用。但 Mowrer 及其同事通过大量的试验，发现学习不仅仅只是刺激-反应的发展过程，而且还应该是一个牵涉到情感产生的过程。Mowrer 提出的这种双过程模型理论指出：在情感状态中，可以更灵活地学习，并提供新的学习动机来源。

麻省理工学院媒体实验室的 B. Blumberg 对仿真狗研究中，首先将情感因素引入到学习之中。虽然 Blumberg 的仿真狗没有显式的情感模型、情感状态或者情绪，但仿真狗的表情和行为受到内部变量的影响，这些变量如同其他诸如饥饿或口渴的内部状态一样代表情感。尽管仿真狗的情感是简单和硬性规定的，却具有一个其他模型中没有的关键特点：学习能力，尤其是情感对所学事物的影响。实际上，仿真狗内部变量的变化能够驱动一个学习过程，从而完成学习任务。

（2）决策　传统人工智能的逻辑推理系统中，没有考虑情感的因素。事实上，正如前面所提到的，情绪的一个重要作用就是对理性思维的影响。灵活而明智地作出决定曾是人工智能研究者最难把握的目标之一。相反，人类总是在解决难题时，对那些带有无数可能答案的问题，毫不费力地作出能使世界上最快的计算机都费力的决策。之所以如此，不仅仅是因为我们在模式认知、学习和推理方面更加优秀，更重要的是，我们更多的是用感觉和直觉来指引推理和作出决策。因此，人工智能界也越来越多地考虑到情绪对认知的影响。诺贝尔奖得主 H. Simon 在认知基础方面强调：思想和解决问题的基础理论要结合情绪影响。Minsky 也认为问题不在于智能机器是否能有情感，而在于如果没有情感机器如何智能。麻省理工学院的 Picard 也指出，计算机要真正高效地实现决策，就要有与基于规则（Rule-based）系统共同工作的类情感（Emotion-like）装置。

目前，已经有一些研究者在这方面进行了积极的探索。Custodio 等人提出的、基于情绪的系统是一种可用于智能控制的模型。J. Gratch 建立了一个模型，探讨在军事飞行计划中的情绪对决策的影响。

（3）交流　可能情感所展示的、在交流中的关键作用是目前最吸引那些致力于智能计算领域的研究者注意的，很多研究被吸引到情感的这个方面。

随着科技的发展，我们的工作和生活越来越多地和计算机联系在一起，使得计算机与人类的人机关系越来越紧密。另外，各种各样的机器人也正在浮现，并且会越来越多地出现在我们的周围。这些都引发了一个重要的问题，如何使这些复杂精密的机器和我们能够进行简易、有效、和谐的交流。

在人机交互领域，斯坦福大学的 Reeves 和 Nass 进行了一系列研究，他们在研究人的社会关系的经典实验中，让计算机代替部分人的位置。实验表明，人机交流实验结果与人类实验结果相同。Reeves 和 Nass 得出结论：人与计算机间的联系有自然性和社会性。在人机交互中所需要解决的问题同人和人交流中所需要解决的问题是一致的，最关键的都是“情感智能”的能力。

因为人与人的情感交流是自然发生的，我们也期望人机交流时会发生情感交流。在人机交互和机器人的研究中，希望计算机能够富有感情地与人类进行各种交流，在交流中进行自我分析、自我调控以及自我完善，从而使人机交流进行得更为融洽、和谐。虚拟环境的研究者希望通过赋予智能体（Agent）情绪来增加智能体的可信性，使所创造的智能体能够像真实有机体那样被人们理解和接受。情感信息处理是试图赋予计算机类似于人一样的观察、理解和生成各种情感特征的能力，最终目标是达到人机之间和人与人之间一样，能进行自然、亲切和生动的智能交互。

一个拥有情感信息处理能力的计算机，能够对人类的情感进行获取、分类、识别和响应，进而帮助使用者获得高效而又亲切的感觉，并有效减轻人们使用计算机的疲惫感，甚至帮助人们便于理解自己和他人的情感世界。它还能帮助我们增加使用设备的安全性（例如当采用此类技术的系统探测到司机精力不集中时，可以及时改变车的状态和反应）、使经验人性化、让计算机作为媒介进行学习的功能达到最佳化，并从我们身上收集反应信息。例如在信息家电和智能仪器中，增加自动感知人们的情绪状态的功能，可以提供更好的服务。在信息检索应用中，通过情感分析的概念解析功能，可以提高智能信息检索的精度和效率。在远程学习中，能增加教学效果。利用多模式的情感交互技术，可以构筑更贴近人们生活的智能空间或虚拟场景等等。情感信息处理还能应用在机器人、智能玩具、游戏等相关产业中，以构筑更加拟人化的风格。

人工心理理论与感性科学、情感计算都是研究与情感相关的信息。他们都需要测量、识别情感信息，进行情感信息处理并通过计算机来实现，其中对情绪的研究是极其重要的一部分，也是整个情感信息处理研究的基础。研究情绪非常困难，是因为无法将情绪进行直接度量和量化，而要想让计算机能处理情感信息，就要首先对情绪进行数学化表示，然后才能建立情感信息处理模型，才能使计算机具有识别处理乃至产生情感的能力。目前心理学、脑科学、认知科学、计算机科学都越来越关注对情绪的研究，随着对情绪研究的开展，情绪的数学描述的研究也变得越来越重要了。下面从维度空间、概率空间、信息熵及非线性动态系统等方面来详细介绍情绪的数学描述。

目前心理学中有两种不同情绪研究途径：基本情绪论和维度论。基本情绪论认为情绪在发生上有原型形式，即存在着数种人类的基本情绪类型，每种类型各有其独特的体验特性、生理唤醒模式和外显模式，其不同形式的组合形成了人类情绪。如 Watson 根据对儿童进行的一系列观察，假定有三种类型的基本情绪反应：恐惧、愤怒和爱。他把这三种反应标示为X、Y 和 Z。从个体发展角度来看，基本情绪的产生是有机体自然成熟的结果，而不是学习得到的。从生物进化的观点看，情绪原型是适应和进化的产物，也是适应和进化的手段。一个孩子出生时对他生存所需的复杂物质和营养需求一无所知，但他拥有许多原始的情绪，如愉快、悲伤、愤怒、害怕、厌恶和惊讶，这些情绪最初为少数事件所诱发，但实际上这些事件在人类祖先的漫长历史中是经常发生的。例如，愉快这种情绪在出生后几周内即有所表现，最初是由那些满足基本生理需求或提示养育者亲近的事件诱发的。微笑是愉快表情的可靠指标，婴儿在吃饱时、睡眠中、被抚摸或被轻轻摇晃时，或听到轻柔的高音调声音时，常常会面露微笑。皮肤被弄疼时，总会引起婴儿哭闹，显得非常不高兴，但温柔的抚摸和摇晃却能让婴儿本能地发出微笑，表现出很舒服的样子。对于基本情绪应包括哪些情绪，则有不同的看法，最常被提到的是厌恶、愤怒、高兴、悲伤、害怕等。支持基本情绪论的最著名的研究是 Ekman 和 Izard 进行的面部表情和运动反应的研究。Ekman 等要求新几内亚被试者设想自己是某个故事情节中的人物，并且尽可能地表现出故事中人物的面部表情，同时研究人员将他们的面部表现录制下来，然后让美国学生观看并识别这些表情，结果美国学生能够从六种表情中识别出四种表情：快乐、愤怒、厌恶、悲伤。孟昭兰等的实验也证明中国婴儿和西方标准化基本情绪表情模式是一致的；同样，中国婴儿与中国成年人的基本情绪的表情模式也是一致的，社会化了的成人表情中仍然保留着基本表情模式。Levenson 等以苏门答腊的年轻人和美国大学生分别作为被试者，指导他们运动面部特定肌肉以表达基本情绪，并进行一系列生理学测量，最后把两组测量结果进行比较，发现与基本情绪相联系的自主神经系统的生理反应模式具有很大的跨文化一致性，这样的实验结果趋向于证实各基本情绪存在着泛人类的特定生理唤醒模式。维克托·S·约翰斯顿在他的著作《情感之源——关于人类情绪的科学》中提到，2 岁的小孩就能显露出六种基本的社会性情绪。这些情绪可以通过与之对应的特有面部表情加以识别。微笑、皱眉、瞪眼和怪相分别是快乐、悲伤、愤怒和恐惧的表示。吐舌闭眼是厌恶的表露，而张嘴瞪眼则肯定是惊讶的表露。先天眼盲和耳聋的儿童同样具有这些面部表情。这强烈揭示，和基本的躯体性感情一样，这些表情以及与其相联系的情感也是构成我们生物学本性的一部分。

一些学者反对基本情绪论，他们的反对意见主要集中在以下几个方面：

1）尽管一些实验证明了情绪的泛文化模式，但是研究中也发现了情绪的某些跨文化差异。

2）心理学和语言学的研究发现，基本情绪词汇的含义在不同语言之间具有显著差异。

3）基本情绪论来自于内省法，实际上并没有足够的证据证明各基本情绪具有各自不同的神经生理机制。

4）面部表情识别的基础也许并不是基本情绪类型，而是面部表情在情绪体验的双极维度上的位置，或者是面部表情诱发的行为预备模式等。

心理学家们在对表情的识别和命名的研究中，提出了维量的分析方法。情绪维量的思想是基于这样的假设的，情绪识别中的错误与表达出的各情绪之间的相似性呈平行性，而且这些相似性在多维空间内事实上是处于接近的地位。这样对情绪的识别转变成将情绪放入多维空间的事情，并且维量的概念已经引起了减化情绪空间维数目的研究。表情是否能够被维量减化的表示，取决于下面两个问题的答案：

1）维量是否描述了构成表情基础的“有意义的”或“真实的”情绪的轮廓。

2）维量的数码是多少。

施洛伯格首先提出了情绪的三个维量模式，分别是愉快—不愉快、注意—拒绝和激活水平（睡眠—紧张）。其后，奥斯古德通过对演员表情的研究，也提出了三个维量的结果，分别是愉快—不愉快维、“强度”维（相当于睡眠—紧张维）和“控制”维。近年来，普拉奇克提出一个情绪的复合维模式，他在一个倒立的锥体上列出八种情绪，分别是喜悦-悲伤、赞同-反感、预期的-出乎预料的、恼怒-恐惧。锥体从顶到底的核心标志是强度，锥体断面上分割的八种情绪按相似性和极性排列。他的维量分析为强度、相似性和极性三种。

上述这些心理学家们通过心理实验，对情绪的维量数目以及每一维的含义进行了研究。维量的研究在表情命名和识别中有重要影响，维的概念中隐含的简洁性在任何情绪分析中都是有重要意义的。在心理学中，维量研究的难点在于分析维的含义和名称，不过在情感计算的研究中，维的名称并不重要，因为维是数学—哲学的抽象物。维量的思想意味着可以采用适当的方法建立一个情感空间，每一个情感都可以看成该空间的一个向量，情感之间的变化就是向量的转换，从而实现计算机情感。

从人类情绪进化的角度看，这两种情绪结构基础的理论并没有互相排斥。基本情绪论和维度论也许并不是矛盾的，承认人类确实存在这种先天的非学习得到的基本情绪，并不代表着一定要否认正负情绪的分离。不过两者代表了情绪系统中的不同层次，维度位于情绪系统的基层，与机体生存有关的趋避活动密切相关，对于一切生物，情绪的原型形式也许只有两种，即快乐和不快乐。随着不断进化，在个体与环境交互作用过程中，情感系统变得越来越细化。一直到人类，情绪高度分化。正情绪分化为快乐、喜欢、爱等；负情绪分化为厌恶、愤怒、恐惧和忧愁、悲伤、痛苦等。新生儿也许只有基本情绪，但随着时间的推移、后天环境和学习的影响，使得情绪变得更为系统化和复杂化，新的情绪类型不断增加，如羞耻和尴尬等。而这样的生物进化和个体发展过程与神经系统的不断进化和发育是分不开的，这就说明了情绪既不是先天基因，也不是后天环境单独决定的，而是两者共同作用的结果。

维度论实际上也并没有排斥人类基本情绪的存在。基本情绪在二维空间中具有一定的定位，比如快乐往往属于高唤醒、高正性；悲伤属于低唤醒、高负性。黄宇霞等首先对国际情绪图片系统（International Affectiue Picture System，IAPS）中的300幅图片在愉悦度、唤醒度、控制度三个维度上进行了评定，并且又综合三个维度的评分，将这300幅图片划分为6类，结果发现这6类部分地对应了某些基本情绪类型，如类1和类6诱发快乐情绪，类2较接近为恐惧，类3和类4为厌恶，类5引起的主要是中性情绪，其中类2和类6还包含一些惊奇的情绪成分。然而研究也发现，维度与基本情绪类型之间并不具备一一对应的关系，两者无法实现自由的精确转换。J. G. Yaylor等研究者让被试者识别陌生人的表情，包括中性、快乐、悲伤、愤怒四种表情，并要求分别从评价（相当于快乐度）、唤醒和行为（相当于趋避度）三个维度值对这些陌生面孔进行表情识别。实验结果发现，这四种按照基本情绪分类的表情各自成簇分布在三维空间中，尽管也存在着某些离散分布，但这并没有影响规律性分布的趋势。也许我们能从人类的颜色视觉理论得到启发，情绪体验的自我报告与颜色体验报告并没有本质的不同，一个简单的内在结构可以说明丰富多彩的情感世界和颜色世界。经典的三色说认为存在红、绿、蓝三种基本原色，三原色不同比例的混和形成了所有我们看到的颜色。神经生理学和生物化学等研究证明，对这三原色的视觉加工具有各自不同的神经化学机制。同时，许多研究人员都认为，千姿百态的颜色体验可以用一定的维度空间来表示。但和情绪一样，并没有一个统一的维度标准，或者说不同的颜色维度方法具有各自不同的优势。

2. 情绪的维度空间描述

情绪具有多维度结构，维度是情绪的一种特性。维度论认为，几个维度组成的空间包括了人类所有的情绪。情绪的表示可以看作是具有信息度量的多维空间的点在情感空间中的映射，情感计算的基础就是找到这个映射维度论，把不同情绪看作是逐渐的、平稳的转变，不同情绪之间的相似性和差异性是根据彼此在维度空间中的距离来显示的。

情绪的维量（Dimension）系指情绪在其所固有的某种性质上，存在着一个可变化的度量。例如，紧张是情绪具有的一种属性，而当任何种类的情绪发生时，在其紧张这一特性上可以有不同的幅度，紧张度就是情绪的一个维量或变量。

情绪的维量幅度变化有一个特点，维量具有极性（Polarity），即维量是不同幅度上的两极，例如紧张维的两极为“松缓—紧张”。情绪的维量与极性是情绪的一种固有属性，在情绪测量时，必须把它作为一个变量来加以考虑。

迄今提出的维度划分方法是不同的和各式各样的，目前并没有统一的标准来评测哪种维度划分方法更好。下面是对一些维度理论的总结。

（1）情绪的一维表示　维克托·S·约翰斯顿认为，情感的快乐维度可以视为一条标尺，其一端为正极，表示极度快乐，另一端为负极，表示极度不快乐。所有的情感，除了它们的独特性质，比如厌恶、疼痛、骄傲、快乐和悲伤，它们都沿着这一条共同的快乐维度移位。这些移位可看作是相对于当前的快乐尺度的正相或负相变换，同时变换的量值决定了情感体验的强度。快乐可以看作是快乐基调朝向正极的移位，而悲伤这类不快乐则被看作是快乐基调朝向相反方向的移位。当引起负相情绪的事件、因子或情景中止时，孩子会体验到正相快乐基调。也就是说，随着坐标点由负极附近向正极方向的移动，负值有所减少，不愉快的程度也相应降低。同样，悲伤的体验程度——从不满足或不愉快到忧伤甚至抑郁——也将随着负移位量值的改变而变化。

快乐维度是情感共有的重要属性，我们许多不同的情感借此相互影响。父母或好友带来的正向情感可能会大大减弱恐惧、愤怒、内疚或疼痛的不快。更为重要的是，快乐基调的这些正的或负的移位规定了奖赏和惩罚，以及情感的属性。引起正向情感的事件或撤出引起负相情感的事件导致向正极方向的移位，分别被心理学家称为正强化和负强化。心理学家把强化定义为在行为之后能增强行为发生可能性的事件。奖赏是正强化，惩罚是负强化。

（2）情绪的二维表示　虽然心理学界对情绪维度观点各不相同，但大体上可将情绪的维度归纳为正负两极（正性情绪—负性情绪）和强弱两端（强烈的情绪—弱的情绪）。

从本质看，情绪可包含正性情绪和负性情绪。在实践工作中，很需要对情绪的两个维度进行评定。同时，由于人的情绪复杂多样，日常生活中人们习惯用形容词来描述情绪以及其程度。20 世纪 60 年代前的很长一段时期，人们普遍认为情绪是单一维度的，正性情绪与负性情绪有很大的负相关。1966 年 Wessman 和 Ricks 在对大学生的小样本研究中，发现了正、负情绪互为独立的现象。1969 年 Braduburn 做了进一步研究，他在收集、分析了不同民族的大样本资料的基础上，提出了情绪具有正、负两个不同的、相互独立的维度特征的观点，即个体有正性情绪体验时，并不意味着没有负性情绪的体验；具有强烈负性情绪体验的同时，也可能有较强的正性情绪体验。他们对情绪的理解跨出了原来一个维度的结构框架，而将情绪理解为具有相对独立的两个维度。Zevon 和 Tellege（1982 年）使用因素分析，再一次证明了正、负性情绪的两维度结构。这期间，不同的研究人员根据自己对情绪两维结构的理解，编制和发表了一些正、负性情绪量表。而后，Watson 等人对发表的量表进行分析，发现了存在的一些问题，如信度不高、一致性差、鉴别力不够以及冗长的条目等。为此，他们重新编制了正、负性情绪量表。他们先选取了具有代表性的 60 个条目，然后进行筛选和项目分析，最后选定了 20 个反应情绪的形容词，其中的 10 个代表正性情绪，另外 10 个代表负性情绪。量表发表以来，获得了人们的公认。它不仅在信度、一致性和鉴别力上比原先的量表有了较大的改善，而且简明，使用非常方便。近几年，它被广泛应用于评定社区人群。

方法和测查工具：①正性负性情绪量表（PANAS），采用完全双盲的方法进行英译中和回译。该量表由 20 个形容词组成，包含了两个情绪维度：正性情绪和负性情绪。正性情绪量表由描述正性情绪的 10 个形容词组成，如自豪的、热情的、正性情绪分数高，表示个体精力旺盛、能全神贯注和快乐的情绪状况；而分数低表明淡漠。负性情绪量表由描述负性情绪的 10 个形容词组成，如心烦的、内疚的。负性情绪分数高表示个体主观感觉困惑、痛苦，而分数低表示镇定。量表对正性情绪和负性情绪两个分量表进行统计分析。要求被试者根据自己近一两个星期的实际情况在每一个形容词后面相应的答案上画圈。每一个形容词后有 5 个选择答案：几乎没有、比较少、中等程度、比较多和极其多。②症状自评量表（SCL-90），统计指标为总分、躯体化、强迫、人际关系、抑郁、焦虑、敌意、恐怖、偏执、精神病症、其他，共 11 项。此量表为效标工具（摘自正性负性情绪量表的中国人群适用性研究）。

（3）情绪的三维表示　从实验心理学的奠基人德国心理学家冯特（W Wundt）开始，就注意在分类的同时对各种情绪的普遍性质进行概括。1896 年冯特提出了情绪三维学说。他认为：感情过程是由三对感情元素构成的，它们是愉快—不愉快（快乐度）、兴奋—沉静（冲动度）、紧张—松弛三种维度。每一维度都有两极性的强弱变化，每一种情绪在具体发生时，都处在这三个维量的两极之间的不同位置上，如图 3-6 所示。冯特的感情三维理论虽然建立在主观推测的基础上，但却比较符合实际，后来的多种情绪量表都是以此为基础发展起来的，至今冯特的三维理论仍有理论和实际的意义。

冯特之后，美国心理学家吴伟士(Woodworth)继续研究情绪的分类工作。他的学生、美国的心理学家施洛伯格(H. Schlosherg)依据面部表情进行对情绪的分类研究，并于 20 世纪 50 年代初对情绪提出新的三维认识，他根据愉快—不愉快(A)、注意—拒绝(B)及激活(C)水平三维特征构成一个倒立的椭圆锥形情绪空间，如图 3-7 所示。椭圆切面的长轴为快乐维，短轴为注意维，表明情绪的快乐度比注意度可作出更精确的区分，垂直于椭圆平面的激活水平是强度维。通过这三种维度的组合，任何情绪都可以在椭圆锥上找到符合自己的合适位置。他提出的三维量表是西方心理学界根据具体情绪提出的第一个维度情绪量表。

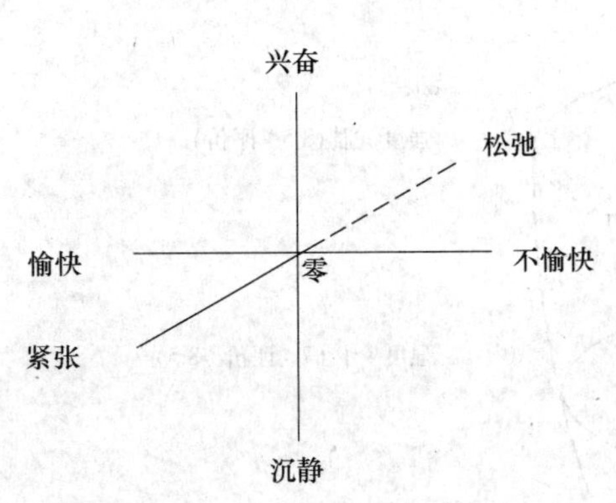

图 3-6　冯特（1910 年）的情绪三维模式图

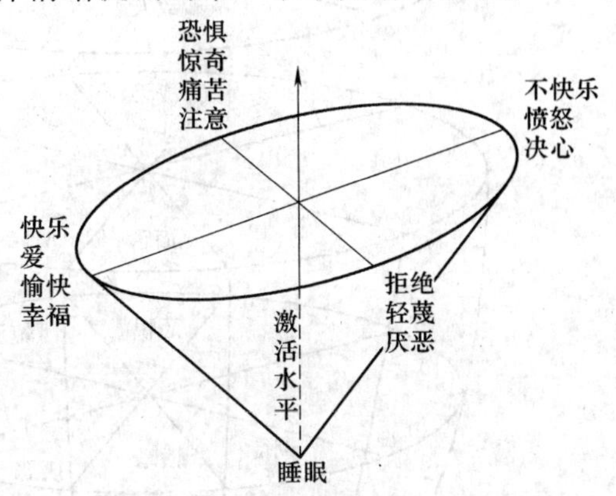

图 3-7　施洛伯格的情绪三维模式
资料来源：克雷奇等《心理学纲要》，1981

奥斯古德研究维量的方法是，通过使用形容词核对表或评价量表去判断情绪的表现——表情的意义。他在实验中让被试者针对一名演员的表演的活生生的、静止的表情，从 40 个情绪状态名称中选择一个作为能最恰当地表示对应表情的名称。通过对测试结果的分析，奥斯古德绘制出一个三维量模式，这三个维量是愉快—不愉快维、强度维（相当于睡眠—紧张维）、控制维。控制维可以说是奥斯古德实验技术中特有的维，因为它辨认出了来自环境的那些“演员”所作出的表情。

当今西方心理学界最典型的多维量表是 1962 年普拉奇克（R. Plutchlk）提出的以两极性、相似性、强度三个维量构成的倒立圆锥情绪空间，如图 3-8 所示。普拉奇克运用情绪词分析法，用大学生作为被试者进行实验，对情绪词的平均分数用相关方阵作因素分析，以前两个因素的负荷量计算为根据决定每一情绪的位置，根据计算，情绪方阵相关成环形图式。在该圆锥中，每块截面代表一种原始情绪，共有 8 种原始情绪，垂直方向表示强度变化，每种原始情绪都随着强度的变化而有不同的形式，越上，越分化，越强；越下，越不分化，越弱，截面上处于相邻位置则表示情绪性质接近，处于对角位置的情绪是相对立的，截面中心区域表示冲突，是由混合的动机卷入而形成的。普拉奇克认为，所有情绪都表现出不同的强度，如从忧郁到悲痛；任何情绪在与其他相似情绪的相似程度上都有不同，如憎恨与愤怒比厌恶与惊奇更为相似；任何情绪都有相对立的两极，如憎恨与接受、愉快与悲伤。

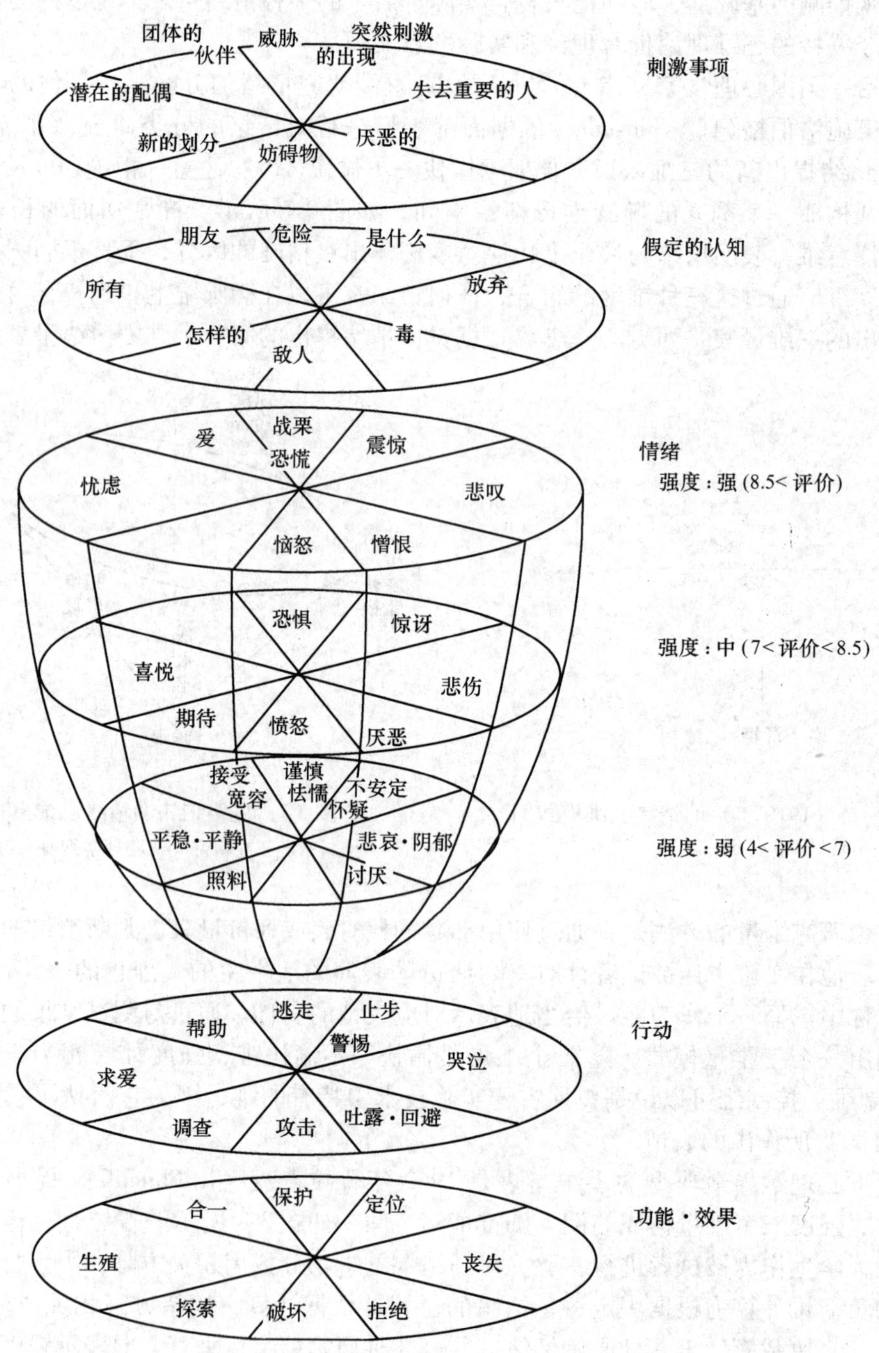

图 3-8 普拉奇克锥体心理模型

目前比较公认的情绪多维模式是愉悦度、唤醒度和优势度构成的三维模式。

1）愉悦度：其理论基础是正负情绪的分离激活脑成像研究。证实正、负情绪分别是左、右半球优势。惊反射（皱眉肌活动）指标能够反映愉悦度。

2）唤醒度：唤醒的作用是调动机体机能，为行为作准备。皮电反应指标能够反映唤醒度。一般认为，由于人的手指及手掌的汗腺对交感神经兴奋特别敏感，故在紧张、焦虑的情况下会出现精神性发汗，导致皮肤电阻的降低称为皮电反应。

3）优势度是用来衡量优势大小的一个指标。这里是指相对于动机的比较和选择而言，是影响动机强度的因素。

另外，还有一些情绪的维度模式。

布鲁门瑟尔（Blumenthal）认为情绪是注意、唤起和愉快三因素的结合，据此可把这三个因素的特定结合解释为某种情绪。

Millenson 认为有些情绪是基本需要（焦虑、欢欣和愤怒），其他情绪则是这些基本情绪的合成。他采用 Watson 的 X、Y 和 Z 因素，发展出一个三维度的情绪坐标系统，以这三种原始情绪作为基本轴线。他提出的模式没有包括所有的人类情绪，但他认为，那些被排除在外的情绪只是原始情绪的混合物。

J. G. Taylor 采用评价（相当于快乐度）、唤醒和行为（相当于趋避度）这三个维度值对陌生面孔进行表情识别。

（4）情绪的多维表示

1）Krech 四维：克雷奇（Krech）认为强度是指各种情绪由弱到强的变化范围；紧张水平是对要发生动作的冲动而言；复杂度是对多种情绪组合而成的复杂情绪度量；快感度是指情绪在不愉快至愉快之间的变化。根据情绪的四维度模式，可以对情绪进行描述，其强度有多大、紧张水平如何、快感度有多大、复杂程度怎样等，这样就顾及情绪的各个方面了。

2）Izard 四维：伊扎德（Izard）最初提出的八种维量是从众多的对情绪情境作自我评估的数据中得出的，后经筛选，确定了四个维量：愉快度、紧张度、激动度、确信度。筛选掉的四个维是：活跃度、精细度、可控度和外向度。伊扎德对所选的四个维量解释是：愉快维表示主观体验的享乐色调；紧张维和激动维都表示情绪的神经生理激活水平，其中紧张维表示个体对情绪情境的突然出现缺乏预料和缺少准备的程度，激动维表示兴奋的程度；确信维表示个体胜任、承受感情的程度。伊扎德的四维说根据客观测量，在一定程度上与冯特的三维说相一致。伊扎德按照他所制订的维度评定量表（DRS）和分化情绪量表（DES）可对情绪体验作出较准确的评估。

3）Frijda 六维：弗里达（Frijda）用因素分析技术分析了自己的研究工作，发现了能解释 92% 变化的六种因素，即情绪的六个维度。①愉快—不愉快；②激活，弗里达对它的描述相当于强度维，而不是睡眠—紧张维，因为此维低端是缺乏表情，而不是睡眠；③类似于施洛伯格的注意—拒绝维，但是把它说成兴趣维更合适，因为此维的低端是无兴趣而不是拒绝；④弗里达发现这一维难以命名，但建议将它称为社会评价或类似于奥斯古德的控制维；⑤和⑥是更小的因素，前者被描述为惊奇，后者为简单—复杂。弗里达特别注意因素②、③，因为它们两者与活动有关。他认为②是情绪的强度或激活，④关系到注意的唤醒，它类似于定向反射。

3.3.2 几种典型的情绪数学描述

1. 普拉奇克的情绪锥球

普拉奇克（R. Plutchik）所提出的情绪锥球描述如图 3-9 所示。这种方法混合了维度和基本情绪理论。他认为任何情绪的相近程度都有不同，任何情绪都有与其在性质上相对立的另一种情绪，任何情绪都有不同的强度。他采用强度、相似性和两极性三个维量，并用一个倒立的锥体，在锥体切面上分隔为块，切面上的每一块代表一种原始情绪。共有 8 种原始情绪，每种原始情绪都随自下而上强度的增大而有不同的形式；截面上处于相邻位置的情绪是相似的，处于对角位置的情绪是相对立的；截面中心区域表示冲突，是由混合的动机卷入而形成的。普拉奇克认为，所有情绪都表现出强度的不同，如从忧郁到悲痛；任何情绪在与其他情绪相似的程度上都有不同，如憎恨与愤怒比厌恶与惊奇更为相似；任何情绪都有相对立的两极，如憎恨与接受，愉快与悲伤。

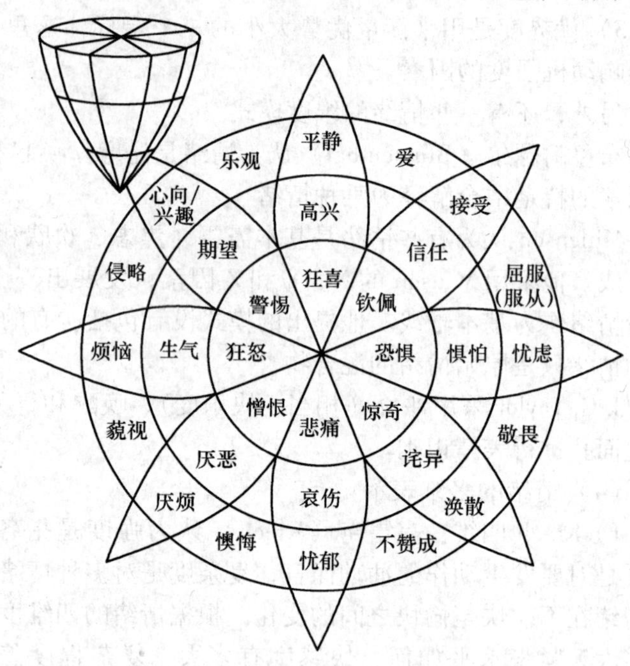

图 3-9 普拉奇克的情绪锥球模型

2. 普拉奇克情绪圆环模型（见图 3-10）

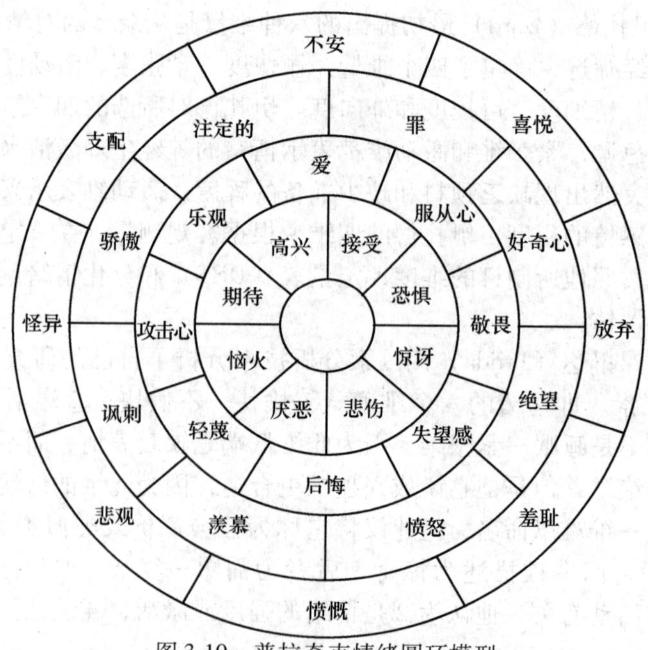

图 3-10 普拉奇克情绪圆环模型

3. 鲁塞尔（Russell）的情感圆环模型（见图 3-11）

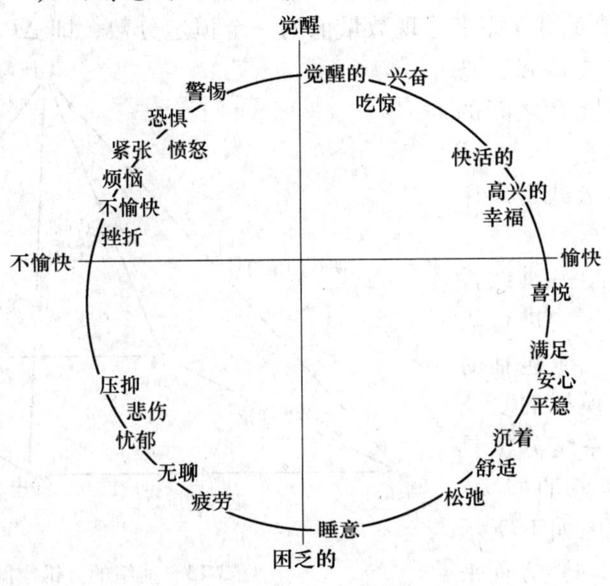

图 3-11　Russell 的情感圆环模型

4. 拉森（Larsen）和迪恩尔（Diener）八方向模型（见图 3-12）

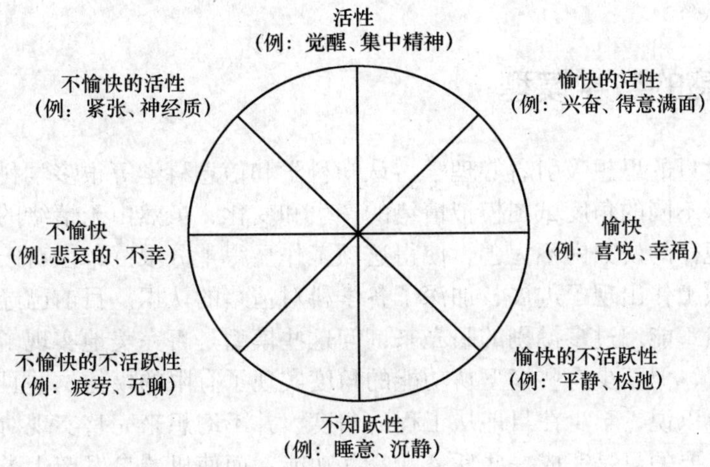

图 3-12　Larsen 和 Diener 八方向模型

5. 情绪的方锥空间模型（见图 3-13）

3.3.3　心理学中对情绪量化的思考

1）唐孝威在对情绪体验的研究中综合了经验事实，提出了对于一个被试者和同一种呈现事实，近似描述情绪体验强度与客观呈现事件数量之间的一个数学公式。

对于客观呈现的某种事件的数量用 P 表示，ΔP 表示能够引起受试者情绪体验的变化所需要的客观呈现事件的最小变动量。那么认为引起受试者情绪体验的变化所需要的客观呈现事件的最小变动量的值是事件原来呈现数量值的一个恒定分数，即 $\Delta P/P=\text{const}$。近似描述情绪体验强度的心理量 E 和客观呈现事件数量的物理量 P 之间的对应关系的数学公式是 $E=a\log P+b$。唐孝威指出这个公式可以用心理学实验来检验。

2）T. J. Tracy 提出了用非线性动态系统方法对情绪结构进行表述。T. J. Tracy 认为情绪是包括时间变化和不能被线性模拟的复杂现象，而非线性动态系统分析具有描述和模拟复杂现象的能力。提出我们或许可以考虑如下所示的范得波尔（Vor der Pol）方程来解决情绪结构的描述：

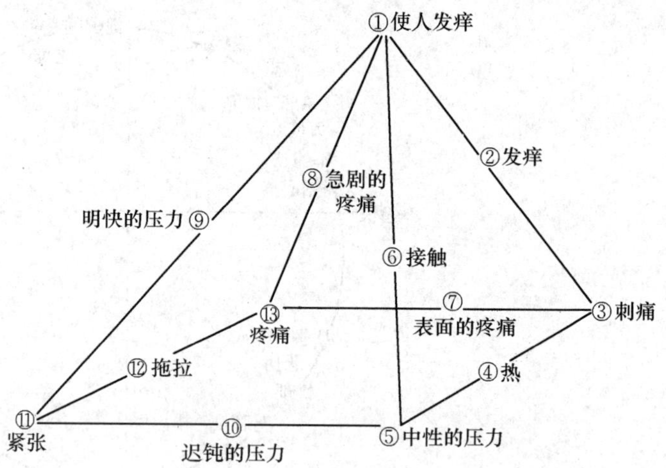

图 3-13　情绪的方锥空间模型

$$\frac{d^2x}{dt^2}-\lambda(1-x^2)\frac{dx}{dt}+x=0$$

式中，λ 为阻尼系数。

3.4　人工情感的数学模型

对情感进行度量的思想吸引着心理学、认知科学和信息科学等很多学科的研究人员。不同学科的研究者从不同的角度试图模拟情绪的产生和变化，虽然由于情绪的复杂性以及人类对本身情感变化规律的研究尚不完善，使得这项工作显得十分艰巨，但对于情感量度的不断探索已经使得这项工作出现了进展，加深了各学科对情绪的认识。目前已经有很多关于情绪的模型出现，当然不能用过多挑剔的眼光来询问这些模型是否完美地实现了对人或动物情绪的定量描述和分析，但至少有些模型从功能的角度实现了有限的模仿，并且模仿的范围也在不断扩大。或者可以说，至少在目前从工程的角度，并不幻想来完整实现对情绪变换的分析度量。人工心理需要的只是完成一些任务、一些功能。而使机器自发产生类似于人或动物的情绪还很遥远，但使机器显得像有情绪或者有限地模仿情绪的其他一些有益的方面是一些研究者正在进行的，也是富有意义的，并出现了很多的成果。

3.4.1　国际人工情感计算模型

目前有很多从各个角度出现的对情感模型的探索研究，下面介绍一些已有的人工情感计算模型。

1. OCC（A. Ortony、G. Clore、A. Collins）情绪模型

1988 年，Ortony、Clore 和 Collins 在所出版的《情感的认知结构》一书中，就给出了一个著名的“OCC”认知鉴定的情绪模型。OCC 模型是早期对于人类情绪研究提出最完整情绪模型之一。

OCC 情绪模型中，将情绪依其起因区分为三大类：事件的结果、智能体的动作和对于对象的观感。模型共定义了 22 种基本情绪，并定义了情绪的阶层关系。详细的分类与阶层关系如图 3-14 所示。Ortony 等认为：对于有情感的机器而言，他们的模型也许并不重要，但要使计算机可以推断情感，尤其在理解自然语言、协同解决问题和进行规划方面，那么只有具备了某些结构才能涉及情感的概念。

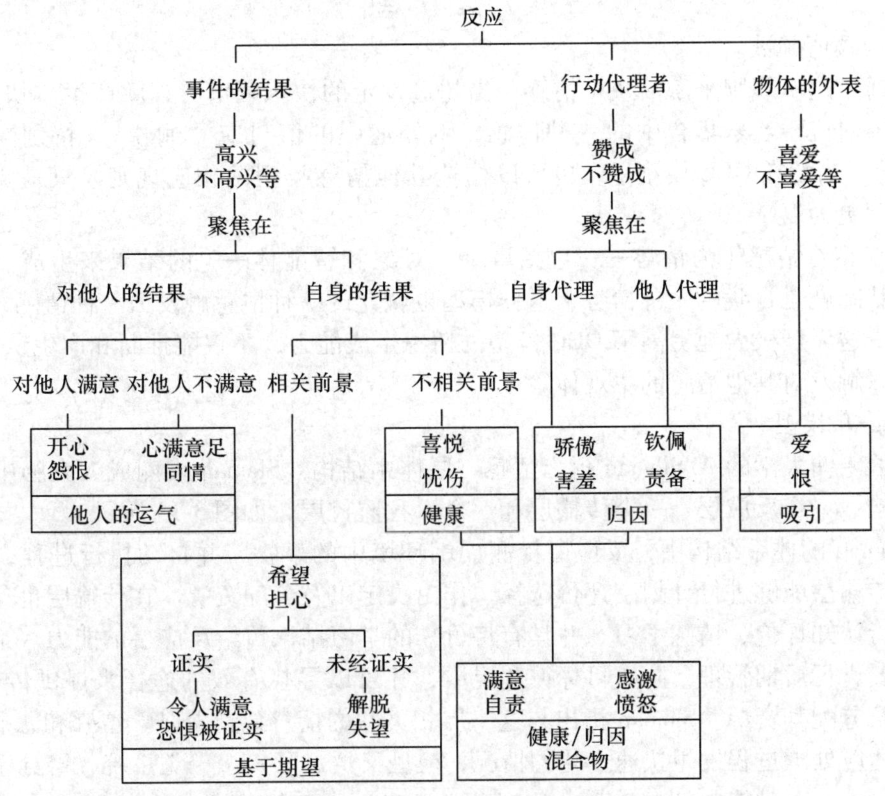

图 3-14　OCC 情绪模型

OCC 模型采用的不是基本情感集或一个明确的多维空间来表达情感，而是用一致性的认知导出条件来表述情感。特别是，在该模型中，假定情感是对事件（高兴与否）、智能体（满意与否）和对象（喜欢与否）构成情势的倾向（正面或负面的）反应。通过不同认知条件推导归纳，大约规范出 22 种情感类型，其中包括用来产生这些情感类型的基本构造规则。应该说，OCC 是第一个易于计算化实现的认知型情感产生模型。

OCC 模型中，首先设置一些函数，例如 $D(p, e, t)$ 表示人物 p 在 t 时刻对事件 e 设定的期望值：正值表示期待的事件具有有利的结果，负值表示不利的结果。$I_g(p, e, t)$ 代表全局强度变量（例如期待、现实、接近度）的一种组合。现在如果设 $P_j(p, e, t)$ 表示一种“欢乐”的潜力，那么产生“欢乐”的规则为如果 $D(p, e, t) > 0$，那么设

$$P_j(p,e,t) = f_j(D(p,e,t), I_g(p,e,t))$$

式中，$f_j(\cdot)$ 是将欢乐具体化的函数。类似的规则可以用来计算其他情感。例如，可设“悲痛”的潜力函数为 $P_d(\cdot)$，然后将上述规则中的测试条件改为小于 0（负期望值），并

用f_d代替f_j来进行计算。

当然，上述规则并不会引起欢乐的状态或者一种欢乐的情感体验，但可用来构建触发快乐强度I_j的规则，即可有如果$P_j(p,e,t)>T_j(p,t)$，那么设

$$I_j(p,e,t)=P_j(p,e,t)-T_j(p,t)$$

否则设

$$I_j(p,e,t)=0$$

式中，T_j为阈值函数。

从而通过这一规则来激活快乐情感；当超过设定的快乐阈值时，就产生“快乐”情感。结果强度值对应于欢乐集合中的一种情感，例如适中的值对应“愉悦”，特别高的值对应“幸福”等。当然在OCC模型里，也可以构造其他情感类型的相应规则，只是要比欢乐和痛苦的规则更为复杂。

OCC模型将情感作为情势——包括事件、对象和智能体——的结果来生成。因此处于某种情感状态就是自我的一种情势，这样模型也就允许一种情感触发另一种情感，或触发同一种情感。这无疑极大地提高了OCC模型的情感生成能力，不仅能推断和产生认知型情感，而且还可以触发对其他情感的主观体验。

2. CogAff模型

英国伯明翰大学的A. Sloman提出情感三层体系结构。Sloman推测成人大脑中至少有三层体系结构：一个反应层、一个传输层和一个自我监控层，如图3-15所示。

在Sloman的体系结构中，反应层探测周围环境中的事物，并自动执行进程，以决定如何反应。传输层能够进行计划、评价选择、作出决定以及分配资源。在传输层也包括对成功或失败进行认知评价、情感学习，并具有将可靠的学习结果传给反应层的能力。第三层的自我监控主要进行后期管理，防止目标彼此混淆，并可以寻找有效的途径来提供传输层操作、选择策略及分配其资源。Sloman指出与这一层相关联的情感包括羞耻、羞辱和悲痛等。

为了适应处理过程发生快速变化的情况，模型又增加了一个警觉系统，警觉系统可以从各层获得输入，并且能向各层输出。CogAff模型对于人工智能研究和使用情绪的主要贡献是，引发出专门的情感反应要依据情感处理过程中动机的发生。这意味着同样的情形可以触发不同的情感反应，如图3-16所示。

感知	主要步骤	行动
	管理过程 （思考） （最新的）	
	协商过程 （假设分析机制） （较旧的）	
	反应机制 （最旧的）	

图3-15 CogAff模型

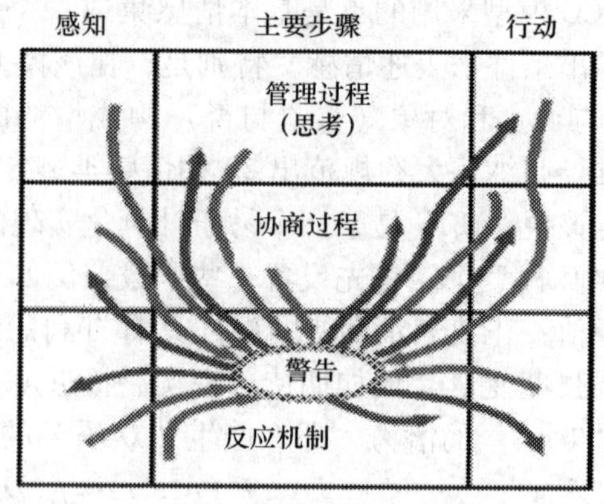

图3-16 有警觉系统的CogAff模型

基于 CogAff 模型，Sloman 又发展了一个 H-CogAff 模型，如图 3-17 所示。该模型力图覆盖正常成人信息处理过程的主要特征，但作者也承认这个体系结构还缺乏实现的细节。

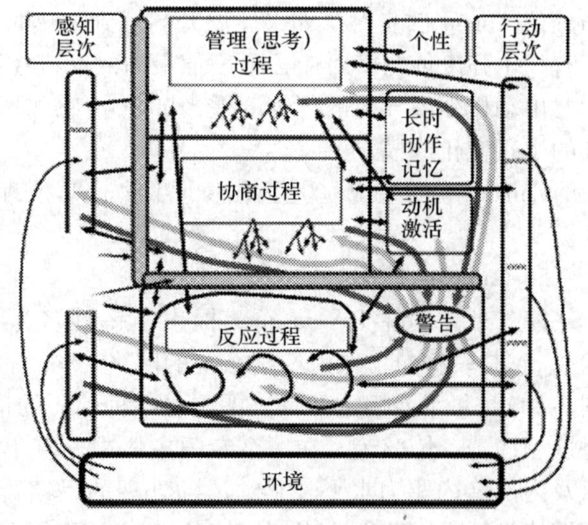

图 3-17　H-CogAff 模型

3. Salt&Pepper 模型

里斯本大学的 Botelho 提出了一个 Salt&Pepper 模型来反映自治智能体的人工情绪（见图 3-18）。Salt&Pepper 模型有三个主要层次：认知和行为发生器、情感发生器以及中断管理器。还有，情感引擎包括情感传感器、情感发生器和情感监控器。

在情感信息处理中，情感引擎首先通过情感发生器对智能体的全局状态进行估价，把情感信息分类为情感标记、对象的评价、紧急性评价，然后把每个情感信息以节点的形式存储在长期记忆单元，节点之间可以互相交互，节点还包含相应的情感反应信息。情感的强度与这些节点的活动水平相关。产生情感反应，然后这些情感反应使智能体全局状态发生改变。

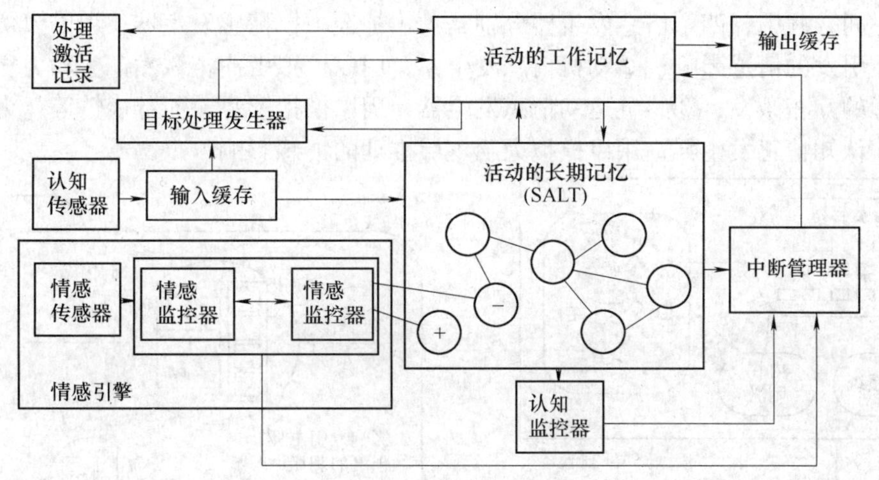

图 3-18　Salt&Pepper 模型

4. D. Canamero 模型

布鲁塞尔自由大学的 D. Canamero 构建了这样一个系统，在该系统中，情感引发了人造荷尔蒙的变化，并由此对生理变化产生情感的过程进行了模拟。

人类情感包括身心两个方面的相互作用，但计算机就不像我们一样拥有身体，因此 Canamero 试图通过模拟人类的生理系统来虚构“类似”的身体。

Canamero 的系统模拟的是一个二元社会，居民分为“Abbott”和没有情感的“Enemy”两类，其中一部分具有产生与 Enemy 相处的行为、动机和情感能力。每个 Abbott 的行为、动机和情感都有对应的生理含义。特别是，动机是要趋向于“生理”的动态平衡。比如，当一位 Abbott 散步时，如果体温升高感到太热时（动机），就会想办法降低体温。每个动机都有一个强度值与其对应，强度值最高的动机控制行为和意图。

由动机强度导致的行为要受 Abbott 情感的影响。情感可以由外部事件触发，也能被内部的生理变化或模式触发。

Canamero 的系统模仿了情感的生物化学处理过程，其情感模型考虑的主要是动机的强度。

5. Cathexis 模型

麻省理工学院 J. Velasquez 提出了一种名为 Cathexis 的情感综合产生器模型（见图 3-19）。它是一种包含专门情绪系统的网络结构，他把这种专门的情绪系统称为专门主体（见图 3-20）。每个专门主体代表的不是某种单一的情感类型，而是一类相关的情感状态，例如恐惧、痛苦、惊骇等。在每个专门主体中，有不同的传感结构监控外部（环境事件）刺激以及内部（内驱力水平、感觉运动处理的反馈行为）刺激，来激发由不同专门主体所代表的情绪类型，以获得适当的情感状态。这些传感结构依据刺激的情况增加或减少它们所属的专门主体中的情绪强度。对于每个专门主体有两个阈值：第一个阈值是 α，控制着情绪的激发，一旦情绪超过这个阈值，这个情绪专门主体会发出信号传给其他的专门主体，并且传给行为系统，行为系统会根据这些情绪系统的状态来选择适当的行为；第二个阈值是 ω，控制着情绪专门主体的饱和水平。每个专门主体中还设有一个衰减函数 $\psi(\ )$，用以控制情绪状态的持续时间。其中，四个情感发生器分别是：①神经中枢情感发生器，用以模仿神经递质等化学物质引发的情感影响；②动机情感发生器，用以模拟由痛苦激发产生动力之类的情感影响及情感的互相激发；③感觉运动情感发生器，用以模拟姿势、面部表情等行为引发的情感影响；④认知情感发生器，用以模拟大脑皮层推理的情感影响。

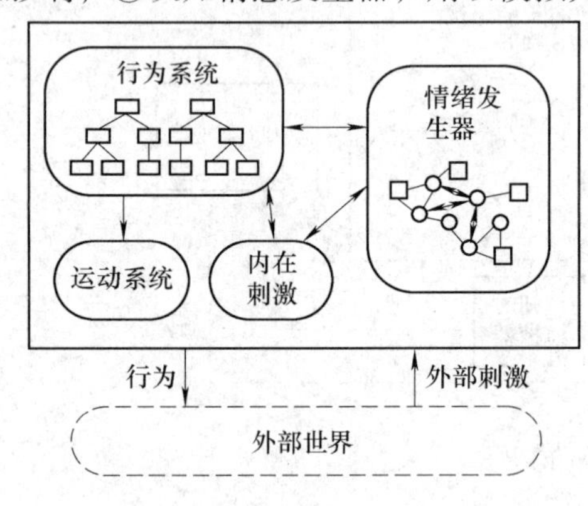

图 3-19 Cathexis 模型体系

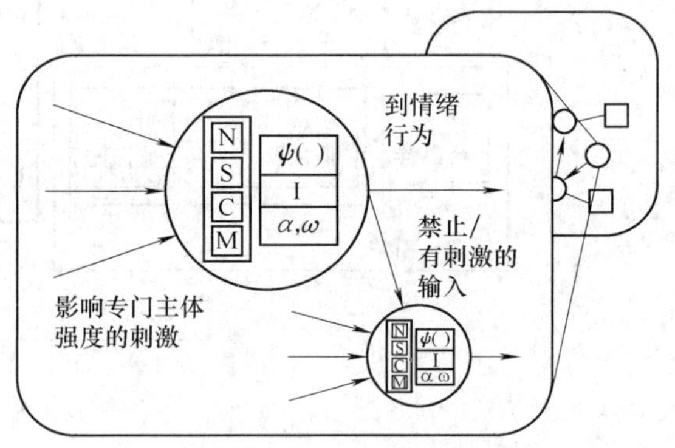

图 3-20 情绪专门主体

Cathexis 系统由专门主体构成，类似于智能社会中的智能体。每个专门主体代表一种基本情感类型，可以对输出行为施加影响。与对每种情感都有不同规则的 OCC 模型不同，Cathexis 模型只有一条更新规则。在 t 时刻，按如下规则更新每个专门主体 $p(p=1, 2, \cdots, P)$ 的情感强度 $I_p(t)$，即新的强度是其衰减前值、发生器和其他情感强度影响的一个函数：

$$I_p(t) = g(f(I_p(t-1)) + \sum_{l=1}^{4} \varepsilon_{p,l} + \sum_{m=1}^{p} (\alpha_{p,m} - \beta_{p,m}) I_m(t)) \qquad (3\text{-}1)$$

式中，$\varepsilon_{p,l}$（$l=1$，2，3，4）分别为四个发生器赋予专门主体的对应值；$\alpha_{p,m}$为专门主体 m 作用于专门主体 p 的兴奋效益；$\beta_{p,m}$为专门主体 m 作用于专门主体 p 的抑制性效益；f 为控制情感强度随时间衰减的函数；g 为保证情感强度在零与饱和值之间取值的约束函数。每个专门主体都有一个饱和阈值，当情感强度超过了这个阈值时，就不再增加。这是为了保证模型的非线性行为。

6. EM 模型

葡萄牙的 Custodio 等人提出的基于情感模型（Emotion Model，EM）是一种可用于智能控制的模型，如图 3-21 所示。

EM 模型由认知层和感知层组成。外界环境对系统的刺激同时在这两层的处理器中并行处理。前者抽取以模式匹配为目标的认知图像（IC），该图像包含能恢复原始图像的足够丰富的信息；后者则抽取输入图像的基本特征，产生简化的感知图像（IP）。此外，在感知层中还要建立一个愿望向量 DV，该向量的每一个分量对应一个基本刺激的评价，例如“好”、“坏”等及相应的对策（反应）。在 IP 与 DV 之间有一个直接的映射。在系统的主存储器中存放有过去经历过事件所对应的认知图像、感知图像和 DV。认知处理器在从外界刺激获得认知图像后，就会在主存储器中寻找匹配，而在其工作存储器（内存）中，则存放当前输入的认知图像、DV、感知图像以及匹配过程的结果。系统对输入刺激的反应（采取的行动）主要来自 DV，但在必要时也可以来自认知处理器。系统所采取的行动会使环境发生变化，使系统感受到新的刺激，这种反馈刺激使系统知道其行为的效果，同时也使系统能在不同的层次上进行学习，在感知层更新感知映射，而在认知层则对认知图像进行 DV 标记。可以看出，这一模型的感知层如果将其与认知层的联系短路，就是前述基于行为的系统。由于感知层与认知层之间的相互作用，EM 能完成更复杂的任务，并进一步与基于理智（逻辑推理）的上层系统接口。

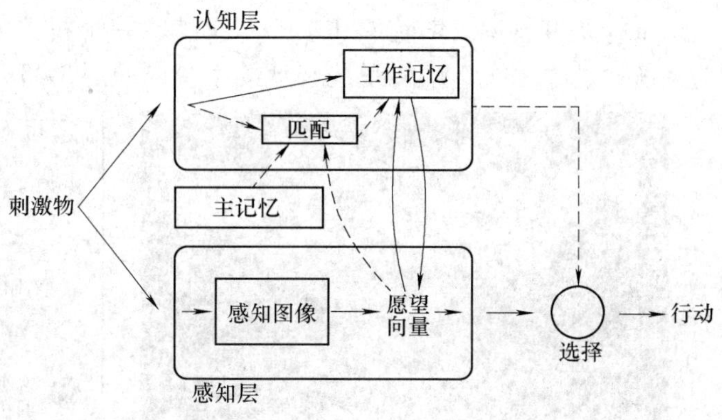

图 3-21　EM 模型

7. 隐马尔可夫模型（HMM）

这是 Picard 于 1995 年提出的一个 HMM（见图 3-22）。这个模型有三个情绪状态，但它可以扩充为多个。Picard 认为，一个人的情

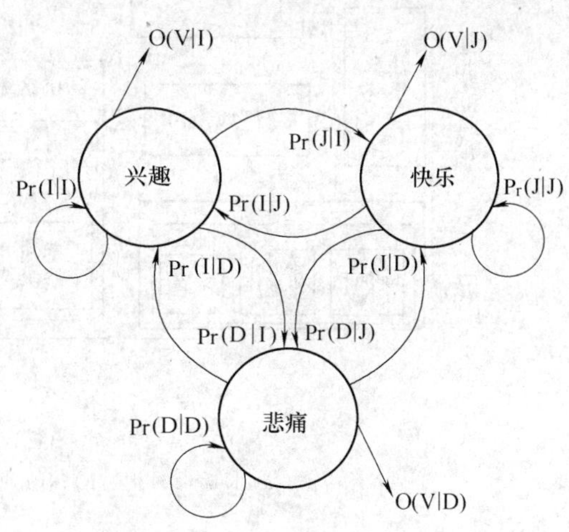

图 3-22　HMM

绪状态（即快乐、兴趣和悲伤）不能被直接观察，但某一状态的特征能够被观测得到（如声音的波动特征），通过特征来找出可能的情感状态。

也可以用整个 HMM 结构图描述状态，进而来识别更大规模的情感行为。后者需要一系列的 HMM 结构图，每个 HMM 结构图对应一种情感行为，或对应每个人对给定行为的不同情感反应特征。

用整个 HMM 状态图来表现一种情感，模型能抓住情感的动态的一面。HMM 适合表现由几种情感组成的混合情感，就像忧郁就可以由爱和悲伤组成；还适合表现由几种纯的情感状态基于时间的不断交替出现而组成的混合情感，“爱恨交加”的 HMM 状态图就可能是在爱和恨两种之间的循环，可能还时不时在中性状态上停顿。

8. Kismet 模型

Kismet 是麻省理工学院 C. Breazeal 设计的一个机器人，Kismet 的组成主要有感知系统、行为系统、注意系统、动机系统和运动系统，如图 3-23 所示。

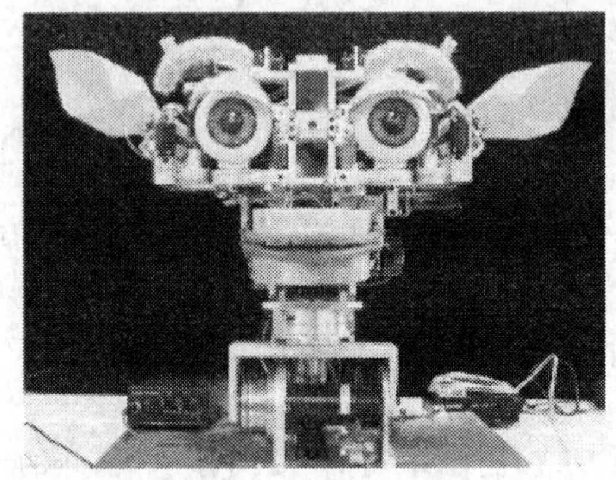

a)

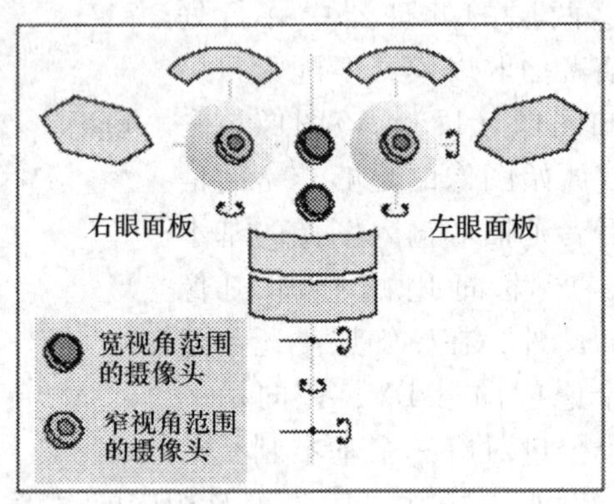

b)

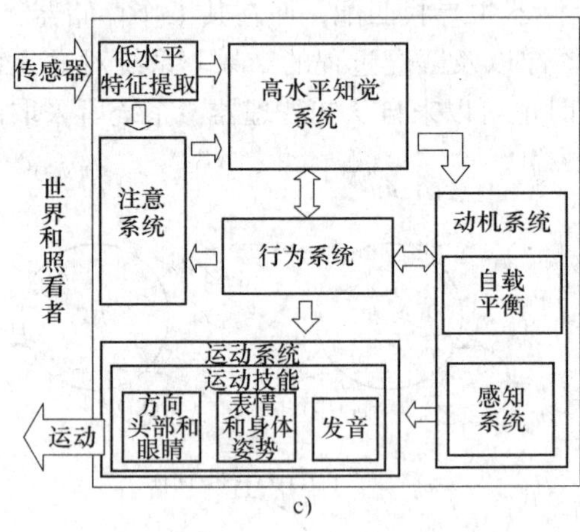

c)

图 3-23 Kismet 模型

a）Kismet 外形 b）Kismet 部件结构 c）Kismet 体系结构

感知系统把传感器得到的原始数据进行转换和加工，用来指导行为的产生。

动机系统由情绪和驱力两个相关联的子系统构成，驱力子系统表现机器人的基本“需要”，用强度来量化。情绪子系统有两个作用：一个是可以产生情绪表达；另一个是对外界输入的刺激和内部需要进行综合判断，从而引起表现行为的各种变化来调整与环境之间的交流。

注意系统用来挑选出外界环境中对机器人感兴趣的事物，以引导机器人的注意和使机器人的视线朝向他们。

行为系统用来使机器人的行为组织成连贯的动作。

运动系统用来实际输出机器人的运动和表现。它由四个子系统组成：运动技巧系统、面部表情系统、发音系统和视觉运动系统。

Kismet 的情感模型是作为环境、内部刺激和行为动作的媒介，通过这个模型，机器人对外界输入的刺激和内部需要进行综合判断，从而引起表现行为的各种变化。Kismet 的情绪反应由下面几个部分组成：一个突然的事件（情绪的刺激），事件的情感估价（情绪的评价），特有的表达（情绪的激活），激发一个行为反应的动作趋向（情绪的表达）。

情绪的刺激：Kismet 的情绪系统被外部事件激发，激发事件包括视觉和听觉刺激。机器人的当前情感状态影响外界刺激的激发程度。

情绪的评价：这部分是用来对一个给定的刺激使用三种情感特征［唤醒（Arousal）、效价（Valence）、姿态（Stance）］进行标记。

情绪的激活：Kismet 处理的情绪状态有快乐、生气、厌恶、恐惧、悲伤、惊奇、兴趣、厌烦八种基本情绪以及平静。

每个情绪的激活水平用下面公式描述；

$$\text{Aemotion} = \text{Eemotion} + \text{Bemotion} + \text{Pemotion} - \delta_t \tag{3-2}$$

式中，Eemotion 代表激活能量；Bemotion 代表与激活阈值有关的偏移量；Pemotion 表示激活情绪的持续水平；δ_t 表示情绪转移的延迟时间。

情绪的表达：情绪的表达采用一个三维空间（见图 3-24）。三个维度对应的是唤醒、效

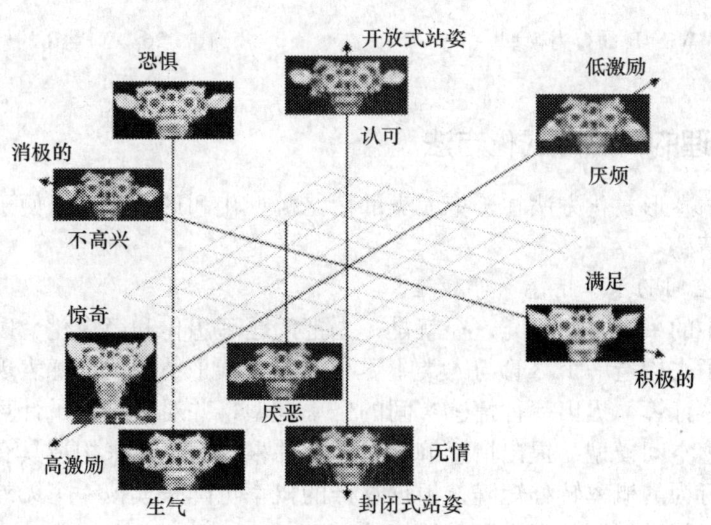

图 3-24　Kismet 的情感空间

价和姿态。机器人当前的情感状态是空间中的一个点，当它的情感状态改变时，这个点在这个三维空间内运动。空间中每个点均代表一种情感状态，整个空间被分成以若干个点为中心的几个区域，每个区域代表特定的一种情感状态。某时刻的情感状态是综合考虑 Kismet 的感知系统、动机系统和行为系统的作用而得到的。距离该情感点最近的区域将被激活，Kismet 根据该区域代表的情感状态产生相应的面部表情，表情的强度和该情感状态点与被激活区域中心的距离成正比。

9. 机器人 WE-3RV 和 WE-4R 的情感模型

日本早稻田大学开发的 WE-4R 情感机器人由视觉、听觉、触觉和嗅觉传感器来感知外界刺激信号。依据大脑模型的三层结构——反射、情绪和智力来建造 WE-4R 的智力模型，如图 3-25 所示。另外，把情绪区分为“学习系统”、“心境” 和“动态响应”。WE-4R 可根据外部和内部的刺激相应地改变它的情绪状态，并且可通过面部表情、面部颜色和身体姿态来表达情绪。WE-4R 可表达 9 种表情，并且每种表情的强度按照与中性表情的差别又分为 50 个等级。WE-4R 的情感空间（见图 3-26）由激活、愉悦和确定三维构成，空间中用情绪向量和心境向量来表达情感。其中，心境向量位于激活和愉悦的二维空间中。为了描述心境向量的激活成分，采用一个由一种神经网构成的内部钟来表述。此外，WE-4R 还引入了个性的概念，它包括感知个性和表达个性。其中，感知个性决定刺激如何影响机器人情感状态；表达个性则影响机器人表情和颈部运动。

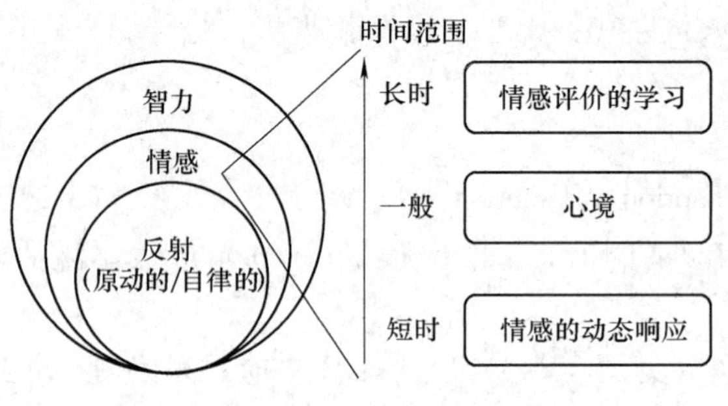

图 3-25　WE-4R 的智力模型

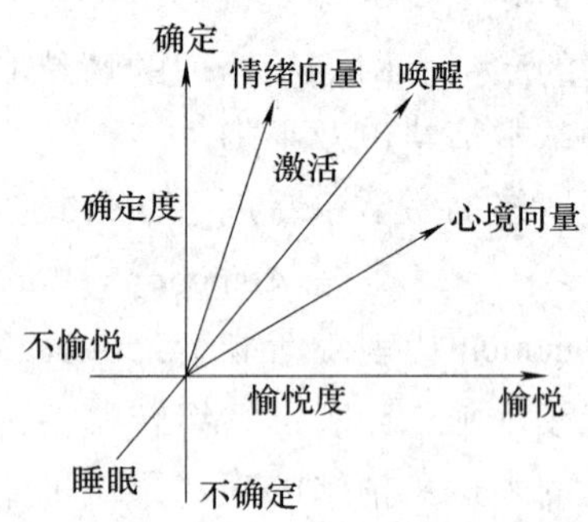

图 3-26　WE-4R 的情感空间

3.4.2　人工心理的情感形式化方法

人工心理的情感形式化方法在于把人类的情绪模型化和形式化，以便于在计算机人工系统中来模拟人类情感。

1. 基于欧氏空间的人工情感数学模型

在科学研究中的一个常用研究途径就是，先把问题理想化和简单化，以试图寻求一些有意义的结论。为了去构造一个尽管与人类不尽相同但又合乎情理的情感表现，本模型针对计算机如何进行情感计算，提出一种情感空间的概率模型，并对其进行了计算机仿真。首先建立一个简单的情感空间模型，提出情感熵的概念，并根据情感熵来构造具有个性特点的且无外界影响的情感行为的概率转移矩阵，根据这样的概率矩阵来模拟一个无外界刺激的情感行为，即模拟一个封闭系统下的自由运动的情感模型。

（1）情感空间　在构造情感空间之前的一个首要问题就是，人的两种或两种以上具有矛盾的情感能否同时发生？关于这样的问题，心理学界仍在争论之中。而本模型则把这样的情感状态仍然考虑在所构造的情感空间中，但是其出现的概率将是足够小的。

这里从比较简单的三种情感：生气、害怕和高兴来构造一个情感空间，如图 3-27 所示。为进一步简化问题，我们规定，情感状态的每一个维仅取 0、0.5、1 三个数值。比如，就恐惧而言，则具有不恐惧（0）、有些恐惧（0.5）和恐惧（1）三个状态。于是在这样的三维情感空间里就具有 27 个情感状态。

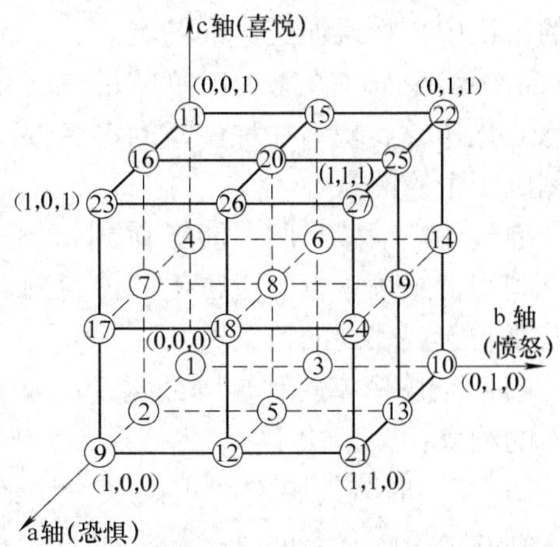

图 3-27　三坐标情感的状态空间

那么很有意思的一点就是原点（0，0，0），这一点不仅仅代表为平静，而且还代表其他未知的情感状态。但在本模型中，仅考虑原点为平静状态的情况。

于是情感的活动就成为在这个情感空间的各状态的转移过程。自然这是一个马尔可夫的过程。如果更为一般的考虑，认为情感具有 m 种，其中每种情感可以划分为 n 个级别，于是这样构成的情感空间就具有 n^m 个情感状态。令 $l = n^m$，于是得到 l 维的马尔可夫的概率矩阵如下：

$$\boldsymbol{P}_{affect} = \begin{pmatrix} p_{1,1} & p_{1,2} & \cdots & p_{1,j} \\ p_{2,1} & p_{2,2} & \cdots & p_{2,j} \\ \vdots & \vdots & & \vdots \\ p_{j,1} & p_{j,2} & \cdots & p_{j,j} \end{pmatrix} \tag{3-3}$$

式中，p_{ij} 为第 i 个情感状态到第 j 个情感状态的概率，并且满足如下关系：

$$\sum_{j=1}^{l} p_{i,j} = 1 \qquad (i \in [1,2,3\cdots,l]) \tag{3-4}$$

至此，就构建了情感变化的概率性模型。这样的情感空间把每个情感都细分为不同的强度，并且情感状态空间位置间的距离远近影响到转移的概率大小。

（2）情感熵　对于这样的情感空间及其概率的转移矩阵，该如何构造具体每个概率值，并能整体评判与度量所构造的情感的表现呢？熵，就成为了一个很好的数学工具。

对式（3-5）中表达的具有 l 个节点的 m 维情感空间，设某一时刻处于第 i 个状态，那么它到其他状态的概率就构成了一个情感变化的概率向量：

$$\dot{e}_1 = (p_{i,1}, p_{i,2}, \cdots, p_{i,i}, \cdots p_{i,l})$$

$$l = n^m$$

$$\sum_{j=1}^{l} p_{i,j} = 1 \qquad (i \in (1,2,\cdots l)) \tag{3-5}$$

情感熵就定义为

$$A_i = -C\sum_{i=1}^{l} p_i \log p_i \tag{3-6}$$

式中，A_i 为在第 i 种状态的情感熵；p_{ij} 为第 i 种情感状态到第 j 种情感状态的概率；C 为与对数底及单位选择有关的常数。

这里我们规定，在情感熵的计算过程中，对数的底是自然数，此时 C 值规定为 1。在以后的讨论中，将遵循这样的约定。

情感熵表征了在某一时刻的情感变化的不确定程度，就是说当情感熵的值大时，意味着情感变化快，表现为一种性格的多变性；而情感熵的值小时，意味着情感变化缓慢。这也同时刻画了个体的特性。

通过建立情感空间，能够得到情感的各个状态的概率分布，从而可以计算出情感的熵值。利用情感熵可以对所得出的情感的概率分布进行评价。可以说，情感熵是描述情感的微观变化与宏观表现的桥梁。

（3）情感概率转移矩阵的构造　从对现实生活的观察，可以总结出以下几点概率分布方面的约束：

1）某一时刻情感空间里的某一情感状态，在下一时刻仍然处于本状态的概率是最大的。到其他情感状态的概率随距离的远离而单调下降。

2）在没有外界干扰的情况下，原点附近应是情感状态的平稳点。这就是说总的趋势是情感逐渐向原点（平静点）过渡。

3）具有相互矛盾的情感状态出现的概率最小。如既高兴又愤怒状态出现的概率是很小的。

另外，为了构造一个表现丰富的情感，各状态的转移概率在满足上述条件下，应该使其情感熵尽可能为最大。这类问题，就可以抽象为如下数学命题：

有一正数轴上的一个闭区间 L：［1，m］，某一事件落在此区间的概率为 1，落在此区间上某一正整数 i 上的概率为 p_i，$i\in$（1，2，…，m），并有 $\sum_{i=1}^{m} p_i = 1$，且 $\prod_{i=1}^{m} p_i > 0$。现将此区间完全划分为 n 个非空子区间，$n\in$（1，2，…，m），记 l_k 为第 k 个子区间，$k\in$（1，2，…，n），则有 $\forall$（l_1，l_2，…，l_n）$\neq\varnothing, L=\bigcup_{i=1}^{n} l_i$。令 a_i 为第 i 个子区间内包含的整数的个数，$a_i\in$（1，2，…，m）。记 $p_{i,j}$（$i\in$（1，2，…，n），$j\in$（1，2，…，a_i））为事件落在子区间 l_i 上第 j 个非负整数点的概率。存在两个 $n-1$ 项小于 1 的正数的数列 r_i、k_i（$0<r_i<1$，$0<k_i<1$，$i=1$，2，…，$n-1$）。

已知：m，n，a_i，r_i，并具有如下约束条件：

$$k_i(\forall(p_{i,1},p_{i,2},\cdots,p_{i,a_i}))\geqslant\forall(p_{i+1,1},p_{i+1,2},\cdots,p_{i+1,a_{i+1}})\quad(i=1,2,\cdots,n-1)\tag{3-7}$$

从式（3-7）中可以看出，约束条件已经包含在原点到其他节点距离之内了。

$$r_i\sum_{k=1}^{a_i} p_{i,k}\geqslant\sum_{k=1}^{a_{i+1}} p_{i+1,k}\qquad(i=1,2,\cdots,n-1)\tag{3-8}$$

求：各满足如下最大值条件下的概率数列 p_1，p_2，…，p_n：

$$-\sum_{i=1}^{m} p_i\ln p_i=\mathrm{MAX}\tag{3-9}$$

建立这个数学命题，目的在于对情感状态的变化进行数学描述、对情感的统计性规律进行表达。通过求解这样的命题，可以得到概率转移矩阵中的各个元素的具体数值，这样就构造出了具体的情感模型。

对于这样的命题，直接求解是困难的。用数值的方法并进行简化处理，可以寻找到其近似解。在得到情感空间的概率转移矩阵后，就可以模拟一个动态的情感变化的过程。首先需要设定一个初始的状态，即要设定在初始时刻，情感处于哪个节点上。那么要判定下一时刻情感将到达什么状态呢，这是具有概率性的行为。由于从一个节点到所有节点的概率和为1，那么就可以认为，每个节点的概率值就是一个区间的长度，所有的区间的长度的和就是1。

当按均匀概率分布产生一个0到1的随机数，这个数会落到某个区间内，于是就选中这个区间所代表的节点。在下一时刻，情感就转移到这个节点上。

（4）仿真及其分析　通过仿真试图找到一种方法，实现一个可理解的情感变化过程。也就是说，在没有外界干扰的情况下：情感状态是趋于平静的；然而情感是不可能绝对平静的，情感状态是有一定波动的；情感的未来状态是不确定的，但是又可以被“大概”猜测到的。因此对所构造出的情感模型去仿真模拟，来观察与上述的特点的相似程度。

下面根据不同参数的设定，进行模拟一个没有外界刺激的情况下的、情感的变化过程。为了具有典型意义，初始时刻的情感状态都选在离原点最远的节点。

设定维数为3、刻度数为5、敏感因子为0.6、初始状态处于第125个节点，一共进行200步的仿真，结果如图3-28所示。

设定维数为3、刻度数为5、敏感因子为0.3、初始状态处于第125个节点，一共进行200步的仿真，结果如图3-29所示。

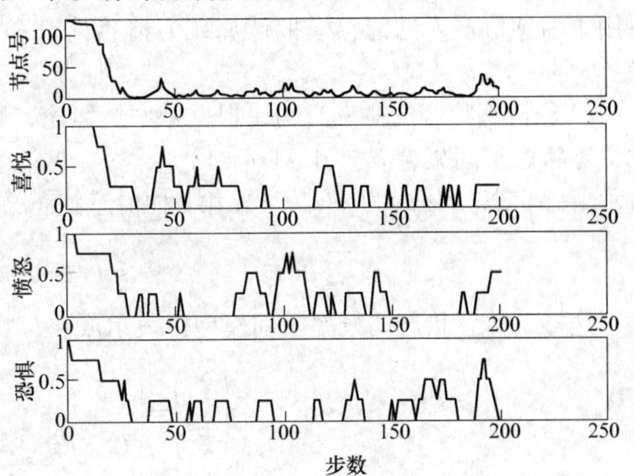

图3-28　情感回落与波动过程（维数为3、刻度数为5、敏感因子为0.6）

从仿真结果可以看出，在情感空间中，维数 m 是构造情感的基本出发点，是情感模型中所包含的基本情感的数量。在维数 m 确定的前提下，刻度数 n 代表了情感细腻程度。尽管刻度数 n 越大越好，但是会带来庞大维数的矩阵运算。敏感因子 R 的取值大小影响了情感的变化快慢。也就是，刻度数的提高或敏感因子的减小，都会降低情感的变化速度，同时降低了情感的动荡程度。

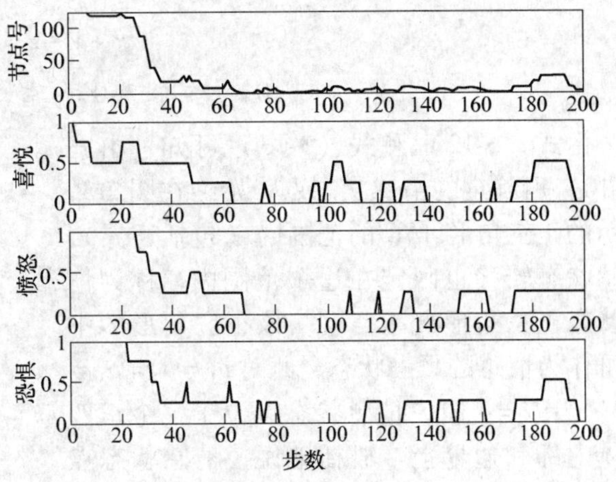

图3-29　情感回落与波动过程（维数为3、刻度数为5、敏感因子为0.3）

（5）结论　根据所构造的情感概率矩阵，建立了一个数学命题，其目的在于对情感状态的变化进行数学描述、对情感的统计性规律进行表达，并给出近似求解的数值算法。通过求解这样的命题，可以得到概率转移矩阵中的各个元素的具体数值，这样就构造出了具体的情感模型。通过用 MATLAB 仿真，可以直观地看到所模拟的情感变化过程。从中发现了在相同维数的情感空间下情感动荡的程度。在情感空间中维数确定的前提下，刻度数代表了情感细腻程度。敏感因子的取值大小，影响情感的变化快慢。刻度数的提高或敏感因子的减小，都会降低情感的变化速度，也就是降低了情感的动荡程度。

但是本模型没能对具有外界影响情况下的情感行为进行讨论、情感空间的概率描述中的约束规则还不是很完善等方面，都有待进一步研究。

2. 基于马尔可夫链的情感计算建模方法

本模型的目的在于机器情感自动生成的基础理论研究。首先定义了情感的两种状态及其两个基本的变化转移过程，并应用马尔可夫链构造了一个情感概率空间，建立模拟情感变化的情感模型，给出了情感能量、情感强度和情感熵等概念，用以描述情感特征与情感状态。通过 MATLAB 的计算仿真，验证此模型可较好地模拟情感状态自发转移、变化的动态过程，可用于情感机器人的情感模拟计算，为情感计算和情感自动生成理论研究提供了一种新途径。

（1）情感状态的概率空间　根据基本情绪论，可把人类的情感状态分为几个基本类型。设情感状态空间集合 $\boldsymbol{S}=\{s_i \mid i=1,2,\cdots,N\}$，$N$ 表示基本情感状态数。用随机变量 X 表示情感状态。设 p_i 为 $X=s_i$（取第 i 种情感状态）的概率，且满足

$$\sum_{i=1}^{N} p_i = 1 \qquad (0 \leqslant p_i \leqslant 1(i=1,2,\cdots,N)) \tag{3-10}$$

这样，情感状态的概率空间模型可表示成

$$\begin{pmatrix} \boldsymbol{S} \\ \boldsymbol{P} \end{pmatrix} = \begin{pmatrix} s_1 & s_2 & \cdots & s_N \\ p_1 & p_2 & \cdots & p_N \end{pmatrix} \tag{3-11}$$

设 $N=3$，当 $X=s_1$、s_2、s_3 时，分别表示高兴、愤怒、恐惧三种情感状态。在三维坐标空间中，用 X 轴表示 p_1，Y 轴表示 p_2，Z 轴表示 p_3，则情感状态可用三维坐标空间中的点（x，y，z）来表示，且满足下列方程：

$$x+y+z=1 \tag{3-12}$$

$$0 \leqslant x \leqslant 1 \qquad 0 \leqslant y \leqslant 1 \qquad 0 \leqslant z \leqslant 1 \tag{3-13}$$

由式（3-12）和式（3-13）可知，由式（3-10）所确定的情感状态点，始终在图 3-30 所示的正三角形 ABC 的范围内（包括边界），情感状态转移也限定在这个范围内，称为情感状态正三角形概率空间。该正三角形的中心可作为情感的平静状态，此时 $p_1=p_2=p_3=1/3$。当 $N=4$ 时，情感状态点位于一个正四面体内部和边界上。概括地说，情感状态点为由式（3-12）所确定的超平面上的一个凸集，称为情感状态超正三角形概率空间。情感状态的划分如图 3-31 所示。

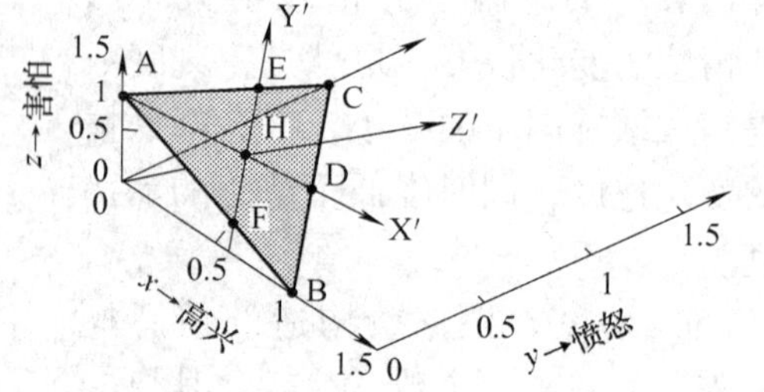

图 3-30　情感状态正三角形概率空间

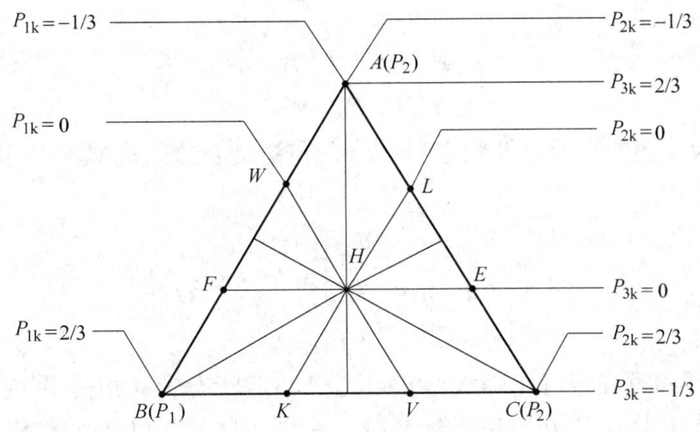

图 3-31　情感状态划分示意图

（2）情感状态的变化过程　在没有刺激的情况下，情感状态主要表现为心情状态。这时发生的过程是心情状态自发转移。此时用 $\boldsymbol{P}^{(n)}=[p_1^{(n)}\quad p_2^{(n)}\quad p_3^{(n)}]$ 表示在时刻 n 的心情状态的概率分布，称为当前心情状态概率分布，用 $\boldsymbol{P}^{(0)}=[p_1^{(0)}\quad p_2^{(0)}\quad p_3^{(0)}]$ 表示在时刻 0 的心情状态的概率分布，称为初始心情状态概率分布。心情状态自发转移可用马尔可夫链的转移过程来描述。

当情感机器在第 n 时刻受到外部刺激时，将发生在刺激的作用下的情绪状态刺激转移过程，此时的 $\boldsymbol{P}^{(n)}$ 将作为情绪状态刺激转移过程的出发点，称为情绪状态转移的初始概率分布，用 $\boldsymbol{\pi}=[\pi_1\quad \pi_2\quad \pi_3]$ 表示，则 $\pi_i=p_i^{(n)}$ $(i=1,\ 2,\ 3)$。

情感状态从 $\boldsymbol{\pi}$ 开始，在强度为 T 的刺激的作用下，按基于隐马尔可夫模型（HMM）而建立的情绪状态刺激转移模型进行转移，最后达到情绪状态 $\boldsymbol{P}^{(T)}$。此时，应将根据情绪状态的类型和强度，产生相应的表情和情感行为。之后情绪状态 $\boldsymbol{P}^{(T)}$ 将转化为初始心情状态概率分布，即 $\boldsymbol{P}^{(0)}=\boldsymbol{P}^{(T)}$。

HMM 可用 $\lambda=(\boldsymbol{\pi},\ \overline{\boldsymbol{A}},\ \boldsymbol{B})$ 来表示。其中，$\overline{\boldsymbol{A}}$ 为情绪状态刺激转移矩阵，可表示机器的情感性格；$\boldsymbol{B}$ 为观察值矩阵，可表示刺激的情况。

我们把由下面的公式：

$$\boldsymbol{H}(X)=-\sum_{i=1}^{K}p_i\log p_i \tag{3-14}$$

所定义的 $\boldsymbol{H}(X)$，称为情感熵。情感熵越大，系统各种情感状态在总体上的不确定性就越大，表现某种情感状态的倾向性也越小；反之，情感熵越小，系统各种情感状态总体上的不确定性就越小，表现某种情感状态的倾向性也越大。如果 p_i 分别用 $p_i^{(n)}$、$p_i^{(T)}$ 和矩阵 $\overline{\boldsymbol{A}}$ 的极限概率 $\overline{\pi}_i^*$ 来替换的话，那么 $\boldsymbol{H}(X)$ 则分别表示心情熵、情绪熵和情感性格熵。

（3）基于马尔可夫链的心情状态自发转移　马尔可夫链的基本方程可表示为

$$p_i^{(n+1)}=\sum_{j=1}^{N}p_j^{(n)}a_{ji}\qquad (i=1,2,\cdots,N) \tag{3-15}$$

$$p_i^{(n)}=\sum_{j=1}^{N}p_j^{(0)}a_{ji}^{(n)}\qquad (i=1,2,\cdots,N) \tag{3-16}$$

其矩阵形式可表示为

$$\boldsymbol{P}^{(n+1)} = P^{(n)}\overline{\boldsymbol{A}} \tag{3-17}$$

$$\boldsymbol{P}^{(n)} = P^{(0)}\overline{\boldsymbol{A}}^{n} \tag{3-18}$$

式中，$\boldsymbol{P}^{(n)}$ 和 $\boldsymbol{P}^{(0)}$ 为前述的当前心情状态概率分布和初始心情状态概率分布；$\overline{\boldsymbol{A}}$ 为心情状态自发转移矩阵。

$$\overline{\boldsymbol{A}} = \begin{bmatrix} a_{11} & a_{12} & a_{13} \\ a_{21} & a_{22} & a_{23} \\ a_{31} & a_{32} & a_{33} \end{bmatrix} \qquad (N=3) \tag{3-19}$$

心情状态自发转移过程相对比较缓慢，可通过心情状态转移矩阵 $\overline{\boldsymbol{A}}$ 的参数来控制，同时心情状态的自发转移应该从 $P^{(0)}$ 开始向平衡点缓慢转移，所以 $\overline{\boldsymbol{A}}$ 的极限概率分布可以表示为 $\overline{\boldsymbol{\pi}}^{*} = [\overline{\boldsymbol{\pi}}_1^{*} \quad \overline{\boldsymbol{\pi}}_2^{*} \quad \overline{\boldsymbol{\pi}}_3^{*}] = [1/3 \quad 1/3 \quad 1/3]$。

给定极限概率 $\overline{\boldsymbol{\pi}}^{*}$，怎样确定矩阵 $\boldsymbol{A}$ 中的各个分量 a_{ij}（i，$j=1$，2，3）呢？在心情状态自发转移和情绪状态刺激转移过程中，都需要解决这一问题。然而，当给定 $\overline{\boldsymbol{\pi}}^{*}$ 时，对应转移矩阵 $\overline{\boldsymbol{A}}$ 中的各个分量 a_{ij}（i，$j=1$，2，3）并不是惟一的，而是有无穷多个，不同的组合，将对转移过程产生影响。那么怎样确定这些分量呢？下面给出一种方法。

令

$$\overline{\boldsymbol{A}} = \begin{bmatrix} \dfrac{L-2}{L} & \dfrac{1}{L} & \dfrac{1}{L} \\ \dfrac{1}{L} & \dfrac{L-2}{L} & \dfrac{1}{L} \\ \dfrac{1}{L} & \dfrac{1}{L} & \dfrac{L-2}{L} \end{bmatrix} \qquad L = \theta\,\overline{\pi}_i^{*} = \frac{\overline{\theta}}{3} \geqslant 2 \tag{3-20}$$

其特征方程

$$|\boldsymbol{A}(\lambda)| = |\lambda \boldsymbol{I} - \boldsymbol{A}| = (\lambda - 1)\left(\lambda - \frac{L-3}{L}\right)^2 = 0$$

的根，即特征根为

$$\lambda_1 = 1 \qquad \lambda_2 = \lambda_3 = \frac{L-3}{L} = \delta \tag{3-21}$$

在 $\lambda=1$ 为单根的情况下，可利用下面的公式：

$$a_{ij}^{(k)} = \boldsymbol{\pi}_j + \Delta q_{ij} \qquad \boldsymbol{\pi}_j^{*} = \frac{\lambda^k A_{ji}(1)}{a_0(1)} \qquad \Delta q_{ij} = \sum_{i=1}^{\mu} \frac{1}{(m_i - 1)!} D_{\lambda}^{m_i - 1}\left[\frac{\lambda^k A_{ji}(\lambda)}{a_i(\lambda)}\right]_{\lambda=\lambda_i} \tag{3-22}$$

来计算矩阵 $\overline{\boldsymbol{A}}$ 中的元素，得到结果为

$$\Delta q_{ij} = \begin{cases} \dfrac{2}{3}\delta^k = \dfrac{2}{3}\left(\dfrac{L-3}{L}\right)^k & (i=j) \\ -\dfrac{1}{3}\delta^k = -\dfrac{1}{3}\left(\dfrac{L-3}{L}\right)^k & (i \neq j) \end{cases}$$

$$\overline{\boldsymbol{A}}^k = \begin{bmatrix} \dfrac{1}{3}+\dfrac{2}{3}\delta^k & \dfrac{1}{3}-\dfrac{1}{3}\delta^k & \dfrac{1}{3}-\dfrac{1}{3}\delta^k \\ \dfrac{1}{3}-\dfrac{1}{3}\delta^k & \dfrac{1}{3}+\dfrac{2}{3}\delta^k & \dfrac{1}{3}-\dfrac{1}{3}\delta^k \\ \dfrac{1}{3}-\dfrac{1}{3}\delta^k & \dfrac{1}{3}-\dfrac{1}{3}\delta^k & \dfrac{1}{3}+\dfrac{2}{3}\delta^k \end{bmatrix} \tag{3-23}$$

根据式（3-15）经计算得

$$p_i^{(k)} = \frac{1}{3} + \left(p_i^{(0)} - \frac{1}{3}\right)\delta^k$$

即

$$p_{i\Delta}^{(k)} = p_{i\Delta}^{(0)}\delta^k \tag{3-24}$$

式中

$$p_{i\Delta}^{(k)} = p_i^{(k)} - \frac{1}{3} \qquad p_{i\Delta}^{(0)} = p_i^{(0)} - \frac{1}{3}$$

其中，$p_{i\Delta}^{(k)}$、$p_{i\Delta}^{(0)}$ 表示对第 i 种情感状态的当前和初始情感强度，按指数规律变化，参数 L 或 θ 可调整心情状态自发转移速率。其仿真曲线如图 3-32 所示。

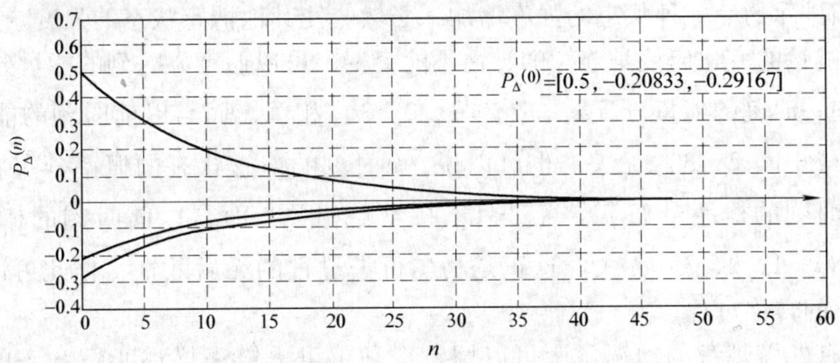

图 3-32　$\theta = 100$，心情状态自发转移过程 $P_\Delta^{(n)}$-n 曲线

（4）情感能量　按照奥地利著名精神病学家、心理学领域的新学派——精神分析学的创始人弗洛伊德的观点，人类所有的心理活动，不论是思想还是行动，都需要能量。弗洛伊德认为，有三种能量概念特别适合于解释人类行为：能量守恒、熵、运动和潜在能量之间的差别。据此也可以认为情感过程需要能量，把情感机器产生各种情感的能力称为情感能量，用 E 表示，情感状态的变化过程实际上可看成是情感能量重新分配的过程。设 $N=3$，则分配给三种不同情感状态的能量分别用 E_1、E_2、E_3 表示，其能量比例为

$$e_i = E_i / E, (i = 1, 2, 3) \tag{3-25}$$

平均能量为 $\overline{E} = E/N = E/3$，则情感强度可表示为

$$E_{i\Delta} = E_i - \overline{E} = e_i E - E/3 = E(e_i - 1/3) \tag{3-26}$$

如果E为常数，且设为1的话，则$E_{i\Delta}=e_i-1/3=p_i-1/3=p_{i\Delta}$。式（3-10）中的概率分布实际上也是情感能量的分配比例。

（5）情感状态的分区　可根据情感强度将图3-30中的情感状态的概率空间进行划分。$p_{i\Delta}=0$，表示情感状态i处于中性，以此为基准，当$p_{i\Delta}>0$时，则情感状态i处于激发状态，也就是说，情感机器应该表现出该情感状态；当$p_{i\Delta}<0$时，则情感状态i处于抑制状态，也就是说，情感机器不仅不表现出该情感状态，而且还需要很大的外界刺激才能达到一定的正向强度。其划分情况见表3-4。

表3-4　根据情感强度对情感状态空间的分区

区域		HFBK	HVCE	HLAW	HWF	HKV	HEL
情感状态	$p_{1\Delta}$	>0，高兴	<0，不易高兴	<0，不易高兴	>0，较高兴	>0，较高兴	>0，不易高兴
	$p_{2\Delta}$	<0，不易愤怒	>0，愤怒	<0，不易愤怒	>0，不易愤怒	>0，较愤怒	>0，较愤怒
	$p_{3\Delta}$	<0，不易恐惧	<0，不易恐惧	>0，恐惧	<0，较恐惧	<0，不易恐惧	<0，较恐惧

（6）结论　根据上面的讨论，可得到下述结论：

1）由式（3-10）知，在任意时刻，各情感状态的概率之和为1，或者说在任意时刻，分配给各情感状态的能量之和等于总能量；

2）由结论1）可得出，在任意时刻，各情感状态的情感强度之和总为零。这说明各情感状态是互相排斥的，一种状态的强度增加，必然会使其他情感状态的强度减少；

3）情感能量的变化应该是连续的，而不能突变。可以假定k时刻的能量分配e_i^k（$I=1$，2，3）只与前一时刻的能量分配e_i^{k-1}（$i=1$，2，3）相关，而与以前时刻的能量分配e_i^{k-2}、e_i^{k-2}、Λ、e_i^0（$i=1$，2，3）无关。也可以说，k时刻的情感状态的概率分布p_i^k（$i=1$，2，3）只与前一时刻的概率分布p_i^{k-1}（$i=1$，2，3）相关，而与以前时刻的概率分布p_i^{k-2}、p_i^{k-2}、Λ、p_i^0（$i=1$，2，3）无关。这正是马尔可夫过程的无后效性，据此可以用马尔可夫链来描述情感的转移过程。

4）在没有外界刺激的情况下，可以用一个马尔可夫链来描述心情状态的自发转移过程，并假定总是向平静点H转移；在有外界刺激的情况下，可以采用一个两重马尔可夫链，即HMM来描述情绪状态的刺激转移过程，这里不做深入讨论。

综上所述，本模型所提出的情感计算的基本概念和建模方法，经理论推导和仿真计算、验证，其符合人类情感变化规律，为情感自动生成理论的深入研究奠定了基础，也为建立更为理想的情感计算模型提供了一个新的途径。

3. 基于自组织理论的人工心理建模

该模型在人工心理理论的基础上，根据心理学上普遍使用的基本情绪理论构建了一套模型。该模型分为两部分：一部分以外界刺激为输入，描述了人的情绪在受到外界刺激的情况下的转变，以及如何做出反应；另一部分则描述了人的心理在无外界刺激的情况下，如何向平静状态转变的过程。该模型中认为人的情绪转变是一个复杂的过程，单一的数学理论是无法准确地描述的，因此采用了自组织理论、模糊数学、最优化理论中的模拟退火算法等多种数学理论方法，以期望能近似准确地描述人的整个心理过程。

（1）模型构建　模型分两部分构建：接受外界刺激部分和无外界刺激部分。模型总体设计框图如图 3-33 所示。

1）接受外界刺激的模型：根据心理学理论，考虑基本情绪、内驱力、外界刺激三者及三者之间的联系。

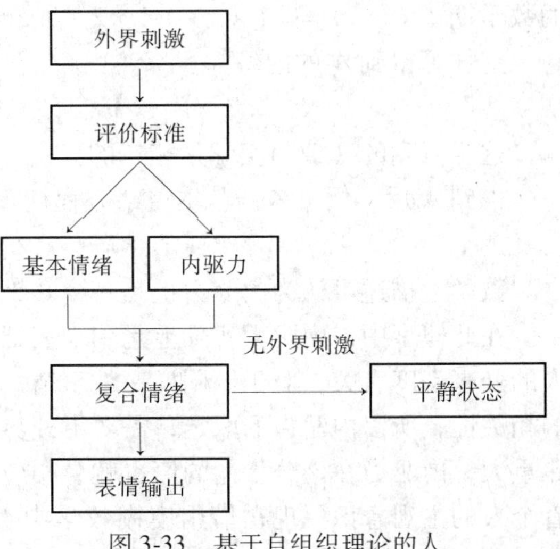

图 3-33　基于自组织理论的人工心理模型总体设计框图

首先考虑基本情绪，这里借用自组织理论的一些思想。德国哲学家康德认为，自组织的自然事物具有这样一些特征：它的各个部分即使有其他部分的作用而存在，又是为了其他部分、为了整体而存在的；各部分交互作用，彼此产生，并由它们之间的因果连接而产生整体。该模型认为人的心理过程也是一个自组织的过程，德国科学家 H·哈肯创立的协同学理论在自组织方法论中处于一种动力学方法论的地位，它是体系自身如何保持自组织活力的重要方法。先考虑单独的一种基本情绪，比如说快乐。情绪的强度是情绪最明显的性质，起着序参量的作用，记情绪的强度为 $P(t)$，$P(t)$ 是按外界刺激强度变化的，而外界刺激的强度 A 的确定又与当时情绪的强度有一定的正比例关系，引入 $AP(t)$ 项，再考虑到情绪随时间的推移会趋于平静，引入 $-BP^2(t)$ 项，用这种考虑所得到的方程为

$$\frac{\mathrm{d}P(t)}{\mathrm{d}t}=AP(t)-BP^2(t) \tag{3-27}$$

式中，$A \geqslant 0$，$B>0$；初值为 P_0。方程的解为

$$P=\frac{A}{B+\left(\frac{A}{P_0}-B\right)\mathrm{e}^{-At}}$$

当 $t\to\infty$ 时，$P(t)\to A/B$，即情绪最终趋于稳定值 A/B。A 为外界刺激参数；B 为事先给定值，用来反映人的情绪类型。B 值大时，A/B 值小，可认为此人情绪不易激动；反之，B 值小时，A/B 值大，可认为此人情绪易激动。

由八种基本情绪可确定八个这样的方程：

$$\frac{\mathrm{d}P_m(t)}{\mathrm{d}t}=A_mP_m(t)-B_mP_m(t) \qquad (m=1,2,\cdots,8)$$

现在，来确定 A_m 的取值。由于人类的意识形式的多样性，即使是对同样的一个外界刺激，不同人的感受也会有所不同。现在，还没有一种通用的方法能准确地描述不同人对外界刺激的感受程度。因此，由计算机来确定刺激量 A_m 是不够准确的，甚至有时会与实际有很大差别。所以这里采用了由人来评判事件对人的刺激量 A_m 的方法，以期望得到与实际相符合的刺激量 A_m。A_m 的取值通过评价的方法来得到。根据普拉切克的八种情绪的五点记分量表来设计评价体系。评价的指标集为

①$U=\{$快乐，接受，惊奇，惧怕，悲伤，厌恶，兴趣，愤怒$\}$

②评价分为五个等级 $\gamma=\{$无，微，中，强，极强$\}$，对应的数值为 $\{1, 2, 3, 4, 5\}$

对于一个外界刺激事件，随机抽取100个人，让他们对此事件根据以上指标集做出等级选择。结果比如说，对于快乐这一指标，10%的人选择等级“无”，10%的人选择“微”，20%的人选择“中”，30%的人选择“强”，30%的人选择“极强”。A_1 的值最终确定为 γ_1 的数学期望 $E(\gamma_1)=0.1\times1+0.1\times2+0.2\times3+0.3\times4+0.3\times5=3.6$。

这样可得到 $\boldsymbol{A}$ 的向量

$$(A_1,\ A_2,\ A_3,\ A_4,\ A_5,\ A_6,\ A_7,\ A_8)$$

这样得到的 A 值与实际是相符的。

得到 $\boldsymbol{A}$ 后，便可依据基本情绪方程计算出基本情绪为

$$\boldsymbol{P}\ (P_1,\ P_2,\ P_3,\ P_4,\ P_5,\ P_6,\ P_7,\ P_8)$$

数学上描述可认为内驱力也是一个8维的向量 $\delta(\delta_1,\ \delta_2,\ \delta_3,\ \delta_4,\ \delta_5,\ \delta_6,\ \delta_7,\ \delta_8)$。

在此模型中，内驱力实际上是用来表征人的行为意志的量。用此量来调控情绪，此量与人的处事态度有关，对于做同样一件事情，个人的内驱力是不同的。正是由于内驱力与事件的相关性，所以内驱力的取定，需要由外界刺激来决定。可认为，外界刺激在哪一个分量上比重大，内驱力在该分量上的值也就会相应要大一些，但并不是成正比的关系，其中还夹杂着个人的主观意识。现在借用模糊数学中隶属函数的概念，给出一种确定内驱力数值的方法：

将外界刺激强度 $\boldsymbol{A}$ 的分量做归一化处理，记

$$\|\boldsymbol{A}\| = \sqrt{\sum_{m=1}^{8} A_m}$$

令

$$\widetilde{\boldsymbol{A}} = \frac{\boldsymbol{A}}{\|\boldsymbol{A}\|} = (\widetilde{A}_1, \widetilde{A}_2, \widetilde{A}_3, \widetilde{A}_4, \widetilde{A}_5, \widetilde{A}_6, \widetilde{A}_7, \widetilde{A}_8) \tag{3-28}$$

$$\delta_i = \begin{cases} 0 & (0 \leqslant A_i \leqslant a) \\ 1 - \mathrm{e}^{-(A_i - a)^2} & (a \leqslant A_i \leqslant 1) \end{cases} \tag{3-29}$$

以上只是给出了一种隶属函数，实际上隶属函数可根据人的态度曲线来确定。比如说，给定一条态度曲线，便可采用BP神经网络来实现。以此曲线作为教师信号，反复训练神经网络，便可得到与曲线近似吻合的隶属函数。

现在考虑一下内驱力与复合情绪之间的关系。由于一个人在情绪高涨时，做事的动力也会增加，所以可认为情绪对内驱力是起加强作用的。同样，人在做事欲望强时，情绪也更容易波动，所以可认为内驱力对情绪也是起加强作用的。可认为情绪与内驱力都有自发衰退的趋势。根据以上理论，可用数学表达式描述两者关系如下：

$$\begin{cases} \dfrac{\mathrm{d}u}{\mathrm{d}t} = -\alpha u + s & (3\text{-}30) \\[2ex] \dfrac{\mathrm{d}s}{\mathrm{d}t} = -\beta s + u^2 & (3\text{-}31) \end{cases}$$

式中，s 为复合情绪中某一种情绪强度；u 为与内驱力对应的该种情绪的分量强度；α 为内驱力的衰减系数，$\alpha>0$；β 为情绪的衰减系数，$\beta>0$。下面用精确消去的方法求解此方程组。

直接求解式（3-31）得

$$s(t) = \int_{-\infty}^{t} e^{-\beta(t-\tau)} u^2(\tau) d\tau \tag{3-32}$$

进行分部积分，得

$$s(t) = \frac{1}{\beta}u^2(t) - \frac{1}{\beta}\int_{-\infty}^{t} e^{-\beta(t-\tau)} 2\left(u\frac{du}{dt}\right)_{\tau} d\tau \tag{3-33}$$

将式（3-30）代入式（3-33）得

$$s(t) = \frac{1}{\beta}u^2(t) - \frac{1}{\beta}\int_{-\infty}^{t} e^{-\beta(t-\tau)} 2(-\alpha u^2 + us)_{\tau} d\tau \tag{3-34}$$

再进行迭代，有

$$s(t) = \frac{1}{\beta}u^2(t) - \frac{1}{\beta}\int_{-\infty}^{t} e^{-\beta(t-\tau)} 2\left(-\alpha u^2 + \frac{1}{\beta}u^3(t)\right)_{\tau} d\tau \tag{3-35}$$

这样反复进行分部积分和迭代，得

$$\begin{aligned} s(t) &= \frac{1}{\beta}u^2(t) + \frac{2}{\beta^2}\alpha u^2(t) - \frac{2}{\beta^3}u^3(t) + \frac{2}{\beta^2}\int_{-\infty}^{t} e^{-\beta(t-\tau)}\left(-2\alpha u(t) + \frac{3}{\beta}u^2(t)\right)(-\alpha u(t) + s) d\tau = \\ &\left(\frac{1}{\beta} + \frac{2}{\beta^2}\alpha + \frac{4}{\beta^3}\alpha^2\right)u^2(t) - \left(\frac{2}{\beta^2} + \frac{10}{\beta^3}\alpha + \frac{8}{\beta^4}\alpha\right)u^3(t) + \left(\frac{6}{\beta^4} + \frac{20}{\beta^5}\alpha\right)u^4(t) + \cdots \end{aligned} \tag{3-36}$$

多次利用迭代和分部积分后，$s(t)$ 即可用 $u(t)$ 的幂级数表示出来。若 $u(t)$ 足够小，则 $s(t)$ 就可以用前面的少数几项来表示。由外界刺激决定内驱力的表达式可看出 $0 \leqslant u < 1$，且一般情况下得到的 u 都比较小，所以可认为满足条件，忽略高阶次项，取 $s(t)$ 的近似表达式得

$$s(t) = \left(\frac{1}{\beta} + \frac{2}{\beta^2}\alpha + \frac{4}{\beta^3}\alpha^2\right)u^2(t) \tag{3-37}$$

因此，在考虑复合情绪的数学描述时，又考虑到基本情绪对复合情绪的影响，可认为复合情绪由下式决定：

$$P(t) = \left(\frac{1}{\beta} + \frac{2}{\beta^2}\alpha + \frac{4}{\beta^3}\alpha^2\right)u^2(t)p(t) \tag{3-38}$$

式中，$P(t)$ 为复合情绪；$u(t)$ 为内驱力；$p(t)$ 为基本情绪；α、β 为常数，与人的个性、敏感度有关，起着调控人情绪波动幅度的作用。

复合情绪的向量形式为

$$(\delta_1 p_1,\ \delta_2 p_2,\ \delta_3 p_3,\ \delta_4 p_4,\ \delta_5 p_5,\ \delta_6 p_6,\ \delta_7 p_7,\ \delta_8 p_8)$$

式中，$\delta_i = \left(\frac{1}{\beta} + \frac{2}{\beta^2}\alpha + \frac{4}{\beta^3}\alpha^2\right)u_i^2(t)$

2）无外界刺激的模型：在无外界刺激的情况下，刺激输入的情感模型不再适用，在这种情况下，可认为情绪自发地向平静状态转变。在这种情况下，可以认为基本情绪在内驱力作用下自发向平静状态转移。该模型给出一种内驱力与基本情绪之间关系的描述方法。一般说来，人对事情的态度与情绪正相关，情绪越高，做事越积极。而做一件事的动力也会因做事时间的延长而逐渐消退，所以可认为内驱力既自发衰减又在基本情绪作用下正向加强。基

本情绪则在内驱力的影响下逐渐衰减，衰减速度与自身相关。自身强度越大，衰减越快。这与实际也是较相符的。现给出由以上理论构建出的数学的描述式：

$$\frac{\mathrm{d}X}{\mathrm{d}t}=k_1X-k_2XY=G_x(X,Y,k_1,k_2) \tag{3-39}$$

$$\frac{\mathrm{d}Y}{\mathrm{d}t}=k_2XY-k_3Y=G_Y(X,Y,k_2,k_3) \tag{3-40}$$

式中，X 为一种基本情绪强度；$\mathrm{d}X/\mathrm{d}t$ 为情绪强度变化律；Y 为内驱力对应该基本情绪的分量的强度；$\mathrm{d}Y/\mathrm{d}t$ 为内驱力变化律；k_1 为基本情绪的增加系数；k_2 为基本情绪的衰减系数，同时也是内驱力的增加系数；k_3 是内驱力的衰减系数。

现先求解此方程组，由定态条件 $\mathrm{d}X/\mathrm{d}t=\mathrm{d}Y/\mathrm{d}t=0$，可得

$$k_1X=k_2XY \quad k_2XY=k_3Y \tag{3-41}$$

虽然 $X=Y=0$ 也满足上式，但无意义，故有意义的定态解是

$$X_0=\frac{k_3}{k_2} \qquad Y_0=\frac{k_1}{k_2} \tag{3-42}$$

由于情绪总会受到微小的扰动，所以对定态解进行稳定性分析。首先写出并求解定态解附近扰动的演化方程，然后分析扰动的渐近行为，令

$$X=X_0+x \qquad Y=Y_0+y \tag{3-43}$$

且有

$$|x| \ll X_0 \qquad |y| \ll Y_0$$

将式（3-43）代入式（3-42）

$$\begin{aligned}\frac{\mathrm{d}x}{\mathrm{d}t}&=\frac{\partial G_X}{\partial X}\bigg|_{(X_0Y_0)}x+\frac{\partial G_x}{\partial Y}\bigg|_{(X_0Y_0)}y+\frac{1}{2}\left\{\frac{\partial^2 G_x}{\partial X^2}\bigg|_{(X_0Y_0)}x^2+2\frac{\partial^2 G_x}{\partial X\partial Y}\bigg|_{(X_0Y_0)}xy+\frac{\partial^2 G_x}{\partial Y^2}\bigg|_{(X_0Y_0)}y^2\right\}+\cdots\\&=K_1x-K_2Y_0x-K_2X_0y-k_2xy\\&=-k_2y(X_0+x)\end{aligned} \tag{3-44}$$

$$\begin{aligned}\frac{\mathrm{d}y}{\mathrm{d}t}&=\frac{\partial G_Y}{\partial X}\bigg|_{(X_0Y_0)}x+\frac{\partial G_Y}{\partial Y}\bigg|_{(X_0Y_0)}y+\frac{1}{2}\left\{\frac{\partial^2 G_Y}{\partial X^2}\bigg|_{(X_0Y_0)}x^2+2\frac{\partial^2 G_Y}{\partial X\partial Y}\bigg|_{(X_0Y_0)}xy+\frac{\partial^2 G_Y}{\partial Y^2}\bigg|_{(X_0Y_0)}y^2\right\}+\cdots\\&=K_2Y_0x+K_2X_0y-K_3y+k_2xy\\&=k_2x(Y_0+y)\end{aligned} \tag{3-45}$$

式(3-44)和式(3-45)是扰动 x、y 服从的演化方程。忽略高阶次量 xy，可将它们线性化，而得到扰动服从的线性方程组：

$$\frac{\mathrm{d}x}{\mathrm{d}t}=-k_2X_0y=-k_3y$$

$$\frac{\mathrm{d}y}{\mathrm{d}t}=k_2Y_0x=k_1x$$

写成矩阵形式为

$$\frac{\mathrm{d}}{\mathrm{d}t}\begin{bmatrix}x\\y\end{bmatrix}=\boldsymbol{L}\begin{bmatrix}x\\y\end{bmatrix}=\begin{bmatrix}0&-k_3\\k_1&0\end{bmatrix}\begin{bmatrix}x\\y\end{bmatrix} \tag{3-46}$$

线性方程式（3-46）的解为

$$\begin{bmatrix} x \\ y \end{bmatrix} = \begin{bmatrix} x_0 \\ y_0 \end{bmatrix} e^{\lambda t} \tag{3-47}$$

λ 由下列特征方程决定：

$$(\boldsymbol{L} - \lambda \boldsymbol{I}) \begin{bmatrix} x_0 \\ y_0 \end{bmatrix} = 0 \tag{3-48}$$

式（3-48）有非零解的条件是

$$\begin{vmatrix} -\lambda & -k_3 \\ k_1 & -\lambda \end{vmatrix} = 0$$

或 $\lambda^2 + k_1 k_3 = 0$，即

$$\lambda_{1,2} = \pm \mathrm{j} \sqrt{k_1 k_3} = \pm \mathrm{j}\omega \tag{3-49}$$

即 λ 为纯虚数，式中 $\omega = \sqrt{k_1 k_3}$。将式（3-49）代入式（3-47），则有

$$\begin{bmatrix} x \\ y \end{bmatrix} = \begin{bmatrix} x_0 \\ y_0 \end{bmatrix} \exp[\pm \mathrm{j}\omega t] \tag{3-50}$$

式（3-50）说明，设 $t=0$ 时，情绪处于偏离定态 $\begin{bmatrix} X_0 \\ Y_0 \end{bmatrix}$ 的某一初态 $\begin{bmatrix} X_0 + x_0 \\ Y_0 + y_0 \end{bmatrix}$，则随着时间的增长，情绪既不会无限地远离，也不会无限地趋于定态，而是简单地围绕定态 $\begin{bmatrix} X_0 \\ Y_0 \end{bmatrix}$ 振荡。振荡的圆频率是 $\omega = \sqrt{k_1 k_3}$。这一结果描述了情绪稳定后围绕平静状态上下波动的情况，与实际是相符的。

考虑到情绪的连续性，情绪恢复到平静的过程不可能是一个大的阶越过程，而应该是一个缓慢发展的过程。这里引用协同学中的最大信息熵原理来描述这一过程。最大信息熵原理认为，在非平衡相变点处，系统将要演化到的有序状态（分布函数的）信息熵在各种可能状态中具有最大值。借用这一思想，该模型引进人工心理理论中的情感熵的概念，即情感熵是描述情感的微观变化与宏观表现的桥梁。其数学形式为

$$H(\boldsymbol{P}) = -\sum_{m=1}^{8} P_m \log_2 P_m$$

对复合情绪的分量做归一化处理，记 $\| P \| = \sqrt{\sum_{m=1}^{8} P_m}$。令

$$\widetilde{\boldsymbol{P}} = \frac{\boldsymbol{P}}{\| \boldsymbol{P} \|} = (\widetilde{P}_1, \widetilde{P}_2, \widetilde{P}_3, \widetilde{P}_4, \widetilde{P}_5, \widetilde{P}_6, \widetilde{P}_7, \widetilde{P}_8)$$

可认为复合情绪处在各基本情绪的概率为其对应分量 $\widetilde{P}_m$，给出一种心情平静状态的定义：当复合情绪处在各基本情绪概率相等时，为心情的平静状态。也就是在情感熵最大时，心情处在平静状态。认为情感熵越大，心情越趋于平静状态。

现在给出一种模拟心情趋于平静过程的方法。采用最优化理论中的模拟退火算法来模拟心情自发趋于平静的过程。它与心情平静过程都是自发过程，具有一定的相似性。

模拟退火算法是基于金属退火的机理而建立起来的一种全局最优化方法，它能够以随机搜索技术从概率的意义上找出目标函数的全局最小点。模拟退火过程的构成要素如下：

①搜索空间 $\boldsymbol{\Omega}$：搜索空间也称为状态空间，它由可行解的集合组成，其中的一个状态 x 就代表一个可行解。在情感空间中，一个复合情绪状态就代表一个可行解。

②能量函数 $E(\boldsymbol{P})$：能量函数也就是需要进行优化计算的目标函数，其最小点为所求的最优解。取情感熵的负值为能量函数，即

$$E(\boldsymbol{P}) = -H(\boldsymbol{P}) = \sum_{m=1}^{8} P_m \log_2 P_m$$

③状态转移规则 p：状态转移规则是指从一个状态 $\boldsymbol{P}_{\text{old}}$ 向另一个状态 $\boldsymbol{P}_{\text{new}}$ 的转移概率，它与当前的温度参数 T 有关。

④冷却进度表 $T(t)$：冷却进度表是指从某一高温状态 T_0 向低温状态冷却时的降温管理表。

假设时刻 t 的温度用 $T(t)$ 来表示，经典模拟退火算法的降温方式为

$$T(t) = \frac{T_0}{\lg(1+t)}$$

而快速模拟退火算法的降温方式为

$$T(t) = \frac{T_0}{1+t}$$

这两种方式都能够使得模拟退火算法收敛于全局最小点。

假设在状态 $\boldsymbol{P}_{\text{old}}$时，系统受到某种扰动而可能会使其状态变为 $\boldsymbol{P}_{\text{new}}$。与此相对应，系统的能量也可能会从 $E(\boldsymbol{P}_{\text{old}})$ 变成 $E(\boldsymbol{P}_{\text{new}})$。系统由状态 $\boldsymbol{P}_{\text{old}}$变为状态 $\boldsymbol{P}_{\text{new}}$的接受概率可由下面的 Meteopolis 规则来确定：

$$\boldsymbol{P} = \begin{cases} 1 & \text{if} E(\boldsymbol{P}_{\text{new}}) < E(\boldsymbol{P}_{\text{old}}) \\ \exp\left(-\dfrac{E(\boldsymbol{P}_{\text{new}}) - E(\boldsymbol{P}_{\text{old}})}{T}\right) & \text{if} E(\boldsymbol{P}_{\text{new}}) \geqslant E(\boldsymbol{P}_{\text{old}}) \end{cases} \tag{3-51}$$

上式的含义是：当新状态使系统的能量函数值减少时，系统也一定接受这个新的状态；而当新状态使系统的能量函数值增加时，系统也以某一概率接受这个新状态。

固定温度参数 T，反复进行状态转移过程，接受概率 $p(x)$ 将服从 Gibbs 分布：

$$p(x) = \frac{1}{Z}\exp\left(-\frac{E(x)}{T}\right) \tag{3-52}$$

式中，Z 是使概率值正规化的系数。

由上式可见，随着温度参数 T 的减小，接受概率也逐渐减小，最后系统会收敛于某一能量最小的状态，该状态就可作为目标函数的全局最小值。对应于情感模型也就是心情的平静状态。

其具体算法如下：

①以当前心情状态点为初始最优点，计算目标函数值（即能量函数值）。

②设置初始温度 $\theta \leftarrow T_0$。

③设置时间参数 $t \leftarrow 1$。

④对当前最优点作一随机变动，产生一个新的最优点，计算新的目标函数值，并计算目标函数值的增量 Δ。

⑤如果 $\Delta<0$，则接受该新产生的最优点为当前最优点。

⑥如果 $\Delta\geqslant 0$，则以概率 $p=\exp(-\Delta/\theta)$ 接受该新产生的最优点为当前最优点。

⑦如果 $t<$ 终止时间，则 $t\leftarrow t+1$，转向第④步。

⑧如果未达到冷却状态，则：$\theta\leftarrow T(t)$，转向第③步。

⑨如果已达到冷却状态，则输出当前最优点，计算结束。

3）输出反应：参照图 3-5 所示的面部表情与情绪对照规则，这里给出一种基于表情的机器情绪对应关系。

①在接受刺激的模型中，复合情绪的数值范围是可以确定的，根据其数值范围，将每一种情绪分为五个等级：无、微、中、强、极强，对应每一种情绪的每一种强度给出一种或几种表情。

在最终的复合情绪确定以后，依次从大到小取其分量，使得分量之和大于给定的阈值（比如60%），再根据这些分量的情绪的强度，取出对应的表情输出。设取出的分量为喜悦，对应其情绪强度为中，则输出表情如图 3-34 所示。

图 3-34　输出表情

②在无外界刺激的模型中，采用类似方法，从输出的情绪中，依次从大到小取出比例最大的分量，直到超过阈值，用此分量值乘以 $\|P\|$，得到情感强度，再从表情表中取出其表情，并输出。

（2）仿真及分析　仿真的目的在于给出此模型的实现，并分析情感的变化过程和转移规律。在有外界刺激时，根据接受外界刺激的模型，动态地模拟人的情感变化过程和表情变化过程。在情绪稳定以后，再模拟人情绪向平静状态转化的过程，绘出转移曲线。图 3-35 所示为接受刺激模型仿真界面。

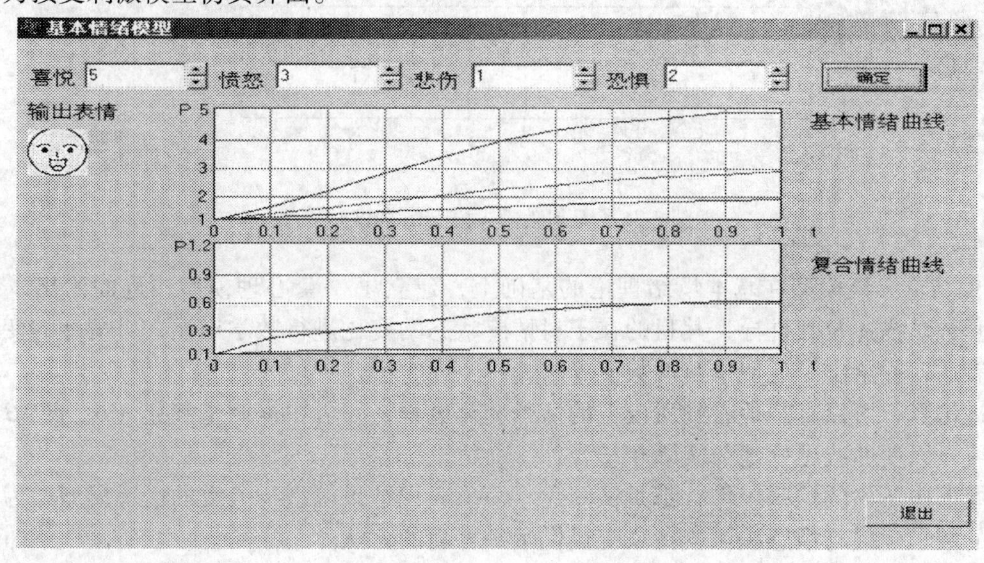

图 3-35　接受刺激模型仿真界面

界面的组成部分包括：

刺激的输入。根据图 3-5 所示的表情种类，该仿真只模拟了四种基本情绪的情况。在仿真界面最上方的四个基本情绪输入框中输入刺激强度。

基本情绪输出曲线。根据基本情绪方程，随着时间参数 t 的改变，实时地输出对应于时间 t 的各基本情绪的曲线。

复合情绪曲线。由基本情绪和内驱力的结合，随着时间参数 t 的改变，实时地输出对应于时间 t 的各复合情绪分量的曲线。

输出表情。在基本情绪曲线左边，实时地根据复合情绪将对应的表情输出。

图 3-36 所示为无刺激输入模型仿真界面，它是在图 3-35 所示仿真的基础上，在情绪已稳定的情况下，增加了情绪向平静转移的曲线输出。该输出曲线有两个参数：时间参数 t 和情绪熵的负值参数（由于在模拟退火算法中采用了熵的负值作为目标函数）。由恢复平静曲线可看出，在无外界刺激的情况下，随着时间 t 的改变，情绪熵的负值一直在减少，所以情绪熵一直在增加。在熵值最大时，情绪达到平静状态。但由于退火算法中不断给予目标函数微小扰动，所以熵值不会稳定在某一固定值，而是围绕与平静时刻对应的固定值上下波动，既不会远离，也不会无限趋于该值。这与理论上推导出的结果是相一致的。

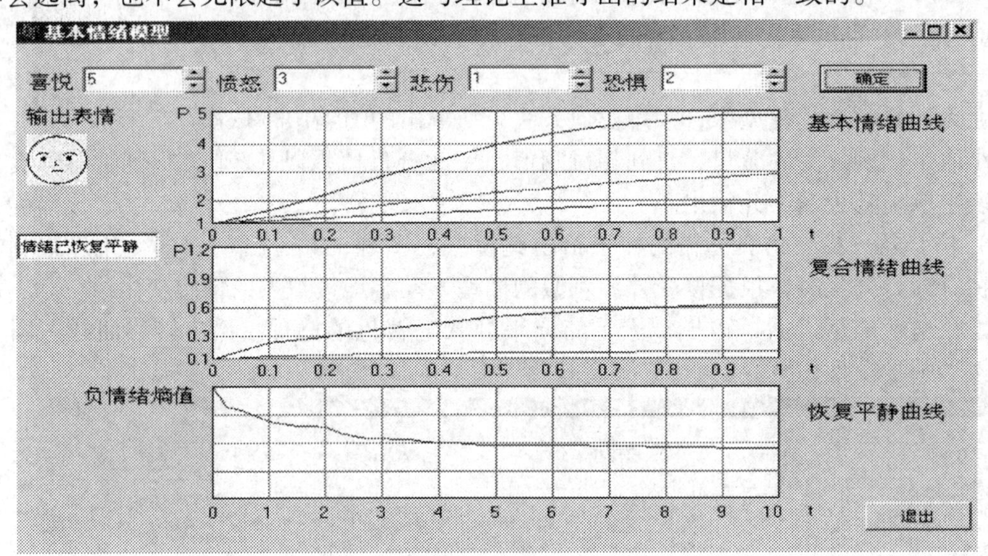

图 3-36　无刺激输入模型仿真界面

（3）结论　该模型在基本情绪理论的基础上，建立了一套心理模型，进而给出了该理论的一套数学描述及其推导，其目的在于对情感状态的变化进行数学描述，对情感的变化规律进行表达，并给出了近似求解的数值算法。

通过仿真，可以直观地看到所模拟的情感变化过程，并可根据调整参数（B、α、β）来修改曲线，以使曲线更好地与实际相符合。

该模型中所做的这些工作，都是试图建立一个表现结果接近与人类的情感模型，为情感机器人的数学建模与情感决策支持系统提供了一种新的方法。

4. 基于马尔可夫过程的情绪状态转移模型

该模型提出的情绪模型的基本思想是：认为人类情绪在不同状态间的转移是一个马尔可夫过程，其转移概率矩阵可以通过统计学的方法加以确定。该模型还依据心理学的理论提出了一种设计调查问卷的方法，以获取数据确定一般人的情绪状态转移概率，并给出了一套符合统计学理论的数据处理方法。

（1）该模型的构造

1）情绪状态集：对情绪变化过程建模必然涉及对情绪分类的问题。有些学者更关心连续情感状态的分布。然而 Picard 教授指出：那些喜欢将情感当作连续量的人，可以考虑离散的分类是连续空间的一个区域。从某种意义上说，选择离散或连续状态就好像用粒子或波动来描述光一样。最终，哪一种解释更好，取决于你要解释什么问题。基本情绪理论认为，情绪在发生上有原型形式，即存在着数种泛人类的基本情绪类型，每种类型各有其独特的体验特性、生理唤醒模式和外显模式，其不同形式的组合形成了所有的人类情绪。因此，该模型将 k 种基本情绪作为独立的情绪状态从而构成情绪状态集 S，$S=\{1, 2, \cdots, k\}$。

2）决策：情绪理论认为：认知将当前环境信息转变为中枢神经信号，对将来的环境变化产生预测，最终促使生命体产生适应性行为。这种对外界刺激的认知行为，是生命体适应生存环境的本能手段。生命体产生什么样情绪感受（是忧虑还是期待），以及什么样情绪反应（是进攻还是逃跑），都基于对当前刺激可能产生的结果的某种预测之上。因此，模型用随机变量 a_i 反映生命体的上述本能的认知行为，i 表示当前时刻正处于第 i 种情绪状态，称 a_i 为决策。

3）决策与情绪状态转移概率的关系：在目前时刻处于第 i 种情绪状态，采取决策 a_i，则到下一时刻转移到第 j 种情绪状态的概率用 $p_{ij}(a_i)$ 表示。在自然现象中，大量随机变量都服从或近似服从正态分布。因此，该模型认为当前时刻处于第 i 种情绪状态的不同的人，在有外界刺激条件下的决策 $a_i \sim N(0, \sigma_i^2)$。

$h_n=(i_0, a_0, i_1, a_1, \cdots, i_{n-1}, a_{n-1}, i_n)$ 称为历史。策略 π 指序列 $\pi=(\pi_0, \pi_1, \cdots)$，当历史为 h_n 时，策略按 a_i 上的分布 $\pi(\cdot \mid h_n)$ 采取决策。

如果 $\pi(\cdot \mid h_n)$ 与时刻 n 无关，称之为随机平稳策略。$L(\pi)$ 表示序列 $(X_0, \Delta_0, X_1, \Delta_1, \cdots)$，$X_i$ 表示时刻 i 时的状态，Δ_i 表示时刻 i 时的决策。

容易猜想对于一般的策略 π，$L(\pi)$ 不是一个马尔可夫链，当 π 是平稳策略时，$L(\pi)$ 是一个马尔可夫链，且是时齐的。

证明：

由平稳策略的马尔可夫性及概率乘法公式知：

$$
\begin{aligned}
& P\{X_{n+1}=j, \Delta_{n+1}=b \mid h_n, \Delta_n=a\} \\
& =P\{X_{n+1}=j \mid h_n, \Delta_n=a\} P\{\Delta_{n+1}=b \mid h_n, \Delta_n=a, X_{n+1}=j\} \\
& =p_{ij}(a) \pi_{n+1}(b \mid (h_n, a, j)) \\
& =p_{ij}(a) \pi_{n+1}(b \mid_j) \\
& =P\{X_{n+1}=j \mid X_n=i, \Delta_n=a\} P\{\Delta_{n+1}=b \mid X_{n+1}=j\} \\
& =P\{X_{n+1}=j, \Delta_{n+1}=b \mid X_n=i, \Delta_n=a\}
\end{aligned} \tag{3-53}
$$

进而，$L(\pi)$的状态子序列 $Ls(\pi)$是一个时齐马尔可夫链。

证明：对于 $Ls(\pi)$，由全概率公式及平稳策略的定义知：

$$
\begin{aligned}
& P\{X_{n+1}=j \mid X_0=i_0, X_1=i_1, \cdots, X_n=i\} \\
& =\sum_a P\{\Delta_n=a \mid X_0=i_0, X_1=i_1, \cdots, X_n=i\} \cdot \\
& \quad P\{X_{n+1}=j \mid X_0=i_0, X_1=i_1, \cdots, X_n=i, \Delta_n=a\} \\
& =\sum_a \pi(a \mid i) p_{ij}(a)
\end{aligned}
$$

$$=P\{X_{n+1}=j|X_n=i\} \tag{3-54}$$

转移概率矩阵为

$$\boldsymbol{P}=\begin{bmatrix} p_{11} & \cdots & p_{1k} \\ M & 0 & M \\ p_{k1} & \cdots & p_{kk} \end{bmatrix} \tag{3-55}$$

式中，$p_{ij}=P\{X_{n+1}=j|X_n=i\}$。

将情绪状态转移概率矩阵第 i 行的元素按大小重新排列，用 p'_{ij} 表示（$p'_{i1} \geqslant p'_{i2} \cdots \geqslant p'_{ik}$）。考虑到 $a_i \sim N(0, \sigma_i^2)$，可以将决策 a_i 与情绪状态转移概率间的关系描述为

$$p'_{i1}=P\{|a_i| \leqslant l_1\}$$

$$p'_{i2}=P\{l_1<|a_i| \leqslant l_2\} \tag{3-56}$$

$$\vdots$$

$$p'_{ij}=P\{l_{j-1}<|a_i| \leqslant l_j\} \tag{3-57}$$

$$\vdots$$

$$p'_{ik}=P\{|a_i|>l_k\} \tag{3-58}$$

式中，$l_k>l_{k-1}>\cdots>l_1>0$，l_j（$j=1, 2, \cdots, k$）表示 a_i 所在区间的边界值。

4）报酬函数：情绪作为生命体适应生存的心理工具，其有效与否，取决于认知预测精确与否。该模型采用报酬函数作为认知行为精确与否的度量标准。取报酬函数 $r(i, a_i)=1-\exp(-l_j)$，（$j=1, 2, \cdots, k$）。生命体采取的决策越精确，a_i 所在区间的边界值 l_j 就越小，报酬函数的值也就越小。

（2）调查问卷　该模型的显著特点是可以通过调查问卷获得原始数据，再依据数理统计原理对数据进行处理，得到情绪状态转移概率。

1）调查问卷的设计方法：调查问卷属于主观体验测量方法。采用这种设计方法主要有两个原因。首先，各种以脑活动和外显行为为指标的研究方法，遗留的一个难以接触的方面是心理的“纯”主观方面的事物——例如体验。另外，无论生理或表情测量均需采用复杂的仪器。而且一般来说，不是一次性测量就能得出所需要的结果的。

该问卷将基本情绪区分为喜悦、悲伤、愤怒、恐惧、兴趣、厌恶六种。每一道问题都设计了被调查者在当前时刻所处的情绪状态，在这一时刻外界的刺激；各选项表示被调查者在题目设计的环境下将在下一时刻转移到何种情绪状态。根据基本情绪理论，情绪是指由特定刺激所激起的，由认知评价、主观感受、行为反应等因素组成的整个反应序列。因此，题目及其选项对情绪的描述不是仅限于情绪的主观感受，也包括与情绪相应的外显行为。

如何描述几种不同的基本情绪状态呢？普拉奇克建立了分别以功能语言、特质语言和行为语言来描述对应的术语。描述基本情绪使用了四种语言，见表 3-5。

表 3-5　描述基本情绪的四种语言

主观语言	行为语言	功能语言	特质语言
惧怕	逃避	保护	胆怯
愤怒	打击	破坏	攻击
快乐	合作	再生	善交际的

（续）

主观语言	行为语言	功能语言	特质语言
悲伤	求援	再整合	压抑的
接受	接纳	合作	可信任的
厌恶	排斥	拒绝	不可信任的
期待	探索	探索	可控的
惊奇	停止	倾向	不受控制的

该模型参考普拉契克的用形容词描述情绪的办法，设计了调查问卷。

例题：你的一项工作办砸了，你心情忐忑不安，这时你的领导当众批评你，你会：

A. 认为领导的批评不合理，对领导的做法不满

B. 自己也在埋怨自己，心情郁闷

C. 是预料之中的事，心里反而平静了一些

D. 担心领导会对自己失去信任

E. 同意领导的观点，冷静地分析自己的失误

F. 认为领导伤了自己的脸面，对他很反感

2）数据的处理方法：将问卷得到的数据按数理统计方法处理，求得一般人的情绪状态转移概率。

将所有人从第 i 种情绪状态转移到第 j 种情绪状态的概率值的全体称之为总体 X_{ij}。设有 k 种基本情绪状态，要研究的总体数量就是情绪状态转移概率矩阵的元素数 $k \times k$。每个人从第 i 种情绪状态转移到第 j 种情绪状态的概率值称为总体 X_{ij}的个体。

按照题目设定的被调查者在当前时刻所处的情绪状态，对题目进行分类。因为有 k 种基本情绪状态，所有题目分为 k 类。每类题目设定的被调查者在当前时刻所处的情绪状态相同。对每一类题目：

首先，统计其包含的题目数量，记为 S_i 下标 i 表示该类题目设定被调查者在当前时刻处在第 i 种情绪状态。

然后，分别统计与被调查者选择的选项对应的他在下一时刻转移到各种情绪状态的数量，记为 T_j，下标 j 表示被调查者在下一时刻将转移到第 j 种情绪状态。

最后，计算被调查者的情绪状态转移概率 p_{ij}：

$$p_{ij} = \frac{T_j}{S_i} \tag{3-59}$$

对某类题目的调查结果做上述处理，就能得到从该类题目设定的被调查者在当前时刻所处的情绪状态向各个情绪状态转移的概率，这些概率构成了情绪转移概率矩阵的一行。依次处理各类题目相应的调查结果，最终得到一个被调查者的情绪状态转移概率矩阵 $\boldsymbol{P}$ 为

$$\boldsymbol{P} = \begin{bmatrix} p_{11} & \cdots & p_{1k} \\ M & 0 & M \\ p_{k1} & \cdots & p_{kk} \end{bmatrix} \tag{3-60}$$

对 n 份问卷的调查结果进行上述处理，就得到了对各个总体 X_{ij}的 n 个观察结果，n 称为这个样本的容量。

该模型中，认为所有人从第 i 种情绪状态转移到第 j 种情绪状态的概率这一总体 X_{ij} 服从正态分布。设计本问卷目的是，确定符合一般人的标准情绪状态转移概率矩阵。标准情绪状态转移概率矩阵的意义是：绝大部分人的情绪转移概率值在它的元素值附近波动。服从正态分布的随机变量的概率密度随着随机变量与分布函数均值的距离增加而减小，当随机变量接近均值时，其概率密度很大。该模型根据正态分布函数的这个特点和标准情绪转移概率的意义，把总体 X_{ij}（i，$j=1$，2，…，k）的分布函数的均值 μ_{ij} 作为相应的标准情绪转移概率值 p_{ij}。

取 $\hat{\mu}=\overline{X}_{ij}$、$\hat{\sigma}=S_{ij}$，如果 $X\sim N(\mu, \sigma^2)$，对于随机变量 X 来说，它的值落在区间 $[\mu-3\sigma, \mu+3\sigma]$ 内，几乎是肯定的事。因此，将问卷中得到的落在区间 $[\hat{\mu}-3\hat{\sigma}, \hat{\mu}+3\hat{\sigma}]$ 之外的样本值视为异常样本值。在剔除异常样本值之后，依据正常的样本值对总体分布函数的 μ 和 σ^2 重新进行点估计。

下一步，对总体分布函数的均值 μ 进行区间估计。根据数理统计的知识，得到 μ 的置信度为 $1-\alpha$ 的置信区间：

$$\left(\overline{X}\pm\frac{S}{\sqrt{n}}t_{\alpha/2}(n-1)\right) \tag{3-61}$$

式中，n 为样本容量；S 为样本方差；t 为学生氏分布。对于标准转移概率矩阵 P 有

$$\sum_{j=1}^{k}p_{ij}=p_{i1}+p_{i2}+\cdots+p_{ik}=1$$

由于，标准的情绪转移概率是所有人的情绪转移概率的总体的均值，那么

$$\sum_{j=1}^{k}\mu_{ij}=\mu_{i1}+\mu_{i2}+\cdots+\mu_{ik}=1 \tag{3-62}$$

式中，μ_{ij} 表示所有人从第 i 种基本情绪转移到第 j 种基本情绪的概率的总体 X_{ij} 的均值 $\forall i$，求出 $\mu_{ij}(j=1, 2, \cdots, k)$ 满足上述方程的解。

可以采用遗传算法搜索上述方程的解，将解的搜索范围限制在 μ_{ij} 的置信区间内。遗传算法的关键问题是确定适应度函数。本模型取适应度函数为

$$f(\tilde{\mu}_{ij})=k-\left|\sum_{j=1}^{k}\tilde{\mu}_{ij}-1\right| \tag{3-63}$$

假设上述方程的解是各个情绪转移概率的总体的均值，分别进行假设检验。

设 $X_{ij}\sim N(\mu_{ij}, \sigma_{ij}^2)$，其中 μ_{ij}、σ_{ij}^2 为未知，我们来求检验问题

$$H_0:\ \mu_{ij}=\tilde{\mu}_{ij} \qquad H_1:\ \mu_{ij}\neq\tilde{\mu}_{ij}$$

的拒绝域（显著性水平为 α）。若 $\overline{X}_{ij}$ 为样本均值，S_{ij}^2 为样本方差，则拒绝域为

$$|t|=\left|\frac{\overline{X}_{ij}-\tilde{\mu}_{ij}}{S_{ij}/\sqrt{n}}\right|\geqslant t_{\alpha/2}(n-1) \tag{3-64}$$

经假设检验，若 t 不落在拒绝域中，就接受 H_0，即认为总体 X_{ij} 的均值为 $\tilde{\mu}_{ij}$；否则，认为 $\tilde{\mu}_{ij}$ 不是总体 X_{ij} 的均值，需要利用方程重新搜索 X_{ij} 的均值的解。

（3）结论　该模型力图反映在有外界刺激的条件下，一般人的标准情绪变化过程。与其他情绪模型相比，它有如下特点：①考虑了外界刺激对人类情绪变化过程的影响；②采用调查问卷的方法，获得数据；然后依据数理统计原理确定情绪状态转移概率；③得到的情绪

转移概率矩阵反映的是人类一般的情绪转移概率。

3.5 未来研究需要解决的问题

人工情感作为人工智能的扩展研究已经在应用方面取得了许多进展（主要是在美国、日本和欧盟国家）。但是，由于情绪心理学理论方法的多样性，导致人工情感的理论与方法都不成熟，使得应用技术受到了很大影响。2003 年，就人工情感与情感计算具有挑战性的六个问题，Picard 与 Eva Hudlicka 进行了批评与反批评的论述。AAAI04、SCI04、HCI04 等国际会议的人工情绪专题研讨会希望心理学家、生理学家和信息科学家一起就人工情绪的理论与方法进行深入的研讨。

可以说，人工情感研究领域的许多挑战让我们深思，其中的主要问题归纳如下：

1）情绪心理学理论的多样性，导致人工情绪理论方法的不一致，以至于很难找到适用于信息科学的人工情绪的统一理论方法。

2）目前几乎还没有符合人类情感规律并适于机器实现的人工情绪自动生成模型，并且在近期内能否构造出这种模型令人怀疑（Picard 与 Eva Hudlicka 进行批评与反批评大辩论的一个主要内容）；如何建立一个统一的人工心理模型来表达情绪与认知乃至与意识的关系，进而适于机器实现，这将是一个很大的挑战。

3）在智能推理过程中，如何考虑情绪影响的因素，实现真正意义上的拟人推理过程。

4）没有帮助人工情绪研究者的计算机仿真平台及情感计算库。

5）语音情感信息处理技术和表情识别技术的不成熟，成为制约人工情感与和谐人机交互技术发展的瓶颈。

6）如何从多模态的角度进行情感信息融合、识别与理解，实现自然和谐的人机交互平台环境。

7）人工情感的研究成果如何与较成熟的人机交互平台相结合，实现和谐人机交互技术应用的重大突破。

8）如何验证机器情绪的正确性，这也就是人工情感研究所面临的图灵测试问题。

9）如何从人工情绪（Artificial Emotion）走向仿真情绪（Simulating Emotion）、工程情绪（Engineering Emotional），进而找到重大应用的突破点，这将是一个急待解决的问题。

如果能够解决以上问题（或者是部分解决），将会大大促进人工情感与人工心理的成熟与进展。针对这些学科前沿的源头问题，进行创新性研究，解决普遍认为是人工情感与人工心理研究中的几个困难问题，这是我们未来面临的主要挑战，当然这也是我们的机遇。

参考文献

[1] 涂序彦. 人工情感［C］//中国人工智能学会第十届学术年会论文集. 广州，2000.

[2] Aaron Sloman，Monica Croucher. Why Robots Will Have Emotions［J］. Proceedings IJCAI 1981，Vancouver.

[3] Picard R W. Affective Computing［M］. MIT Press，London，England，1997.

[4] 日本文部省重点研究领域：情感信息处理的信息学、心理学研究［R］. 1999.

[5] EMBASSI（Elektronische Multimediale Bedien-und Service-Assistenz）[OL]. www. embassy. de.
[6] 许远理，郭德俊. 浅谈情绪智力与人工智能中的感情计算 [J]. 心理科学进展，2004，12（2）：209-214.
[7] 中国科学院自动化研究所. 第一届中国情感计算及智能交互学术会议论文集 [C]. 北京，2003（12）：7-8 .
[8] 谷学静，石志国，王志良. 基于 HMM 的人工心理建模方法的研究 [C] //第一届中国情感计算及智能交互学术会议论文集. 北京，2003（12）：7-8.
[9] 中国大百科全书《心理学》编辑委员会. 心理学史 [M]. 北京：中国大百科全书出版社，1985.
[10] 叶奕乾，等. 普通心理学 [M]. 上海：华东师范大学出版社，1997.
[11] 孟昭兰. 人类情绪 [M]. 上海：上海人民出版社，1989.
[12] K T 斯托曼. 情绪心理学 [M]. 张燕云，译. 沈阳：辽宁人民出版社，1986.
[13] 吴江霖. 心理学概论 [M]. 广州：广东高等教育出版社，2003（4）.
[14] 杨治良. 实验心理学 [M]. 杭州：浙江教育出版社，1998.
[15] 梁扬，现代汉语词库 [M]. 南宁：广西人民出版社 ，2003.
[16] 朱智贤. 心理学大词典 [M]. 北京：北京师范大学出版社，1989（10）.
[17] 吴健辉，罗跃嘉. 情绪的认知科学研究途径 [C] //第一届中国情感计算及智能交互学术会议论文集，2003（12）：8-9.
[18] 魏哲华，基于人工心理理论的情感机器人的情感计算机研究 [D]. 北京：北京科技大学，2002.
[19] 滕少冬，王志良，王莉，等. 基于马尔可夫链的情感计算建模方法研究 [J]. 计算机工程，2005（5）.
[20] 路海明. 基于控制原理和情感计算的信息推荐 [J]. 自动化学报，2002，28（4）：482-503.
[21] 罗曼诺夫斯基. 疏散的马尔可夫链 [M]. 北京：科学出版社，1958.
[22] 周昌乐. 心脑计算举要 [M]. 北京：清华大学出版社，2003.
[23] Ekman P. An argument for basic emotions [J]. Cognition and Emotion，1992（6）. 169-200.
[24] 吴彤. 自组织方法论研究 [M]. 北京：清华大学出版社，2001.
[25] 乔建中. 情绪研究、理论与方法 [M]. 南京：南京师范大学出版社，2003.
[26] Xue Weimin，Wang Zhiliang ，Wenbo Meng. A new method for simulating human emotions [J]. Journal of university of science and technology，2003，10（2）.
[27] Xue Weimin，Wei Zhehua，Wang Zhiliang. The Research of Artificial Psychology Model [C] //IEEE TENCON'02，Beijing，China，2002，1：691-693.
[28] 薛为民，王志良. 基于 AGENT 的人机情感交互系统研究 [J]. 计算机工程与应用，2002（19）.
[29] 谷学静，石志国，王志良. 基于 BDI 技术的情感机器人语音识别技术研究 [J]. 计算机应用研究，2003（4）：23-26.
[30] 杨国亮，王志良. 情感建模研究进展 [J]. 自动化技术与应用，2004（11）.
[31] 薛为民. 基于计算机视觉的情感虚拟人交互技术研究 [D]. 北京：北京科技大学，2003.
[32] 陈锋军. 用于情感机器人的表情识别技术研究 [D]. 北京：北京科技大学，2003.
[33] 王超. 情绪建模与虚拟人软件人研究 [D]. 北京：北京科技大学，2005.
[34] 王飞. 基于嵌入式系统的个人机器人视觉及情感模型研究 [D]. 北京：北京科技大学，2005.
[35] Picard R W. Affective Computing：challenges [J]. International Journal of Human-Computer Studies，2003，59（3）.
[36] Aaron Sloman. What Is The Emotion Theories About? Architectures for Modeling Emotion [C] //Cross-Disciplinary Foundations American Association for Artificial Intelligence 2004 Spring Symposium. Palo Alto，California：Stanford University，2004.

第4章 人脸工学

4.1 人脸检测与跟踪技术

4.1.1 人脸检测

人脸检测（Face Detection）是指在输入图像中确定所有人脸（如果存在）的位置与大小。人脸检测系统的输入是可能包含人脸的图像，输出是关于图像中是否存在人脸以及人脸的数目、位置、尺度等信息的参数化描述。

然而，人脸作为人类自身再熟悉不过的一个组成部分，其检测问题却是一个极富挑战性的课题。首先，人脸是一个包含五官、毛发等极不规则的复杂待测目标，不同的人脸在形状、大小、颜色、质地等方面都有很大的变化性；其次，为了实现检测方法的鲁棒性，要考虑人脸在各种复杂的背景中，不同的方向、角度、尺度等情况下所展现出来的不同表象；再次，我们所基于的检测对象或称为环境大多是由图像捕捉设备所采集的数字图像或视频流中的数字图像序列，所以采集条件，特别是光照条件，包括光源的方向、明暗、色彩等，都会对图像的效果产生很大的影响，进而影响对人脸的检测；另外，人脸上还可能长有胡须、戴有眼镜或其他装饰品等，这些也同样是设计一种有效的人脸检测算法时不可忽视的因素。

可见，人脸检测有一定的难度和复杂性，但对这一问题的深入研究必将推动模式识别、计算机视觉、人工智能等信息科学分支的发展。人脸检测问题在近十年中得到了广泛的关注，国内外很多研究人士提出了很多方法，在不同的领域取得了一定的成果。但是对于寻找一种能够普遍适用于各种复杂情况的、准确率很高的检测算法，还有很大的探索空间。

下面介绍一些人脸检测方法。

1. 基于知识的自顶向下的方法

这种方法是基于在认识人脸的过程中所总结出来的一些先验知识，把它们归结成为一些复杂程度由简而繁的规则。例如：“正面人脸都包括两只位置相互对称的眼睛”“灰度图像中眼睛要比脸上其他地方暗”等。找到一系列规则后，把它们应用到输入图像中，搜索出符合规律的人脸区域。

2. 基于人脸特征的自底向上的方法

这种思想首先用各种数字图像的处理方法对输入图像进行处理，根据处理结果提取出来的某些特征与人脸的某些共性进行比较，借此来判断某一区域是否为人脸。举例来说，可以用数字图像处理中常用的提取边界的方法在输入图像中寻找边界，然后试探哪些边界能够像正面人脸的左边线、右边线和发髻线那样构成人脸轮廓；还可以利用从图像中提取出来的色彩和纹理信息与人脸的色彩和纹理模型进行比较，得出可能的人脸区域。当然，各种人脸特征的综合运用，对于提高检测算法的性能会有很大的帮助。

3. 模板匹配的方法

首先，建立并存储一些人脸模板作为标准，可以包括正面人脸或是单独的眼睛、鼻子、嘴。利用一些算法来计算各待测区域与标准模板的相似程度（或称为相关性）。利用这一详细程度来判断某一区域是否为人脸。

4. 基于人脸外观的方法

这种思想是指通过搜集大量的人脸和非人脸样本作为训练集，用人工神经元网络、支持向量机（SVM）等方法训练出一个分类器来检测人脸。这种思想与其他思想的不同之处在于，它并不首先人工地对人脸进行分析或是抽取模板，也不对输入图像进行复杂的处理，而是利用大量的人脸整体外观，用结构化的方法来训练出人脸检测的分类器。在这一类方法中，特征向量、统计学、信息学等思想也得到了运用。

上述各种方法都存在着自身的优缺点和适用领域，很多学者在各自所面临问题的范围内不断探索，发明了许多卓有成效的检测算法。但各种检测算法都存在着效率与性能上的矛盾，也即在正确率、鲁棒性等方面更好的算法往往会花费更多的时间及系统消耗。

5. 基于肤色的人脸检测算法

上面在对人脸检测方法进行综述的过程中，采取的分类原则主要是从研究方法的角度出发。当然，分类原则不同，自然会产生不同的分类结果。例如，若以检测过程中是否利用了色彩或肤色信息，可以分为给予彩色信息的人脸检测算法、基于灰度信息的人脸检测算法及彩色信息与灰度信息相结合的人脸检测算法；在彩色信息与灰度信息相结合的人脸检测算法中，又可以根据如何应用肤色信息这一角度再进行细分。例如，可以分为肤色信息作为前期预处理的方法、肤色信息作为后期验证的方法等。

由于本节所采取的人脸检测算法正是基于肤色算法的改进，所以下面首先对于肤色人脸检测算法进行详尽的阐述。

（1）色彩空间与色彩空间的聚类　根据计算机色彩理论，对一种颜色而言，在计算机中有不同的表达方式，这样就形成了各种不同的色彩空间。当然各种色彩空间都只不过是颜色在计算机内不同的表达形式而已，每一种色彩空间也都有其各自的产生背景、应用领域等。主要的色彩空间有以下几种：

1）RGB 格式（红、绿、蓝三基色模型）：由于彩色图像是多光谱图像的一种特殊形式，对应于人类视觉的三基色即红、绿、蓝三个波段，是对人眼的光谱量化性质的近似。因此利用 R、G、B 三基色这三个分量来表征颜色是很自然的一种格式。而且多数的图像采集设备都是以电荷耦合器件（CCD）技术为核心，直接感知色彩的 R、G、B 三个分量，这也使得三基色模型成为图像成像、显示、打印等设备的基础，具有十分重要的作用。

2）SHI 格式（色度、饱和度、亮度模型）：这是 Munseu 提出的色彩系统模型，经常为艺术家们所使用。这种格式反映了人类观察色彩的方式，同时也有利于图像处理。在对色彩信息的利用中，这种格式的优点在于它将亮度（I）与反映色彩本质特性的两个参数——色度（H）和饱和度（S）一一分开。当提取一类物体（比如现在研究的人脸）在色彩方面的特性时，经常需要了解其在某以色彩空间的聚类特性，而这一聚类特性往往体现在色彩的本质特性上，而又经常受到光照明暗等条件的干扰影响。光照明暗给物体颜色带来的直接影响就是亮度（I）分量，所以若能将亮度分量从色彩中提取出来，而只用反映色彩本质特性的色度、饱和度来进行聚类分析，会获得比较好的效果。这也正是 SHI 格式在彩色图像处理和计算机视觉研究中经常被使用的原因。

3）YC_bC_r（YUV）格式：这种色彩空间是以演播室质量标准为目标的 CCIR601 编码方案中采用的彩色表示模型，被广泛地应用在电视的色彩显示等领域中。它同样具有 SHI 格式中将亮度分量分离的优点，但由于它可以从 RGB 格式线性变化得到，所以直接应用于物体色彩聚类分析的情况不多，相比之下，在其基础上的变换模型的应用更为普遍。

以上介绍了在计算机视觉领域特别是在肤色信息的提取中比较常用的几种格式，目前这几种色彩空间在建立物体色彩模型中都有应用。例如：RGB 色彩空间在利用查找表建立的肤色模型中很常见；也有人在提取唇色在色彩空间中的聚类特性时直接利用了 YUV（YC_bC_r）色彩空间；A. K. Jain 等利用变型的 YC_bC_r 色彩空间进行彩色图像中的人脸检测问题的研究。

（2）肤色模型的建立　肤色模型描述给定色度空间 R^n（$n=2$ 或 $n=3$）中的像素 $x \in R^n$ 与“肤色”的相似程度 λ 的映射关系为 f: $x \rightarrow \lambda$。传统的建模方法是选取大量的肤色像素样本，将其映射到给定的色度空间后，利用统计的方法得到上述映射关系。描述映射关系常用的模型有高斯模型、混合高斯模型及直方图模型等，为了消除光照的影响，一般去掉色度空间的亮度分量。但是这种方法仅考虑了单个肤色像素的统计特性，没有考虑人脸肤色区域像素间的相关性；同时除去亮度分量虽然提高了模型对光照变化的适应能力，但也会造成错误报警的增加。基于高斯模型合成的肤色模型，该模型考虑了人脸肤色区域像素的整体特性，为各个人脸样本的肤色分别建立三维高斯模型，然后将各个模型叠加，并映射到一个三维查找表中，构成通用的肤色模型。

首先，为手工选取的每个人脸样本的肤色区域建立模型。使用了锥形展开的 SHI 色度空间。考虑 RGB 格式的真彩色图像，首先将其变换到 SHI 色度空间：

$$\begin{cases} I = \dfrac{R+G+B}{3} \\ H = \dfrac{1}{360}[90 - \arctan(F/\sqrt{3}) + \{0, G > B; 180, G > B\}] \\ F = \dfrac{2R-G-B}{G-B} \\ S = 1 - \dfrac{\min(R,G,B)}{I} \end{cases} \tag{4-1}$$

SHI 色度空间实际上是一个锥形的坐标系，将其展开为直角坐标系，得

$$\begin{cases} I' = I \\ Y_c = IS\cos H \\ Y_s = IS\sin H \end{cases} \tag{4-2}$$

就变换为锥形展开的 SHI 色度空间。其中各分量的取值范围分别为 $Y_c \in [-255, 255]$、$Y_s \in [-255, 255]$ 和 $I' \in [0, 255]$。

通过实验可以发现，单个人脸的肤色区域中的像素在该色度空间中大致符合二维高斯分布，因此使用二维高斯分布模型为每个人脸样本的肤色建模。

对于肤色光谱反射曲线而言，人类的自然肤色具有形状与走向规律的共同特点：短波范围反射率较低，随着波长的增长，反射率逐步升高，在 500 ~ 600nm 之间有一个陡升，人脸样本的色差分布相对集中。但由于分布范围的跨度较大，为了保证算法对不同种类的视频都具有适应性，肤色检测器的范围相对要取得大一些。

用一个二维高斯分布描述如下：

$$\begin{cases} p(x,y)=\dfrac{1}{2\pi|\boldsymbol{\Sigma}|^{1/2}}\exp(-(\mu-\mu_0)^{\mathrm{T}}\boldsymbol{\Sigma}^{-1}(\mu-\mu_0)) \\ \mu_0=(x_0,y_0),x_0=\dfrac{1}{N}\sum\limits_{i=1}^{N}x_i,y_0=\sum\limits_{i=1}^{N}y_i \\ \boldsymbol{\Sigma}=\dfrac{1}{N}\sum\limits_{i=1}^{N}(\mu_i-\mu_0)(\mu_i-\mu_0)^{\mathrm{T}},\mu_i=(x_i,y_i) \end{cases} \tag{4-3}$$

皮肤检测器的范围 D 满足

$$\iint\limits_{u\in D}p(x,y)\mathrm{d}x\mathrm{d}y=0.95 \tag{4-4}$$

若像素 P_i 的色差值 u 在范围 D 内，则认为像素为肤色像素。当区域内标记为肤色像素的百分比超过 $p>T_{\mathrm{h}}$ 时，则认为该块区域可能为人脸区域。通常取 $T_{\mathrm{h}}=0.7$。

为单个人脸样本建立肤色高斯模型具有如下作用：①由于各个人脸样本存在尺度等差异，其中肤色区域的像素数有很大不同，如果直接利用肤色像素建立“肤色”直方图，则每个人脸样本的贡献是不同的（尺度大的，贡献大），这显然是不合理的。为每个人脸样本建立高斯模型的方法则消除了上述差异，起到了样本归一化的作用。②由于肤色区域中不可避免地存在噪声（例如由于图像采样引入介于“肤色”与“背景色”之间的像素），如果直接使用区域中的像素建立“肤色”直方图，这些噪声与正常的“肤色”叠加在一起，难以去除。使用高斯模型则可以通过阈值的方法在合成之前将这些噪声滤除。③由于图像采样和量化等因素的影响，人脸样本的肤色像素在色度空间中的分布可能不连续，反映在直方图中就是在“肤色”区域内存在一些“空洞”。高斯模型将填补这些“空洞”，其物理意义就是假设单个人脸的皮肤颜色在色度空间中为连续分布。普遍认为该假设是切合实际的。

（3）肤色算法的改进　传统上人脸定位多在亮度空间，由于没有任何区域或比例的限制，必须做多尺度空间的全搜索，运算量相当大，而利用色度信息可以大大降低搜索区域，肤色信息是最直接有效的，肤色检测可以在多个色度空间中进行：RGB 归一化、SHI、CYMK、$\mathrm{YC_bC_r}$ 方法等。本节中选用 $\mathrm{YC_bC_r}$ 空间来作为检测空间，该空间的优点是受亮度变化的影响较小，且是两维独立分布，和通用视频输入源的格式一致，无须额外作色度空间的变换。

选用的颜色空间是 CCIR 601 推荐标准采用的彩色空间。在这个彩色空间中，每个分量、每个像素的电平规定为 255 级，用 8bit 代码表示。从 RGB 转换成 $\mathrm{YC_bC_r}$ 空间时，使用下面精确的转换关系：

$$\begin{cases} Y=256E'_{\mathrm{Y}} \\ C_{\mathrm{b}}=256[E'C_{\mathrm{b}}]+128 \\ C_{\mathrm{r}}=256[E'C_{\mathrm{r}}]+128 \end{cases} \tag{4-5}$$

式中，亮度电平 E'_{Y} 和色差电平 $E'C_{\mathrm{b}}$ 和 $E'C_{\mathrm{r}}$ 分别是 CCIR 601 定义的参数。由于 E'_{Y} 的范围是 0 ~ 1，$E'C_{\mathrm{b}}$ 和 $E'C_{\mathrm{r}}$ 的范围是 $-0.5\sim+0.5$，因此 Y、C_{b} 和 C_{r} 的最大值必须达到 255。于是 RGB 和 $\mathrm{YC_bC_r}$ 之间的转换关系需要按照下面的方法计算。

1）从 RGB 转换成 $\mathrm{YC_bC_r}$：$\mathrm{YC_bC_r}$（256 级）分量可直接从用 8bit 表示的 RGB 分量计算得到，即

$$\begin{cases} Y=0.299R+0.587G+0.114B \\ C_b=-0.1687R-0.3313G+0.5B+128 \\ C_r=0.5R-0.4187G-0.0813B+128 \end{cases} \tag{4-6}$$

2）从 YC_bC_r 转换成 RGB：RGB 分量可直接从用 8bit 表示的 YC_bC_r 分量计算得到，即

$$\begin{cases} R=Y+1.402(C_r-128) \\ G=Y-0.34414(C_b-128)-0.71414(C_r-128) \\ B=Y+1.772(C_b-128) \end{cases} \tag{4-7}$$

经过统计证明，不同人种、不同环境下的肤色区别主要受亮度影响，受色度影响较小，YC_bC_r 空间下肤色的统计分布如图 4-1、图 4-2 所示。

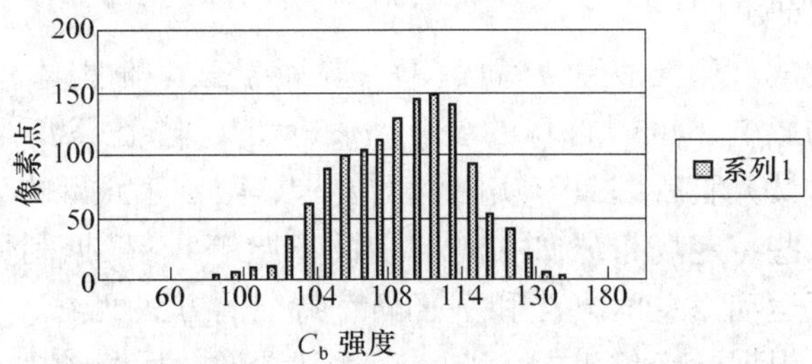

图 4-1　肤色的 C_b 分量统计分布

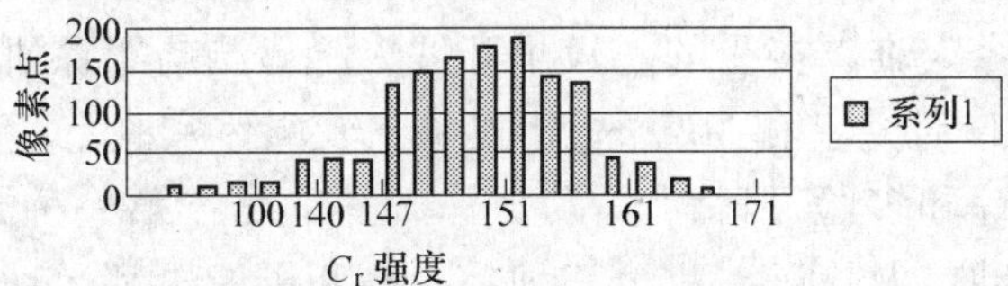

图 4-2　肤色的 C_r 分量统计分布

本节采用通用阈值方法对肤色区域进行判决，对于图像中每一个像素（i，j），有

$$M(i,j)=\begin{cases} 1 & C_b(i,j)\in[77,127] \text{且} C_r(i,j)\in[133,173] \\ 0 & \text{其他} \end{cases} \tag{4-8}$$

这样将图像转变成一个二值图像。图 4-3 所示即为肤色检测的结果，白色的区域就是肤色区域。

图 4-3　原始图像与肤色检测结果

4.1.2 人脸跟踪方法

人脸跟踪与人脸检测有着明显的不同，人脸检测的目的是在静止图像中定位人脸区域；而在人脸跟踪中，跟踪算法必须在后续序列帧中跟踪已定位人脸的运动。双眼、嘴等人脸器官特征明显，在视频序列中，它们的形状特征基本不变。早期人们对于人脸图像的研究大多集中在人脸识别领域，直到20世纪80年代末、90年代初，才把注意力转向人脸检测与跟踪这一更具普遍性的问题上来。起初着重于静止图像（如照片）中的人脸检测，而对人脸跟踪的研究做得很少，并且常将人脸检测与跟踪割裂开来，作为两个独立的方面分别加以研究。随着可视电话、视频电视会议以及人机交互等技术的发展，人们才开始将人脸检测与跟踪作为统一的整体加以研究。

人脸跟踪问题的挑战性来自两个方面：①人脸属于三维非刚体，它的视图不但受到光照、遮挡等外界因素的影响，也因自身的变化（如表情、位姿等变化）而改变，而且这些变化难以预测或建模；②人脸跟踪具有实时性的要求，限制了跟踪方法的复杂性。因此，人脸跟踪方法大多针对某些特定场景（如工作台前的人脸等）。根据利用特征的不同，可以将人脸跟踪方法分为基于运动信息的方法和基于静态特征的方法两类。

人脸跟踪技术就是根据已定位出的人脸，在运动图像的后续帧中跟踪该人脸的运动。它是计算机视觉领域中重要的研究课题。目前人脸跟踪与人脸检测已成为许多研究领域内的关键技术。如在智能人机接口中，如果系统不能对人脸进行自动检测和跟踪，而是将人严格限制在摄像机前，显然是令人难以接受的。较早开展人脸检测与跟踪研究的是美国卡内基梅隆大学（CMU）的人机接口研究室和MIT的AI实验室及媒体实验室。

人脸跟踪分单脸跟踪和多脸跟踪。它主要有3种情况：第一种是人脸不动，摄像机运动；第二种是摄像机不动，人脸运动；第三种是人脸和摄像机都运动。从应用角度来看，第一种情况受到的约束较多，而第三种情况则具有普适性。在实时的人脸跟踪系统中，实时性是人们对系统的基本要求。

L. P. Bala 等人利用视频的前后景分析，并结合彩色信息对整体人脸进行跟踪，同时使用块匹配对双眼进行快速跟踪。M. Hunke 等人利用彩色信息和运动信息，实现了视频中实时的人脸跟踪。J. Yang 等人完成了类似工作，且跟踪中不断修正肤色模型，并对人脸进行运动预测。Gao Wen 等以及 N. Oliver 等利用彩色信息对人脸进行可靠跟踪。B. Menser 等人则利用 YC_bC_r 建立肤色概率模型，采用主元分析法（Principal Component Analysis，PCA）进行快速定位和人脸跟踪。K. Sobottka 等人在 HSV 空间进行肤色分割，并利用脸部特征的对称性定位人脸，然后利用 Snake 算法对整体人脸进行主动轮廓跟踪。G. D. Hager 等人建立了整体人脸的低阶参数模型，补偿形变与光照，实时跟踪人脸，并可容忍部分遮挡。P. M. Antoszczyszyn 等人利用基于模板匹配的 PCA 方法，对人脸器官实现了高精度、近实时的跟踪。J. Strom 等人对人脸上的特征点进行归一化相关跟踪，进而调整人脸的三维模型，预测新的人脸位置，在灰度空间实现了对复杂运动人脸的高精度实时跟踪。C. Kervrann 等人利用器官的多级马尔可夫模型，同样获得了准确的跟踪结果。

综上所述，人脸跟踪算法的思路可以归结为以下5种：①利用背景信息跟踪。这种方法运算十分简单，但受背景变化的影响。②利用运动信息跟踪。这种方法运算简单，但受背景的运动和跟踪对象运动强度的影响，比如当人脸很缓慢运动时，跟踪可能失败。③利用彩色信息跟踪。这种方法不受人脸姿态限制，运动复杂度小，但受背景中的肤色区和人体其他肤色区的影响及光照颜色的影响。④利用整体人脸的模板或参数模型进行相似跟踪。这种方法错误跟踪的可能性小，但对人脸姿态有一定限制，同时运算复杂度较大。⑤利用人脸的局部特征（例如嘴）进行相似跟踪。这种方法跟踪精度很高，计算量也小，但由于处理区域较小，一旦局部特征变化，跟踪就可能失败，所以鲁棒性较差。

通过比较可以看出：人脸跟踪精度最高的方法是利用局部特征进行相似跟踪；错误跟踪可能性最小的方法是对整个人脸进行相似跟踪；彩色跟踪效率较高，使用最广泛，且往往可以与其他方法相结合；利用运动信息和背景信息的方法效率也很高，但几乎不能独立使用。

1. 基于运动信息的方法

此类方法主要利用人脸的运动特征，将人脸跟踪看作运动目标的检测问题。Hager 等提出了一种基于几何参数模型的方法，基本思路是：设定被跟踪人脸的运动模型（如纯平移-旋转-尺度、仿射变形等），利用时间-空间梯度以及模型之间的约束关系恢复模型参数，从而将运动人脸的跟踪转化为参数的估计问题。Hager 等讨论了多种运动模型，并提出了光照变化和部分遮挡情况的解决方法。该方法对于单个运动人脸的跟踪达到了 30Hz 的处理速度。此外还有基于差分的方法。如果摄像机本身也是运动的，采用差分方法还需要解决背景运动的补偿问题。

基于运动的方法往往需要知道第一帧中人脸的准确位置，即“锁定”人脸。这需要采用交互方式或使用人脸检测技术。

2. 基于静态特征的方法

此类方法利用肤色、灰度分布等人脸本身的特征，在每一帧中检测人脸，同时利用帧与帧之间所包含的约束信息减小搜索空间。

基于肤色特征的方法，由于具有处理速度快等优点，常用于人脸跟踪，一般需要与其他方法相结合，以防与其他具有类似色彩的物体相混淆。Kumar 等利用上一帧的跟踪结果预测新一帧中人脸的位置范围，采用肤色模型与支持向量机分类器相结合的方法检测人脸，从而实现人脸的实时跟踪。Yoo 等使用肤色模型与椭圆拟合相结合的方法跟踪人脸。Huang 等采用肤色模型与变形模板相结合的方法跟踪多个人脸。由于跟踪过程中人脸的颜色可能因光照的变化而改变，因此也提出了一些颜色补偿方法，如 Yang 等提出最大似然度自适应方法，刘明宝等提出线性加权自适应模型等。

此外，还有基于灰度特征的方法。如 Sugiyama 等提取上一帧中跟踪到的人脸区域作为模板，在当前帧中采用子空间投影（Subspace Projection）的方法搜索匹配人脸；邢昕等使用基于形态学的嘴中心点定位技术对嘴部进行跟踪，进一步实现整个人脸的跟踪；Colmenarez 等采用检测与匹配人脸局部特征的方法实现人脸的跟踪。

由于光照等因素的干扰，跟踪得到的人脸轨迹可能出现抖动和跳跃的现象，因此也提出了一些解决方法。如 Qian 等在利用肤色特征进行跟踪的过程中，使用线性卡尔曼滤波器（Linear Kalman Filter）和简单的非线性滤波器对跟踪得到的人脸轨迹进行平滑。

基于静态特征的方法一般都具备检测人脸的能力，因此能够实现自动的人脸跟踪系统。

3. 人脸跟踪快速算法的提出

人脸跟踪算法是在人脸检测的基础上进行的。人脸跟踪的帧类型分为检测帧和跟踪帧两种情况。

（1）检测帧　对检测帧人脸椭圆区的确定方法描述如下：

1）对检测帧进行人脸检测，得到人脸的大致位置。

2）在被检测到的人脸区域，利用人脸的结构关系和人脸器官的水平投影特点，确定嘴区和脸区。

3）在嘴区，应用数学形态学运算分割出嘴，并利用目标聚类分析方法求取嘴目标的参数 MouthObject。

4）以嘴为基点，并利用人脸结构的对称性，对人脸结构进行准确定位，得到人脸椭圆区，同时输出人脸参数 FaceParameter。

5）保存上述各参数，作为相邻后续跟踪帧的初始参数。

（2）跟踪帧　对跟踪帧人脸椭圆区的确定方法描述如下：

1）用相邻前帧输出的嘴目标参数 MouthObject 和人脸参数 FaceParameter 确定当前帧的脸区和嘴区：当前帧嘴区的中心点与相邻前帧的嘴中心点在空间上相对应，嘴区和脸区的尺寸与相邻前帧的相等。

2）对嘴区进行数学形态学运算，分割出最大的目标区。求取该目标区的表征参数：周长、面积、长短径之比等，然后将其与相邻前帧的嘴相匹配。如果不匹配，则说明该目标不是嘴，即人脸跟踪失败，将当前帧作为检测帧；否则继续进行下一步。

3）根据脸区，用人脸结构准确定位方法求取当前帧的人脸椭圆区。计算该椭圆区与相邻前帧人脸椭圆区之间的均方误差，如果该均方误差大于某阈值，则该椭圆区为非人脸区，人脸跟踪失败，将当前帧作为检测帧；否则继续进行下一步。

4）输出当前帧的嘴目标参数 MouthObject 和人脸参数 FaceParameter，作为下一帧人脸跟踪的初始参数。

4.1.3　人脸面部特征的提取

在人脸检测与人脸跟踪研究的基础之上，从实际应用的角度出发，能否在检测到的人脸中提取出面部的特征信息，如眼睛、鼻子、嘴等，对于基于内容的面部特征信息服务显得尤为重要。本节介绍面部特征提取的方法。

1. 边缘检测

图像的边缘对人类的视觉系统具有重要意义，它是人类判别物体的重要依据，是图像的最基本特征。边缘中包含着景物有价值的边界信息，这些信息可以用于图像分析、目标识别及图像滤波，并且通过边缘检测可以极大地降低后继图像分析处理的数据量。边缘存在于目标与背景、目标与目标、区域与区域、基元与基元之间。

物体的边缘是以图像局部特性的不连续性形式出现的，例如灰度值的突变、颜色的突变、纹理结构的突变等。从本质上说，边缘常常意味着一个区域的终结和另一个区域的开始。图像的边缘有方向和幅度两个特性。通常，沿边缘走向的像素变化平缓，而垂至于边缘走向即边缘法线方向的像素变化剧烈。这种变化可能呈现阶跃型、房顶型和凸缘型，如图 4-4 所示。

这些变化分别对应景物中不同的物理状态。例如，阶跃型变化常常对应目标的深度或反射边界，而后两者则常常反映表面法线方向的不连续。实际要分析的图像是比较复杂的，灰度变化不一定是上述的标准形式。例如，假定灰度呈阶跃，而实际的变化出现在一个空间范围，远非理想的阶跃。此外，实际图像不可避免地要混有噪声。

边缘是指位于两个具有不连续灰度特性域之间的边界。由于人脸表情图像具有足够的均匀度，因此可以只在灰度不连续性的基础上决定两个区域之间的边缘。边缘检测就是寻找灰度值发生急剧变化的区域，可以用图像灰度的一阶偏微分（梯度算子 ∇）和二阶偏微分（拉普拉斯算子 ∇^2）的值来判定边缘点。从根本上说，各种边缘检测技术的基本思想就是计算局部微分算子。

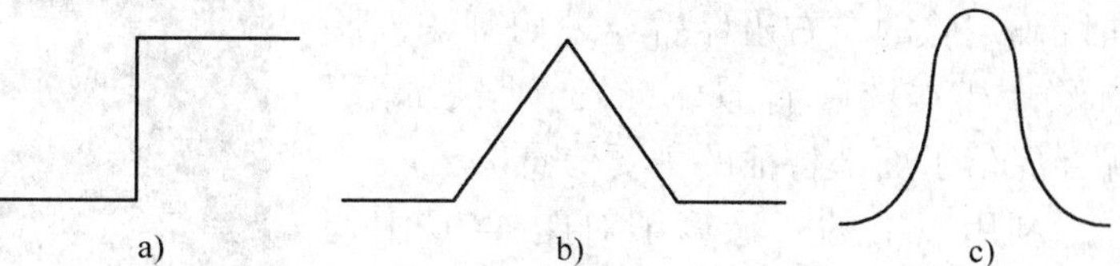

图 4-4　图像灰度变化的几种类型

a）阶跃型　b）房顶型　c）凸缘型

在图像处理技术中，通常用边缘点勾画出各个物体的轮廓，即形成边缘图。如果一个像素落在图像中某个物体的边界上，那么它的邻域将成为一个灰度级变化的带，表示这种变化最为有效的两个特征是灰度的变化率和方向，它们分别以梯度向量的幅度和方向来表示。

利用边缘检测算子可以检查每个像素的邻域，并对灰度的变化率进行量化，通常也包括对方向的确定。大多数的边缘检测方法是基于方向导数掩模求卷积的方法，边缘算子主要包括：

（1）Robert 边缘算子　它是一种利用局部差分寻找边缘的算子，由下式给出：

$$g(i,j)=\{[\sqrt{f(i,j)}-\sqrt{f(i+1,j+1)}]^2+[\sqrt{f(i+1,j)}-\sqrt{f(i,j+1)}]^2\}^{1/2} \tag{4-9}$$

式中，$f(i,j)$为点(i,j)的像素值。

（2）Sobel 边缘算子　图 4-5a、b 分别是 Sobel 边缘算子的两个卷积模板。图像中的每一点都利用这两个核做卷积。一个核对垂直边缘的响应最大，而另一个对水平边缘的响应最大，两个卷积的最大值作为该点的输出值，其结果就是一幅边缘幅度图像。Sobel 边缘算子具有一定的抑制噪声能力。

（3）拉普拉斯（Laplacian）算子　它是一种不依赖于边缘方向的二阶微分算子，具有旋转不变性，即各向同性，其卷积模板如图 4-6 所示。其公式为

$$\nabla^2 f(i,j)=\frac{\partial^2 f(i,j)}{\partial i^2}+\frac{\partial^2 f(i,j)}{\partial j^2} \tag{4-10}$$

式中，$f(i,j)$是点(i,j)的像素值。

-1	-2	-1
0	0	0
1	2	1

a）

-1	0	1
-2	0	2
-1	0	1

b）

图 4-5　Sobel 边缘算子的卷积模板

a）卷积模板 1　b）卷积模块 2

-1	0	1
-2	0	2
-1	0	1

图 4-6　Laplacian 边缘算子的卷积模板

另外，还有 Prewitt 边缘算子、Canny 边缘算子等。

本节边缘检测部分的研究中采用的人脸图像是美国卡内基梅隆大学（CMU）康-卡纳得基于动作单元的人脸表情图像数据库（Cohn-Kanade AU-Coded Facial Expression Image Database，CKACFEID）动态图像序列中的单帧图像，图像为 490 像素 ×640 像素大小的 PNG（Portable Netarork Graphic，流式网络图形格式）格式。图 4-7a 所示是原始图像，图 4-7b 所示是利用人脸图像的垂直和水平灰度投影曲线确定脸的左右边界后经过切割的人脸图像，基本消除背景、头发、服装等干扰，保留了面部特征的主要信息。

a)

b)

图 4-7 人脸图像

a）原始人脸图像 b）切割后的人脸图像

利用以上的边缘算子对图 4-7b 中切割后的人脸图像进行的边缘检测及其反色之后的示意图如图 4-8 所示。

图 4-8a ~ e 所示分别是 Laplacian 边缘算子、Roberts 边缘算子、Sobel 边缘算子、Canny 边缘算子、Prewitt 边缘算子对图 4-7b 所示的人脸表情图像进行的边缘提取。可以看出：用 Sobel 边缘算子、Laplacian 边缘算子的方法提取的边缘效果较好，人脸的特征比较明显，并且不包含过多的冗余信息，有助于特征提取的准确性和提高表情的识别率。

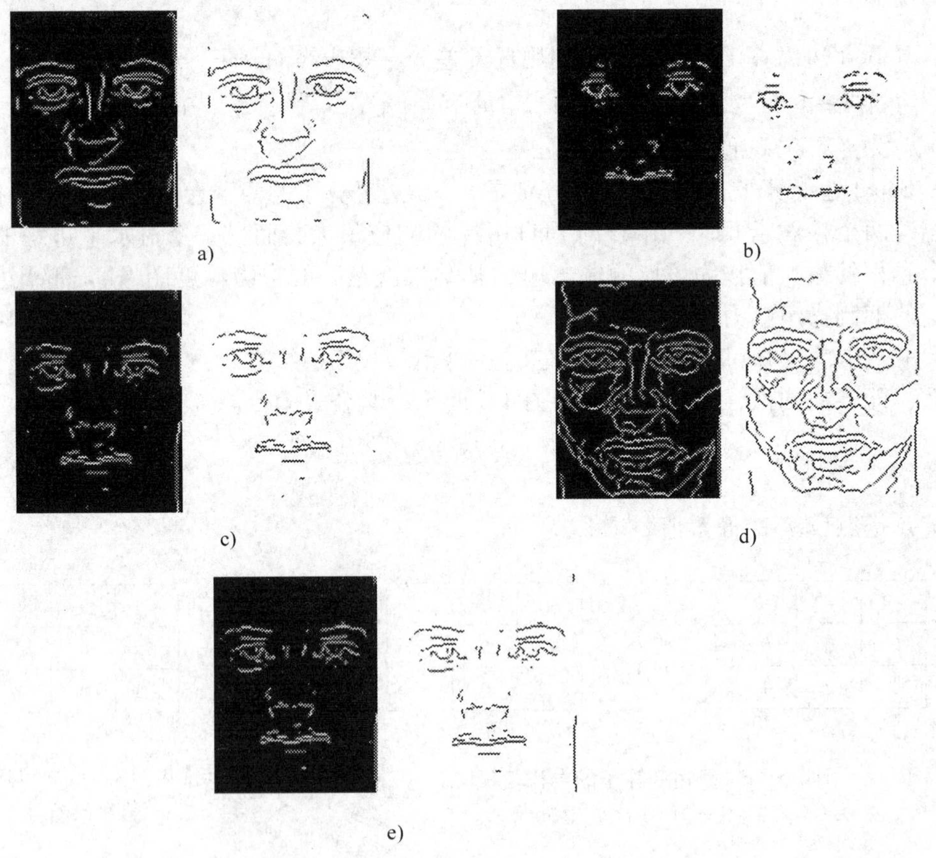

a) b) c) d) e)

图 4-8 利用各边缘检测算子得到的边缘图像

a）Laplacian 边缘算子 b）Roberts 边缘算子 c）Sobel 边缘算子

d）Canny 边缘算子 e）Prewitt 边缘算子

2. 面部特征数据存储（FDS）格式

本节提出了一种新的表征人脸面部特征信息的数据存储格式，即为面部特征数据存储格式（Face Data Style）。这种数据的文件格式为 XML 文件，它所包含的元素主要为面部器官的相关数据，包括几何位置信息和颜色信息。

当然，实现面部特征信息有效存储的嘴的关键一步是面部器官的有效定位。下面，本节将从眼睛、鼻子、嘴这三个最重要的器官来阐述人脸特征定位的方法。

（1）眼睛的确定　由于眼睛和肤色的差异较大，可以在脸部区域内进行边缘检测。对检测到的结果进行水平方向的投影，基本就能确定眼睛在水平轴上的两个范围 I 和 II。这里虽然有眉毛的影响，但是由于眉毛正好位于眼睛的上方，因此不影响水平区域的确定，如图 4-9 所示。

然后在 I 和 II 的上方区域的竖直方向投影，得到第一个峰值附近的区域为 A、B。然后在 A 与 I 及 B 与 II 确定的两个矩形区域内，对黑点进行区域膨胀，可以得到眼睛的大致轮廓和左右眼角。然后将黑点的坐标的平均值作为瞳孔的位置。

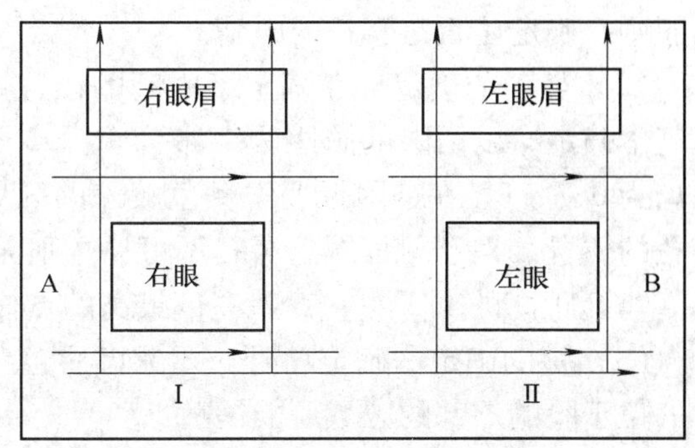

图 4-9　眼睛位置示意图

这里的粗定位方法综合考虑了前人方法的优缺点和算法的复杂性程度，利用人脸结构特点的先验知识，用一种基于二值化图像的方法来进行眼睛范围的初始定位。粗定位之后，要精确定位眼球圆心的位置，这一过程可以选用几种方法，其中基于 Hough（哈夫）变换法是比较常用的方法。Hough 变换是一种抗噪能力强、算法比较简单的检测给定形状曲线的技术。

对中值滤波后的二值化正面人脸图像进行水平灰度投影，通过对投影曲线的分析可知，人脸的主要器官眼睛和嘴巴的位置分别对应曲线的两个谷值区域，由此可以粗略地检测出眼睛（和嘴巴）的位置，如图 4-10 所示。

实际中，由于成像情况的复杂性、噪声的影响及二值化阈值的选取，代表眼睛和嘴巴的谷值前后会出现多个较小的谷峰，这样，曲线所对应的坐标位置就会随之受到影响。对此可采用如下的方法解决：对投影图像进行平滑和内插处理，滤除部分小谷值，并根据眼睛位置的先验几何知识排除其影响。

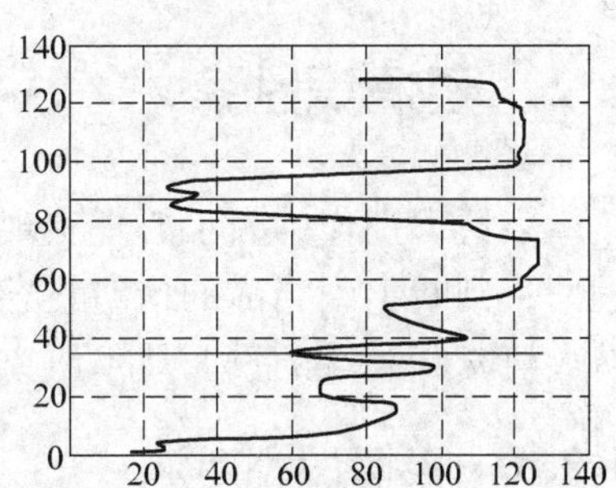

图 4-10　粗略定位眼睛的位置示意图

另外一种定位眼睛的方法是采用灰度投影图匹配的方法。先是从经过中值滤波后的二值化人脸图像的顶点 H 向下逐步移动，每次在该点放一水平缝隙条；然后将其垂直灰度投影图与图4-11所示的人眼正确标准投影图相比较，从而判断出眼睛的位置。

还有可以通过一种称为“或投影”的方法求得眼睛的位置[31]。这种方法是对传统的几何投影方法做了一些改进，并运用于人眼定位的结果。这种“或投影”的方法思路简单，它将图像的二值化边缘作水平“投影”，这种以模式 $f(x, y)$ 为客体，以 X 轴为投影轴的投影公式如下：

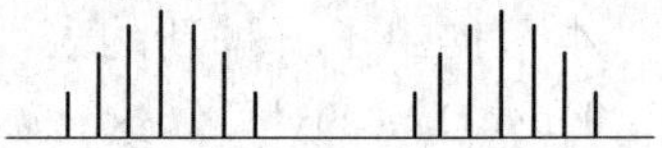

图 4-11　人眼的标准投影图

$$f(x) = \bigcup_{y=y_{\min}}^{y_{\max}} f(x,y) \tag{4-11}$$

由于图像各像素间是一种求或的关系，而不是传统的求和关系，因此，若将双眼的边缘二值图像做这种“或投影”运算，则将产生两条水平短线，且短线的宽度与眼睛的宽度基本相等（见图 4-12）。当然检测定位眼睛时，必须加入基于人脸先验的几何知识，定义一定的规则，确定是否是真正的眼睛。

（2）鼻子的确定　在确定了眼睛的位置以后，鼻子的位置基本确定，以两眼的瞳距为 1 来计算，鼻子到两眼中心的距离为 0.7～1。在这附近搜索颜色较深的区域，大致能得到鼻孔的位置（对于侧面图，鼻孔不可见，则无法检测出来）。然后在两个鼻孔上方一定范围内（鼻孔距离的 1/2 左右）找亮度最高的点作为鼻尖。

图 4-12　双眼的水平“或投影”

（3）嘴的确定　确定嘴时，要考虑唇色和位置两重信息。对于唇色，满足如下限制条件的位于脸的下部的区域可能是嘴：

$$\theta = \arccos\left[\frac{0.5(2R-G-B)}{\sqrt{(R-G)(R-G)+(R-B)(R-B)}}\right] \quad (\theta < 0.2) \tag{4-12}$$

此外，嘴到两眼中心的距离可能为 1.0～1.3，在满足条件的区域内，采用类似搜索眼睛的方法，进行区域膨胀的图像处理，确定左右嘴角和嘴的中心。

人脸跟踪算法是在人脸检测和人脸结构准确定位的基础上，利用人脸结构和器官的特征实现的。算法中没有用到序列图像的背景信息、运动信息以及颜色信息等，因此人脸跟踪不受背景复杂度、背景颜色、人脸运动强度等因素的影响。当前帧的人脸位置由前一帧所跟踪到的人脸位置来预测，而无须在整幅图像中进行人脸的搜索，提高了人脸跟踪的速度。

4.2　表情识别技术

表情识别作为人工心理实现的主要交互技术之一的作用是，通过实时、准确地识别人的表情，判断出人当前的情绪状态，作为情感计算系统中情绪模型的输入值。同时，它也是和谐人机交互领域的重要技术研究方向之一。

4.2.1　表情识别方法

表情识别的方法大致可分为以下几种：

1. 几何特征

一般说来，表情的变化主要反映在眼眉、额头、嘴等面部区域的形状和相对位置的变化上。所以，最直接的就是提取面部的几何特征来识别表情：它的基本思想是利用人脸的结构特征和先验知识，通过对人脸表情的显著特征，如眼睛、鼻子、眉毛、嘴等的形状和位置变化进行定位和测量，确定其大小、距离、形状和相互比例的特征关系，进行表情识别。这类方法的特点和关键就在于对面部特征点的精确定位上。对面部特征点的定位又可以分为手工标定和计算机自动标定两种。在提取了特征点以后，在通过神经网络等一些方法，对它们进行训练来识别表情。

Maja Pantic 和 Leon J. M. Rothkrantz 先用了多个探测器进行面部器官定位和提取了它们的边缘。然后提取了 10 个脸部轮廓上的基准点和 19 个面部器官的基准点。脸部轮廓和面部器官特征点示意图如图 4-13 所示。在此基础上，分析并记录了 32 个独立的面部肌肉运动单元的运动，表情识别率达到了 86%。

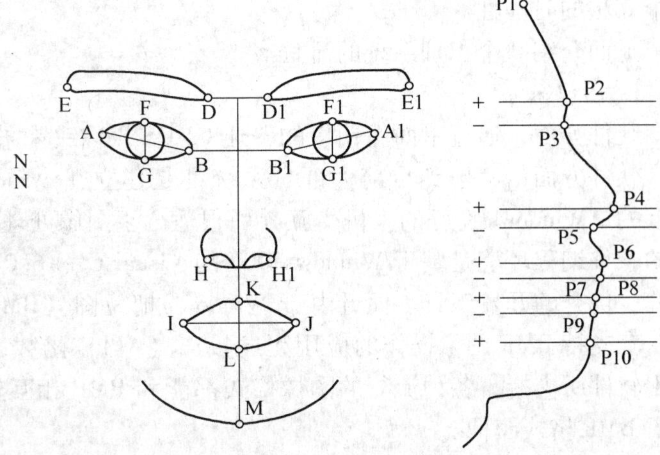

图 4-13 脸部轮廓和面部器官特征点示意图

2. 频率域特征

常用的一种频率域特征是 Gabor 小波。它是一组窄带带通滤波器，在空间域和频率域均有较好的分辨能力，有明显的方向选择和频率选择特性。和傅里叶变换相比，表情图像的 Gabor 小波分解是一种局部变换，因此某一局部测度的范围可以有 Gabor 小波滤波器的尺度大小来定义。Jingfu Ye 等对人脸图像进行表情区的分割和归一化，然后用小波变换提取表情区的特征向量，最后识别了在不同光照下的 6 种表情。他们的实验证明，小波特征对于光线变化和个体差异是不明显的。

3. 运动特征

上面介绍的特征提取方法是针对静态图像，或者对动态图像序列中的某一帧进行的。然而，表情识别的最大特点是一个动态变化的过程，心理学研究表明，尽管人类可以依据一幅静态图像判别其中的人脸表情，但是大部分实验者在识别动态序列图像的表情时，准确率明显增高。可见提取动态图像序列的运动特征，对于表情识别有着特殊的意义。

光流是指亮度模式引起的表面运动，是景物中可见点的三维速度向量在成像平面上的投影，它表示了景物表面上的点在图像中位置的瞬时变化；同时光流场携带了有关运动和结构的丰富信息。光流模型就是处理运动图像的有效方法，其基本思想是将运动图像函数 $f(x, y, t)$ 作为基本函数，根据图像强度守恒原理建立光流约束方程，通过求解光流约束方程，计算运动参数。Y. Dai 等利用将图像序列中连续两帧的差异及用 YIQ 表示空间中的 I 分量相结合，提取出了人脸面部运动和区域信息，在嘴部和眼部的光流投影直方图中，提取了面部表情的运动特征，用以表情识别。

对输入的人脸图像，外界的干扰因素一般是比较多的，采用灰度不守恒的光流场基本方程更显得合适与可靠。实验表明，该方法具有计算精度高、易于实现等优点，有一定的实用价值。而且用光流计算的方法提取其运动特征，一方面反映了表情的变化实质，另一方面特征受光照不均匀性的影响较小，只要保证在同一组图像序列中光照强度基本不变即可，光照条件对各组之间的影响较小。

4.2.2 人脸面部的特征检测及表情识别

本节提出了基于逐点搜索的算法来实现这一目标。

逐点搜索算法：在整个二值化图像中，从左到右、从上到下依次搜索每一个像素点，若是白色肤色点，则进行局部搜索将与之连通的整个肤色区域都找出来，并将搜索过的区域标记为访问过，避免重复访问。然后记录这一连通区域的信息，并对还未搜索过的区域进行搜索。这样，就能在只对图像进行一次访问的情况下，将所有的肤色区域都标记出来，保证了整个算法的时间性。

下面介绍整个识别系统的流程。

1. 图像采集

硬件方面，通过市面上销售的普通 CMOS 摄像头来采集图像，没有使用其他任何特殊硬件。软件方面，考虑到目前大部分系统都是建立在 Windows9x/WindowsNT/Windows2000 平台上的，Windows 良好的人机交互界面很适合于图像处理与识别系统的应用，所以本系统采用的软件编程环境是基于 Windows2000 的 Visual C ++ 6.0，它是基于 Windows 平台的一个集成的、优秀的开发工具。而且由于 Windows 把位图（BMP）作为其图像的标准格式，内含了一套支持 BMP 图像操作的应用程序接口（API）函数，BMP 图像格式越来越多地被各种应用软件所支持，各种流行的图像格式都能和 BMP 相互转换，所以本系统的输入图像也采用了 BMP 格式图像。

在这一环境下，图像采集的实现步骤如下：

1）调用函数 capCreateCaptureWindow（NULL，WS _ CHILD | WS _ VISIBLE，0，0，320，240，GetSafeHwnd（），1）来创建一个大小为 320 像素 ×240 像素的捕获窗口。

2）调用函数 capDriverConnect（hCapt，i）来连接摄像头驱动程序。

3）调用函数 capDriverGetCaps（hCapt，&Drivercaps，sizeof（CAPDRIVERCAPS））来返回摄像头的性能。

4）调用函数 capDlgVideoFormat（hCapt）来设置视频格式。

5）调用函数 capGetVideoFormatSize（hCapt）来查看视频窗口大小。

6）调用函数 capPreviewRate（hCapt，41）来设置每秒的显示帧数。

7）调用函数 capPreview（hCapt，true）将显示模式设置为 Preview 模式，这样图像数据从摄像头采集进来后，将经过内存再到图像显示设备显示。这样，就可以在图像数据通过内存时，对图像信息进行处理，实现想达到的目标。

2. 人脸检测算法的实现

首先介绍如何将肤色点和非肤色点区分开来。

1）在程序中，设置一个全局的回调函数 LRESULTCALLBACK OnFrame（HWNDhWnd，LPVIDEOHDRlpVHdr），算法的程序就在这个函数中实现。

2）通过函数 capSetCallbackOnFrame（hCapt，OnFrame），调用该回调函数，整个系统的运行框架就搭好了，剩下的就是在函数 OnFrame 中实现人脸检测了。

3）在该函数中，先将图像每个像素点的 RGB 分量依次读到 temp _ r、temp _ g、temp _ b 三个变量中。再按式（4-6）将其转变到 YC_rC_b 色度空间中。

4）调用肤色模型函数 skincolor（unsigned char * ptr，int width，int height），将肤色像素

点赋值为1，非像素点赋值为0。

在将肤色点与非肤色点分开以后，下面介绍如何将人脸图像标记出来。

在得到二值化的图像后，因为人脸区域的像素点赋值为1，所以只要把这些像素点所在区域用矩形框标记出来就行了。

在这里，本节基于逐点搜索的算法来实现这一功能。

定义了一个数据结构myPoint：

```
typedef struct
{
    int pointx1;
    int pointx2;
    int pointy1;
    int pointy2;
} myPoint;
```

该数据结构中包含4个点：pointx1、pointy1分别返回矩形框的左上角的x、y坐标，pointx2、pointy2分别返回矩形框右下角的x、y坐标。定义了返回值为myPoint类型的函数FillRect：

```
myPoint FillRect (int currentx, int currenty, int left, int right, int top, int bottom)
```

在该函数中，将逐点搜索到每一个标记为1的像素点，并记下它们的最小及最大横纵坐标值，作为返回值。一般的逐点搜索算法是利用数据栈结构来存储像素点，利用入栈出栈操作来逐点搜索像素点。但这一方法消耗了太多的系统资源，很难满足对于实时检测的要求。作者改进了这一算法，在入栈操作时，以一行像素点为基础，将每行的信息入栈，极大地提高了搜索的效率，达到了实时的要求。

当场景中有多个人脸时，就不能只标记出一个，而是要把所有的人脸都标记出来。本节定义了一个模板类型的队列：

```
template <class Type> class Queue;
```

在程序中，生成了一个myPoint类型的队列：Queue <myPoint> queue；这样通过多次调用FillRect函数rectsize = FillRect（i，j，1，ISIZEX-1，1，ISIZEY-1），将每一个人脸的位置信息都存入该队列queue. EnQueue（rectsize）中，在位置信息出队时，根据位置信息，将每一个人脸用矩形框标记出来。这样就完成了人脸检测。二值化图像及标记出的人脸位置如图4-14所示。

图4-14　二值化图像及标记出人脸位置

3. 面部器官检测

（1）面部器官特征点定位　面部特征点定位有很多方法，但很多都是依靠手工在图片上定位，或利用特殊的硬件，比如红外线照射、用发光二极管贴在脸部，或用高分辨率的摄像机等方法。这些方法要么对于实时性的要求不能满足，要么不能满足一般用户的要求。而我们要设计一个能被普通用户接受的系统，所以采用的是市场上最一般的USB（通用串行总线）接口摄像头，而且在较低的分辨率上实现了我们的系统。

在本节所提出的特征检测算法中，眼睛的定位是其他器官定位的基础，因为眼睛是人脸上最为突出而且稳定的特征。在准确定位眼睛的基础上，又对嘴巴、眉毛和鼻孔进行了定位。因为在检测面部器官时，对于光线均匀分布的要求比较高，所以在定位之前，需要先对人脸图像进行一些处理，以平衡光线差异和消除阴影，使光线在人脸上的分布较为均匀。

本节所采用的方法是直方图均衡化、照度梯度修正（Illumination Gradient Correlation）和方均差标准化来实现光线的平衡化。

1）直方图均衡化：直方图均衡化（Histogram Equalization）就是把给定图像的直方图分布改为均匀分布。

设图像有 L 级灰度（0，1，2，…，$L-1$），n 为图像像素数，n_i 为第 i 级灰度的像素数，则直方图均衡化将第 k 级的灰度变换为 I_k，即

$$I_k = (L-1)\sum_{i=0}^{k}\frac{n_i}{n} \tag{4-13}$$

式（4-13）中的括号内的数要四舍五入取整。直方图均衡化可以起到增强图像的作用。

2）照度梯度修正：为了减少非正面光照对人脸的影响，要对样本图像进行照度梯度修正，即用图像的灰度值拟合出一个校正平面，然后减去这个平面。

令待处理的图像包含 n 个像素，灰度为 $\boldsymbol{I}(x_i,\ y_i)$（$I=1,\ 2,\ \cdots,\ n$），需要拟合的平面为 $z=a_1x+a_2y+a_3$，此平面应使 $\boldsymbol{I}(x_i,\ y_i)$ 与 z 的均方差最小：

$$(a_1,a_2,a_3) = \underset{(a_1,a_2,a_3)}{\operatorname{argmin}}\left\{\sum_{i=1}^{n}\left[a_1x_i + a_2y_i + a_3 - I(x_i,y_i)\right]^2\right\} \tag{4-14}$$

由最小二乘法解得

$$\boldsymbol{X} = (\boldsymbol{A}^{\mathrm{T}}\boldsymbol{A})^{-1}\boldsymbol{A}^{\mathrm{T}}\boldsymbol{B} \tag{4-15}$$

式中，$\boldsymbol{X}=\begin{pmatrix}a_1\\a_2\\a_3\end{pmatrix}$；$\boldsymbol{A}=\begin{pmatrix}x_1 & y_1 & 1\\x_2 & y_2 & 1\\\cdot & \cdot & \cdot\\\cdot & \cdot & \cdot\\x_n & y_n & 1\end{pmatrix}$；$\boldsymbol{B}=\begin{pmatrix}\boldsymbol{I}(x_1,y_1)\\\boldsymbol{I}(x_2,y_2)\\\boldsymbol{I}(x_3,y_3)\end{pmatrix}$

对于式(4-15)可以分解为$(\boldsymbol{A}^{\mathrm{T}}\boldsymbol{A})^{-1}\boldsymbol{A}^{\mathrm{T}}$ 与 $\boldsymbol{B}$ 的乘积。由于$(\boldsymbol{A}^{\mathrm{T}}\boldsymbol{A})^{-1}\boldsymbol{A}^{\mathrm{T}}$ 仅与图像的尺度有关,将人脸归一化到同一尺度,就可以首先计算$(\boldsymbol{A}^{\mathrm{T}}\boldsymbol{A})^{-1}\boldsymbol{A}^{\mathrm{T}}$ 的值。求得平面后,将图像中的各个像素与其相应位置 z 值相减：

$$\boldsymbol{I}'(x_i,y_i) = \boldsymbol{I}(x_i,y_i) - z = \boldsymbol{I}(x_i,y_i) - (a_1x_i + a_2y_i + a_3) \tag{4-16}$$

照度梯度修正消除了图像的一阶变化量，很大程度上减少了脸部的阴影。

3）方均差标准化：为了进一步增强人脸模式的紧致性，对图像的统计特性也进行了标准化，将统计学中两个很重要的指标——灰度的均值和方差调整到给定的值，具体做法如下：

令大小为 $W\times H$ 像素的图像的灰度矩阵为 $\boldsymbol{I}(x,\ y)$（$0\leqslant x<W$，$0\leqslant y<H$），则有该图

像的灰度均值和方差分别为

$$\bar{\mu} = \frac{1}{W \times H}\sum_{y=0}^{H-1}\sum_{x=0}^{W-1}\boldsymbol{I}(x,y) \tag{4-17}$$

$$\bar{\sigma}^2 \frac{1}{W \times H}\sum_{y=0}^{H-1}\sum_{x=0}^{W-1}(\boldsymbol{I}(x,y) - \bar{\mu})^2 \tag{4-18}$$

为了将图像的灰度均值和方差调整到给定的值μ_0和σ_0,对每个像素值作如下变换:

$$\boldsymbol{I}'(x,y) = \frac{\sigma_0}{\bar{\sigma}}(\boldsymbol{I}(x,y) - \bar{\mu}) + \mu_0 \qquad (0 \leqslant x < W, 0 \leqslant y < H) \tag{4-19}$$

在程序实现中，设置了一个函数：Histogramqual（unsigned char * ptr，int width，int height）。在该函数中，实现了上面的算法。在主程序中，调用此函数来改进人脸图像的光照效果。

经过了上面的算法处理后,就得到了光线分布较为均匀、图像质量较好的人脸图像了。下面的工作就是要定位人脸的面部器官特征,将依次介绍眼睛、眉毛、嘴和鼻孔的定位方法。

（2）眼睛特征点的定位　眼睛的定位是基于人脸定位的基础上实现的。人眼特征点定位如图4-15所示。利用肤色模型实现了人脸检测，将得到的人脸区域转化为灰度图，并用合适的阈值对其进行二值化后，在得到的二值化图中，用下面的规则来搜索眼睛对。

1）左右眼块的大小R_1和R_2相差不大。

2）左右单眼宽W_1和W_2与双眼中心距离D之比在一定范围之内。

3）左右眼的重心高度H_1和H_2相差不大。

4）左右眼宽高之比在一定范围内。

实验表明，通过上述四条规则的限制，总可以找到一对满足条件的连通区域，而这对连通区域恰好就是由两个眼睛所形成的区域。

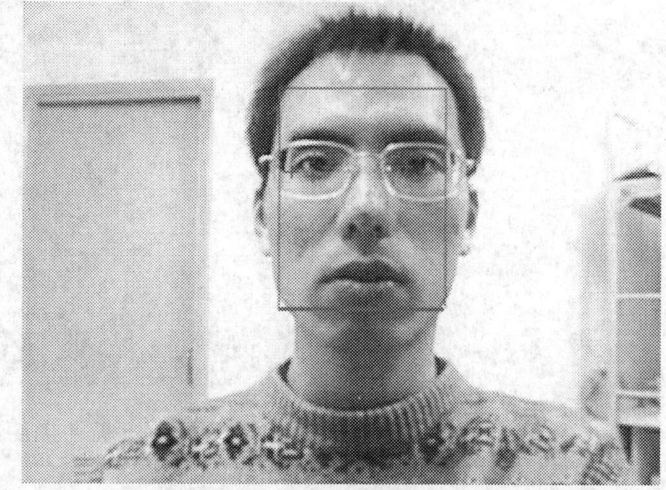

图4-15　人眼特征点定位

在找到了两个眼睛后，本节采用了局部搜索的方法定位两个眼角点，即在眼睛所对应的局部区域中，搜索最左和最右的两个点作为左右眼角点，搜索最上和最下的两个点作为上眼皮顶点和下眼皮顶点。对于虹膜中心点的定位，采用了传统的积分投影的方法。

在程序的实现中，本节定义了一个数据结构 EyePoint：

```
typedef struct
{
    myPoint p1; //记录眼睛方框
    myPoint p2; //记录左右眼角点
    myPoint p3; //记录上下眼点
} EyePoint;
```

然后定义了一个以 EyePoint 为返回值的函数 FillEye（int currentx，int currenty，int left，int right，int top，int bottom）。通过这个函数来返回眼睛的位置坐标。

（3）眉毛特征点的定位　按类似于眼睛定位的方法，利用一定的规则可在眼睛区域的上方搜索到眉毛区域，并定位出眉毛的角点，如图 4-16 所示。

在程序的实现中，定义了一个数据结构 BrowPoint：

```
typedef struct
{
    myPoint p1；//记录眉毛方框
    myPoint p2；//记录左右眉毛点
    myPoint p3；//记录上下眉毛点
} BrowPoint；
```

然后定义了一个以 BrowPoint 为返回值的函数 FillBrow（int currentx，int currenty，int left，int right，int top，int bottom）。通过这个函数来返回眉毛的位置坐标。

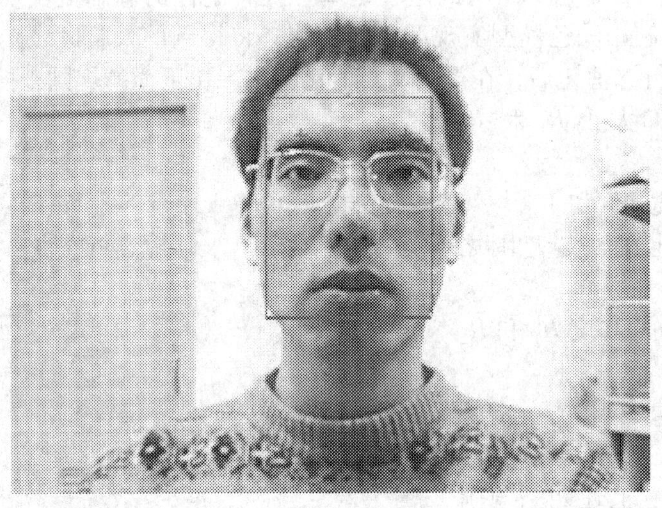

图 4-16　眉毛特征点定位

（4）嘴部特征点的定位　在唇色模型的基础上，利用类似于眼睛特征点定位的方法，可定位出两个嘴角点和上唇最高点及下唇最低点，如图 4-17 所示。

在程序中定义了一个数据结构 MouthPoint：

```
typedef struct
{
    myPoint p1；//记录嘴部方框
    myPoint p2；//记录嘴角点位置
    myPoint p3；
} MouthPoint；
```

然后定义了一个以 MouthPoint 为返回值的函数 FillMouth（int currentx，int currenty，int left，int right，int top，int bottom）。通过这个函数来返回嘴巴的位置坐标。

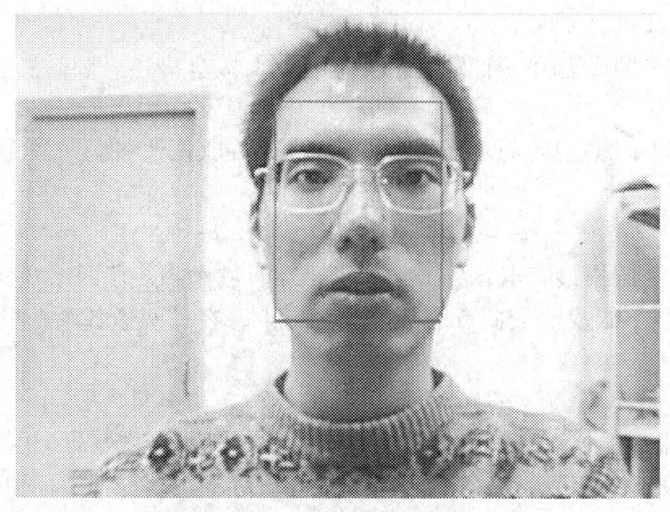

图 4-17　嘴部特征点定位

（5）鼻孔的定位　在眼睛和嘴巴之间用一定的规则可搜索到一对小的连通区域，位于脸部中线的两侧，很靠近中线。实验证明，这一对连通区域恰好就是由两个鼻孔形成的区域。

在程序中定义了一个数据结构 NostrilPoint：

```
typedef struct
{
    myPoint p1;
    myPoint p2;
} NostrilPoint;
```

然后定义了一个以 NostrilPoint 为返回值的函数 FillNostril（int currentx，int currenty，int left，int right，int top，int bottom）。通过这个函数来返回鼻孔的位置坐标。图 4-18 给出鼻孔特征点定位程序实现的效果图。

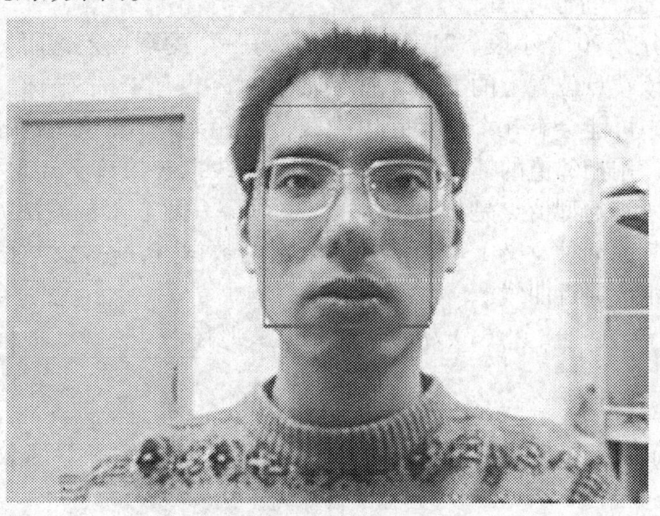

图 4-18　鼻孔特征点定位

4. 面部器官特征形状提取

（1）眼睛模板　眼睛使用一个圆和4段抛物线来拟合描述。眼睛拟合效果如图4-19所示。

上眼皮拟合：以上眼皮最高点为顶点和分界点，在其两边各画一段抛物线。对应抛物线方程是

$$y = -k_i(x - x_1)^2 + y_1 \qquad (i = 1,2) \tag{4-20}$$

式中，(x_1, y_1) 是上眼皮最高点；k_1、k_2 分别是左、右抛物线段的系数，$k_i > 0$。

下眼皮拟合：以下眼皮的最低点为顶点和分界点，在其两边各画一段抛物线。对应的抛物线方程是：

$$y = k_i(x - x_2)^2 + y_2 \qquad (i = 3,4)$$

式中，(x_2, y_2) 是下眼皮最低点；k_3、k_4 分别为左、右抛物线段的系数，$k_i > 0$。

虹膜边缘对应的圆为

$$y = \pm\sqrt{r^2 - (x - x_c)^2} + y_c \tag{4-21}$$

式中，(x_c, y_c) 是虹膜中心坐标；r 为圆的半径。

（2）眉毛的拟合　眉毛的拟合与眼睛类似，这里就不再详细介绍了。

（3）嘴部外唇拟合　因为嘴部外唇边缘线一般较长，所以如果只用4段抛物线插值来拟合嘴部边缘线，并不能得到很好的效果。所以，嘴部边缘线的拟合需要定位更多的特征点，采用逼近的方法来达到较好的拟合效果。根据两个嘴角点位置，将整个嘴部在横坐标方向上分为20个小段、21个端点。在每一个的端点上，用一条垂直线与嘴唇边缘求交点，得到在该端点位置上的上下外唇纵轴坐标，共有42个坐标。受二值化图像效果的影响，这些坐标中可能会有几个与实际边缘线位置相差较大，根据嘴部边缘线的连贯性，剔除掉这几个坐标，用相邻值的插值来代替。根据曲线拟合的数学知识，当型值点较多时，构造插值函数通过所有的型值点是相当困难的。这时，一种较好的解决办法是，选择一个次数较低的函数，使其在某种意义上最为接近于给定的数据点，称之为对这些数据点的逼近。使用最小二乘法来生成逼近曲线。

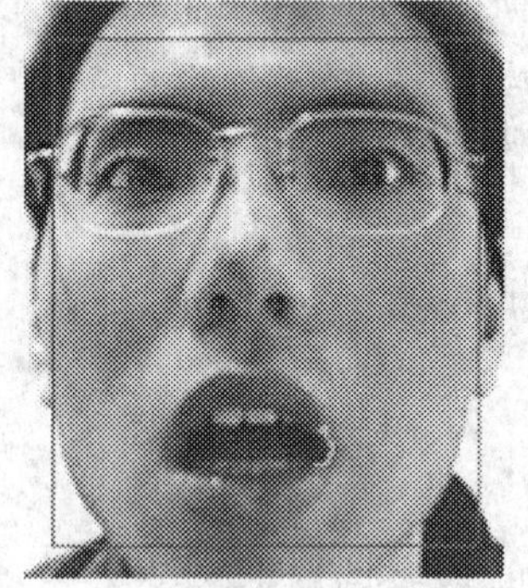
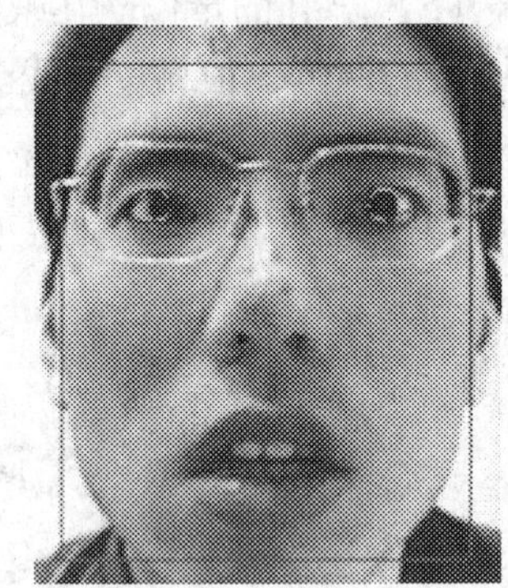

图4-19　眼睛拟合效果

构造逼近函数 $y = f(x)$。令 $f(x)$ 为 m 次多项式，则有

$$f(x) = \sum_{j=0}^{m} \alpha_j x^j \tag{4-22}$$

逼近的程度可通过使各点的偏差的二次方和来度量。求解以下函数极值来得到各系数 α_j：

$$\varphi(\alpha_j) = \sum_{i=1}^{n} [f(x_i) - y_i]^2 = \sum_{i=1}^{n} \left[\sum_{j=0}^{m} \alpha_j x^j - y_i\right]^2 \tag{4-23}$$

将求出的系数 α_j 代入多项式函数 $f(x)$，即可得到所求的逼近函数。

利用该方法，得到外嘴唇轮廓的较好的拟合。

（4）鼻孔的拟合　鼻孔对应的圆方程为

$$y = \pm\sqrt{r^2 - (x - x_i)^2} + y_i \qquad (i = 1,\ 2) \tag{4-24}$$

式中，$(x_1,\ y_1)$、$(x_2,\ y_2)$ 分别为左右鼻孔的中心坐标；r 为圆的半径。

嘴巴和鼻孔拟合效果如图 4-20 所示。

5. 表情识别

在成功地提取出了人脸面部器官轮廓以后，就需要在此基础上对表情进行建模，以实现表情识别。所谓人脸表情识别（Facial Expression Recognition），实际上就是对人脸的表情信息进行特征提取分析，按照人的认识和思维方式加以归类和理解，利用人类所具有的情感信息先验知识使计算机进行联想、思考及推理，进而从人脸信息中分析理解人的情绪，如快乐、惊奇、愤怒、恐惧、厌恶和悲伤等。

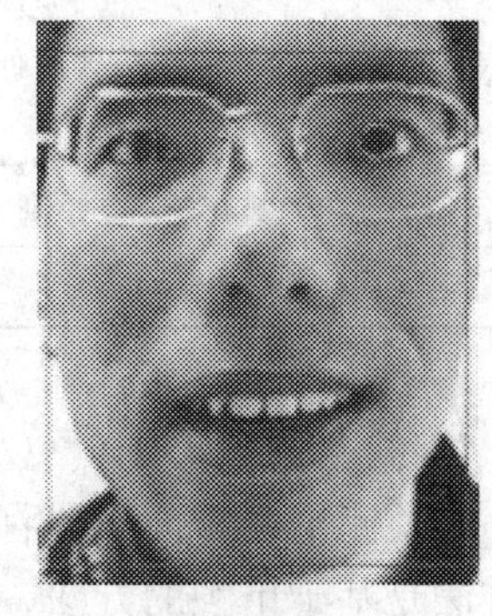

图 4-20　嘴巴和鼻孔拟合效果

用计算机来自动识别人脸表情是一个非常复杂的问题，这是因为：

1）表情具有多样性及多变性的特点，不同国家、不同民族人的表情是不尽相同的，而且即使是同一种族的人，由于表情的多样性及个人的个性、习惯所致，表情也不尽相同。如何定义通用的表情分类，这是一个心理学家和生物学家研究了多年的问题，但至今也没有一个统一的标准。

2）实时表情识别要求计算机对人脸及五官的模式识别有较高的能力，但由于计算机本身没有知识和经验，这就对算法提出了很高的要求，而且计算机图片的质量受到环境、光照等很多条件的影响，这又进一步加大了识别的难度。因此很多基于静态人脸库的表情识别方法被提了出来，但如何进行准确、实时的表情识别，到目前为止还没有一个非常好的办法。

本节在上面精确地提取了人脸面部特征的基础上，分析了面部器官的运动方向，使用 HMM 设计并实现了实时的表情识别系统，达到较好的识别效果。系统设计框图如图 4-21 所示。

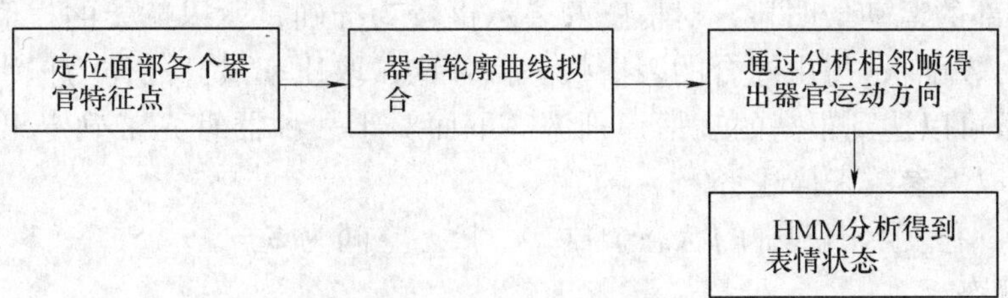

图 4-21　系统设计框图

6. 表情的分类设计

上面提到了表情的分类是一个复杂的问题，到目前为止，还没有一个统一的表情分类标准。但它又是一个热门话题，有不少人在对其进行研究，并提出了一些表情分类方法。其中，Ekman（埃克曼）依据心理学和解剖学的原理，对表情进行了分类。他的分类方法是目前用得最广的。本节参照了 Ekman 的表情分类方法，定义了 5 种表情：平静、惊奇、高兴、愤怒、悲伤。表情及相应面部器官动作见表 4-1。

表 4-1　表情分类表

	眉毛	眼睛	嘴
惊奇	眉毛上抬	眼睛睁大	嘴张开，但并未拉伸
高兴	眉毛下弯	眼睛稍眯	①唇角向后拉并抬高；②嘴可能被张大
愤怒	眉毛皱在一起，并被压低了	上眼皮被压低，下眼皮可能上抬	①唇有两种可能位置：紧闭、唇角拉直或向下，张开、仿佛要喊；②鼻孔可能张大
悲伤	眉毛内角皱在一起，抬高	眼内角的上眼皮被抬高	嘴角下拉
平静	无明显形变	无明显形变	无明显形变

7. *表情建模*

在检测出各个面部器官后，并有了分类依据以后，下面的任务就是要分析出表情来。一种方法是基于单帧的方法，设定几个阈值来判定表情。但基于单帧的方法由于对不同的人使用了固定的相同阈值，而每个人的表情姿态各不相同，一般得不到好的结果。另一种方法是利用面部器官的运动信息来识别表情，因为即使是不同的人，对于同一种表情也会有相似的面部运动趋势，而这种方法正好利用了面部运动信息，所以能达到较好的识别效果。

本节采用第二种思路，希望能通过分析面部器官的运动特征来得出表情状态，以达到较好的识别效果。

为了能够较精确地识别表情，必须对表情进行建模。在建模时，考虑到即使是不同的表情，某些面部器官的运动状态却往往有相似的地方，所以必须采用一种能够有效描述状态与观察态之间关系的方法来建模。HMM 方法就是一种很好地描述状态与观察态之间对应关系的方法。

因此，本节提出了基于 HMM 的表情建模方法。对每一种器官的动作建立一个 HMM。先观察连续几帧间的同一种器官的运动状态，根据 HMM 可以得出最佳的表情状态序列，然后统计出这一表情序列中各个表情状态的百分比，再根据各个器官的统计结果进行加权（一般而言，嘴部的运动最明显，对情感的表示也较为准确，所以赋予的权值较大，眼睛和眉毛的权值相对较小），得出综合的表情状态百分比，取比率最高的作为识别结果。实验证明，我们的模型可以达到很高的表情识别率。下面对于一种器官先来确定出 HMM 的参数。HMM 可以通过以下参数来描述：

1）元素 N：它表示模型中的状态个数。令状态空间为 $\boldsymbol{S}=\{S_1,S_2,\cdots,S_N\}$，每一个状态对应一种表情状态。

2）元素 M：表示出每一个状态可观察到的不同符号数。各个符号表示为 $V=\{V_1,V_2,\cdots,V_M\}$，每一种符号对应该器官的一种运动状态。

3）状态转移概率分布 $\boldsymbol{A}=\{a_{ij}\}$，其中，$a_{ij}=P[q_{t+1}=S_j|q_t=S_i](1\leqslant i,j\leqslant N)$，描述了各种表情之间的转移概率，状态转移概率分布由经验值预先设定。

4）状态 j 中可见符号的概率分布 $\boldsymbol{B}=\{b_j(k)\}$，其中，$b_j(k)=P[$在 t 时刻出现符号为 $V|q_t=S_j]$，$1\leqslant j\leqslant N$，$1\leqslant k\leqslant M$，描述了一种表情状态中，一种器官各个运动状态的概率分布。

5）初始状态分布 $\pi=\{\pi_j\}$，其中，$\pi_j=P[q_1=S_j]$，$1\leqslant j\leqslant N$。初始状态分布也由经验值预先确定。

利用前向-后向算法解出最佳状态，定义：

（1）前向变量：

$$\alpha_t(i)=P(O_1O_2\cdots O_t,q_t=S_i|\lambda)$$

1）初始条件：$\alpha_1(i)=\pi_i b_i(O_1)\qquad(1\leqslant i\leqslant N)$

2）归纳：

$$\alpha_{t+1}(j)=\left[\sum_{i=1}^{N}\alpha_t(i)a_{ij}\right]b_j(O_{t+1})\qquad(1\leqslant t\leqslant T-1,1\leqslant j\leqslant N)\tag{4-25}$$

3）结果：$P(O|\lambda)=\sum_{i=1}^{N}\alpha_T(i)$

（2）后向变量：

$$\beta_t(i)=P(O_{t+1}O_{t+2}\cdots O_T|q_t=S_i,\lambda)$$

1）初始条件：$\beta_T(i)=1\qquad(1\leqslant i\leqslant N)$

2）归纳：

$$\beta_t(i)=\sum_{j=1}^{N}a_{ij}b_j(O_{t+1})\beta_{t+1}(j)\qquad(t=T-1,T-2,\cdots,1;1\leqslant i\leqslant N)\tag{4-26}$$

（3）变量：

$$\gamma_t(i)=\frac{\alpha_t(i)\beta_t(i)}{P(O|\lambda)}=\frac{\alpha_t(i)\beta_t(i)}{\sum_{i=1}^{N}\alpha_t(i)\beta_t(i)}\qquad\sum_{i=1}^{N}\gamma_t(i)=1$$

问题的解即表情状态 q_t 为

$$q_t=\arg\max_{1\leqslant i\leqslant N}[\gamma_t(i)]\qquad(1\leqslant t\leqslant T)\tag{4-27}$$

在得到状态序列 q_t 后，就可按照上面提到的方法，对各个状态序列中的统计结果进行加权综合，选出综合比率最高的表情作为识别结果。

在图 4-22 中，给出了几种表情的识别结果。用曲线拟合出眼睛、嘴和鼻孔的轮廓边缘，用圆标记出瞳孔。

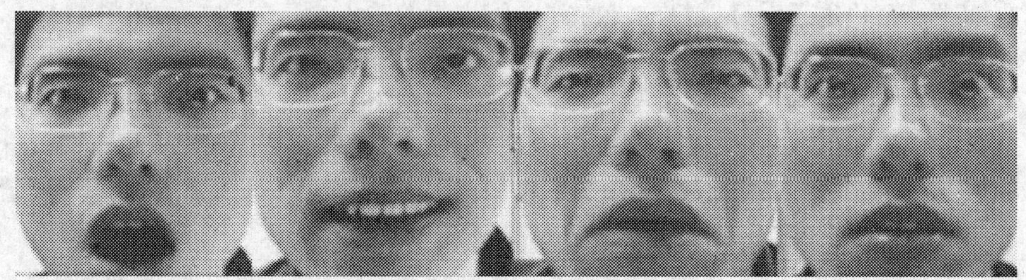

图 4-22　实时表情识别结果：惊奇，高兴，悲伤和愤怒

8. 实验结果

本节设计的系统用这最基本的 4 种表情做实验，以每秒 15 帧的速率，在 Pentium Ⅳ、1.70GHz、CPU 又没有任何特殊硬件的 PC 上，对于 20 个人的不同表情统计识别结果，识别

的正确率达到75%以上。下一步的工作是进一步完善本节中所讨论的系统，即从识别技术及表情模型两方面入手，争取做出一套对于人物表情识别实用性更强、效果更好的系统。我们相信随着模式识别、情感计算、心理学等研究的进一步发展，实时的表情识别技术一定会取得更大的突破，将来一定能够很好地为人们的生活服务。

4.3 人脸合成技术

4.3.1 概述

这里主要介绍人脸的3D人脸模型和基于参数控制的人脸表情动画技术，介绍所用到的计算机图形学的基本概念，在OpenGL技术下提出了一种基于非均匀有理B样条（NURBS）曲面和面片相结合的算法，认为人脸是一个弹性体，并将整个人脸表面分成若干块，运用块体变形模型，对人脸表面的各块进行弹性形变，建立了3D人脸网格模型，实现人脸表情动画的参数控制。

在虚拟现实系统中，经常需要把人的行为（动作）加到虚拟环境系统中去。例如当交互的对象是一位教师或比赛的对手时，虚拟环境中的作用对象应该是一个可以在参数控制下进行运动的客体。把虚拟系统中由计算机合成的人称为虚拟人（Virtual Human）。虚拟人的个体行为包括一般行为和高级行为。一般行为是指自然动作，例如行走时腿和手臂的动作。高级行为是指与人的智能活动相关的动作，例如说话时嘴的动作、头势和手势动作等。生成这些行为的技术包括特定人人脸图像的合成，表情、唇动、手势、体势、语音的合成等。

作为计算机人体动画研究的一部分，脸部表情动画的研究由于其脸部结构复杂，脸部表情集心理学、解剖学和生物力学为一体，且最为人们所关注，因此难度最大。近年来，有不少人提出了脸部表情动画的模型，这些模型各有优缺点。如Parke于1982年提出的参数化脸部动画模型，通过给定不同的参数生成一幅幅脸部动画关键帧画面；Keith Waters于1987年为三维脸部表情动画提出了一种人体脸部的三维拓扑结构，同时提出一种肌肉模型来控制拓扑网格变形，最终产生脸部表情动画，此后这个模型还不断得到了发展。纵观这些模型，有以下几个特点：①脸部表面均采用不规则的三角形面片来构造，一般说来，脸部难以交互构造，要创建一个角色还需有模特的支持，采用相应的输入设备，建立角色模型；②若得到的三角形网格较粗而难以更细致地表现角色的某些表情时，就较难以控制其三角形片的细化。针对这些问题，采用了一种分层设计的规则逻辑网格的脸部轮廓造型法，同时以著名心理学家Paul Ekman和Wallace V. Friesen等人研究的脸部动作编码系统（Facial Action Coding System，FACS）为依据，以脸部解剖学和生物力学特点为前提，研制各种肌肉运动调节器，通过合理使用和协调有关肌肉调节器产生相应的脸部表情动画。

人脸是由外轮廓和脸部主要器官构成的。人脸表情的产生是由于肌肉的牵引将正常的人脸变形成为有表情的人脸。在Ekman和Friesen提出的面部运动编码系统（FACS）中采用44个能够独立运动的面部动作单元（AU）描述面部动作，这些单元与导致面部表情改变的肌肉结构紧密相连。在这个系统中，Ekman和Friesen还提出并研究了6种基本表情，分别表达为愤怒、厌恶、恐惧、高兴、悲伤和惊奇。后来的研究者们进一步揭示了运动单元与肌肉运动之间的关系，提供了表情模型的生理学依据。

人脸动力学的最初工作建立在三维网格模型基础上，面部表情的完成是通过挤压和拉伸代表面部表面网格的相应区域实现的。Waters 和 TerzoPoulos 提出了一种高级人脸模型，这是一种基于物理的合成面部结缔组织和一组基于解剖学的面部肌肉活动的结合。这种模型将人脸描述为一种层状结构的实体，层与层之间有许多弹簧相连。采用这种模型通过跟踪视频图像中非刚性的面部特征运动，达到再合成瞬间表情的目的，但其实现十分复杂。

4.3.2 VC 环境下人脸表情动画的实现

背景：对三维物体进行可视化编辑，希望实现对三维模型的表情动画模拟和控制。

1. 人脸及其动画系统的实现步骤

人脸及其动画系统包括以下的几个过程：

（1）人脸的三维表示　三维表示研究的是如何表示三维实体。有两种主要的表示方法：一种是多边形表示方法，这是图形学中最常见的表示方法，用多个多边形来表示实体的曲面，使用的多边形越多，表示的精细程度越好；另外一种表示方法是非均匀有理 B 样条曲面，B 样条表示方法是用一个整体的曲面来表示三维物体，它通过一个控制点矩阵来控制曲面上各点的位置和法向量的方向，用 B 样条函数来拟合控制点多边形。因为 B 样条函数是高次函数，具有多阶导数，所以拟合出来的 B 样条曲面是个光滑的曲面。人脸的多边形表示方法比较简单，运算时间短，但是光滑程度不好。B 样条曲面表示方法比较复杂，运算时间长，但是光滑程度很好。我们在比较了各种方法的优缺点后，在实验的基础上，最后使用的是基于特征的多边形表示。在多边形网格中定义了眼睛、鼻子、额头、头发、眉毛、耳朵、下巴、脖子、后脑勺等特征点，特征点的作用是定义了人脸部特征的形状和位置。除了特征点以外的网格点叫非特征点或自由点，它们的位置受特征点的影响。复杂的特征所在多边形划分比较细密，而其他地方的多边形划分比较稀疏。多边形表示方法在表示嘴巴、眼睛等需要切割的特征有独到的优势。

（2）三维建模　三维建模研究的是如何从照片、视频序列、激光扫描数据这些二维数据重建三维实体。我们采用的方法是从固定拓扑的原始人头模型变形，这是目前大多数人脸动画研究者采取的建模方法。它的思想是基于人类面部特征的位置、分布基本上是一样的。因而特定人脸的模型可以通过对一个原始模型中特征和其他一些网格点位置自动进行或交互式进行。基于这种特征多边形的人脸表示，对于人脸的建模，采用了两种模型：一种是造型阶段的线性弹性模型，用于一般人脸的生成；另一种是用于动画和表情变形的肌肉模型。线性弹性模型的建模方法要求移动某一个或某一组特征网格点的同时，相关的非特征点要做相应移动，而且要符合弹性特征，即当特征点恢复到原来位置时，非特征点也要能恢复到原来的位置，因此在由一般人脸到特殊人脸时，我们采用了线性弹性模型。肌肉模型实现脸部表情变形和动画时，我们不再使用线性弹性模型，因为这个简单的弹性模型的变形并没有依据人脸的物理特性，产生的动画逼真程度不够。因此，我们使用了肌肉模型来计算动画和表情的变形。

人面部的主要肌肉群分布如图 4-23 所示。

A. 额头的（Frontalis），收缩时提升眉毛；

B. 皱眉肌（Corrugator），收缩时使眉毛向里和向下运动，实现如皱眉这样的表情；

C. 眼睑提肌（Levatorpalpebrae），收缩提高上眼帘；

D. 高提肌（Levatorlabiisuperioris），从鼻子基部一直延伸到上嘴唇的中间，单独收缩产生轻蔑的表情；

E. 颧骨的（Zygomaticmajor），收缩是嘴角向斜上方，产生微笑的表情；

F. 抬起的（Risorius），收缩时使嘴角向两旁和向下移动，比如在哭泣时；

G. 向下压的（Depressorlabiiinferioris），说话时，把下嘴唇往下拉；

H. 斜面的（Mentalis），收缩时，把下巴往上拉，产生努嘴的效果。

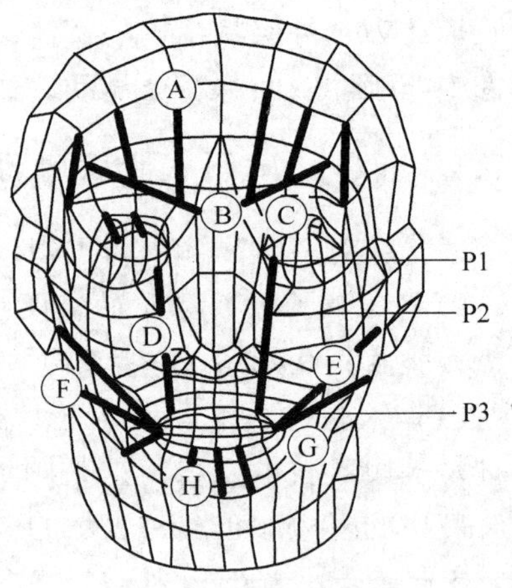

图 4-23　肌肉模型

对于每一条肌肉，都会有一个与骨骼相连的固定点，如图 4-23 中的 P1 点，固定点的位置在面部变形时位置是不变的；还会有一个与皮肤组织衔接的可移动点，如图中的 P3 点，肌肉收缩时，可移动点的位置变动最大。而位于肌肉线条上的其他点，如 P2 点，它的变形是肌肉最大变形（如 P3 的变形）的非线性递减。

2. 构造物理模型环境

本节采用 OpenGL 和 Visual C ++ 系统环境开发人脸情感表达系统。

OpenGL 实际上是一个开放的三维图形软件包，它独立于窗口系统和操作系统，以它为基础开发的应用程序可以十分方便地在各种平台间移植[31]；OpenGL 可以与 Visual C ++ 紧密接口，便于实现机械手的有关计算和图形算法，可保证算法的正确性和可靠性；OpenGL 使用简便，效率高。它在建模的基本图元绘制、基本变换和投影变换、颜色模式设置、光照和材质设置、纹理映射（Texture Mapping）、位图显示和图像增强、双缓存（Double Buffering）动画等方面有相当强大的功能表现。

在 Windows 中运用 OpenGL 进行主要的图形操作以及最终在计算机屏幕上绘制出三维场景的基本步骤是：

1）设置设备环境的像素格式：像素格式告诉 OpenGL 绘制风格、颜色模式、颜色位数、深度位数等重要信息。

2）建立“翻译描述表”：选定设备环境的当前“翻译描述表”。

3）建立模型：根据基本图元建立景物的三维模型，并对模型进行数学描述。

4）舞台布置：把景物放置在三维空间的适当位置，设置三维透视视觉体，以观察场景。

5）效果处理：设置物体的材质（颜色、光学性能及纹理映射方式等），加入光照和光照条件。

6）光栅化：把景物及其颜色信息转化为可在计算机屏幕上显示的像素格式。

7）屏幕显示：在屏幕上显示三维模型。

3. 特定人脸模型和动画模型

目前，生成特定人脸采用的方法主要有：①两步修改算法：先将一般人脸模型进行比例变换，然后再将该模型覆盖在特定人脸的照片上，经比较后拖动其预先定义好的特征点，使人脸模型和照片相似，实现特定人脸造型；②采用让本身就有纹理的三维一般人脸模型同二维特定人脸图像进行边匹配边修改坐标和纹理控制参数的方法来产生出真实感极强的三维特定人脸；③不经过模型修改而由二维人脸图像直接得到三维特定人脸的算法，该方法通过在两张摄像机参数不同的人脸图像上定义二维网格，利用小孔成像和极线几何原理，求得二维网格的三维信息，最终生成特定人脸的三维模型。

（1）特定人脸模型　特定人脸模型从一般人脸模型转化而来。一般人脸模型是利用通用三维软件（如：3D Max Studio）建立的一般三维模型，它是三角网格体，实现的精度可以很高，图形的逼真度很高，但是它的动作或表情变化次序都是事先安排好的，无法实现实时控制，如果想在系统中实现实时控制表情动画，那么难度比较大；而且在系统中，希望能够以较小的代价来构建三维人脸模型，基于这些原因，我们采用 NURBS 曲面和三角形面片相结合的方式进行构建，进行转换时，依据特定人脸的照片并针对模型上的特征点进行交互修改而改变模型形状，使之与特定人脸相吻合。

对于部分静态的脸部模型，采用 NURBS 曲面进行构造，要理解 NURBS 方法，必须从 B 样条方法入手。只有在掌握 B 样条方法原理与算法的基础上才能进入到 NURBS 方法。戈登（Gordon）和里森费尔德（Riesenfeld）提出的 B 样条曲线方程为

$$p(u) = \sum_{i=0}^{n} d_i N_{i,k}(u) \tag{4-28}$$

式中，$N_{i,k}(u)$称为 k 次规范 B 样条基函数,有德布尔-考克斯的递推公式给出其计算方法如下：

$$\begin{cases} N_{i,0}(u) = \begin{cases} 1 & (u_i \leqslant u \leqslant u_{i+1}) \\ 0 & \text{其他} \end{cases} \\ N_{i,k}(u) = \dfrac{u - u_i}{u_{i+k} - u_i} N_{i,k-1}(u) + \dfrac{u_{i+k+1} - u}{u_{i+k+1} - u_{i+1}} N_{i+1,k-1}(u) \\ \dfrac{0}{0} = 0 \end{cases} \tag{4-29}$$

若给定$(m+1)\times(n+1)$个控制顶点 $d_{i,j}(i=0,1,\cdots,m;j=0,1,\cdots,n)$的阵列，构成一张控制网格，又分别给定参数 u 与 v 的次数 k 与 l，和两个节点向量 $\boldsymbol{U}=[u_0,u_1,\cdots,u_{m+k+1}]$与 $\boldsymbol{V}=[v_0,v_1,\cdots,v_{n+l+1}]$，这就定义了一张 $k\times l$ 次张量积 B 样条曲面。其方程为

$$p(u,v) = \sum_{i=0}^{m}\sum_{j=0}^{n} d_{i,j} N_{i,k}(u) N_{j,l}(v) \tag{4-30}$$

式中，$u_k \leqslant u \leqslant u_{m+1}$，$v_l \leqslant v \leqslant v_{n+1}$。

NURBS 曲面在原 B 样条曲面的基础上增加了权因子控制。NURBS 曲面的数学定义为

$$p(u) = \frac{\sum_{i=0}^{n} \omega_i d_i N_{i,k}(u)}{\sum_{i=0}^{n} \omega_i N_{i,k}(u)} \tag{4-31}$$

式中，$\omega_i(i=0,1,\cdots,n)$称为权因子，分别与控制顶点 $d_i(i=0,1,\cdots,n)$相联系。由 NURBS 曲面可以相应地得到 $k\times l$ 次 NURBS 曲面的表示式为

$$p(u,v) = \frac{\sum_{i=0}^{m}\sum_{j=0}^{n} \omega_{i,j} d_{i,j} N_{i,k}(u) N_{j,l}(v)}{\sum_{i=0}^{m}\sum_{j=0}^{n} \omega_{i,j} N_{i,k}(u) N_{j,l}(v)} \tag{4-32}$$

这里的控制顶点 $d_{i,j}(i=0,1,\cdots,m;j=0,1,\cdots,n)$ 为一矩形阵列，形成了一个控制网格。图 4-24 展示了由控制点阵构造 NURBS 曲面的情景。

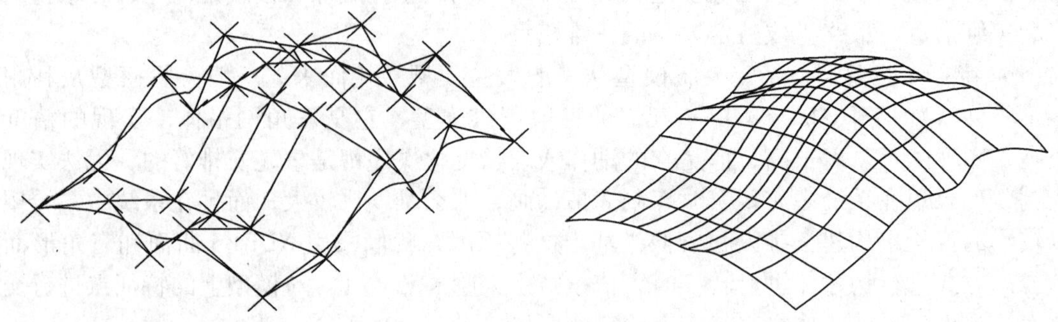

图 4-24　由控制点阵构造 NURBS 曲面

对于脸部表情变化的部分，根据人脸的生理特点，将人脸表面分成若干块。将人脸表情特征部位，如眼睛、嘴巴等处的 NURBS 曲面用面片构成的曲面代替。当特征面片块体位移和形变都很小时，可认为块体内部个体位移是其坐标（x，y，z）的一阶线性组合（高阶忽略），即

$$\begin{cases} u = a_0 + a_1 x + a_2 y + a_3 z \\ v = b_0 + b_1 x + b_2 y + b_3 z \\ w = c_0 + c_1 x + c_2 y + c_3 z \end{cases} \tag{4-33}$$

为了更易于控制，将参数向量 $\boldsymbol{a}$、$\boldsymbol{b}$、$\boldsymbol{c}$，即

$$\boldsymbol{a}=(a_0,a_1,a_2,a_3) \qquad \boldsymbol{b}=(b_0,b_1,b_2,b_3) \qquad \boldsymbol{c}=(c_0,c_1,c_2,c_3) \tag{4-34}$$

转化为具有确定物理意义的块体形变参数向量

$$(u_0,v_0,w_0,\alpha,\beta,\gamma,\varepsilon_X,\varepsilon_Y,\varepsilon_Z,\tau_{xy},\tau_{xz},\tau_{yz})$$

式中，(u_0, v_0, w_0)为块体内参考点(x_0, y_0, z_0)的刚体位移；(α,β,γ)为块体绕参考点在 xoy、xoz、yoz 平面内的转动弧度；$(\varepsilon_X,\varepsilon_Y,\varepsilon_Z)$为块体在 x、y、z 方向的法向应变；$(\tau_{xy},\tau_{xz},\tau_{yz})$为块体在 xy、xz、yz 之间的切向应变。此时式(4-33)就可转化为

$$\begin{aligned} \boldsymbol{u} &= [1 \quad 0 \quad 0 \quad l \quad 0 \quad 0 \quad -m \quad -n \quad 0 \quad m/2 \quad n/2 \quad 0] \\ \boldsymbol{v} &= [0 \quad 1 \quad 0 \quad 0 \quad m \quad 0 \quad l \quad 0 \quad -n \quad l/2 \quad 0 \quad n/2] \\ \boldsymbol{w} &= [0 \quad 0 \quad 1 \quad 0 \quad 0 \quad n \quad 0 \quad l \quad -m \quad 0 \quad l/2 \quad m/2] \end{aligned} \tag{4-35}$$

式中，$l=(x-x_0)$；$m=(y-y_0)$；$n=(z-z_0)$。

要得到块体内任意一点的位移,可以先利用几个参考点的位移反求 H,然后再利用 H 来计算块体内所有其他点的位移。H 的表达式为

$$H=(u_0,v_0,w_0,\alpha,\beta,\gamma,\varepsilon_X,\varepsilon_Y,\varepsilon_Z,\tau_{xy},\tau_{xz},\tau_{yz}) \tag{4-36}$$

人脸出现某种特定表情时，每一个子块的形变比较小，因此完全可以采用弹性形变模型来模拟脸部表情动画。通过分析，为眼睛眨动、嘴巴张开等脸部动作建立了各自的弹性形变模型，即表情动画模型。

对于如何将 NURBS 曲面的剪切边界与面片能够密实地接合起来，就需要知道剪切边界的节点坐标，由于 NURBS 曲面剪切边界并不是按照坐标剪切的，它只是根据整体曲面的比

例来进行剪切，这就对我们结合坐标的工作产生一定的难度，但是可以对边界的比例进行换算和平移，就能达到这种效果。相应节点在本坐标系内所采用的换算公式为

$$\begin{aligned} x &= 0 - [l_x(1\times n_x)] \text{或} x = [l_x(1\times n_x)] - l_x/2 \\ y &= 0 - [l_y(1\times n_y)] \text{或} x = [l_y(1\times n_y)] - l_y/2 \end{aligned} \tag{4-37}$$

式中,(x,y)为该节点的平面坐标;l_x、l_y 为曲面分别在 x 轴和 y 轴上的宽度;n_x、n_y 为剪切的比例系数。当 n_x 或 $n_y<0.5$ 时,用左边的公式;而当 n_x 或 $n_y>0.5$ 时,用右边的公式。对于 z 轴上的坐标,可以用平移函数来解决,因为 NURBS 曲面的变形是根据点与点之间的相互关系来进行的,因此经过数次平移可以控制在视觉误差范围之内了。

（2）表情动画模型 人脸出现某种特定表情时，每一个子块的形变比较小，因此完全可以采用弹性形变模型来模拟脸部表情动画。通过分析，我们为眼睛眨动、嘴巴张开等脸部动作建立了各自的弹性形变模型，即表情动画模型。以眼睛为例：眼睛有张开和转动眼珠等动作。对眼球的转动模拟如下：眼球的描述是以圆心和半径为基准点进行的，设圆心为 $T(x_0, y_0, z_0)$,半径为 r_0，眼球的大小变化需符合下列公式：

$$(x-x_0)^2+(y-y_0)^2+(z-z_0)^2=r^2 \tag{4-38}$$

它的位移变化只需在 x、y、z 方向进行移动和旋转即可。但对眼皮动作的模拟就比较复杂，上眼皮的运动比较剧烈，它不但有上下运动，还有左右运动，而下眼皮的动作幅度相比之下较小。为此，在定义眼睛特征时，用四个基本特征点表示一个眼睛，它们分别位于眼角、眼睛最高和最低处。同时，眼睛外形近似于一个椭圆，椭圆和抛物线在空间曲线的统一表示中，其形状因子最相近，所以用两段抛物线模拟一个眼睛的外形。其外形轮廓近似符合下面公式：

$$y=a(x-b)^2+c \tag{4-39}$$

对上眼皮：设眼睛闭合时眼睛为一个弹性平衡态，且此时下眼皮无弹性形变，则当上眼皮的抛物线与纵轴焦点值为 c、水平方向上的拉动位移 $\Delta x=0$、垂直方向上的位移 Δy（抛物线拟合上眼皮线）时，所有上眼皮三角形定点的位移（以 4 个特征点的坐标系原点建立坐标系）可表示为

$$\begin{aligned} \Delta y &= a[x_2^2-x_1^2-2b(x_2-x_1)] \\ \Delta x &= \text{sqrt}[(y_2-c)/a]-\text{sqrt}[(y_1-c)/a] \end{aligned} \tag{4-40}$$

因此，定点的坐标变为(x', y', z')，且满足

$$(x', y', z')=(x,y,z)+(\Delta x,\Delta y,\Delta z) \tag{4-41}$$

综合式（4-40）、式（4-41），可以得到顶点的新坐标，变动 a 与 c 值，就可以得到上眼皮运动的一系列新坐标，从而模拟出上眼皮的整个运动过程。对下眼皮，同理可得上述结果。

采用同样方法，还建立了眼睛、嘴巴等许多动作的弹性变形模型。由于保存的是弹性变形模型的数学公式，而非动作功能网格模型，所以在空间耗费上同以往的方法相比要经济多了；每个表情动作之间，只有少数区域的点参与形变，中间过程完全由弹性形变模型确定，因而计算量较小。

（3）程序的编码实现 构建一个在 VC 环境下的 OpenGL 绘制的三维模型，本节采用 NURBS 曲面和三角形面片相结合的方式进行构建。新建一个单文档的应用程序。设计 NUBRS 曲面来模拟人脸模型。初始化绘制环境：

1）填充 PIXELFORMATDESCRIPTOR 结构。

2）设置像素格式　确定设备上下文（DC）所支持的像素格式中，与给定像素格式描述符最为匹配的像素格式索引值。

3）创建着色描述表。

4）对灯光，材质等环境相关参数进行初始化。

5）场景布置：为了将物体放置在场景中合适的位置，需要使用一些 OpenGL 的变换操作。OpenGL 变换有基本变换和投影变换两种。基本变换是对三维物体进行平移、旋转、缩放等。投影变换则把物体从三维投影到二维。视区则决定物体的投影图像在显示设备中的尺寸和位置。OpenGL 中的多数变换均对应于相应的变换矩阵，可以说就是实现将物体的各个顶点通过各种变换矩阵的作用映射到屏幕的过程。根据变化的类型，分为 3 种矩阵模式：GL_MODELVIEW 对应于基本变换；GL_PROJECTION 对应于投影变换；GL_TEXTURE 对应于纹理矩阵类型。

①对几何造型初始化；

②设置透视投影变换和视区；

③模型的绘制。

在模型绘制过程中，由于侧重模型的编辑操作，在绘制时并未计算顶点的法向量，仅仅求出了各个面片的法向量。

部分程序如下所示：

```
void CDisplayView::OnDraw()
{
    CPaintDC dc(this);
    glClearColor(0.0f,0.5f,0.5f,1.0f);//将显示窗口颜色设置为蓝绿色
    glClear(GL_COLOR_BUFFER_BIT|GL_DEPTH_BUFFER_BIT);
    //用该色清除颜色,深度缓存
    ……
    DrawScene();//绘制人脸模型,即调用显示列表
    ……
SwapBuffers(dc.m_ps.hdc);//当前设备的前台缓存和后台缓存交换
}
void CDisplayView::Drawscene()//绘制人脸模型
{
    glClearColor(0.4f,0.4f,0.4f,1.0f);
    glClear(GL_COLOR_BUFFER_BIT|GL_DEPTH_BUFFER_BIT);
      ……
    Face();//人脸绘制函数
      ………
    glFlush();
}
```

在对 NURBS 曲面的绘制中，设置曲面所需控制点矩阵和节点，以及所需剪切的顺时针

内框和逆时针外框，并设置 NURBS 对象及属性。

```
GLUnurbsObj  * theNurb;
theNurb = gluNewNurbsRenderer( );
gluNurbsProperty( theNurb, GLU _ SAMPLING _ TOLERANCE, 24.0);
gluNurbsProperty( theNurb, GLU _ DISPLAY _ MODE,GLU _ OUTLINE _ POLYGON);
```

其中，gluNurbsProperty(　)函数通过选择 GLU _ OUTLINE _ POLYGON 等 OpenGL 常量来控制成员变量，这是一种交互的机制。类似这种 OpenGL 常量有几百个，一般可以通过控制常量来进行交互选择，或控制程序的运行，或控制图形的处理方式，或控制图形的输出形状等。

本节应用了 NURBS 曲面的剪切功能，其中 gluPwlCurve（　）函数就是处理剪切曲面功能的函数。利用这个功能可以制作多连通曲面。多连通曲面是由外部边界线和内部边界线界定的曲面。外部边界是按逆时针方向的，而内部边界是按顺时针方向的。更内层的边界方向可以类似确定。剪切区域定义了将要计算的 NURBS 表面域的子集，通过限制将要计算的区域，有可能生成包含洞的 NURBS 表面或生成有光滑边界的表面。剪切区域由一整套表面参数空间的封闭剪切循环定义。

（4）纹理映射　构建完模型就要加上纹理了，加纹理时，使用纹理映射。纹理映射技术是真实感技术的一个重要方面，人脸表面的纹理具有颜色和几何纹理的双重属性。在贴纹理前，必须要确定纹理与人脸的相对关系，即在场景中生成实体时要同时用到纹理坐标和几何坐标。对于一个二维纹理来说，纹理坐标在两个方向上都是从 0.0 到 1.0。这样在设计纹理时就要小心，要使其左右、上下各边能够很好地拼为一体，即要实现纹理图像的无缝连接。在应用中，首先选择一个图像。由于被用作纹理图像的宽和高必须是 2 的幂次方，所以在预处理部分须将其转换为符合要求大小的格式，并将对应的 256 分量依次读入缓存区。在初始化时，对纹理映射的各种参数进行设置，要对相对的几何坐标同时给出对应的纹理坐标，本节采用了线积分卷积法来进行纹理的向量场映射方法。设向量场中任一点处的局部特性由一卷积核函数 $k(w)$ 沿一条从该点开始向前向后跟踪出的一段流线积分的结果来决定，则定点 (x,y) 的纹理值 $I(x,y)$ 可由下式得出：

$$I(x,y) = \frac{\sum_{i=0}^{k} f(x_i + y_i) h_i}{\sum_{i=0}^{k} h_i} \tag{4-42}$$

式中，I 为 (x,y) 出发向前向后跟踪的流线段所经过的像素；$f(x_i,y_i)$ 为像素点 (x_i,y_i) 处的输入纹理；h_i 为流线段穿过像素 (x_i,y_i) 时在其内的长度。经过这样的处理后，就可以实现具有真实感较强的人脸表面表情。

4.3.3　动画的实现与结果

OpenGL 是在帧缓存中存储和操作像素数据的。帧缓存是由多个缓存组成的逻辑集，这些缓存包括颜色缓存、深度缓存、累积缓存和模板缓存。OpenGL 是用双缓存技术来实现动画的。程序把帧存看成是两个视频缓存，在任意时刻，只有两者中的一个内容能被显示出来。当前可见视频缓存称为前台视频缓存（FrontBuffer 或 OnScreenBuffer）；不可见的正在画的视频缓存称为后台视频缓存（BackBuffer 或 OffScreenBuffer）。当后台视频缓存中的内容被要求显示时，OpenGL 就会把它复制到前台视频缓存中去；显示硬件则不断地读出可见视频缓存中的内容，并把结果显示在屏幕上。

在确定了特定人脸模型及表情动画模型后，对人脸照片进行部分处理，并且进行光照处理后，再将照片映射至模型上，得到的一系列实验结果还是比较令人满意的。图 4-25 所示为人脸模型网格与纹理，图 4-26 所示为合成脸部的不同表情。

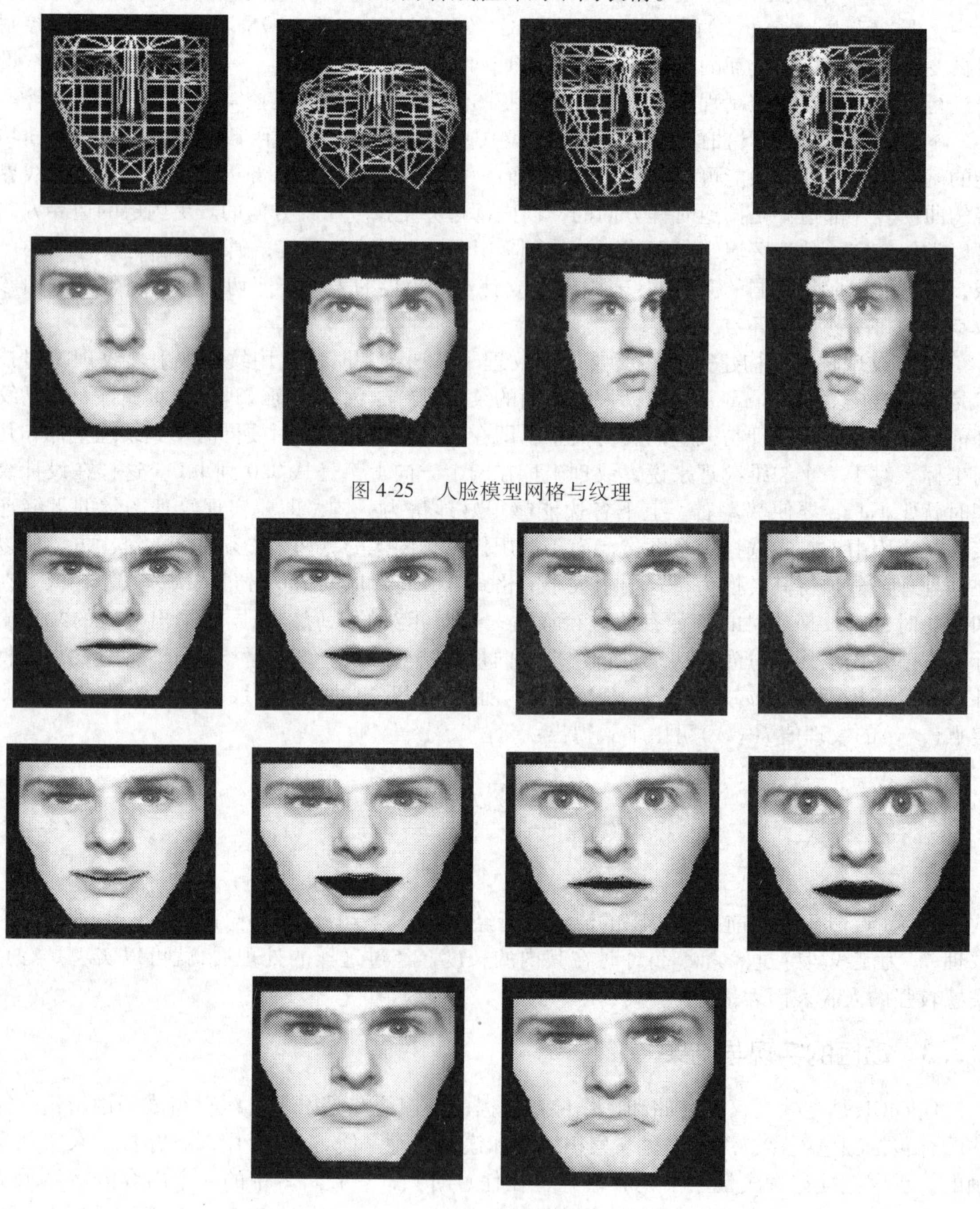

图 4-25　人脸模型网格与纹理

图 4-26　脸部的不同表情

参考文献

[1] 边肇祺，等．模式识别[M]．北京：清华大学出版社，1988.

[2] 张翠平，苏光大．人脸识别技术综述[J]．中国图像图形学报，2000，5(11)．

[3] Matthew Turk，Alex Pentland．Face recognition using Eigenfaces[C]．Proc．IEEE Conf．Computer Vision and Pattern Recognition(CVPR'91)，1991.

[4] 王宏漫，欧宗瑛．采用 PCA/ICA 特征和 SVM 分类的人脸识别[J]．计算机辅助设计与图形学学报，2003(4)：416-420.

[5] Zhao W，Chellappa R，Krishnaswamy A．Discriminant Analysis of Principal Components for Face Recognition[C]//Proceedings International Conference on Automatic Face and Gesture Recognition，1998：336-341.

[6] 严超，苏光大．人脸特征的定位与提取[J]．中国图像图形学报，1998，3(5)：375-379.

[7] Bing-Bing Chai，Vass J，Xinhua Zhuang．Significance-Linked Connected Component Analysis for Wavelet Coding[J]．IEEE Transaction ON Image Proecssing，1999，8(6)：774-783.

[8] 冯象初，甘小冰，宋国乡．数值泛函与小波理论[M]．西安：西安电子科技大学出版社，2003.

[9] 张旭东，卢国栋，冯健．图像编码基础和小波压缩技术——原理、算法和标准[M]．北京：清华大学出版社，2004.

[10] 冉启文．小波变换与分数傅立叶变换理论及应[M]．哈尔滨：哈尔滨工业大学出版社，2001.

[11] 靳济芳．Visual C++小波变换技术与工程实践[M]．北京：人民邮电出版社，2004.

[12] 郭宝峰．Hausdorff 距离和小波分析在人脸识别中的应用[D]．北京：中国科学院声学研究所，2001.

[13] 陶亮．基于人脸识别的身份认证方法研究[D]．合肥：中国科学技术大学，2003.

[14] 刘芳．应用图像处理技术的人脸表情识别研究[D]．北京：北京科技大学，2003.

[15] Philipp Michel，Rana EI Kaliouby．Real time Facial Expression Recognition in Video using Support Vector Machines[R]．ICMI'3，2003.

[16] 陈锋军．用于情感机器人的表情识别技术研究[D]．北京：北京科技大学，2003.

[17] Lanitis A，Taylor C J，Cootes T F．Automatic interpretation and coding of face images using flexible models [J]．IEEEtrans．on PAMI，1997，19(7)．

[18] Irfan A Essa．Coding，Analysis，Interpretation，and Recognition of Facial Expressions[J]．IEEE Transactions on Pattern Analysis and Machine Intelligence，1997，19(7)．

[19] Jeffrey F Cohn，James J Lien，Takeo Kanade．Feature-Point Tracking by Optical Flow Discriminates Subtle Differences In Facial Expression[J]．Proceedings of the 3rd IEEE International Conference on Automatic Face and Gesture Recognition（FG'98），1998：396-401.

[20] Gwen Littlewort，Ian Fasel，Marian Stewart Bartlett，et al．Movellan，Fully Automatic Coding of Basic Expressions from Video[R]．INC MPLab Tech Report，2002(3)．

[21] Ira Cohen，Nicu Sebe，Ashutosh Garg．Facial expression Recognition From Video Sequence[J]．Proceedings of the International Conference on Multimedia and Expo（ICME），2002：121-124.

[22] 尹星云，王洵，董兰芳，等．用隐马尔可夫模型设计人脸表情识别系统[J]．电子科技大学学报，2003，32（6）．

[23] 阮秋琦．数字图像处理学[M]．北京：电子工业出版社，2001.

[24] 张益帧，刘滔．Visual C++实现 MPEG/JPEG 编解码技术[M]．北京：人民邮电出版社，2002.

[25] 容光澳．计算机图像处理[M]．北京：清华大学出版社，2000.

[26] 杨枝灵，等．Visual C++数字图像获取、处理及实践应用[M]．北京：人民邮电出版社，2002.

[27] 奕若，王煦法．利用主元分析与神经网络进行人脸识别[J]．电子技术应用，1998(3).
[28] 李士进，等．一种稳健的人脸检测方法[J]．小型微型计算机系统，2000，21(7).
[29] 刘明宝，姚鸿勋，高文．彩色图像的实时人脸跟踪方法[J]．计算机学报，1998，21(6)：527-532.
[30] Daugman J G. High confidence visual recognition of persons by a test of statistical independence[J]. IEEE Trans. PAMI, 1993, 13(11): 1148-1161.
[31] Yacoob Y, Davis L. Computing spatial-temporal representations of human faces[C]//Proceedings of International Conference on Automatic Face-and-Gestrue Recognition, Zurich, 1995: 1120-1125.

第 5 章　人类心理行为的图像理解技术

5.1　概论

在以人为中心的信息技术研究中，基于图像处理技术对人类行为的理解是一个重要的研究方向，步态识别、人体跟踪和行为理解是其中的重要内容，这也是人工心理研究的技术基础。

5.1.1　基于视觉的人体运动分析

基于视觉的人体运动分析包含从人的图像序列中检测、识别、跟踪人，并对其行为进行理解和描述，属于图像分析和理解的范畴。从技术角度而言，人的运动分析的研究内容相当丰富，主要涉及模式识别、图像处理、计算机视觉、人工智能等学科知识；同时，动态场景中运动的快速分割、人体的非刚性运动、人体自遮挡和目标之间互遮挡的处理等，也为人的运动分析研究带来了一定的挑战。

基于视觉的人体运动分析主要是针对包含人的运动图像序列进行分析处理。它通常涉及运动检测、目标分类、人的跟踪及行为理解与描述等几个过程，其一般性处理框架如图 5-1 所示。其中，运动检测、目标分类、人的跟踪属于视觉中低级和中级处理（Low-level and Intermediate-level Vision）部分，而行为理解和描述则属于高级处理（High-level Vision）部分。当然，它们之间也可能存在交叉（比如有时跟踪过程中运动检测的使用）。

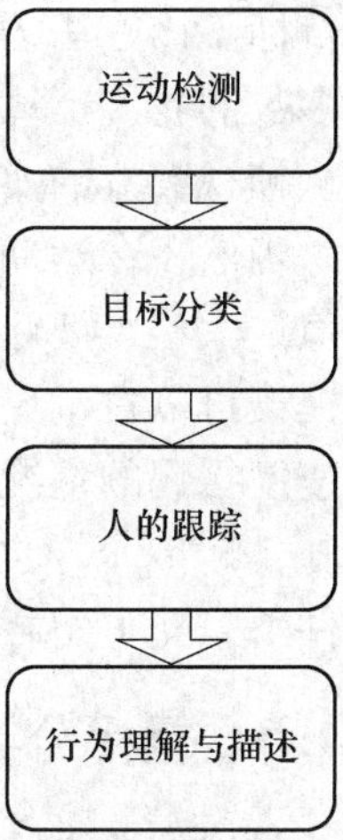

运动检测 → 目标分类 → 人的跟踪 → 行为理解与描述

图 5-1　基于视觉的人体运动分析处理框架

5.1.2　运动检测

运动检测的目的是从序列图像中将变化区域从背景图像中提取出来。运动区域的有效分割对于目标分类、跟踪和行为理解等后期处理非常重要，因为以后的处理过程仅仅考虑图像中对应于运动区域的像素。然而，由于背景图像的动态变化，如天气、光照、影子及混乱干扰等影响，使得运动检测成为一项相当困难的工作。下面归纳出目前几种常用的方法。

1. *背景差方法*

背景差（Background Subtraction）方法是目前运动分割中最常用的一种方法，它是利用当前图像与背景图像的差分来检测运动区域的一种技术。它一般能够提供最完全的特征数据，但对于动态场景的变化，如光照和外来无关事件的干扰等特别敏感。最简单的背景模型是时间平均图像，大部分研究人员目前都致力于开发不同的背景模型，以期减少动态场景变化对于运动分割的影响。例如，Haritaoglu 等[20]利用最小、最大强度值和最大时间差分值为场景中每个像素进行统计建模，并且进行周期性的背景更新；McKenna 等[21]利用像素色彩和梯度信息相结合的自适应背景模型来解决影子和不可靠色彩线索对于分割的影响；

Karmann与Brandt[22]、Kilger[23]采用基于卡尔曼滤波（Kalman Filtering）的自适应背景模型，以适应天气和光照的时间变化；Stauffer与Grimson[24]利用自适应的混合高斯背景模型（即对每个像素利用混合高斯分布建模），并且利用在线估计来更新模型，从而可靠地处理了光照变化、背景混乱运动的干扰等影响。

2. 时间差分方法

时间差分（Temporal Difference）方法是在连续的图像序列中在两个或三个相邻帧间采用基于像素的时间差分和阈值化来提取图像中的运动区域。例如，Lipton等[25]利用两帧差分方法从实际视频图像中检测运动目标，进而用于目标的分类与跟踪；一个改进的方法是利用三帧差分代替两帧差分，如VSAM[26]开发了一种自适应背景减除与三帧差分相结合的混合算法，它能够快速有效地从背景中检测出运动目标。时间差分运动检测方法对于动态环境具有较强的自适应性，但一般不能完全提取出所有相关的特征像素点，在运动实体内部容易产生空洞现象。

3. 光流方法

基于光流（Optical Flow）方法的运动检测采用了运动目标随时间变化的光流特性，如Meyer等[9]通过计算位移量光流场来初始化基于轮廓的跟踪算法，从而有效地提取和跟踪运动目标。该方法的优点是在摄像机运动存在的前提下，也能检测出独立的运动目标。然而，大多数的光流计算方法相当复杂，且抗噪性能差，如果没有特别的硬件装置，则不能被应用于全帧视频流的实时处理。关于光流更加详细的讨论可参见Barron等的文章[10]。

当然，在运动变化检测中，还有其他一些方法，如Friedman与Russell[27]利用扩展的期望值最大[28]（Expectation Maximization，EM）算法，为每个像素建立了混合高斯分类模型，该模型可以自动更新，并能自适应地将每个像素分类为背景、影子或者运动前景，在目标运动速度缓慢的情况下，亦能较好地完成运动区域的分割，同时可以有效地消除影子的影响；另外，Stringa[29]也提出了一种新颖的基于数学形态学的场景变化检测算法，在变化的环境条件下，获得了相对稳定的分割效果。

5.1.3 目标分类

目标分类的目的是从检测到的运动区域中将对应于人的运动区域提取出来。不同的运动区域可能对应于不同的运动目标，比如交通道路上监控摄像机所捕捉的序列图像中可能包含行人、车辆及其他诸如飞鸟、流云、摇动的树枝等运动物体。为了便于进一步对行人进行跟踪和行为分析，运动目标的正确分类是完全必要的。注意，这个步骤在一些情况下可能是不必要的（比如已经知道场景中仅仅存在人的运动时）。下面仅给出两种常用的目标分类方法。

1. 基于形状信息的分类

基于形状信息的分类（Shape-based Classification）是利用检测出的运动区域的形状特征进行目标分类的方法。例如，视觉监控重大项目（Visual Surveillance and Monitoring，VSAM）[26]采用区域的分散度、面积、宽高比等作为特征，利用三层神经网络方法将运动目标划分为人、人群、车和背景干扰；Lipton等[25]利用分散度和面积信息对二维运动区域进行分类，主要是区分人、车及混乱扰动，时间一致性约束使其分类更加准确。

2. 基于运动特性的分类

基于运动特性的分类（Motion-based Classification）是利用人体运动的周期性进行目标分类

的方法。例如Cutler与Davis[31]通过跟踪感兴趣的运动目标，计算出目标随着时间变化的自相关特性，而人的周期性运动使得其自相关也是周期性的，因此通过时频化方法分析目标是否存在周期性的运动特性而将人识别出来；Lipton[36]通过计算运动区域的残余光流（Residual Flow）来分析运动实体的刚性和周期性，非刚性的人的运动相对于刚性的车辆运动而言具有较高的平均残余光流，同时它也呈现了周期性的运动特征，据此可以将人区分出来。

上述两种常用的目标分类方法有时可以结合起来使用[20]，甚至可以考虑运动物体色彩或速度等特征，以期得到更加准确的分类结果。另外，Stauffer[37]提出了利用时间共生矩阵进行分层分类的方法，该方法不仅可以用来区分物体，还可以用来区分行为。

5.1.4 人体跟踪

跟踪等价于在连续的图像帧间创建基于位置、速度、形状、纹理、色彩等有关特征的对应匹配问题，常用的数学工具有卡尔曼滤波[38]、压缩（Condensation）算法[39]及动态贝叶斯网络[40]（Dynamic Bayesian Network）等。其中卡尔曼滤波是基于高斯分布的状态预测方法，不能有效地处理多峰模式（Multi-mode）的分布情况；压缩算法是以因子抽样为基础的条件密度传播方法，结合可学习的动态模型，可完成鲁棒的运动跟踪。

目前，就跟踪对象而言，有跟踪手、脸、头、腿等身体部分[41-43]和跟踪整个人体的[44,45]；就跟踪视角而言，有对应于单摄像机的单一视角[46]、对应于多摄像机的多视角[47]和全方位视角[48]；当然还可以通过跟踪空间（二维或三维）、跟踪环境（室内或室外）、跟踪人数（单人、多人、人群）和摄像机状态（运动或固定）等方面来进行分类。跟踪方法主要有：①基于模型的跟踪（Model-based Tracking）；②基于区域的跟踪（Region-based Tracking）；③基于活动轮廓的跟踪（Active Contour-based Tracking）；④基于特征的跟踪（Feature-based Tracking）。

5.1.5 行为的理解和描述

运动检测、目标分类与人的跟踪是人的运动分析中研究较多的三个问题，而人的行为理解和描述是近年来被广泛关注的研究热点。行为理解和描述的关键问题是如何从学习样本中获取参考行为序列，并且学习和匹配的行为序列能够处理在相似的运动模式类别中空间和时间尺度上轻微的特征变化。

匹配时变数据的技术通常有：①动态时间规整（Dynamic Time Warping，DTW）[49]。DTW具有概念简单、算法鲁棒的优点，早期被广泛地应用于语音识别中，最近才被用于匹配人的运动模式[50,51]；对DTW而言，即使测试序列模式与参考序列模式的时间尺度不能完全一致，只要时间次序约束存在，它仍能较好地完成测试序列和参考序列之间的模式匹配。②隐马尔可夫模型（HMM）。HMM是更加成熟的匹配时变数据的技术，它是随机状态机器。HMM的使用涉及训练和分类两个阶段，训练阶段包括指定一个HMM的隐藏状态数，并且优化相应的状态转换和输出概率，以便所产生的输出符号与在特定的运动类别之内所观察到的图像特征相匹配。对于每一个运动类别，一个HMM是必需的。匹配阶段涉及一个特定的HMM可能产生相应于所观察图像特征的测试符号序列的概率计算。HMM在学习能力和处理未分割的连续数据流方面比DTW有更好的优越性，当前被广泛应用于人的运动模式匹配中[52]。③神经网络（Neural Network，NN）。它同样也是目前比较感兴趣的匹配时变数据的方法，如 Guo 等[53]用其分析人的运动模式；Rosenblum 等[54]使用径向基函数网络从运动中识别人的情感。

对于人的行为识别而言，目前主要有下述两种匹配方法。

1. 模板匹配方法

采用模板匹配（Template Matching）技术的行为识别方法，首先将图像序列转换为一组静态形状模式，然后在识别过程中和预先存储的行为标本相比较。例如，Bobick 与 Davis[32]采用运动能量图像（Motion Energy Image，MEI）和运动历史图像（Motion History Image，MHI）来解释图像序列中人的运动。序列中的运动图像首先经差分运算并二值化；而后这些包含运动区域的二值化运动图像随着时间累加而形成 MEI；最后 MEI 增强为 MHI，MHI 中每个像素的值与该位置的持续运动时间成比例。每个行为由不同视角下图像序列的 MEI 和 MHI 所组成，从中可以提取出基于矩的行为特征用于识别阶段的模板匹配。Polana 与 Nelson[33]利用二维网格的特征进行人的运动识别，首先计算连续帧间的光流场，并将每个光流帧在空间栅格上沿 X 和 Y 方向分解，每个单元格的幅度被累加，从而形成一高维特征量用于识别；为了归一化运动的持续时间，他们假设人的运动是周期性的，并将整个序列分解为该行为的许多循环过程；最后，采用最近邻算法进行行为识别。模板匹配技术的优点是计算复杂度低、实现简单，然而它对于噪声和运动时间间隔的变化是敏感的。

2. 状态空间方法

基于状态空间方法（State Space Approaches）[34,35]定义每个静态姿势作为一个状态，这些状态之间通过某种概率联系起来。任何运动序列可以看作为这些静态姿势不同状态之间的一次遍历过程，在这些遍历期间计算联合概率，其最大值被选择作为分类行为的标准。

目前，状态空间方法已经被广泛应用于时间序列的预测、估计和检测，最有代表性的是 HMM。每个状态中可用于识别的特征包括点、线或二维小区域。例如，Yamato[34]等利用二维小区域块的运动、彩色、纹理等特征进行人的行为识别：人的运动区域块的网格特征被用作学习和识别的低级特征；学习是利用 HMM 来为每个类别产生符号模式；模型参数的优化是利用 Baum-Welch 算法实现的；识别是以给定序列图像下前向计算（Forward Calculation）的结果而确定的。Bregler[35]基于人体动力学在不同抽象等级的统计分析提出了一个综合性的网络用来识别人的运动：识别过程起始于低级处理，基于运动、彩色相似度和空间接近程度等的小区域块以混合高斯模型来估计，不同的身体部分区域在图像序列中被跟踪；在中级处理阶段，具有一致运动特性的区域被匹配为动力学系统中的简单运动（如行走被认为是两个简单运动的组成，一个是腿的支撑，一个是腿在空中的摆动）；在高级阶段，HMM 被用来作为这些中级动力系统的混合模型来表达复杂的运动，识别过程通过最大化 HMM 的后验概率来完成。状态空间方法虽然能克服模板匹配的缺点，但通常涉及复杂的迭代运算。

5.2 人体的检测与跟踪技术

5.2.1 概述

1. 应用领域

人体运动跟踪的应用领域和具体方向：

(1) 虚拟现实领域

交互式虚拟世界

游戏

虚拟演播

表情动画制作

电视会议

(2) 智能监控领域

出入控制

停车场

超市、百货商场、赌场

自动售货机、自动取款机

交通监控

(3) 高级用户界面

人性化交互界面

手势语言理解

姿态驱动的控制

(4) 运动分析

基于内容的视频检索

针对个人特点的各类球类训练

芭蕾舞蹈动作编排

对整容病人进行诊断研究

(5) 基于模型的编码

低比特率的视频压缩

运动目标的检测与跟踪是应用视觉研究领域的一个重要课题。在现实生活中，大量有意义的视觉信息包含在运动之中，甚至有些动物的眼睛经过进化，只能看见运动的物体。尽管人类视觉既能看见运动的物体，又能看见静止的物体，但是在许多场合，比如说交通流量的监测、重要场所的保安、航空和军用飞行器的制导、汽车的自动驾驶或辅助驾驶等，往往对运动的物体更感兴趣。因此只研究对运动目标敏感的检测与跟踪系统是很有意义的。

2. 运动物体检测和跟踪研究的难点

一般而言，运动检测与跟踪研究的难点在于：

1) 运动物体的正确检测与分割；

2) 物体之间的遮挡与重叠；

3) 初始运动参量的确定。

5.2.2 基于区域的人体运动跟踪

基于区域的人体运动跟踪方法目前已有较多的应用，例如 Wren[47] 等利用小区域特征进行室内单人的跟踪，他们将人体看作由头、躯干、四肢等身体部分所对应的小区域块所组成，利用高斯分布建立人体和场景的模型，属于人体的像素被规划于不同的身体部分，通过跟踪各个小区域块来完成整个人的跟踪。

基于区域的人体运动跟踪的难点是处理运动目标的影子和遮挡，这或许可利用彩色信息及阴影区域缺乏纹理的性质来加以解决，如 McKenna 等首先利用色彩和梯度信息建立自适应的背景模型，并且利用背景减除方法提取运动区域，有效地消除了影子的影响；然后，跟踪过程在区域、人、人群三个抽象级别上执行，区域可以合并和分离，而人是由许多身体部分区域在满足几何约束的条件下组成的，同时人群又是由单个的人组成的，因此利用区域跟踪器并结合人的表面颜色模型，在遮挡情况下，也能够较好地完成多人的跟踪。

有人提出了一种新的方法来进行人体运动跟踪。该方法不针对特定人体运动方式，能对复杂、变化背景中的人体各部位的大幅度运动进行跟踪。下面结合一个人体跟踪的例子来具体阐述基于区域跟踪的设计理论和实现方法。

其基本思想是在建立人体模型的基础上，按自上而下的顺序依次跟踪人体各部分，并在其中采用了基于图像差分的运动预测和分区域直方图相似度算法。该过程的整体框架如图 5-2 所示。

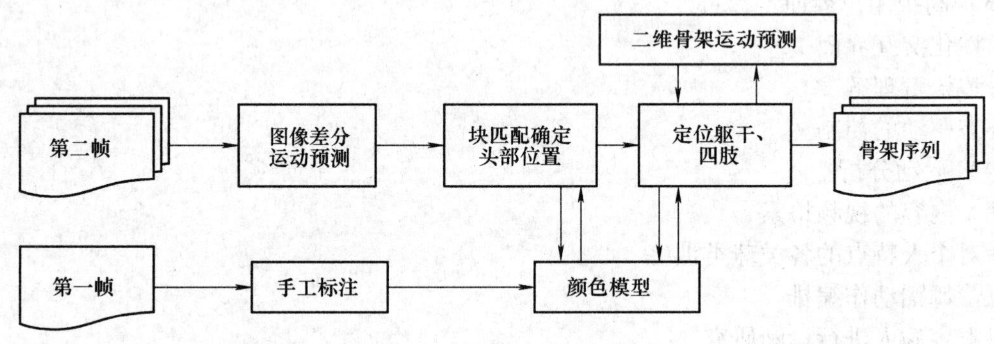

图 5-2　系统整体框架

他们将三维人体看成由关节点连接的刚体集合，如上肢是由肘关节连接的上下臂两个刚体，上臂与躯干是由肩关节连接的。他们以三维人体骨架来描述人体运动。将人体投影到二维平面上后，骨架中各线段的空间关系依然保持不变，而有些线段的长度会发生变化，即刚体的投影相对于原刚体外形发生了变化。在二维图像序列的人体跟踪中，由于线段不易由图像信息来表征，所以他们以二维人体块模型来表示人体在二维平面上的投影，如图 5-3 所示。各长方形的中心线即为人体投影后的骨架，中心线将相应的长方形分为等面积的两部分。长方形的长为刚体投影后的长度，宽由人体学知识来获取。当用户对第一帧中的特征点进行标注后，就得到了该帧中各个长方形的图像信息。因此，如果在后续帧序列中能找到各个长方形相应的新位置，也就得到了投影平面上的人体二维运动骨架。由于用户的首帧标注具有高可靠性，因此实际上将特征提取与特征对应这两步合二为一来完成，即在寻找图像序列特征点的过程中也完成了对应的建立。

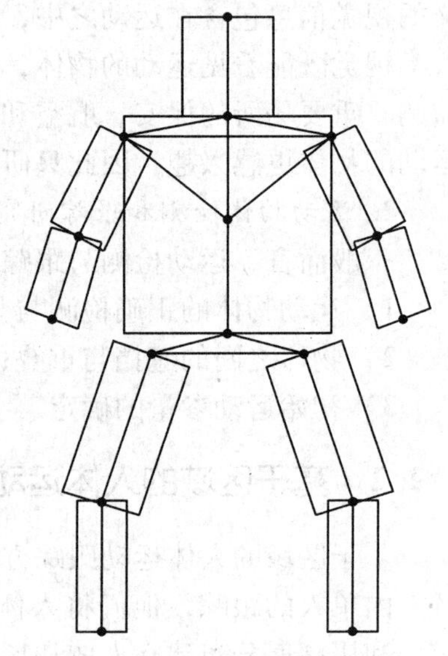

图 5-3　二维人体块模型

1. 骨架跟踪

由于人体的头部较少有自遮挡现象，可以方便地获取其颜色特征。并且当头部长方形确定后，躯干长方形的一个特征点——颈部就已知了。同样，当上臂长方形确定后，肘关节就固定了，对于下臂只需确定手的位置即可。因此，我们从头部顶点开始，按自上而下的顺序依次跟踪人体各部分。下面按头部、躯干、四肢三部分来分别讲述各自的跟踪。

2. 头部跟踪

由于对于任何一个图像帧而言，在帧序列中，人的头部可能向各个方向运动，如果采取局部搜索的方式，那么查找到的位置可能不是全局最优的。如果采取全局搜索的方式，那么效率又会很低。因此，他们采取的是两种方式的结合：为了减少下一帧中对人的头顶特征点的搜索范围，他们采用基于图像差分的运动预测来估计下一帧中头部位置；然后以该预测点为中心，选取一条搜索路径进行形变块的匹配，以精确定位头部位置。

（1）基于图像差分的运动预测　设当前帧 k 中的头部顶点和颈部点已知，他们将头部区域近似为一个圆形区域 H，如图 5-4 所示。H 的直径为 L，圆心为 O。由于一帧之间头部位移较小，定义差分区域为一个以 O 为圆心、$2L$ 为半径的圆形区域 Ω。由下列各式计算差分区域的颜色值：

$$Difference_{ij}[R] = |X_{ij}[Red] - X'_{ij}[Red]| \tag{5-1}$$

$$Difference_{ij}[G] = |X_{ij}[Green] - X'_{ij}[Green]| \tag{5-2}$$

$$Difference_{ij}[B] = |X_{ij}[Blue] - X'_{ij}[Blue]| \tag{5-3}$$

式中，X_{ij}表示 k 帧中坐标为（i，j）的像素点的 RGB 颜色值；X'_{ij}表示 $k+1$ 帧中坐标为（i，j）的点的颜色值。由于下一帧中头部可能向各个方向运动，所以必须先判断其运动方向，然后再估计位移的大小。图 5-5 是差分区域示意图，H'为下一帧中的头部位置。本节假设相邻帧之间背景变化较少，因此差分区域中除了两个头部区域之外，其值接近为零。下面按如下算法求运动方向 α：

1）从 $\alpha_0 = 90°$开始，以 $\alpha_{n+1} = \alpha_n + 5°$，得到 36 个 α 角度值；

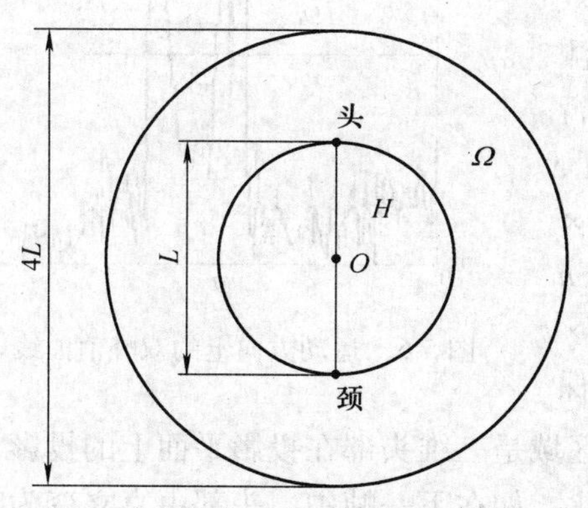

图 5-4　头部区域示意图

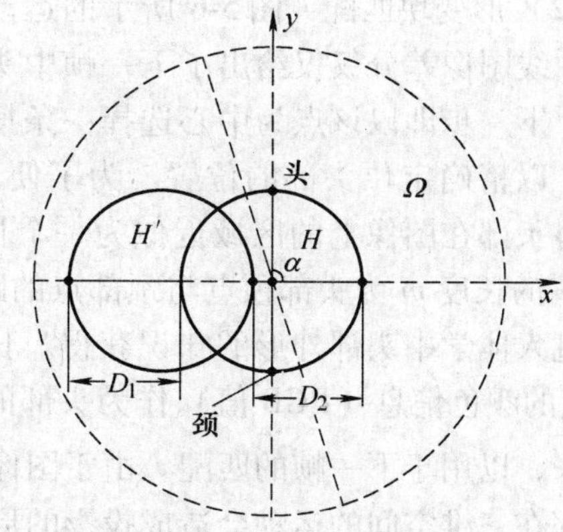

图 5-5　差分区域

2）将每个 α_n 所在的直径延长到与差分区域 Ω 的边界相交，得到 36 条长为 $4L$ 的线段 L_n；

3）按下式计算每条线段 L_n 上所有点的颜色总和：

$$Sum_n = \sum_{(i,j) \in L_n} (Difference_{ij}[R] + Difference_{ij}[G] + Difference_{ij}[B]) \tag{5-4}$$

4）取 α 为使 Sum_n 最大的 L_n 所对应的角度，即

$$\alpha = \{\alpha_n \mid Sum_n = \max(Sum_0, Sum_1, \cdots, Sum_{36})\} \tag{5-5}$$

这个算法的根据是在运动方向上头部区域的位移最大，因而反映在差分区域上应该是该方向上点的颜色值总和最大。在确定了运动方向后，下面要估计头部在这个方向上位移的大小。取 α 所对应的线段 L_n，将线段上所有点的 RGB 颜色值以曲线形式描述出来，如图 5-6 所示。由图 5-6 可以看到，这是一个明显的双峰值曲线，图中左边峰值对应于图 5-5 中 H' 与背景的差分，右边峰值对应于 H 与背景的差分。这两个差分实际上代表了头部在投影平面上的位移，而且双峰的宽度应大致相等。本节的方法是，先将线段 L_n 上所有点的颜色均值 α 求出，然后以一个百分比 p（如 50%）为阈值，在图 5-6 作一直线 $y = \alpha p$，该直线与双峰值曲线相交有两条线段 $\overline{D_1D_4}$ 与 $\overline{D_2D_3}$。取 $\overline{D_1D_4}$ 与 $\overline{D_2D_3}$ 长度的均值为头部的位移。上面描述的确定运动方向的算法只是将方向定在一条线段上，而未确定向线段的哪一端运动。实际上，只需计算 $\overline{D_1D_4}$ 与 $\overline{D_2D_3}$ 离 O 的距离，如果 $\overline{D_1D_4}$ 离 O 远，则头部向 $\overline{D_1D_4}$ 所在方向运动，反之则向 $\overline{D_2D_3}$ 所在方向运动。这样通过图像差分的方法就可以得到下一帧中头部顶点的估计位置。根据形变块匹配得到了头部的准确位置后，还需要衡量一下运动估计的准确度。如果发现估计位移过大，则增加百分比阈值 p；反之，则减小 p。这样经过自适应地调整阈值后，运动估计的准确度得到了提高。

相对于卡尔曼滤波中较多的矩阵运算而言，他们提出的方法具有运算效率高的优点。但由于基于图像差分的运动预测仅考虑相邻帧的图像信息，并没有利用运动历史的信息，因此在某些情况下，受噪声干扰较大，影响了预测的效果。

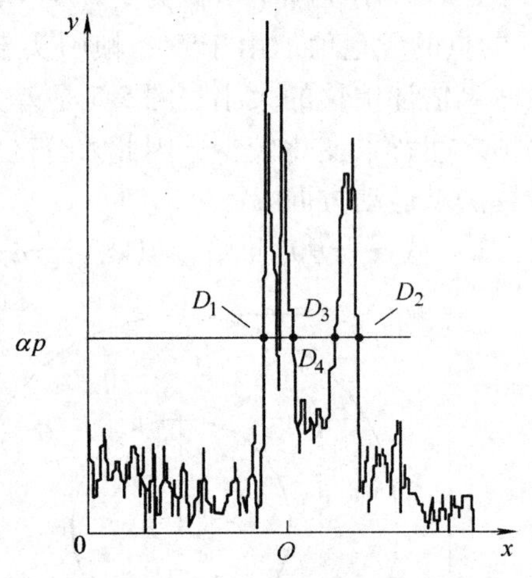

图 5-6　运动方向上的双峰值曲线

（2）形变块匹配　图 5-6 所示的运动方向上的双峰值曲线图像差分仅仅给出了下一帧中头顶点的预测坐标，下一步即以该点为中心选择一条搜索路径进行匹配，以精确定位头部的位置。为了便于图像匹配，他们将头部在图像上的区域近似为一个长方形（$m \times n$），它的长度 m 为头部顶点与颈部点的距离，宽度 n 可通过人体学中头部外形的知识获得。长方形中 $m \times n$ 个点的颜色信息（RGB 值）作为头部的颜色模型保留下来，以用于下一帧的匹配。由于图像上的头部区域是三维头部在投影平面上的投影，因此头部在三维空间的运动会造成投影的形状发生变化。如在下一帧中，头部由直立变为略微向左侧倾斜，或头部变大了（这可能是人向相机走来）。因此他们的块匹配必须在形变块之间进行。为此，他们采用一种分区域直方图相似度算法。

定义形变块 $A = \{(x, y), m, n, \theta\}$，如图 5-7 所示。$(x, y)$ 为块的中心线与一条边的交点；m 为块的长；n 为块的宽；θ 为块的中心线与 x 轴的夹角。现有参照块 $A = \{(x, y), m, n, \theta\}$ 和比较块 $A' = \{(x', y'), m', n', \theta'\}$，再按下面三个步骤计算两者的相似度：

1）将块 A 分为相等面积的 4 个小区域 b_1、b_2、b_3、b_4，如图 5-7 所示。分别计算这 4 个小区域的颜色直方图 H_1、H_2、H_3、H_4。

2）将块 A'分为相等面积的 4 个小区域 b'_1、b'_2、b'_3、b'_4，分别计算这 4 个小区域的颜色直方图 H'_1、H'_2、H'_3、H'_4。

3）计算：$S = W_k \Sigma 4k = 1 \boldsymbol{\Sigma}_{ni} = \min(H,k,H',k')$

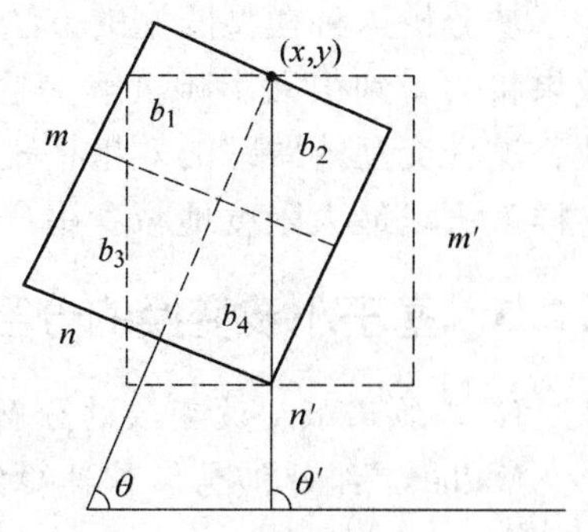

图 5-7　特征块

W_k 表示各个区域在整个块中所占的比重；H_k 是将 H_k（$k=1$、2、3、4）标准化后的直方图；n 为直方图的维数；min（）表示对两个直方图进行求交操作，两个直方图越相似，求交的结果越接近 1；反之，则越接近 0。因此，他们以 S 表示两个形变块之间的相似度的度量，S 越大，则相似度越大。采用分区域的方法是因为这样不仅考虑了块中的颜色在数量上的分布，也考虑了颜色在位置上的分布。对于一个图像帧序列而言，他们将上一帧中已跟踪到的头部长方形区域定义为参照块 A，而前帧中待跟踪的头部长方形为 A'。由于一帧之间头部转动很小，所以取 θ' 为 $\theta - \Delta\theta \leqslant \theta' \leqslant \theta + \Delta\theta$，$\Delta\theta$ 为很小的角度值。头部的投影大小都为按比例缩放，所以 $m - \Delta m \leqslant m' \leqslant m + \Delta m; n - (n/m)\Delta m \leqslant n' \leqslant n + (n/m)\Delta m$。这样，对于搜索路径中的每一个待选点（$x$，$y$），他们都由 $\{(x,y),m',n',\theta'\}$ 形成几个 A'，分别计算其与上一帧头部区域的相似度，保留具有最小相似度的 A'的信息。最后，具有最小相似度的 A'即为当前帧中头部区域的位置。由于头部区域的颜色会随光照等条件发生变化，他们还采用线性加权的方法来自适应地更新颜色模型。

3. 躯干跟踪

他们定义躯干部分的长为从颈部点到腹部点的距离，宽为左右肩部之间的距离。为了有效地定位整个躯干的位置，将胸部点的上下两部分合为一部分来考虑。与头部相比，躯干块的长度与宽度不一定是按比例同时缩放的，所以对长度和宽度应分别定义 Δm 与 Δn，然后用分区域直方图相似度算法来确定躯干块的位置。此时躯干块的宽度即为本帧中的肩宽度。躯干确定后，腹部点也就确定了。对于左右臀部两点，他们假设它与上体躯干一起发生旋转。如果上体旋转后肩宽度为上一帧的 90%，则本帧中左右臀之间的距离也为上一帧臀间距的 90%。

4. 四肢跟踪

由于四肢的运动具有相似性，四肢部分在一帧之间可能运动较多，所以应先采用一定的预测机制来估计下一帧中四肢可能的位置，然后再精确定位。以腿部为例，将每一帧中膝部关节点相对臀部的角度值作为运动轨迹信息保存下来。每次预测时，取前两帧的角度值作为均值，以该值作为本帧的初始角度值 θ'，然后在（$\theta' - \Delta\theta$，$\theta' + \Delta\theta$）的范围内确定精确的角度值。结果发现，对于四肢的大幅度运动，预测机制能有效地减少块匹配的搜索范围。在描述四肢形变块的参量中，除了 θ 之外，另一个重要参量是 m。因为对于四肢而言，从任何视角投影过去，其宽度变化很小，而长度可能变化很多。所以在每次跟踪四肢部分时，（x，y）已定，n 不变，m 与 θ 需要由前述的相似度算法来确定。

在四肢的跟踪中，还有一个必须考虑的问题是遮挡的处理问题。以上肢为例，在某一帧上肢被躯干遮挡后，往往在块的匹配中反映出较低的相似度。但在遮挡消除后，相似度又会升高。因此他们提出了将块匹配的相似度 S 同时作为块匹配的可信度来度量。在帧序列的匹配过程中，保存每个四肢块的匹配可信度。如果发现在两个较高匹配可信度的帧之间有一个或几个较低可信度的帧，则用高可信度帧中关节点的坐标线性插值，求出中间几帧的关节点坐标。

从分析这种模型匹配的方法中我们发现，当被跟踪人体存在大量自遮挡现象时，跟踪的效果将会受到很大影响。解决这一问题的途径有两个：一是在跟踪过程中，加入用户的反馈，这种交互式跟踪的效果将是非常好的；二是借助三维人体模型的知识来指导二维跟踪，这样就可以最大限度地减少用户反馈的次数。

5.2.3 基于小波变换的分层块匹配多目标跟踪方法

1. 二维离散小波变换的分解

Mallat 二维小波分解快速算法可写为

$$C_{j,kl} = \sum_{p,q} h(p-2k)h(q-2l)C_{j+1,pq} \tag{5-6}$$

$$d_{j,kl}^{(1)} = \sum_{p,q} h(p-2k)g(q-2l)C_{j+1,pq} \tag{5-7}$$

$$d_{j,kl}^{(2)} = \sum_{p,q} g(p-2k)h(q-2l)C_{j+1,pq} \tag{5-8}$$

$$d_{j,kl}^{(3)} = \sum_{p,q} g(p-2k)g(q-2l)C_{j+1,pq} \tag{5-9}$$

式中，h 和 g 分别是对应同一小波基的低通滤波器和高通滤波器；$C_{j,kl}$ 反映原图像的低频信息，也称平滑像；$d_{j,kl}^{(1)}$ 是垂直方向高频、水平方向低频的分量，反映原图的水平边缘；$d_{j,kl}^{(2)}$ 是水平方向高频，垂直方向低频的分量，反映原图的垂直边缘；$d_{j,kl}^{(3)}$ 是水平方向和垂直方向均为高频的分量，反映原图斜边缘。

当采用由 Symlet 小波进行图像分解的方法时，sym$N$ 为双正交小波，小波的支撑长度为 $2N-1$，滤波器长度为 $2N$，具有近似的对称性。

2. 基于小波变换的分层块匹配目标跟踪算法

首先对运动图像序列相邻两帧图像进行一层的二维离散小波分解。用两帧图像的低频分量图像进行块匹配，这样做的目的有两个：

1）滤除了原图像的高频噪声，防止了在含噪原图像上进行块匹配时不准确的缺点；

2）在低频分量图像上 $N\times N$ 范围内进行块匹配，相当于在原图像上，在 $2^nN\times 2^nN$ 的范围内进行匹配搜索，其中 n 为小波分解的层数，匹配搜索采用局部全搜索法。

通过块匹配检测出低频图像背景二维运动向量，即后一帧与前一帧相比，背景在 X，Y 两方向上运动了多少像素。此运动向量乘以 2^n 后为原图像背景运动向量的大致向量。还要在原图像上进行 3×3 范围的局部搜索，因为在原图像上背景运动单倍像素在其小波低频图像上是反映不出来的，如在原图上 X 方向运动 3 个像素，在小波变换后的低频图像中背景沿 X 方向运动 1 个或 2 个像素。所以还要在原图像上以小波低频图像所测出的运动向量为中心进行 3×3 范围的局部搜索，以确定图像序列前后两帧背景的准确偏移量。

确定背景偏移量后，把后帧图像各像素按此偏移量进行平移，使后帧与前帧重叠背景在位置上对准，之后进行差分运算，令非重叠部分像素值为零（因为连续两帧背景偏移量很小)，差分运算后，不动的背景被减去，运动的目标被检测出来。对差分图像要进行域值处理，因为其中除运动目标之外，还有高频噪声，进行域值处理后可有效地检出运动目标。

检出目标后，计算出运动目标的形心坐标，然后对向前各帧运动向量进行累加，计算出该帧背景相对于第1帧背景的运动向量，然后对形心按累加所得的运动向量进行平移，并进行累加，即可得到运动目标的运动轨迹。

3. 块匹配搜索算法

搜索算法采用局部全搜索，如在29×29范围内，用9×9模板进行匹配（假设相邻两帧背景运动向量大小不超过20个像素，在小波低频分量图上，不超过10个像素）。匹配规则用方均误差（Mean Square Error，MSE）规则，得

$$C(x,y) = \frac{1}{NN}\sum_{i=1}^{N}\sum_{j=1}^{N}[Z_1(i,j) - Z_0(x+i,y+j)]^2 \tag{5-10}$$

式中，$N \times N$表示参加匹配运算像素点的个数；(x, y)表示在X，Y方向上发生的偏移量；Z_1表示当前帧中需进行运动向量估计的块；Z_0是参考帧中位于搜索窗口内的一个候选块。求出Z_1、Z_0所有对应像素的均方误差$C(x, y)$，再求出其中最小的$C(x, y)$，它所对应的(x, y)就是当前帧相对参考帧的运动向量。

4. 运动目标形心的计算

差分后图像已获得了运动目标的分割图，并将此图进行二值化处理，令目标区域像素灰度值为255，其他区域为零。要想获得运动目标的运动轨迹，或要预测运动目标在下一帧中的位置，必须计算出运动目标的形心坐标。假设已知运动目标大小，就可确定一个目标搜索窗，此处选用9×9的搜索窗。然后做全图搜索，当搜索到不为零的目标像素时，就以此像素为中心，在9×9的目标搜索窗内做求取形心计算，即

$$X(n) = \frac{\sum x_i B(i,j)}{\sum B(i,j)} \tag{5-11}$$

$$Y(n) = \frac{\sum y_i B(i,j)}{\sum B(i,j)} \tag{5-12}$$

式中，$B(i,j)$为搜索窗内各像素点的灰度值；x_i、y_i为对应各像素点的坐标。运动目标像素点的$B(i,j)$为255，其他像素点的$B(i,j)$为0。$X(n)$、$Y(n)$为目标形心。如果按上列两式计算，对于一个运动目标可算出一个、两个或更多的形心，因为这时的图像是差分后的图像，所以包含相邻两帧的运动目标。在做形心计算时，有可能搜索窗包含同一运动目标两个图像中的一个或全部，这样计算的形心位置是不同的。

这样就要把不同的形心位置按照横坐标与纵坐标的相近度做分类，把横、纵坐标都很接近的形心坐标分为一类，求取其平均值，作为一个运动目标的形心坐标。

5. 扩展Kalman滤波器估计运动目标的位置、速度

该滤波器由6个参数组成

$$T_n = (p_k, \hat{p}_k, \Delta p_k, v_k, \hat{v}_k, \Delta v_k) \tag{5-13}$$

式中，p_k是第k时刻测量得到的目标中心坐标位置；$\hat{p}_k$是第k时刻预测得到的目标中心坐标位置；Δp_k是第k时刻搜索目标的范围；v_k是目标在第k时刻测量速度；$\hat{v}_k$是目标在第k时刻的估计速度；Δv_k是目标在第k时刻的估计速度误差。滤波器参数修正为

$$\hat{p}_{k+1}=p_k+v_k\Delta t \qquad \Delta p_{k+1}=\Delta\hat{p}_k+\Delta v_k\Delta t \tag{5-14}$$

$$\Delta p_{k+1}=\beta\left|\hat{p}_{k+1}-p_{k+1}\right|+(1-\beta)\Delta p_k \qquad (0\leqslant\beta\leqslant1) \tag{5-15}$$

$$\hat{v}_{k+1}=\alpha v_k+(1-\alpha)\hat{v}_k \qquad v_{k+1}=\frac{p_{k+1}-p_k}{\Delta t} \tag{5-16}$$

$$\Delta v_{k+1}=\alpha\left|\hat{v}_{k+1}-v_{k+1}\right|+(1-\alpha)\Delta v_k \qquad (0\leqslant\alpha\leqslant1) \tag{5-17}$$

$\Delta\hat{p}_{k+1}$体现了预测的不准确程度，同时也提供了目标匹配的搜索范围，但实际匹配中，往往扩大搜索范围为 $\Delta\hat{p}_{k+1}+\varepsilon$（$\varepsilon$ 为预设正常数）。

式（5-14）、式（5-15）、式（5-16）以及式（5-17）都是滤波器各个参数的修正公式。通过以上一系列步骤，实现了运动背景下运动目标的跟踪，该方法即为基于小波变换的分层块匹配目标跟踪算法，与传统的块匹配算法相比，该方法滤除了原图像的高频噪声，防止了在含噪原图像上进行块匹配不准确的缺点；另外在低频分量图像上 $N\times N$ 范围内进行块匹配，相当于原图像上在 $2^nN\times2^nN$ 的范围内进行匹配搜索，搜索速度快。但是此算法主要针对有明显特征的运动背景，对于没有明显特征的纹理背景（如海面、天空等）而言，该算法并不适用。

图 5-8　运动员跑步模板

综上所述，跟踪运动物体的方法主要有基于模型的跟踪方法、基于区域的跟踪方法、基于活动轮廓的跟踪方法和基于特征的跟踪方法。这些方法都可以应用于运动员的跑步模板，如图 5-8 所示。

5.2.4　运动物体的特征提取与跟踪

1. 区域标识

由于前期的运动目标检测的结果不能达到要求，比如图像中难免会有许多小的噪声点，还会有许多小的误检区域。去除这些噪声点和误检的区域的方法有很多，可以用各种噪声滤波器，还可以用形态学的许多方法处理。但是，我们发现这些传统方法处理后的结果都不是十分好，对下一步的跟踪工作也帮助不大。前面的检测其实是为后面的跟踪做准备的，如果跟踪的效果不好，那么就更谈不上图像的理解了，所以提出了基于区域标识的目标提取方法。图 5-9 所示为区域标识的体系流程。

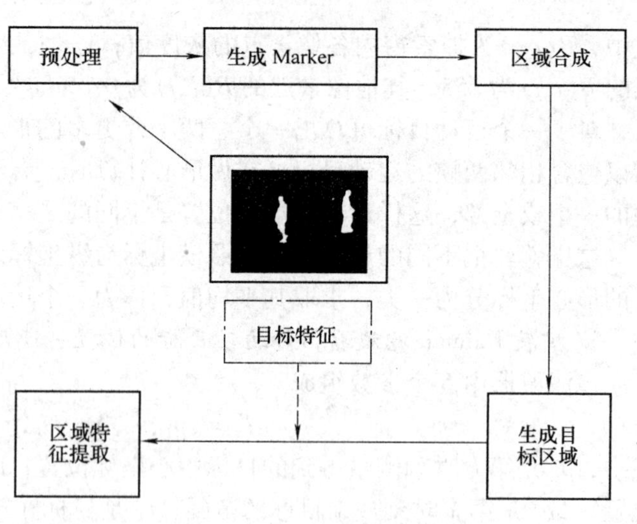

图 5-9　区域标识的体系流程

当检测出场景中的运动物体后，二值化的图像中有许多小的噪声点和成块的小区域，这些区域不是要处理的目标，要处理的目标是我们感兴趣的运动区域，所以为了能够对运动物体进行跟踪，要找到物体区域的位置及特征，区域标识的体系流程如图 5-9 所示。

区域标识就是用一个标记矩阵（Marker），把二值图像中对其感兴趣的区域用符号的形式标记出来。

2. 区域标识的标记矩阵

由于检测出运动目标的图像本身包含很多信息，信息如此丰富的图像对于处理也不是很有帮助，因为采用的不是颜色模型，所以通常要把检测出来的包含运动目标的图像进行二值化处理。但是，在已经二值化了的图像中，通常包含的运动目标，不仅仅是感兴趣的区域。比如，在检测车流量时，发现在二值化后的图像中经常会包含骑自行车的人和行人的运动区域，但是我们关心的只是汽车。所以这里涉及了目标识别的问题，而我们提出的区域标识正是为了解决这个问题，区域标识中一个很重要的概念就是标记矩阵。

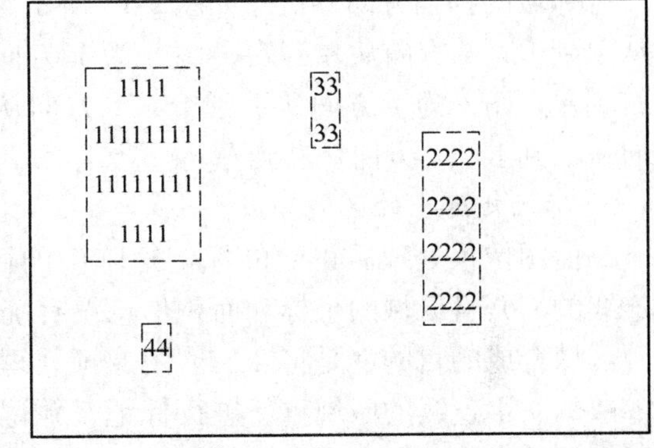

图 5-10　标记矩阵的形式（未标记处元素值为 0）

图 5-10 所示为标记矩阵的形式。标记矩阵的尺寸通常取成和二值化图像尺寸一样大，当然对于具体的问题，可以取的比二值化图像的尺寸小。标记矩阵中记录的是运动区域的基本特征信息，比如区域的面积、位置等，标记矩阵为区域特征的提取做了很好的前期准备工作。

3. 标记矩阵和图像矩阵的关系

这里提出的标记矩阵和要处理的图像矩阵是既有区别又有联系的。

区别：

1）标记矩阵是自定义的一个二维矩阵。矩阵中的每个元素值和图像中的像素点的颜色值没有任何直接的联系，它是由我们自己定义的。

2）对于要处理的 24 位图像矩阵是三维的，每一维分别代表 RGB 颜色模型中的一种颜色值，图像矩阵中的每个元素的值代表实际图像中对应点的像素值，其范围在 0 ~ 255 之间。

联系：

标记矩阵和图像矩阵中每一点的坐标值在 Y 和 X 坐标轴方向上完全重合。

4. 二值图像预处理

在复杂背景中，检测出运动物体，并将其图像二值化后，人眼能很明显地从二值图像中观察到运动物体，但是对于计算机来说，它无法知道哪些区域是运动物体，更无法知道目标区域的具体位置。要想跟踪上运动的物体，那么首先必须使计算机知道哪些区域是要跟踪的目标。二值图像的预处理正好解决了这个问题。

区域标识中二值图像的预处理，就是把区域中所有为前景的区域点（比如像素点为白色的区域）用符号的形式标记出来，并用标记矩阵记录下来预处理后的结果。

为了预处理后得到性能良好的标记矩阵，区域标识先后分为两个扫描标记过程：四邻域扫描标记和八邻域扫描标记。

四邻域的扫描标记形式如图 5-11 所示，八领域的扫描标记形式如图 5-12 所示。

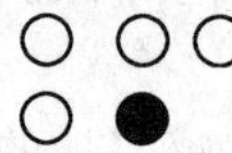

图 5-11　四邻域扫描形式

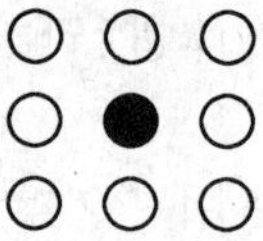

图 5-12　八邻域扫描形式

四邻域扫描标记，按照从上到下、从左到右的方向对二值图像进行扫描，如图 5-13 所示。

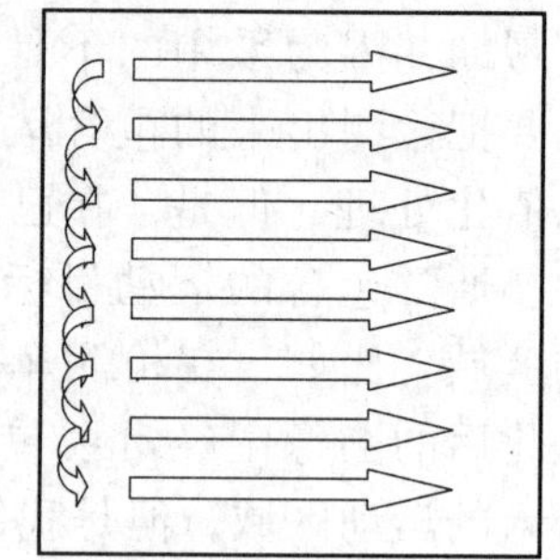

图 5-13　四邻域扫描标记方向图

八邻域的扫描方向和次序如图 5-14 所示。其中，图 a 为 Y 方向从上到下，X 方向从左到右；图 b 为 Y 方向从上到下，X 方向从右到左；图 c 为 Y 方向从下到上，X 方向从左到右；图 d 为 Y 方向从下到上，X 方向从右到左。

5. 标记矩阵中的区域合成

二值图像预处理后得到的标记矩阵中的区域可能是零散的、不连续的，并且区域的坐标和面积信息没有统计出来。

区域合成的目的就是将经二值图像预处理后得到的标记矩阵中零散的、不连续的区域重新进行标记，并记录下来区域的坐标位置和区域中像素点的个数，即区域的面积。重新标记后的标记矩阵如图 5-15 所示，图中区域像素点的面积为 24。

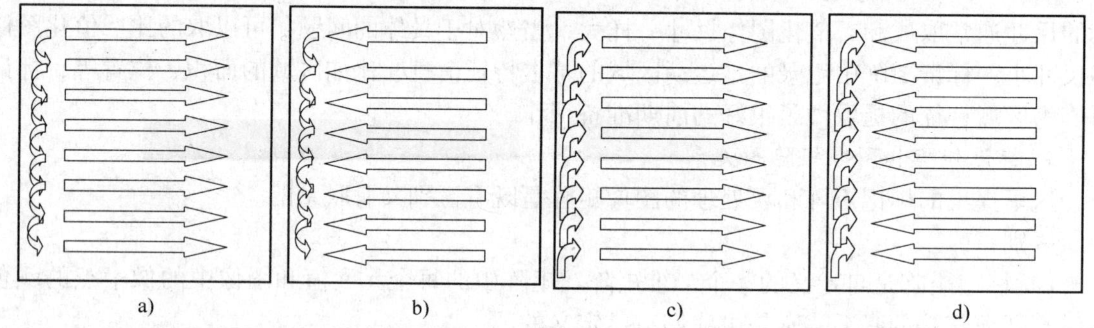

图 5-14　八邻域扫描标记方向图

6. 区域特征的提取

区域特征提取的目的就是要把分析的目标区域提取出来，把不符合要求的目标过滤掉。这里可以根据识别的具体情况，提取出关于区域的不同特征。

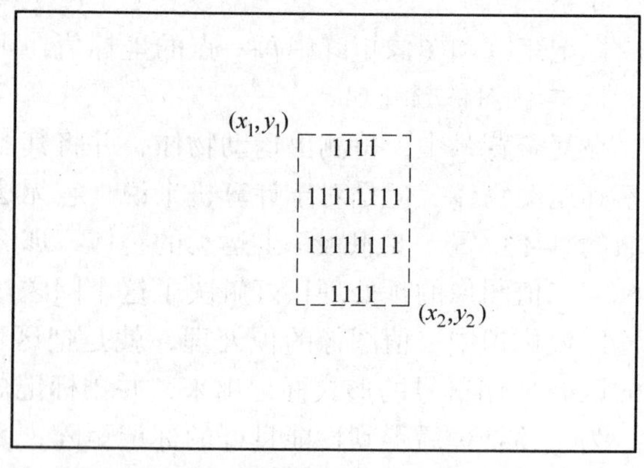

图 5-15　区域合成后的标记矩阵

得到区域合成的标记矩阵后，因为标记矩阵中每个区域的面积和位置信息是已知的，所以就可以很容易地对标记矩阵中的每个区域进行区域特征的提取。

对于场景简单的情况下，如果运动的物体之间在形状上有很大差别，那么识别某个物体时，就会很容易。比如，场景中如果只有运动的汽车和人，还有摆动的枝条，那么如果提取人，就很简单了。因为人和汽车以及摆动的枝条在区域面积上的差别就已经非常明显了。

图 5-16　提取人的区域特征描述

对于在户外选择的视频场景比较简单，所以对于要检测识别出人体的情况，简单地选择了区域像素点的面积（Area）、区域长度（H）和区域宽度（W）作为提取人的区域特征，如图 5-16 所示。

7. 实验

我们根据区域标识的目标提取方法，研制了运动目标提取系统，并对其在室外和室内分别进行了实验。

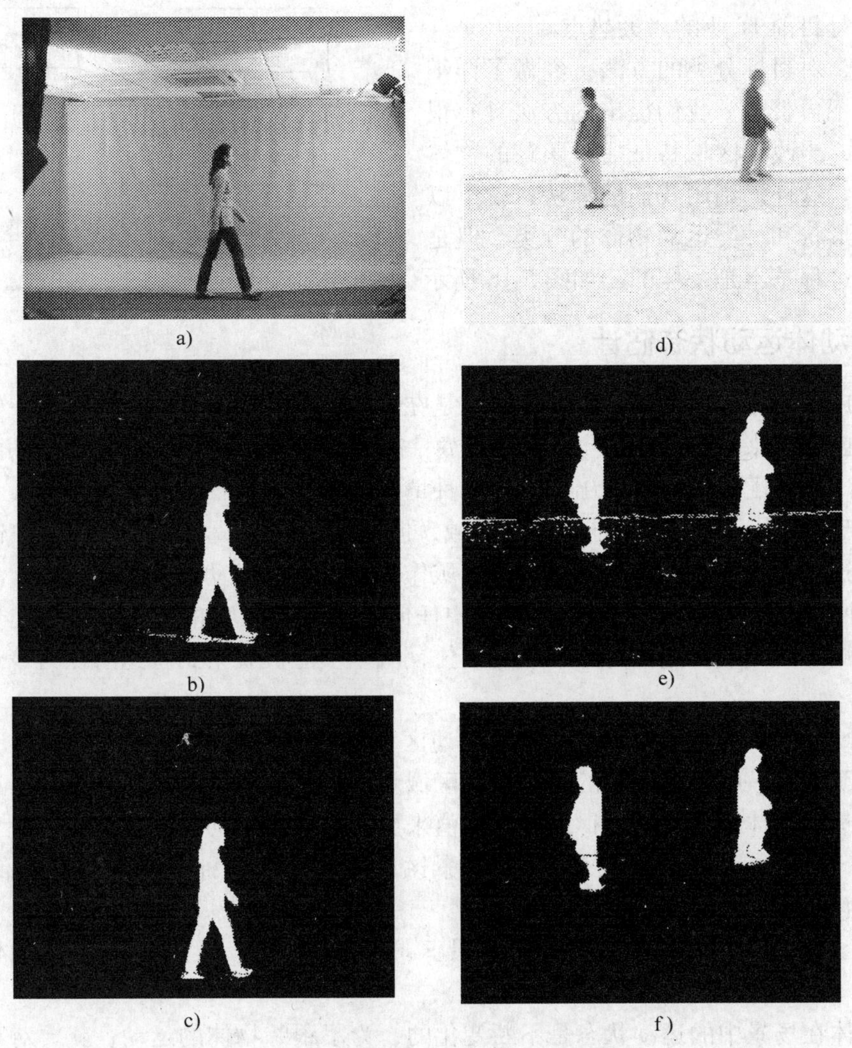

图 5-17　目标提取和运动检测的结果比较
a）室内原始图片　b）室内检测结果　c）室内目标提取结果　d）室外原始图片
e）室外检测结果　f）室外目标提取结果

首先，在室内和室外两种情况下，运用背景检测模型，对其中的运动物体进行检测，其结果如图 5-17b 所示。无论是在室内还是室外，都会受到光线和其他一些因素的干扰，从检测的结果中，可以明显地看出干扰的存在，这些干扰的存在对下一步对目标进行识别是非常不利的。

但是，当我们对检测结果进行区域标识后，根据具体的区域特征，就很好地检测出了运动目标，如图 5-17c、f 所示。

5.2.5 目标的识别与分类

目标识别集计算机视觉、数字图像处理、数字信号处理、光学、物理学、几何学、应用数学、模式识别及人工智能等多种学科知识于一体。从信息处理的层次研究视觉信息的认知过程，研究视觉信息处理的计算理论、表达与计算方法，是目前 IT 业的一大热点。

在前面，对目标分类的方法已经做了详细介绍，此处不再赘述。我们提出的方法具有很好的通用性，当改变区域特征后，跟踪的物体就可以转换。这样，利用我们的算法，就可以实现对不同形状和种类运动物体的分类，但是它们的实现过程基本是一样的，如图 5-18 所示。

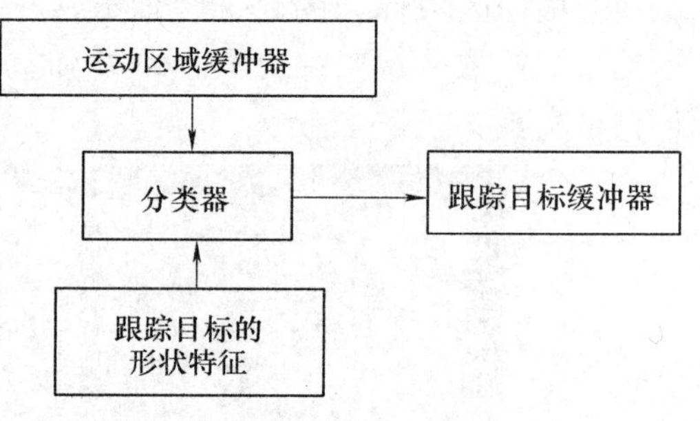

图 5-18　运动目标分类框图

5.2.6 运动体运动状态估计

在图像序列中跟踪运动物体，实际上就是在帧间把已知的运动物体与在新一帧中检测到的运动区域匹配起来。所以跟踪主要是处理每一帧中检测到的运动区域与下一帧的运动区域匹配的问题。在匹配过程中可能出现下列几种情况：

1）在新一帧中出现了一个前景运动区域，但是该运动区域不能与上一帧中任何已知物体对应。在这种情况下，把这个前景运动区域作为新出现的运动物体来处理。

2）一个已知的运动物体不能与新一帧中任何前景运动区域相对应，那么这个物体可能已经出了观测区域，或者是被背景区域遮挡住，所以不能被观察到。这时认为该运动物体已经丢失。

3）一个已知的运动物体与唯一前景运动区域相对应。这种情况在跟踪中是最好的情况，这时就认为新一帧中检测到的前景运动区域就是上一帧中已知的运动物体。这样，我们就可以利用运动物体在新一帧中得到的观测值来更新描述该运动物体的状态向量。

4）一个已知的运动物体与多个运动前景区域相对应。这种情况发生在类似人群跟踪时，是由于物体分裂成单独个体造成的。

5）多个已知运动物体与一个运动前景区域相对应。这种情况发生在物体互相遮挡时。

运动物体在场景中的运动状态是不断变化的，为了跟踪物体的运动，就要对物体的运动状态进行估计，卡尔曼滤波器是一种递推线性最小方差估计，具有估计快速准确的优点。本节使用卡尔曼滤波器对人体的运动状态进行估计，并且根据估计出的运动状态对物体运动进行跟踪。

5.2.7 卡尔曼滤波器在物体运动跟踪中的应用

所谓跟踪就是可以对于图像序列中的运动物体，提取它的某些特征，并且把这些特征从一幅图像到另一幅图像匹配起来的过程。如果把所有的这些图像重叠起来，可以得到这个运动物体的运动轨迹，所以运动物体的跟踪也可以看作是对运动物体的运动状态的估计。在物体运动跟踪中，可以根据从当前帧中量测到的物体位置，利用卡尔曼滤波器对当前帧中的物体的位置、速度、加速度进行估计，同时可以利用这个估计值对物体在下一帧中的位置做出预测。

下面以对人体的运动跟踪为例，来阐述卡尔曼滤波器在运动物体跟踪中具体应用方法。由于人体存在着自运动，从而导致物体的形状和面积发生周期性变化，但是人体的形状是对称的，所以人体的中心沿着人体的运动方向稳定地平移。为了准确估计人体的位置和人体运动的速度，选用人体的中心作为特征点，这样就避免了由于人体形状周期性变化所造成的影响。为了减小计算复杂度，为每个人体设置了两个卡尔曼滤波器用于估计人体的运动状态。一个滤波器用于估计人体中心 X 方向上的运动状态；另一个滤波器用于估计人体中心 Y 方向上的运动状态。

人体的运动状态可以由向量 $\boldsymbol{X}=(s_x, v_x, a_x, s_y, v_y, a_y)^{\mathrm{T}}$ 表示，其中 s_x、v_x、a_x 分别表示人体中心在 X 方向上的位移、速度、加速度；s_y、v_y、a_y 分别表示人体中心在 Y 方向上的位移、速度、加速度。由于每个人体都使用两个卡尔曼滤波器分别对他中心的 X 方向、Y 方向的运动状态进行估计，所以可以把向量 X 分解为两个向量，分别代表他中心在 X 方向和 Y 方向上的运动状态，$\boldsymbol{X}_x=(s_x, v_x, a_x)^{\mathrm{T}}$ 和 $\boldsymbol{X}_y=(s_y, v_y, a_y)^{\mathrm{T}}$。由于 Y 方向上的运动状态处理与 X 方向上的处理是相同的，所以这里只讨论 X 方向上的处理。

人体中心运动状态的系统方程为

$$s_{x,k}=s_{x,k-1}+v_{x,k-1}T+\frac{1}{2}a_{x,k-1}T^2 \tag{5-18}$$

$$v_{x,k}=v_{x,k-1}+a_{x,k-1}T \tag{5-19}$$

$$a_{x,k}=a_{x,k-1}+o_{x,k-1}T \tag{5-20}$$

式中，$s_{x,k}$表示第 k 帧时人体中心 X 方向上的位移；$v_{x,k}$表示第 k 帧时人体中心 X 方向的速度；$a_{x,k}$表示第 k 帧时人体中心 X 方向的加速度。可以把式（5-18）~式（5-20）写成矩阵的形式为

$$\begin{bmatrix} s_{x,k} \\ v_{x,k} \\ a_{x,k} \end{bmatrix}=\begin{bmatrix} 1 & T & \frac{1}{2}T^2 \\ 0 & 1 & T \\ 0 & 0 & 1 \end{bmatrix}\begin{bmatrix} s_{x,k-1} \\ v_{x,k-1} \\ a_{x,k-1} \end{bmatrix}+\begin{bmatrix} 0 \\ 0 \\ T \end{bmatrix}o_{x,k-1} \tag{5-21}$$

由于 $o_{x,k-1}$表示的是加速度，所以可以把它看成是一个随机变量，在此处作为白噪声处理。

在实际应用中，只能观测人体中心在图像中的位移，不能直接观测其速度和加速度，所以测量方程可以写为下列形式：

$$\boldsymbol{Z}_{x,k}=(1\quad 0\quad 0)\begin{bmatrix}s_{x,k}\\v_{x,k}\\a_{x,k}\end{bmatrix}+V_{x,k}=s_{x,k}+V_{x,k} \tag{5-22}$$

即量测方程的形式为

$$\boldsymbol{Z}_{x,k}=\boldsymbol{H}\boldsymbol{X}_{x,k}+\boldsymbol{V}_{x,k} \tag{5-23}$$

式中，$\boldsymbol{H}=(1\quad 0\quad 0)$，可以把量测噪声 $V_{x,k}$看作是白噪声。

可以看到，系统的状态方程和量测方程的形式与标准卡尔曼滤波器的状态方程和量测方程的形式相同，所以可以用离散性卡尔曼滤波器的基本方程对系统的状态进行估计，也可以利用防止卡尔曼滤波器发散的衰减记忆法和平方根滤波相结合的方程对系统的状态进行评估。

在对前景运动区域检测之后，如果发现新的人体，就为这个人初始化两个卡尔曼滤波器，分别用来对这个人的中心的 X 方向和 Y 方向运动状态进行估计。由于卡尔曼滤波器使用的是递推的估计方法，所以只要给定滤波方程的初始状态值和初始估计均方误差阵，就可以利用当前的测量值得到系统状态的估计值。当检测到新的人体出现时，在这里使用第一次得到的测量值对跟踪人体的系统状态向量进行初始化。

$$\boldsymbol{X}_{x,0}=\begin{bmatrix}s_{x,0}\\v_{x,0}\\a_{x,0}\end{bmatrix}=\begin{bmatrix}z_{x,0}\\0\\0\end{bmatrix} \tag{5-24}$$

$$\boldsymbol{Y}_{y,0}=\begin{bmatrix}s_{y,0}\\v_{y,0}\\a_{v,0}\end{bmatrix}=\begin{bmatrix}z_{y,0}\\0\\0\end{bmatrix} \tag{5-25}$$

式中，$z_{x,0}$和 $z_{y,0}$是人体中心的 X 和 Y 方向的测量值。两个卡尔曼滤波器的估计均方误差阵的初始值都设置为

$$\boldsymbol{P}_0=\begin{bmatrix}100&0&0\\0&100&0\\0&0&100\end{bmatrix} \tag{5-26}$$

这样可以通过卡尔曼滤波器根据当前的测量值，对人体中心 X 方向和 Y 方向的位移、速度、加速度进行估计，根据滤波方程对人体中心在下一帧中的位移、速度、加速度进行预测，如果在下一帧中检测到一个人体，预测的中心落在检测到人体的跟踪窗口内，那么就认为上一帧中的人体和这个人体相匹配，然后根据新得到的测量值对系统状态进行更新。

5.2.8 运动物体检测和跟踪原型系统的实现

对于运动物体的检测和跟踪技术，我们知道由于理论方法和应用场合的限制，现在还没有很通用的成型系统，只有一些针对具体问题和应用场合的系统。我们用自己的方法研制了几个运动物体检测和跟踪的原型系统。

通过设计和实现这些原型系统，在检验了我们的理论方法的同时，也帮助我们发现了其中存在的实际问题，并不断加以改进和完善。同时，原型系统的设计和实现也是我们对运动物体检测和跟踪技术的有益探索和实践。

1. 原型系统简介

（1）原型系统的运行环境

操作系统	Microsoft Windows 2000 中文版
处理器	Intel PentiunⅢ，1.7GHz
内存	128MB
磁盘可用空间	40GB
编程语言	Microsoft Visual C ++6.0

（2）原型系统的结构　如图5-19所示，实现的原型系统包括两大部分：一个是运动物体的检测部分；另一个是运动物体的跟踪部分。每个部分又分为两个模块，分别为多目标检测与识别模块、车流量检测模块、单人跟踪模块和多人跟踪模块。

2. 多目标检测与识别模块

为了验证区域标识和目标提取算法的可靠性，选用了包含有不同运动目标的图像对其进行处理，同时也验证算法的实用性。

我们选择主要包含两个目标的图像序列：一个目标是行人；另一个目标是篮球。由于接下来的部分要专门对人体进行检测和跟踪，所以在这里以篮球为检测的目标。多个运动物体的检测以简单的背景差和区域标识为基础，进行识别和检测，目标特征主要是物体的形状信息。其系统实现框图如图5-20所示。

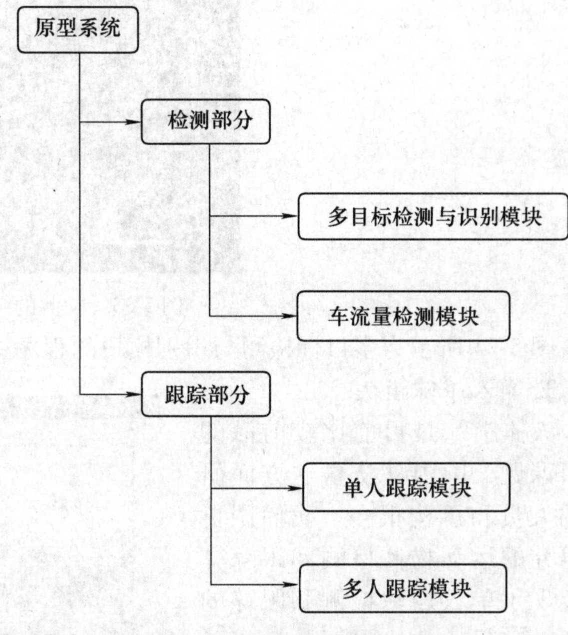

图5-19　原型系统的结构

其中，为了体现区域标识算法的适用性，在背景差方法中，只选择一帧图片作为背景，如图5-21所示。在这个系统中，选择的篮球特征是它的面积 S，篮球的区域面积 S 应满足：200像素 $< S <$ 350像素，如图5-22所示。

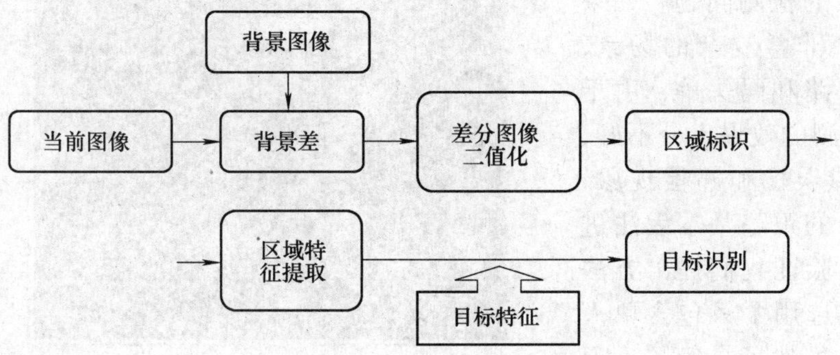

图5-20　目标检测系统的结构框图

图 5-21　背景图像

图 5-22　当前图像

图 5-23 所示为黑白二值化处理后的检测结果图像。

图 5-23　检测的结果图像

图 5-24 所示为多目标检测与识别模块的程序主界面。

3. 单人跟踪模块

人体跟踪是目前比较前沿的科研课题，国内外从事这方面研究的人员和机构很多。我们用自己研究的运动物体检测和跟踪算法实现了单人运动检测和跟踪的模块，实现的方法主要是运用了区域标识和运动搜索。

（1）模块总体设计　实现单人的跟踪时，首先要考虑的问题就是运动人体的检测问题。如果我们选用一个非常复杂的场景，比如机场、公路和码头等，由于场景复杂，检测的效果十分不好，而且经常出现误检和漏检现象，这样使下一步的跟踪基本无法进行，也就无从验证我们提出方法的效果，所以选用了只包含单人运动的场景，虽然场景简单，但足以说明问题。

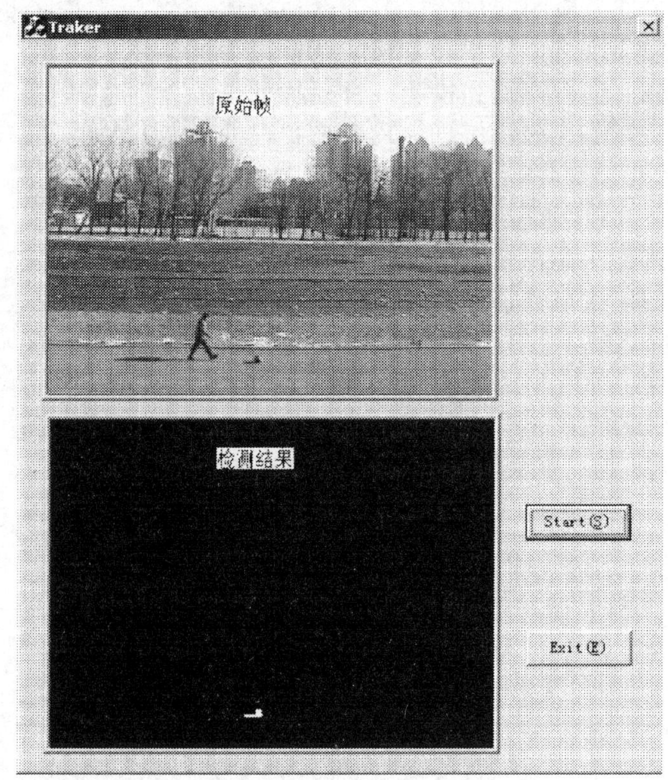

图 5-24　多目标检测与识别模块程序主界面

这个模块主要包括两个部分：一个是运动物体的检测与识别；另一个是运动物体的跟踪。

（2）模块算法设计　本模块的实现包括运动区域的检测、区域标识、人体识别和人体运动区域搜索等算法。

1）运动人体检测算法：对于人体运动检测的方法，应用了第 4 章中提出的运动物体检测方法。从实验的结果可以看出，这种运动物体检测的方法，能够有效检测出场景中的运动物体，并能够有效处理运动物体的影子问题。

2）区域标识和人体识别：检测出运动的物体后我们发现，场景中的运动物体，不仅仅有要跟踪的人，还有一些其他的运动点，比如枝条的摆动、比较大的光线变化等。为了对场景中的人体进行跟踪，我们采用了区域标识的方法。

区域标识的结果：

①场景中的运动区域总数；

②每个运动区域的准确位置；

③每个运动区域的面积；

④标识哪些运动区域是人体运动区域。

可以看出，区域标识的结果使我们知道场景中所有检测出来的运动区域的信息。在提取哪些区域是运动人体时，给出了人体区域的特征经验值，并简单地选择了区域像素点的面积 area、区域长度 H 和区域宽度 W 作为识别人的区域特征。

由于无法从当前帧图像中获取前一帧图像或者后一帧图像中的信息，所以我们建立了一种数据结构，用以保存每一帧图像中的运动区域的基本信息。这样就在相邻帧图像中建立了联系。运动区域的相关数据结构定义如下：

```
typedef struct tag REGIONINFO {
LONG regionSum; /* 运动区域的总数 */
struct {
LONG left; /* 运动区域最左坐标值 */
LONG top; /* 运动区域最上坐标值 */
LONG right; /* 运动区域最右坐标值 */
LONG bottom; /* 运动区域最下坐标值 */
LONG width; /* 运动区域的宽度 */
LONG height; /* 运动区域的高度 */
LONG area; /* 运动区域的像素点面积 */
BOOL isTarget; /* 运动区域是否为目标区域的标记 */
} regions [1000];
} REGIONINFO;
```

区域标识的结果就是用上面的数据结构记录该帧图像中的运动物体信息。

3）人体运动区域搜索：为了记录人体的运动特性，定义了如下的数据结构：

```
struct HUMAN {
int x0; /* 人体中心的横坐标 */
int y0; /* 人体中心的纵坐标 */
```

```
int vx; /* 人体中心在横轴方向的运动速度 */
int vy/; /* 人体中心在纵轴方向的运动速度 */
};
```

我们首先对前一帧图像中人体区域的中心坐标点的值（x，y）用卡尔曼滤波器的量测方程 $Z_{x,k}=HX_{x,k}+V_{x,k}$ 在 X 方向和 Y 方向上预测区域中心坐标在下一帧图像中的位置，记为（x'，y'）。人体区域的中心坐标如图 5-25 所示。

图 5-25　人体区域中心坐标表示

卡尔曼滤波器的量测方程 $Z_{x,k}=HX_{x,k}+V_{x,k}$ 的矩阵形式为

$$\begin{bmatrix} s_{x,k} \\ v_{x,k} \\ a_{x,k} \end{bmatrix} = \begin{bmatrix} 1 & T & \frac{1}{2}T^2 \\ 0 & 1 & T \\ 0 & 0 & 1 \end{bmatrix} \begin{bmatrix} s_{x,k-1} \\ v_{x,k-1} \\ a_{x,k-1} \end{bmatrix} + \begin{bmatrix} 0 \\ 0 \\ T \end{bmatrix} o_{x,k-1} \tag{5-27}$$

可以看出，这种形式比较好理解，并且发现一个新的人体后，人体中心点的最初速度的确定对我们使用卡尔曼滤波器效果的好坏起关键作用。我们发现一个人体后用前 n 帧来确定物体的初始速度 v_{x0} 和 v_{y0}，取 n 为偶数。最初确定物体初始速度 v_{x0} 的方法如下式所示：

$$v_{x0}=\frac{x_n+x_{n-1}+\cdots+x_{n/2}-x_{(n/2)-1}-x_{(n/2)-1}-\cdots-x_1}{n/2} \tag{5-28}$$

同理可以确定 v_{y0}。

在人体的运动方向上，我们以两倍的人体宽度为搜索范围，当人体中心点超出此范围时就要更新搜索速度。当得到运动人体中心的预测坐标后，用此坐标与下一帧图像中的运动人体的中心坐标进行匹配，如果和下一帧中某个运动人体的距离小于 2 倍的物体当前速度的值，则认为这两个区域对应同一个人，人体跟踪完成。单人跟踪模块主界面如图 5-26 所示。

4. 多人跟踪模块

在运动物体跟踪领域，多目标的跟踪是个非常有挑战性的课题。这一课题涉及到的理论知识深而广，我们用前面提出的运动物体检测和跟踪方法建立了一个多人跟踪的模块。

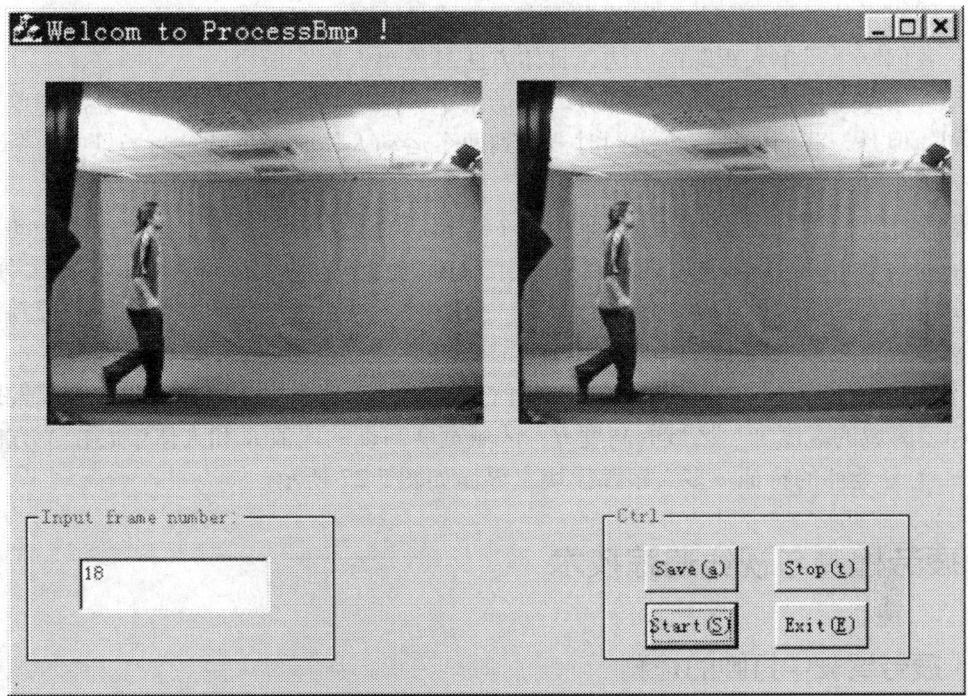

图 5-26　单人跟踪模块主界面

图 5-27　多人跟踪模块主界面

多人跟踪模块的设计和单人跟踪有很多相似之处，其中对运动区域检测、区域标识和人体识别，我们继承了单人跟踪的方法，具体方法参见单人跟踪模块。

和单人跟踪不同的是运动搜索部分。在场景中，两个物体没有相遇时，算法和单人跟踪完全相同。但是，我们的搜索算法同时搜索到两个运动人体时，也就是当场景中两个人相遇时，单人跟踪的算法就会失效。

我们设计了一个分类器来解决场景中多个人相遇情况。分类器中记录着每个运动人体的形状特征的信息，并且赋予每个形状特征一个权值。两个运动人体重合后，当再次分开时，就要用分类器对两个人体运动区域进行分类。分类时，对人体形状的每个特征进行判别，然后用判别的权值总和来确定人体的类别。

由于我们选用的场景中没有和人体形状信息接近的运动干扰区域，因此选用了人体区域面积 area、区域的宽度 W、区域的高度 H、区域宽度高度的比值 K 和人体中心在 X 方向的运动速度 v_x 为分类器的特征。多人跟踪模块主界面如图 5-27 所示。

5.3 疲劳检测与视线追踪技术

5.3.1 疲劳驾驶中打盹的检测

1. 问题的提出

交通安全问题是一个非常重要的问题。随着汽车的大量普及，交通安全问题也越来越引起人们的注意。而我国道路交通事故的统计表明，在交通事故中，主要由于驾驶员造成的事故占 90% 左右。而驾驶员造成事故的一个很重要的原因就是驾驶员在驾车行驶的过程中出现打盹的现象。如果能够在驾驶员开车打盹的同时，能及时发现他在打盹，从而提醒他，那么就能够较好地解决这一问题，将给交通安全带来极大的好处。

2. 解决方法

解决这一问题的最好方法，就是能在驾驶员打盹时，及时提醒他。那么如何知道驾驶员在打盹呢？生理学上认为，如果发现人眼在一段时间（如 5s）内，一直闭合，那么这个人就被认为在打盹。

在上面介绍的精确的眼睛定位的基础上，本节设计了一套驾驶预警系统来监测并提醒驾驶员不要打盹。设计框图如图 5-28 所示。

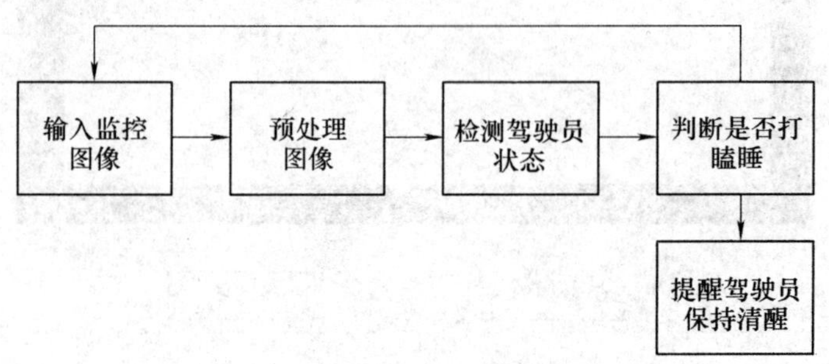

图 5-28 疲劳驾驶预警系统设计框图

3. 技术方法

利用精确的眼睛定位技术，可以在图像中标识出人眼的位置，而且在程序中，只有在人眼睁开的情况下才能检测出人眼。又因为程序中每秒钟要处理15~20帧图像，所以可以近似地认为，人眼的位置在相邻的几帧图片中是不变的。这样，一旦检测到了人眼，就记录它的位置作为初始位置。在后面的图像中，如果在初始位置附近找不到人眼，就全局再搜索一次人眼，如果依然找不到，就认为人眼处于闭合状态。一旦在全局搜索中找到人眼，就将找到的新位置标记为初始位置。其流程如图5-29所示。

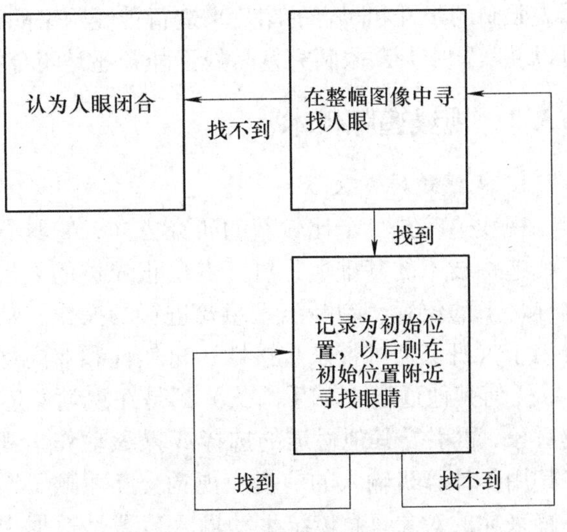

图5-29 疲劳驾驶预警系统流程

如果发现人眼在一段时间（如5s）内眼睛一直闭合，则认为操作者处于打盹状态，从而发出报警。还可以加入人体位姿的检测和语音检测（判断是否在打哈欠）来增加判断的准确率。

在程序中，我们设置了一个全局变量eyeopennum来记录连续一段时间内人眼睁开的图像帧数。然后，用它除以这段时间内的总的帧数，就能知道在这一段时间内，被检测者睁眼时间的比例，当这一比例小于某一阈值时，就发出报警而提醒驾驶员保持清醒。图5-30所示为几幅疲劳检测效果图。

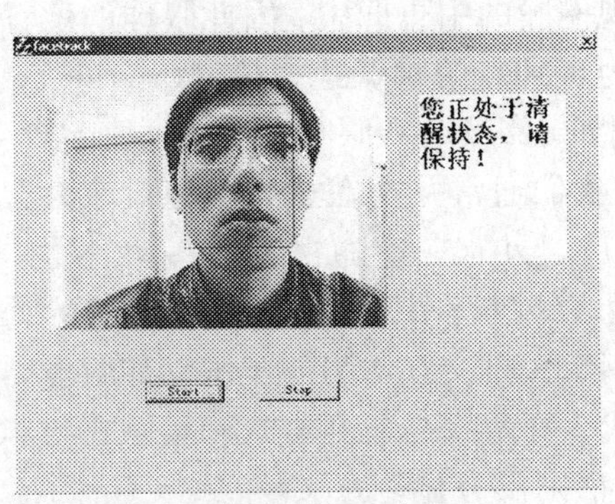

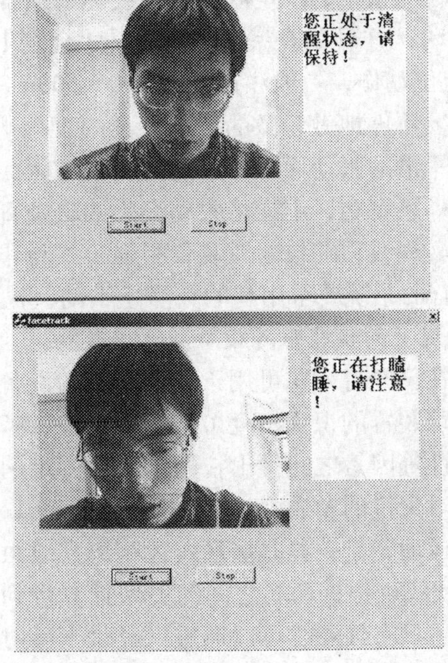

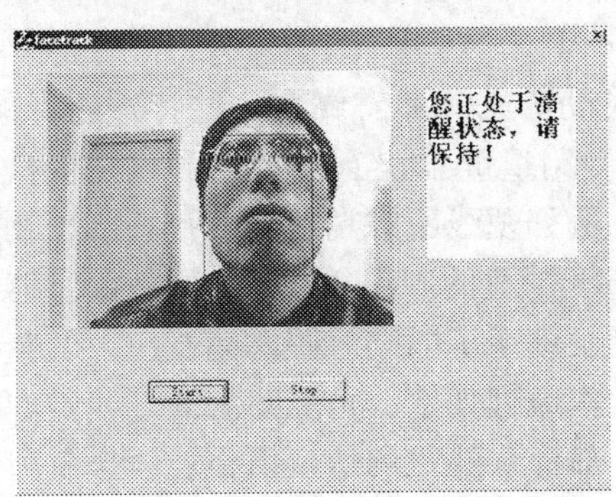

图5-30 疲劳检测的效果

这一程序基本实现了所要求的功能，但只能检测出正面人脸状态。在实际问题中，由于需要考虑各种场景，以及被检测者的各种不同位置，这一系统还有待改进。另一个需要解决的关键问题是，需要准确地判断眼睛的活动状态，即眼睛的开闭状态。一种比较好的方法是利用大量人眼睛的睁开和闭合的图片来进行神经网络的训练。将训练好的神经网络嵌入到程序中，就可以在实际中判断眼睛究竟是处于睁开还是闭合状态。这样就能达到更高的判断准确率。

5.3.2 视线追踪技术

1. 视线追踪意义

视线追踪是一个比较新的研究方向，它具有非常广泛的应用范围及很大的应用价值。在视线追踪技术的基础上，可开发出很先进的人机交互系统。计算机将能够根据人的视线所落在屏幕上的位置，判断出人想要进行的操作，从而自动执行，而不再需要鼠标的介入。将视线用于人机交互可带来直接性、自然性和双向性等优点。对于可视形式的目标选择和操纵任务，任何其他通道（如手、头）都是在视觉通道指导下进行的，即用户首先扫描定位到感兴趣对象，再引导其他通道的选择或操纵动作。视线（Visual Line）反映人的注意方向，这是将其用作计算机输入的前提。视觉交互兼顾了输入输出双向性特点，即视线所指通常反映用户感兴趣的对象，而传统手动输入装置是根据视觉指导进行操作的。可以想象，避开其他通道及交互装置而直接检测视线输入方向和位置来进行交互便具有直接性和自然性特点。另外，在交通安全中，追踪驾驶员的视线能够知道这个驾驶员是否走神了，从而及时提醒他，避免危险的发生，因而具有极大的应用价值。

2. 眼睛运动的特点

眼睛看物体的过程是转动眼球使物体出现在视网膜的中央凹中，因此眼球的位置指示了我们注视场景中的特定区域。视线运动通常表现为点到点的跳跃式扫描（Saccade），而并非平滑移动（这只在追踪运动物体时才会发生）。例如，阅读时人眼在一行中通常包含4~7个跳动-定位动作，一般注视持续200~600ms，只是我们通常并未在意。但是眼球为看清物体总是需要不停地做轻微的抖动，其幅度一般小于1°。只有在追随视野中移动的物体时，才会出现平滑的眼动而不是突然的扫视。因此，利用视线进行书写和画图这样精细的动作是不可行的。换言之，不能将眼动产生的轨迹直接利用于人机交互。另一类眼动如眼球震颤、汇聚、扭转视线跟踪技术及装置有强迫式与非强迫式、穿戴式与非穿戴式和接触式与非接触式之分；有的系统要求用户的头静止不动，对人机对话则没有显著意义。

3. 现有的视线跟踪设备

现在已经有一些可用于实现跟踪的设备。这些设备通常都需要有一些特殊硬件的支持。视线跟踪装置的识别精度可从0.1°至1°或2°不等，制造成本也有巨大差异。在价格、精度与方便性等因素之间做出权衡是一件困难的事情，例如视线跟踪精度与对用户的限制和干扰就是一对尖锐的矛盾。由 Applied Science Laboratories 制造的 Model 3250R 视线跟踪器允许用户的头运动，是一种非接触式远距离视线跟踪系统。该系统能同时跟踪角膜反射及瞳孔轮廓形状，视线可根据两者之间的关系计算得到。其工作原理如下：光源发出的光线经红外滤光镜过滤后只有红外线可以通过；经过半反射镜后，部分红外线到达反射镜；再经反射镜反射到达眼球，眼球对红外线的反射光经同一反射镜反射到达半反射镜；其中有部分红外线通过半反射镜到达瞳孔摄像机，从而得到眼球的完整图像，再经软件处理后获得视线运动的数据。图 5-31 中，瞳孔摄像机与光照系统经半透镜在同一坐标轴上工作，伺服机构控制反射镜用于补偿用户头的运动。

4. 视线追踪算法

上面提到的视线追踪方法用到了特殊的硬件，即红外线光源和高精度的瞳孔摄像机，在价格上较为昂贵。再者，红外线直接照射眼睛可能会对眼睛产生伤害，所以这些视线跟踪设备都不是理想的设备。理想的视线跟踪设备应该既不需要特殊设备的支持，也不会对人体产生伤害。也就是说，应该设计一套主要依靠软件来实现视线跟踪的视线跟踪设备。本节就是以这样一个目标为方向，想要设计没有特殊硬件支撑及对人体无伤害的视线跟踪系统。

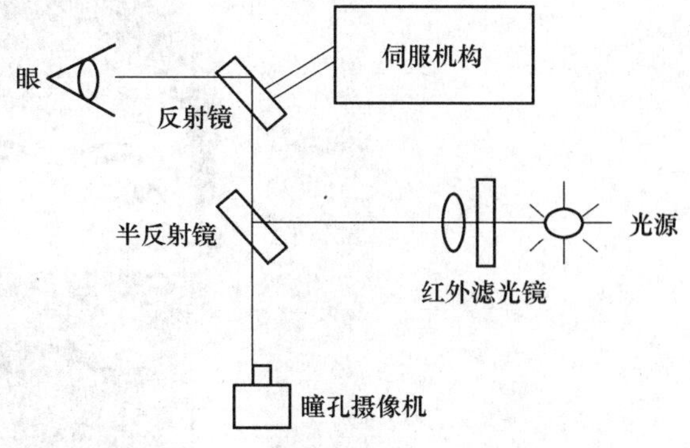

图 5-31　一种远距离实现跟踪系统原理图

在上面工作的基础上，提出了一种利用眼睛瞳孔和眼角的相对位置来检测人的视线方向的方法，取得了一定的效果。此方法的关键在于找出瞳孔和眼白的相对位置。本节在找到了眼睛区域以后，在这一区域进行了像素的局部搜索。用一个全局变量 num 记录黑色像素点数，用 xnum 和 ynum 分别记录黑色像素点 x 坐标和 y 坐标。取这些黑色像素点坐标的平均值，就知道了瞳孔中心的位置，这样一来，就可以根据瞳孔与眼眶的相对位置来大致判断视线的方向。在某些情况下，检测到的眼眶大小可能与实际有些偏差，这种情况下，可以通过再做一次眼睛区域的白色像素点的搜索来找眼白的重心点，再通过判断瞳孔与眼白重心点的相对位置来判断视线的方向。其程序流程如图 5-32 所示。图 5-33 中给出了几幅效果图。

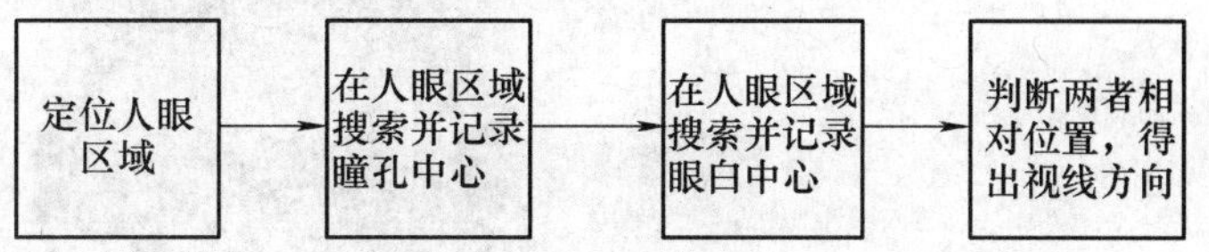

图 5-32　视线跟踪系统流程

图 5-33　视线跟踪效果图

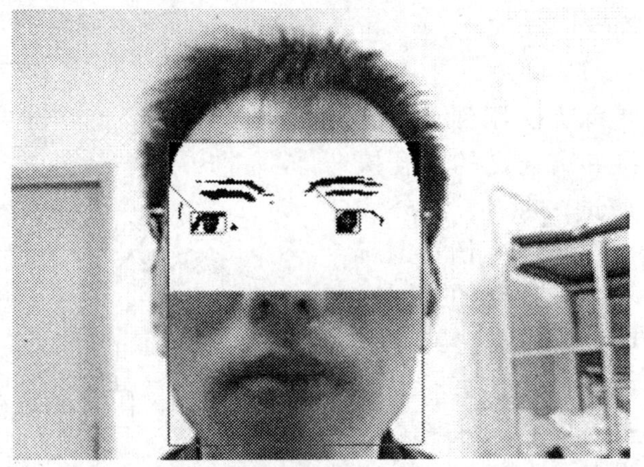

图 5-33　视线跟踪效果图（续）

5. 小结

本节所采用的视线跟踪方法简单，易于实现，在条件（主要是光照）较好时，能达到一定的效果，但对于一般的场景，尤其是有光照明显变化的场景，由于人脸检测及眼睛定位的不稳定性，该技术方法还有待于进一步研究。

参考文献

[1] 韩洪哲. 基于计算机视觉的步态特征提取与身份识别技术研究[D]. 北京：北京科技大学，2004.

[2] 韩忠涛. 运动物体检测和跟踪的方法研究[D]. 北京：北京科技大学，2005.

[3] 王晓伟. 用于 E-LEARNING 智能辅助系统的人工心理和图象理解研究[D]. 北京：北京科技大学，2006.

[4] 程宁. 表情识别与情感建模研究[D]. 北京：北京科技大学，2006.

[5] 韩洪哲，王志良，刘冀伟，等. 基于自适应背景模型的实时人体检测[J]. 北京科技大学学报，2003，25(4)：384-386.

[6] Hongzhe Han，Zhiliang Wang，Jiwei Liu，et al. Adaptive Background Modeling with Shadow Suppression[J]. The IEEE 6th International Conference On Intelligent Transportation Systems，2003：720-724.

[7] 韩鸿哲，李彬，王志良，等. 基于傅立叶描述子的步态识别[J]. 计算机工程，2005，31(2)：48-50.

[8] 韩鸿哲，王志良，刘冀伟，等. 基于线性判别和支持向量机的步态识别[J]. 模式识别与人工智能，2005，4(18)：2.

[9] Meyer D，Denzler J，Niemann H. Model based extraction of articulated objects in image sequences for gait analysis[C]. //Proc IEEE International Conference on Image Processing，Santa Barbara，California，1997：78-81.

[10] Barron J，Fleet D，Beauchemin S. Performance of optical flow techniques[J]. International Journal of Computer Vision，1994，12(1)：42-77.

[11] Verri A，Uras S，DeMicheli E. Motion segmentation from optical flow[C]//Proc the 5th Alvey Vision Conference，Brighton，UK，1989：209-214.

[12] Witten I H，Rneal，Cleary J G. Arithmeticooding for datacom pression[J]. ACM Transactions on Communication，1987，30：520-540.

[13] Yrosenberg，Mwerman. Representing local motion as aprobality distribution matrix for object tracking and other applications. [EB/OL]. www. cs. huji. ac. il/papers/IP/CVPR97/.

[14] index. html

[15] 谢敏. 视频序列图像中运动目标的分割和识别研究[D]. 苏州：苏州大学，2002.

[16] SMallat，Hwang W L. Singularity detection and processing with wavelets[J]. IEEE Transactionson IT，1992，38(2)：617-643.

[17] DPCASASENT，Ssmokelin J，Ye A. Wavelet and Gabor transforms for detection[J]. Opt Eng，1992，31(4)：1893-1898.

[18] 李红艳. 图像低信噪比小目标检测与跟踪算法研究[D]. 西安：西安电子科技大学，2000.

[19] Daniell C E，Kemsley D J，Lincoln W P，et al. Artificial neural networks for automatic tagert recognition[J]. Opt Eng，1992，31(12)2521-2530.

[20] Haritaoglu I，Harwood D，Davis L. W4：Real-time surveillance of people and their activities[J]. IEEE Trans. Pattern Analysis and Machine Intelligence，2000，22(8)：809-830.

[21] McKenna S，et al. Tracking groups of people[J]. Computer Vision and Image Understanding，2000，80

(1): 42-56.

[22] Karmann K, Brandt A. Moving object recognition using an adaptive background memory[J]. Cappellini V. ed. Time-varying Image Processing and Moving Object Recognition. Elsevier, Amsterdam, The Netherlands, 1990(2): 289-296.

[23] Kilger M. A shadow handler in a video-based real-time traffic monitoring system[C]//Proc IEEE Workshop on Applications of Computer Vision, Palm Springs, CA, 1992: 1060-1066.

[24] Stauffer C, Grimson W. Adaptive background mixture models for real-time tracking[C]//Proc IEEE Conference on Computer Vision and Pattern Recognition. Fort Collins, Colorado, 1999(2): 246-252.

[25] Lipton A, Fujiyoshi H, Patil R. Moving target classification and tracking from real-time video[C]//Proc IEEE Workshop on Applications of Computer Vision. Princeton, NJ, 1998: 8-14.

[26] Collins Retal. A system for video surveillance and monitoring: VSAM final report[R]// Carnegie Mellon University: Technical Report CMU-RI-TR-00-12, 2000.

[27] Friedman N, Russell S. Image segmentation in video sequences: A probabilistic approach[C]//Proc the Thirteenth Conference on Uncertainty in Artificial Intelligence, RhodeIsland, USA, 1997.

[28] McLachlan G, Krishnan T. The EM Algorithm and Extensions[M]. Wiley Interscience, 1997.

[29] Stringa E. Morphological change detection algorithms for surveillance applications[C]//Proc British Machine Vision Conference, Bristol, UK, 2000: 402-411.

[30] Kuno Y, Watanabe T, Shimosakoda Y, et al. Automated detection of human for visual surveillance system [C]//Proc IEEE International Conference on Pattern Recognition, Vienna, 1996: 865-869.

[31] Cutler R, Davis L. Robust real-time periodic motion detection, analysis, and applications[J]. IEEE Trans. Pattern Analysis and Machine Intelligence, 2000, 22(8): 781-796.

[32] Bobick A, Davis J. Real-time recognition of activity using temporal templates[C]//Proc IEEE Workshop on Applications of Computer Vision. Sarasota, Florida, 1996: 39-42.

[33] Polana R, Nelson R. Low level recognition of human motion[C]//Proc IEEE Workshop on Motion of Non-Rigid and Articulated Objects, Austin, TX, 1994: 77-82.

[34] Yamato J, Ohya J, Ishii K. Recognizing human action in time-sequential images using hidden Markov model [C]//Proc IEEE Conference on Computer Vision and Pattern Recognition. Champaign, Illinois, 1992: 379-385.

[35] Bregler C. Learning and recognizing human dynamics in video sequences[C]//Proc IEEE Conference on Computer Vision and Pattern Recognition. Puerto Rico, 1997: 568-574.

[36] Lipton A. Local application of optic flow to analyse rigid versus non-rigid motion[OL]. http://www. eecs. lehigh. edu/FRAME/Lipton/iccvframe. html.

[37] Stauffer C. Automatic hierachical classification using time-base cooccurrences[C]//Proc IEEE Conference on Computer Vision and Pattern Recognition, 1999: 333-339.

[38] Welch G, Bishop G. An introduction to the Kalman filter. UNC-Chapel Hill Technical Report: TR95-041, 2000[OL]. http://www. cs. unc. edu.

[39] Isard M, Blake A. Condensation-conditional density propagation for visual tracking[J]. International Journal of Computer Vision, 1998, 29(1): 5-28.

[40] Pavlovic V, Rehg J, Cham T J, et al. A dynamic Bayesian network approach to figure tracking using learned dynamic models[C]//Proc IEEE International Conference on Computer Vision, Corfu, Greece, 1999: 94-101.

[41] Yang J, Waibel A. A real-time face tracker[C]//Proc IEEE Workshop on Applications of Computer Vision, Sarasota, USA, 1996: 142-147.

[42] Rehg J, Kanade T. Visual tracking of high DOF articulated structures: An application to human hand tracking. [C]//Proc European Conference on Computer Vision, Stockholm, Sweden, 1994: 35-46.

[43] Fieguth P, Terzopoulos D. Color-based tracking of heads and other mobile objects at video frame rate[C]//Proc IEEE Conference on Computer Vision and Pattern Recognition, Puerto Rico, 1997: 21-27.

[44] Cai Q, Mitiche A, Aggarwal J. Tracking human motions in an indoor environment[C]//Proc International Conference on Image Processing, Washington DC, USA, 1995(1): 215-218.

[45] Darrell T, Gordon G, Harville M, et al. Integrated person tracking using stereo, color, and pattern detection[J]. International Journal of Computer Vision, 2000, 37(2): 175-185.

[46] Haritaoglu I, Harwood D, Davis L. W4: who? when? where? what? A realtime system for detecting and tracking people[C]//Proc IEEE International Conference on Automatic Face and Gesture Recognition. Nara, Japan, 1998: 222-227.

[47] Chang T, Gong S, Ong E. Tracking multiple people under occlusion using multiple cameras[C]//Proc British Machine Vision Conference. Bristol, UK, 2000: 566-575.

[48] Boult T. Frame-rate multi-body tracking for surveillance[C]//Proc DARPA Image Understanding Workshop, Monterey. California, 1998.

[49] Myers C, Rabinier L, Rosenberg A. Performance trade offs in dynamic time warping algorithms for isolated word recognition[J]. IEEE Trans. Acoustics, Speech, and Signal Processing, 1980, 28(6): 623-635.

[50] Bobick A, Wilson A. A state-based technique for the summarization and recognition of gesture [C]//Proc International Conference on Computer Vision, Cambridge, 1995: 382-388.

[51] Takahashi K, Seki S, et al . Recognition of dexterous manipulations from time varying images[C]//Proc IEEE Workshop on Motion of Non-Rigid and Articulated Objects, Austin, 1994: 23-28.

[52] Rabinier L. A tutorial on hidden Markov models and selected applications in speech recognition[C]. Proceedings of IEEE, 1989, 77(2): 257-285.

[53] Guo Y, Xu G, Tsuji S. Understanding human motion patterns [C]//Proc International Conference on Pattern Recognition. Jerusalem, Israel, 1994: 325-329.

[54] Rosenblum M, Yacoob Y, Davis L. Human emotion recognition from motion using a radial basis function network architecture [C]//Proc IEEE Workshop on Motion of Non-Rigid and Articulated Objects, Austin, 1994: 43-49.

第6章　基于人工心理的个性化商品导购系统

人工心理数字化技术，就是把人类心理状态形式化，并应用于计算机信息处理系统之中，以实现人性化、个性化的信息服务。本章以服装导购计算机系统为例，叙述一个面向Internet的个性化智能商品选购系统，提出个性空间的构想，探讨面向Internet的个性化智能商品导购空间的结构框图和系统功能；介绍选购空间的个性化服装选购交互系统的特征空间的建立方法。首次运用色调、饱和度和亮度（HSV）颜色模型算法和服装商品自身的设计理念相结合的方法来提取服装图片的特征值，通过Photoshop软件来处理服装图片，建立特征数据库；通过SD算法和因子分析技术实现了对用户情感需求的“理解”和对问题的“思考”，建立情感数据库；提出了基于交互式遗传算法（IGA）的在线智能推理机模型的建立方法，以用户的满意度评估作为适应度函数，实现了主观心理空间和客观特征空间的非线性映射；并首次将数量化I类理论运用到构造遗传交互的初始群体建立中。同时，为解决进化时间过长导致的用户疲劳问题，采用自主式GA来对用户历次所选的个体进行离线学习。对情感推理机测试结果的分析表明，由这个模型模拟的情感反应是符合人类情感行为规律的。对离线推理机的模型设计进行了更深入的探讨，研究了径向基神经网络（RBFNN）在建模中的应用，与自主式GA的比较结果表明，采用RBFNN建立的模型实现的情感空间到特征空间的映射基本上是符合人的心理反映的，说明这是一种较为有效的建立服装选购人工心理模型的算法。搭建个性化智能商品选购系统的网络平台，编制软件实现系统交互。实验结果表明，系统是实用可行的。[1]

6.1　面向Internet的个性化智能商品导购空间

随着科学技术的发展，相应地，人们的欲求和价值观也发生了变化，进而社会的生产形态和产业形态也发生相应的变化，整个社会生产将以追求个人的感性、个性为目标，以给人们带来喜悦和舒适为目的。正是在这种趋势的影响下，个性空间的设想被提出。它是人工心理理论的一大应用领域，也就是人性化商品选购、设计和考虑消费者心理的市场开发。

6.1.1　个性空间的构想起源

让我们看看身边的商品世界，不知从什么时候开始，“科技以人为本”、“人体工学设计”的叫卖声，已成为商品广告的一道新的风景线。集诺基亚手机和明基电脑的彩色外壳，显示出即使最先进的技术成就，却不妨搞个随和亲近的扮相，来迎合普通人的喜爱。技术的发展要围绕人的需求来展开，产品和环境的设计要更好地适应和满足人类的生理和心理的特点，这已逐渐在产品的设计者和消费者中形成共识。随着经济的发展，消费者的需求水平也在不断提高。从商品短缺时追求“拥有”，到追求良好的品质，进而再到以符合个人需要为追求目标，现在已逐渐转变到以是否满足个人的嗜好、是否体现“个性”为追求的目标。

人们对商品的价值观也从追求“重、厚、长、大”到追求“轻、薄、短、小”，进而到追求“美感、游乐、感性创造”。随着科学技术的发展，人们的欲求和价值观发生相应的变化，社会的生产形态和产业形态也发生相应的变化，整个社会生产将以追求个人的感性、个性为目标，以给人们带来喜悦和舒适为目的。其变化情况如图 6-1 所示。

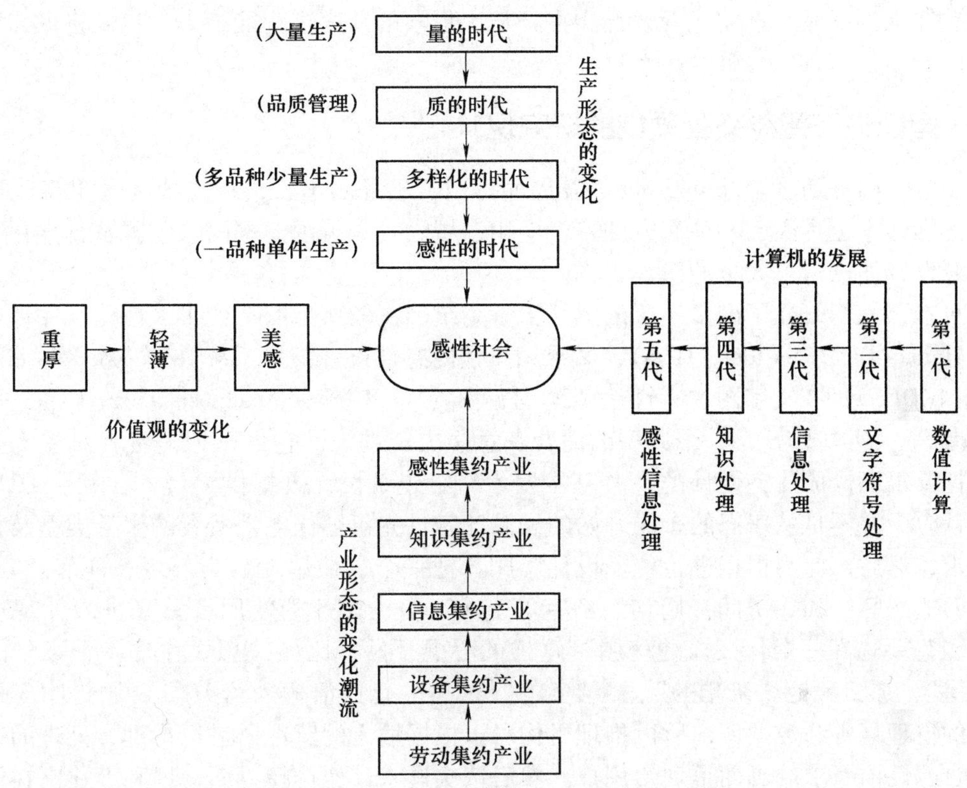

图 6-1　通往感性社会的潮流

任何产品都是为人的需要而设计的，从这个意义上来说，在产品的设计过程中，任何观念的形成都需以人为基本的出发点。在如今这个产品极大丰富的买方市场环境下，产品设计不仅在于重视和协调工程设计，更在于以人为本，努力通过设计活动来提高人类的生活和工作品质。人性化、个性化的设计观念所强调的正是这种把人的因素放在首位的设计思想，强调人、产品、环境、社会之间相互依存、互促共生的关系。从产品设计的崇高目标和境界来理解设计的意义，从更高、更宽的视野来认识构成人类文明、进步的主要因素，并用系统的观点来统一这些因素，指导产品设计沿着正确的方向发展，使产品设计充满人文关怀。

总之，产品的人性化、个性化设计是受多种影响因素制约的，这些因素又往往很复杂地交错在一起。因此，应该用一种系统的整体观念，把需求、情感、美学及环境因素等有机地融合，并进行综合分析，以此确立产品设计的目标。产品设计不仅设计了产品本身，而且设计了人与人之间的关系，也设计了人的生活方式。技术的进步减轻了人的劳动强度，信息的快捷方便了人类生活。当今飞速发展的信息技术在给人们带来巨大物质利益的同时，也带来了许多现实问题，如人的孤独感、造型的失落感以及自然资源的枯竭、环境的破坏等。这些问题的产生，本质原因并不在于物质技术的本身，而正是人类总体设计上的失衡，没有把人性化的理念系统地贯穿了人类的一切创造和设计活动中所形成的恶果。技术越进步，社会越发展，设计活动中的人性化设计理念就越来越显示其重要的作用与深远的意义。

个性空间是人工心理理论的一大应用领域，也就是人性化商品选购、设计和考虑消费者心理的市场开发。所谓个性空间是在人工心理理论的基础上，通过分析人类的情感，把人的感性需要加入到商品的选购或者设计中去，从工程学的角度实现能给人类带来喜悦和满足的商品。

6.1.2 国内外在智能交互领域的研究现状

由于电子商务随着全球 Internet 的发展而得到了迅猛的增长，使之成为人工智能研究的新领域，同样它也是人工心理研究的一个应用领域之一。英国、德国、美国及日本在智能交互系统开发方面进行了大量的研究工作。

在日本，人们研究了许多实用的感性工学系统，比较典型的有：①人性化居住环境设计系统（Human Living System，HLS）；②乘用车室内感性设计支持系统（Interior Kansei Design System，IKDES）；③文字图像感性诊断模糊专家（Word Image Diagnosis Fuzzy Expert，WID-FE）系统等。其中 HLS 是一个典型的消费者意愿决定系统，它可以把消费者对住宅室内布局的感性要求翻译成住宅设计的一些基本要素，给建筑设计者提供参考。在利用 HLS 进行住宅设计时，并不是从房间的布局开始的。设计者首先了解住宅消费者的生活类型及相应的感性要求，然后以此为根据进行住宅设计。HLS 把一个居住单元分为外观、外部总体结构、大门、西式房间、和式房间、厨房、浴室等七个部分。HLS 的使用者首先进入外观选择界面，从“想要住在一个什么样的房屋”这样的心愿开始，比如“想要住在一个豪华而又结实的房屋”，那么就把“豪华的”、“结实的”这样的感性语输入给 HLS。由于 HLS 具有关于外观的推理规则和数据库，所以推理机构可以根据输入的感性语进行推理，推理的结果以一幅符合感性语要求的画面呈现给用户。然后依次进入其他选择界面，以和上述同样的方式得出结果。将各部分结果综合起来，设计者就可以得到关于住宅设计的总体方案。

在德国，Mehrdad Jalali-Soli 等人在 2001 年提出的基于网络型电子商务系统（EMBASSI）系的多模型购物助手。EMBASSI 是由德国教育及研究部（BMBF）资助并由 20 多个德国大公司参与的大型系统，其目标是研究如何满足用户购物的预需求，多模型购物助手能够简单有效地实现用户的需求。该系统考虑了用户购物过程中的心理和环境影响因素。Volker Roth 等人在 2000 年提出了基于移动智能体（Agent）的网络个人商业助手模型，该模型描述了移动智能体服务器（Mobile Agent Server，SeMoA）结构，其目标主要是代替用户从事高层次购物活动，例如为生日晚会备办食物等。Kaveh Kamyab 等人在 2001 年设计了动画 Agent，并用在虚拟商城中，提出了多智能体结构的虚拟购物助手，通过对用户购物信心、期望和目标的分析提取，研究了购物过程的个性化、对话性、可信度和多模型交互性，并运用模糊建模构建用户对产品的期望和感知。Yasmine Arafa 等人在 2000 年提出了赋予独特个性的并充分考虑用户文化和社会地位的电子公共安全联合（e-PSA）模型，并探讨了模型在面对面智能对话交互通信中的性能及其可行性。从中可以看到智能体在研究中的广泛使用。

在人工智能研究中，智能体概念的回归，并不仅仅是因为人们认识到了应该把人工智能各个领域的研究成果集成为一个具有智能行为概念的“人”，更重要的是人们认识到了人类智能的本质是一种社会性的智能，人类绝大部分的活动都涉及多个人构成的社会团体，大型复杂问题的求解需要多个专业人员或组织协作完成。要对社会性的智能进行研究，构成社会的基本构件“人”的对应物“智能体”理所当然地成为人工智能研究的基本对象，而社会的对应物“多智能体系统”（Multi Agent Sysfem，MAS）也成为人工智能研究的基本对象。

分布式人工智能（Distributed Artificial Intelligence）是随着计算机网络、计算机通信和并发程序设计技术而发展起来的一个新的人工智能研究领域，主要研究在逻辑上或物理分散的职能系统之间如何相互协调各自的职能行为，实现问题的并行求解。分布式人工智能研究为在计算机网络环境下设计和建立大型复杂智能系统提供了有效的途径，体现了新一代软件设计的思想。智能体，尤其是 MAS 作为分布式人工智能的一个主要方向，已成为人工智能（AI）研究的一个热点。

智能体是一种处于一定环境下包装的计算机系统，为了实现设计目的，它能在这个环境下灵活自主地活动。一个智能体的最基本特性应当包括响应性、自治性、面向目标性和针对环境性，然后根据其应用情况可以再拥有其他特性。多智能体系统是由多个智能体组成的集合，智能体之间通过通信协商和协作来共同完成单个智能体不能完成的任务。对于 MAS 的研究主要强调从整体上对系统行为进行分析和定义。多智能体系统的研究领域包括许多方面如系统的组织结构、智能体间的通信、智能体间的协作与协商、智能体系统的机器学习、智能体系统的动态特性等。

MAS 中，不同的智能体之间及智能体与环境之间需要进行信息交互，以便进行协商与协作共同完成目标。多智能体协调是指具有不同目标的多个智能体，对其目标资源等进行合理安排，以协调各自行为，最大程度上实现各自目标。多智能体协作是指多个智能体通过协调各自行为，合作完成共同任务。MAS 中的交互有两种类型：正关系和负关系。负关系导致冲突，要消除冲突必须进行协商；正关系表示智能体可以通过协作实现互惠互利。与单智能体学习相比，多智能体学习受到智能体间交互的影响，具有动态性和并发性，不仅仅是单智能体学习的扩充。按照学习的不同，多智能体学习可以分为五个范畴系统：组织的学习、智能体模型学习、协调学习、一致性学习和通信学习。智能体的自主性和系统的协调机制使得多个 MAS 在描述复杂系统方面具有优越的特点：①分布性信息处理，智能体间可以通过消息机制进行交互和协调，适于并行操作。②适应性，对于环境的变化和不确定性，智能体可以在协调机制下通过交互和自学习适应新的环境。③开放性，智能体无论从概念还是从实现上都是一种封装模型，其内部结构和算法可以由不同人在不同时间、地点采用不同方法实现，通过标准消息接口加入到 MAS。④鲁棒性，对于外部干扰，MAS 可以通过智能体交互协调进行参数调整来保持系统的性能水平。

同样，在国内这一领域的研究也慢慢地展开，例如浙江大学 2002 年开发的建立在多个服务器基础上的 EasyMall 系统，利用 blaxxun 实现顾客与虚拟环境的交互，该系统利用 VRML（虚拟现实建模语言）、Java3d、XML（扩展性标识语言）以及计算机网络技术来实现多用户的交互式虚拟环境，在这个环境中，每个顾客都有自己的用户化身，可以自由地和其他的用户化身、商城中的商品以及智能体交流。商业智能（Business Intelligent）作为人工智能的一个独立研究分支已经得到了迅速发展。在 Internet 技术迅速普及的今天，面向 Internet 的信息获取与处理技术已成为当代计算机科学与技术领域中迫切需要研究的课题，将人工智能和情感信息处理技术应用于这一领域是人工心理理论的研究方向之一，也是人工智能走向应用的一种新的契机与突破口。

但是这些研究大多集中在系统网络功能的实现上，对用户购物心理的探讨并没有深入许多，所以本节更侧重于人工心理模型的研究及它在实际中的应用。

6.1.3 个性化智能商品导购空间的结构与功能

自从工业革命之后，人类社会最大的革命之一莫过于市场经济的出现。想一想服装市场，在工业革命之前，消费者只能自己做衣服或是从一家小的手工裁缝店里买一件，可选择的余地非常小。随着工业革命带来的大规模生产，消费者可以从大量的服装中选择他们喜欢的产品。然而社会的进步使得消费者领导市场已经成为了市场发展的趋势。在未来，消费者可以选定他们所喜爱的商品设计，并将这一信息传给制造商，进而由制造商根据客户所选的设计来为客户生产个性化的商品。

在这个过程中，由于客户对商品的设计并不专业，因此一个高度智能化的辅助选购和设计系统将会帮助客户来选定他们所想要的产品。由设计者接触客户，进而探寻客户的喜好是一种传统的实现方法，但是这种方式费时、费力，而且价格不菲，所以为非专业人士设计的智能化商品导购空间将成为一个有效的探寻用户对不同商品喜爱的平台。随着 Internet 技术的普及，为这种系统提供了舞台。将这一空间搭建在 Web 平台上，同时可以为制造商收集和分析客户的信息，与企业的客户关系管理（CRM）系统集成来丰富客户资料，更好地维护、发展客户关系，还可以与企业的企业资源管理计划（ERP）系统和知识管理系统整合，真正实现商业智能。

个性化智能商品导购空间结构框图如图 6-2 所示。

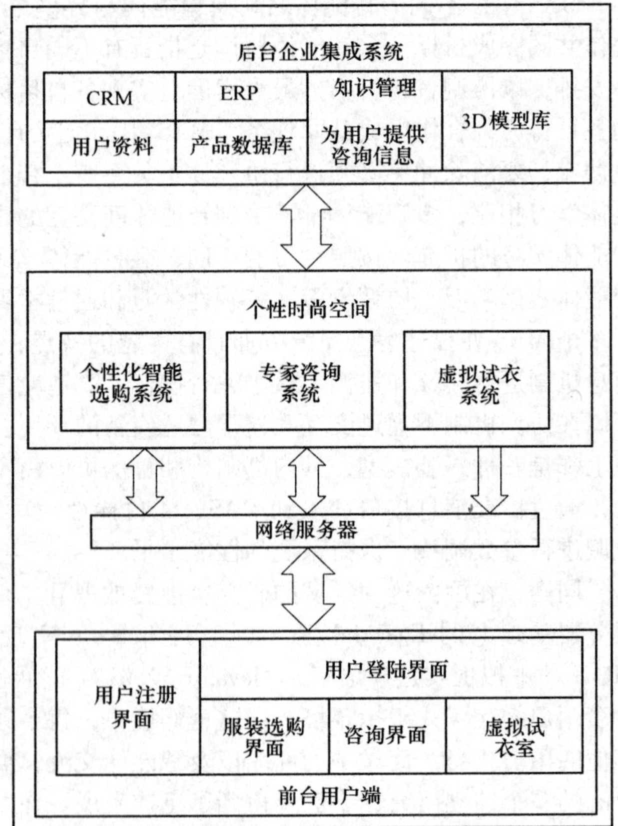

图 6-2 个性化智能商品导购空间结构框图

在这个空间中，前台用户通过注册方式将自己的个人信息传递给后台企业集成系统，在 CRM 中备份客户信息。随后用户通过选购界面首先表达自己对商品的要求，个性化智能选购系统对用户要求进行处理，从 ERP 系统的产品数据库中搜寻能够满足其心理需求的商品设计样本，并反馈给用户。在用户选择到几个满意的设计样本后，进入咨询界面，在虚拟专业设计师的帮助下，对样本进行改进。最后在虚拟试衣室中，用户所选购的服装以 3D 模型的方式展现出来，用户最后审查后点击订购，完成个性化的选购。

在这个空间中，实现了依据用户的感性需求来选购商品的功能，而不是传统意义上的选购。因此，本节工作的重点在于个性化智能选购系统的研究与应用介绍，也就是如何量化用户的感性选购心理，实现用户情感空间到商品特征空间的映射。图 6-3 所示为个性化智能选购系统结构框图。

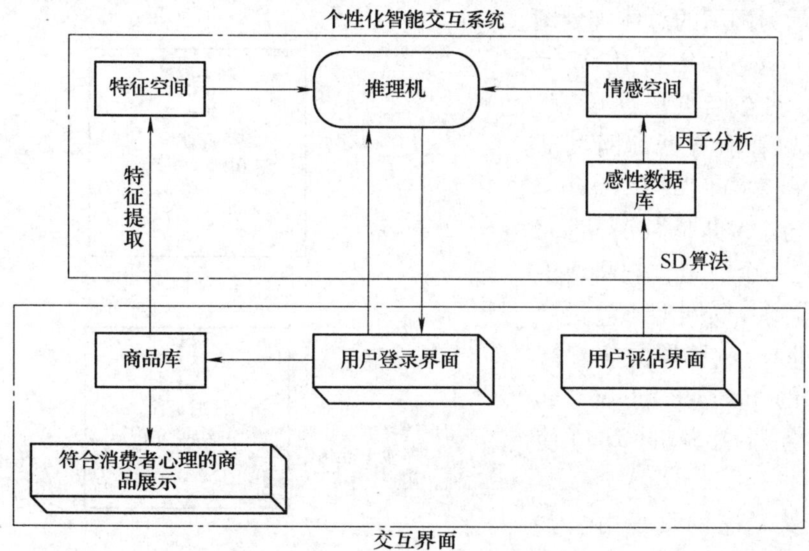

图 6-3　个性化智能选购系统结构框图
SD—比例共享式的资源调度算法

其基本技术要点有三个方面：

1）广泛地搜集消费者关于某个产品对象所具有的全部的感性要求或评价（用形容词表示的感性语），在此基础上构建感性语数据库；

2）搜集整理关于产品对象在设计上的全部物理特性，并分解成基本的设计要素，然后构建设计数据库；

3）通过调查分析，确定感性语和设计要素之间的关连性并模型化，设计能将两者连接起来的推理机。

上述三项功能必须使用计算机来完成，而且还要运用人工智能的理论和算法，如专家系统技术、人工神经网络、遗传算法等，必要时还可以使用模糊理论。

这里主要叙述以下两方面的工作：第一，提出了结合服装的设计理念与特点，用 HSV 颜色模型作为特征提取的手段，建立商品特征库；第二，采用 IGA 来搭建智能推理机，实现用户情感空间到商品特征空间的映射，并对 IGA 进行了改进，提高了收敛性。同时还尝试将神经元网络技术应用到空间的映射上，探讨了另一种较为有效地建立商品选购人工心理模型的算法。

6.1.4　个性化智能商品选购系统的网络平台搭建方法

随着 Internet 的快速发展，高速宽带化网络成为目前网络发展的主要方向，宽带网络技术及其提供的服务已成为近年来人们关注的热点。掌握宽带网络的应用、了解宽带网络技术、开发宽带网络上的应用服务是广大科技工作者最期盼的。活动服务器页面（Active Server Page，ASP）是目前流行的网站开发工具，它以 VBScript 语法为基础，使用简单、方便，并可充分集成 Windows 平台的资源及 SQL Server 数据库，是 Windows 平台上最佳的网站发展解决方案。本节就是采用 ASP 编程实现了面向 Internet 的个性化智能商品选购系统的网络平台。图 6-4 所示为网站的总体规划图。

ASP 是 Microsoft 公司在 Windows 上开发的动态网页描述语言，因为它号称可以让服务器的网页动起来（活化网站），故以 Active Server Page 命名。ASP 是微软 Visual Basic 家族中的一个成员，它将 VBScript 的应用带到互联网上，包括微软 Internet Explorer 浏览器的客户端 Script 和微软的 Internet Information Server 网络服务器端 Script 均可使用。

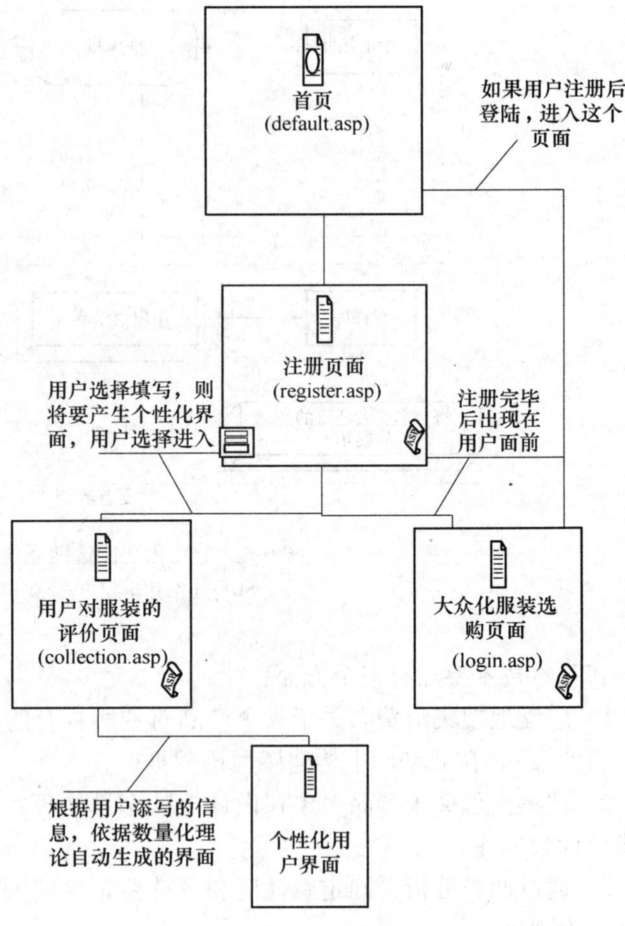

图 6-4　选购系统网站规划图

以往交互式动态网页是由公共网关接口（Common Gateway Interface，CGI）来完成的，用户从前端浏览器输入请求，提交后送到后端服务器，由 CGI 程序进行分析，并与数据库连接后进行处理。最后，需要的信息送回前端浏览器显示给用户，如图 6-5 所示。

ASP 功能与 CGI 相似，但具有 CGI 不具备的很多优点。ASP 程序是在服务器端工作，客户端浏览器向服务器提出“. asp”（ASP 文件后缀名为 . asp）文件请求，服务器读取文件对其编译执行，以动态超文本标记语言（HTML）文件结果送给客户端，脚本语言（VBScript、JavaScript）不在客户端浏览器执行，与浏览器无关，运行模式如图 6-6 所示。

ASP 主要由四部分组成：HTML、ASP 内嵌对象（Request、Response、Server、Application、Session 和 ObjectContext）、ActiveX 服务器控件（Ad Rotator、Active Database Access、File Access 等）和 Script（VBScript、JavaScript 等）脚本语言。后台可与 NT 系统上配套的 SQL 等数据库相连，只需编写少量的代码，即可在页面上执行一系列访库操作，特别适合企业经营活动的需要。使用 ASP 所提供的内置组件对象，配合 HTML、VBScript 和 Java Script，可实现各种复杂功能，并使主页呈现丰富

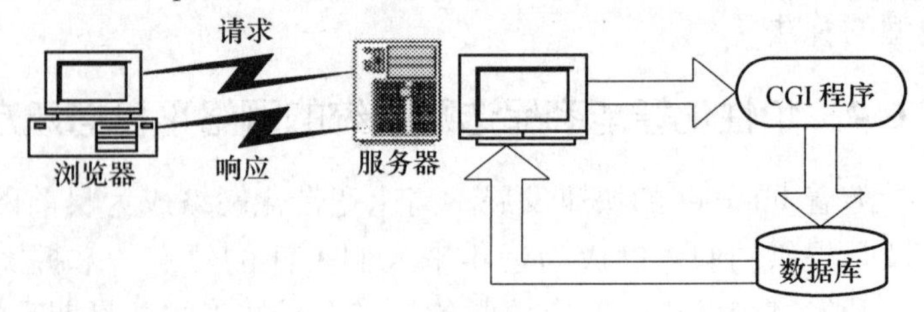

图 6-5　动态网页 CGI 运行模式

多变的风格。利用 ASP 进行 Web 设计，具有开发容易、功能完备、形式完美等特点，随着 NT 和 Internet 信息服务（Internet Information Server，IIS）在 Intranet 应用领域的覆盖面不断扩大，ASP 将成为企业和个人在 Internet 上大显身手所不可或缺的卓越技术。

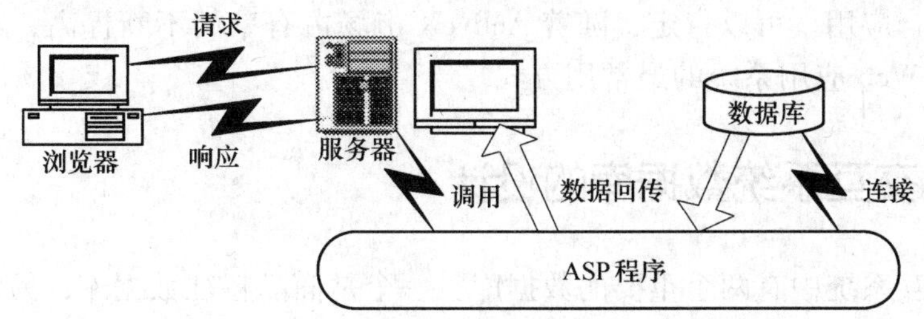

图 6-6　动态网页 ASP 运行模式

ASP 采用 ActiveX 数据对象（ActiveX Data Objects，ADO）技术访问后台数据库。其中内置的数据库访问组件 ADODB 属于数据库应用的组件对象模型（Component Object Model，COM）构件，可以在多种环境下使用。各种脚本和语言均可调用 ADO 组件访库，并利用相应的数据接口显示查询结果。ADO 拥有强大的活力，它是位于开放式数据库互连（ODBC）和对象链接和嵌入数据库（OLE DB）之上的高性能数据操作接口，提供了开放的数据操作对象模型，允许开发人员使用任何语言和统一的编程模式操作各种与 ODBC 和 OLE DB 兼容的数据库。通过 ADO，开发人员可以用较少的时间操作比以前更为复杂的数据类型，成为支持新一代数据访问与连接标准——UDA（统一数据访问）模型的核心技术。与传统的 CGI 和 ISAPI 因特网服务器应用编程接口等访库方式相比，ADO 方案简单易行、应用广泛，将成为站点访问后台数据库的最佳选择。从结构上讲，传统的两层结构由于其自身的弊端，正在逐渐被三层体系结构所代替。以往的客户机/服务器模式，无论将商业逻辑放在哪一端，都将造成胖客户机或服务器端的沉重负担。微软将 IIS 作为中间层的 Web Server，把复杂的胖 PC 客户端改造成为瘦客户端，把复杂的应用程序移到 Web 服务器上，从而大大缓解了这一问题。作为 IIS 的一个组成部分，ASP 提供一个无须编译的集成开发环境，开发人员可以把 HTML、VBScript、JavaScript、ASP 脚本和 ActiveX 构件等结合在一起，从而建立一个动态的、功能强大的 Web 应用系统。此外，使用 ASP 开发的 Web 应用程序，返回到前端是纯 HTML，不依赖于浏览器和操作系统，且具有较好的保密性。使用 ASP 在先进的协同应用程序开发模型中设计应用程序，可以实现最佳的性能、更好的安全性及更方便的维护。

从基于数据库的管理信息系统的角度来看，局域网环境的管理信息系统（MIS）大都可以迁移到 Web 环境中，浏览器/Web 服务器/数据库服务器三层分布式结构已势不可挡。目前，微软公司所推出的以 MS Windows NT Server 4.0 为操作系统、IIS 3.0 为 Web 服务器、SQL Server 6.5 为数据库服务器、Internet Explorer 为浏览器（支持 ActiveX）的模式已成为 Internet 和 Intranet 上常见的数据库应用系统构架。ASP 作为配套的站点设计技术，可以根据浏览器端提出的不同申请动态地生成相应的 HTML 页面，从而可根据用户的需要方便地获取数据。同时，由于 ASP 在服务器端执行，很好地保证了浏览器/服务器结构中数据的一致性。尤其值得一提的是，ASP 支持 ActiveX Sever Components（ActiveX 服务器组件），并可与任何 ActiveX Scripting 语言兼容。ActiveX 以微软公司的 COM 为基础，可以由任何编程语言来编写，诸如 COBOL 、VB、VC、Delphi、PowerBuilder、Java 等，并可在任何 Windows 平台上运行。使用 ActiveX 可建立独立的业务逻辑处理单元，将其嵌入到所需的 ASP 主页中，不仅功能灵活，而且具有很高的重用性，比较容易开发出具有 Internet 通信能力和具有传统商业计算能力的混合应用。可以肯定，随着 ActiveX 市场占有率的不断提高，组件对象与 ASP 结合将成为构造 Web 应用系统的最常用方式。

6.2 个性化交互系统数据库的设计

在个性化交互系统中有两个重要的数据库：一个是商品特征数据库；另一个是客户情感数据库。这两个数据库中的数据准确程度将直接影响系统的精确度。本节将对两个数据库的建立方法进行深入的探讨。

6.2.1 HSV 颜色模型及量化方法

目前图像颜色信息提取的方法有：Jain 等采用的 RGB 通道等量化的方法、Smith 等提出的 HSV 空间的 166 种归类颜色的方法、QBIC（基于图像内容的检索系统）采用固定 256 种参考颜色表的方法、朱森良等提出的基于聚类分析的主色提取方法等。HSV 颜色模型是一种比 RGB 颜色模型视觉均匀的模型，可以分别提取图像的色调和亮度以及饱和度信息，因此可以通过加权的方法对图像中的色调、亮度、饱和度进行综合，使得提取的特征更接近于人对颜色的感知方法。

HSV 颜色模型是一种适合肉眼分辨的模型，它把彩色信息表示为三种属性：色调 h、饱和度 s 和亮度 v，这种颜色模型可用三维空间坐标系统表示。HSV 模型的三维表示从 RGB 立方体演化而来。设想从 RGB 沿立方体对角线的白色顶点向黑色顶点观察，就可以看到立方体的六边形外形。六边形边界表示色彩，水平轴表示饱和度，亮度沿垂直轴测量。图 6-7 所示为 HSV 六棱锥示意图。

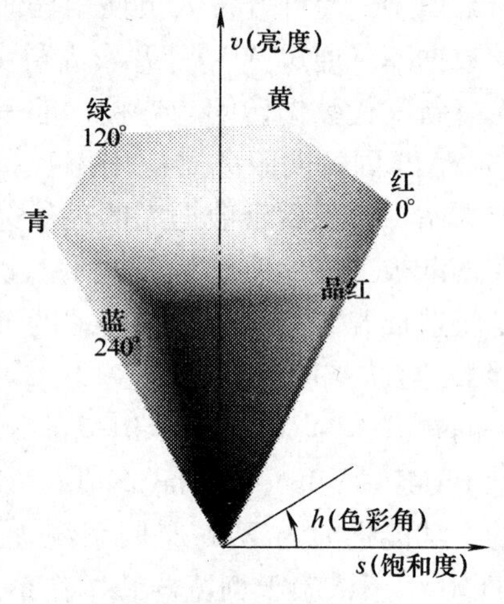

图 6-7 HSV 颜色模型

色调 h 表示色彩信息，即所处的光谱颜色的位置。该参数用一角度量来表示，红、绿、蓝分别相隔 120°。互补色分别相差 180°。饱和度 s 为一比例值，范围从 0 ~ 1，它表示成所选颜色的纯度和该颜色最大的纯度之间的比率。$s=0$ 时，只有灰度。v 表示色彩的明亮程度，范围从 0 ~ 1。有一点要注意，它和光强度之间并没有直接的联系。

从图像中一般都能得到 RGB 三色值，从 RGB 值到 HSV 空间的转换如下：给定 RGB 颜色空间的值（r、g、b），其中 r、g、$b \in$［0 - 255］，则变换到 HSV 空间的（h、s、v）值，可设 $v' = \max$（r，g，b）

定义 r'、g'、b'为 $r' = (v'-r)/[v'-\min(r,g,b)]$、$g' = (v'-g)/[v'-\min(r,g,b)]$和 $b' = (v'-b)/[v'-\min(r,g,b)]$，则有

$$v = v'/255 \tag{6-1}$$

$$s = (v'-\min(r,g,b))/v' \tag{6-2}$$

$$h' = \begin{cases} (5+b') & 若\ r=\max(r,g,b)\ 和\ g=\min(r,g,b) \\ (1-g') & 若\ r=\max(r,g,b)\ 和\ g\neq\min(r,g,b) \\ (1+r') & 若\ g=\max(r,g,b)\ 和\ b=\min(r,g,b) \\ (3-b') & 若\ g=\max(r,g,b)\ 和\ b\neq\min(r,g,b) \\ (3+g') & 若\ b=\max(r,g,b)\ 和\ r=\min(r,g,b) \\ (5-r') & 若其他 \end{cases} \tag{6-3}$$

和

$$h = h' \times 60$$

式中，r，g，$b \in [0-255]$，$h \in [0-360]$，$s \in [0-1]$，$v \in [0-1]$。

HSV 对用户来说是一种直观的颜色模型。可以从一种纯色彩开始，即指定色彩角 h，并让 $s=v=1$，然后可以通过向其中加入黑色和白色来得到需要的颜色。增加黑色可以减小 v 而 s 不变，同样增加白色可以减小 s 而 v 不变。例如，要得到深蓝色，$s=1$，$v=0.4$，$h=240°$。要得到淡蓝色，$s=0.4$，$v=1$，$h=240°$。一般说来，人眼最大能区分 128 种不同的色彩、130 种色饱和度、23 种明暗度。如果我们用 16 位表示 HSV 的话，可以用 7 位存放 h，4 位存放，5 位存放 v，即 745 或者 655 就可以满足需要了。由于 HSV 是一种比较直观的颜色模型，所以在许多图像编辑工具中，应用比较广泛，如 Photoshop（在 Photoshop 中叫 HSB）等等，但这也决定了它不适合使用在光照模型中，许多光线混合运算、光强运算等都无法直接使用 HSV 来实现。

用 HSV 空间的颜色直方图来描述图像的整体颜色特征。一幅图像的颜色一般很多，尤其是真彩色图像，因此直方图向量的维数会非常多。若对 HSV 空间进行适当的量化后再计算直方图，则计算量要少得多。将 h、s、v 三个分量按人的颜色感知进行非等间隔的量化，从对颜色模型的大量分析和计算，可把色调 h 分成 16 份，饱和度 s 和亮度 v 分别分成 4 份，并根据色彩的不同范围进行量化，量化后的色调、饱和度和亮度值分别为 h、s、v。

$$H = \begin{cases} 0 & 若\ h\in[345,15] \\ 1 & 若\ h\in[12,25] \\ 2 & 若\ h\in[25,45] \\ 3 & 若\ h\in[45,55] \\ 4 & 若\ h\in[55,80] \\ 5 & 若\ h\in[80,108] \\ 6 & 若\ h\in[108,140] \\ 7 & 若\ h\in[140,165] \\ 8 & 若\ h\in[165,190] \\ 9 & 若\ h\in[190,220] \\ 10 & 若\ h\in[220,255] \\ 11 & 若\ h\in[255,275] \\ 12 & 若\ h\in[275,290] \\ 13 & 若\ h\in[290,316] \\ 14 & 若\ h\in[316,330] \\ 15 & 若\ h\in[330,345] \end{cases} \tag{6-4}$$

$$S=\begin{cases}0 & 若\ s\in[0,0.15]\\1 & 若\ s\in[0.15,0.4]\\2 & 若\ s\in[0.4,0.75]\\3 & 若\ s\in[0.75,1]\end{cases} \tag{6-5}$$

$$V=\begin{cases}0 & 若\ v\in[0,0.15]\\1 & 若\ v\in[0.15,0.4]\\2 & 若\ v\in[0.4,0.75]\\3 & 若\ v\in[0.75,1]\end{cases} \tag{6-6}$$

上面的 H、S、V 取值区间均为前开后闭。按照以上的量化级，把三个颜色分量合成为一维特征向量，即

$$L = HQsQv + SQv + V \tag{6-7}$$

式中，Qs 和 Qv 分别是 S 和 V 的量化级数。

取 $Qs=4$，$Qv=4$，则式（6-7）可表示为

$$L = 16H + 4S - V \tag{6-8}$$

这样，H、S、V 三个分量就在一维向量上分布开来。在式（6-8）中，对色调 H 取的权重为 16，对饱和度 S 取的权重为 4，对亮度 V 取的权重为 1，这样就大大减轻了图像亮度 V 对检索结果的影响，而且也减少了饱和度 S 对检索结果的影响，但对颜色分布不同的图像却能很好地检索出来，故能充分利用图像的颜色信息特征来满足人们对图像查询的要求。同时，根据式（6-8）可知，L 的取值范围是［0，1，2，…，255］，计算 L 获得 256 柄的一维向量，即可获得图像的颜色直方图。所谓颜色直方图是颜色信息的函数，它表示图像中具有同颜色级别的像素的个数，其横坐标是颜色级别，纵坐标是该颜色出现的频率（像素的个数），求颜色直方图的算法如下：

```
for(int i =0;i <256;i ++)
        T[i] =0;                              //初始化特征值
    for(int k =0;k <256;k ++){                //做 256 柄的一维向量循环
        for(int y =0;y <256;y ++)             //height 为图像的高度
            for(int x =0;x <256;x ++){        //width 为图像的宽度
                if(I(x,y) = =k)               //I( * )为图像各像素点的 HSV 量化特征值
                    T[k] ++;                  //求 256 柄的一维向量的特征分布直方图
            }
    }
```

为了简化查询方法，减少图像数据库的查询时间，提高图像的检索效率，笔者把量化后得到的 256 柄的一维向量展开成 16×16 的特征矩阵，即按照先后顺序从 256 柄的一维向量中抽取每个特征作为 16×16 矩阵中的一个元素，构成所需要的特征矩阵。然后把获得的特征矩阵转化为对角矩阵，即根据线性代数知识有 $AX=\lambda X$。其中，A 为特征矩阵；λ 为矩阵的特征值。这样，就可以求得此特征矩阵的 16 个特征值 λ_1，…，λ_{16}，这 16 个特征值就是对角矩阵的主对角元素。用这 16 个特征值作为特征向量就可以表达一幅图像的颜色特征，这样就能减小图像特征数据库的容量。同时，因用于查询的特征向量只有 16 个元素，能明显减少图像数据库的搜索时间，提高图像查询的效率。

6.2.2 服装商品的特点与设计理念

“设计”这个词汇起源于拉丁语中的“Designare”，意思是用符号表征一些平面图。随着时间的流逝，设计一词的含义也发生了变化。虽然在过去它仅仅意味着计划和组织的意思，但是现在它还意味着相应计划的结果。因而，可以说“时尚的设计”代表“在服装所能采用的各式各样风格中做出一个选择”。流行的设计包括三个形体部分：轮廓、细节和装饰。轮廓就是能够表达一件服装整体特征的形体略图。细节是由轮廓细分后的几个部分构成，包括领口、袖子、裙子等。装饰是所有最后完工饰品的代言词。因此在基于人工心理模型的服装选购系统中，将服装的特征主要集中在细节部分，一般的细节如图 6-8 所示。按衣领（Collar）、上衣（Body）、袖子（Sleeve）、裙子（Skirt）/裤子（Pants）这几部分分别提取，服装的整体分割则按照 1:1.618 的黄金段来处理的，因为这一分割方法在服装的设计中用得最为广泛。

在这里，为了方便遗传算法的计算，将四个细节部分的不同设计风格用二进制数来表示。根据服装设计裁减专业的划分，一般有 12 种袖子、34 种领口、9 种下装设计方式，故用二进制数表示时可分别将袖子设为 4 位，领口设为 6 位，下装设为 4 位。图 6-9 ~ 图 6-11 所示为服装各部分样式编码。

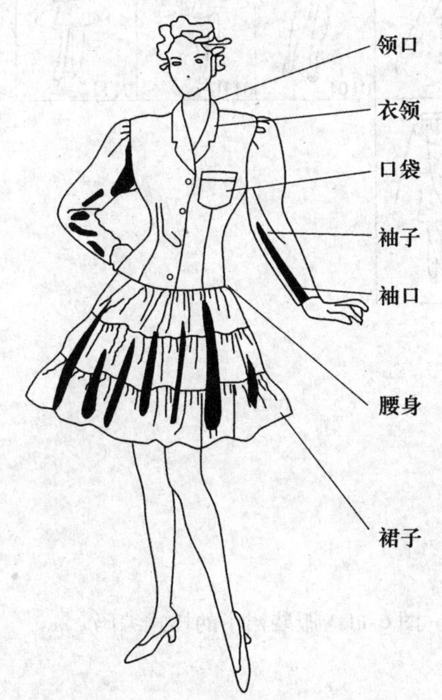

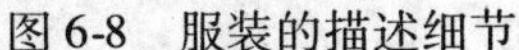
图 6-8 服装的描述细节

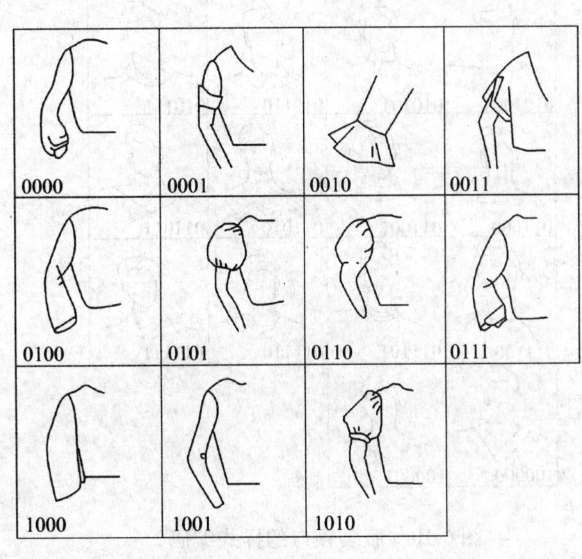

图 6-9 服装袖子的样式编码

这里，对于下装用 1010 表示裤装，0000 ~ 1000 表示 9 种裙子的设计风格；用 000000 ~ 100001 表示 34 种领口设计；用 0 表示连体服装，1 表示分体服装。加上［0，256］的颜色范围用 8 位数表示，一共可构成 46 位二进制数。即任何一张服装图片都可以用一个 46 位的二进制数来表示，而且不会出现重复。这种方法充分考虑了人类视觉系统对颜色的感性认识、服装颜色的多样性和服装的结构，弥补了原有系统在这一方面的不足，提高了商品特征描述的精确度，利于交互中的交叉、变异等过程的实现，方便编程实现。归一化的使用减少了特征数据库容量，提高了图片的在线查询速度。

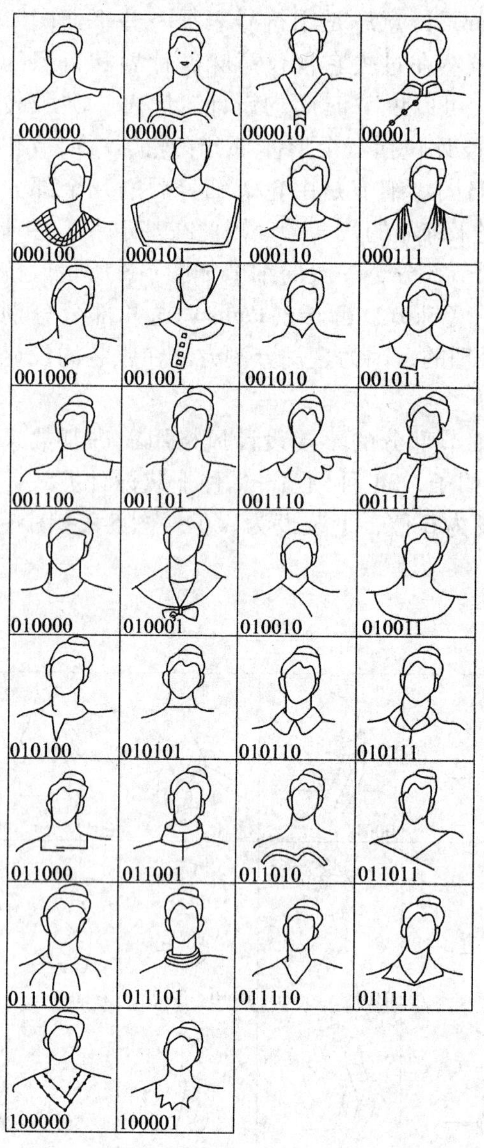

图 6-10　服装领口的样式编码

图 6-11　服装裙子的样式编码

6.2.3　服装商品特征库的建立

服装选购系统中用 Photoshop 测量颜色，测量界面如图 6-12 所示。

按 collar、Body、Sleeve、Skirt\Pants 这四部分分别提取 H、S、V 颜色在各部分的水平和垂直方向的平均分布作为图像特征。可先将图像沿水平和垂直方向划分成若干条，然后根据计算出 R、G、B3 色分量在水平和垂直方向的归一化分布。用上述方法，即可提取出每部分颜色特征值。10 个训练样本四部分的颜色特征值见表 6-1。

在表中，“x” 代表这部分的内容没出现，在此表的基础上，引入服装商品的设计特点和规律，于是任何一张服装图片都可以用一个46位的二进制数来表示，而且不会出现重复。服装图片的整体编码方式如图6-13所示。

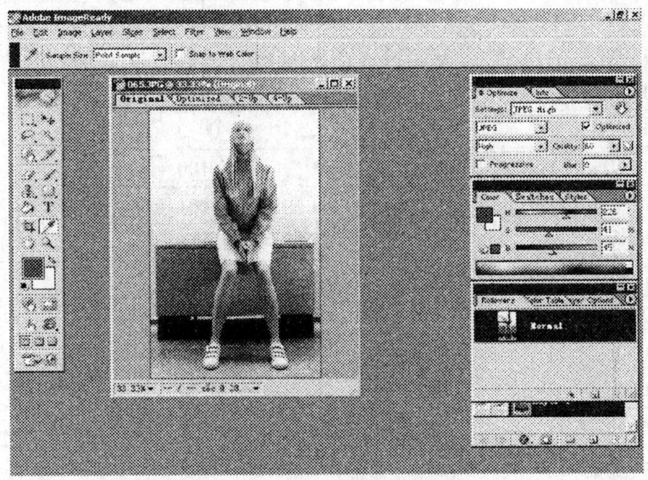

图6-12 Photoshop测量颜色界面

表6-1 10个训练样本四部分的颜色特征值

No	001	011	012	120	015	016	019	002	020	006
衣领（Collar）	9	6	6	4	7	6	3	9	20	7
上衣（Body）	6	11	6	4	1	10.5	3	9	20	7
袖子（Sleeve）	x	11	x	x	1	7	3	9	20	8
裙子/裤子（S/P）	8	5	6	4	1	12	15	2.5	20	6

	颜色		颜色		颜色		颜色
100011	Color	1	Color	0000	Color	1010	Color
A	B	C	D	E	F	G	H

图6-13 服装图片的整体编码方式

A—领口样式的6位二进制编码

B—领口颜色的8位二进制编码

C—服装主体设计的1位二进制编码（0—连体服装，1—分体服装）

D—服装主体中上装颜色的8位二进制编码

E—袖子样式的4位二进制编码

F—袖子颜色的8位二进制编码

G—服装主体中下装样式的4位二进制编码

H—服装主体中下装颜色的8位二进制编码

按照此编码方式得到新的特征值库的样本总体特征值见表6-2。

表6-2 样本总体特征值

No	衣领（Collar）		上衣（Body）		袖子（Sleeve）		裙子/裤子（Skirt/Pants）	
	编号	颜色	编号	颜色	编号	颜色	编号	颜色
1	000001	9	0	16	1011	256	0010	8
2	010011	6	1	11	1011	11	0110	5
3	000000	6	0	6	1011	256	1001	6

（续）

No	衣领（Collar）		上衣（Body）		袖子（Sleeve）		裙子/裤子（Skirt/Pants）	
	编号	颜色	编号	颜色	编号	颜色	编号	颜色
4	011101	4	0	4	1011	256	1001	4
5	000111	7	1	1	0100	1	1011	1
6	001101	6	0	10.5	0010	7	0011	12
7	001111	3	1	3	0100	3	1011	15
8	011100	9	1	9	1001	9	0000	2.5
9	000110	20	1	20	0111	20	1011	20
10	011001	7	1	7	0000	8	0101	6
11	010000	13	1	13	0000	13	0101	15
12	010111	13	1	13	0111	13	0101	7
13	010011	6	1	6	0100	6	1011	6
14	011000	11	0	20	1011	20	0100	20
15	001111	9.5	0	18	1001	9.5	0111	1
16	011011	16	1	16	0111	9.8	1011	3
17	011010	11	1	15	0001	15	1011	15
18	010011	3	0	3	1011	3	0001	3
19	000111	11	0	15	1011	15	0100	15
20	000110	3	0	3	0010	15	1001	12
21	011001	9	1	9	0100	7	0111	28
22	010000	20	1	20	1001	256	0000	20
23	010111	7	1	7	0111	20	1011	248
24	010011	13	0	13	0000	1	1001	13
25	000111	6	1	20	1011	20	0111	6
26	001101	4	0	8	0100	3	0101	4
27	011000	7	0	13	0111	256	1011	13
28	001111	6	0	13	1011	1	0100	6
29	000111	3	1	6	1011	7	1011	6
30	001101	6	1	20	0001	256	1011	20

6.2.4 客户情感数据库的建立

要建立情感模型必须对表达情感的形容词进行量化和分析，因此客户情感数据库的建立主要包括三步：一是收集表达用户心理的形容词；二是做语义量化试验，由被调查的客户评价商品图像，收集数据；三是采用因子分析法将数据库中的数据进行分析，建立情感数据库。

人们常常选用形容词来表述对于商品的心理感受，如用“豪华的—朴素的”来描述房屋装潢,用“轻便的—笨重的”来描述自行车，因此建立人工心理模型先要选取合适的描述商品的形容词。对于服装商品来讲，不同的款式，色彩更是会让客户产生不同的心理，如色彩、构图变化得过多会感觉凌乱，没有变化会显得呆板；对称的衣服让人感到统一稳重的——均衡式的造型活泼多变的；对比强才会出现个性效果，对比弱让人感觉普通；服装的节奏和韵律感可以通过色彩、装饰（腰带、裙褶、飘带等）的变化体现出来；大朵花、满地花给人热烈豪放的感觉，细花、碎花、小朵花给人印象是清秀、典雅、精致。因此，首先要从词典中找出针对于服装样本的合理形容词，按意义整理成为对偶形式，形容词对见表6-3。

针对这16对形容词，由用户对图像样本进行评价，评价分为五个等级，例如形容词对“浪漫的—呆板的”，用户的评价可以是非常浪漫、有些浪漫、中性、有些呆板、非常呆板，分别对应1、2、3、4、5，这就是SD评价实验。

浪漫的1，2，3，4，5呆板的

通过实验收集数据，形成用户的情感库。服装图片库中共有500幅图片，选出其中的30幅作为样本提供给用户评测，则得到的评价平均值为形容词对的量化值，前10个样本的评价平均值见表6-4。

表6-3　抽取的形容词对

1	鲜艳的—灰暗的（色度）	9	性感的—保守的
2	温馨的—清凉的（色彩的冷暖）	10	典雅的—豪放的
3	凌乱的——单调的（色彩、构图变化）	11	和谐的—不和谐的
4	正式的——随意的（服装的风格）	12	有韵律感的—无韵律感的
5	含蓄的——张扬的	13	男性化的—女性化的
6	优雅的——粗俗的	14	有个性的——般的
7	浪漫的——呆板的	15	稳重的—活泼的
8	华贵的——质朴的	16	柔软的—坚硬的

表6-4　样本1-10的评价平均值

形容词对	样1	样2	样3	样4	样5	样6	样7	样8	样9	样10
鲜艳的—灰暗的	2.4	1.9	2.0	3.7	1.6	2.6	2.8	2.8	2.0	3.0
稳重的—活泼的	1.7	2.1	2.2	3.0	1.3	1.7	2.1	1.8	3.5	1.7
温馨的—清凉的	1.1	1.0	1.4	1.7	1.1	1.9	2.1	2.0	1.4	1.4
凌乱的—单调的	3.4	3.5	2.8	3.9	3.8	4.0	3.7	3.7	1.6	4.4
正式的—随意的	2.4	2.8	2.9	3.1	3.8	2.0	2.1	2.4	3.1	2.2
含蓄的—张扬的	2.2	3.0	2.3	2.9	2.8	2.8	2.6	2.3	2.3	2.7
优雅的—粗俗的	2.7	2.2	2.8	3.4	2.3	2.1	2.6	2.0	3.3	2.1
浪漫的—呆板的	3.7	3.2	2.3	2.7	3.7	3.9	2.7	2.8	1.5	4.3
华贵的—质朴的	1.2	2.1	2.1	3.0	1.5	1.3	2.0	1.6	3.3	1.0
性感的—保守的	1.9	2.2	2.6	3.5	2.0	1.9	2.5	2.3	3.6	2.0
典雅的—豪放的	2.2	2.4	2.0	2.1	1.0	3.4	3.5	2.8	3.9	3.8
和谐的—不和谐的	2.2	5.0	5.0	4.7	1.1	1.9	2.1	2.0	1.4	1.4
男性化的—女性化的	5.0	2.9	2.8	3.5	4.8	3.7	3.2	2.3	2.7	3.7
柔软的—坚硬的	1.7	2.6	2.6	2.8	3.4	2.3	2.1	2.6	2.0	3.3
有韵律感的—无韵律感的	2.2	1.5	2.3	1.9	1.6	3.8	2.0	2.1	2.4	3.1
个性的—大众的	1.6	1.5	2.3	2.8	3.5	2.0	1.9	2.5	2.3	3.6

设用户 k 对图像 m 的第 n 对形容词的评价为 Z_{mnk}，求出平均值，并将其标准化，得矩阵 $\boldsymbol{Y}$，以形容词对“华贵的—质朴的”为例，30个样本的全部评价结果见表6-5。

表 6-5 “华贵的—质朴的”评价结果

样品 No.	评价平均值 *Y*	样品 No.	评价平均值 *Y*
1	2.4	16	1.8
2	1.9	17	1.3
3	2.0	18	1.1
4	3.7	19	1.1
5	1.6	20	2.4
6	2.6	21	1.9
7	2.8	22	3.2
8	2.8	23	1.6
9	2.0	24	2.7
10	3.0	25	1.5
11	1.3	26	1.9
12	2.4	27	1.8
13	1.4	28	2.6
14	1.4	29	1.8
15	2.6	30	3.0

6.2.5 实验结果与分析

为了验证该方法的有效性，分别进行两组实验：一组以传统的 RGB 通道来建立商品特征库；另一组采用 HSV 颜色模型结合商品设计理念的方法来建立商品特征库。参加实验的是浏览我们网站的客户，他们的年龄、职业等各不相同，保证了消费者心理的多样性，为实验提供了更加有效和有力的数据。从中随机抽取了 30 个人对 10 个训练样本的评估值，并对其进行因子分析。这里为了显示方便，只给出形容词对中的一个“清秀典雅的—热烈豪放的”的平均值 $\bar{y}$ 为

$$\bar{y} = [2.4 \quad 1.9 \quad 2.2 \quad 3.7 \quad 1.6 \quad 4.7 \quad 2.8 \quad 3.2 \quad 4.2 \quad 3.0]$$

将平均值输入原始系统，得到 20 个测试样本的预测值 $\hat{y}$，图 6-14 为分别根据 HSV 颜色模型算法和原来的 RGB 信道计算后的预测值。

从图 6-14 中可以看到，根据 RGB 通道方法算出的检验样本预测值都集中在［1，3］范围里，对用户的心理模仿过于集中，没有充分地反映用户的心理。而按照 HSV 颜色模型计算后的预测值在［0，5］范围里，与实际的用户评价心理非常吻合。再用样本复相关系数 r 来验证模型的预测精度，即利用下式计算预测值 $\hat{y}$ 与实测值 y_i 之间的误差程度：

$$r = \frac{\sigma_{\hat{y}y}}{\sigma_{\hat{y}}\sigma_y} = \frac{\sigma_{\hat{y}}}{\sigma_y} = \sqrt{\frac{\sum_{i=1}^{n}(\hat{y}-\bar{y})^2}{\sum_{i=1}^{n}(y_i-\bar{y})^2}} \tag{6-9}$$

式中，y_i 为实测值；$\hat{y}$ 为估计值；$\bar{y}$ 为 y_i 的平均值；n 为检测样本的个数。r 的值越接近 1，

说明预测值越准确，系统的精确度越高。

选用形容词对“清秀典雅的—热烈豪放的”进行预测精度比较，得到原系统样本复相关系数等于1.2804，而改进后的系统样本复相关系数等于1.0401，说明改进后系统模型的预测精度得到较大的提高。参加实验的30名用户进入服装选购接口，根据心理需求挑选服装，统计结果显示，用户对新系统的满意度可以达到63%，而对原有系统的满意度仅为55%。可见改进后的服装选购系统更能准确地体现用户的心理需求。此外，所有用户均表示选购过程明显加快。可见该颜色模型具有很好的表达能力和应用价值，可将这种方法应用到个性空间中其他系统中。

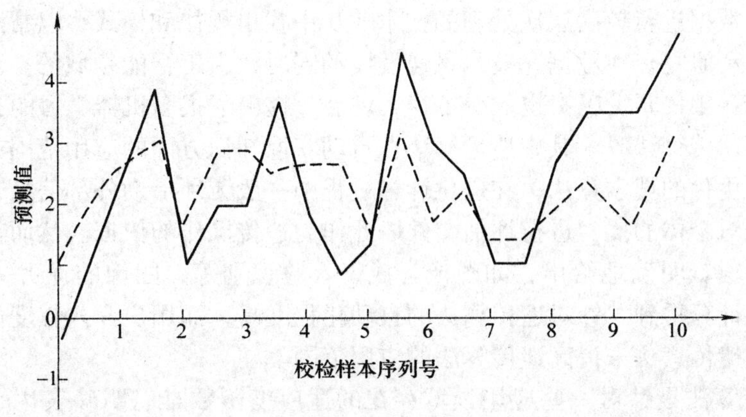

图6-14 预测值比较

—— 表示基于HSV颜色模型 ------ 表示基于RGB通道

本节详细介绍了商品特征数据库和客户情感数据库的建立方法。首次提出运用HSV颜色模型算法和服装商品自身的设计理念相结合的方法来提取服装图片的特征值，从而提高了商品特征描述的精确度，减少特征数据库的规模，提高了图片的在线查询速度。其中，HSV颜色模型是一种比RGB颜色模型视觉均匀的模型，一种适合肉眼分辨的模型，利用此方法提取的商品特征更接近人对颜色的感知认识。

此外，由于人们常常选用形容词来表述对于商品的心理感受，如用“豪华的—朴素的”来描述房屋装潢，用“轻便的—笨重的”来描述自行车，因此建立客户情感数据库必须选取合适的描述商品的形容词，并对表达情感的形容词进行量化和分析，因此客户情感数据库的建立步骤主要包括三步：一是收集表达用户心理的形容词；二是做语义量化试验，由被调查的客户评价商品图像，收集数据；三是采用因子分析法将数据库中的数据进行分析，建立情感数据库。

6.3 个性化交互系统在线智能推理机的建立

在本节中，将介绍利用交互式遗传算法来建立个性化的智能选购系统的顾客心理模型。原有系统所使用的数量化I类理论是将人的心理与情感这一模糊量线性数量化，而在此则是要把心理需要作为非线性考虑，使之适用于通常的统计解析方法。为此，采用了交互式遗传算法及相关技术来解析问题，进而使该系统具有自学习能力。

6.3.1 使用遗传算法搭建顾客心理模型

遗传算法（GA）是仿真生物遗传学和自然选择机理，通过人工方式所构造的一类搜索算法，从某种程度上说，遗传算法是对生物进化过程进行的数学方式仿真。霍兰德（Holland）在他的著作《Adaptation in Natural and Artificial Systems（自然与人工系统中的适应）》中首次提出遗传算法，并主要是由他和他的学生发展起来的。

1. 交互式进化算法

随着数据在日常决策中的重要性越来越显著，人们对数据处理技术的要求也不断提高。人们需要能够对数据进行较高层次处理的技术，从中找出规律和模式，以帮助人们更好地利用数据进行决策和研究。在数据库技术飞速发展的同时，人工智能领域的一个分支——机器学习自20世纪50年代开发以来也取得了很大进展，提出了很多机器学习的方法，如实例学习、神经网络和遗传算法等。其中遗传算法在自动获取知识方面的应用范围非常广泛。遗传算法是一个全局优化的搜索算法，在进化计算过程中一般无须借助外部信息，而直接凭借适应度值的计算来对个体的优劣进行评估，并以此作为遗传操作的依据。然而在一些领域的适应度函数表达式很难明确地给出，如图像合成、人脸识别等，图像的优劣一般交由用户评估，而难以通过计算得到。针对遗传算法的自动化程度高，而用户介入程度低的问题，人们提出了用交互式遗传算法来提高遗传算法的应用范围。

交互式遗传算法是针对一些应用领域存在的适应度函数难以明确表达的问题而提出来的。它是一种通过用户参与进化过程和对进化个体进行评估，以代替计算过程的改进方法。它最初应用于汽车、手表的设计等领域，也是一种基于用户主观评价的全局搜索优化技术，换言之，这种方法就是在进化的过程中，采用人机交互的方式，并由用户确定适应度函数的值，再通过选择、交叉、变异等遗传操作而在特征空间进行搜索；用户通过给出适应度函数值，来评价搜索结果与用户主观空间或心理空间的相似度，并将人的主观情感融入到进化过程，从而实现了主观心理空间和客观特征空间的映射。图6-15表明了GA与IGA的区别。

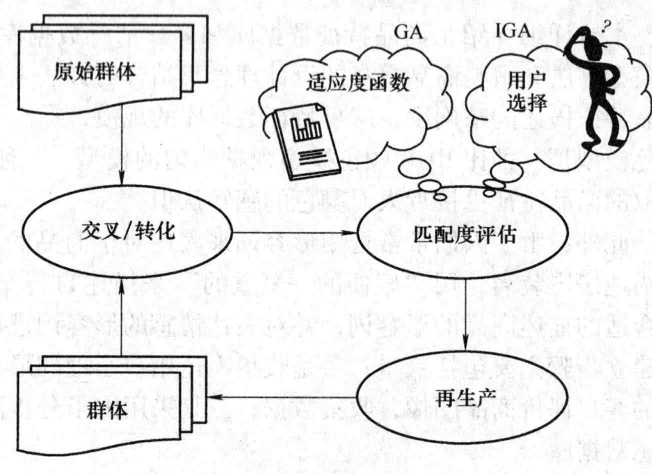

图6-15 GA与IGA的比较

IGA也有不足之处，即用户在交互过程中，对每代的所有个体都要进行评估，当个体的数量较大、进化时间较长时，用户容易疲劳，特别是当某一代中存在差别不大的类似个体时，要对它们进行相对优劣的评估，心理压力更大，因而更容易产生疲劳。针对这一问题，HideyukiTakagi曾提出用离散适应度值（即只有若干个不同级别的适应度值）来代替连续适应度值（即有几十甚至几百个不同级别的适应度值），以减轻用户的心理压力。但该方法的结果是使遗传操作的收敛性变差。针对用户疲劳问题，本节提出了两种解决方法：其一是跟踪并记录用户每次所选择的最佳个体，当用户疲劳时，根据对记录的历次最佳个体的学习来自动计算个体的适应度值，以代替用户对个体的评估过程，即采用用户评估与机器自动计算相结合的方法；其二是当用户预先能对所选个体提出大致的要求时，从数据库中搜寻出大致符合用户要求的若干个体，以代替最初随机产生若干个体呈现给用户的过程，以此加速收敛性，缩短用户评估的过程。基于以上考虑，设计了个性化交互系统的在线推理机模型。

2. 模型描述

系统模型如图6-16所示。图中，三个点画线框分别表示预处理模块、交互式GA模块和自主式GA模块。

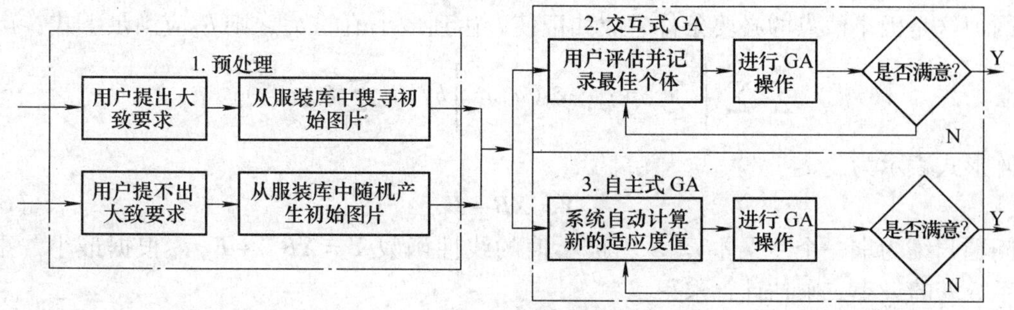

图6-16　系统模型

预处理模块主要完成交互式GA操作之前的数据预处理工作。交互式GA模块分别由用户评估、选择、交叉、变异和群体更新等几个功能模块所组成。自主式GA模块则根据所记录的历次最佳个体对新的个体进行适应度值的自动计算，以机器评估代替用户评估。

（1）预处理模块　遗传算法中，初始群体的设定可采取如下策略：根据问题固有知识，设法把握最优解所占空间在整个问题空间的分布范围，然后在此分布范围内设定初始群体。在交互实验中，发现第一次呈现给用户的服装图片中，大致符合用户要求得越多，在随后的IGA操作过程中，得到用户满意结果的速度就越快。由此，考虑了利用使用数量化I类理论作为初始信息处理工具。

数量化理论（Theory of Quantification）作为多元统计分析的一个分支，始于20世纪50年代。起初它的应用仅限于“计量社会学”方面，随着电子计算机的广泛应用，60年代以后，它在自然科学领域中的应用日益增多。数量化理论按其所研究问题的目的的不同，可分为四种，分别称为数量化理论Ⅰ、Ⅱ、Ⅲ、Ⅳ。这是一种正在发展着的理论，还有不少问题值得研究，例如项目如何选取、类目如何划分、定量数据转化为定性数据时对结果有怎样的影响等，这些问题都有待于从理论与实践两方面来解决。数量化理论I是用于定量基准变量的预测问题。在本节中，主要用到了用于定量基准变量预测的数量化I类理论，其目的是定量地估计定性变量对一个被称为目标变量的影响。数量化I类理论用于自变量都是定性变量，基准变量是定量变量的预测问题。但是，应用数量化理论建立的模型是一种线性的模型，而人的心理具有许多非线性的特征，所以只能用来做简单的预估。下面简单介绍其理论基础。

在数量化理论I中，假定基准变量与各项目、类目的反应间遵从下列线性模型：

$$y_i = \sum_{j=1}^{m}\sum_{k=1}^{r_j}\delta_i(j,k)b_{jk} + \varepsilon_i \qquad (i = 1,2,\cdots,n) \tag{6-10}$$

式中，b_{jk}是仅依赖于j项目的k类目的常系数；ε_i是第i次抽样中的随机误差。

现在根据最小二乘原理寻求系数b_{jk}的最小二乘估计，换言之即寻求使得

$$q = \sum_{i=1}^{n} \varepsilon_i^2 = \sum_{j=1}^{n} \left[y_i - \sum_{j=1}^{m} \sum_{k=1}^{r_j} \delta_i(j,k) b_{jk} \right]^2 \tag{6-11}$$

达到最小值。为此，求q关于b_{uv}的偏导数，并令其等于0，得到

$$\frac{\partial q}{\partial b_{uv}} \equiv -2 \sum_{i=1}^{n} \left[y_i - \sum_{j=1}^{m} \sum_{k=1}^{r_j} \delta_i(j,k) b_{jk} \right] \delta_i(u,v) = 0$$

$$(u = 1,2,\cdots,m; \quad v = 1,2,\cdots,r_m) \tag{6-12}$$

因为这是极小值点的必要条件，故如记使q达到最小值的b_{jk}，则b_{jk}应满足下式：

$$\sum_{j=1}^{m} \sum_{k=1}^{r_j} \left[\sum_{i=1}^{n} \delta_i(j,k) \delta_i(u,v) \right] b_{jk} = \sum_{i=1}^{n} \delta_i(u,v) y_i \tag{6-13}$$

以矩阵形式表示为

$$\hat{\boldsymbol{Y}} = \boldsymbol{XB} + \boldsymbol{E} \tag{6-14}$$

所解问题归结为求一个使误差$E'E$为极小值的线性函数$\hat{\boldsymbol{Y}} = \boldsymbol{XB}^* + \boldsymbol{E}^*$。根据最小二乘法，寻求系数$b$的最小二乘估计，求得

$$\boldsymbol{B}^* = (\boldsymbol{X}^{\mathrm{T}} - \boldsymbol{X})^{-1} \boldsymbol{X}^{\mathrm{T}} \boldsymbol{Y} \tag{6-15}$$

即为定性类目的数量化。令

$$\hat{\boldsymbol{Y}} = \boldsymbol{XB}^* \tag{6-16}$$

就是预测的理论值。

在求得最小二乘估计$\boldsymbol{B}^*$之后，可用样本复相关系数r来衡量，它可以按下式计算：

$$r = \frac{\sigma_{y'y}}{\sigma_{y'} \sigma_y} = \frac{\sigma_{y'}}{\sigma_y} = \sqrt{\frac{\sum_{i=1}^{n} (y_i' - \bar{y})^2}{\sum_{i=1}^{n} (y_i - \bar{y})^2}} \tag{6-17}$$

其基本思路是先根据数量化Ⅰ类理论公式将数据库中的所有被检索对象进行划分，并根据此划分分别计算出数据库中每一个对象的上近似和下近似，然后确定每一个对象与目标检索的相关联程度，最后根据其相关联程度从高向低依次检索出用户感兴趣的图片。此外，若用户提不出任何具体要求，则随机产生若干个服装图片呈现给用户。图6-17为预处理模块流程框图。

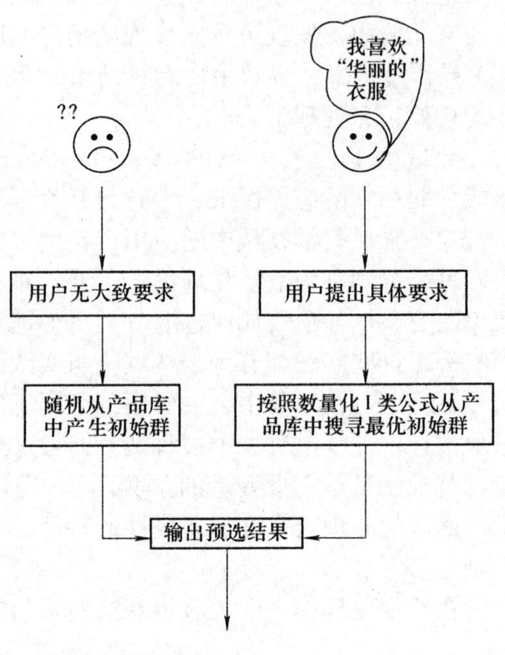

图6-17　预处理模块流程框图

预处理建模的一般过程如下：

1）收集表达心理的形容词对；

2）抽选调查的对象来做评价实验，以服装图片为对象进行SD评价实验，得到的评价运用因子分析方法来处理，完成形容词对的量化，得到情感矩阵$\boldsymbol{Y}$；

3）抽取服装的特征值，得到特征空间反应矩阵 $\boldsymbol{X}$；

4）将心理描述和特征值的关系定量化——使用数量化Ⅰ类理论式（6-15），即

$$\boldsymbol{B}^{*}=(\boldsymbol{X}^{\mathrm{T}}\boldsymbol{X})^{-1}\boldsymbol{X}^{\mathrm{T}}\boldsymbol{Y}$$

建立形容词对于商品特征的数量化关系，求出 $\boldsymbol{B}^{*}$ 之后，利用式（6-16），即

$$\hat{\boldsymbol{Y}}=\boldsymbol{X}\boldsymbol{B}^{*}$$

就可以通过 $\boldsymbol{B}$ 和商品特征的反应矩阵 $\boldsymbol{X}$ 来预测该商品的评价值，求出对应于所有形容词对的 $\boldsymbol{B}$ 值，即建立了商品的预处理模型。每一位用户在进入到个性空间后，都必须进行注册，在注册中，对训练样本图像做出评价，构成大众情感矩阵 $\boldsymbol{Y}$，进而得到 $\boldsymbol{B}$。参与的人越多，$\boldsymbol{B}$ 值越准确，对图像的预测就会越近似。对于系统的准确度和速度都有极大的影响。随后当用户提出个性选购要求时，系统首先根据预处理模块给出基于大众心理的图像，然后再根据用户对这些图像的满意度评价来决定遗传方式。

（2）IGA 模块　IGA 模块由评估、选择、交叉和变异及群体更新等主要算法模块所组成。由于遗传算法在优化搜索中基本上不用外部信息，仅用适应度函数为寻找依据，而且遗传算法对适应度函数的惟一要求是该函数不能为负，所以在这里取用户对系统检索出图片的满意度值作为 IGA 的适应度函数。一般将用户的满意度用五种语气表达：极其不满意、不满意、一般、满意、非常满意。这五种语气分别对应 1、2、3、4、5。为保证收敛性，采用优秀个体保护法将每代中的最优个体即适应度最高的个体不进行配对交叉，而直接复制到下一代中，相应淘汰其子代中适应度最差的个体，使种群规模不变。在所挑选出的图片中，用户的评价小于 2 所对应的图片将直接被淘汰，而用户的评价大于 4 所对应的图片将直接遗传进入下一代。其余的图片进行交叉或变异操作。其系统框图如图 6-18 所示。

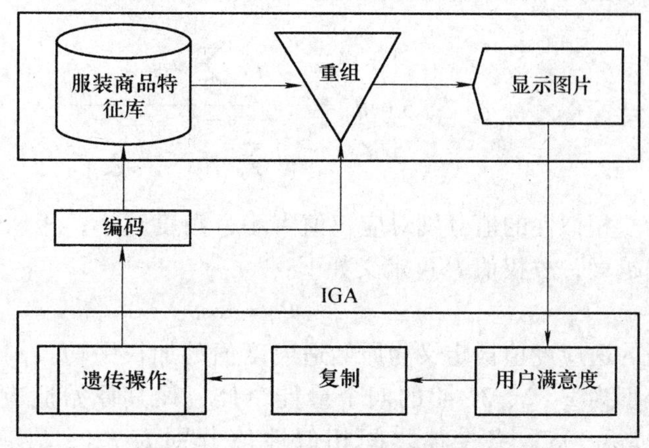

图 6-18　IGA 系统框图

通过上述进化操作产生的新染色体，可能在其图像库中未必有完全一致的对应项，因此为提高 IGA 性能，本节提出了相似距离值这一方法。所以应将图像库中的每一幅图像与其进行比较，并按相似距离计算它们的相似度，再取出其中相似度最小的 6 幅图像作为新的群体，显示给用户，供用户作进一步分析判断。

假设两个体 $\boldsymbol{A}$、$\boldsymbol{B}$ 的编码为

$$\boldsymbol{A}=(a_1,a_2,\cdots,a_n)\qquad \boldsymbol{B}=(b_1,b_2,\cdots,b_n)$$

两个体之间的相似距离值定义如下：

$$d(\boldsymbol{A},\boldsymbol{B})=\left|\sum_{i=1}^{n}(a_i\otimes b_i)\right| \tag{6-18}$$

式中，if　$a_i=b_i$　then　$a_i\otimes b_i=1$

if　$a_i\neq b_i$　then　$a_i\otimes b_i=0$

d（$\boldsymbol{A}$，$\boldsymbol{B}$）值越大，说明两个体间的相似距离值越小，反之亦然。同样，用户也可通过比较两个体间的相似距离值来对新的个体进行评估。交互式模块的工作流程如图 6-19 所示。

（3）自主式 GA 模块

自主式 GA 模块的自主式 GA 部分与交互式 GA 部分的不同之处在于前者的每一代个体适应度值是自动计算得到的，而不是根据用户评估得到的。在交互式 GA 过程中，系统自动记录了用户历次所选的最新、最佳个体若干。当用户感到疲劳时，可退出交互式 GA 过程，而进入自主式 GA 过程。系统记录的每一个体对应一个输入向量。基于输入向量分别计算每一个体与其他个体间的相似性。本节以两向量间夹角的余弦作为向量的相似性度量。

$$\cos\theta_{ij} = \frac{\sum_{i=1}^{n} a_{i\times bi}}{\sqrt{\sum_{i=1}^{n} a_i^2} \times \sqrt{\sum_{i=1}^{n} b_i^2}} \tag{6-19}$$

相似性的值分别对应权值大小，角度越小，相似性越大，权值也就越大，故权值 P 可定义如下：

$$P_{ij} = \cos\theta_{ij} \tag{6-20}$$

新的适应度值被定义为原始适应度值的加权平均。例如，记录有编号分别为 1、2、3、4 的四个最佳个体，设其原始适应度值分别为 S_1、S_2、S_3、S_4；各个体之间相似性值分别为 P_{12}、P_{13}、P_{14}、P_{23}、P_{24}、P_{34}，则个体 1 的新适应度值可计算如下：

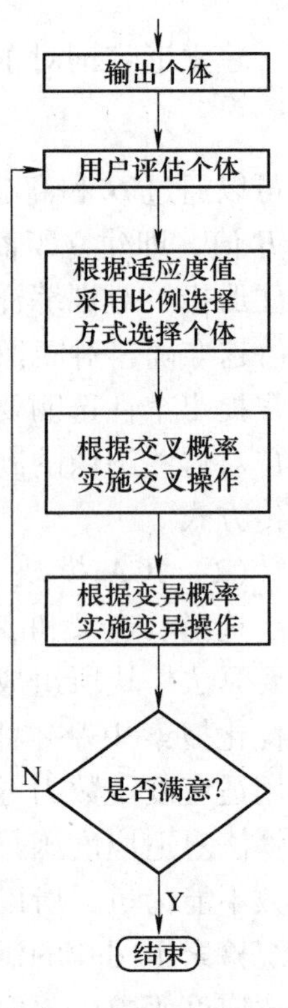

图 6-19　IGA 模块

$$\text{fitness}[1] = P_{12} \times S_2 + P_{13} \times S_3 + P_{14} \times S_4 \tag{6-21}$$

计算出新的适应度值之后，再进行 GA 过程，所产生的新个体若满足用户的要求，则停止此过程。若不满足用户的要求，则重复自主式 GA 过程，或退出此过程而进入交互式 GA 过程，直至产生用户满意的个体为止。这里用户满意的含义是所产生的新个体超过 75% 的个体是用户所期望的。这样通过交互式 GA 与自主式 GA 相结合，可以在某种程度上有效缓解用户的疲劳程度。

3. 算法的设计与实现

（1）数据结构与算法参数　基本遗传算法处理的对象主要是个体，因此设计了结构变量 individual 来描述个体信息，其中包括个体的染色体串 chrom、个体适应度 fitness、个体对应的变量 varible、交叉位置 xsite，以及记录父个体编号 parent 等。为记录历代最佳个体，设计结构变量 bestever，表示最佳个体对应的染色体 chrom、个体适应度 fitness、个体对应的变量 varible 及最佳个体产生的代数。根据个体变量定义，设计当前代种群 oldpop 及新一代群 newpop，为全局变量。此外，将当前种群中个体最大适应度 max、个体平均适应度 avg、最小适应度 min、个体适应度累计值也定义为全局变量。

算法参数可定义为一个 8 元组：

$$GA = (C, E, P_0, M, \Phi, \Gamma, \Psi, T) \tag{6-22}$$

式中，C 为个体的编码方法，这里使用46位二进制符号串的编码方式；E 为个体的适应度评价函数，这里定义用户的满意度值为适应度值；P_0 为初始群体，借助数量化Ⅰ类公式来产生初始图片；M 为群体大小，取20～100；Φ 为选择算子，采用优秀个体保护法和淘汰最差法；Γ 为交叉算子，使用单点交叉算子，交叉概率取0.6～0.95之间的值；Ψ 为变异算子，使用基本位变异算法，变异概率取0.001～0.01之间的值；T 为算法终止条件，定义终止进化代数为10～50。

（2）产生初始种群

（3）遗传操作设计　为返回种群中被选择的个体编号设计函数 select（ ）；为单点交叉操作设计的函数 crossover（ ）；随机产生交叉点位置 jcross；由 flip（ ）函数来确定是否发生交叉操作。

（4）世代进化过程的实现　模拟世代进化过程设计的函数 generation（ ），以种群的处理对象实现了一个世代内的三种遗传操作。

（5）主程序　主程序设计了多次运行遗传算法的过程，每次运行前，由使用者输入不同的参数设置，运行结束时，将有关进化过程的统计结果写入输出数据文件中。

算法描述如下：

```
//section-1 预处理//
初始化：N，Process，Pmut
其中，N 为群体规模；Process 为交叉概；Pumt 为变异概率。
  if（用户可以提出具体要求）
  then 从服装库中搜索满足要求的6张图片。
  输出6张服装图片
  //section-2 交互式 GA //
  有用户对每一个服装图片进行评估,给出适应度值 fitness[i]；
  计算适应度值的总和 sunfitness；
  根据 sunfitness 进行选择操作 select( )；
  对所选个体实施交叉操作 cross( )；
  变异操作 mutation( )
  if(用户对结果满意)then stop
    else if (用户感到疲劳)
              then go to 15
        else go to 13
      end if
    end if
  //section-3 自主式 GA //
  计算相似性 P
  计算每一个体新的适应度值 fitness[i]
  go to 5
```

4. 实验结果与分析

为了验证该系统的有效性，我们首先创建了包含200张服装图片的特征库，由于服装是由四个部分组成，通过编码可以将每一个服装图片的特征表示成一个46位的二进制数。分别进行三组实验。第一组是验证数量化Ⅰ类公式在预测客户评价值方面的可行性实验。50名用户分别对10个训练样本进行评价，求出B^*后，再分别与20个校检样本相乘，得到20个校检样本的预测评估值Y'，与客户对20个校检样本的真实评价值Y比较可以看出，预测值相对比较集中在［2，4］这个范围内，在此范围内的预测基本比较准确，相比较而言，对两个极端评估的预测稍差。但这是合理的，因为作为人来讲，大多数人对一个事物的评价都会比较中庸，所以对这个范围的预测率会相对较高，这也是为何数量化Ⅰ类公式无法体现个性化的问题所在。实验结果说明，用此方案作为预处理是可行的。实验结果如图6-20所示。图中，实线Y代表20个校检样本的真实评价值，虚线Y'代表20个校检样本的预测评估值。

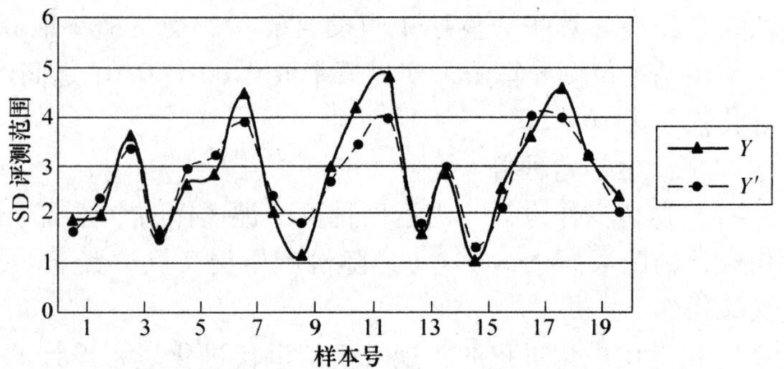

图6-20　20个校验样本的预测值与实际值比较

第二组实验对单独使用IGA与IGA和数量化Ⅰ类公式结合使用进行比较，前者随机产生N幅图片，再进入交互过程；后者则按照数量化公式从图片库中先分别搜索出能大致满足大众用户对此要求的图片1～3个，再进入交互过程。比较结果见表6-6。

表6-6　两种方法比较

方法	平均运行时间	满足用户心理需求的图片个数
IGA和数量化Ⅰ类公式结合	4min16s	4～6
单独使用IGA	7min32s	2～3

实验结果表明：这种预处理方法与IGA相结合进行识别的效率要比单独使用IGA进行识别的效率高、速度快。图6-21显示了单独使用IGA进行实验的收敛曲线。

第三组实验是在IGA过程中加进了相似距离值和自主式GA。每一代记录用户所选的最佳个体数量分别为2～6，在计算其新的适应度值和相似性后，进行GA操作过程。同样，每一组实验重复五次，取其收敛步数的平均值来绘制收敛曲线，实验结果如图6-22所示。

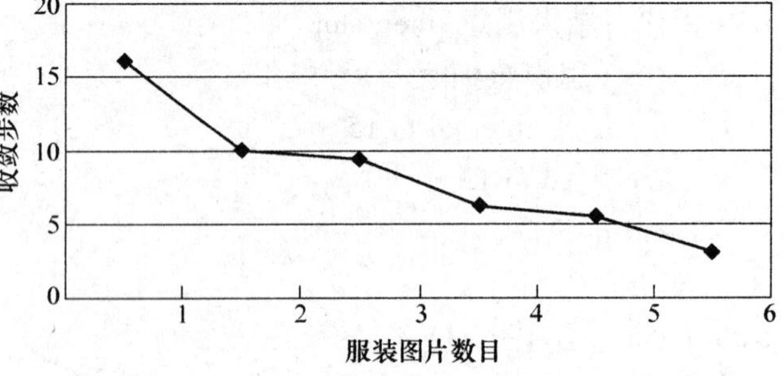

图6-21　第二组实验的收敛曲线（单独使用IGA）

图6-22的收敛曲线表明：所提供的、满足用户大致要求的个体越多，产生用户满意结果的速度就越快。第三组实验表明：记录的个体数目越多，通过相似性计算，再进行GA操作，其收敛步数也呈加快的趋势。需要说明的是，记录的个体数目越多，IGA进化的代数就越多，所产生的相似个体也就越多。

用户需要对相似个体进行评估，心理压力较大，评估时有波动现象产生。但从实验结果的曲线图看，此波动现象对个体间相似性的计算影响不大。

由本小节的讨论可知，应用 IGA 建立个性化智能服装选购系统模型的一般过程如下：

1）形容词对的确定及量化；

2）服装特征的确定及量化；

3）利用 IGA 建立个性化智能服装选购系统的人工心理模型。

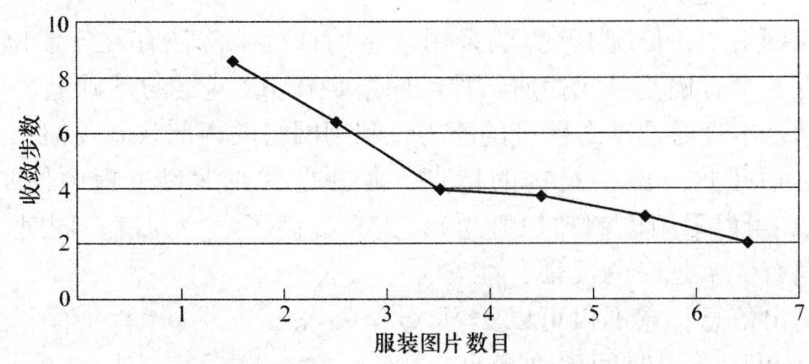

图 6-22　第三组实验的收敛曲线（加进了相似距离值和自主式 GA）

交互式进化算法是一种通过用户参与进化过程和对进化个体进行评估，以代替计算过程的改进方法，也是一种基于用户主观评价的全局搜索优化技术。这种方法是在进化过程中，采用人机交互方式，并由用户确定适应度函数值，再通过选择、交叉、变异等遗传操作，在特征空间进行搜索；用户通过给出适应度函数值，来评价搜索结果与用户主观空间或心理空间的相似度，并将人的主观情感融入到进化过程，从而实现了主观心理空间和客观特征空间的映射。

用 IGA 建立的模型基本上符合实际调查情况，用户的满意度在 80% 左右，比较令人满意。同时自主式 GA 的引入更增加了系统的自学习能力，缓解了用户的疲劳程度。但是，人类心理是个复杂的大系统，心理活动普遍存在模糊性、混沌性，如何把握其非线性的特征，建立更加准确的心理模型，是我们进一步要做的工作。

6.3.2　使用人工神经网络进行顾客心理模型的搭建

人工神经网络（Artificial Neural Network，ANN）是在人类对其大脑神经网络认识理解的基础上，人工构造的、能够实现某种功能的神经网络，它是理论化的人脑神经网络的数学模型，是基于模仿大脑神经网络结构和功能而建立的一种非算法的信息处理系统。人工神经网络吸取了生物神经网络的许多优点，因而有其固有的特点：

（1）高度并行性　人工神经网络是由许多相同的简单处理单元并联组合而成的，使其对信息的处理能力、效果惊人。

（2）高度非线性全局作用　人工神经网络的每个神经元接受大量其他神经元的输入，并通过并行网络产生输出来影响其他神经元。网络之间的这种相互制约和相互影响，实现了从输入状态到输出状态空间的非线性映射。从全局的观点来看，网络整体性能不是网络局部性能的简单叠加，而表现出某种集体性的行为。

（3）良好的容错性与联想记忆功能　人工神经网络通过自身的网络结构实现了对信息的记忆，而所记忆的信息存储在神经元之间的权值中。从单个权值中看不出所存储的信息内容，因而是分布式的存储方式，这使得网络具有良好的容错性，既能进行模式信息处理工作，又能进行模式联想等模式信息处理工作，还能进行模式识别工作。

（4）十分强的自适应、自学习功能　人工神经网络可以通过训练和学习来获得网络的权值与结构，呈现出很强的自学习能力和对环境的适应能力。

1. 带有偏差单元的递归神经网络

针对人工神经网络中，传统 BP 算法采用普遍的梯度下降法存在容易陷入局部极小点、收敛速度慢等缺点，带有偏差单元的递归神经网络是在 BP 网络的基础上，加入反馈信号及偏差单元，增加网络本身处理动态信息的能力，利用网络的内部状态反馈来描述系统的非线性动力学行为的。由于这一网络结构的特点，尤其是其在学习过程中便于引入经验知识（在偏差的选择上，可以采用模糊知识概念），大大提高了学习速度；同时，网络的隐层节点输出和输入之间有一个延时的反馈，能够储存过去的输入输出信息，它不仅可以学习空间序列模型，还可以学习时间序列模型，因此带有偏差单元的递归神经网络能够反映人对服装感性评价序列中的非线性特征。

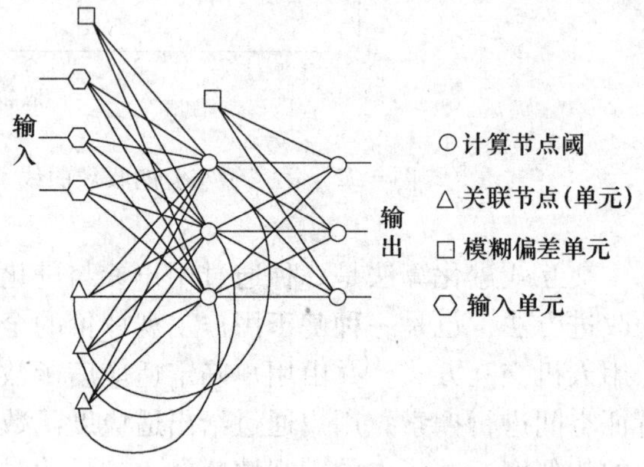

图 6-23　带有偏差单元的递归神经网络的拓扑结构

带有偏差单元的递归神经网络由三层节点构成：输入层节点、隐层节点和输出层节点，两个偏差节点分别被加在隐层和输出层上，隐层节点不仅接收来自输入层的信号，还接收隐层节点自身的一步延时输出信号，因此隐层节点称为关联节点。其总体拓扑结构如图 6-23 所示。

网络学习的具体算法步骤如下所述：

1）设置允许误差 ε、隐层节点数 n 与样本总数 N，初始化网络的权值和阈值。

2）依次算出各层的输出，如下列各式所示：

$$C_j(k)=\sigma[y_j(k)] \tag{6-23}$$

$$y_j(k) = \sum_{j=1}^{NH} WO_j x_j(k) + WO_{\text{bias}} \tag{6-24}$$

$$x_j(k)=f[S_j(k)] \tag{6-25}$$

$$S_j(k) = \sum_{i=1}^{NH} WR_{im} x_i(k-1) + \sum_{i=1}^{NI} WI_{im} I_m(k) + WI_{j\text{bias}} \tag{6-26}$$

式中，$C_j(k)$ 为带有偏差单元的递归神经网络的输出层单元的响应；$y_j(k)$ 为带有偏差单元的递归神经网络的输出层单元的输入；$x_i(k)$ 为第 i 个隐层节点的输出；$\sigma(\cdot)$ 为隐层节点的非线性激活函数；$S_j(k)$ 为第 j 个隐层节点的输入；WI 为从输入层到隐层的权系数；WR 为回归信号的权系数；WO 为从隐层到输出层的权系数；$WI_{j\text{bias}}$ 为加在隐层上的偏差单元的权系数；WO_{bias} 为加在输出层上的偏差单元的权系数；NH 为隐层节点数（除偏差节点）；NI 为输入节点数（除偏差节点）；$I_m(k)$ 为带有偏差单元的递归神经网络在时间 k 的第 m

个输入。

3）计算各层误差信号，如下列各式所示：

$$D_j(k)=[T-C_j(k)]C_j(k)[1-C_j(k)] \tag{6-27}$$

$$E_i(k)=\left[\sum_{j=1}^{N}D_j(k)WO_{ij}\right]x_i(k)[1-x_i(k)] \tag{6-28}$$

式中，$D_j(k)$ 为输出层各单元的一般化误差；$E_i(k)$ 为中间层各单元的一般化误差；T 为希望输出。

4）调整权系数及阈值，如下列各式所示：

$$WO_{ij}=WO_{ij}+\alpha D_j(k)x_i(k) \tag{6-29}$$

$$WR_{im}=WR_{im}+\gamma E_i(k)x_i(k) \tag{6-30}$$

$$WI_{im}=WI_{im}+\beta E_i(k)I(k) \tag{6-31}$$

式中，α 为输出层权值的学习速度；β 为隐层权值的学习速度；γ 为递归层权值的学习速度。

5）修改各层偏置值，如下列各式所示：

$$WO_{\text{bias}}\leftarrow WO_{\text{bias}}+\mu v D_j(k) \tag{6-32}$$

$$WI_{\text{bias}}\leftarrow WI_{\text{bias}}+\kappa\lambda E_i(k) \tag{6-33}$$

式中，λ、μ 为要求的偏差值；v 为输出偏置单元的学习速度；κ 为输入偏置单元的学习速度。

步骤2）~5）反复执行，直到全部 m 个模式对训练完毕，输入下一组样本，学习样本结束后，更新学习次数，如果误差满足要求，学习结束。

2. 算法的设计与实现

搭建一个可用的人工神经网络，首先涉及并且一直贯穿整个设计过程的，就是对网络结构的设定和参数的调整。经过实验过程中的不断调试和积累经验，最终得到了一个在性能和效果上较为令人满意的网络结构。结构选定与调整过程如下所述：

1）考虑到网络复杂程度和需要调节的参数数量，决定选用三层网络。通过衡量、比较网络收敛速度和学习精度，将中间隐层和相应的误差反馈层节点均设为9个。

2）此实验是对人的喜好程度的模拟追踪实验，人类喜好的数字化结果往往是在一定范围内波动，而不能像可测量的数据一样精确到某一具体数值，如顾客这次给出的喜好的评价值为2.1，下次再评价时虽然是相同的感觉，却不一定能够给出2.1，也许是2.2，也许是1.9。考虑到这一点，本实验将网络学习的最大误差级设定得略低了一些（低0.05）。另外，在不断地调整实验中也证明了，略微提高一下允许的误差值对于网络的稳定也是有一定帮助的。

3）网络中需要调节的部分包括一些经验参数和网络各层的函数，总计16个。经验参数和各层函数都是在一次次实验过程中分析、比较得到的。由于参数过多，并且对于不同训练样本所作的设定是不同的，因此本节中就不一一例举，请参见程序。这里仅指出各层的函数（总计4个）设置：输入层到隐层间的函数和隐层到输出层间的函数如式（6-34）所示。输出层单元的一般化误差函数如式（6-35）所示，隐层单元的一般化误差函数如式（6-36）所示（其中“.”运算符代表矩阵中元素的运算）。

$$X=1./(1.-\mathrm{e}^{-S}) \tag{6-34}$$

$$D = -(T-C).\times Y.\times \mathrm{e}^{-\frac{1}{2}Y^2} \tag{6-35}$$

$$E = D\times WO'.\times S./(1.-\mathrm{e}^{-S}) \tag{6-36}$$

3. 实验与结果分析

为了验证模型的有效性，首先创建了包含141张服装图片的特征库，其中包括春秋装42套、夏装59套、冬装40套。每个季节选取8套（共24套）具有代表性的服装作为实验和评价的样本。在校内选取男女比例为1:1，共20名同学进行对24套样本服装的评价收集活动，最后进行均值处理，得到实验所用的样本评价值。

将表示服装特征的一维数组作为神经网络模型的输入值。网络输出，即网络学习的目标，设定为对相应服装的评价值。

由于我们引入了不同季节的服装，因此增加了实验的复杂程度，按照需要将实验分为四组，如下所述：

1）测试、分析网络学习速度和学习效果，并与原先研究所使用的方法进行比较。

2）对相同季节服装进行预测（测试、分析网络的预测效果），与原先研究所使用的方法进行比较。

3）对相近季节服装进行预测（测试、分析网络的预测效果）。

4）对相反季节服装进行预测（测试、分析网络的预测效果）。

如果所有实验均取得成功，便可以通过记载用户先前的心理模型，在其他季节到来时推算出用户喜好的不同季节的服装，从而使用户摆脱在不同时间段一次次评价样本服装、重构心理模型所带来的疲劳，为使用者构造出更加人性化的智能导购空间。

（1）实验1及分析　经过上节中所述的网络调整过程后，得到了一个基本稳定的带有偏差单元的递归神经网，网络性能良好，在学习过程中能较快收敛，将误差值控制在设定值之内。收敛步数及学习效果如图6-24所示。

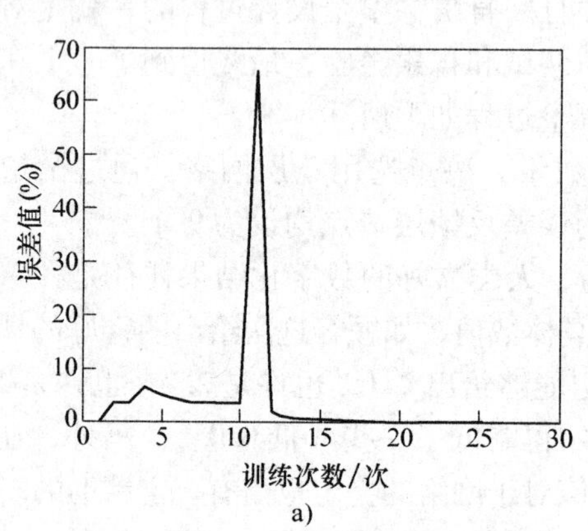

a)

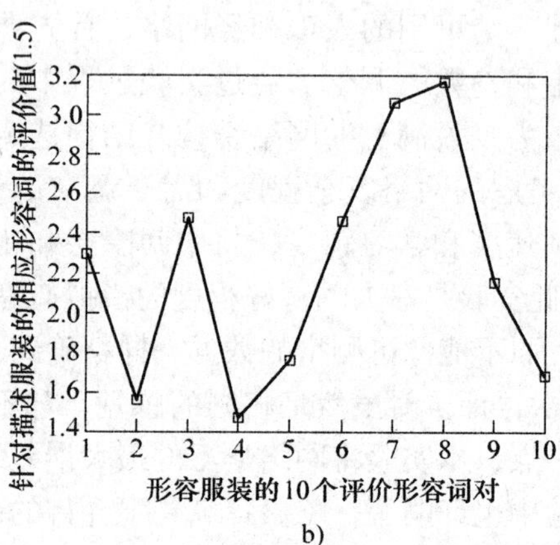

b)

图6-24　曲线收敛情况和学习效果

a）网络学习收敛步数

b）带有偏差单元的递归神经网络对服装评价的学习效果

如图6-24所示，使用此方法的神经网络只需循环30次即可达到要求的学习效果：最大误差 $e<0.05$。并且平均用时小于2s，完全能够达到网络所需的实时计算要求。下面就学习时间和收敛步数与原先研究中使用的IGA进行比较，见表6-7。

表 6-7　与原先研究方法的比较

方法	平均运行时间	收敛步数
IGA 和数量化 I 类公式结合	4min16s	记录的个体数目越多，通过相似性计算，再进行 GA 操作，其收敛步数呈加快趋势
单独使用 IGA	7min32s	
使用带有偏差单元的递归神经网络	不到 2s	平均循环 25～50 次

经过客观的研究与分析，使用带有偏差单元的递归神经网络进行学习使用的时间从表面上看虽然比使用 IGA 要快得很多，但若对两者的使用方式进行比较就可以得到原因，并且可以得到更深一步的结论：

IGA 算法在每次循环过程中需要与用户进行交互，询问用户的意见，以便进行下一步操作的判断，这是其费时的主要原因。而使用带有偏差单元的递归神经网络只有机器在独自计算，自然会节省很多时间。反复地询问也会给用户评定带来疲劳与压力，并且不利于在网络这种本身就有交互延迟的平台上运行，会带来更大的时间差感，但同时它也能带来一项益处——实时监测用户的感受。因此客观地讲，就学习速度这一点，带有偏差单元的递归神经网络会有很大优势，但若从用户满意度或预测的准确性来看，IGA 会略胜一筹。具体差距所在将在实验 2 中进行分析。

（2）实验 2 及分析　从此实验起，将进行实际预测效果的评测，即使用学习完毕的网络对非学习样本服装进行评价值的预测，观测其预测效果。在本实验中，首先选用同季节的 16 套样本服装进行预测，就是令网络学习用的样本服装同预测的服装为相同季节服装。由于原先的研究大体上是在同一季节上进行的，这样规定的目的在于和原先研究建立相同的数据环境，以便进行比较分析，同时也为下一步的研究、探索打下基础。

将希望预测的服装特征值作为学习完毕网络的输入值，即可得到此服装评价值的预测值。任意抽取某一样本，其相应的 10 个评价值预测结果如图 6-25 所示，其中，实线为实际的评价值，虚线为网络输出的预测值。

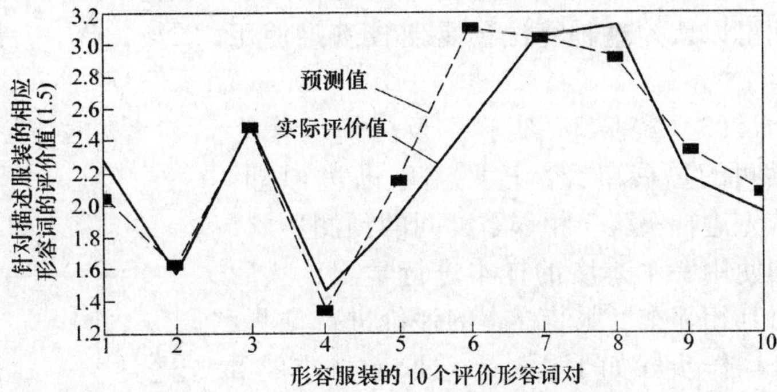

图 6-25　带有偏差单元的递归神经网络对服装评价的预测效果

由图 6-25 可知，总体上看，带有偏差单元的递归神经网络可以基本模仿人对一套服装在各方面的看法走势（针对所制定的 10 个形容词对）。但在实验中也有出现较大偏差的时候，如图中对第 6 个形容词对——“粗俗的—优雅的”的预测上就出现了相对略大偏差（约 0.6），可以认为，这是由于个人的评价域值不同所导致的。这样的误差还是可以接受的，并且从总体来看，预测效果还是较令人满意的。

下面，再来看一下以 16 个样本作为整体，对于某一形容词对的预测效果。这里为了能够与原先研究使用的方法进行比较，也同样抽取了“华丽的—质朴的”作为预测效果的研究对象，如图 6-26 所示。其中图 a 为采用带有偏差单元的递归神经网络进行预测的效果

（图中实线为实际的评价值，虚线为网络输出的预测值），图 b 为原先使用的 IGA 和数量化Ⅰ类公式结合的方法的预测效果（图中粗线为实际评价值，细线为算法预测值）。

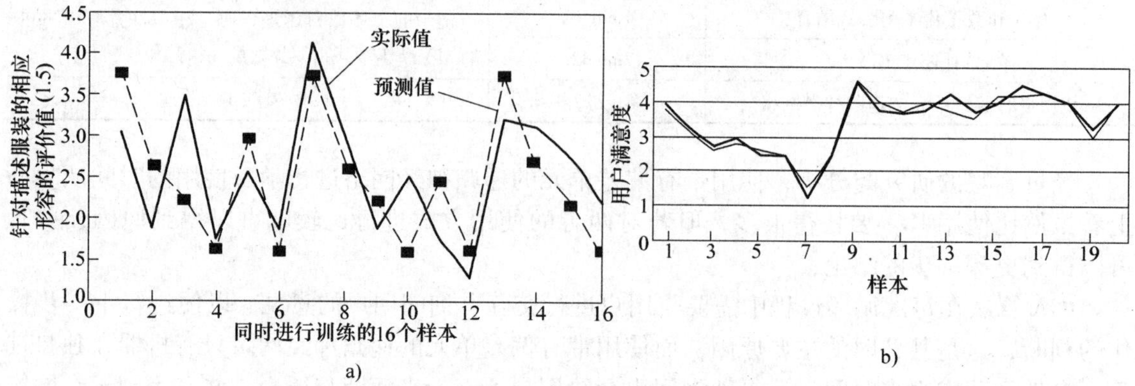

图 6-26　对多个样本针对同一形容词对评价的预测效果

a）带有偏差单元的递归神经网络的预测效果

b）IGA 和数量化Ⅰ类公式结合方法的预测效果

在比较中可以看出，IGA 的确比带有偏差单元的递归神经网络更能准确地预测用户的评价，验证了上一节中得出的推论。但从预测情况上看，带有偏差单元的递归神经网络也基本上能够跟踪用户对不同样本给出不同评价的走势，并且考虑到其更能满足网络的实时性要求的性能，因此可以认为这种算法还是比较满足使用要求的。

（3）实验 3、实验 4 及分析　作为预测的拓展研究，按照循序渐进原理，首先进行实验 3 相邻季度间的预测实验，即使用一个季度的样本进行学习，然后对其相邻季度服装样本的评价进行预测。其操作步骤如下所述：选取春秋季的 8 套服装作为训练样本，根据样本数据特点调整神经网络参数，使网络进入稳定值域。对网络进行训练，得到训练后的最佳效果参数。

分别选取夏季与冬季各 8 套服装作为预测样本，进行评价值的预测。

如图 6-27 所示，图 a 为以春秋季服装为训练样本，夏季服装为预测对象得到的预测效果，图 b 为同样以春秋季为训练样本，冬季为预测对象得到的预测

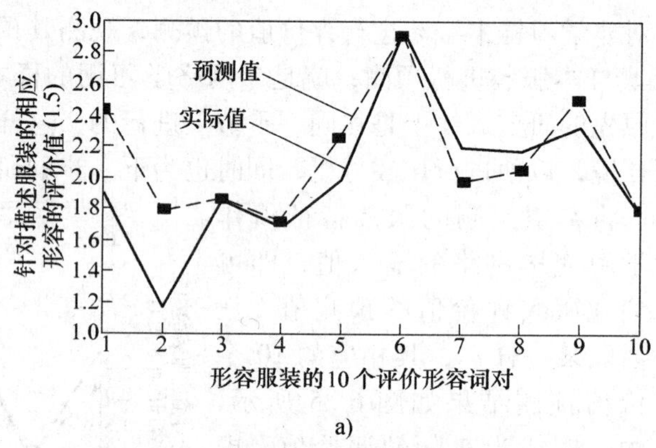

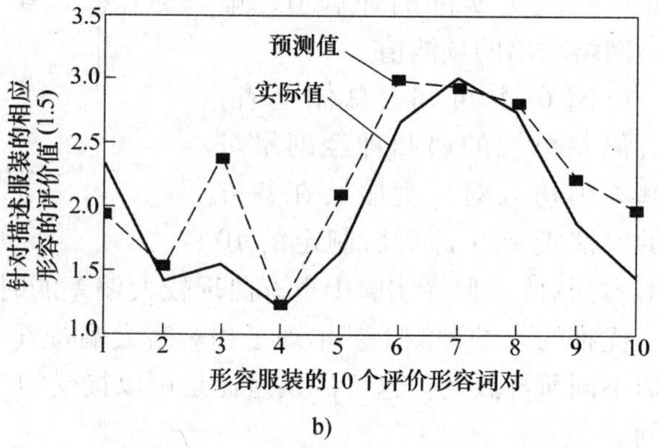

图 6-27　相邻季节间预测实验效果

a）带有偏差单元的递归神经网络对服装评价的预测效果

b）带有偏差单元的递归神经网络对服装评价的预测效果

效果。图中，实线为实际的评价值，虚线为网络输出的预测值。

再进行实验4——向反季节预测实验。基本步骤与实验3相同，不同的是训练样本服装选定为夏季，预测样本服装选定为冬季。图6-28为最终的预测效果。其中实线为实际的评价值，虚线为网络输出的预测值。

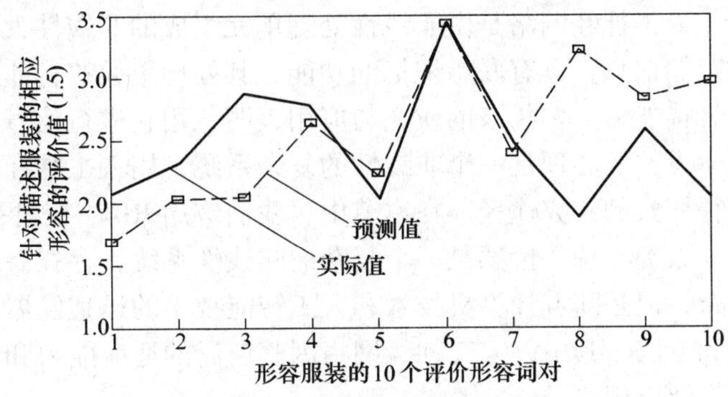

图6-28 带有偏差单元的递归神经网络对服装评价的预测效果

综合对比、分析实验2、3、4可以看出，从总体趋势来讲，预测效果是一个逐渐变差的过程。这也是可以理解的，因为不同季节的服装在样式上有较大的差距，它们之间的关联度也会相应地减弱，使用与关联度密切相关的人工神经网络方法进行预测时，这种现象的出现是必然的。由于预测服装的季节相关度不同，整体效果的变化过程可以从四个方面进行分析，见表6-8。

表6-8 季节相关度不同的预测实验效果比较

项目	对走势变化的预测	预测误差小于0.5的形容词对个数（共10对）	平均误差/平均最大误差	8幅图片中用户满意的个数
实验2：相同季节服装预测	基本吻合，误差在允许范围内	8~10	0.293/0.8	6或7
实验3：相邻季节服装预测	大致可以预测走势，但有一定误差	6~9	0.373/0.975	4~6
实验4：相反季节服装预测	只有一部分形容词对的评价走势可以预测，误差较大	5~7	0.52/1.85	≤3

表6-8数据显示，即使在预测效果最差的实验4中，虽然在整体评价的走势上有较大出入，但仍然有近半数形容词对的预测误差小于0.5（之所以将误差的最大允许范围定为0.5，是因为用户在做出评价时的心理状态一般并不稳定，同时综合考虑到用鼠标拖动“滑块”时所带来的误差等原因），可以说使用这种带有偏差单元的递归神经网络，即使在训练样本数据与预测样本数据关联较小的情况下，仍能够在一定范围内模仿评价的效果。但是对比表格中2、4项可知，预测数据结果与用户实际的满意度还是有一定的差距，因此需要以更严格的用户实际满意度来决定一个方案的可行性。通过实验结果的对比，得到的结论是：使用带有偏差单元的递归神经网络只能进行相同和相邻季节服装的评价预测服务，相反季节服装的预测是不可行的。

6.4 基于RBF神经网络的离线推理机建模

前面我们应用IGA建立了个性化智能服装选购系统模型。在系统交互过程中，当进化时间较长时，用户会产生疲劳。针对这一问题，除了在6.3节中提到的自主式遗传方法外，还可以考虑使用神经元网络和遗传算法相结合，来增加系统的自学习能力，缓解用户的疲劳程度。

人工神经网络是由非线性处理单元组成的非线性大规模自适应动力系统。它采用分布方式存储信息，具有联想记忆的功能，其处理单元执行非线性运算，使网络具有很强的自适应和容错能力。多年来的研究与应用表明，用它进行信号处理和模式识别可以更接近于人类思维。人类的心理是一个非线性的复杂系统，用人工神经网络研究人类的心理模型不失为一条值得探索的研究途径。在本节中，我们应用 RBF 神经网络来建立服装选购人工心理模型。

人类心理、情感是一个复杂的非线性系统，存在着非线性和不确定性，其动态机制非常复杂，但是随着计算机技术和人工智能技术的迅猛发展，为情感的建模与预测提供了新的技术和方法。其中，人工神经网络因其广泛的适应能力和学习能力在非线性系统的预测方面得到广泛应用。

如上一节所讨论的，当进化时间较长时，用户会产生疲劳，因此希望系统具有自学习能力。针对这一问题，在本节中，将采用一种径向基神经网络离线学习方式来减轻用户的疲劳程度。径向基神经网络是一种新颖有效的前馈式神经网络，由于该网络输出层是对隐层的线性加权，使得该网络避免了像反向传播那样繁琐冗长的计算，具有较高的运算速度和推广能力，同样该网络也有较强的非线性映射功能，故而本节采用径向基神经网络来训练样本。这样，当用户感到疲劳时，就可以停止交互，而由系统采用基于交互式遗传算法的径向基神经网络来对用户历次所选的个体进行离线学习。其系统框图如图 6-29 所示。

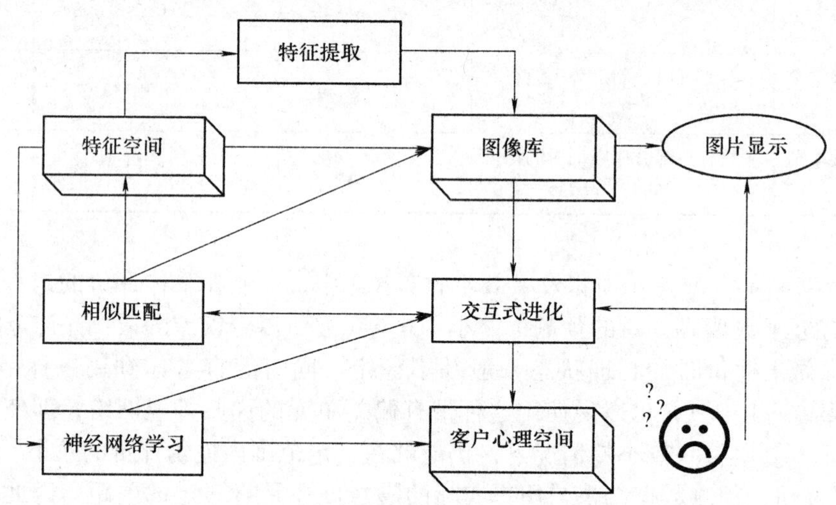

图 6-29　IGA 与 RBFNN 结合的检索系统框图

RBF 神经网络是一种多输入单输出的前馈神经网络，这里将图像的 46 维特征值作为网络的输入，并将用户给出的满意度值作为输出。其网络结构如图 6-30 所示。

图 6-30 中，输入层神经元只起连接作用，不进行信号变换。隐层执行的是一种用于特征提取的非线性变换，它将输入空间映射到一个新的空间，输出层在该新的空间中实现线性组合，可调节的参数就是该线性组合的权值和控制基函数形状的参数。在图 6-30 中，隐层神经元采用的非线性函数是高斯函数。

$$G\left(\left\|\boldsymbol{X}_{(t)}-\boldsymbol{T}_i\right\|\right)=\exp\left[-\frac{1}{2}\left[\frac{\left\|\boldsymbol{X}_{(t)}-\boldsymbol{T}_i\right\|}{\sigma_i}\right]^2\right]\quad(i=1,2,\cdots,m) \tag{6-37}$$

式中，$\boldsymbol{X}_{(t)}=(x_{t1},x_{t2},\cdots,x_{tm})$为训练样本集中第 t 个输入样本；$\boldsymbol{T}_i=(t_1, t_2, \cdots, t_n)$ 为第 i 个隐层神经元的中心；σ_i 为第 i 个隐层节点的归一化参数。

RBF 神经网络的输出为

$$F(X_{(t)},\omega_i,T_i)=\sum_{i=1}^{M}\omega_i G\left(\left\|X_{(t)}-T_i\right\|\right) \tag{6-38}$$

式中，M 为隐层单元总数；$t=1, 2, \cdots, N$（N 为训练样本集中的样本总数）；ω_i 是第 i 个基函数与输出结点的连接权值。

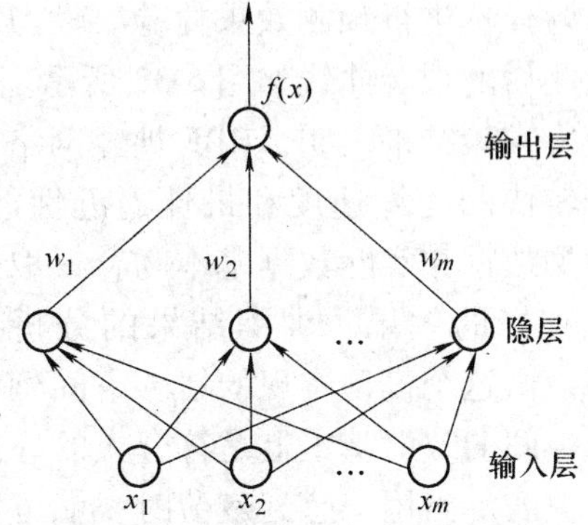

图 6-30　RBF 神经网络结构

误差定义为

$$e(t)=y(t)-F(X_{(t)},\omega_i,T_i) \tag{6-39}$$

式中，$y(t)$ 为实际负荷值。学习训练的过程是使样本集的总误差达到最小，即

$$\min E(W)=\frac{1}{2}\sum_{i=1}^{N}\gamma^t\,|\,e(t)\,|^2 \tag{6-40}$$

式中，γ^t 为权重系数；γ 为略大于 1 的常数。为使总体误差减小，可对每个权值和中心利用梯度下降法进行不断修正。

权重和中心的更新公式如下：

$$\omega_i^{n+1}=\omega_i^n-\eta_1\frac{\partial E}{\partial\omega_i}(n) \tag{6-41}$$

$$T_i^{n+1}=T_i^n-\eta_2\frac{\partial E}{\partial\omega_i}(n) \tag{6-42}$$

式中，η_1、η_2 为学习效率因子，且 $0<\eta_1<1$，$0<\eta_2<1$。如满足收敛条件，则停止；否则，令 $n=n+1$，利用权重更新公式重新修正权重和中心。算法的收敛条件为

$$|E(W,T)^{n+1}-E(W,T)^n|<\varepsilon \tag{6-43}$$

式中，ε 为给定的足够小的允许误差。

将此网络应用于用户选购心理的预测。将图像的 46 维特征值作为网络的输入，并将用户给出的适应度值作为输出。设定交互式遗传的代数最多为 10 代，即时间序列的长度 $L=10$。取网络输入节点个数为 46，输出节点个数为 1，隐层中心节点个数 $M=50$，则样本个数 $N=30$。

实验 1：将前 10 个样本作为学习样本，后 20 个样本作为预测效果检验样本。学习时，经过 10 次迭代后的平均最小误差为 0.016879。网络学习好后，将 20 个检验样本进行预测效果检验。学习和预测后的拟合曲线如图 6-31 所示。图中，粗线表示每一代中用户的预测结

果，细线表示 RBF 神经网络的真实评测。

实验 2：将前 20 个样本作为学习样本，后 10 个样本作为预测效果检验样本。学习时，经过 10 次迭代后的平均最小误差为 0.001211。网络学习好后，将 10 个检验样本进行预测效果检验。学习和预测后的拟合曲线如图 6-32 所示。

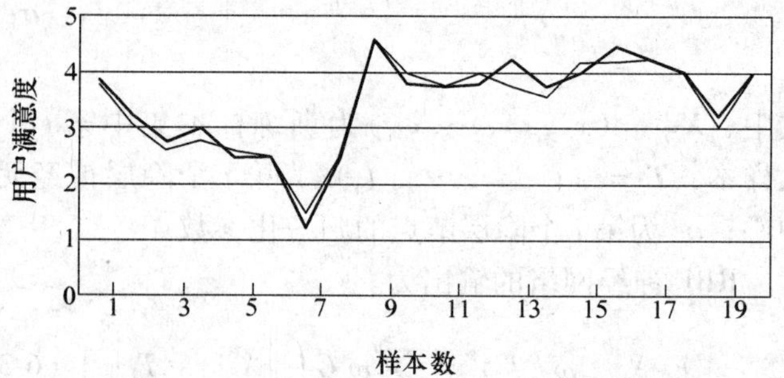

图 6-31　20 个检验样本预测后的拟合曲线

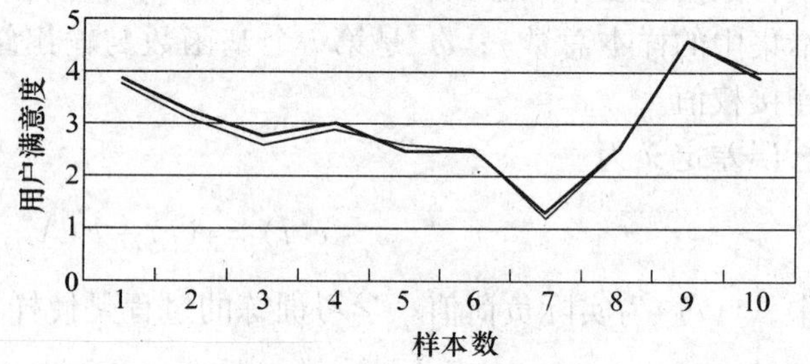

图 6-32　10 个检验样本预测后的拟合曲线

实验结果表明，RBF 神经网络具有较快的运算速度和最佳逼近性能，预测数据与实际数据基本吻合，取得了较好的效果。训练结果的分析表明，由这个模型实现的情感空间到特征空间的映射基本上是符合人的心理反映的。当用户感到疲劳时，就可以停止交互，而由系统采用基于交互式遗传算法的径向基神经网络来对用户历次所选的个体进行离线学习。经过学习，网络首先记录下用户的感性信息；然后将新的个体作为网络输入，再计算网络输出，即得到个体的适应度。在得到新的适应度之后，再进行选择、交叉、相似性匹配，直到满足用户的要求或达到最大迭代次数为止。RBFNN 离线学习学习流程如图 6-33 所示。

个性化智能商品选购系统的关键技术是情感推理机的建立。用户选购心理是一个复杂的非线性系统，存在着非线性和不确定性，其动态机制非常复杂。利用传统的时间序列预测技术很难揭示其内在的规律，而人工神经网络因其广泛的适应能力和学习能力在非线性系统的预测方面得到广泛应用。本节以 RBFNN 用于服装选购人工心理离线学习模型的建立，来减轻用户的疲劳程度。当用户感到疲劳时，就可以停止交互，而由系统采用基于 IGA 的 RBFNN 来对用户历次所选的个体进行离线学习。

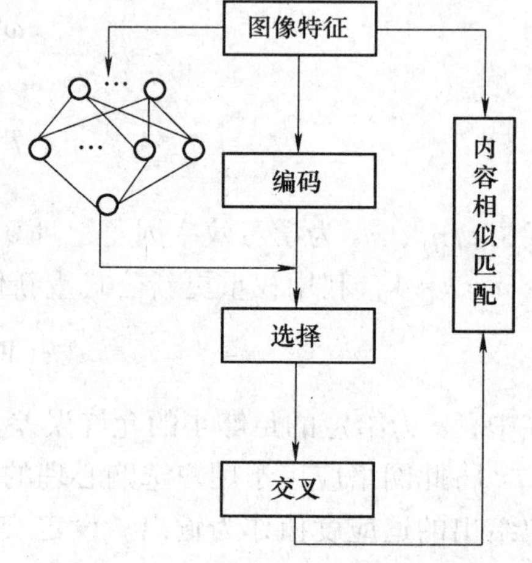

图 6-33　RBFNN 离线学习流程

RBFNN 是一种新颖有效的前馈式神经网络，由于该网络输出层是对隐层的线性加权，使得该网络避免了像反向传播那样繁琐冗长的计算，具有较高的运算速度和推广能力，该网络有较强的非线性映射功能。因此，针对进化过程中用户会产生疲劳，希望系统具有自学习能力这一问题，本节尝试采用 RBFNN 离线学习的方式来减轻用户的疲劳程度。对情感推理机训练结果的分析表明，由这个模型实现的情感空间到特征空间的映射基本是符合人的心理反映的。说明这是一种较为有效的建立服装选购人工心理模型的算法。

6.5 色彩与人工心理对应关系的建模与应用

无论何种商品，色彩都是其构成的主要元素之一，尤其是服装。色彩不仅是颜色的展示，它还能对人的心理产生多种效应。因此，不同色彩及其搭配的服装能使顾客本身乃至周边的人产生不同的感受，从而得到不同的效果。每个人都希望能够穿上适合自己，并且能够突出自身优点的服饰，最好还能够掩盖、淡化缺点。人性化、个性化的系统应该为用户考虑到这一点。如何利用色彩心理效应，为浏览本网站的不同用户提供与其自身特征密切相关的个性着装建议，即为本节所解决的内容。就服装而言，在这里只针对色彩造成的“紧缩—膨胀感”、“暖—冷感”、“明快—忧郁感”、“华丽—质朴感”和“活泼—庄重感”做一定的研究，并对其中的“紧缩—膨胀感”作了相对深入的探索。

6.5.1 色彩心理效应研究和实验数据的采集

1. 色彩心理效应对服装的影响

色彩由于波长引起的视觉成像位置有前后区别，这种区别产生了色域，它与实际色域比较有大小差异。色域比实际色域大的是暖色，它具有扩散性。相反，色域比实际小的是冷色，它具有收缩性。色彩的膨胀与紧缩，不仅与波长有关，而且还与亮度有关。亮度高的有膨胀感，亮度低的有紧缩感。较胖的人适合穿，也较愿意穿紧缩感的衣服，因为可以显得苗条些；较瘦的人选择的空间就略微大些，但不宜穿太过紧缩感的衣服，相反穿有些膨胀感的衣服可以显得丰满一些。视觉色彩引起人对冷暖感觉的心理联想，如红、橙、黄使人想到火、太阳，是暖感的；青、蓝使人想到水、冰，是冷感的；紫与绿处在不冷不暖的中性阶段上。不仅是色相，明度对冷暖也有相对的影响：明色略显暖，而暗色略显冷。反映在服装上，暖色的衣服有热烈、温暖感，冷色衣服使人感觉稳重、凉爽。

影响明快忧郁感的重要因素是亮度和饱和度。亮度在5级以下呈忧郁感；在6级以上是随着亮度的提高，渐趋明快。在饱和度方面，以6级饱和度为中性，饱和度低呈忧郁感，随着饱和度的提高，渐趋明快，尤其是纯色，具有最高的明快感。穿明快感的服色参加宴会最适宜，而参加悼念活动的服装必须是忧郁色。

饱和度对颜色的华丽质朴感影响最大，亮度也有影响，色相影响最小。饱和度方面，在6级以上时，饱和度越高越呈华丽感；6级以下时，饱和度越低越呈质朴感。总的来说，鲜艳而明亮的颜色呈华丽感，浑浊而深暗的颜色呈质朴感。参加表演、娱乐等需要引人注目的场合，宜穿华丽、花哨的服色，而在学习、工作的地方宜穿质朴的服色。

暖色、饱和度高的色、对比强的色、多彩色的色彩给人以跳跃、活泼感；而冷色、暗色、灰色给人以严肃、庄重感。色彩的庄重与活泼运用于不同年龄的衣着配色，一般青少年服装配色多活泼感，以显示朝气勃勃和活泼可爱；而庄重感的配色适合于中老年服装，以显示着装人的成熟老练。

2. 实验数据的采集

虽然对以上关注的几个方面色彩心理效应已经有了一定的理论描述及大致变化范围的说明，但若要构建起具体的数学模型，则需要广泛采集更为精细的数据。本节以“紧缩—膨胀感”作为重点，并对其进行数学建模，其他4种效应的评价数值的采集仅作为对如上理论的验证和量化。评价的征集群体为在校大学生，共收集了 20 份评价，取其平均值作为最终大众心理的评价值。

评价标准：评价者就以上提到的 5 对形容词进行评分，除“膨胀—紧缩”外，其余 4 对均依照 SD 评价法进行评价。而对“膨胀—紧缩”感的评价，为使其有一个对比标准，并且使评价者能够按照变化的倍数感给出评价值，采集时，规定每组中第一个色块的值为 1，若感觉紧缩，则给出一个比 1 小的值，相反给出一个比 1 大的值，评价值在 0 ~ 2 之间。

评价的采集分为三个部分：

1）选用大小相同的长方形作为颜色附着体，在改变色彩的色相基础上，依次改变亮度的大小，组成 3 × 4 的色块组，如图 6-34a 所示。此图用来进行五个形容词对整体评价的采集。处理完的评价数据表格见表 6-9a。

2）3 × 4 的色块组。保持色相不变，用 4 个色块进行纯度变化，其余 8 个进行更细微的亮度变化，如图 6-34b 所示。此图仅用来进行“膨胀—紧缩”的评价，目的在于获取更细化的感觉数值分布。最终得到的评价数据见表 6-9b。

3）3 × 4 色块组。随意抽取非“三原色”为基础色，分别进行色相、饱和度、亮度的单独变化，如图 6-34c 所示。此图用来进行“暖—冷”、“华丽—质朴”、“活泼—庄重”三对形容词的评价，本节将选取这三种色彩心理效应作为次重点进行研究、应用。评价数据见表 6-9c。

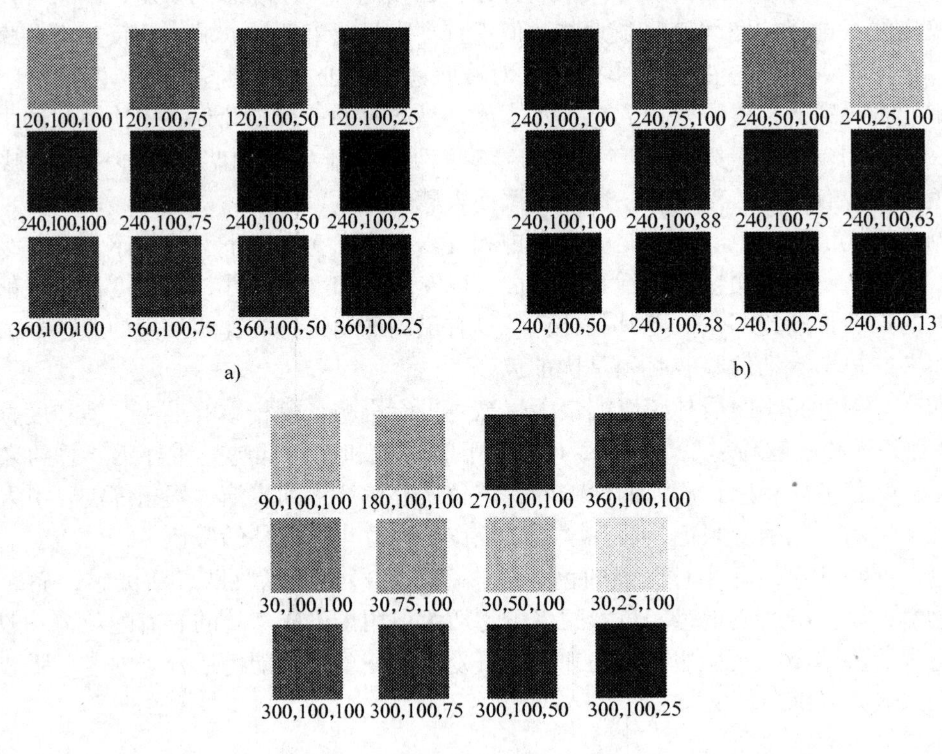

图 6-34 色彩-心理评价值的采集

a）色块组 1 b）色块组 2 c）色块组 3

表 6-9　对相应色块组收集的评价数据

a）色块组 1 的评价数据

色块	1	2	3	4	5	6	7	8	9	10	11	12
紧缩—膨胀	1.0	0.8	0.7	0.5	0.9	0.8	0.6	0.4	1.1	0.9	0.7	0.5
暖—冷	2.4	3.0	3.8	4.4	3.4	3.5	4.2	4.7	1.3	2.1	2.9	3.7
明快—忧郁	1.0	1.8	2.9	4.0	1.7	2.6	3.5	4.4	1.2	2.2	3.3	4.6
华丽—质朴	1.7	2.4	3.2	3.8	2.2	2.8	3.3	3.9	1.7	2.3	3.0	3.8
活泼—庄重	0.9	1.9	3.0	4.0	2.3	2.9	3.8	4.6	1.8	2.6	3.6	4.4

b）色块组 2 的评价数据

色块	1	2	3	4	5	6	7	8	9	10	11	12
紧缩—膨胀	1.0	0.9	0.7	0.7	1.0	0.9	0.8	0.7	0.7	0.6	0.5	0.4

c）色块组 3 的评价数据

色块	1	2	3	4	5	6	7	8	9	10	11	12
暖—冷	2.9	3.6	3.8	1.2	1.6	1.8	2.7	2.6	2.6	2.8	3.3	3.8
华丽—质朴	1.8	2.3	1.7	1.4	2.3	3.1	3.8	4.2	1.5	2.4	3.5	4.6
活泼—庄重	1.1	2.2	2.9	1.8	2.3	2.7	2.9	3.0	2.3	3.4	4.1	4.8

由表6-9可看出，色彩造成的色觉心理变化与上节中所叙述的是基本相符的。

6.5.2　色彩与人工心理对应关系的建模方法

1. 数据分析

紧缩膨胀感与色彩的色相、亮度有较大关联，尤其是明度。为明确它们之间的关联程度，按照改进后的 HSV 量化方法对照表 3.7a、b 所示的数据进行了图形描述，如图 6-35 所示。其中图 6-35a 为膨胀感随 h 值变化关系，图 6-35b 为膨胀感随 v 值变化关系。

图6-35a 中，由上到下曲线的顺序分别为：红、绿、蓝。由此可得到结论，色彩给予人的膨胀紧缩感的确是随着色彩的冷暖变化而变化的。图 6-35b 是在图 6-35a 的基础上，选用了其中 $h=240$ 的蓝色进行更加细微的 v 值变化，从而得到更加贴近人心理的变化曲线。此图不仅展现出膨胀紧缩感是随 v 值成正比例变化的，还可以看出，当 v 值在中间值附近变化时，由于人体的色觉敏感度问题导致测试者对色块展现的紧缩膨胀效应并无较大的区别感；当 v 值脱离中间区域朝 100% 或 0% 变化时，色块的膨胀紧缩效应对测试者相应产生了较大的影响；而当 v 值接近 100%，即颜色越来越趋近于黑色时，人体的色觉敏感度下降，导致测试者对色块展现的紧缩膨胀效应再次呈现区别感降低的现象。

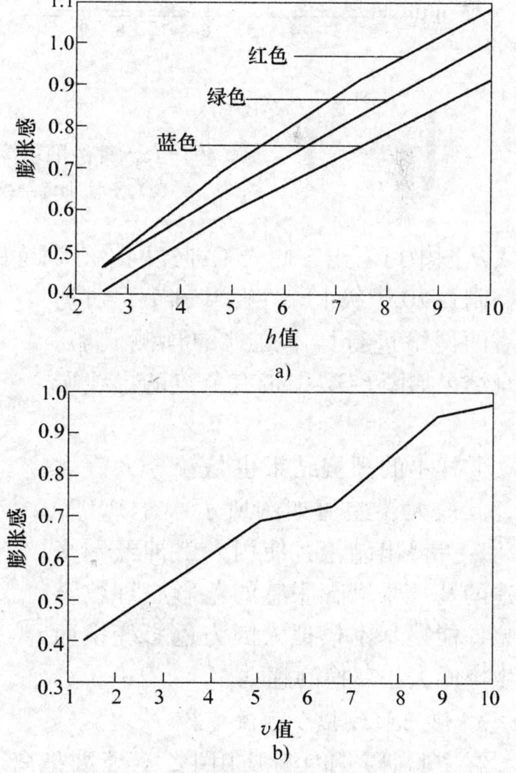

图 6-35　膨胀紧缩感与色相（h）、亮度（v）的关系

a）膨胀感随 h 值变化关系　b）膨胀感随 v 值变化关系

2. 使用人工神经网络方式建模

在观察和数据收集的基础上，本节首先尝试了使用人工神经网络算法进行紧缩膨胀感的色彩心理建模。网络结构为三层神经网络，隐层节点数为6，输入层到隐层和隐层到输出层的激励函数分别为正切Sigmoid传递函数（Tansig）和纯线性传递函数（Purelin）。其中正切Sigmoid传递函数如式（6-44）所示，纯线性传递函数为将输入值按原值输出。

$$y = \frac{2}{1 + e^{-2x}} - 1 \tag{6-44}$$

以色彩的v值作为人工神经网络的输入、膨胀感评价值作为网络输出，进行网络训练。训练后网络对原样本的仿真结果和仿真过程误差控制曲线如图6-36所示。图6-36a中，"■"为仿真得到的数值，"- -"（虚线）为实际输出值。

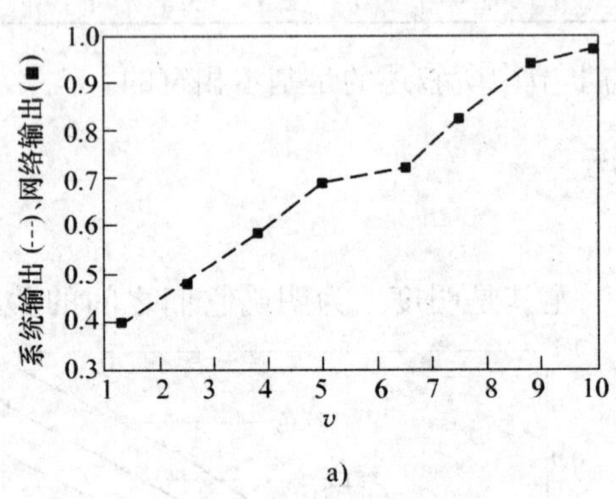

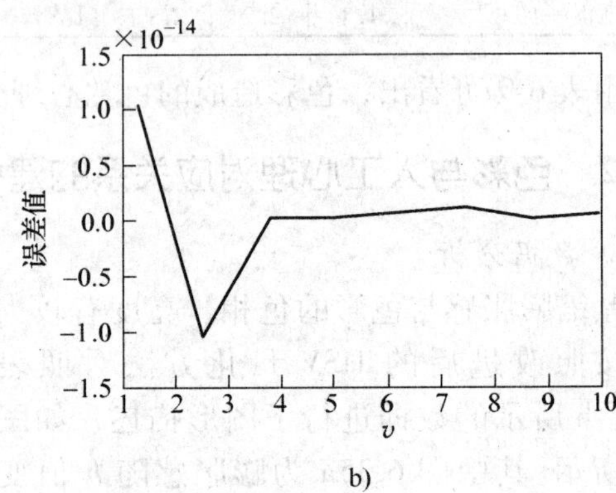

图6-36 人工神经网络算法训练结果和误差控制曲线
a）算法训练结果 b）误差控制曲线

从图中可看出，此人工神经网络经训练后，对样本的仿真值与实际值基本吻合，误差能够控制在10^{-14}级上。在此基础上，对训练后的网络进行样本之外的预测实验。仿真结果如图6-37中带有节点的虚线所示。

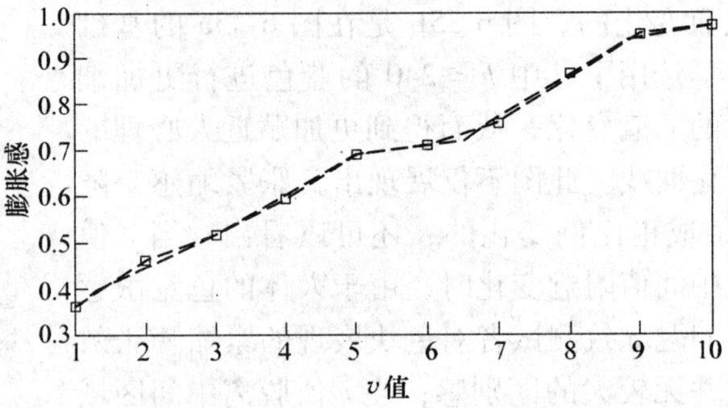

图6-37 预测值与实际值的比较

非样本的预测结果也是较令人满意的，其最大误差值如图所示小于0.02。因此，可得出结论：使用人工神经网络搭建的基于紧缩膨胀感的色彩心理数学模型，能够基本模拟人因为色彩变换而产生空间大小变换的感觉。

3. 使用曲线拟合方法建模

在实验研究和实际应用中，经常要把离散的测量数据转化为便于研究的曲线方程，即曲线拟合。它是一种来源于实际，又广泛应用于实际的重要方法。随着计算机计算水平的不断提高，此应用已在国民生产和科学研究中扮演着越来越重要的角色。

正交基函数因为涵盖了幂函数、切比雪夫多项式、多元正交函数系列等，而常被采用为拟合函数。如在曲线拟合中最常见的二次曲线，就采用二元正交基函数系列：1、x、y、x^2、y^2、xy、…进行拟合。最小二乘法在确定各拟合函数的系数时，尽管拟合的幂数不是很高，但它可使误差较大的测量点对拟合曲线的精度影响较小，而且实现简单，便于物理分析和研究，故成为最常用的方法之一。

对 m 元正交基函数，其拟合函数的形式为

$$y = \sum_{j=1}^{l} a_j g_j(x_1, x_2, \cdots, x_m) \tag{6-45}$$

式中，g_j 为由 m 个自变量构成的一个正交基函数。如 $m=3$，对应函数系列为 1、x_1、x_2、x_3、x_1^2、x_2^2、x_3^2、x_1x_2、…、$x_1x_2x_3$、…；a_j 是待求的系数。

令在 n 次测量中第 i 次的测量值为（x_{1i}，x_{2i}，…，x_{mi}，y_i），则测量误差为

$$\sigma_i = \sum_{j-1}^{l} a_j g_j(x_{1i}, x_{2i}, \cdots, x_{mi}) - y_i \tag{6-46}$$

为便于表达，令

$$g_{ji} = g_j(x_{1i}, x_{2i}, \cdots, x_{mi}) \tag{6-47}$$

这样，用最小二乘法可建立误差的目标函数

$$O(a_1, a_2, \cdots, a_1) = \sum_{i=1}^{n} \left(\sum_{j=1}^{l} a_j g_{ji} - y_i \right)^2 \tag{6-48}$$

对式（6-48）取最小值的必要条件是其一阶偏导数等于零，即

$$\frac{\partial O}{\partial a_k} = 2\sum_{i=1}^{n} \left[g_{ki} \left(\sum_{j=1}^{l} a_j g_{ji} - y_i \right) \right] = 0 \qquad (k = 1,2,\cdots,l) \tag{6-49}$$

可整理为

$$\sum_{j=1}^{L} S_k a_j = T_k \qquad (k = 1,2,\cdots,l) \tag{6-50}$$

$$S_{k,j} = \sum_{i=1}^{n} g_{ki} g_{ji} \qquad T_k = \sum_{i=1}^{n} y_i g_{ki} \tag{6-51}$$

进一步可把式（6-49）写为矩阵形式

$$\boldsymbol{Sa} = \boldsymbol{T} \tag{6-52}$$

式中，$\boldsymbol{S}$ 为 1 阶对称方阵；$\boldsymbol{a}$、$\boldsymbol{T}$ 分别为含有 1 个元素的列向量。

根据上述步骤，便可求出离散测量数据对应的拟合曲线方程。在 MATLAB 中实现最小二乘法拟合通常采用 polyfit 函数进行。

多项式函数拟合：$\boldsymbol{a}$ = polyfit（xdata，ydata，n）;

其中，n 表示多项式的最高阶数；xdata、ydata 为将要拟合的数据，它是用数组的方式输入。输出参数 $\boldsymbol{a}$ 为拟合多项式 $y = a_1 x^n + L + a_n x + a_{n+1}$ 的系数 $a = [a_1, L, a_n, a_{n+1}]$。

本次实验中采集得到的离散测量数据如下：

xdata = {10　8.8　6.5　6.5　5　3.8　2.5　1.3}

ydata = {0.97　0.94　0.825　0.72　0.69　0.585　0.48　0.395}

多项式的最高阶数选定是需要一定的经验的，太小，则误差过大；太大，虽然误差较小，但在程序运行时会带来运算负担过重等问题。通过不断尝试的方式，得到多项式最高阶

数的最佳值为7。经MATLAB计算得到

$$\boldsymbol{a}=[0.0001,-0.0031,0.0504,-0.4260,2.0131,-5.2642,6.0355,-3.2336]$$

从而获得与离散测量数据对应的拟合曲线方程为

$$y=0.0001x^7-0.0031x^6+0.0504x^5-0.4260x^4+2.0131x^3-5.2642x^2+7.0355x-3.2336 \tag{6-53}$$

由此方程得到的拟合曲线与原离散测量数据点的比较效果如图6-38所示。

4. *方案的选择与分析*

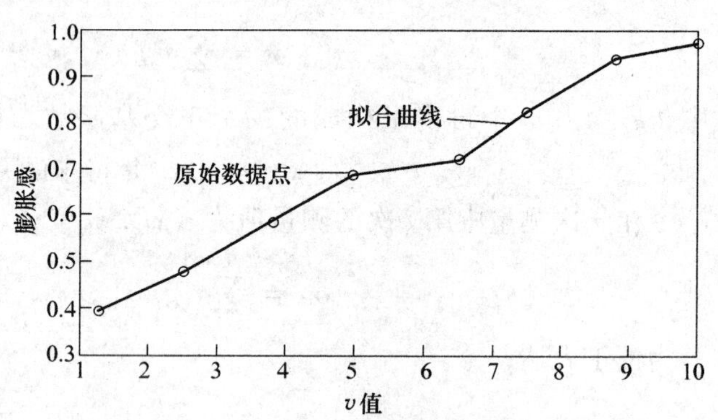

图6-38 膨胀感与 v 值变化关系曲线拟合效果

比较由神经网络算法得到的预测效果图与拟合得到的拟合曲线效果图，不难发现拟合得到的曲线更为贴近原始的离散测量数据。另外，从算法速度和效率上来考虑，神经网络算法每次学习得到的网络模型都是不同的，因而在网络误差和预测效果上也是不确定的，网络的学习与仿真预测也是需要一定的训练时间的，另外就是在算法程序的编写上需要至少涉及2或3个for循环，时间复杂度较大；曲线拟合方式得到的是一个误差较小，并且是固定的曲线函数，因而在预测效果和计算误差上是可预测、固定的，同时在程序编写与运行时，只需要按照事先算好的曲线函数编写、计算，只占用一条语句，因而在程序的时间复杂度上节省了很多，相应的运行时间也会大大减少。

基于以上的对比分析，可以得出结论：对于本次设计中使用的网络平台系统，曲线拟合方式比较适合作为后台的实时智能算法。这是就应用的系统平台所言，但若是从进一步的研究拓展性而言，还是人工神经网络算法比较合适，因为其他色彩心理效应模型的性质还不确定，而人工神经网络算法在对于不确定事物关系的描述上是有一定优势的。

6.5.3 色彩心理效应模型在个性咨询系统中应用算法的设计

本系统研究至今，一直在努力构造一个体现人性化、个性化的网上导购系统，而服装的个性选择不仅从个人的偏好上来体现，还体现在针对不同用户、不同服色心理需求上。因此，将色彩心理效应的数学模型加入到导购系统中是符合系统完善、进化要求的。

除去着装人的主观偏好，决定服色心理的客观个性因素有下列几个方面：

（1）着装动机　着装动机指穿着者着衣的目的、需要、欲求的不同。

（2）体形、肤色　体形、肤色是穿着者服色心理的生理因素。

（3）性别、年龄　性别、年龄是穿着者服色心理的生理依据之一。

这些因素都在顾客对服装的选择和着装效果上有重要影响。为了尊重顾客的主观偏好，本系统将针对这些因素对服装的影响，根据顾客填写的个人特征数据（如性别、年龄、身高、体重等）及特殊需求（与因素中的“着装动机”相对应）进行计算、处理，最终为顾客提供可选择性的着装指导建议。

根据科学上认可的体重与身高标准比例公式，可得到标准比例值 N 有

$$\text{Male}:N=(\text{身高}-120)/\text{体重}=0.8 \tag{6-54}$$

$$\text{Female}:N=(\text{身高}-120)/\text{体重}=0.75 \tag{6-55}$$

提取顾客填写的身高、体重数值，计算得到相应的比例值 $n=(\text{身高}-120)/\text{体重}$及个人比例与标准比例的比值 $m=N/n$。若 $m>1$，则说明用户偏胖，胖的程度由 m 给出；相反，若 $m<1$，则说明用户偏瘦。

根据符合顾客主观偏好的前 20 件衣服色彩的 V 值，通过紧缩膨胀感的色彩心理模型，计算这些色彩的膨胀感预测值 p。如图 6-35b 中曲线所示，可得到 p 值特性：$0<p<1$，且 p 在 0.7 附近显现为中间值区域。根据希望达到色觉效应与生理比例互补的目的，并且考虑到顾客都希望自己能够显得瘦些的心理，令

当 $m>1$ 时，若 $pm<0.7$，则推荐此服装；

当 $m<0.75$ 时，若 $pm>0.5$，则推荐此服装。

另外，根据顾客在“特殊附加要求”中指出的衣着穿戴的场合，针对此场合对色彩 HSV 值的要求，再对推荐的服装进行筛选。筛选规则结合理论上色觉效应产生的条件与先前预测得到的用户在相关方面的评价值共同制定，如下所示：

1）先不做任何筛选。

2）出席严肃场合，推荐 $V<4$ 或对“正式的—随意的”评价值较小的服装。

3）出席晚会、商业 party 时，推荐 $V>6$ 且 $S>6$，或 V、$S<1$，或 $S<1$、$V>9$ 的服装。

4）出席休闲娱乐场合，推荐 $S>6$ 或“稳重的—活泼的”形容词对评价值较大的服装。

此系统功能模块的最终整体算法流程如图 6-39 所示。

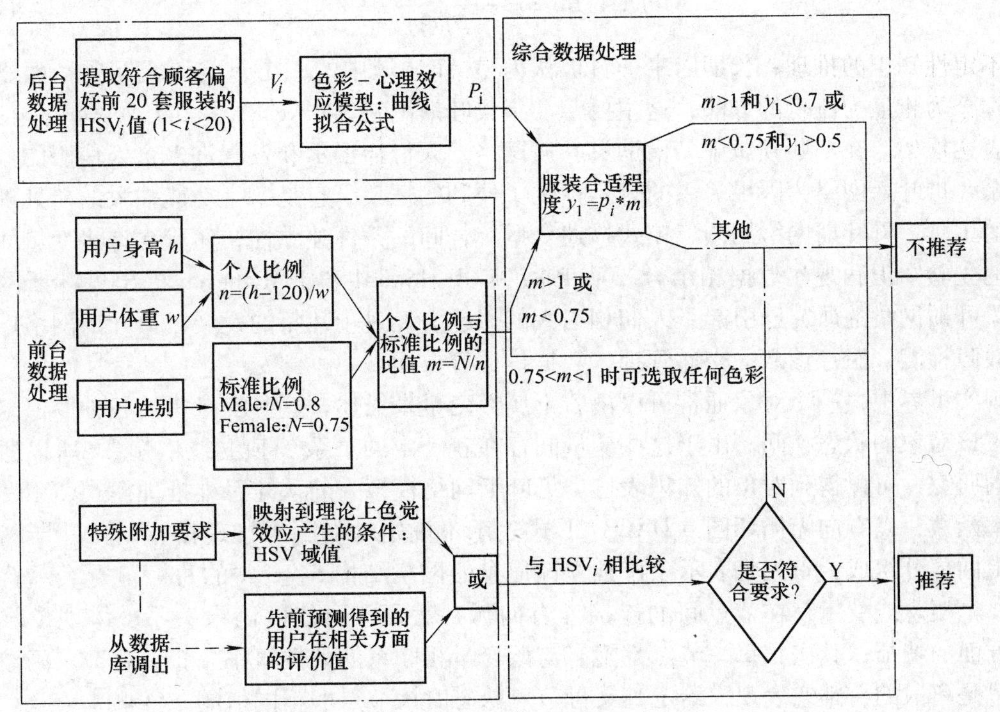

图 6-39　个性咨询系统总体算法流程

6.6 对顾客购买结果的综合推断——贝叶斯网络方法的应用

原先所作的探索和算法实验都是以构建顾客心理模型、探究顾客喜好特性的数学描述作为研究目标，而对购物系统运作的最终目的——顾客对某一套服装的选取、购买，这一结果产生的可能性没有做过进一步的探讨。然而，真正智能的导购系统应能够直接对最终的结果做出初步预测，从而反过来对顾客进行导购。

是否购买某一商品，会涉及包含先前研究在内的对商品的“喜好性”和商品的“适合性”等多种因素，这是一个综合决策判断的过程，因此本节在对此方向的拓展研究中选用了一种新型的决策型算法——贝叶斯网络。

6.6.1 贝叶斯网络理论基础

贝叶斯网络（也称为置信度网络、因果网络）使用概率积分表示不确定性。这称为贝叶斯积分或条件概率。条件概率描述为给定事件 B、事件 A 发生的概率为 x，则

$$P(A|B)=x \tag{6-56}$$

概率积分最基础的规则是联合事件的概率，即

$$P(A|B)P(B)=P(A,B) \tag{6-57}$$

式中，事件 A 和 B 发生的概率为事件 B 发生的概率，乘以给定事件 B 的情况下事件 A 发生的条件概率。转换公式或者贝叶斯规则式（6-58）是基于式（6-57）得到的。

$$P(A|B)=\frac{P(B|A)P(A)}{P(B)} \tag{6-58}$$

不定性知识的推理，长期以来一直被认为是 AI 领域中的一个重要研究问题，而概率方法是迄今为止最为流行的方法，这主要归功于贝叶斯网络（Bayesian Belief Network）良好的知识表达框架。在一些领域中，借助贝叶斯网络，人们能揭示和发现许多令人信服的概率依赖关系。贝叶斯网络为因果关系的表示提供了便利的框架，它是一个功能强大的能处理不确定性的工具。贝叶斯网络用图形模式描述变量集合间的条件独立性，而且允许将变量间依赖关系的先验知识和观察数据相结合。从 1981 年 R. Howard 和 J. Matheson 提出贝叶斯网络以来，贝叶斯网络的研究已引起了人们相当大的兴趣。经过十几年的发展，贝叶斯网络广泛应用于故障检测、医疗诊断、交通管理、数据挖掘等方面。

现实世界中，一个对象通常可以由若干属性变量来描述，这些变量集的各种取值组合就构成了该对象的状态空间。由于这些变量间存在着一定的关系（独立或依赖），所以通过对它们的研究，可以得到对象的知识表达。贝叶斯网络模拟人的认知思维推理模式，用一组条件概率函数，以有向无循环图（DAG）形式表示不确定性的因果推理模型。贝叶斯网络的信息由两部分组成：首先是表示条件独立性信息的网络结构 S，S 中的每一节点表示特定域中的一个概念或变量，在节点间的连接（有向弧）表示了可能的因果关系，体现了域知识定性方面的特征；其次，每一节点都附有与该变量相联系的条件概率分布（CPD）函数，如果变量是离散的，则它表现为给定其父母节点状态时该节点取不同值的条件概率表（CPT）。由于贝叶斯网络表示了因果过程的总体结构，故它可被看作是拥有许多不同组合的一个抽象知识库。这是从总体理论结构上来理解贝叶斯网络。从数学推理过程上讲，贝叶斯网络中每

一节点有一组有限的排他状态，其似然分配表示为信度值，有向连接表示它们之间的相关或者推论关系，事件本身的不确定性以节点的信度值表示，专家知识的不确定性以条件概率表示。通过在贝叶斯网络中输入证据，更新节点的后验信度值，则可以对节点事件进行推理。

定义1：给定随机变量集合 v_i、v_j 和随机变量 V，如果式（6-59）成立，则称随机变量 V 条件独立于变量集，记作：$I(V|v_i,v_j)$

$$P(V|v_i,v_j)=P(V|v_j) \tag{6-59}$$

定义2：给定 n 个随机变量构成的集合 $v=\{V_1, V_2, \cdots, V_n\}$，建立在该集合上的联合概率分布 $P(V_1, V_2, \cdots, V_n)$ 可以表示为一个贝叶斯网络 $B<B_s, B_p>$，它由两部分构成：

1）B_s 为贝叶斯网络结构，是一个具有 n 个节点的有向无循环图，图中节点为随机变量，节点的状态对应于变量的值，图中有向边表示节点之间的条件（因果）的依赖关系。

2）B_p 为贝叶斯网络的条件概率表集合，每个节点 V_i 都有一个条件概率表，用来表示 V_i 同其父节点 $P_a(V_i)$ 的相关关系：条件概率 $P(V_i \mid P_a(V_i))$。

利用条件独立性进行分解，可将联合概率分布简化表示为乘积形式，如下式所示：

$$P(V_1,V_2,\cdots,V_n)=\prod_{i=1}^{n}P(V_i \mid P_a(V_i)) \tag{6-60}$$

从中可看出，按照条件独立性进行分解，极大地减少了计算联合概率所需的参数数目；进一步分析可以看出，如果给随机变量赋予不同的序号，会产生不同的贝叶斯网络结构；因此，一个联合概率分布可以表示为多个不同结构的贝叶斯网络。

利用建立的贝叶斯网络模型解决实际问题的过程称为贝叶斯网络推理。在推理中，那些值已确定的变量构成的集合称为证据 D，需要求解的变量集合称为假设 X，一个推理问题就是求解给定证据条件下假设变量的后验概率 $P(X|D)$。

贝叶斯网络的推理实际上是进行概率计算。具体而言，在给定一个贝叶斯网络模型的情况下，根据已知条件，利用贝叶斯概率的计算方法，计算出所感兴趣的查询节点发生的概率。在贝叶斯网络推理中，主要有以下两种推理方式：

(1) 因果推理　是由原因推知结论，也称为由顶向下的推理。目的是由原因推导出结果。已知一定的原因（证据），则用贝叶斯网络的推理计算，求出在该原因的情况下结果发生的概率。

(2) 诊断推理　是由结论推知原因，也称为由底向上的推理。目的是在已知结果时，找出产生该结果的原因。已知发生了某些结果，根据贝叶斯网络推理计算，得到造成该结果发生的原因和发生的概率。该推理常用在病理诊断、故障诊断中，目的是找到疾病发生、故障发生的原因。

6.6.2　贝叶斯网络结构的设计

本节中，对使用贝叶斯网络面向的研究方向的定位是利用其对不确定问题的推理能力，解决系统确定顾客是否会购买某件服装的问题。要想确定顾客购买某件服装的概率，就要充分研究影响顾客购买服装的因素。通过对商品与人之间关系的分析，若不考虑价格问题，可以将此影响因素分为两类：人对该商品的主观感受［喜好度（Fondness）］和购买该商品对顾客的客观影响［适合度（Suitable）］。这两点构成了影响顾客购买趋势的两大重要因素，其关系如图6-40所示。

具体到服装而言，服装外观被概括为由样式（Style）与色彩（Color）两大部分组成。可以认为，正是在这两个元素的相互作用下，造成了商品对顾客的影响。因此，可将上述关系进一步细化到如图6-41所示，从而得到针对服装商品的此关联的进一步扩展。

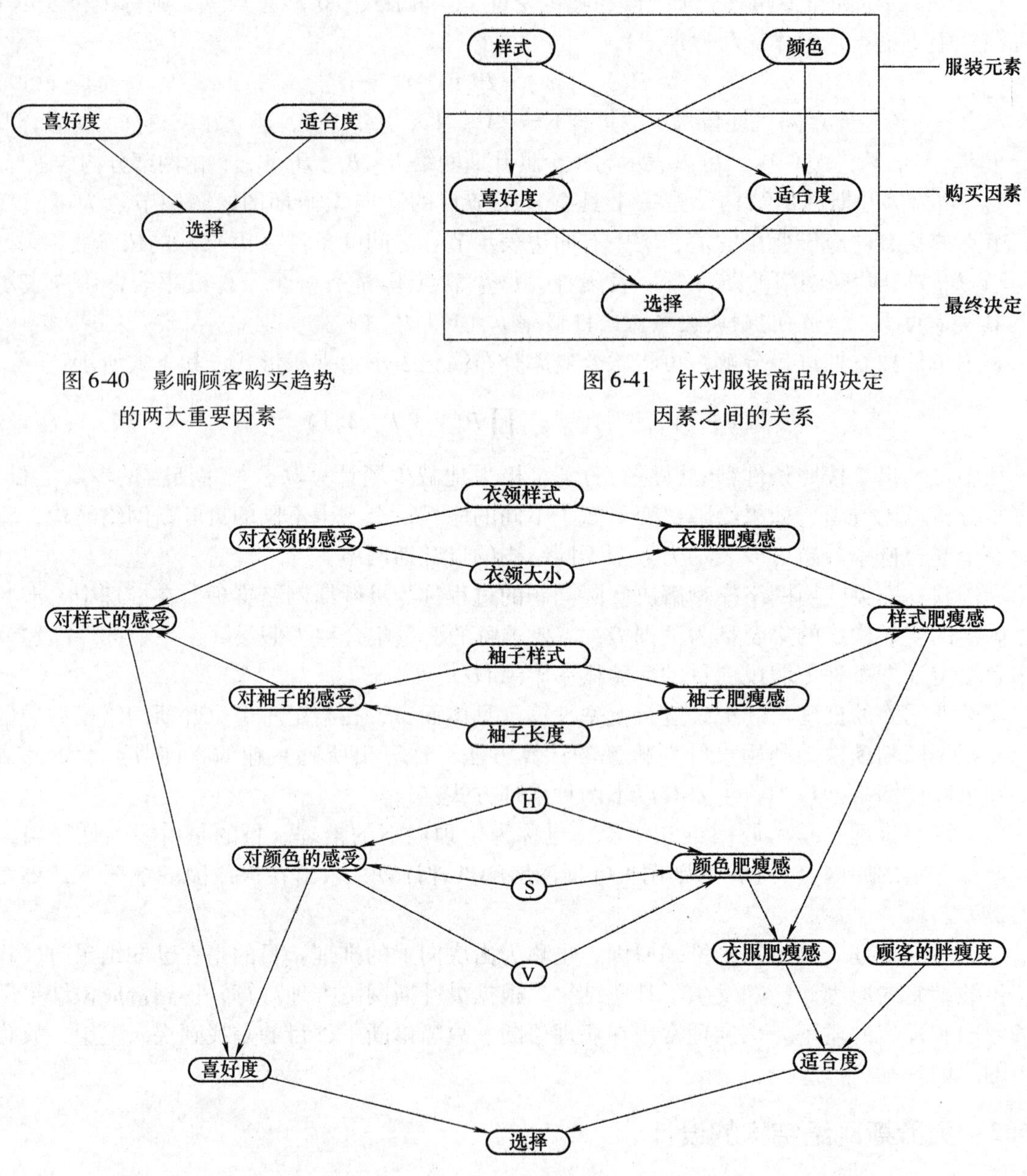

图6-40　影响顾客购买趋势的两大重要因素

图6-41　针对服装商品的决定因素之间的关系

图6-42　服装购买贝叶斯决策网络的拓扑结构

研究选定以上衣为例。考虑到上衣可以划分为领口（Collar）、袖子（Sleeve）、主体（Body）三个部分，并且其中对上衣样式起主要决定作用的部分为前两者——领口与袖子，而对上衣色彩起主要决定作用的部分为后者——主体，因此根据其作用不同，将其划分在不同的影响区域内：顾客对服装样式的感受（Feel of Style）、对色彩的感受（Feel of Color）、服装样式对当前顾客的适合度（Suitable of Style）、服装色彩对当前顾客的适合度（Suitable of Color）。考虑到领口与袖子对服装的影响因素和样式的特点，分别将其再次细分为领口样式（Pattern of Collar）、领口大小（Size of Collar）、袖子样式（Pattern of Sleeve）、袖子长短（Length of Sleeve）。同时，色彩也可以进一步分为 H、S、V。另外，对服装的主观感觉可以统一以“喜欢”与“不喜欢”来划分，但作为适合程度却可以从多个方面来划分，此次研究选取了当代顾客挑选服装时首先考虑的服装胖瘦方面视觉效果问题进行探索。而服装显得宽、肥还是窄、瘦较好，是否适合当前顾客，还与顾客自身的肥瘦程度有关，这就需要再引入一个与评定服装适合度有密切交互关系的顾客个人信息节点——顾客的胖瘦程度节点（Fatness of Custom）。综合如上所述的所有关系与考虑，整个贝叶斯网络的拓扑结构如图 6-42 所示。

当完成网络中节点的选取与相互间位置和关系的确定后，就要具体到每个节点中状态参数的设计。首先，状态参数的设计应与相应节点的特性密不可分，不仅要体现出节点的特点，还要与当前研究内容密切相关；其次，要体现出顾客的关注方向，与此同时，还要兼顾数据的可描述性与单一性，这样才便于数学分析。比如在这里，本节将领口与袖子造型的状态参数设定为各自的复杂程度（Complex/Simple）。设计好的，包括节点各自的状态参数的贝叶斯决策网络的拓扑结构如图 6-43 所示。

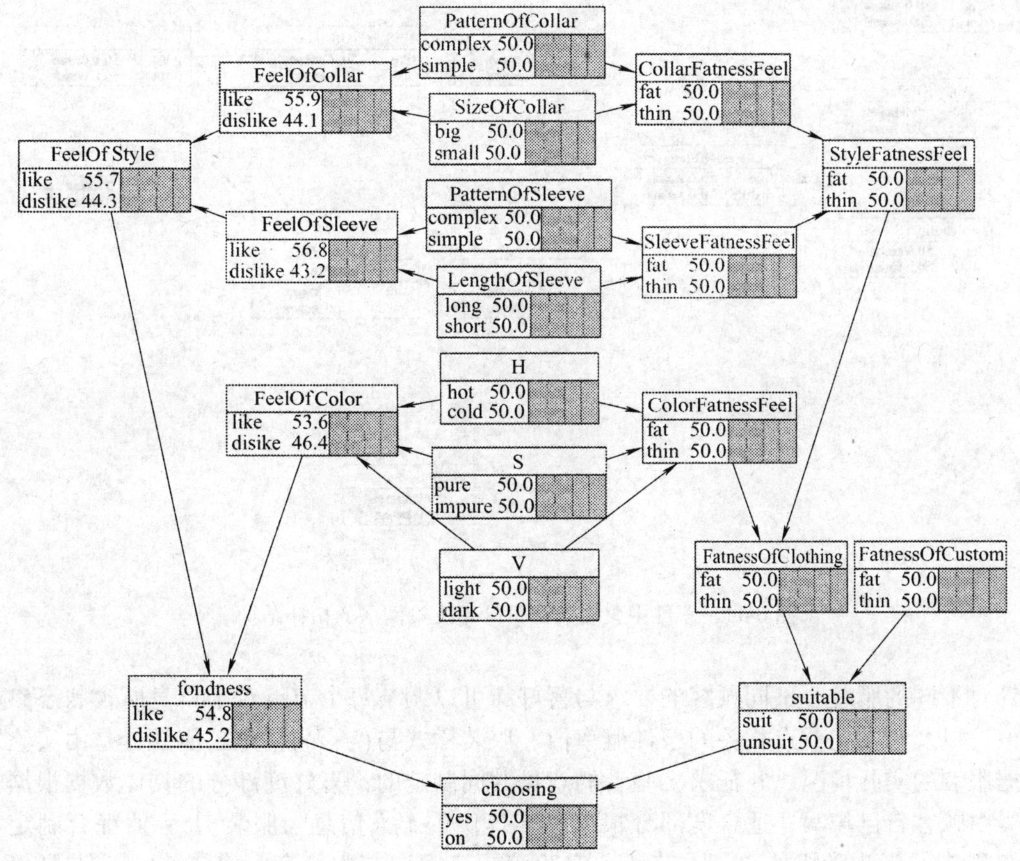

图 6-43　包括节点各自的状态参数的完整贝叶斯决策网络

6.6.3 实验与结果分析

本节使用的贝叶斯网络搭建工具是 Netica 1.12。这是一个专门用来进行贝叶斯置信网络的设计、推算的实用工具。此工具的产生为贝叶斯网络复杂的计算过程带来了便利，但由于工具软件的运算能力有限，最多只能允许拥有 15 个节点的网络进行推算，因而通过取主舍次的原则，将原先设定的网络节点数减少至 14 个，缩减过程如下：考虑到服装的膨胀紧缩感主要与色彩有关，因此去除了服装样式带来的合适度影响节点——袖子肥瘦感节点（SleeveFatnessFeel）、领子肥瘦感节点（CollarFatnessFeel）、样式肥瘦感节点（StyleFatnessFeel），将顾客的个人信息节点融入到服装适合度的评价中去，去除节点顾客的肥瘦程度（FatnessOfCustom），最后合并色彩肥瘦感节点（ColorFatnessFeel）、服装肥瘦感节点（FatnessOfClothing）与服装适合度节点（Suitable）为 suitable。最终输入软件的服装购买贝叶斯决策网络的拓扑结构如图 6-44 所示。

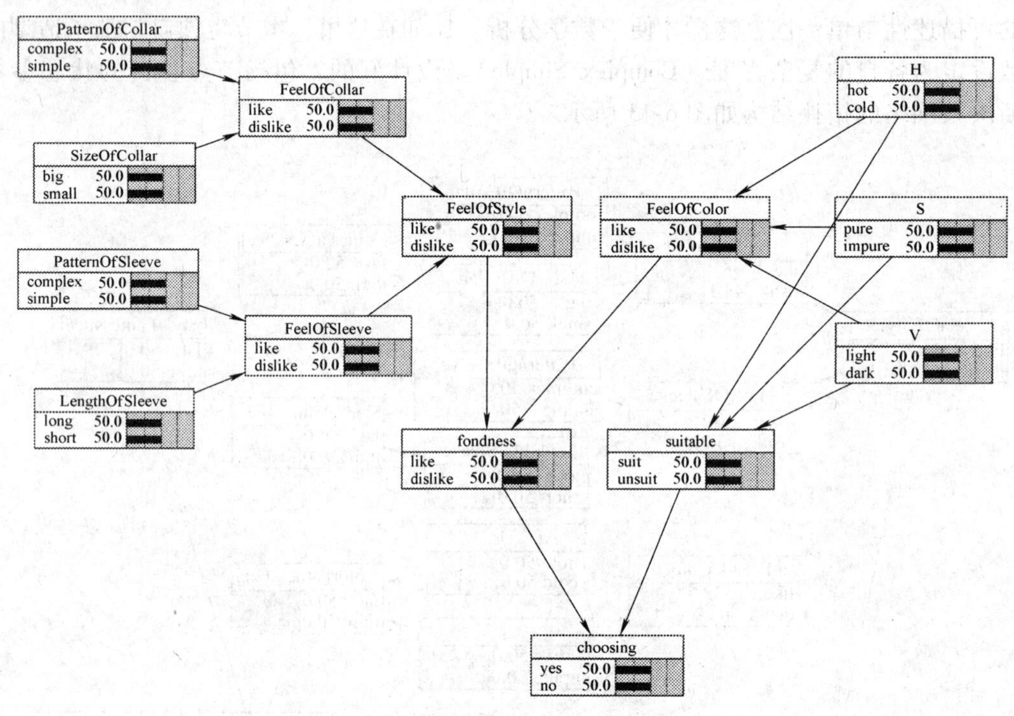

图 6-44 软件中服装购买贝叶斯决策网络的拓扑结构

针对不同的服装、不同顾客的要求与喜好，可以调节每个节点对于自身所含状态参数的概率值，以及与其父节点相关的条件概率值。服装样式与色彩的基本数值部分是由实验发起者根据服装的实际情况，并征求实验者的意见共同制定的；喜好度部分的具体数据根据顾客的感受由顾客自己填写；适合度部分根据顾客提供的个人信息与服装 HSV 值综合制定。从 15 名实验参与者中随机抽取，本节所示实验演示步骤以其中一名身高 1.64m、体重 66.5kg（体形较胖）的女大学生所选数据为例。其具体步骤如下所述：

步骤1：记录顾客在服装样式和色彩方面的偏好度。所针对的节点为：FeelOfCollar、FeelOfSleeve、FeelOfStyle、FeelOfColor、Fondness、choosing。以 FeelOfCollar 和 choosing 为例，偏好数值的填写如图6-45所示。

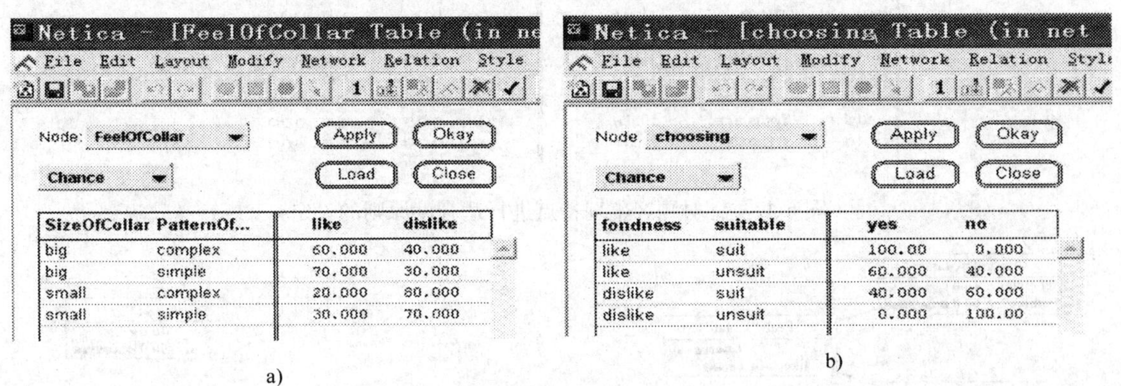

图6-45　顾客偏好值的确定

a）FeelOfColor 节点中偏好值的填写实例　b）choosing 节点中偏好值的填写实例

步骤2：根据服装实际样式与色彩 HSV 值得到的数据，并综合实验者的意见，制定服装特征部分节点的相应状态参数值。为15名志愿者展示的实验样本服装之一如图6-46a所示；以 SizeOfCollar 为例，填写方式如图6-46b所示。

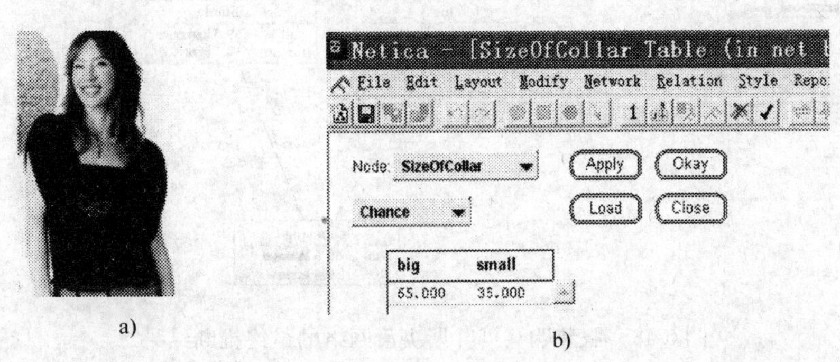

图6-46　服装特征值的设置

a）向实验者展示的样本服装之一（黑色）　b）针对该服装 SizeOfCollar 节点状态参数值的填写

步骤3：分别收集实验参与者的个人信息（身高与体重值），根据标准身高体重比例公式计算出实验者的比例与标准比例的比值，以确定实验者的胖瘦程度，如本例中实验者：（身高－120）/体重＝0.662，与标准的0.75的比值为0.75/0.662＝1.133，可见此实验者比较胖。根据色彩心理效应原理的内容——色彩的明度对膨胀紧缩感影响最大，其次是纯度与色相，可以推论出大致的针对该实验者适合的色彩的选择。如图6-47所示。

步骤4：根据前三个步骤确定的节点状态参数的概率与条件概率值，编译网络，得到根据此网络结构与相应条件数据得到的结论，如图6-48所示。

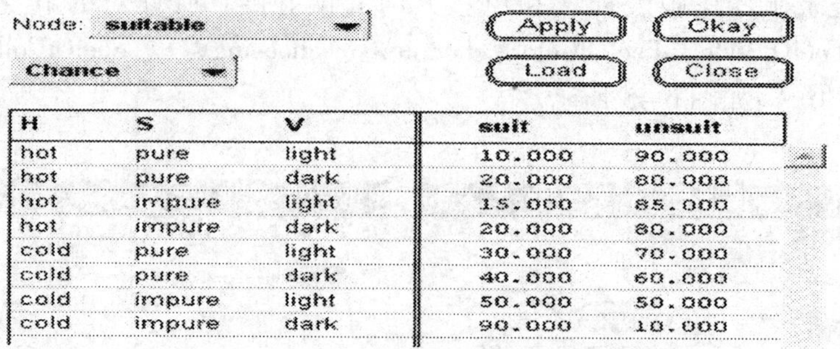

Node: suitable　　Apply　Okay
Chance　　Load　Close

H	S	V	suit	unsuit
hot	pure	light	10.000	90.000
hot	pure	dark	20.000	80.000
hot	impure	light	15.000	85.000
hot	impure	dark	20.000	80.000
cold	pure	light	30.000	70.000
cold	pure	dark	40.000	60.000
cold	impure	light	50.000	50.000
cold	impure	dark	90.000	10.000

图 6-47　针对顾客生理特点进行适合度原则的设定

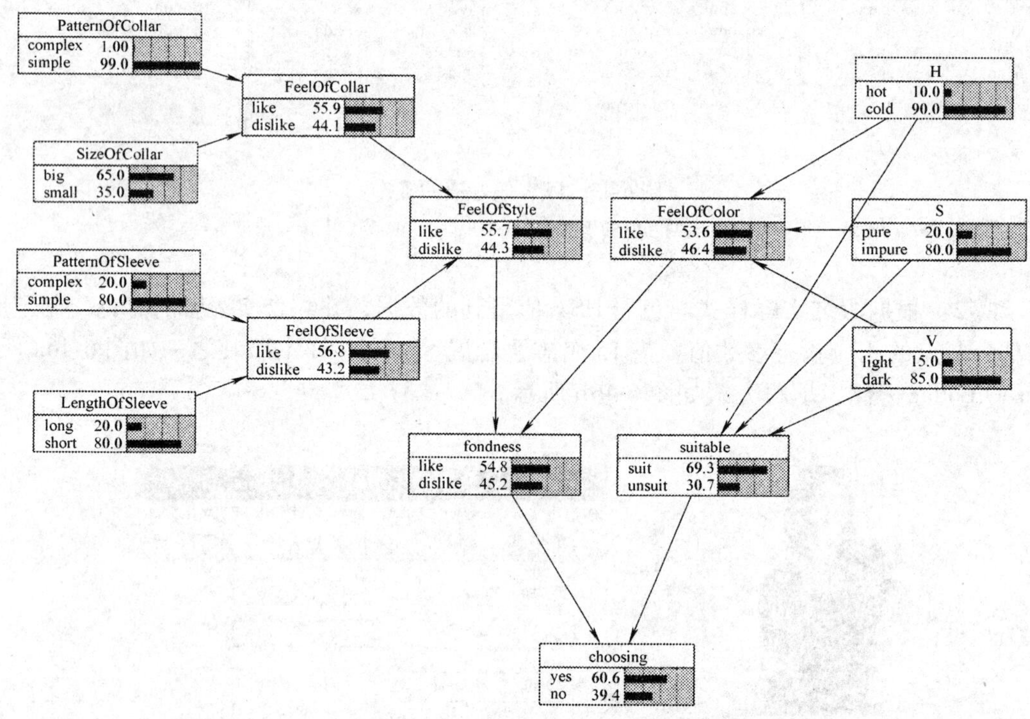

图 6-48　服装购买贝叶斯决策网络的最终推断结果

由输出结论可知，网络推算出对于有如步骤 2 中偏好的实验者面对实验样本服装，会做出以下的评价与结论：该实验者对样本服装领口样式的喜好程度为 55.9%，对袖子样式的喜好程度为 56.8%，对服装样式的喜好程度为 55.7%，色彩的喜好程度为 53.6%，从而对服装整体的喜好程度为 54.8%。综合实验者自身的特征条件得到的服装适合度为 69.3%，推算出顾客购买此服装的概率为 60.6%。实验者对此结果表示比较满意。

若选用另一件粉色服装，如图 6-49a 所示。对于同一实验者，实验结果如图 6-49b 所示。

根据该实验者提出的条件，由贝叶斯网络的推断结果可知，她对这件服装的喜好程度预计会处于中立——46.9%，另外经网络计算，此服装的色彩并不太适合她（会使当前用户显得略微发胖）——适合度只有 18.6%。因此贝叶斯网络得出的最终结论是此服装被选择的可能性只有 36.1%。该实验者表示对此推论十分满意。

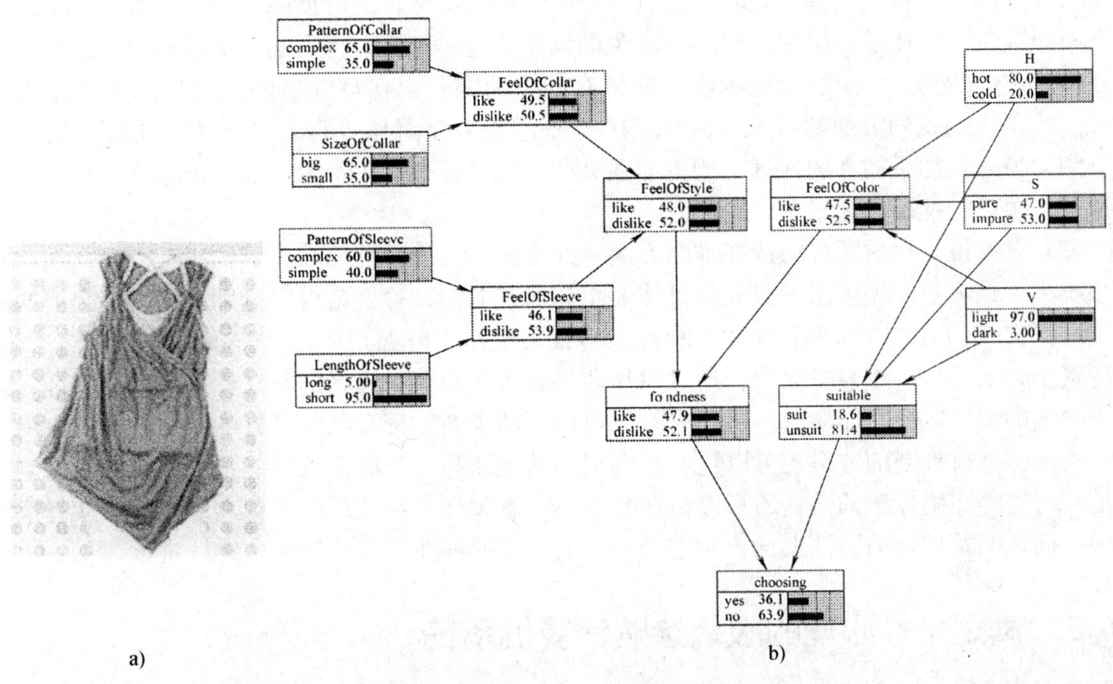

a) b)

图 6-49 针对同一用户的贝叶斯网络对另一件服装的推断

a）向实验者展示的样本服装之二（粉红色） b）贝叶斯网络推断出的结果

以上只是一个实例，全部展现给实验参与者的服装共有 20 件，通过统计实验者对推论最终结果及过程结果（“喜好度”与“适合度”）的评价见表 6-10。以 100 分为满分，超过 85 分的为满意，70 ~ 84 分为较满意，45 ~ 69 分为一般（中立的态度在表中没有收录），45 分以下为不满意，取 15 名实验者对各项推论满意的服装件数的平均值。

表 6-10 对贝叶斯网络模型中各项推论的满意度调查

实验者评价（共 20 件服装）	对“喜好度”的推论/件数	对“适合度”的推论/件数	对最终结果的推论/件数	平均所占比例
满意（平均件数）	2.73	11.87	5	78.43%
较满意（平均件数）	10.67	6.26	9.53	
不满意（平均件数）	4.13	0	3.47	12.67%

从参加实验的同学给出的评价可看出，使用此种贝叶斯网络决策方法得出的推论还是比较准确的，绝大部分用户都觉得很满意。不过网络的误差也是不可避免的，由数据可知，不满意的部分主要出现在对“喜好度”的推测上，从而导致了最终结果的推论不准。为什么在“适合度”方面要比“喜好度”方面准确很多？分析原因，主要存在于两个方面：首先，在对服装样式特征值方面的确定还是比较模糊的，什么样算是“复杂”，什么样算是“特别复杂”，这个界限较难划分清楚，与之相比，色彩的 HSV 值则是一个通过色彩测量工具测出

的比较确切的数值；其次，顾客对自己喜欢服装样式的描述过于抽象，给出的可描述的条款也太少，因而反映到具体服装时，会有一定的差距，虽然在贝叶斯网络的模糊容纳性的作用下有所改善，但还是会出现一些不可避免的偏差，与之相比，色彩心理效应对色彩的作用描述本身已经达到了一定的量化程度，即使有些小的偏差也在贝叶斯网络的作用下“小而化无”了。正是这两方面的原因，造成了在“适合度”方面与“喜好度”方面推断准确性的差距。另外，如果软件的计算功能更加强大些，就可以引入更多的节点，细化推算过程，使推算结果更加准确满意。

总体来说，在对顾客的选择推断方面，此方法不失为一种比较有效的决策方案。在购物系统中，顾客只需先提出对服装的具体要求和偏好取向，后台就可以分别就不同特征值的服装进行推算，最终得到当前顾客可能选取的服装推荐、呈现到前台，实现智能导购的功能。特别是，如果数据库容量允许，还可以从此顾客历次购买、选择的服装样式中自动筛选、记录顾客的偏好取向，在新的服装到来时，可以自动推断出符合顾客喜好的服饰。这种使用贝叶斯网络进行推断的方案还可以进一步应用到其他商品，从而拓宽智能化层面。不过遗憾的是，对这种网络算法的研究还只停留在基于第三方软件平台的理论实验上，目前还没有找到将其插入网站后台的插件工具，希望进一步的实践能够在今后的研究中继续进行。

6.7 满足个性心理的服装选购计算机系统

本节在前面所述的理论基础上，编制了一个面向 Internet 的个性化智能商品选购网站，对人工心理模型的实际应用做了一些有益的探索。

6.7.1 个性化智能商品选购系统的注册与登录

系统空间采用 DREAMWEAVER MX 编制界面，用 Access XP 建立基于上述人工心理模型的图片库和词语库。具体工作顺序如下：用户进入网站主页（http：//aprobot. www33. cnidc. cn）后，图 6-50 所示为系统首页，可以注册或登录进入服装选购阶段。

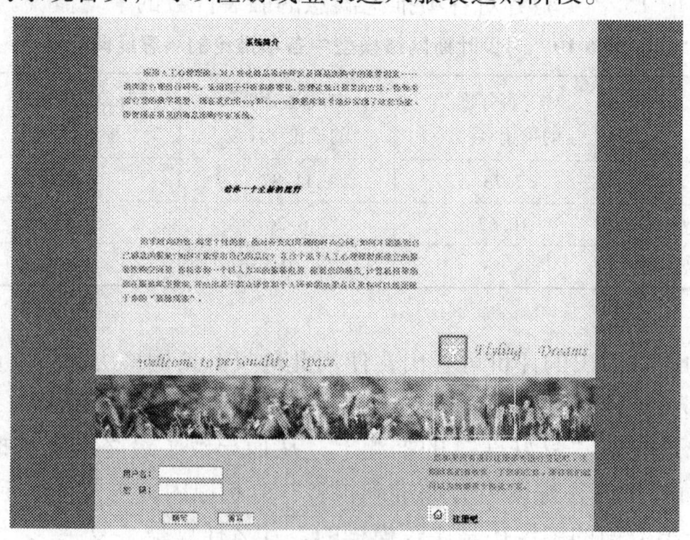

图 6-50　服装选购系统登录首页

用户如果第一次登录需要进行注册，以便收集用户的信息，为后来统计数据作辅助分析。用户注册页面如图 6-51 所示。

注册完毕后，系统自动进入用户感性信息收集界面，对 10 个训练样本进行评价来建立预处理心理模型，以便系统将结果存放到数据库中，并调用程序进行处理来建立用户的个性化心理模型。用户信息收集界面如图 6-52 所示。

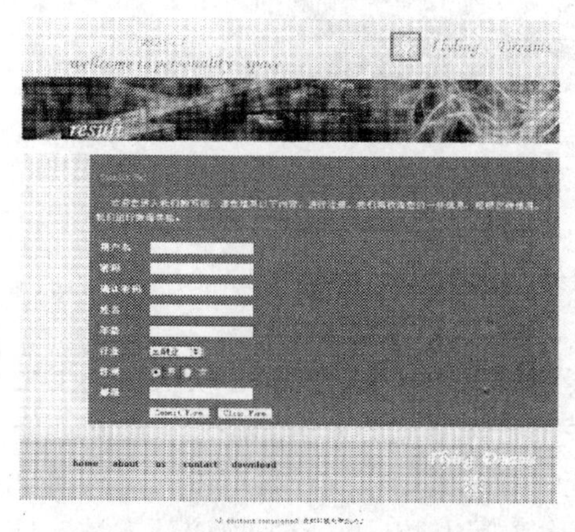

图 6-51　用户注册网页

图 6-52　用户信息收集界面

用户提交完信息后，就可以进入服装选购网页，按照自己的意愿选择喜欢的服装。图 6-53 所示为客户选购网页。可供查寻的形容词对为 华丽的、朴素的、现代的、过时的、可爱的、讨厌的、优雅的、粗俗的、浪漫的、呆板的、和谐的、不和谐的、正式的、随意的、多变的、单调的、有个性的、无个性的、突出的、平凡的等。

用户在所提示的形容词中进行选择，给出选购心理，先根据数量化 I 类理论自动地选择相应的 B 阵，然后通过循环与每一个服装图片的特征矩阵相乘，得到每张服装图片的预测值 Y，然后系统对所有预测值 Y 按照由低到高的顺序进行排序，取前四个或后四个作为初始参考群，如图 6-53 所示。在此基础上，用户对系统提供的图片进行满意度评价，按照 IGA 来不断修正检索结果，直到提供给用户的图片的 80%，都能令客户非常满意为止。以用户对“优雅的”要求为例，图 6-54 是系统为用户检索出的最终参考图片。

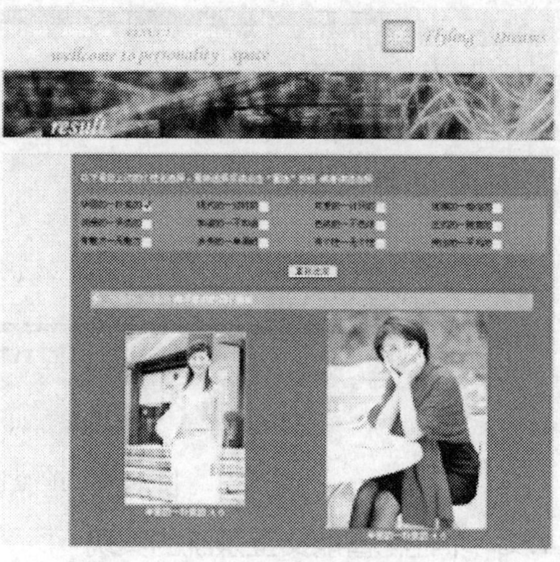

图 6-53　客户选购网页

图 6-54　系统为用户检索出的最终参考图片

为了实现网站的安全管理，编制了后台程序，嵌套在网站中。它分为两个模块：一个是用户管理程序；另一个是访问监控程序。用户管理程序用于网络注册人员的添加、删除和修改资料等操作。访问监控程序，主要作用是包括开始统计日期到结束统计日期内的：页面总显示、显示数 、来访者、人均访问页面数、每小时平均访问人数、每天平均访问人数、日均访问页面/来访者、平均每天来访者 、单独页面统计。图 6-55 为访问监控程序主界面。

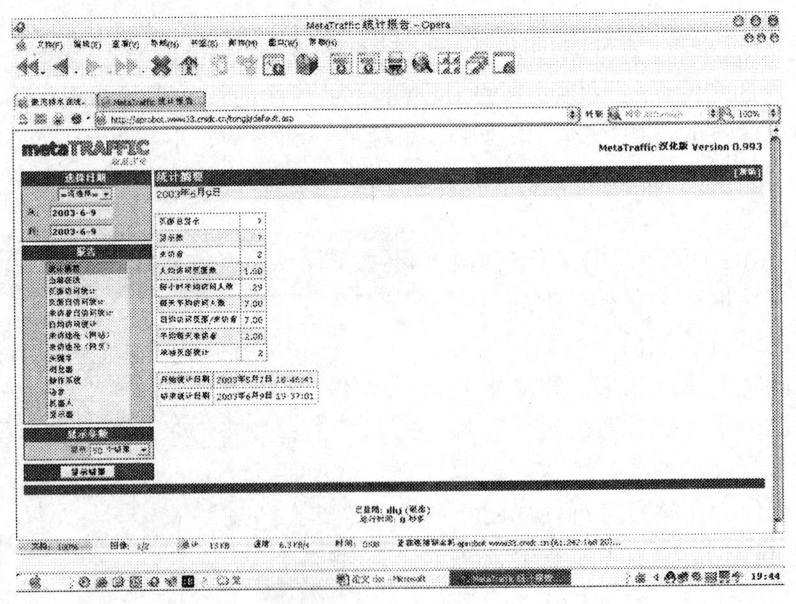

图 6-55　访问监控程序主界面

6.7.2　个性化智能交互系统的实现

个性化智能交互系统软件模块中，预处理模块是用 VB6.0 编写的，交互模块是用 Java

编写的，系统运行在主频为 1.8GHz 的 PC 上，并且限定遗传的代数最多为 10 代。使用 0.5% 的交叉率和 0.05% 的变异率，保留每一代最佳个体到下一代是一个遗传策略。为了评估此系统的性能，分别进行收敛测试和主观测试。

首先提出选购要求（比如用户需要寻找一幅看起来让人感到“和谐”的服装图片），然后系统依据数量化Ⅰ类理论从图片库中选取 6 幅图片作为初始群体予以显示，同时用户对显示的每幅图片进行满意度评价，即度量其与心理空间的距离，给出适应度值，这样越满意的图片其分值越高，即适应度值越大，反之亦然，同时每幅图片对应一个 46 维的特征向量，将特征向量编码形成染色体，则用户给图片打的分值也就是染色体的适应度值；接着，系统将根据适应度值进行选择和交叉操作，以产生新一代群体；再通过相似性匹配，即可从图片库中搜索出候选图片，并予以显示；最后用户再对显示的图片给予评价，不断重复，直至用户找到满意的图片或达到最大的迭代次数为止。

1）编码：具体的编码方式如本章 2、3 小节所述，即对每幅图片的 46 维特征，按 H、S、V 三个方面和服装设计形式相结合形成一维向量作为遗传算法的“染色体”。

2）选择：系统将用户对每幅图像的评价作为适应度，同时运用适应度比例方法来对与显示的 6 幅图片对应的染色体进行选择。并得到 6 条子染色体。

3）交叉或变异：通过对这 6 条子染色体进行两两 HSV 颜色交叉和服装设计的水平或垂直交叉，便产生新的染色体。

4）相似性匹配：通过上述进化操作，产生 6 个新染色体，因为其在图片库中未必有完全一致的对应项，所以应将图片库中的每一幅图片与其进行比较，计算它们的相似度，再取出其中相似度最小的 6 幅图像作为新的群体，显示给用户，供用户作进一步分析判断。

图 6-56 显示了在搜索“令人感到优雅的”图片中，通过相应的样式染色体改变而实现的个性评估过程。图 a 中的领口设计样式与图 b 中的领口设计样式通过交叉和变异，得到图 c，根据用户对这三幅图片的满意度打分，可以看出图 c 比图 a、图 b 更会令用户感到“优雅”满意的一代。

010011	0	1011	0001

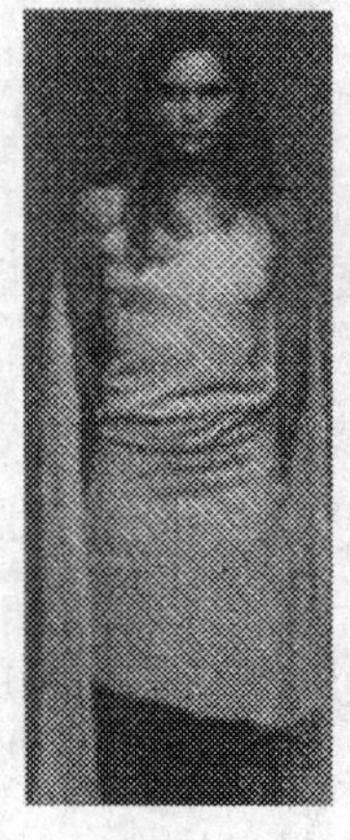

a)

图 6-56　服装样式染色体的交叉效果

a）“令人感到优雅的”用户满意度为 50%

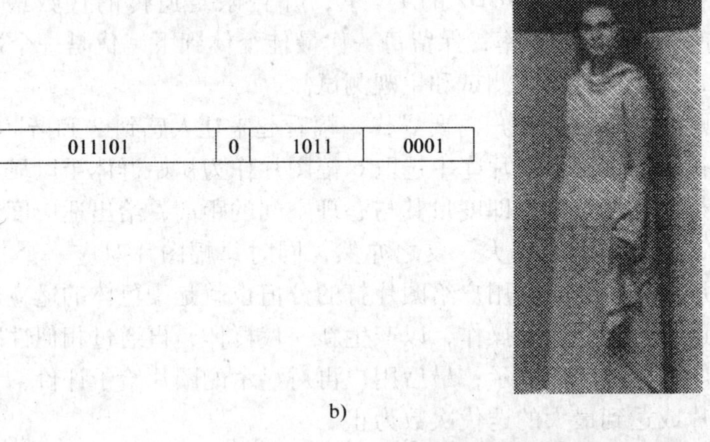

b)

000111	0	1011	0001

c)

图 6-56 服装样式染色体的交叉效果（续）

b）“令人感到优雅的” 用户满意度为 75%

c）“令人感到优雅的” 图 c（图 a 与图 b 的交叉后代），用户满意度为 100%

图 c 是图 a 和图 b 的交叉与变异后代，根据该用户对图片的评估，说明第三代比前两代更能体现该用户对“优雅” 的感性认识。

图 6-57 显示了颜色染色体的变异使服装的变化给用户带来的心理差异。对 30 名用户进行调查，95% 的用户认为图 a “性感的、轻秀的、柔软的”，认为图 b “性感的、华贵的、硬气的”。

让 50 位用户使用本系统，来进行感性化图像检索，即分别检索“和谐的”、“性感的”、“正统的”、“典雅的”、“浪漫的”，“幼稚的” 等图片，然后判别是否满足用户感性要求。当所显示的图片（6 幅）中有 4 ~6 幅满足用户的要求时，系统即认为用户对结果满意，有 3 幅满足要求时为一般，少于 3 幅时为不满意。表 6-11 所示为实验结果（对各图像满意、一般、不满意的用户数）。由表 6-11 可以看出，大部分用户满意检索的结果，不满意的只有少数。

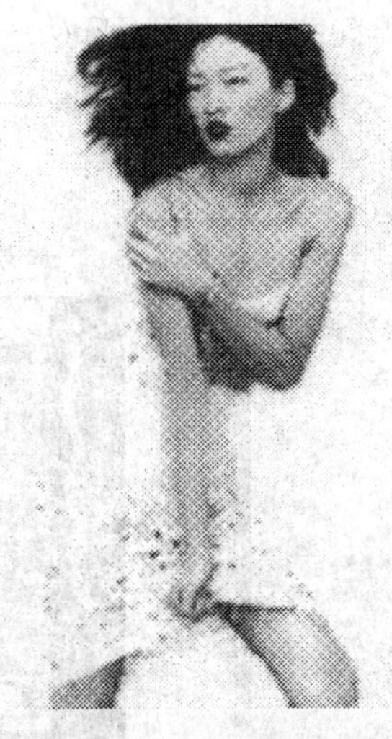

000001	00000011	0	00000011	1011	10000000	0100	00000011

a)

000001	00000000	0	00000000	1011	10000000	0100	00000000

b)

图 6-57　颜色染色体的变异效果

表 6-11　个性化的智能选购结果表　　（单位：个）

项目	和谐的	性感的	正统的	典雅的	浪漫的	幼稚的
满意者	40	32	36	39	36	30
一般者	8	14	8	7	9	10
不满意者	2	4	6	4	5	10

6.7.3　私人着装咨询服务

这项服务是考虑到人性化、个性化系统的发展趋势及最初的系统总体构想而新添加的一项应用，并且配合并实现了色彩心理效应模型的应用。如图 6-58a 所示，在首页中选择了此项服务后，将进入顾客资料收集界面，如 6-58b 所示。在这里，系统将收集顾客的生理特征数值及特殊需求。

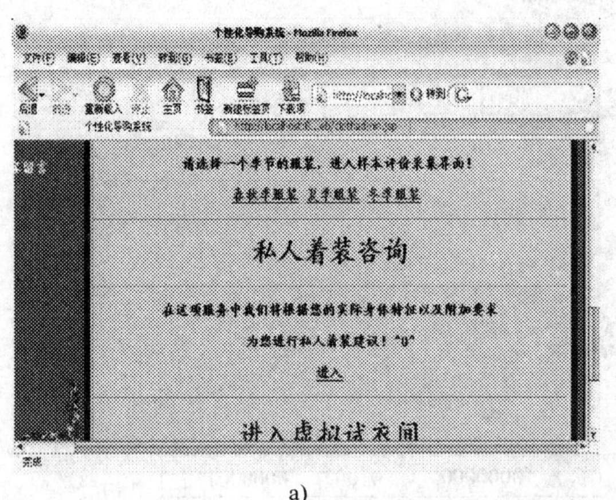

a)

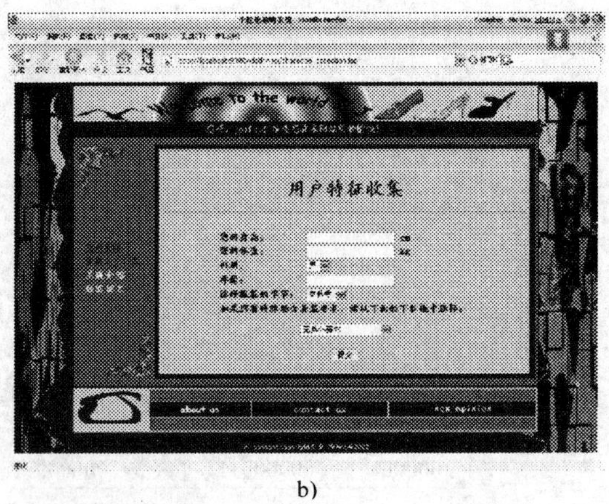

b)

图 6-58　私人着装咨询服务与顾客咨询资料收集界面

a）私人着装咨询服务区　b）用户资料收集界面

顾客填写好个人特征数值及特殊需求后，系统将根据上交的数据进行计算、处理，得到用户身材的特征定位（如“较胖”、“较瘦”，或是“比较标准”）和库中相应服装对该顾客的适合程度。用户可以在得知自己的身材特征定位后选择接受或是不接收系统推荐，如图 6-59 所示。

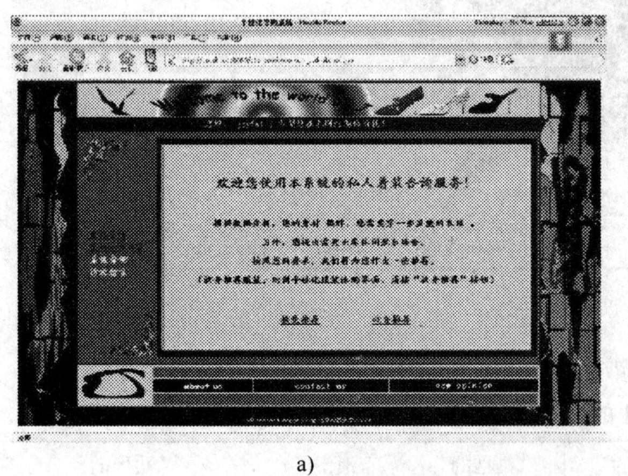

a)

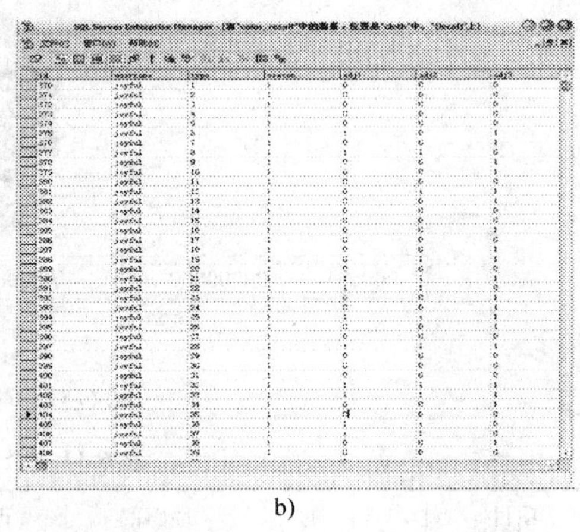

b)

图 6-59　个人特征定位和服装适合度的计算

a）系统推算出个人特征定位　b）数据库中出现服装对顾客的适合度值

若选择接受推荐，则系统将符合推荐条件的服装展现给顾客，顾客可以从中选择，也可不接受推荐而回到“个性化用户界面”选择服装。以一个身高 160cm、体重 70kg 的较胖的女性用户为例，个性化咨询服务子系统通过后台智能算法的推算，为顾客圈定了推荐服装的范围，最终展示在“私人着装指导建议界面”中，如图 6-60 所示。

6.7.4 虚拟试衣间服务的搭建

最后一部分，也是本系统添加的另一项拓展应用，即虚拟试衣间系统。这个功能使用虚拟现实建模语言（Virtual Reality Modeling Language，VRML）和相应的浏览器插件来完成，实现了浏览器中的三维服装的简单变换。

VRML的访问方式是基于客户/服务器模式，其中服务器提供VRML文件（扩展名为.WRL）及支持资源，客户通过网络下载希望访问的文件，并通过本地平台上的VRML浏览器（Browser）交互式访问该文件描述的虚拟境界（Virtual World），因为浏览器是本地平台提供的，从而实现了和硬件平台的无关性。

图6-60 私人着咨询服务推荐结果界面

VRML文件描述的基于时间的三维空间称为虚拟境界。它由对象构成，而对象及其属性用节点描述，节点是VRML的基本单元。每个节点由类型、域、事件、实现、名字组成，节点按一定规则构成场景图（Scene Graph），场景图中分为两类节点：第一类节点用于视觉、听觉角度表现对象，它们按层次体系组织，反映境界的空间结构，提供颜色、灯光、超链接、材质、化身、重力、碰撞、地形跟踪、飞行等功能，支持局部坐标系；第二类节点参与事件产生和路由机制，形成路由图，确定境界随时间推移如何动态变化。

1. 虚拟模特的构建

首先，在虚拟试衣间中需要有一个三维的人体模特作为试衣工具，这样才能完成基本的试衣功能。VRML中，三维物体是由基本的三维空间数字点阵组成的，多个不同空间位置的点构成了一个实体，如模特的右眼的定义：

```
DEF rightEye：1 Shape
        {
            appearance Appearance { material Material { } }
            geometry IndexedFaceSet
            {
                coord Coordinate
                {
                    point
                    [
                        -0.020849 0.701186 0.030927
                        -0.020781 0.701186 0.031017
                        -0.020771 0.703101 0.030928
                        -0.020699 0.703028 0.031017
```

```
                ......
                -0.00671 0.702398 0.031065
                -0.006642 0.70241 0.031
            ]
    ......
}
```

由于现今计算机软件在这方面技术支持的缺乏，使得虚拟现实的制作不得不面对枯燥的VRML编写，要把那些数字和三维空间的模型联系起来是一件很困难，并且费时的事。因此，由于课题时间有限，本节使用了网上发布的免费VRML人体模型来完成试衣工具——人体模特的构建。

2. 简单服装的构建及色彩变换功能的实现

简单服装的构建及色彩变换功能的实现是本节在虚拟试衣功能搭建中重点完成的工作。首先是一套最简单、基本的服装构建。本节在人体模特各部分已有点阵定义的基础上作了简单变化，形成了一套没有太多样式，但具备服装基本要素的衣服，包括上衣主体、领口、袖子和裤子等。构建方式与人体模型的基本语法结构相同，只是各点阵的空间位置有所出入，这里就不再赘述。重点实现的服装色彩变换功能就是针对这套服装所做的实验。

VRML中，根据环境变化、用户交互、时间推移产生事件，传感器（Sensor）检测并触发初始事件，实践产生其他事件或修改场景图结构，从而提供动态特性。对于复杂行为处理，则须利用脚本节点（Script Node），它包含一组由脚本描述语言编写的函数，脚本节点收到事件后，将执行相应的函数，该函数可以通过常规的事件路由机制发送事件或直接向脚本节点指定节点发送事件，脚本也能动态增、删路由。

这里以将上装变为红色的事件为例，描述此功能实现的编程过程。

首先，定义虚拟试衣间中触发实现该事件的按钮：

```
DEF onoff1 Transform {
 translation 0 -0.15 0
 scale 0.03 0.03 0.03
 children [
        Shape {
            appearance Appearance {
                material Material {diffuseColor 1 0 0 }
            }
            geometry Sphere {}
        }
        DEF TS1 TouchSensor {}
 ]
}
```

其次,定义色彩转换(变换为红色)事件的脚本:

```
DEF redColor Script {
    eventIn SFTime time
```

```
    field SFColor red 0.8 0.2 0.2
    eventOut SFColor color
    url "javascript:
        function time() {
            color = red
        }"
}
```

最后，将触发按钮、事件和事件引发变化的相应作用域联系起来：

```
#redColor_Cloth
ROUTE TS1.touchTime TO redColor.time
ROUTE redColor.color TO ChestMaterila.diffuseColor
ROUTE redColor.color TO Left_CollarMaterial.diffuseColor
ROUTE redColor.color TO Right_CollarMaterial.diffuseColor
ROUTE redColor.color TO Right_ShoulderMaterial.diffuseColor
ROUTE redColor.color TO Left_ShoulderMaterial.diffuseColor
ROUTE redColor.color TO Right_ShoulderMaterial.diffuseColor
ROUTE redColor.color TO AbdomenMaterial.diffuseColor
```

以上便是虚拟试衣间中服装色彩变换的一项子功能的实现过程。系统总共提供了三种色彩的选择，并且支持用户选择上装还是下装变换的交互操作。观看几种服装的颜色的具体效果，点击底下的小球按钮，即可实现。具体的范例图片如图 6-61、图 6-62 所示。

虚拟试衣间的搭建使用虚拟现实技术中广泛应用的虚拟现实建模语言（VRML）。

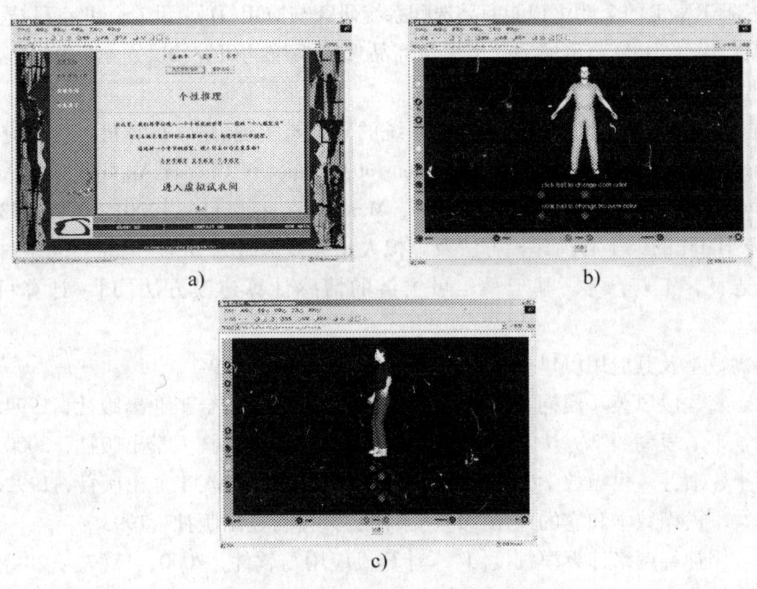

a)　b)　c)

图 6-61　系统功能 3——虚拟试衣间

a）虚拟试衣间服务区　b）虚拟试衣间默认界面　c）试衣间内模特的自由旋转

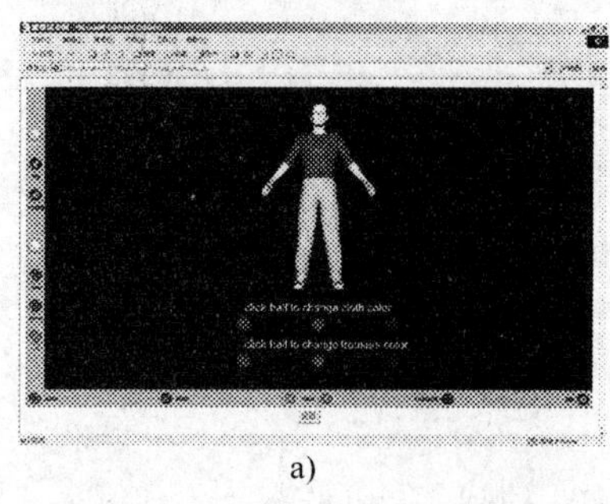
a)

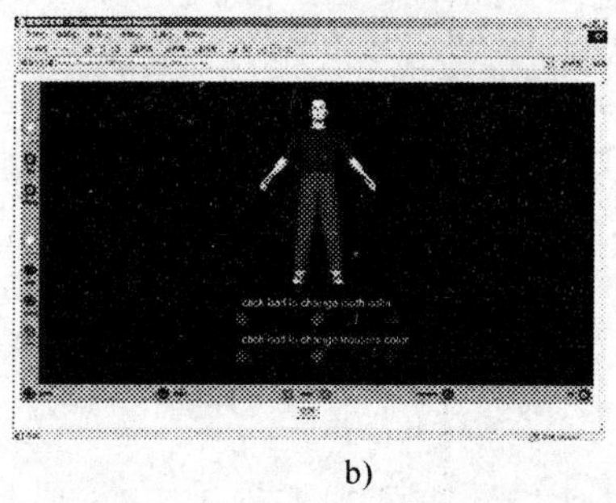
b)

图 6-62　可以任意改变上衣和裤子的颜色

a）改变模特上衣颜色　b）改变模特裤子颜色

面向 Internet 的人性化、个性化的智能服装选购空间的建立，是人工心理理论的一个很好的应用。它能够让在线购物的人们了解自己和别人的审美倾向，并有助于从庞大的服装库中尽快选出自己满意的商品，但这些还是初步的，需要继续研究。

参考文献

[1]　王上飞，陈恩红，李金龙，等．基于内容的交互式感性图象检索[J]．中国图象图形学报，2001，6(10)：969-973.

[2]　荆其诚，焦书兰，喻柏林，等．色度学[M]．北京：科学出版社，1979.

[3]　赵彦玲．应用于商品选购的人工心理理论研究[D]．北京：北京科技大学，2001.

[4]　王婷婷．人工心理在个性化导购系统中的应用研究[D]．北京：北京科技大学，2006.

[5]　马鋆．面向 INTERNET 的个性化智能商品选购系统研究与应用[D]．北京：北京科技大学，2004(1)．

[6]　马鋆，王志良．基于 HSV 颜色模型的个性化商品选购系统的研究[R]//第一届中国情感计算与智能交互大会，北京，2003(12)．

[7]　王婷婷，王志良．基于 GA 算法的智能导购系统的研究与实现[J]．计算机工程与应用，2006(9)．

[8]　Wang Zhiliang，Zhao Yanling．An Expert System of Commodity Choose Applied with Artificial Psychology [C]．IEEE International Conference on Systems，Man and Cybernetics，2001：2326-2330.

[9]　谷学静．基于 HMM 的人工心理建模方法及虚拟人相关技术研究[D]．北京：北京科技大学，2003.

[10]　滕少冬，王志良，王莉，等．基于马尔可夫链的情感计算建模方法[J]．计算机工程，2005，31(5)：16-19.

[11]　胡淑礼．模糊数学及其应用[M]．成都：四川大学出版社，1994.

[12]　李安贵，张志宏，段凤英．模糊数学及其应用[M]．北京：冶金工业出版社，1994.

[13]　谢季坚，刘承平．模糊数学方法及其应用[M]．武汉：华中科技大学出版社，2000.

[14]　张跃，邹寿平，宿芬．模糊数学方法及其应用[M]．北京：煤炭工业出版社，1992.

[15]　杨雄，李崇文．模糊数学和它的应用[M]．天津：天津科技出版社，1993.

[16]　姚敏，张娜．用神经网络计算模糊度[J]．计算机应用与软件，2000，17(7)：28-31.

[17]　郭桂蓉．模糊模式识别[M]．长沙：国防科技大学出版社，1995.

[18]　冯晋臣，季静秋，曹立宏．模糊模式识别[M]．石家庄：河北科学技术出版社，1992.

[19]　Liao Rui，Stan Z Li．Face recognition based on multiple facial features[C]//Proceedings of Automatic Face and Gesture Recognition．2000：239-244.

[20] McKenna S, et al. Tracking groups of people[J]. Computer Vision and Image Understanding, 2000, 80(1): 42-56.

[21] Kilger M. A shadow handler in a video—based real—time traffic monitoring system[C]//Proc IEEE Workshop on Applications of Computer Vision, Palm Springs, CA, 1992: 1060-1066.

[22] Lipton A, Fujiyoshi H, Patil R. Moving target classification and tracking from real—time video [C]// Proc IEEE Workshop on Applications of Computer Vision, Princeton, NJ, 1998: 8-14.

[23] Wren C R, et al. Pfinder: Real—Time Tracking of the Human Body[J]. IEEE Transactions on Pattern Analysis and Machine Intelligence, 1997, 19(7): 780-785.

[24] 丁德成，张伟，师梅梅. 现代脑科学与教育[J]. 陕西师范大学学报：自然科学版，2004，9(32).

[25] 孟昭兰，普通心理学[M]. 北京：北京大学出版社. 1994(9).

[26] Ekman P. An argument for basic emotions[J]. Cognition and Emotion, 6, 1992: 169-200.

第 7 章　数字虚拟人技术

数字人技术包括机器人技术（以自动化为基础）和虚拟人技术（以计算机/电子信息为基础），是传统意义上的机器人技术的延伸扩展。其研究内容偏重于数字人领域的人工心理数字化技术、智能信息处理技术（尤其是情感信息处理技术）、虚拟现实技术、图像处理技术、多目标控制方法以及信息集成技术。

这里，主要介绍虚拟数字人技术。

《国家中长期科学和技术发展规划纲要（2006—2020 年）》（以下简称《纲要》）中指出：作为前沿技术的信息技术主要研究方向如下：信息技术将继续向高性能、低成本、普适计算和智能化等主要方向发展，寻求新的计算与处理方式和物理实现是未来信息技术领域面临的重大挑战。纳米技术、生物科学与认知科学等多学科的交叉融合，将促进基于生物特征的、以图像和自然语言理解为基础的“以人为中心”的信息技术发展，推动多领域的创新。重点研究低成本的自组织网络、个性化的智能机器人和人机交互系统、高柔性免受攻击的数据网络和先进的信息安全系统。在《纲要》中还指出，作为面向国家重大战略需求的基础研究之（10）支撑信息技术发展的科学基础方向：重点研究新算法与软件基础理论，虚拟计算环境的机理，海量信息处理及知识挖掘的理论与方法，人机交互理论，网络安全与可信可控的信息安全理论等。

从以上可以看出，人机交互系统与人机交互理论，将是在信息科学领域未来十五年国家倡导的一个重要的研究方向与研究内容。“以人为中心”的信息技术发展，要求计算机更加智能化和人性化。要求研究和谐人机交互技术。虚拟数字人技术作为人机交互技术的内容之一，它能够以虚拟教师、虚拟解说员、虚拟服务员等多种形式被广泛应用于数字化教学系统、奥运会志愿者、导购系统、人性化触摸屏等许多场合，所以对虚拟数字人技术的研究具有重要的理论意义和使用价值。

7.1　虚拟人技术

“数字化虚拟人”是 20 世纪后期的新兴前沿学科，在医学、航天、航空、建筑、机电制造、影视制作等领域有广泛应用价值。它是“虚拟可视人”、“虚拟物理人”和“虚拟生物人”的统称，其原理是通过先进的信息技术与生物技术相结合的方式，在计算机上操作可视的模型，包括人体的各器官和细胞等，最终建成生物网络化的流程。而本章讨论的虚拟人技术是针对另一种意义上的虚拟人（虚的人或计算机综合特性）而言，它是人在计算机生成空间（虚拟环境）中的几何特性与行为特性的表示，是多功能感知与情感计算的研究内容。它可以广泛应用于人机交互、运动表示、人机功效、视频压缩、游戏娱乐、军事训练、数字图书馆等领域。

准确地说，虚拟人具有如下特点：

1）有自身的几何模型，在计算机生成的空间与时间内，有自己的几何与时间特性。三维虚拟人是指其自身模型及其所在的空间均为三维的；

2）可以与周围的环境交互感知并影响周围环境；

3）虚拟人的行为可以由计算机程序控制，这种虚拟人被称做智能体（代理），即信息世界中的软件机器人，它是狭义智能代理中的一种。虚拟人的行为也可以由真实人控制，此时虚拟人被称为真实人的化身（化身）。但不论何种情况，其行为都必须表现出与真实人一致的特征；

4）虚拟人之间或虚拟人与真实人之间可以通过自然的方式交流。例如，可以通过自然语言或人体语言（手势）进行交互作用。

虚拟人合成主要研究人在计算机生成空间中的几何特性与行为特性的逼真表示。合成虚拟人可以是特定真实人体在计算机生成空间中的数字化表示，此时的虚拟人有着特定真实人的逼真几何特性，且其行为主要由真实人控制。这种虚拟人称为真实人在计算机生成空间中的化身（化身）。这种合成虚拟人主要应用于远程会议、分布式虚拟环境等应用中；合成虚拟人还可以是完全虚构的人体，其几何特性可以是人类几何特性某种共性的抽象，或者完全是一种艺术创作。这种虚拟人的行为一般由计算机智能程序控制，且在某种程度上表现出与人类行为的相似，是一种智能体（代理）。实际应用中，合成虚拟人还可以是两者在某种程度上的组合，例如几何特性是某个特定真实人的虚拟化，其行为则可以由计算机程序控制。

虚拟人合成技术为人在数字化空间中的生存提供了新的表现形式和交互手段。以合成虚拟人为界面的计算机系统将不仅具有语音交互能力，而且将具有多模式行为交互能力，例如手语交互、人脸表情交互等，这将为建立计算机系统人性化的人机界面、实现和谐的人机交互，提供重要的理论与技术基础。

本节介绍一个具有情感的虚拟人交互系统。首先对和谐人机交互系统、人工心理理论和虚拟人相关技术及发展状况做一个简要的介绍；对主要的三维人脸建模和表情合成技术进行了叙述；应用心理学领域的五要素模型（FFM）对情感虚拟人进行个性化建模，并引入了贝叶斯信念网络（BBN）来构建一种可信的心理模型。最后，介绍了情感虚拟人系统的构成部分及实现过程：通过 OpenGL 库建立虚拟人的脸部三维造型——包含 75 个节点的 Candide 人脸模型，根据选择的二维（2D）人脸图像，通过控制 AU（Action Unit，动作单元）及其所对应的人脸动画参数（FAP）来计算每个节点运动的范围，从而控制人脸模型的面部表情，达到参数化控制的目的，进而可以精确合成多种表情；构建系统中的情感模型——我们设计了一个对话场景，实现了情感转移概率矩阵和某种心情状态下不同表情输出概率向量的参数估计，即以情绪熵为约束条件之一，构造了情感模型的初始状态转移矩阵，为虚拟人性格形成提供了一种定量的计算方法；最后，对情感模型测试结果的分析表明，由这个模型模拟的情感反应是符合人类情感行为规律的。利用 FFM 和 BBN 算法进行情感建模为情感虚拟人系统提供了一种理论设计方法。

人机交互（Human Computer Interaction，HCI）是研究人、计算机以及它们之间相互影响的技术，是 21 世纪的重要信息技术。广义的人机交互是人机工程学、人类工效学等学科的研究内容；狭义的人机交互是指人与计算机的交互。如图 7-1 所示，人机交互涉及多学科领域。应该说，自从计算机诞生之日起人们就开始注意人机交互的问题，但真正引起人们广泛的研究兴趣并获得重大发展是 20 世纪 80 年代以来的事情。90 年代末，国内外对人机交互技术的研究方兴未艾。近年来，包括 Microsoft 公司、IBM 公司、MIT（麻省理工学院）、

NSF（美国国家科学基金会）、Cambridge Univ（剑桥大学）、Oxford（牛津大学）、Birmingham（伯明翰大学）、Tokyo Univ.（东京大学）日本国家工业研究院等著名公司、院校和研究院所都成立了人机交互的专门课题组。

人机交互技术是当前信息产业竞争的一个焦点，世界各国都将人机交互技术作为重点研究的一项关键技术。美国总统信息技术顾问委员会的《21世纪的信息技术报告》中，将“人机交互和信息管理”列为新世纪四项重点发展的信息技术（还包括软件、可伸缩信息基础设施、高端计算）之一，它的目标是研制“能听、能说、能理解人类语言的计算机”，并指出“现在美国40%以上的家庭拥有计算机”。最理想的是，人们可以和计算机交谈，而不像现在这样仅限于窗口、图标、鼠标、指针、界面”。微软中国（后改为亚洲）研究院从成立开始，就将新一代人机交互技术作为其主要研究方向。美国计算机协会（ACM）图灵奖1992年获得者、微软研究院软件总工程师 Butler-Lampson 在题为“21世纪的计算研究”报告中指出：“计算机有三个作用：第一是模拟；第二是计算机可以帮助人们进行通信；第三个是互动，也就是与实际世界的交流”；“人们希望计算机能够看、听、讲，甚至比人做得更好，并能够进行实时处理”。今后，许多计算装置也会变得就像 Xerox 公司另一位专家 Don Norman 描述的那样，变成了不可见的计算机，计算也会变成无处不在，不可见的人机交互也会无处不在。就像我们时刻呼吸着氧气一样，我们看不见却可以体验到。这也就是所谓的无处不在的计算（Ubiquitous Computing）。

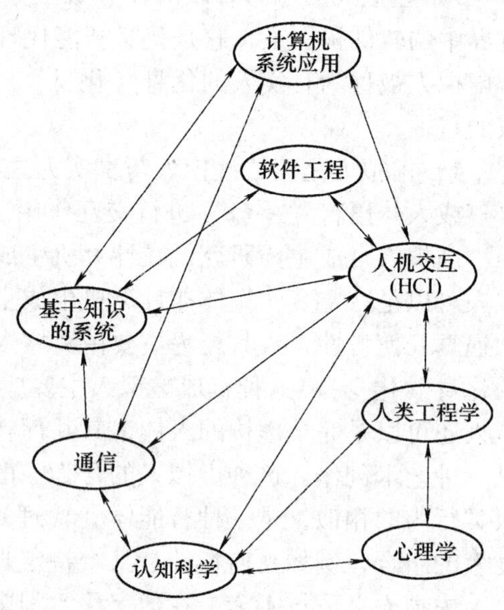

图7-1　人机交互与其他相邻学科的关系

1. *和谐人机交互的发展回顾*

1）人机交互的发展历史，是从人适应计算机到计算机不断地适应人的发展史。它经历了几个阶段：

①早期的手工作业阶段：当时交互的特点是由设计者本人（或本部门同事）来使用计算机，他们采用手工操作和依赖机器（二进制机器代码）的方法去适应现在看来是十分笨拙的计算机；

②作业控制语言及交互命令语言阶段：这一阶段的特点是计算机的主要使用者——程序员可采用批处理作业语言或交互命令语言的方式和计算机打交道，虽然要记忆许多命令和熟练地敲键盘，但已可用较方便的手段来调试程序、了解计算机执行情况；

③图形用户界面（GUI）阶段：GUI 的主要特点是桌面隐喻、WIMP（Windows、Icon、Menu、Pointing Device，窗口、图标、菜单、指点设备）技术、直接操纵和“所见即所得（WYSIWYG）”。由于 GUI 简明易学、减少了敲键盘、实现了“事实上的标准化”，因而使不懂计算机的普通用户也可以熟练地使用，开拓了用户人群。它的出现使信息产业得到空前的发展；

④网络用户界面的出现：以超文本标记语言（HTML）及超文本传输协议（HTTP）为

主要基础的网络浏览器是网络用户界面的代表，由它形成的 WWW 网已经成为当今 Internet 的支柱。这类人机交互技术的特点是发展快，新的技术不断出现，如搜索引擎、网络加速、多媒体动画、聊天工具等；

⑤多通道、多媒体的智能人机交互阶段：以虚拟现实为代表的计算机系统的拟人化和以手持电脑、智能手机为代表的计算机的微型化、随身化、嵌入化，是当前计算机的两个重要的发展趋势，而以鼠标和键盘为代表的 GUI 技术是影响它们发展的瓶颈。利用人的多种感觉通道和动作通道（如语音、手写、姿势、视线、表情等输入），以并行、非精确的方式与（可见或不可见的）计算机环境进行交互，可以提高人机交互的自然性和高效性。

2）在人机交互的发展中，一大批专家为此做出了卓越的贡献。下面是最有影响的一些事件和成果：

①1945 年，美国罗斯福总统的科学顾问 Bush（1894～1974 年）在《大西洋月刊》上发表的“Aswemaythink”的著名论文，提出了应采用设备或技术来帮助科学家检索、记录、分析及传输各种信息的新思路和名为“Memex”的一种工作站构想，影响着一大批最著名的计算机科学家；

②1963 年，美国麻省理工学院 Sutherland 开创了计算机图形学的新领域，并获 1988 年 ACM 图灵奖。他还在 1968 年开发了头盔式立体显示器，成为现代虚拟现实技术的重要基础；

③1963 年，美国斯坦福研究所的 Engelbart 发明了鼠标器，他预言鼠标器比其他输入设备都好，并在超文本系统、导航工具方面取得了杰出的成果——强化人类智能工程（Augmented Human Intellect Project），获 1997 年 ACM 图灵奖。10 年后，鼠标器经过不断地改进，成为影响当代计算机使用的最重要成果；

④20 世纪 70 年代，当时在 Xerox 研究中心的 Alan Kay 提出了 Smalltalk 面向对象的程序设计等思想，并发明了重叠式多窗口系统，后经苹果、微软、麻省理工学院等单位的不断研究和开发，形成了目前广泛使用的图形用户界面的标准范式；

⑤1989 年，Tim Berners Lee 在日内瓦的欧洲核子物理研究所（CERN）用 HTML 及 HTTP 开发了 WWW 网，随后出现了各种浏览器（网络用户界面），使互联网飞速发展起来；

⑥20 世纪 90 年代，美国麻省理工学院 Negroponte（他早在 30 年前就提出了“交谈式计算机”概念）领导的媒体实验室，在新一代多通道用户界面（包括语音、手势、智能体等）方面做了大量开创性的工作，他是畅销书《数字化生存（Being Digital）》的作者；

⑦20 世纪 90 年代，美国 Xerox 公司 PARC（Palo Alto 研究中心）的首席科学家 Mark Weiser（1952～1999 年），首先提出“无所不在计算（Ubiquitous Computing）”思想，并在此领域做了大量开拓性的工作。

2. 人机交互的研究内容

目前人机交互技术的研究，大致说来主要涉及以下内容：

（1）用户界面设计原则　用户界面的设计原则研究涉及心理学、人机工程学、人类学、社会学和艺术学等众多学科，其最终目标是产生友好的计算机用户界面。目前广为人知的“以人为中心”的原则、颜色使用规则、屏幕布局、联机帮助等具体设计准则均建立于这些研究成果之上。

（2）人机交互模型　人机交互模型是人与计算机通信的基本形式，已经历了批处理、联机终端、命令驱动、直接操纵等阶段，未来的智能化用户界面将应用图形图像、语音、自然语言甚至手势、眼神等形式。人机交互模型的另一重要方面是交互隐喻，直接操纵技术和桌面隐喻（Desktop Metaphor）相结合的 WIMP 界面已广为应用。空间隐喻（Spatial Metaphor）、虚拟现实（Virtual Reality，VR）、自然人工场景（Natural Artifact）等人机交互范型正在发展。

（3）用户界面模型　用户界面模型是交互软件的框架。它从理论上和总体上描述用户和计算机的交互活动，帮助设计者阐明人机交互系统的设计思想、组织和开发过程，是用户界面开发的基础。典型的用户界面模型有语言模型和结构模型、事件模型、面向对象模型、任务分析模型和对话控制模型等。语言模型强调语言层次和相应的设计阶段；结构模型强调交互系统的组成，最有代表性的结构模型是 Seeheim 模型，它建立在对话独立思想的基础上。

（4）用户界面设计方法　软件工程学的发展形成了较成熟的软件设计方法和开发过程模型，特别是形式化方法在软件工程中占有重要地位。然而用形式化方法设计用户界面并非易事，因为人机对话涉及用户模型、用户知识等与心理学、社会学和艺术等更为广泛的领域，而传统方法则很少考虑这些。目前，人们已经发展了状态转换图法，上下文无关法、面向对象方法和快速原型法等，但尚无一种方法能适应用户界面设计中的各种情况，并且有很好的可用性。

（5）用户界面开发环境　为发挥用户界面模型和设计方法的作用，需要建立用户界面开发工具和环境，以方便用户界面的设计、维护和评价。目前常用的有用户界面开发工具箱（Toolkit）和窗口管理系统，而用户界面管理系统（UIMS）则是研究的重点。UIMS 是用来设计、执行、评价、维护及管理最终用户界面的程序，它集成在一个统一的对话模型和表示技术之中。然而 UIMS 的商品化进程远远落后于窗口管理系统，重要的原因之一就是 UIMS 本身难以使用。

（6）新型交互设备　新型交互设备的研制涉及心理学、工效学、传感技术、精密机械等多方面理论研究和技术开发，一种新的交互设备能否为大众接受取决于众多因素，只有符合工效学原则和经济技术成本适当的设备才能得到推广。目前尚有许多理论和技术问题没有突破，如自然语言理解的心理机制，语音识别技术，头盔显示器视野和分辨率及成本等。

（7）智能用户界面　真正符合"用户中心"设计原则的用户界面应该是智能用户界面，能够检测用户的知识、技能等特点，建立动态的用户模型，对同一用户或不同用户的特点具有自适应能力。对智能用户界面的研究受到人工智能研究水平的制约，目前尚有许多困难的问题不能得到解决。

（8）拟人化人机交互技术　传统的人机交互技术不可避免地受到计算机硬件技术和水平的限制，用户不得不以用户界面所支持的交互设备（如传统的键盘和鼠标器等）提供的固有方式与计算机对话，使效率受到影响，交互过程不自然，实质上仍不得不适应计算机的特点。如何使人机交互接近人与人之间的自然方式，即实现拟人化的计算机用户界面，是研究者努力追求的目标。在交互设备方面，人们积极研制全新的输入输出设备，包括三维空间控制装置、三维立体图像显示装置、三维立体声装置、语音识别和合成装置及自然语言理解装置等。在人机交互环境和软件方面，人们积极探索开发新颖的、高效的和自然的人机交互技术，包括多媒体技术、多通道技术以及虚拟现实技术等，充分利用人的各种感觉和效应通道进行高效、自然的人机对话，使计算机对用户更易学习和使用。

3. 人机交互的发展方向

1）人机交互今后发展的一个主要方向应该是扩大人机之间的信息交流带宽，即提高单位时间内人机信息交换量。

①扩大视野的研究：在空间上扩大视野，如多屏、大屏和全景显示等；复合显示如头盔式显示或座舱平视显示，它将屏幕仪表透明地叠加在外景上。

②扩大信息传送的维数：把视觉显示扩大为三维，如虚拟现实中用的眼机（Eyephone）；把听觉和视觉结合起来，如多媒体技术；把听觉扩大为准三维，如三维声频技术；把多维的视觉、听觉等综合起来，如三维感知技术等。三维界面的中心问题是"准实时"交互，意味着系统要有时间优先的能力，即在各种不可预测的用户配置的环境中，要维持多种高性能，首先得保证时间指标。跟踪系统必须是低滞后和高精度的，对于按"时间优先"原则设计一种通用算法是一个明显的挑战。

③增加人向机发布控制指令的方法：应使人脑的决策更快地传给计算机。显然，人脑中的思想转到从键盘敲字符串这种输入方式是慢的，而用语言、手势、体位、眼的动作则很快。以后甚至脑电波信号与皮肤的电流也可能成为输入信号。

④缩短人对输入信息作出响应、发出输出指令的时间：人的各种器官可以同时工作，但人脑的并行处理能力是很差的，这往往是提高人机通信带宽的瓶颈，就要研究人的跟踪模型、决策模型、认识模型和多任务下的模型等，特别要缩短人脑进行分析判断的时间，使操作员直接根据形象的任务进行操作，而无需再进行思索或计算。

2）另外一个主要的方向是扩大计算机与人群的通信范围。

①研究人的智能模型：即研究人脑接受知识的规律（认知工程），人机界面的设计符合这个规律，就容易为人所掌握，并且减少差错。

②自适应人机界面：同一系统往往难以满足不同用户的要求，自适应人机界面将能根据人机间几次交互的情况判断出用户的水平，是新手还是老手，然后自动地进行相应的应答水准，使同一系统能为不同层次的人员满意地使用。

③工作场所的人机界面技术与随时随地的计算：这是针对办公自动化、车间自动化、银行自动化、公共交通和其他公用设施自动化的人机界面设计的。要求特别易学易用，不出差错。而且，因特网、企业网以及计算机支持人协同工作（CSCW）的发展，已经结束了仅是单人、单机交互的时期，需要协调计算机组支持组成员活动。

④扩大对终端编程能力的支持：WWW 能如此成功的一个重要原因是用户可方便地创建自己的页面。但若要创建交互式的页面，必须与服务器打交道，这样仍需用 Java 等语言编程，还得经过训练。将来，终端编程更为重要。目前终端界面的特点是编辑和浏览，以后处理、过滤、分类、查找和安排信息将变得更为重要。系统还可以支持裁剪，以满足不同需要，用户可以选择自己的界面风格，例如图形界面虽然适合于多数人，但盲人宁可要文本的听觉界面。

人机交互技术这一交叉学科在近几十年来发展极为迅速。今后，它一方面是面对批量的、复杂的、分布信息的快速存取与计算机的使用场所的广泛延拓；另一方面，广大的用户却是计算机生手，且具有较多的群体特点，因此需要迅速发展更自然和有效的人机交互手段。这对该领域的研究者们提出了一系列富有挑战性的任务。Xerox 公司也提出了自己的看法，即 HCI 要向着 HII（Human Information Interaction，人与信息交互）发展。另一方面，增强现实（Augmented Reality，AR）技术是在虚拟现实技术基础上发展起来的新技术，是通过计算机系统提供的信息增加用户对现实世界感知的技术，并将计算机生成的虚拟物体、场景或系统提示信息叠加到真实场景中，从而实现对现实的“增强”。哈佛大学机器人实验室（HRL）的 Ronald Azuma 是这样定义增强现实的：虚实结合，实时交互，三维注册。

7.2 虚拟现实技术

7.2.1 概述

虚拟现实技术是 20 世纪末才兴起的一门崭新的综合性信息技术。它融合了数字图像处理、计算机图形学、多媒体技术、传感器技术等多个信息技术分支，从而大大推进了计算机技术的发展。所谓虚拟现实（VR），是指采用各种技术来营造一个能使人有置身于真正的现实世界中的感觉的环境，也就是要使人产生和置身于现实世界中相同的视觉、听觉、触觉、嗅觉、味觉等。目前的研究还主要集中在前面三项。由于它生成的视觉环境是立体的、音效是立体的、人机交互是和谐友好的，因此虚拟现实技术将一改人与计算机之间枯燥、生硬和被动的现状，即计算机创造的环境将人们陶醉在流连忘返的工作环境之中。虚拟现实是计算机模拟的三维环境。用户可以走进这个环境，并操纵系统中的对象，如运动方向、速度等，而系统也可以向用户反馈信息。虚拟现实最重要也是最诱人之处是其实时性和交互性。通过计算机网络，多个用户可以参与同一虚拟世界，在视觉与听觉的感受上与现实世界一样，甚至更绚丽多彩。虚拟现实自诞生以来，就在航空航天、军事、核工业及其他行业中发挥着不可替代的作用，与多媒体、网络并称为三大前景最好的计算机技术。虚拟现实的诱人前景吸引各大公司努力开发各种设备，这些在促进虚拟现实的实际应用上起到了很大的作用。

虚拟现实系统中的人机交互技术，主要是发展和完善三维交互。虚拟环境产生器的作用是根据内部模型和外部环境的变化，计算生成人在回路中的逼真的虚拟环境，人通过各种传感器与这个虚拟环境进行交互。根据 J. J. Gibson 的概念模型，多交互通道应该包括视觉、听觉、触觉、嗅觉、味觉、方向感等，如图 7-2 所示。

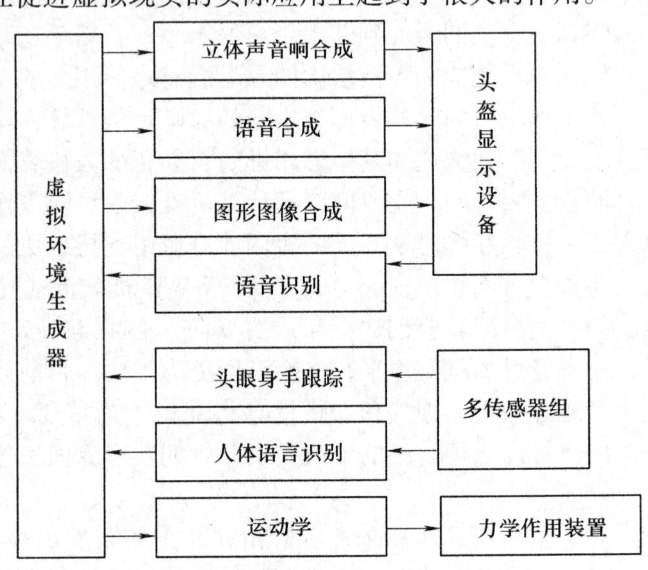

图 7-2 虚拟现实中的人机交互技术

虚拟现实技术与多媒体、网络技术并称为三大前景最好的计算机技术。自 1962 年，美国青年 Morton Heilig 发明了实感全景仿真机开始，虚拟现实技术越来越受到大众的关注。以 3I，即 Immersion（沉浸感）、Interaction（交互性）、Imagination（思维构想性）作为虚拟现实技术最本质的特点，并融合其他先进技术，在国际互联网发展迅猛的今天，具有广泛的应用前景。

7.2.2 主流技术介绍

1. VRML 技术

虚拟现实建模语言（VRML）是一种与互联网结合、用来描述三维交互世界的程序语言，可应用于创建虚拟现实的对象、景象和展示模型。其作用就是用来创建虚拟现实场景，它把“虚拟世界”看成一个“场景”，而场景中的一切都看成“对象”（也就是一个“节点”），对每一个对象的描述就构成了 VRML 文件。VRML 的目的主要是在网页中实现三维动画效果及其与三维对象的交互。应用 VRML 动态显示的功能能够实现虚拟设计中的动态仿真，可实现用户参与虚拟设计。用 VRML 编写的虚拟场景浏览网页界面如图 7-3 所示。

2. Flash 技术

Flash 技术严格意义上说是基于二维的应用的。由于它的文件量小、形式新颖动人，在互联网上颇受青睐，可以进行模拟物体、模拟场景及点线面的三维模拟。图 7-4 是利用 Flash 技术制作的一个人脸演示，随着鼠标的左右移动，三维人脸模型也会做出相应的动作。

图 7-3　虚拟场景浏览网页界面

图 7-4　Flash 技术示例

3. 3Dmax 技术

在脸部表情的动画模拟方面，人们初期用数字化仪将人脸的各种表情输入到计算机中，然后用这些表情的线性组合来产生新的脸部表情。该方法的缺点是缺乏灵活性，不能模拟表情的细微变化，并且与表情库有很大关系。1987 年，Waters 提出了一个基于脸部表情编码系统（Facial Action Coding System，FACS）的脸部表情动画模拟方法。该方法由一个肌肉参数模型组成，人的脸用多边形网格来表示，并用肌肉向量来控制人脸的变形。它的特点在于可用一定数量的参数对模型的特征肌肉进行控制，并且不针对特定的脸部拓扑结构。Waters 用该方法生成了高兴、恐惧、愤怒、厌恶、惊奇等逼真的表情，Waters 的算法已成为模拟脸部表情动画的核心算法之一。而这些都是在 3Dmax 中得以实现的。图 7-5 显示了应用 3Dmax 制作的初步人脸模型。

4. Java 3D 技术

利用 Java 技术可以轻松地创建 360°实景物体和场景展示，并能模拟三维空间，主要的代表公司是 APPLE（Quicktime）和 Mgi 公司。Java 3D 是美国 Sun 公司为了弥补 Java 语言在多媒体及图形编程方面的不足而推出的一系列标准扩展 API，Java 3D 的推出是 Java 在视觉上、互动性上产生了一次飞跃，使 Java 开发人员具备了开发三维视觉的小应用程序和应用程序。这些程序还具有与客户交互的能力。图 7-6 是纽约大学 KenPerlin 教授用 Java 语言设计的虚拟人形象。

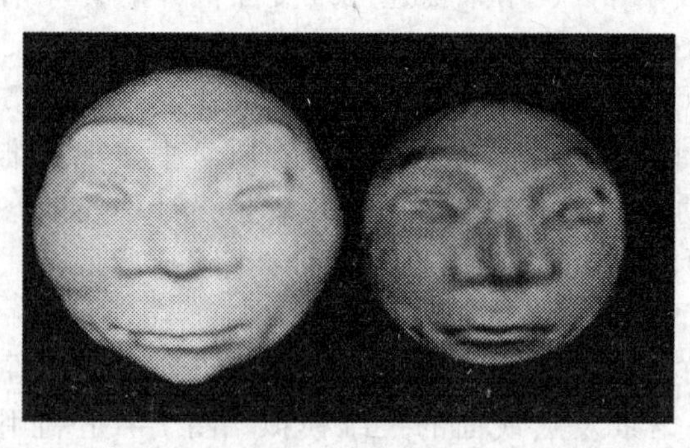

图 7-5　用 3Dmax 制作的初步人脸模型

图 7-6　纽约大学 KenPerlin 教授设计的虚拟人形象

5. OpenGL 技术

OpenGL（OpenGraphics Library，开放的图形库）是由美国硅图公司（SGI）开发的三维图形库。它广泛适合于计算机系统环境下的三维图形应用程序设计接口，目前已成为开放式国际三维图形程序标准。OpenGL 实际上是与图形硬件完全无关的程序设计接口，由 100 多个相关命令与函数组成。OpenGL 是一种基于状态的执行机制，即 OpenGL 命令的执行被置于各种状态中，而且一直有效地保持到有命令改变这种状态为止。SGI 公司为用户提供了三个连接库，使其对于 OpenGL 的程序设计更简化。它们是：实用库（GLU），用以执行特殊任务如坐标变换、纹理映射、多边形网格化、NURBS 曲面等操作；视窗系统扩展库（GLX），用以把 OpenGL 设备场景与视窗系统相关联；辅助库（GLAUX），用以初始化窗口、监控输入输出、绘制三维对象等。OpenGL 还包括多个基于双缓存技术的动画操作函数，可以有效地支持对几何造型的三维仿真。

在从几何造型的建模到动画生成的全部过程中，OpenGL 命令或函数对图形的基本操作是从图形顶点开始，通过流水线处理，最后把像素值写入帧缓存的。图 7-7 是 OpenGL 基本操作的计算机图表的描述。

现在几乎所有较高档的 3D 图形显示卡都支持 OpenGL 标准，而日益发展起来的虚拟现实技术也要求 OpenGL 作为其浏览器的底层支持。虽然 Microsoft 公司开发的 DirectX 正得到游戏开发人员的重视，但是 OpenGL 的应用范围可涉及仿真、3D 图形、图像处理和动画等领域，它在图形、图像领域内的霸主地位无可动摇，更令人动心的是，SGI 公司新开发的 Cosmo OpenGL 可以方便地用于 VRML 的翻译。另外，由 3DS MAX 等绘制的动画、场景等也可由工具翻译为 OpenGL 语言。

利用 OpenGL 可以创作出具有照片质量的、独立于窗口系统（Windowing System）、操作

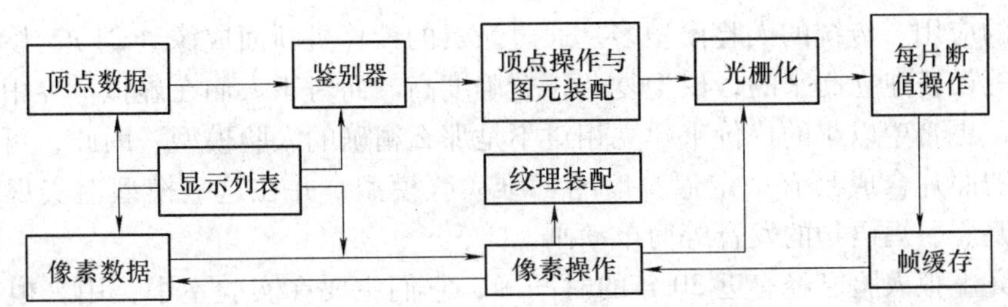

图 7-7　OpenGL 基本操作的计算机图表

系统（Operating System）和硬件平台的三维彩色图形和动画。OpenGL 的核心库包括 100 多个用于 3D 图形操作的函数，主要负责处理对象外形描述、矩阵变换、灯光处理、着色、材质等与三维图形图像密切相关的事情。OpenGL 工具库所包含的辅助函数是 OpenGL 基本函数的补充。这些函数的功能相对高级，可以用于处理坐标变换，错误处理，绘制球体、锥体、柱体、曲线、曲面等图形实体。计算机硬件性能的提高和 OpenGL 本身的不断发展，使得 OpenGL 不再只属于专用图形工作站。如今，开发人员可以在各种硬件平台上，利用 OpenGL 进行图形软件开发。

OpenGL 应用领域十分宽广，如军事、电视广播、计算机辅助设计/计算机辅助制造/计算机辅助工程（CAD/CAM/CAE）、娱乐、艺术造型、医疗影像、虚拟世界等。选择 OpenGL 的必要性是基于 OpenGL 的三维仿真具有如下的优越性：

（1）建模方便　OpenGL 不仅提供基本的三维几何像素生成函数，而且提供了大量关于点、线、面以及 NURBS 曲线、NURSB 曲面等基本图元操作函数，用之可以构建相当复杂的几何造型，以满足三维仿真的造型需要。

（2）实时的三维仿真　由于 OpenGL 同时提供了颜色动画操作函数，使仿真应用程序设计的算法更简单，极大地提高了动态仿真的帧显示速度，使实时的三维仿真得以实现。

（3）高度的真实感显示　还提供了大量的着色、光照、景深、阴影、混合、消隐、反走样、明暗处理、材质处理、图像处理、纹理映射、深度检测等功能函数，保证了三维仿真图形显示具有高度的真实感。

（4）程序的独立性　OpenGL 是与硬件、视窗和操作相互独立的，因而三维仿真程序可以完全独立于视窗和操作系统之上，仿真程序的设计可相应地划分为 5 个层次：图形硬件、操作系统、窗口系统、OpenGL 和三维仿真程序。

（5）程序的通用性与可移植性　由于 OpenGL 可集成到各种标准视窗和操作系统，如 DOS、Windows95、WindowsNT、UNIX 等中，因此基于 OpenGL 的三维仿真程序有良好的通用性与可移植性。

7.2.3　三维人脸建模的相关技术及算法

近年来，随着网络应用的日益广泛，人们之间的交流方式也在发生改变。从面对面地交谈、打电话，到网络聊天、互发电子邮件，人们越来越趋向于在虚拟网络世界中进行交流。人脸是人类相互交流的重要渠道，是人类喜、怒、哀、乐等复杂表情和语言的载体。随着计算机图形学在建模、渲染和实时动画等方面的发展，人脸建模和动画在电影虚拟角色、远程会议、犯罪学、医学、信息帮助、人机交互、娱乐、虚拟现实、人脸识别和表情理解等方面取得了广泛的应用。传统的人脸模型多是通过昂贵的计算机断面成像（CT）、核磁共振、三维激光扫描等设备建立起来的，模型复杂，精确度高。而对于人们在虚拟世界中进行交流这个应用来说，更希望以小的代价来建立相对不是那么精确的人脸模型。因此，可以利用人的正面和侧面的照片合成具有一定逼真度的三维人脸模型，并在这一模型上实现眨眼、抽鼻子、微笑、蹙眉、短语句的发音等简单动画。

人们研究虚拟人脸已经有近20年的时间了，它们主要在实验室中，用来模拟真实人脸的运动和行为。直到最近，虚拟人脸开始应用于娱乐和商业领域，比如电影、游戏和虚拟播音员和节目主持人等。在新一代分布式信息系统中，融识别、合成、动画技术的多模态的人机接口是其基本特点。

人脸建模动画研究可以分为两个方面：以几何处理为基础的和以图像处理为基础（见图7-8）的。每个领域又包含更深层次的分类。几何处理包括关键帧和几何插值、参数化、有限元方法、基于物理学的肌肉模型、可视的伪肌肉模型、样条模型和自由形式变形。图像处理包括在照片图形图像、纹理处理、图像混合及血管表示之间的图像变形。在预处理阶段，对于特定人的独立模型可以通过人体测量学、离散数据插值，或将目标和源网格投影到球形和柱形坐标中的方法来构建。这种模型的构建通常是通过特征跟踪或基于性能的动画来完成的。

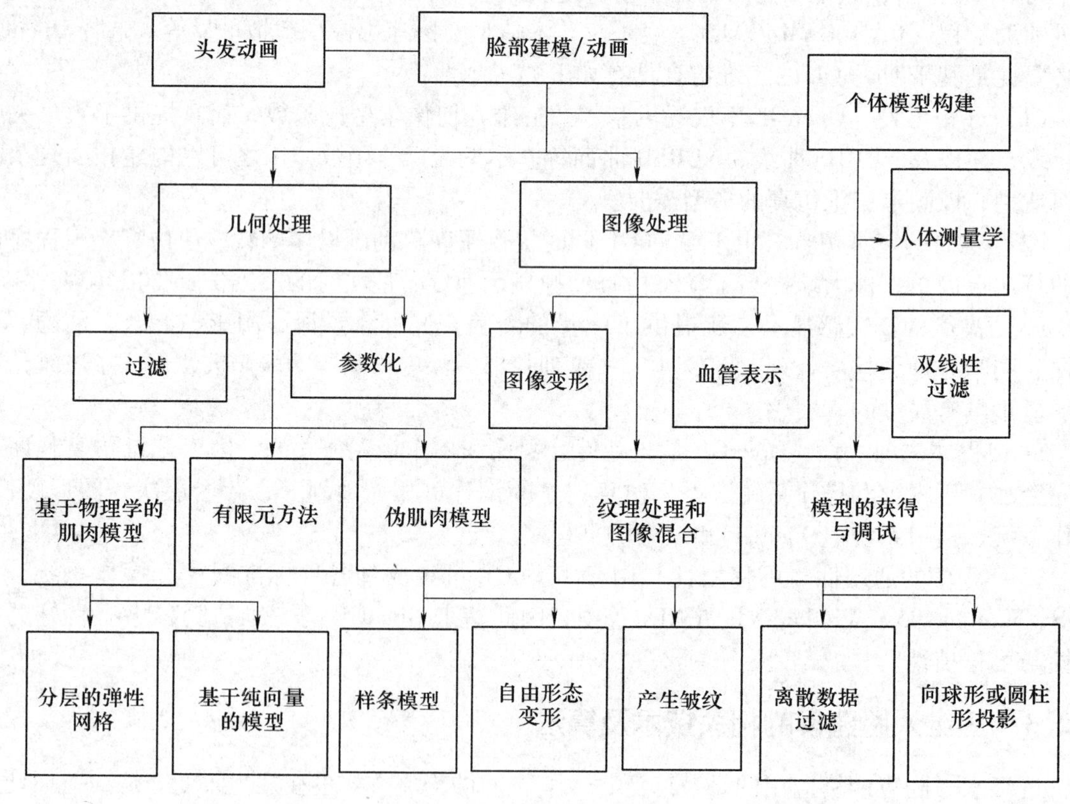

图7-8　人脸动画分类

人脸作为人的最重要外部特征，在人与人的通信交流过程中起着非常重要的作用。它能够通过传递许多非语言的信息来加强理解或表达情感。真实感的计算机人脸动画是计算机图形学领域最基本的问题之一。同时，由于人脸生理结构十分复杂及人们对人脸的细节变化十分敏感，它也成为最困难和最具挑战性的问题之一。但是，计算机人脸动画有着广泛的应用领域，它既可以用来制作虚拟现实环境中的各种虚拟人物；又可以用来制作和传输网络媒体，如虚拟播音员、可视电话、远程网络会议等。另外，它在电影制作、游戏娱乐、医学美容等方面都有着很好的应用前景。正是由于计算机人脸动画有广泛的应用领域，所以它引起了研究者们极大的兴趣。自从 Parke 在 1972 年开创这个研究领域以来，30 多年中，研究者们在该领域做了大量的研究工作，并取得了很大的进展。近些年来，随着计算能力的飞速提高和网络应用的蓬勃发展，这一领域再次成为研究的热点。

（1）计算机人脸建模　计算机人脸建模工作包括两个过程：构造人脸模型和纹理的处理（生成真实感的人脸）。而构造人脸模型过程又包括脸部数据的获取和脸部模型的表示等两项工作。纹理处理的目的是为了增强模型的真实感。它包括纹理的生成、光照的处理和脸部细节的处理等工作。人脸建模同时要表现出与人脸部有联系的组织和器官的特征、形状、变形和运动，人脸形状的复杂性和人们对于人脸细节的敏感性使人脸建模成为一项困难而又费时的工作。因此，在进行人脸建模时，应根据具体的应用要求，选择合适的建模方法。

1）脸部数据的获取　一般来说，人脸建模有两种数据来源：2D 输入和 3D 输入。3D 数字化扫描仪是最直接和常用的 3D 输入设备。用这种方法，数十万个深度和反射样本数据能够在几秒钟内得到。Waters 和 Terzopoulos 使用此方法来构造脸部模型。这种方法的缺点是设备过于昂贵，且得到的纹理图像的分辨率不是很高。另一种 3D 输入方法是使用 3D 跟踪仪。使用这种方法，网格或特征点被直接置在真人的脸上，然后通过使用 3D 数字化扫描仪得到网格点或特征点的 3D 坐标。这个过程不是自动的，通常需要手工的介入，因此相当费时。对于 2D 输入来说，最常用的方法是通过对立体图像进行摄影测绘来确定人脸模型：先从不同角度得到对象主体的两张脸部图像，然后在两张图像间确定点对点的对应关系，并得到点的 3D 坐标，最终结合两张图像得到人脸模型。另一种方法是基于一张人脸的正面图像，利用人体测量学研究成果，得到人的脸部模型。在数据来源方面，本节采用的是 2D 数据的输入。

2）脸部模型的表示方法　人脸不同生理层之间的相互作用，使模拟人脸变形成为一项非常复杂和困难的工作。同时，对于人脸变形的模拟也依赖于脸部模型的表示方法。因此，将脸部模型的表示和变形方法分开是很困难的。通常，人脸模型是几何表示和变形方法的结合体。因此，在选择脸部模型的表示方法时，应考虑应用的要求和变形方法。脸部模型的表示方法大致可以分为多边形表示法和曲面表示法两类。多边形表示法通常采用矩形网格和三角形网格来表示模型。与多边形表示方法相联系的脸部变形方法有关键帧插值、参数法、基于物理的肌肉变形方法、伪肌肉变形法等。尽管多边形表示法在各种脸部模型中被广泛使用，但它们却常常不能很好地表现人脸部的平滑性和弹性。曲面表示法为此提供了一个很好的解决办法。曲面表示法包括样条模型和有限元素模型等。与曲面表示法相联系的变形方法有参数法、基于物理的肌肉变形法、伪肌肉变形法等。在人脸模型的表示方法方面，本节采用的是多边形表示法中的参数法。

（2）真实感人脸的生成　在计算机人脸动画中，脸部表情细节的微小变化，如光照的变化、脸部皮肤颜色的瞬间变化、皱纹等，能够极大地增强人脸模型的真实感，同时能够传递更多的非语言信息。通常，脸部图像一般是由纹理或阴影（Shading）方法来得到颜色。

Shading 方法根据表面属性和光照模型来计算每个像素的颜色值。由于人对皮肤颜色变化的敏感性，简单的光照模型一般不能产生足够的真实感。纹理能够在每个像素实现表面属性的复杂变化，因此它能够在缺乏表面几何信息的情况下表现出细节。

1）纹理的获取　获取人脸纹理信息最直接的方式是使用 3D 数字激光扫描仪，但是得到的纹理图像的分辨率不是很高。另一种方法是从人脸的照片中获取关于人脸的纹理图像。这种方法首先得到一套关于主体对象脸部的照片，然后从中恢复出视点参数，最后依据已构造的脸部模型计算出脸部模型上每个顶点在纹理图像中的颜色信息。Pighin 等人将一幅脸部表情纹理图像表示为已有关键脸部表情纹理图像的凸结合，通过分别分配不同的权系数融合这些图像产生新的纹理图像。在纹理获取方面，本节采用的方法是从人脸的照片中获取关于人脸的纹理图像。

2）光照变化的实现　利用纹理图像对脸部模型进行渲染能大大增强模型的真实感，但是纹理图像仅仅反映人脸被拍摄时的光照条件，这通常会引入不真实的效果。因此，对人脸在不同光照条件下脸部反射效果变化的处理，对于加强真实感具有很大的作用。基于熵图像技术，Marschner 等人首先计算在新的和老的光照条件下得到的图像的颜色比率，然后用此比率对在老的光照条件下得到的另一张照片进行纹理处理，得到后者在新光照条件下的图像。

（3）计算机人脸动画　计算机人脸动画的目的是通过提供一个完整、简练的脸部动画过程控制模型，控制脸部模型之间的变形，模拟真实的人脸运动和表情转换。计算机人脸动画控制方法主要有以下几种：关键帧插值法、参数法、表演驱动法、基于物理的方法和基于肌肉的物理方法等。这些方法各自有自己的优缺点，并没有一个最优的方法。下面将分别介绍这些方法。

1）关键帧插值法　关键帧插值法是最简单也是最常用的脸部动画控制方法。它首先通过使用 3D 数字化扫描仪、立体图像摄影测绘法或使用光学扫描仪等三种方法之一得到一个离散的脸部形态集合。这些脸部数据具有相同的拓扑结构，能够在每个脸部形态上相应点之间建立一一对应的映射关系。两个脸部形态之间的中间形态可通过插值得到，如图 7-9 所示。线性插值方法由于其简单和直观的特性而被广泛使用。但是由于关键帧插值局限于所能得到的脸部形态，从而无法实现大量丰富的脸部表情合成表情，同时还不能实现脸部表情的直接控制，这促使了参数法的提出。

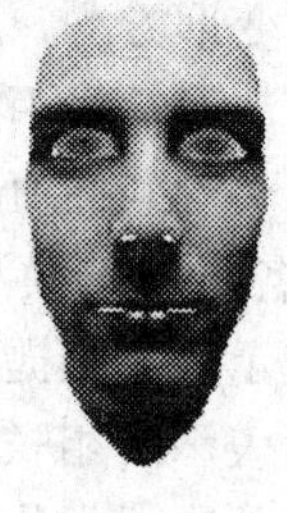

中性人脸

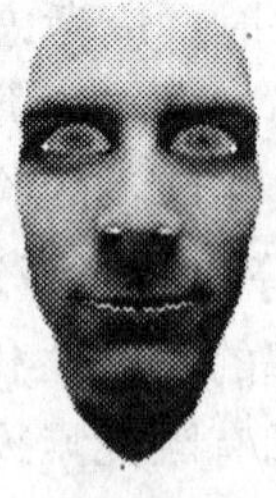

插值后的图像

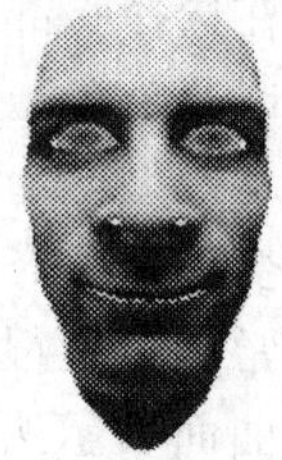

微笑的人脸

图 7-9　应用线性插值后得到的人脸图像

2）参数法　为了克服关键帧插值法的缺点和局限性，Parke 提出了参数法。在人脸参数模型中，考虑了两种参数：模型构造参数和人脸表情控制参数。通过确定关键参数集和插值其他的参数可以产生任意的脸部表情，并实现脸部表情之间的变形。参数的确定不仅影响模型的结构和大小，而且也影响表情的产生。表情参数和模型构造参数的分离使表情的产生独立于脸部特征。与关键帧插值法相比，参数法允许对脸部表情的直接控制，而且它可以实现大的数据压缩比，在低带宽的情况下，实现实时脸部动画。参数法的缺点是，在一个脸部表情向另一个脸部表情转化时，它不能一致、协调地处理在融合影响相同的顶点的表情时产生的参数冲突。

3）基于肌肉的物理方法　为了合成真实的人脸动画，基于肌肉的方法是根据人脸的生理结构，从生理的角度对人脸面部行为进行模拟的。根据解剖学的理论，人脸具有复杂的、层次性的生理结构，由头骨、肌肉层、覆盖的肌膜组织和外部皮肤层组成。头骨的形状决定了整个人脸的形状。头骨由 14 块主要的骨头组成，其中下颚骨是惟一的关节，牙齿是惟一可能看见的骨结构。人脸部表情的产生和皮肤的变形主要是由脸部肌肉运动所引起的。使人脸具有特定表情所涉及的主要肌肉有口轮匝肌、鼻肌、颧肌、眼轮匝肌、皱眉肌等。基于肌肉的方法根据对肌肉本身的生理构成和特性，以及肌肉运动与产生的脸部表情和皮肤变形关系的分析，通过动力学模型模拟肌肉的运动来生成真实的人脸动画。

4）质点-弹簧系统法　基于目标对象的物理性质，质点-弹簧系统已被广泛地用于模拟可变形物体。它用由质点集组成的网格系统来模拟对象，并通过弹簧来连接质点。弹簧通常是线性的，但是非线性的弹簧也常被使用，以模拟对象的非弹性的行为。质点的运动服从于牛顿第二定律。整个网格系统的运动是通过结合所有质点的运动来实现的。在计算机人脸动画中，质点-弹簧系统已被广泛地用于模拟人脸部的表情变化。Terzopoulos 和 Waters 将动态质点—弹簧系统用于人脸的动画。根据人脸组织的生理解剖结构，他们建立了一个三层质点网格结构，如图 7-10 所示。三个可变形网格层对应于皮肤层、脂肪层和与骨骼连接的肌肉层。肌肉收缩力通过网格层扩展，以产生脸部表情动画。

5）有限元素法　根据物体的几何结构、物理性质和应用要求的不同，有限元素法（FEM）将一个目标变形对象分解成由几个有限种元素组成的集合，以连续的方式模拟每个元素的变形。每个元素由一个插值函数来定义元素内的数值变化。各元素之间通过离散的节点连接、对节点和元素边界的限制，实现元素间的连续性。针对不同的应用要求和不同的对象形状，可定义不同的元素，这些元素是通过它们的节点数量和几何形状来定义的。与前面的两种方法一样，有限元素法也无法生成类似皱纹的脸部细节。

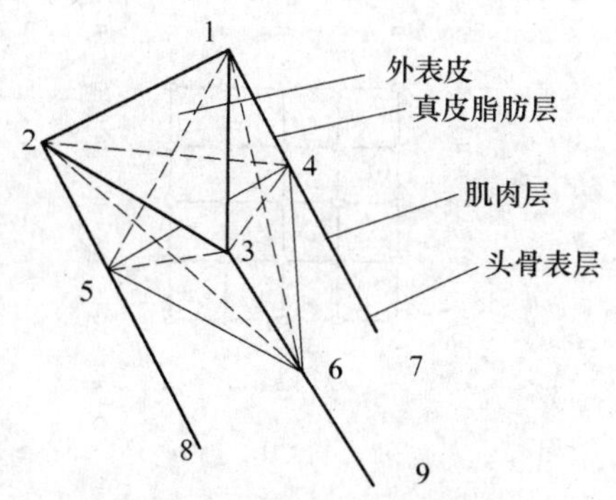

图 7-10　分层网格肌肉模型

1，2，3—外表皮节点　4，5，6—肌膜节点

7，8，9—骨骼节点

注：虚线和直线均表明了节点之间的弹性网格连接。

6）伪肌肉变形法　基于肌肉的物理方法为实现某个特定的人脸结构和动画，则需要大量的参数调整和精确的建模。伪肌肉变形方法忽略脸部复杂的生理结构，通过变形脸部网格来模拟脸部肌肉变形而实现人脸动画，可以作为基于肌肉的物理方法的替代方法。这里的肌肉变形可以是全局变形，也可是发生在脸部网格的一个相对小的区域内的局部变形。变形的方法有基于样条的、基于自由变形的等。

自由变形方法：通过控制分布在三维立体栅格上的控制点来变形体对象，即把一个可变形体放在一个可变形的、包含3D控制点栅格的控制框架内。当控制框架被任意地挤压、弯曲、扭曲时，控制框架内部的变形体也相应地变形，如图7-11所示。自由变形既可以实现局部变形，也可实现整体变形，同时还可以控制变形前后物体体积的变化程度。自由变形方法的缺点是计算量大、网格的调整非常麻烦，为获得合适的物理形状，需要仔细地选择和移动许多控制点。其主要的改进方法有直接控制的基于加权狄里克利的自由变形造型（DFFD）、有理自由变形技术（RFFD）、基于NURBS的自由变形技术等。

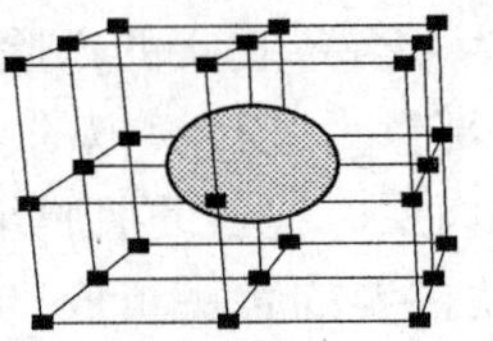
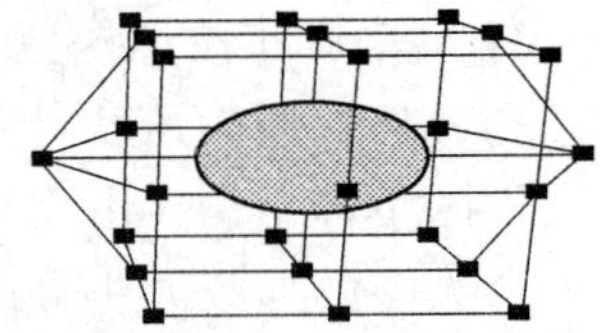

图7-11　自由变形方法

用样条实现的伪肌肉变形方法：一个理想的脸部模型应该有一个支持平滑和灵活变形的表面。样条肌肉模型为此提供了一个很好的解决办法。样条通常有C_2的连续性，因此一个小面片可确保是平滑的且允许局部变形。进一步，仿射变换能够通过一小部分控制点的变形来定义，而无须通过整个网格点来定义，这就降低了计算的复杂性。一个分层的样条模型减少了一些不必要的控制点的个数。Wang[18]等显示了一个将分层样条模型与基于区域表面变形的模拟肌肉模型相结合的系统。之所以使用双立方B样条是因其提供平滑性和弹性，而这些特点是传统的多边形模型很难达到的。然而，当要求一个变形比patch（面片）解决方案更加完善时，对复杂表面使用原始的B样条的缺点显而易见。为了产生更好的patch方法，表面的一整行或一整列需要被复分。这样，可以加入更多的细节（和更多的控制点）。对比而言，分层样条提供了对B样条表面区域的完善，而只在一个特定的区域内加入新的patch（见图7-12）。分层B样条是一种经济且简便的表示样条平面且获得高渲染速度的方法。带有分层样条表面的肌肉可以产生带有褶皱的皮肤表面以及各种面部表情。

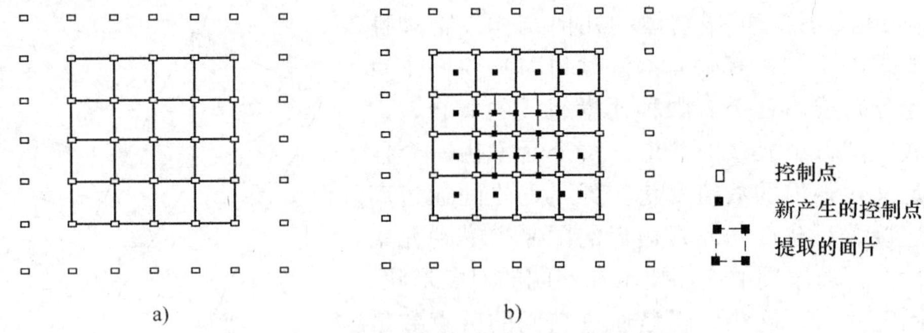

图7-12　控制点的表面和4条路径

a）显示了一个具有16个路径、49个控制点的表面　b）显示了中间定义的4条路径

7）表演驱动法　表演驱动（Performance to Driven）法又称为表情映射（Expression Mapping）法，也是一种流行的脸部动画方法。此方法捕捉在各种面部表情下真实人脸部的特征来驱动脸部模型而产生真实的脸部表情。常用的方法是在一个演员的脸上设置许多特征点，在演员表演各种面部表情时，捕捉这些特征点的运动向量，然后使用所得到的特征点的运动向量来驱动脸部模型的相应特征点而产生脸部表情。它提供了一种直观和有效的方式直

接控制脸部表情的产生。动态轮廓模型（Snake）和光流跟踪（Optical Flow Tracking）的技术常被用来获取脸部的特征变化。这种方法可以和MPEG4（运动图像专家组4）标准相结合产生脸部动画，并能提高数据的压缩率。这种方法的缺点是，它仅仅捕捉了脸部特征的几何变化，而忽视了光照的变化，因此可能引入不真实的效果，而且此方法不能产生类似皱纹等脸部表情细节。

8）Morphing方法　Morphing（变形）方法实现两个指定图像和模型之间的变形转换。首先，在两个图像或模型上确定一套特征点集；然后用映射函数确定两个目标对象之间特征点集的相应特征点的点对点的对应关系；接着用Warpping函数确定中间图像的特征点的2D和3D位置或纹理空间的坐标值；最后，使用离散点插值函数产生其他非特征点的顶点的2D和3D位置或纹理空间的坐标值。Morphing方法有2D图像Morphing方法、视点Morphing方法和3D Morphing方法。从图像真实性出发，2D图像Morphing能够产生真实的脸部表情图像。但是2D图像Morphing的缺点是，它要求确定特征点之间的点对点的对应关系；其次，2D图像Morphing没有考虑对视点和对象姿势变化的处理，真实的头部运动无法实现。当视点和姿势发生变化时，产生不真实的脸部表情图像。为了克服2D图像Morphing的限制，Pighin[14]等人将2D图像Morphing和几何模型的3D变形相结合而实现3D Morphing。他们用3D几何插值来实现脸部表情之间的变化，用2D图像Morphing实现对应的纹理图像的变化。

7.3　虚拟数字人的发展方向

虚拟数字人技术的现有研究还很初步，以下几个研究方向值得注意：

1）计算机图形硬件技术的飞速发展，尤其是可编程图形加速卡的出现，为实现计算机人脸动画在实时运行的同时具有高度真实感提供了一种可能，将脸部动画的建模用C语言在可编程图形卡上实现，将是一个有意义的方向。

2）根据人脸表情产生的生理和心理原因，利用人工智能和神经网络的算法来实现人脸动画的自动化生成，尽量减少人工的介入。

3）对基于图像的人脸建模、3D Morphing的进一步研究。

4）对于脸部表情纹理的光照变化和细节变化的处理。

本节主要是结合2）、3）两个研究方向进行介绍。

随着多媒体技术、虚拟现实技术等日益广泛的应用，如何对人的脸部表情用比较简单的方法进行合成，也成为人们关心的问题。例如在用计算机图形法制作影像节目时，以及电视电话中显示对方的形象时，都会遇到脸部表情的表示问题。如果不加任何处理，照原样表示，就会遇到信息量大的问题，使得响应速度慢、对硬件的要求高。

因此，人们便设法将脸部的表情分解为若干基本单元，改变这些单元的某几个便可改变表情，使处理过程大为简单化。例如，在电视电话中，如果把脸部照片先登录在发送方和接收方，继而只需对这一脸部动作和表情变化部分有关的若干单元，通过符号化的方法发送出去。这样在图像通信时要传送的信息就少得多，因而也就容易得多。这样的符号化，被称为智能的图像符号化。为了实现这样的系统，需要自动地分析脸部表情的参数，以及根据这些参数能自动地合成表情丰富的脸部图像的技术。

1. 脸部表情的研究

对脸部表情的研究可以用于以下四个方面。

1）用于识别某个人。这也叫作脸部模式识别。例如，大楼的进出管理，可使用“脸部通行证”。通过电视摄像机把进出大楼的人脸部拍摄下来，计算机便能识别出每一个人。因此，使用“脸部通行证”将非常可靠、方便。这种脸部模式识别，使得识别某个人能够实现自动化，它正和指纹识别、眼底网膜识别等一样，得到大力研究。在这里，主要的困难是有一些干扰的因素（噪声）会作用在人的固有脸部形态及表情变化上，使问题变得复杂。

2）可以用作人同计算机交往的界面，就是说使计算机能够看人的脸色行事。目前，利用声音识别、合成进行输出入的技术，作为人同计算机交往的界面，也就是通过讲话来使用计算机，正受到人们的关注。但是仅仅做到这一点还是不够的，因为在人同人的交往中，不仅听对方讲话，还要看对方脸色，来判断对方心里真的在想什么。目前正在研究不仅是声音而且还需要同其脸部的图像合成，以便使得人们可以通过电视电话来和计算机对话。此外，还在设法把计算机内部状态转换成脸部表情而表现出来。就是说，使人能够形象地了解计算机的“喜、怒、哀、乐”。

3）通过脸部表情参数化来实现智能图像符号化。这就为减少表现脸部图像所需的信息，将脸部表情加以分析，使其能用有限的参数来表示。这样，脸部图像也就能够用有限的符号来表示了。除了表现出脸部的构造和形态外，还能表现出表情这一重要信息。

4）在计算机图形学中研究脸部图像合成。在计算机图形学领域，自然脸孔同表情的合成，最近正成为热点课题。以前为合成脸孔图像受到技术上的限制，而最近随着对脸部表情分析和合成方面取得的进展，使得人们甚至能够对历史上著名人物进行脸孔的表情合成。

2. 脸部表情的合成和分析

在进行智能的图像符号化时，先把脸部的构造模型作为发送方和接收方共有的知识，就像前面所说的先把对话者的照片登录在电视电话的接收方和发送方。通常用三维的线框模型，例如像灯笼一样的骨架，作为这种构造模型（见图 7-13）。本节第一步即采用这种构造模型，通过把脸部照片进行投影，一点一点地往骨架上贴，就可以生成具有浓淡对比（像黑白照片那样）的脸部图像。

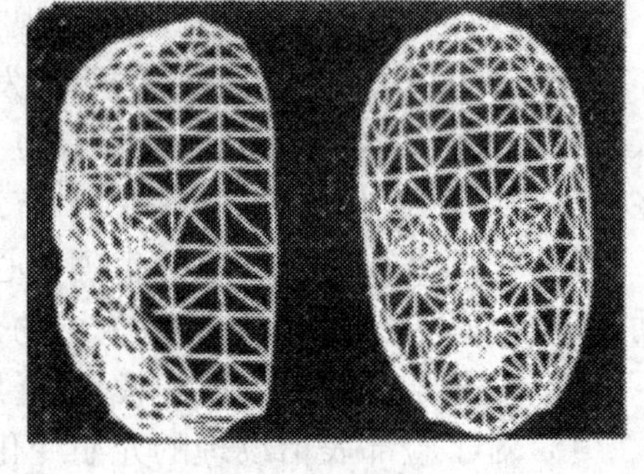

图 7-13　脸部和头部形状的线框架模型

只要一次制成这种模型，便容易合成从任何方向看过去的脸部图像。以前的研究人员曾经用这样的方法合成了达芬奇笔下的蒙娜丽莎的脸部图像，如图 7-14 所示。

如果在这样的脸部三维模型基础上，加上基于表情参数产生的变形，便可获得一系列有表情变化的脸部图像。目前，有以下两种表情合成和分析方法得到使用。

1）通过特征点的移动来合成、分析表情。这一方法是利用表情参数使线框架模型的形状变形来合成表情的。问题在于如何定义表情参数。人的表情系通过脸部肌肉的伸缩而形成的。然而，无法从外部来观察肌肉的伸缩。直接分析这种参数几乎是不可能的。因此智能地从外部能够看到的脸部特征点动作（例如眼稍的动作）来定义脸部表情参数。这种 FACS（脸部表情编码系统）法原先是用在心理学和精神病理学领域，医生为了从患者脸部表情来判定其心理状态和健康状态而开发出来的一种方法，但在智能图像符号化和图形学中也可用它作为合成表情时的规范。就是说，如果能够用 FACS 中的各种 AU 在三维线框架模型上进行表现，那么便能够有效地合成任意表情。图 7-12 便是在三维线框架模型上，用 AU + 12 + 26 合成蒙娜丽莎表情的例子。

a)

b)

图 7-14　蒙娜丽莎脸部的图像合成

a）原图像　b）侧面的合成图像

正在实验的一种方法是 FACS 法。这是在心理学领域对脸部表情系统进行记述的方法。它把人的脸部动作分解成 44 种称为 AU（动作单位）的基本动作（见表 7-1）。各个 AU 可以根据脸部的特点予以定义，也可以从解剖学角度考虑系由一个或几个肌肉收缩、松弛所引起的。于是，所有表情都可以用 AU 的组合来表示。针对每种表情的描述，可以将它拆成若干个动作单元的组合。当然，这是在忽略了许多表情变化细节的基础上做出的，只是近似地反映了每种表情的特点。例如：

悲伤 = AU1 + AU15　　惊奇 = AU26 + AU1　　厌恶 = AU12 + AU4 + AU9

表 7-1　已分解出来的 AU 清单

编号	AU 内容	编号	AU 内容
1	眉内侧往上	20	横向拉开唇两端
2	眉外侧往上	23	紧闭唇部
4	眉下垂	24	使劲按紧唇部
5	上眼睑往上	25	不垂下颚部而开唇
6	颊（脸蛋）抬起	26	垂下颚部而开唇
7	眼睑绷紧	27	张大嘴巴
8	上下唇靠近	28	吸入唇部
9	皱起鼻子	29	突出下颚
10	上唇太高	30	往左右挪动颚部
11	加深鼻唇沟	32	用牙咬住唇
12	翘起唇的两端	35	将颊部吸入
13	徒然翘起唇部	41	不使劲放下上眼睑
14	生成酒窝	42	眯着眼睛
15	垂下唇两端	43	闭眼
16	放下下唇	44	稍睁开眼
17	抬起下颚	46	眼珠在转
18	抿着嘴	48	使眼色

现在，东京大学的一个研究室已经能够对表 7-1 所列 44 种 AU 中的 33 种在计算机上表现出来。通过对这些 AU 进行组合，能够合成对应于人基本感情的表现，如哭、笑、冷漠等。图 7-16 便是利用 AU 参数使其变化而得到的有表情的图像。脸部表情的分析也就是从给出的脸部抽象中抽出 AU 参数的过程，可以说是合成的逆过程。就是说，从给出的脸部图像中抽出特征点，沿着上述合成过程相反的步骤，抽出脸部表情参数。用抽出的参数重新合成脸部表情，再同原来脸部图像进行比较，便可评价抽出的精度如何。结合前面叙述的介绍，本节在以后的三维人脸建模过程中，将采用参数法中基于 FACS 的特征点移动的方法。

2）通过基本表情组合来合成、分析表情。在心理学领域，把人的基本表情分为惊讶、恐怖、嫌恶、愤怒、欣喜、悲痛六种。因此如果预先准备好这六种脸部图像，对其进行重叠合成，就能合成出介于中间表情的脸部图像。例如，把“笑（欣喜）”和“哭（悲痛）”合成，便出现中间的表情“含泪的笑”。利用动画中的合并平均记述，已经合成出这样的介于哭和笑之间的表情。由于利用这种方法不仅可得到脸部表情，而且可得到不同于许多人的脸部图像，因此还可用它合成介于两个人中间的脸部图像。

一个完整的面部表情的产生过程被分为四个阶段：酝酿、渐变、保持和复原。在每一阶段，肌肉都有不同的运动特点，从而有着不同的加速度。在这个实时系统中，并不需要关心肌肉向量在这四个阶段中每一时刻的状态和由于它们的伸缩而对皮肤产生弹力的具体大小。图 7-15 是一个具体的控制基本表情变化的分级模型。

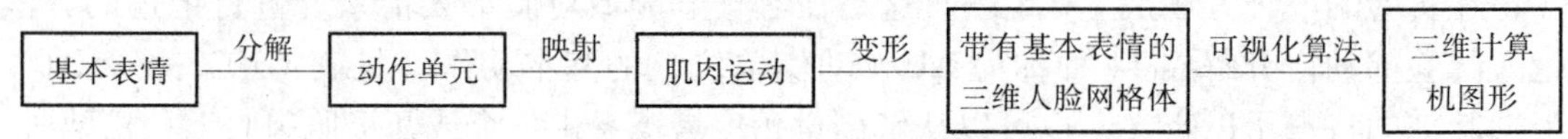

图 7-15　控制基本表情变化的分级模型

实际上，实时性要求对于每一表情的变化只需提供一帧变化后的表情，而不是多帧中间过程的顺序播放。因此在动态模型中，肌肉的伸缩可以用调整人脸特征点坐标来模拟。每种肌肉向量的伸缩变化反映在人脸特征点位置的变化上，并传播到皮肤表面它所作用区域的网格点上，图 7-16 显示的是包括中性表情在内的六种基本表情的三维人脸合成图像。

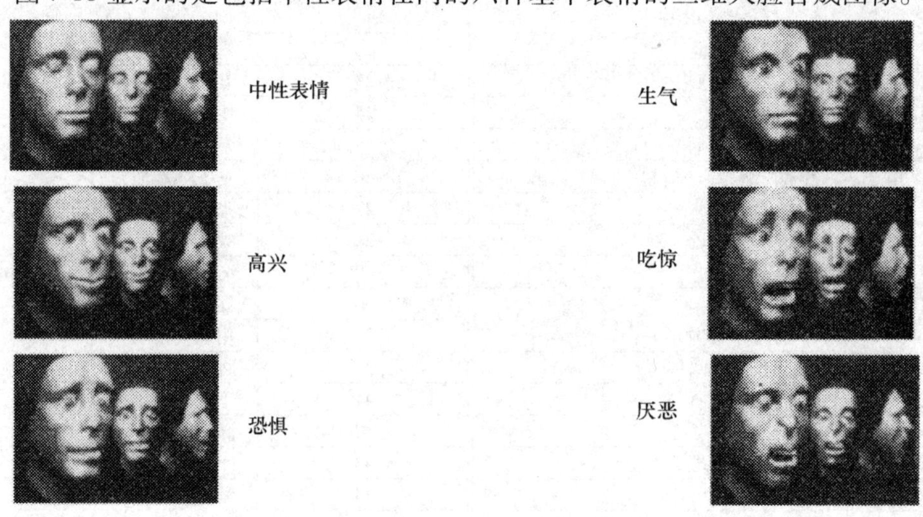

图 7-16　基于六种基本表情的三维人脸合成

7.4 情感虚拟人系统

在本节中，将介绍情感虚拟人的结构。图 7-17 显示了系统中的各部分，以及它们之间的交互关系。对于表情的个性化体现，使用 MPEG-4 和应用人脸动画参数（FAP）的实时人脸动画系统。

对于未来的人机交互系统，可以考虑采用会话机器人的形式，例如 Chat-robot ALICE（聊天机器人 ALICE）。ALICE 使用人工智能标记语言（AIML），这是一种基于 XML 的语言，可以定义一个对话数据库。如果首先定义了 AIML 数据库，以后就可以尝试将情感标签（Tag）植入到回答中。每一个情感标签都被赋予一个概率值。这些情感的标签被传送到 BBN 的个性化模型上。而此个性化模型，依赖于现有的情绪和输入的情感标签来更新情绪。因为情绪随着时间的转移是相对稳定的，这种情绪的转换不是一个频繁的任务。根据个性化模型的输出，对情绪进行处理后决定下一个情感状态。这种处理过程决定了可能出现的情感状态的概率。虽然系统在对话中使用了情感标签来改变基于情绪和个性化的情感，但是仍旧可以将模型与情感推理机（Emotion Reasoner）联系起来。此情感推理机可以对情感的评估提供类似的标签。个性化模型和情绪模型可以脱离于得到它们的过程来处理情感标签。同步模块（Synchronization Module）分析了前一个可视的人脸表情和情绪处理过程的输出概率。这决定了表情将以合适的时间包络（Time Envelopes）来渲染。同样，就可以得到来自于视位的唇部运动，而唇部的运动是由从文本到语音引擎（Text to Speech Engine，TTS engine）产生的。最后，系统将各函数功能进行组合，从而输出脸部动画参数，来描述“带有表情的对话”。我们使用参考文献［22］中描述的技术来进行研究。一个独立的脸部动画模块可以将语音翻译成同步中的 FAP。

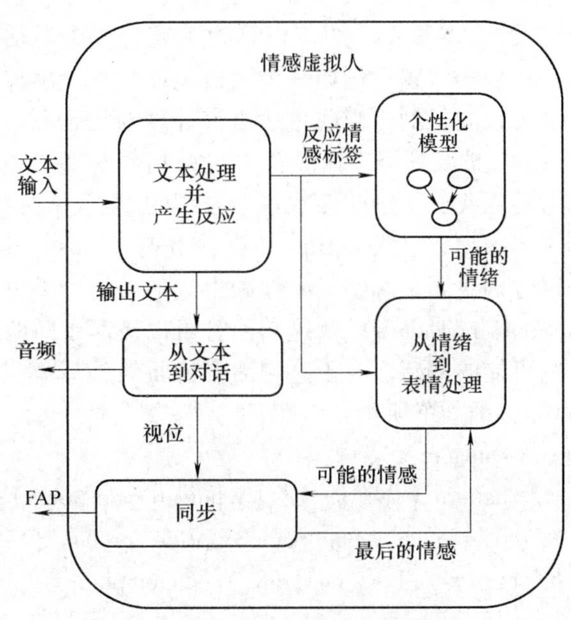

图 7-17 虚拟人情感系统框图

7.4.1 文本处理和回答的产生

为了模拟合理个性化，我们使用一个对话机器人 ALICE。ALICE 是一个由 ALICE AI 基金支持的开源项目。ALICE 使用 AIML 来维护存有可能的用户输入的数据库。用户的输入要符合 AIML 的条目，这样一个相关的回答就产生了。最简单的 AIML 条目如下所示：

```
<category>
<pattern>你叫什么名字(What is your name)? </pattern>
<template>我叫爱丽丝，很高兴见到你(My name is ALICE, nice to meet you!) </tem-
```

plate >

< category >

所有的 AIML 分类并不是基于例子中的死板的匹配。AIML 使用了不同的标签来引入回答中的随机性，记录有限的对话历史，同时也允许象征性地删除。虽然 AIML 不使用任何依据造句规则或是语义的语言分析技术，嵌入 AIML 中的特性使 ALICE 看起来绝不仅仅像一个基于一系列可能输入和回答的模式匹配程序。这可以让用户处于具有一定可信度的对话中。虽然设计 AIML 的初衷仅仅是为了完善一个对话应用，AIML 也可以解决一些来自于用户的特定领域的问题，例如一个销售员或是一个虚拟接待员。

可以注意到，当前自然语言处理的状态不能很方便地把对话和情感联系到一起。这样，将 AIML 扩展到可以在回答中包括情感标签。这些标签本质上代表了虚拟人可能的情感状态。现在我们使用前面叙述中介绍的 24 个情感标签。我们很容易扩展现有的列表。引入无聊（Bored）、思索（Thinking）、沮丧（Frustration）作为新的标签是非常有益的，这些标签可以分别隶属于悲伤、中性和生气的表情分类里。考虑一个特定的回答“我最近很忙（I am very busy nowadays)”。这句回答可以被赋予骄傲或是悲伤的情绪。这样，可以将概率值赋给这些可能的情感。对于这句话，将骄傲的概率设为 30%，将悲伤的概率设为 70%。相关的 AIML 分类如下所示：

< category >

< pattern >你在做什么(What are you doing)？ </pattern >

< template > < emo name ="pride" prob ="30" > < emo name ="distress" prob ="70" >我最近很忙(I am very busy nowadays). </template >

</category >

情感标签的引入并不是一个繁琐的任务，根据回答语句的含义，设想不同的情景产生不同的情感是必需的。一种回答比如“很高兴听你这么说（I am happy to hear that)”几乎可以赋予 100% 高兴的概率。这就可以保证，高兴作为一种具有更高概率的可能结果，最终经过情感处理而表现出来。接下来，我们就可以解释这些标签及其相关的概率是如何根据个性化和情绪模型来处理的，从而最终产生一定的情感状态。

为了给每一个标签引入可能的回答，可以考虑在将来的系统中设计一个交互工具。这个工具应该做到很便捷，并且迅速地设计出情感 AIML。为了提高对话的自然程度，也可以考虑对 AIML 进行进一步的改动。在建立 AIML 数据库时，不需要对一个单一的回答赋予不同的情感，而是应该将重点放在输入带有不同情感的不同回答。举例说明，一个典型的经过修改的 AIML 分类如下所示：

< category >

< pattern >你最近怎么样(How are you)？ </pattern >

< template >

< emo name ="高兴(joy)" prob ="50" res ="我很好，谢谢(I am fine，thank you).">

< emo name ="悲伤(sadness)" prob ="50" res ="不太好(Not so good today)!">

</template >

</category >

个性化和情绪处理模块将对此情感标签进行处理。这样，处理的过程不仅可以产生一种

合适的情感，同时也可以产生一种与该情感相关的回答。将来，可以考虑用一种更复杂的语言分析模块来替代 ALICE。这样的模块应该可以根据语义、上下文以及对话历史，以更加连贯的方式来产生情感标签。

7.4.2 应用贝叶斯网络进行个性化建模

外向的、令人愉快的、谨慎的、神经质的、直率的五个因素组成了个性化空间的纬度，这样就有可能根据这些纬度的线性组合设计出任何一种个性。下面将介绍如何使用 BBN 进行个性化建模。图 7-18 显示了我们使用的 BBN 模型。这是一个简单的包括两个母节点和一个子节点的结构。

对于个性化中的每一个基本因素建立一个 BBN。用户可以指定对这 5 个因素或少于 5 个因素进行期望的组合。举例而言，可以建立这样一种个性化：其中 30% 是神经质的性格，70% 是外向的性格。可以组合相关的先验概率和转换概率值，并对其进行标准化，从而产生期望的个性化模型。

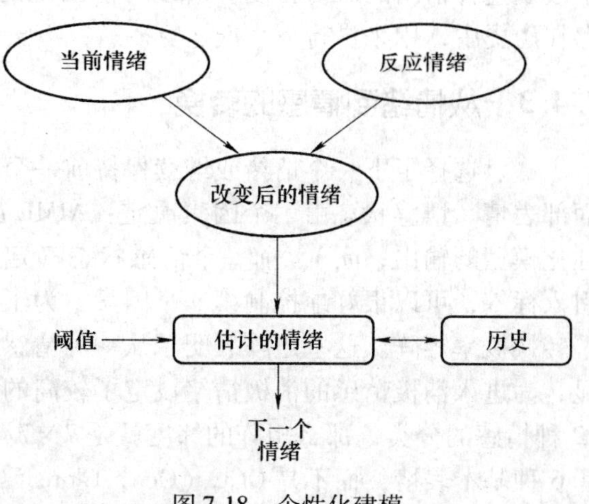

图 7-18　个性化建模

“当前的情绪”（表示为 m_c）和“回答的情绪”（表示为 m_r）可以取三个可能的值：好（Good）、坏（Bad）或一般（Neutral）。

m_c，$m_r \in$ [good，neutral，bad]

m_c 的初始值可以根据个性化的设计来决定。m_r 只是从产生回答的模块的输出中提取出的情感标签分类。m_r 的默认值可以定义为中立（Neutral）。例如，骄傲和悲伤分别对应于好和坏的情绪。

个性化模型表示为 π，有不同的转换概率值来决定下一个状态的情绪是如何被选择的。这些概率值反映了情感的心理学过程。想象一个人在消极的情绪状态下看见了他的同事。如果他的本质是令人愉快的，他会倾向于很快进入一种积极的情绪状态，当然前提假设是，两人之间首先进行的是问候和愉快的话题。这样一个人的情绪可以被对话状态以及自身的个性所影响。正如 BBN 结构所提出的，在对话中，一个人可以很轻松地决定其个性将如何影响情绪中的变换。带有转换概率和先验概率 $P(e_i)$ 的简单贝叶斯计算给出了情绪转换的可能性。计算情绪转换的概率，从而得到嵌入对话中的任何一种可能的情感如下所示：

for each emotion e_i in response

m_r = mood corresponding to e_i

for each possible mood m_n

$P(m_n) = \mathrm{BBN}(m_c, m_r, \pi) = P(m_n/m_c, m_r)P(e_i)$

这里，$P(m_n/m_c, m_r)$ 为每一种个性模型 π 定义了情绪变化的条件概率。由情感引起的较高值的概率 $P(m_n)$ 作为一个被选值来决定情绪的改变。例如，为了估计改变的情绪，计算下一个情绪的 P(good)、P(neutral)和 P(bad)，并使用值 P(pride) = 0.3、P(distress) = 0.7 及模型中的转换概率值。如果回答中的消极或积极情感多于一种，将增加相关的概率。

以后，用户可以对情绪变化的概率设定一个阈值。如果 $P(m_n)$ 比这个阈值大，那么

m_n 可以被选择为下一个情绪状态，否则保持前一个情绪状态。同样，根据对前一个回答的处理，“历史状态”将保持情绪改变的概率。“历史状态”将以非常简单的规则来影响情绪变化概率的决策。例如，假设前一个回答使情绪从积极变化到消极，其概率的值要小于阈值，这样情绪的变化并没有发生。如果下一个回答引发了同样的情绪变化（从积极到消极），转换的可能性就会增大，即使现在情绪变化的可能性很低。

选择情感标签［在我们的例子中是骄傲（Pride）和悲伤（Distress）］的决策，被延迟到下一个情感处理过程。然而，如果计算出的下一个情绪是积极的，为最后的表情选择积极情感的机会就会增加，即使这种决策同样会被现在的面部表情所影响。情绪变化的概率表示了改变这种情绪的难易程度。所以可能出现的情绪变化的概率值［m_c 和 P（m_n）］会被储存在历史中，用来进行下一次运算。

7.4.3 从情绪到情感的转换

一旦选择了下一个情绪或继续保持前一个情绪，必须选择情感状态、合适的反应状态及面部表情。情感状态由三个因素决定：AIML 产生的回答（对应回答情绪）、当前情绪（个性化模型的输出，m_n）、前一个情感状态（定义为 e_p）。在产生 AIML 数据库时，在回答中引入标签，可以很好地控制第一个因素。为了把这三个因素联系起来，为每一种情绪都定义了转换概率矩阵。这些矩阵表明了从一种情感状态转换到另一种情感状态的转换概率。很明显，为进入消极情感的消极情绪设定了较高的概率转换值。既然我们应用6 种基本表情作为22 种情感的分类，那么矩阵的纬度就是 7×7（6 种表情 + 中性表情）。这里，我们会发现使用6 种基本表情，而不是 OCC（Occ，Clore，Collins）情绪评价模型中的22 种表情作为分类的好处。表 7-2 显示了一个针对良好情绪状态下的转换概率矩阵。第一列代表前一个状态下的表情，第一行代表下一个状态下的表情。这样，如果当前的表情输入高兴（Joy）类，那么下一个表情是悲伤（Sadness）的概率就是 0.05。

表 7-2 良好情绪的转换概率矩阵

	高兴	生气	悲伤	……	中性
高兴	0.8	0.1	0.05	……	0.05
生气	0.6	0.2	0.1	……	0.1
悲伤	0.7	0.05	0.05	……	0.2
……	……	……	……	……	……
中性	0.9	0.0	0.05	……	0.05

如果将嵌入回答的情感定义为 e_r，并且情感可以取 24 个值中的任意一个。$P(e_r)$定义了标签中的概率。相关的表情分类定义为 $Ex(e_r)$下列代码表明了对下一个情感状态的计算：

for each emotion e_r in response

$P(e_n) = \Gamma m_n(Ex(e_p), Ex(e_r))P(e_r)$

这里，Γm_n 代表情绪 m_n 的转换概率矩阵。对于每一种情绪和每一种个性都定义了这样的转换矩阵。现在根据直觉和对人类情绪的通常理解来定义这些概率值。然而，让不同的用户对系统进行测试，可以使我们更好地完善这些设定值，从而产生令人信服的结果。与个性化模型相似，一个阈值的设定是为了推断下一种情感。有一种可能存在的情况是，两种情感的概率都大于阈值。在这种情况下，同步模块决定对这些情感的取舍，并最后可以决定在过渡情感之间出现什么样的表情。这样，不需要维护情感变化的历史。可以采用概率的方法将情绪处理的过程从情感处理的过程中分离出来，例如在不改变情绪的情况下改变情感，在不改变情感的情况下改变情绪，或者是情绪和情感都需要改变，这种情况下，需要根据对话和情绪历史来改变。一系列的积极情绪将增加转换到一个积极情绪的概率，而一个积极的情绪可以增加选择一个积极回答的概率。

7.4.4 情感与表情的同步化过程

如前所述，可以将情感理解为一种特定的精神状态，这种状态是可以通过面部表情反映出来的。这样，可以将情感状态直接影射到面部表情上去。为了提高真实感，将面部表情与说话同步化是非常重要的。这需要平滑的融合，而不是生硬的过渡。对于带有某种特定说话方式的情感，需要在说话过程中为这种说话方式进行渲染。可以考虑使用参考文献［23，24］中提到的“上升、保持、衰减、释放（ADSR）”的控制模型来实现情感与表情的同步化过程。需要进行更多的测试来提高真实感。下列步骤概括了同步的过程：

1）情绪模型可以给出所有可能情感状态的概率。首先分析情绪模型的输出。如果最大概率值比次大概率值高出的程度小于10%，并且两个概率所代表的情感属于同一种分类（根据表7-2属于积极或者消极），那么需要使用两种情感所表现出的合成表情。相关的概率值需要作为标准化的系数。在以后叙述中，我们将三维人脸建模中的表情合成、最后的人脸模型可以通过不同的参数控制脸部的AU元素，从而合成不同的面部表情，而前述提到的标准化系数即可以作为表情控制的参数。如果情感属于不同的分类，那么直接选择具有最高概率值的情感。

2）将被激活的前一种表情和当前的表情进行比较。如果两者属于不同的分类（积极和消极），那么应用“释放”过渡（允许不太陡峭的“上冲”包络）过程，不会让表情的变化显得过于突兀，从而提高表情变化的可信度和真实感。

3）最后将两种情感合成，产生带有视位的FAP。其输出被送到人脸动画渲染模型。

为了提高真实感，可以考虑加入周期性的人脸面部运动，比如眨眼、点头等。在这里，重点不是眨眼、点头和带有话语的动作的合成，这些课题在进行深入研究后可以加入到系统中。

7.4.5 情感虚拟人个性化设计

现在，已经介绍了使用的技术和系统中描述的细节。我们不止一次地提到，系统用户可以通过定义参数值来设计不同的模块。本节将简要概括用户可以设计出系统的可能性，这个用户可以是一个情感学者、一个实验心理学家或一个计算机图形动画家。系统主要集中的情感个性化的体现上。其他几个工具可以被用来实现物理和表情的个性化。

1. 个性化参数

在进行个性化定义的过程中，需要对下列参数进行的指定：

1）“当前情绪”的初始值，通常设定为中性值。

2）对于每一个个性化因素的BBN，需要设定一个条件概率值。

3）需要设定个性化模型中，决定5个因素如何进行组合的系数。

4）对于情绪变化的决策，需要设定一个阈值（0~1）。如果情绪变化的概率值高于这个阈值，那么情绪即发生变化。

2. 情绪参数

与情绪相关的参数可以由用户设定：

1）情感或人脸表情，通常设定为中性值。

2）应用于积极、中性和消极情绪的三个转换概率矩阵。用户可以设计自己的矩阵，或者从预先设计的矩阵中进行选择。在以后的设计中，这些矩阵可以根据每一种个性化而各不相同。

3）决定是否改变当前情感的阈值（0~1）

7.5 基于三维人脸建模的人机交互系统中情感虚拟人的设计与实现

7.5.1 情感虚拟人系统的总体设计

图7-19显示了人机交互系统框图：圆角框图为本节所涉及内容。本节所述的主要研究目标是在和谐人机交互体系涉及的用户界面领域、实现带有情感的三维虚拟人系统、产生友好的人机界面、达到用户可以与具有情感的虚拟人进行初步的交互。首先，情感虚拟人系统需要有一个表现的载体，第一步要构建三维人脸模型，这涉及许多领域的知识，比如图像图形处理技术、三维建模技术、表情合成技术等。而要再赋予它以情感，又要进一步涉及情感计算、心理学、生理学及信息科学等领域的理论和方法。这是一项非常庞大和复杂的研究工作。

情感虚拟人系统的总体设计是根据以人为中心的原则，使用户界面设计更加友好、更利于用户的交流而进行的。人机交互中的人机对话涉及用户模型、用户知识等与心理学、社会学和艺术等更为广泛的领域，而传统方法则很少考虑这些。虽然针对这一领域目前人们已经发展很多理论，但尚无一种方法能适应用户界面设计中的各种情况，并且有很好的可用性。情感虚拟人系统总体设计致力于进行相关方面的研究和探讨。

早期用于人脸几何建模的技术大多为多边形建模技术，包括矩形网格和三角形网格，后来发展出了自适应网格。我们可以用自适应网格方法建立非均匀脸部网格（数据来自扫描图像），建立真实感的脸和头，输入动态控制参数产生动画。这种动态控制参数方法与图像分析方法相结合，为合成高度真实感人脸提供了一种可能，运用这种方法可以获得精细的脸部几何结构和纹理，合成各种脸部变形，实现自然的、完全可控的脸部动画。

真实感人脸就是指计算机合成的具有特定人的喜、怒、哀、乐等表情及脸部各种特征的人脸模型。人们总是希望合成的人脸能够尽可能地达到逼真，但是由于受模型和计算能力的限制，合成的图像总是与人们的要求有一定的差距。

初始的人脸模型不具有任何特定人的特征，也不具有任何表情。心理学研究表明：人脸能够产生大约55 000种不同的表情，其中有多种能够用人类自然语言词汇区别开来。脸部表情的丰富性促使了多种表情记述方法的出现，其中常采用脸部表情编码系统（FACS）的Ekman Friesen中定义的动作单元来描述脸部表情，每一种表情都是由面部的一束或几束肌

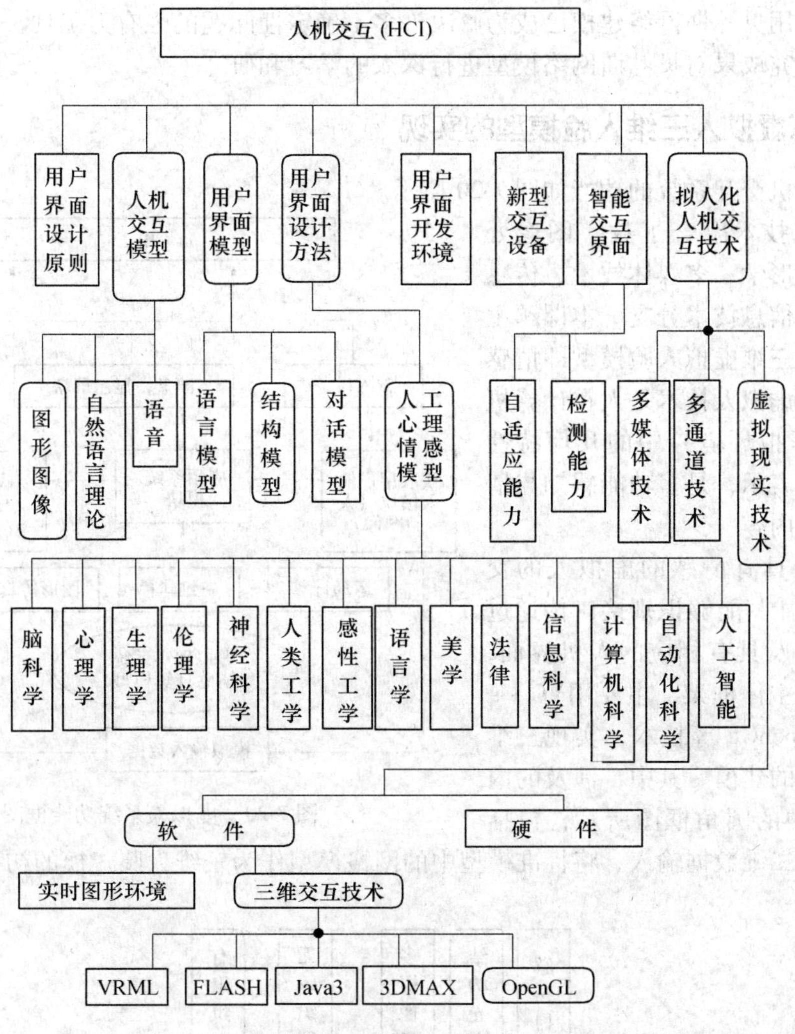

图 7-19　人机交互系统框图

肉伸缩产生，同时每一表情可表示为若干个共同 AU 作用的结果。

本节将以 Candide 模型作为通用模型，对网格进行纹理贴图后，通过控制 AU 来控制人脸模型的面部表情，达到参数化控制的目的，进而可以精确合成多种表情。

在理论建模方面，HMM 比较适合于人类心理的特征描述，但是它有分类能力差、对于相似的类别方面不易区分的缺点，而贝叶斯网络（BBN）在决策能力和对不确定信息的描述能力是很强的。在人工智能领域，不确定性问题一直成为人们关注和研究的焦点。不确定性知识的推理长期以来一直被认为是 AI 领域中的一个重要研究问题，在现在提出的众多方法中，概率方法是迄今为止最为流行的方法，这主要归功于贝叶斯网络良好的知识表达框架。在一些领域中，借助贝叶斯网络人们能揭示和发现许多令人信服的概率依赖关系。贝叶斯网络为因果关系的表示提供了一个便利的框架，它是一个功能强大的能处理不确定性的工具。贝叶斯网络用图形模式描述变量集合间的条件独立性，而且容许将变量间依赖关系的先验知识和观察数据相结合。

贝叶斯网络是用来表示不确定性变量联合概率分布的图形模式，它反映了变量间潜在的依赖关系。使用贝叶斯网络建模已成为解决许多不确定性问题的强有力工具。本节将基于国内外最新的研究成果对贝叶斯网络模型进行深入的学习和研究。

7.5.2 情感虚拟人三维人脸模型的实现

虚拟人人机交互系统的功能如图 7-20 所示。

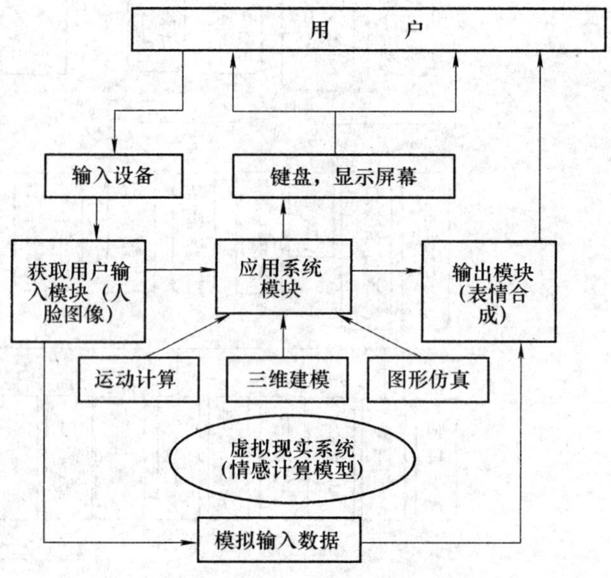

图 7-20 虚拟人系统功能框图

虚拟现实技术融合了数字图像处理、计算机图形学、多媒体技术、传感器技术等多个信息技术分支。本课题主要致力于建立三维虚拟人脸模型即情感模型的建立。虚拟人技术是人在计算机生成空间（虚拟环境）中的几何特性与行为特性的表示，是多功能感知与情感计算的研究内容。

要实现与具有情感的虚拟人的交流，首先应该让其能够识别接口传递过来的参数信号及具有相应的人机界面，初步实现一个主体框架，主要用VC ++编程，利用 OpenGL 等技术，实现三维立体虚拟人脸的建模。其中，涉及的内容如图 7-21 中的圆角框图所示，包括有组织图像的二维数据输入、将标准模型中的网格模型作为三维人脸建模的初始模型。

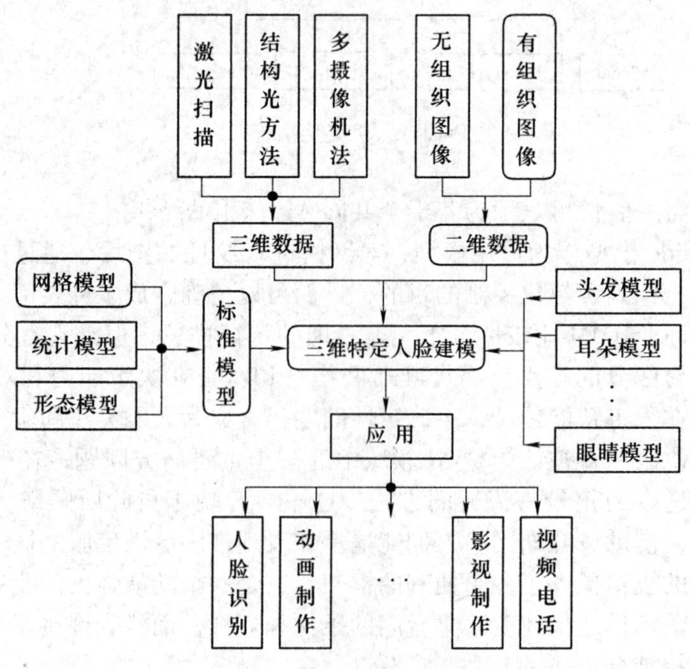

图 7-21 三维人脸建模系统

7.5.3 基于 Candide 模型的三维人脸建模

人脸合成与表情模拟是计算机图形学领域的一个研究热点，吸引了许多图形学工作者，也取得了一些巨大的成果。Lance Williams 从真实人脸提取表情信息，然后将其应用于计算机合成的虚拟人脸，从而得到了具有一定表情的虚拟人脸。Manjula Patel 等人通过对大量人脸表情的细致分析，构建了由基本的脸部动作单元构成的 44 组 AU 的人脸动画编码系统，这个系统可以以单独或者组合方式表现人脸的各种表情。

心理学研究表明：人脸能够产生大约 55 000 种不同的表情，其中有多种能够用人类自然语言词汇区别开来。面部表情的丰富性促使了多种表情记述方法的出现，其中经常采用和提出的脸部表情编码系统中定义的动作单元来描述脸部表情，每一个 AU 都是由脸部的一束或几束肌肉伸缩产生，同时每一种表情可表示为若干个 AU 共同作用的（见表 7-4）结果。表 7-3 表明了部分动作单元与肌肉运动之间的关系。

表 7-3　动作单元与脸部肌肉的对照

动　作	肌肉基向量	动作单元集	动　作	肌肉基向量	动作单元集
上拉嘴角（颧部提高）	主颧肌、眼部轮匝肌	AU6（提高颧部）	下拉下巴	下巴动作肌	AU26（下拉下巴）
			唇瓣	降唇肌	AU25（唇分开）
后拉嘴角	主颧肌、颊肌	AU12（拉动嘴角）	放松上嘴唇	口轮匝肌	AU25（唇分开）
上抬嘴唇	上嘴唇肌肉	AU10（提高上嘴唇）	鼻根收缩	降眉肌、提唇肌	AU9（收缩鼻子）
下压嘴角	降口角肌	AU15（嘴角下压）	提升或下拉眉毛	额肌	AU1（提升眉毛） AU4（下拉眉毛）
上提下巴	骸肌	AU17（上提下巴）			

表 7-4　6 种基本表情的 AU 组合

表情	AU	恐惧	AU12 + AU1
高兴	AU16 + AU12	愤怒	AU27 + AU4 + AU9
悲伤	AU1 + AU15	厌恶	AU12 + AU4 + AU9
惊奇	AU26 + AU1		

AU：这里借用 FACS 中的 AU 概念。AU 代表面部表情的一个微小的变化。这种变换取决于对肌肉的微小并且明显的驱动。

AUV：使用 AUV 代表人物产生的脸部动作。AUV 表示 AU 向量的集合，AU 向量描述了当一个 AUV 被激活后，其涉及的顶点将如何进行运动。

其次需要定义表面。每一个三角形表面的顶点都是按照逆时针的顺序来定义的，如图 7-22 所示。

然后，定义 AUV，每一个 AUV 包括一系列的 AU 向量，而每一个 AU 向量定义了在 AUV 被 100% 激活的条件下，其涉及的每一个顶点将进行多大幅度的运动。

在真实度方面，一个三维人脸模型应该符合两个标准：第一个是实现静态的真实感，第二个是实现动态的真实感。静态真实感是指静止的人脸从任一角度看都具有真实感；动态真实感是指人脸的动作和毛发到达逼真自然的程度。这里只讨论静态真实感的设计。

实验证明，100 个三角形已经足够构建一个完整的人脸网格模型，并可以适应不同的人脸贴图。表 7-5 列出了 Candide 网络模型 75 个顶点的三维坐标。

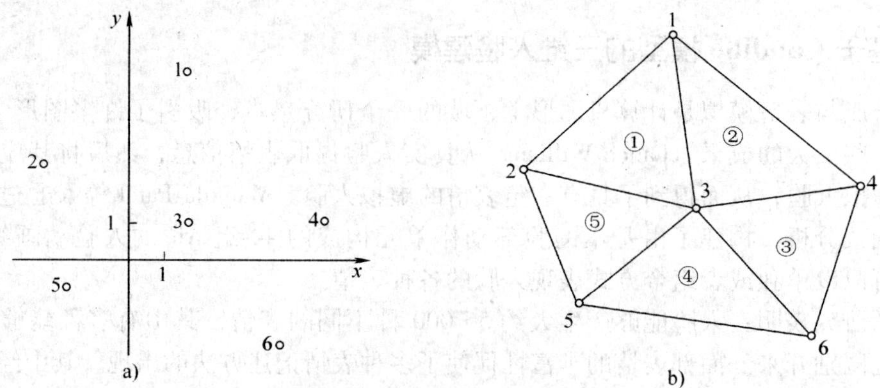

图 7-22　顶点及其与表面的关系

a）顶点示例　b）表面与顶点的关系

表 7-5　Candide 网络模型顶点的三维坐标

顶点编号	X	Y	Z	注　释	顶点编号	X	Y	Z	注　释
0	0	250	40	左半边脸	24	70	30	100	
1	40	190	90		25	30	-40	110	
2	0	130	120		26	50	-60	104	
3	0	70	130		27	120	-40	50	
4	0	40	120		28	150	-30	20	
5	0	-50	180		29	140	40	20	
6	0	-70	130		30	110	-190	60	
7	0	-100	137		31	70	-110	80	
8	0	-120	138		32	40	-180	100	
9	0	-160	120		33	10	-90	136	
10	0	-210	140		34	-40	190	90	右半边脸
11	50	245	10		35	0	130	120	
12	105	215	20		36	0	70	130	
13	100	150	70		37	0	40	120	
14	146	130	20		38	0	-50	180	
15	120	70	70		39	0	-70	130	
16	90	92	110		40	0	-100	137	下嘴唇最高点
17	30	70	120		41	0	-120	138	
18	90	80	110		42	0	-160	120	
19	70	60	100		43	0	-210	140	
20	108	40	80		44	-50	245	10	
21	70	53	104		45	-105	215	20	
22	70	34	103		46	-100	150	70	
23	40	40	100		47	-146	130	20	

（续）

顶点编号	X	Y	Z	注　释	顶点编号	X	Y	Z	注　释
48	-120	70	70		62	-140	40	20	
49	-90	92	110		63	-110	-190	60	
50	-30	70	120		64	-70	-110	80	
51	-90	80	110		65	-40	-180	100	
52	-70	60	100		66	-10	-90	136	
53	-108	40	80		67	80	50	95	瞳孔
54	-70	53	104		68	80	35	95	
55	-70	34	103		69	-80	50	95	
56	-40	40	100		70	-80	35	95	
57	-70	30	100		71	61	50	102	
58	-30	340	110		72	61	35	102	
59	-50	-60	104		73	-61	50	102	
60	-120	-40	50		74	-61	35	102	
61	-150	-30	20		75	0	-100	50	嘴部张开的背景

在 VC ++ 环境下，借助 OpenGL 图形库，初步得到的 Candide 网格模型如图 7-23 所示。

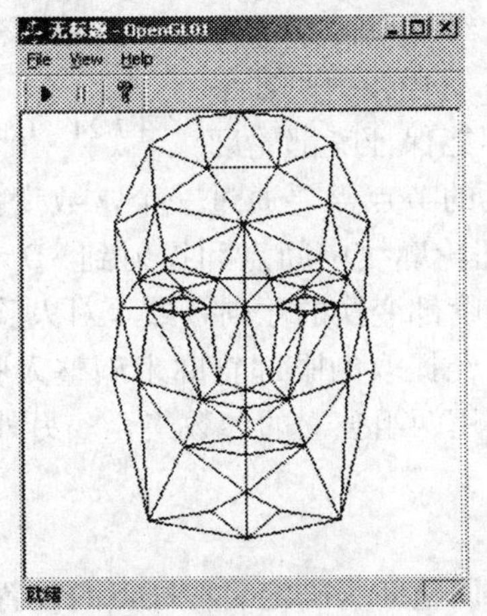

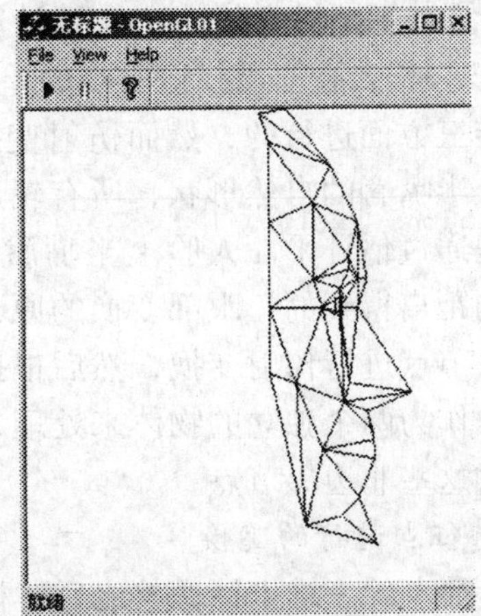

图 7-23　根据 75 个节点的坐标初步构建的 Candide 网格模型

7.5.4　人脸模型的变换

通过对一般 3D 人脸模型进行变换从而适应一个特定的人脸。

1. 对于特征点进行的变换

（1）全局变换　3D 人脸模型上的任意一点 P（X, Y, Z）以无穷小的欧拉角向其目标点 P'（X', Y', Z'）作刚性运动，可以描述为

$$\begin{bmatrix} X' \\ Y' \\ Z' \end{bmatrix} = \begin{bmatrix} 1 & -\Delta\theta_Z & \Delta\theta_Y \\ \Delta\theta_Z & 1 & -\Delta\theta_X \\ -\Delta\theta_Y & \Delta\theta_X & 1 \end{bmatrix} \begin{bmatrix} S_X & 0 & 0 \\ 0 & S_Y & 0 \\ 0 & 0 & S_Z \end{bmatrix} \begin{bmatrix} X \\ Y \\ Z \end{bmatrix} + \begin{bmatrix} T_X \\ T_Y \\ T_Z \end{bmatrix} \tag{7-1}$$

式中，θ_X、θ_Y 和 θ_Z 是围绕 3D 轴 X、Y 和 Z 轴旋转的角度；S_X、S_Y 和 S_Z 分别是比例因子；$(T_X, T_Y, T_Z)^{\mathrm{T}}$ 是平移向量。全局变换即可以等价地看成是对这 9 个刚性运动参数的估计。进行垂直影射后，可以通过计算 3D 人脸模型到 2D 人脸中心的距离来得到平移向量。让 P_1、P_r、P_c、P_m 分别代表左眼中心点、右眼中心点、两眼的中点及人脸的嘴部的中心。而 P_1'、P_r'、P_c'、P_m'是 3D 人脸模型中 2D 投影的相关特征。所以，比例因子 S_X 和 S_Y 进行了如下的定义：$S_X = \|P_1 - P_r\| / \|P_1' - P_r'\|$，而 $S_Y = \|P_c - P_m\| / \|P_c' - P_m'\|$。在平面帧中，脸的深度是不可见的，为了保证自动性，S_Z 将应用线性膨胀性取 S_X 和 S_Y 的平均值。头部的倾斜角度 θ_Z 可以通过测量线段 P_1P_r 和 2D 水平轴之间的角度来获得。应用基于横截面的方法来获得 θ_Y。至于 θ_X，由于缺少深度信息，所以假设头部与 X 轴是平行的，即 $\theta_X = 0$。

(2) 局部变换　四个脸部特征，如本系统中的眉毛、下巴、眼睛和嘴，将分别得到变换（见图 7-24）。8 个眉毛节点（黑色圆点）用来代替提取出的 8 个眉毛特征点。在下巴替换中，3D 人脸模型的 5 个下巴节点（黑色圆点）通过伸缩运动与提取出的 2D 下巴轮廓相吻合。通过对人体测量学和肌肉运动的研究，中间的三个圆点是与上面的两个方形节点相连的，而另外两个圆点也和对角的方形节点相连。嘴部变换包括仿射变换（Affine Transformation）和轮廓变换。所有的嘴部节点包括在一个矩形内，是通过 2D 仿射变换得到的，这需要计算已经提取的平面嘴部和 2D 嘴部对于 3D 人脸模型投射之间的差别，其中投射是在平移、比例和旋转三方面进行的，然而仿射变换不能保证嘴部轮廓的匹配。为了上半嘴唇的自然形状，所有轮廓上的节点需要通过一个常数变换成提取的 2D 轮廓，该参数是通过估计平面人脸上半嘴唇外部轮廓线中间点和投射到 3D 人脸模型的 2D 中相应点之间的距离得到的。眼部变换的原则与嘴部变换的原则一致。对人脸模型处于两个椭圆中的眼部各节点进行仿射变换，然后根据已经提取的眼部轮廓来调整人脸模型的眼皮。然而，眼睛必须作为两个独立的物体来处理，即用两组独立的参数集合。另外，这里应用了线性插值来调试这些非边界节点。

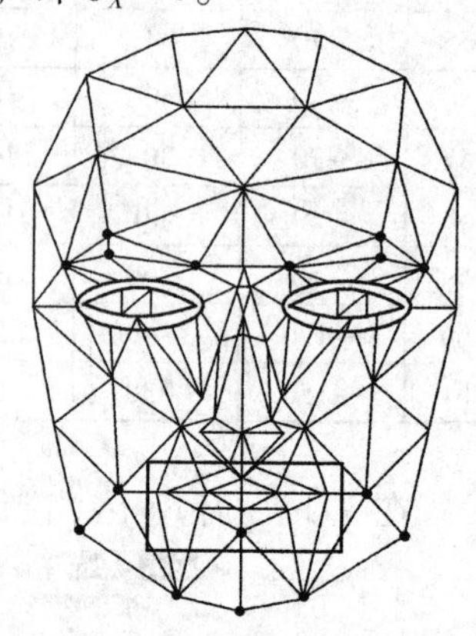

图 7-24　Candied 人脸模型

2. 对于非特征点进行的变换

在完成对特征点的三维坐标调整之后，模型调整即为确定非特征点的位置。利用适当的插值算法计算非特征点的三维坐标。非特征点调整可采用的方法有自由变形、径向基函数内插、弹性匹配等。其中，自由变形算法较为复杂，径向基函数内插具有良好的平滑性，但需注意保证内插平稳性。

下面介绍利用径向基插值算法计算非特征点的三维坐标。即已知特征点 x_i 的位移 f_i 为

$$s|x_i| = f|x_i| \qquad (i = 1, 2, \cdots, N) \tag{7-2}$$

求径向基内插函数

$$s(x) = p(x) + \sum_{i=1}^{N} \lambda_i \varphi(\| x - x_i \|) \tag{7-3}$$

式中，s 称为径向基函数(RBF)；自变量 x 为对应网格顶点的三维坐标，因变量为此点的位移量；p 为低阶多项式；λ_i 为 RBF 的系数，即网格调整需要确定的模型参数；$\varphi(\,)$为一个实函数，称作基函数。x_i 是 RBF 中心，一般为与模型特征点对应的空间坐标。令低阶多项式 p 的

基为 $p=\{p_1, \cdots, p_l\}$，对应的系数为 $c=\{c_1, \cdots, c_l\}$，则式(7-3)以矩阵形式表示为

$$\begin{bmatrix} \boldsymbol{A} & \boldsymbol{P} \\ \boldsymbol{P}^{\mathrm{T}} & 0 \end{bmatrix} \begin{bmatrix} \lambda \\ c \end{bmatrix} = \begin{bmatrix} f \\ 0 \end{bmatrix} \tag{7-4}$$

式中，$\boldsymbol{A}=[A_{ij}]$，$A_{ij}=\varphi(\|x_i-x_j\|)$；$P_{ij}=P_j(x_i)$；$i, j=1, 2, \cdots, N$。

由此线性方程可解得 $\boldsymbol{\lambda}$、c，从而确定了模型所有网格点的内插函数 $s(x)$。对于径向基函数的选取，在试验中，选取了高斯函数，α 取为 1/64，即

$$\varphi(r)=\mathrm{e}^{-\alpha r^2} \quad (\alpha>0) \tag{7-5}$$

7.5.5 脸部表情的运动计算

如表 7-6 所示，分别选择了最具有代表性的，并且对表情的变化起主导作用的 12 组 AU 来作为合成人脸面部表情的 12 个基本单元。每一个 AU 控制了不同的节点，例如 AU1 控制的节点有 4 个，分别为 17、50、15、48；而 AU9 控制的节点有 19 个，分别为 5、25、58、26、59、33、66、16、49、17、50、18、51、22、55、68、70、72、74。每个节点的坐标见表 7-5。每一个键盘上的键都可以控制一个 AU，例如 1 键控制 AU1，2 键控制 AU2，3 键控制 AU16。

表 7-6　AU 和所对应的节点

编号	所包含节点个数	所包含的节点
AU1	4	17，50，15，48
AU2	8	16，49，18，51，15，48，17，50
AU16	3	40，8，9
AU27	8	40，8，9，10，30，63，32，65
AU4	14	17，50，16，49，18，51，15，48，21，54，67，69，71，73
AU9	19	5，25，58，26，59，33，66，16，49，17，50，18，51，22，55，68，70，72，74
AU10	7	7，25，58，26，59，33，66
AU20	9	8，31，64，32，65，33，66，26，59
AU12	12	31，64，25，58，26，59，22，55，68，70，72，74
AU18	7	31，64，33，66，7，40，8
AU45	12	21，54，22，55，67，69，71，73，68，70，72，74
AU17	4	9，8，7，40

在确定好需要控制的 AU 后，要统计代表 AU 运动的运动向量所包含的节点在每一种情绪所对应的表情中，相对于初始状态（即没有表情的状态下）的位置变化。根据参考文献［22］中所述的分类和统计方法，可以将 AU 与 FAP 的对应关系进行归纳总结。这里，不再赘述每一个相关列表中的详细内容，仅列举其中的几项来说明面部表情运动计算的过程。

如前所述，FACS 在很大程度上影响了表情分析领域内的研究。这个系统可以将可见的面部运动通过解剖学的原理进行分析。在 FACS 中，使用 AU 来作为度量单位。一个 AU 可以将几束肌肉运动结合起来。MPEG-4 FAP 与 FACS 的关系也很是相辅相成的。如表 7-7 所示，每个 AU 都对应着一到多个 FAP。

表 7-7 FAP 到 AU 的映射关系

AU	FAP
AU1	Raise _ l _ i _ eyebrow(F31) + raise _ r _ i _ eyebrow(F32)
AU2	Raise _ l _ o _ eyebrow(F35) + raise _ r _ o _ eyebrow(F36)

通过分析表情对应于 AU 的关系，可以找出情绪和 FAP 之间的对应关系，见表 7-8。

表 7-8 情绪所对应的 FAP 描述

情绪	描 述
高兴	F3，F4，F5，F6，F7，F12，F13，F19，F20，F21，F22，F33，F34，F41，F42，F53，F54
悲伤	F19，F20，F21，F22，F31，F32，F33，F34，F35，F36

通过描述脸部区域相关点的运动来度量实际图像中的 FAP。如表 7-9 所示，这种方法为表情分析和动画合成提供了很好的桥梁作用。

表 7-9 FAP 的变量模型

FAP	描 述	注 释
Raise _ l _ i _ eyebrow(F31)	D5 = s(18,24)	左眉毛的右端与左眼的右眼角之间的空间距离
Raise _ l _ o _ eyebrow(F35)	D7 = s(16,21)	左眉毛的左端与左眼的左眼角之间的空间距离

根据参考文献［22］，通过前人在该领域中的研究，可以获得每一个 FAP 对应于不同情感状态下的平均值和标准方差值，见表 7-10。

表 7-10 FAP 的统计数据

FAP	数据	生气	悲伤	高兴	厌恶	恐惧	吃惊
Raise _ l _ i _ eyebrow (F31)	平均值	-83	85	24	-80	104	224
	方均差	48	55	22	53	69	103
Raise _ l _ o _ eyebrow (F35)	平均值	-66	—	25	-82	—	54
	方均差	35	—	22	54	—	31

表 7-10 中，“ - ”表示统计数据还不完整。计算 FAP 每个变量变化范围的步骤如下：

定义 $m_{i,j}$ 和 $s_{i,j}$ 分别代表 FAP 中每个 F_j 的平均值和标准方差，则每个 F_j 的变化范围 $X_{i,j}$ 可以由下式得到：

$$\begin{cases} X_{i,j} = [\max(0, m_{i,j} - s_{i,j}), m_{i,j} + s_{i,j}] \\ X_{i,j} = [m_{i,j} - s_{i,j}, \min(0, m_{i,j} + s_{i,j})] \end{cases} \tag{7-6}$$

最终的变化值见表 7-11。

表 7-11 情绪所对应的 FAP 变化范围

情绪	FAP 的变化范围
高兴	F4 ∈ [22,124], F31 ∈ [-131, -25], F32 ∈ [-136, -34], F33 ∈ [-189, -109], F34 ∈ [-183, -105], F35 ∈ [-101, -31], F36 ∈ [-108, -32], F37 ∈ [29,85]
悲伤	F19 ∈ [-26, -41], F20 ∈ [-270, -52], F21 ∈ [-265, -41], F22 ∈ [-270, -52], F31 ∈ [30,140], F32 ∈ [26, 134]

最后要实现的功能是针对特别选取的 AU，即那些对于表情变换起到特定作用的 AU，通过改变其量值，从而控制其对应的 FAP，在各自的变化范围内进行运动。通过键盘控制 AU，当每个 AU 向量的运动超出了允许范围时，其对应的节点会重新回到初始状态的位置，在达到在理论上可以合成任意表情的功能，并可以沿 X、Y、Z 轴进行任意角度的旋转，如图 7-25 所示。

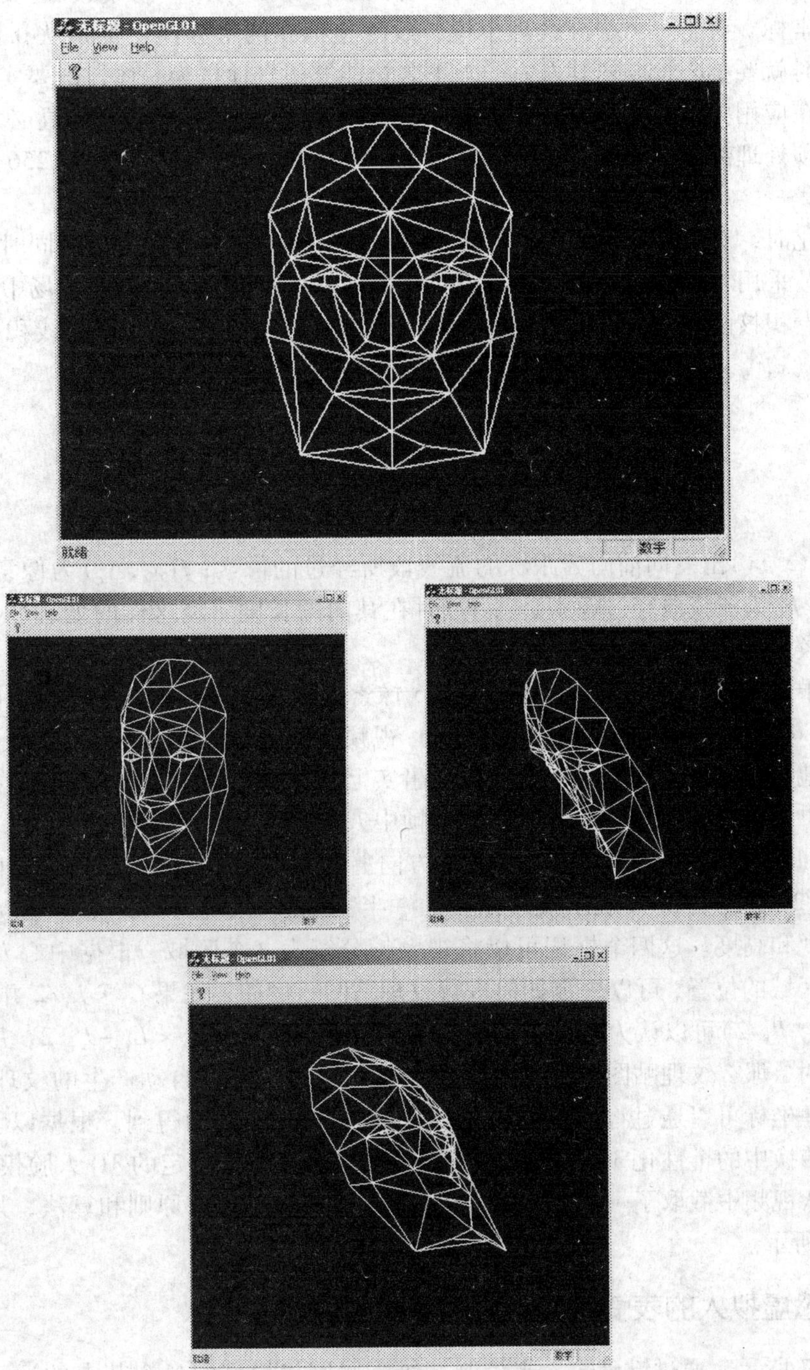

图 7-25　面部表情的运动计算结果

7.5.6 纹理贴图

构建完模型后就要加上纹理了。纹理是使用纹理映射，纹理映射技术是真实感技术的一个重要方面，人脸表面的纹理具有颜色和几何纹理的双重属性。

在贴纹理前，必须确定纹理与人脸的相对关系，即在场景中生成实体时要同时用到纹理坐标和几何坐标。对于一个二维纹理来说，纹理坐标在两个方向上都是从 0.0 ~ 1.0。这样在设计纹理时就要小心，要使其左右、上下各边能够很好地拼为一体，即要实现纹理图像的无缝连接。在应用中，首先选择一个图像。由于被用作纹理图像的宽和高必须是 2 的幂次方，所以在预处理部分，须将其转换为符合要求大小的格式，并将对应的 256 分量依次读入缓存区。

在初始化时，对纹理映射的各种参数进行设置，要对相对的几何坐标同时给出对应的纹理坐标，本节采用了线积分卷积法来进行纹理的向量场映射方法，设向量场中任一点处的局部特性由一卷积核函数 $k(w)$ 沿一条从该点开始向前向后跟踪出的一段流线积分的结果来决定，则定点（x，y）的纹理值 $I(x, y)$ 可由下式得出：

$$I(x, y) = \frac{\sum_{i=0}^{k} f(x_i + y_i) h_i}{\sum_{i=0}^{k} h_i} \tag{7-7}$$

式中，I 为从 (x, y) 出发向前向后跟踪的流线段所经过的像素；$f(x_i, y_i)$ 为像素点 (x_i, y_i) 处的输入纹理；h_i 为流线段穿过像素 (x_i, y_i) 时在其内的长度。经这样的处理后，就可以实现具有真实感较强的人脸面部表情。

在系统中，人脸位于一个 256 像素 ×256 像素的像素纹理贴图的中心。该图可以从通用交换格式（Common Interchange Format，CIF）视频帧中自动获得。考虑到处理的方便，人脸需要尽可能地出现在纹理贴图的中心位置。事实上，在视频帧中，人脸的位置很难真正处于中心，因为讲话者会随机地晃动，所以视频帧中人脸的位置需要被研究。

将水平和垂直轴分为三段。其中，水平方向上为 $L_T/2$ 和 $(L_X - L_T/2)$，垂直方向上为 $L_T/2$ 和 $(L_Y - L_T/2)$。这里 $L_T/2$ 表示纹理贴图的一半宽度（本系统为 128），L_X 和 L_Y 分别是 CIF 视频帧的宽度和高度。这四个标记可以将视频帧分解为九个区域。根据中心人脸 (C_Y, C_X) 相对于这些区域的位置，可以决定如何进行纹理贴图。例如，如果 $C_X < L_T/2$ 并且 $C_Y < L_T/2$，则坐标 $(L_T/2, L_T/2)$ 可以认为是纹理贴图的中心；而当 $L_T/2 < C_X < L_X - L_T/2$，并且 $L_T/2 < C_Y < L_Y - L_T/2$ 时，那么纹理贴图的中心被认为在 (C_Y, C_X)。根据自动产生的纹理贴图，3D 人脸模型的纹理坐标可以通过将 3D 坐标系映射进入到纹理空间而得到。根据以上和前面的处于人脸模型转换中的个性化 3D 节点坐标，最终可以合成一个特定的 3D 人脸模型。

这里，从视频中截取了一张 2D 人脸，按照上述纹理贴图的原则和算法，最终合成的结果如图 7-26 所示。

7.5.7 情感虚拟人的表情合成

如图 7-27 所示，通过键盘输入来控制三维人脸网格模型中各个节点的运动，从而达到对各个 AU 参数的控制，即对三维人脸模型基本表情合成的控制。程序实现了对键 0 ~ 9 及上下箭头键的点击数来控制 AU 参数变换的程度大小，进而合成一定的表情。例如，1、2 键控制眼部的运动，3、4 键控制嘴部的运动，5、6 键控制眉毛的运动。

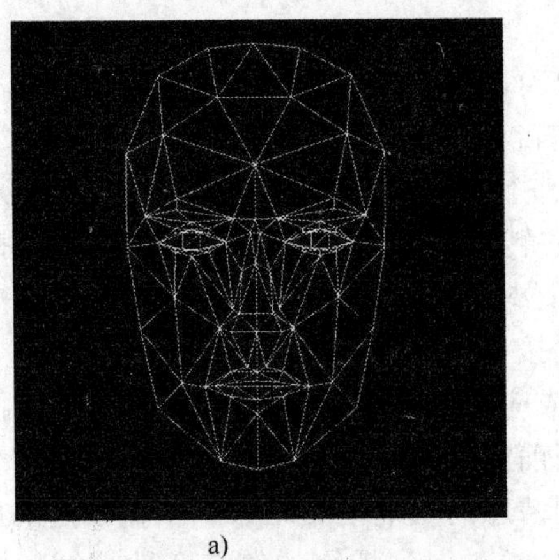

a)

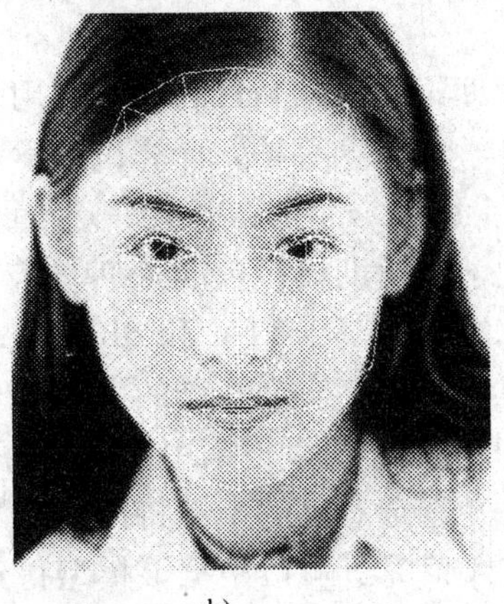

b)

图 7-26　Candide 通用模型和纹理贴图结果

a）Candide 通用模型　b）纹理贴图

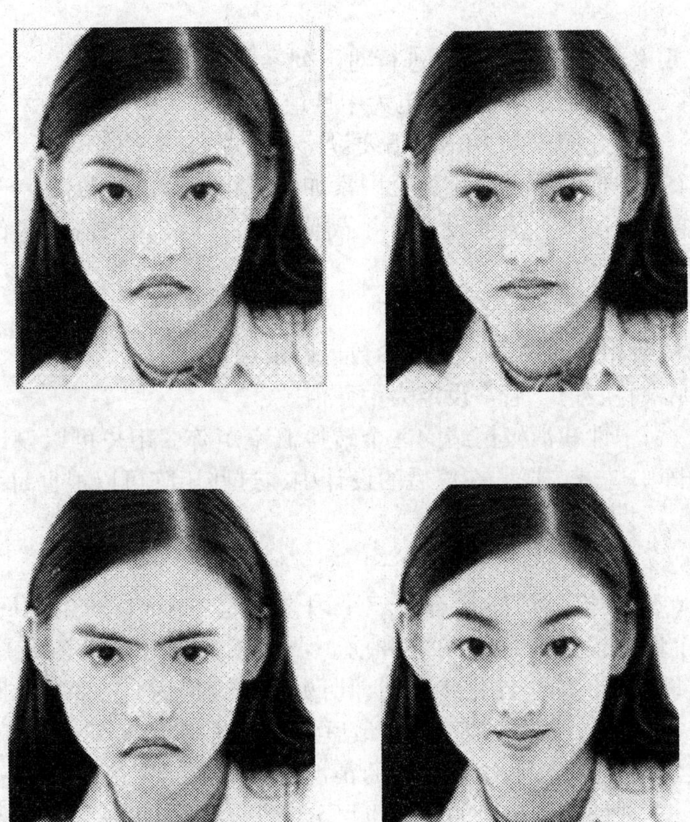

图 7-27　通过控制不同的参数合成的基本表情

7.6 情感虚拟人系统的结果分析

人工心理理论的基础和目的就是利用已有的情感计算和人工智能基础，结合心理学、脑科学、神经科学、信息科学、计算机科学、自动化科学的新理论和新方法，对人的心理活动（尤其是情感、意志、性格、创造等）全面进行人工机器模拟。本节从人工心理的理论框架出发，从心理学的角度模拟人类心理状态的转移及在各心情下的表情表现，构建虚拟人性格。将前三节提出的基于 FFM 和 BBN 的情感模型与情感表达系统结合起来，应用于虚拟人系统的情感建模，最终实现和谐的人机交互接口。

基于 FFM 模型，可以根据用户的喜好或应用的要求，创建具有不同个性特征的情感交互系统，当已知选定对象的个性特征值、当前情绪及回答情绪，意识刺激所产生的情绪概率超过某个特定阈值时，可以根据该模型得到情感的当前情绪结果，根据设定的虚拟人的性格特征，采用 BBN 算法，对情感结果值进行分类，得到最终的符合个性特征的情感反应，合成该情感状态所对应的表情。

7.6.1 初始化情感模型

1. 个性化参数

在进行个性化定义的过程中，需要进行对下列参数的指定：

1）“当前情绪”的初始值，通常设定为中性值。

2）对于每一个个性化因素的 BBN，需要设定一个条件概率值。

3）需要设定个性化模型中，决定 5 个因素如何进行组合的系数。

4）对于情绪变化的决策，需要设定一个阈值（0 ~ 1）。如果情绪变化的概率值高于这个阈值，那么情绪即发生变化。

2. 情绪参数

下面列出了与情绪相关的参数，这些参数可以由用户设定：

1）初始情感或人脸表情，通常设定为中性值。

2）应用于积极、中性和消极情绪的三个转换概率矩阵。用户可以设计自己的矩阵，或者从预先设计的矩阵中进行选择。在以后的设计中，这些矩阵可以根据每一种个性化而各不相同。

3）决定是否改变当前情感的阈值（0 ~ 1）。

前面的叙述中，曾经提过情感状态由三个因素决定：AIML 产生的回答（对应回答情绪）、当前情绪（个性化模型的输出 m_n）和前一个情感状态（定义为 e_p）。为了简化问题，这里将前一个情感状态等价为个性化状态（即历史状态变换为 0），AIML 回答产生的情绪变换即为外界的刺激，当前的情绪为情感模型最后输出的情绪状态。

在设计情感模型时，首先针对最简单的情况建模，假设心情分为一般（neutral）、好（good）、坏（bad）三种情况，相应的表情也可分为无表情、高兴、不高兴三种情况。为了简化运算，现在只考虑当前的情绪作为主要特征，而暂时不考虑对话前的情绪状态。在各种心情之间的转换概率见表 7-2。

除非有新的激励，心情的波动随着时间的增加而衰减。所以人们大多数时间是处于平静的心态下的。当一个虚拟人首次与人类交互时，由于在这之前未受过任何激励，所以此时它应该处于一种平静的心态下，随着人机交互的进行，它的情绪按照人类情感反应的特点，逐渐积累、变化。由上述分析，我们可以确定当虚拟人未经过任何激励作用时的初始概率向量，即个性化心理模型 $\boldsymbol{\pi}$ 为

$$\boldsymbol{\pi}=(\pi_1,\ \pi_2,\ \pi_3)=(1,\ 0,\ 0) \tag{7-8}$$

然而，随着人机交互的不断进行，虚拟人所接受的激励的情况也随之变化，从而在某些情况下，情感模型的初始概率向量会有所变化。比如根据上一个激励信号作用下的情感模型，会得到一个情感输出的结果，包括此时的心情和表情，并且程序通过计算同样得到了出现其他可能出现的心态及表情的概率，此时的初始概率向量应该由已经计算出的可能出现的各种心情的概率决定，按照上一时刻计算得到的模型来产生下一个观察值（以概率的形式体现）。

在设定的情感空间中，可以看出某个具有特定性格的人，当他受到刺激时，他的情感状态可以转化为其他状态，或者说，从空间的某一点可以跳跃到其他任意的状态点之中的一个。但是由于他所受到刺激的不同，转移的状态点的转移概率也不同。实际上，具有不同个性特征的人，可见符号概率矩阵及在同样的激励下的观察值序列是不相同的，在同样的激励下的状态转移矩阵也是不同的，乐观向上的人从任何一种心情出发向好的心情的转移概率都要大于悲观失望的人，他们在同一种心情下所表现出来的快乐的表情的概率也要大于那些悲观的人。这样就可以对某些状态点进行排除。但是由于刺激程度的不同，例如当受到一定程度的高兴的刺激（并非强烈的高兴刺激），那么他的情感状态就有可能转化为有点高兴，这时得出的心理状态会出现多个概率值的结果，这时根据设定的情感空间中对应于每种情绪的阈值，对这几个概率值进行学习、训练、分类。根据几个设定的性格，分别建立自己的训练模型。

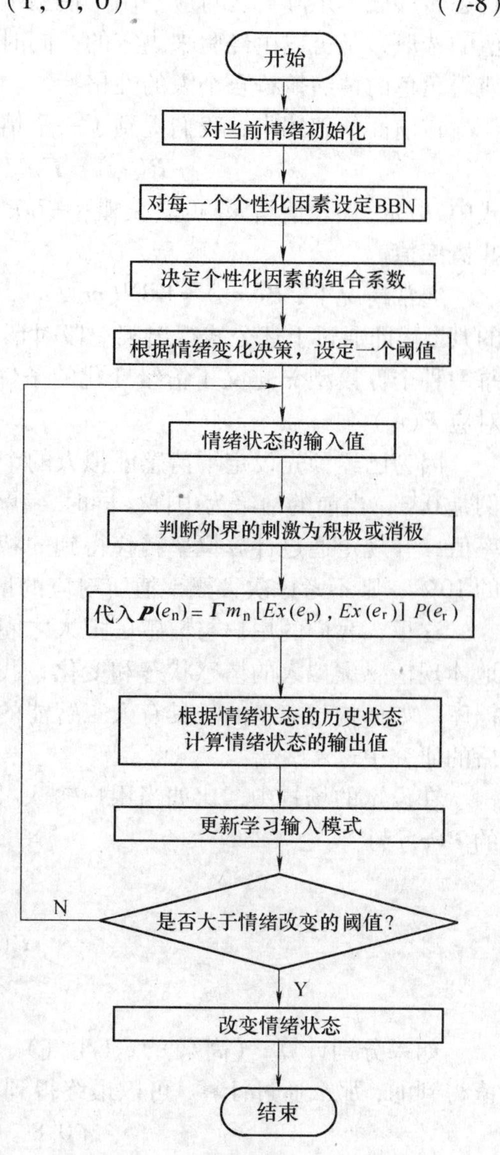

图 7-28　实现情感虚拟人个性化模型的流程

为了简化实现过程，并突出实验考察的重点，我们设计了如图 7-28 所示的流程。

7.6.2　情感交互系统的实现与结果分析

按照上一节所述的情感模型的算法，根据上一节提供的初始值和观察序列训练模型，由最后的模型产生观察序列，并且综合考虑行为模式因素和输入信号判断因素的影响，以不同

的组合方式给情感虚拟人不同的刺激，即设定不同的回答情绪，从而可以得到虚拟人的情感反应结果。由于在对话中可能受到的意识刺激不同，所以同一个人的情感模型中状态产生的回答情绪也就不同，而转移概率矩阵及可见符号概率根据意识刺激的不同也有所不同，把对话中产生的意识刺激分为两种情况："正向"与"负向"。这样，针对每种刺激分别有一个状态转移概率矩阵与之对应。用于模型重估的状态转移概率矩阵及可见符号概率矩阵的初始值的选取，是可以由经验来决定的，同时要考虑到外界刺激对各个心态下的情绪熵的作用，使得角色的情绪熵符合个人的性格特征。

在前面的叙述中，我们提到了一个情感状态的计算可以由下式得出：

$$\boldsymbol{P}(e_n)=\boldsymbol{\Gamma} m_{\mathrm{n}}(Ex(e_{\mathrm{p}}),Ex(e_{\mathrm{r}}))\boldsymbol{P}(e_{\mathrm{r}})$$

式中，$\boldsymbol{\Gamma} m_{\mathrm{n}}$ 代表情绪 m_{n} 的转换概率矩阵。现在根据直觉和对人类情绪的通常理解来定义这些概率值。

通常情况下，$\boldsymbol{P}(m_{\mathrm{n}})=\mathrm{BBN}(m_{\mathrm{c}},m_{\mathrm{r}},\boldsymbol{\pi})=\boldsymbol{P}(m_{\mathrm{n}}/m_{\mathrm{c}},m_{\mathrm{r}})\boldsymbol{P}(e_{\mathrm{i}})$，由对话部分完成对 m_{n} 的判断，即通过上述公式得出某一段对话，情感虚拟人产生的情绪为 m_{n}。$\boldsymbol{P}(m_{\mathrm{n}}/m_{\mathrm{c}},m_{\mathrm{r}})$ 为每一种个性模型 $\boldsymbol{\pi}$ 定义了情绪变化的条件概率。这里为了简化问题，我们设定 m_{n} 是已知的，对应 $\boldsymbol{P}(e_{\mathrm{r}})$。

因为已经预先设定了情感虚拟人的个性化建模中其外向的个性比例为 0.7，神经质的比例是 0.3，当前的情绪为中性。同时，我们要预先设定每一种可以让情绪状态发生改变的概率值，并规定通过计算概率转移得到的状态值中，最大情绪概率值如果大于次大情绪概率值的 10%，则不考虑次大概率值所对应的情绪状态对于表情的影响。

这里，我们的用户与情感虚拟人之间的交流定位成经理与助理的角色。另外，为了更好地体现情感虚拟人的情感状态和变化，我们建立了一个简单的、包含不同情感色彩的对话数据库。如何构建完备的且具有人工智能的对话数据库，是一个非常繁杂的任务，这需要在以后的研究中逐步完善。

在设定的场景中，比如当用户输入"早上好"时，虚拟助理的情感状态是 e_{r}，其对应的 $\boldsymbol{P}(e_{\mathrm{r}})$ 为

$$\boldsymbol{P}(e_{\mathrm{r}})=\begin{bmatrix}0.8\\0.05\\0.1\\0.05\end{bmatrix}$$

如果分别计算 e_1(高兴)、e_2(生气)、e_3(悲伤)、e_4(中性)的概率值，而 $\boldsymbol{P}(e_{\mathrm{r}})$ 是根据经验值得到的，那么通过计算，可以最终得到每种情绪状态的概率结果为

$$\boldsymbol{P}(e_{\mathrm{n}})=\boldsymbol{\Gamma} m_1\boldsymbol{P}(e_{\mathrm{r}})=\begin{bmatrix}0.8&0.1&0.05&0.05\\0.6&0.2&0.1&0.1\\0.7&0.05&0.05&0.2\\0.3&0.05&0.15&0.3\end{bmatrix}\begin{bmatrix}0.8\\0.05\\0.1\\0.05\end{bmatrix}=\begin{bmatrix}0.6525\\0.505\\0.5775\\0.2775\end{bmatrix}$$

$\boldsymbol{P}(e_1,e_2,e_3,e_4)=[0.6525$ (高兴)0.505(生气)0.5775(悲伤)0.2775(中性)$]$。由结果可得：情感虚拟人对话后的情绪状态中，高兴的比列因子数值最大，为 0.6525；悲伤的比例因子次大，为 0.5775。$(0.6225-0.5775)/0.5775\times100\%=12.9\%>10\%$，所以这里不考虑悲伤的情感因素对于虚拟人当前情绪的影响。另外，估计出的高兴状态的比例因子 0.6525

大于预先设定的阈值 0.55，所以当前的中性情绪状态将被改变。在运行系统时，情感虚拟人输出数据库中对应的回答“早上好”，同时根据对各情感状态对应的表情分类 $Ex(e_p)$，选择高兴状态下对应的表情。根据表 7-4 可知，当情感状态为高兴时，对应的 AU 组合为 AU16 + AU12。根据 AU6 和 AU12 分别对应的节点，系统自动进行面部表情合成的运动计算，输出结果如图 7-29 所示。

图 7-29　情感交互系统运行界面之一

同理，如果情感虚拟人在对话系统中进行了不愉快的交流，比如用户输入了信息：公司出现了什么问题？此时，虚拟助理接收到“负向”刺激的信息时的情感状态为

$$\boldsymbol{P}(e_r)=\begin{bmatrix}0.05\\0.5\\0.15\\0.1\end{bmatrix}$$

其情感状态转移过程为

$$\boldsymbol{P}(e_n)=\boldsymbol{\Gamma}m_1\boldsymbol{P}(e_r)=\begin{bmatrix}0.8&0.1&0.05&0.05\\0.6&0.2&0.1&0.1\\0.7&0.05&0.05&0.2\\0.3&0.05&0.15&0.3\end{bmatrix}\begin{bmatrix}0.05\\0.5\\0.15\\0.1\end{bmatrix}=\begin{bmatrix}0.125\\0.155\\0.065\\0.1325\end{bmatrix}$$

$\boldsymbol{P}(e_1, e_2, e_3, e_4)=[0.125(\text{高兴})0.155(\text{生气})0.065(\text{悲伤})0.1325(\text{中性})]$。由结果可得：情感虚拟人对话后的情绪状态中，生气的比列因子数值最大，为 0.155；悲伤的比例因子次大，为 0.1325。$(0.155-0.1325)/0.1325\times100\%=1.9\%>16.9\%$，所以这里不考虑

中性的情感因素对于虚拟人当前情绪的影响。另外，估计出的生气状态的比例因子 0.155 大于预先设定的阈值 0.15，所以当前的中性情绪状态将被改变。在运行系统时，虚拟助理输出对应的回答“我们的员工出现了失误”，同时根据对各情感状态对应的表情分类 $Ex(e_p)$，选择生气情绪状态下对应的表情。根据表 7-4 可知，当情感状态为生气时，对应表中愤怒的 AU 组合为 AU27 + AU4 + AU9。根据三组 AU 对应的节点，系统自动进行面部表情合成的运动计算，输出结果如图 7-30 所示。

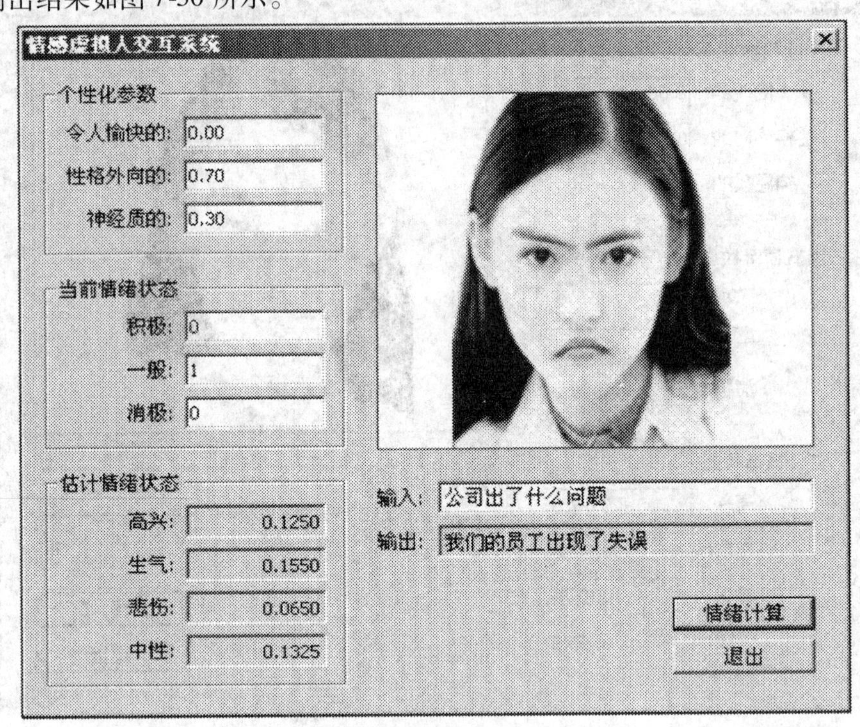

图 7-30　情感交互系统运行界面之二

本节涉及的内容包括人机交互模型、用户界面模型、用户界面设计方法及拟人化人机交互技术。其中，人机交互模型用到了图形图像的相关技术；用户界面模型采用了结构化模型；用户界面设计方法是基于人工心理情感模型进行设计的；拟人化人机交互技术具体涉及了虚拟现实技术中的三维交互技术，即 OpenGL 技术。首先，情感虚拟人系统需要有一个表现的载体，第一步就要构建三维人脸模型，这涉及许多领域的知识，比如图像图形处理技术、三维建模技术、表情合成技术等。而要再赋予它以情感，又要进一步涉及到情感计算、心理学、生理学及信息科学等领域的理论和方法。这是一项非常庞大和复杂的研究工作。本节以 Candide 模型作为通用模型，对网格进行纹理贴图后，通过控制 AU 来控制人脸模型的面部表情，达到参数化控制的目的，进而可以精确合成多种表情。

构建三维人脸模型及实现表情合成的步骤如下：

1）构建三维人脸模型。现有的研究领域中，有很多完善的人脸模型可以借鉴使用。这里，采用了 Candide 网络模型。Candide 网络模型是一个基于图形数据的人脸。它是由一些多边形组成的三维立体。构建三维人脸，首先需要定义顶点，其次需要定义表面，然后定义 AUV。在 VC ++ 环境下借助 OpenGL 图形库，初步得到的具备 75 个节点的 Candide 网格模型。

2）具备了基础的人脸三维网格模型后，需要让该模型能适应特定的人脸。这就需要进行人脸模型变换。基于网格模型中的特征点，结合对应的2D人脸图像，本节采用了先进行全局变换，后进行局部变换的方法。最后可以使 Candide 网络模型很好地适应2D图像中的人脸模型特征。

3）在完成对特征点的三维坐标调整之后，需要确定非特征点的位置。这里我们利用径向基插值算法计算非特征点的三维坐标。通过采用著名的 FACS（脸部表情编码系统）方法，特别选取能控制合成人脸大部分表情的12组 AU，通过控制 AU 来实现表情的分析与合成。针对不同表情对应不同的 AU 组合的原理，通过键盘的控制而改变其对应的 FAP 量值，使每个 FAP 包含的节点在变化范围内进行运动，从而在达到理论上可以合成任意表情的功能，并可以沿 X、Y、Z 轴进行任意角度的旋转。

4）构建完模型后，就要进行纹理贴图。本节采用了线积分卷积法来进行纹理的向量场映射方法。同时，根据自动产生的纹理贴图，3D 人脸模型的纹理坐标可以通过将3D 坐标系映射进入到纹理空间而得到。

根据人工心理情感模型，将基于 FFM 和 BBN 的情感模型应用于虚拟人交互系统，详细阐述了模型初始数值的选择方法，结合所构造虚拟人物的性格特征，给定了初始值和训练数据。通过算法进行情感反应计算，用 Visual C ++ 进行了界面设计。HMM 比较适合人类心理的特征描述，但是它有分类能力差、对于相似的类别方面不易区分的缺点，而 BBN 在决策能力和对不确定信息的描述能力是很强的。这里，依据所构建的情感虚拟人个性化模型，设计了一个对话的场景，即一位经理和他的虚拟助理之间的对话。对于任一可能的输入，在交互界面上，通过对话框的内容，对心理状态的转换计算出心情出现的概率大小，并对前面内容中描述的不同的情感状态下的种种可能的回答进行编码。根据这些可能性、个性化和情绪处理模块选择最后的回答。在确定最后的情感状态后，系统自动选择对应的表情分类，进行实时合成，通过情感表达界面显示出此时虚拟人的表情动画。

参考文献

[1] 董士海，王坚，戴国忠. 人机交互和多通道用户界面[M]. 北京：科学出版社，1999.

[2] 姚郑，高文. 软件 agent[J]. 计算机科学，1996(1).

[3] 刘海燕. 多 agent 系统的研究[J]. 计算机科学，1995(2).

[4] 方志刚，吴晓波，马卫娟. 人机交互技术研究新进展[J]. 计算机工程与设计，1998(2).

[5] 张朴. 虚拟现实技术使人类文化在两个世界衍生[J]. 自然辩证法研究，2002(1).

[6] Martin R Stytz. Distributed Virtual Environments[J]. IEEE Computer Graphicsand Applications，1996，14(2).

[7] 吴国良，马登武. 虚拟现实系统中的人机交互技术[J]. 电光与控制，2001(8).

[8] 黄建龙，罗寅峰. 基于 VRML 虚拟设计的研究与应用[J]. 机械研究与应用，2004(8).

[9] 沈大林，关点. Flash MX 高级教程[M]. 北京：电子工业出版社，2003.

[10] 金小刚，陆国栋. 关节动画和人体动画[J]. 中国计算机世界电脑动画专栏，1997(1)：40-42.

[11] 文静华，李祥. 基于 java3d 的工业机器人建模和远程控制[J]. 计算机系统应用，2004(10)：70-72.

[12] Weiser M. The Computer for the 21st Century[J]. Scientific American，1991，265(3)：94-104.

[13] Waters K, Terzopoulos D. Modeling and Animating Faces Using Scanned Data[J]. Visualization and Computer Animation, 1991, 2(4): 23-128.

[14] Pighin F, et al. Synthesizing Realistic Facial Expressions from Photographs[J]. Computer Graphics, 1998, 26: 75-84.

[15] Basu S, Oliver N. A Pentland, 3D Modeling and Tracking of Human Lip Motions[J]. ICCV, 1998: 337-343.

[16] Bechmann D, Dubreuil N. Animation Through Space and Time Based on a Space Deformation Model[J]. The Journal of Visualization and Computer Animation, 1993, 4: 165-184.

[17] Bergeron P, Lachapelle P. Controlling Facial Expressions and Body Movements in the Computergenerated Animated Short "Tony de Peltrie"[J]. Siggraph, Advanced Computer Animation Seminar Notes, 1985(7).

[18] Wang C L Y, Forsey D R. A New Facial Animation System[J]. Proceedings of Computer Animation, 1994: 59-68.

[19] Bechmann D, Dubreuil N. Order-controlled Free form Animation[J]. The Journal of Visualizationand computer Animation, 1995, 6: 11-32.

[20] 陈幼松. 脸部表情的合成研究[J]. 知识就是力量, 1994(10).

[21] 张律言. AUTOCAD 3D 作图[M]. 北京: 清华大学出版社, 1996.

[22] Raouzaiou A, Tsapatsoulis N, Karpouzis K, Kollias S. Parameterized facial Expression Synthesis Based on MPEG-4, EURASIP Journal[J]. Applied Signal Proccessing 10, 2002: 1021-1038.

[23] Kin-Man Lam, Hong Yan. An Analytic-to-Holistic Approach for Face Recognition Based on a Single Frontal View[J]. IEEE Trans on PAMI, 1998, 7 (20).

[24] Kshirsagar, Molet, Magnenat-Thalmann. Principal Components of Expressive Speech Animation, Proc Computer Graphics International 2001[J]. IEEE Computer Society, 38-44.

[25] Williams. LPerformace-driven Facial Animation[J]. Computer Graphics, 1990, 24(4): 235-242.

[26] Patel M, Willis P J. FACES: Facial Animation, Construction and Editing System[J]. Proceedings Eurographics, Vienna, 1991: 33-45.

[27] Rydfalk M. CANDIDE, a parameterized face[R]. Technical Report, LiTH-ISY-I-0866, Linkoping University, 1987.

第8章　个人服务机器人技术

8.1　服务机器人

8.1.1　概述

相对于已经相当成熟的工业机器人来说，服务机器人是近年来才出现的机器人学研究中的一个新领域。仅仅从字面上理解的话，各种可以直接或间接为人类服务的机器人都属于服务机器人的范畴，但到目前为止，国际上对服务机器人也还没有一个权威性的定义。

《国家中长期科学和技术发展规划纲要（2006—2020年）》中指出了将智能服务机器人作为先进制造技术的前沿技术的研究方向。智能服务机器人是在非结构环境下为人类提供必要服务的多种高技术集成的智能化装备，以服务机器人和危险作业机器人应用需求为重点，研究设计方法、制造工艺、智能控制和应用系统集成等共性基础技术。

关于服务机器人的定义，国际机器人联合会提出："服务机器人是一种半自主或全自主工作的机器人，它能够完成有益于人类健康的服务工作，但不包括从事生产的设备。"

另外，德国生产技术与自动化研究所对服务机器人的定义则为："服务机器人是一种可以全自主或半自主地为人类或设备提供有用服务的机器人。"其他国家的科学家对服务机器人的定义又与上面两种定义不尽相同。

与工业机器人注重精密、快速和高效相比，服务机器人则更重视安全、可靠和使用方便。这是因为服务机器人更贴近人类的日常生活，其使用者在许多场合下是并未受过专门教育和培训的普通人，只有满足安全、可靠和使用方便这些基本条件的服务机器人才能够被社会所认可，进而走进人们的日常生活。

在服务机器人领域，公共服务机器人的范围最为广泛：只要能够为公众或公用设备提供服务的机器人都属于服务机器人，例如在展览会会场、办公大楼、旅游景点为客人提供信息咨询服务的迎宾导游机器人，在建筑物内或居民区内进行自动巡视的保安巡逻机器人，加油站里的自动加油机器人，高楼擦窗和壁面清洗机器人，飞机清洗机器人，下水道清洗机器人，不停电状态下更换绝缘体的高空作业机器人等。此外，还包括机器邮递员以及用于多种用途的自主移动机器人平台，它们可在办公室内部传递信件或其他物品。对服务机器人的研究主要有以下几个领域：

1. 家用机器人

在家用机器人中最著名和最典型的恐怕应该说是索尼公司的AIBO狗[34]（见图8-1）。这不仅是因为它拥有先进的性能和较高的品质，还在于它是第一个实现规模商品化的宠物机器人，为研究有社会交互能力的机器人打开了想象的空间。从这以后，大量的宠物

图8-1　AIBO狗

机器人不断涌现，它们所具有的共同特点是：对外界刺激有反应能力，能同人进行生动的交流，这种交流除了语言，还有面部表情、语调和身体姿态等。

另外一个有较高性能的家用机器人是NEC开发的PaPeRo[35]（见图8-2）。PaPeRo有听觉、视觉，是个有个性、有表情的小型机器人，是一个可以与之一起生活、能记住家人的喜好、让每个人都能在不知不觉间享受IT所带来的好处的“伴侣”，是NEC开发的“未来家庭的无键盘计算机”。

PaPeRo具有散步模式和对话模式，在没有人与之对话时，进入散步模式，可以在房间随意散步，而在看到有人时，即进入对话模式，可与人交流。PaPeRo约能识别650个单词，能说3000句话，能辨认人的脸，可以不需操作键盘，一边与之对话，一边进行许多其他的工作，如上网、收发邮件、接收信息，让它自动传达必要的信息等；利用它的摄录像功能，可以在家庭成员间传话，而且它还能够与人猜谜语、跳舞、叫人起床、遥控电视等。

图8-2　PaPeRo

如果对上述技术加以发展，将来的PaPeRo可以用来作为家庭网络、家庭安全系统等的接口；可以照看老年人，与远程医疗系统及残障人照看系统连接；可以作为一种教育工具：与孩子一边游戏一边学习、提问等，具有广泛的用途。NEC计划利用PaPeRo在各种不同的场合进行技术方面及机器人与人的关系方面进行试验、评价，并拓展其各种各样的可能性，以家用机器人为目标谋求进一步的发展。

关于其他家用机器人可参见参考文献［36］，文献中对家用机器人有较为详细的描述。

2. 教育教学机器人

参考文献［37］的目标是建造计算化的学习伴侣。试图帮助儿童专注于一个学习任务，并且也反映出一些儿童的情感状态，了解这些情感状态在儿童的学习经历中所扮演的角色。例如，如果儿童的脸和姿势表示出对屏幕上显示的内容有强烈的兴趣，那么计算机将保持不动以免干扰儿童。如果儿童转换他的姿势和视线表示他在休息，那么计算机会在适当时打断儿童的休息过程，并提供鼓励措施激励儿童继续学习。参考文献［38］把情感引入了教育对话领域，创造了指导教师系统和学生进行交流的更自然、更有效的方式，更好地发展了人们的教育交互方式，参考文献［39］提出了一个Aurora（曙光）方案，研究用机器来帮助治疗孤独症儿童。参考文献［40］介绍了德国人工智能研究中心发展的三个方案：虚拟剧场、虚拟市场和在对话智能体（Agent）中，引入情感模型和个性特征来帮助开发儿童的想象力和创造力。

3. 家庭保健和家庭护理机器人

参考文献［41］介绍了一个用于远程家庭保健的情感智能界面。医疗成本控制和人口老龄化都推动了家庭卫生保健业的发展，探视时间与服务质量上的矛盾促进了远程健康家庭医疗保健业的发展。研究者针对可被识别的情感状态引入了智能界面，在远程家庭的卫生保健系统中研究智能界面，目标在于给卫生保健的供应者提供关于病人的简明而有价值的情感状态，以便于进行有效的护理。将智能情感界面引入远程家庭医疗保健设备，将会改良情感状态的评定和监测，并将潜在地提高远程家庭医疗保健的质量、性能及效率。病人的情感水平风险将根据个体情绪或者全面总体情绪来评定并进行客观的监控。

参考文献［42］给出了服务机器人在家庭护理中的应用。情感模块描绘了机器人的当前状态，并且提供内部反馈给机器人的智能体软件。

卡内基梅隆大学发展了一个名为 Nursebot 的方案，目标是为老年人提供帮助[43]。另外的一个 Pearl 机器人也有类似的目标[44]。

Hug（见图 8-3）的目标是传达了人在遥远的距离进行身体接触的需要。方案的设计者认为，通过电话或者电子邮件进行的远程交流只有语言和文本的交流，但这些对于家庭成员或亲友来说是远远不够的，他们之间还需要比如身体呈现手势和触摸等方面的交流。Hug 是一种可以提供远程身体交流的机器人，它有绒绒的外表。Hug 可以把对其物理的挤压转换成热量和触觉的振动进行远程传递，作为远程身体交流的表达，Hug 创造了一个全新的交流方式。[45]

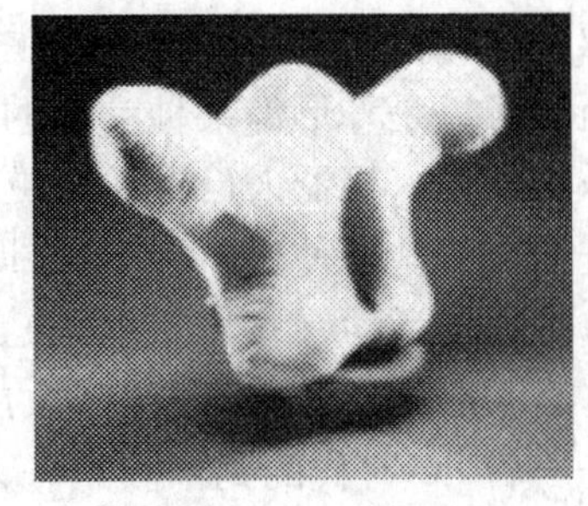

图 8-3　Hug

4. 迎宾机器人

卡内基梅隆大学开发了一个机器人接待员 Valerie（见图 8-4）[46]。Valerie 被放置在卡内基梅隆大学校园内的 Newell-Simon 大厅的入口处，Valerie 的面孔形象出现在一个能够转动方向的移动屏幕上，能够与访问者交互。Valerie 能够提供一些天气和方位方面的信息，同样能够进行情绪交流，可以讲关于她自己的故事，她还有“朋友”，有自己的性格和爱好，还可以接电话，解答一些问题。东京理科大学开发的机器人接待员，面部表情比较丰富，可以理解 300 多个单词，并有 700 多种回答[4]（见图 8-5）。

类似的研究还有参考文献［48］中描述的一个博物馆向导机器人 Sage，可以通过心境的改变触发不同的行为，以及参考文献［49］中介绍的机器人侍者（见图 8-6）。

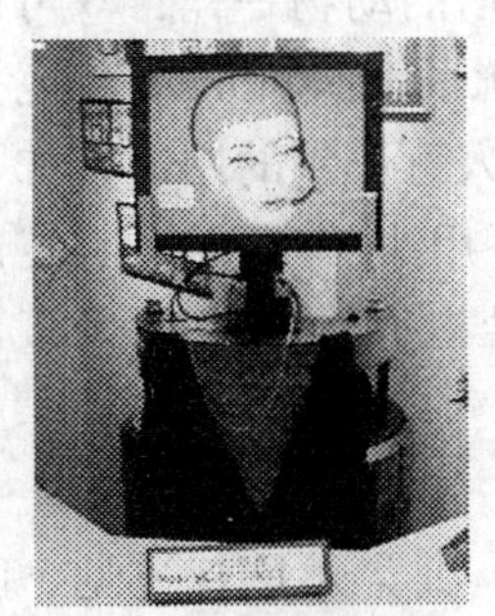

图 8-4　Valerie

图 8-5　机器人接待员

图 8-6　机器人侍者

5. 一些其他的研究

参考文献［50］介绍了一个情感镜子，可以把使用者的情绪反馈给使用者，来训练使用者的情绪管理和调整，例如在虚拟工作面试场景中，帮助人们有更自然的表现。参考文献［51］介绍了一个具有表情的电子邮件系统。另外，在参考文献［52］中，斯坦福大学的 Scott Brave 介绍了在具有表情的玩牌系统中进行的一项试验，结果显示表情的出现和不出现对使用者的情绪有很大的影响。

8.1.2 个人机器人技术

与服务机器人相比，更高的目标是研究个人机器人技术（Personal Robotics）。人们把这种体积较小、便于个人拥有和携带、具有智能和情感、能与人互相交流思想感情、能为人们提供各种服务、供人娱乐的机器人称为个人机器人。它可以是“相貌”与人相似的类人型双足步行机器人，也可以是主要在智能和情感方面与人相似的智能机器人或情感机器人，甚至还可以是外形像某种动物的宠物机器人。因此，有些个人机器人也可称为玩具机器人或娱乐机器人。机器人已经并将更近一步进入家庭生活，为人们提供各种服务、供人娱乐、与人进行交流。这种机器人不仅具有智能（智能机器人），而且还可具有情感、性格、意志、创造等心理活动（情感机器人），甚至还可使其智能及情感行为进行进化（进化机器人）。

人们认为，个人机器人的出现，正像当年个人计算机的出现一样，标志着一个崭新时代——后 PC 时代的到来。有一天个人机器人也会和个人计算机一样，成为到处都在使用的工具，成为人类的好朋友和生活的伴侣。

被视为后 PC 时代标志的个人机器人从 1999 年开始纷纷面世，以至于 1999 年被称为个人机器人元年。最典型的是从 1999 年 5 月 29 日开始，在不到两天的时间内，日本索尼公司生产的“ AIBO”和美国 Tinger Electronics 公司生产的“ Fabee”就相继在日、美两国上市。

AIBO 是外形像哈巴狗的机器人，有头、躯干、尾巴，还有四条带关节的腿。尽管它的售价高达 25 万日元（约合 2200 美元），而且限量出售（在日本出售 3000 只，在美国出售 2000 只），但是在日本仅 20min 内 3000 只便一售而空。Fabee 比较简单，像绒布制的玩具，但上市的那一天，玩具店门前也排起了长队。

AIBO 与 Fabee 虽然复杂程度悬殊，但它们都可通过和人进行交流来“学习”某些动作，表现某种感情（高兴、不高兴等）。它们共同的特点有：①因体型小，可以成为个人的从属物，因而称为个人机器人；②对外界刺激有反应，能学习、成长，像活的动物一样；③可以同人进行生动的交流。AIBO 和 Fabee 都用于娱乐，美国微软公司推出的“ Actimaes”也一样，所以这种个人机器人也被称为玩具类机器人。还有一些个人机器人可作别的用途，如日本欧姆龙公司的“Turn”机器人同人之间用语言进行交流，具体可用于指导人如何使用 ATM（自动柜员机）；松下公司的“宠物机器人”则可用于帮助孤独老人在发生重大事情（如疾病）时同外界进行联系。

个人机器人的主要支撑技术如下：

（1）传感技术　像人的“眼、耳、鼻、舌、皮肤”一样，使个人机器人具有视觉、听觉、嗅觉、味觉、触觉等感觉功能，通过这些传感器相应的处理电路，可以把外界的各种信息转换成数字信号存储在计算机中，以为后续的处理做准备。

（2）语音识别技术　对由传感器得来的语音信号进行处理，以判别“说话者是谁”或“说话的内容是什么”，利用这一技术可以使计算机听懂人的话，并作出正确的反应。语音识别系统可分为非特定人语音识别系统和特定人语音识别系统。

（3）语音合成技术　要求根据文字资料等内容，拼读成语音信号，使人们通过“听”就可以明白信息的内容。语音合成技术，使计算机具有了“说”的能力，能够将信息“读”给人类听。利用语音合成技术可以使个人机器人通过说话来表达它的意愿和情感，与语音识别技术结合起来，就可以使个人机器人与人类交谈。

（4）图像识别技术　对由视觉传感器得来的数字图像按一定的算法做进一步处理，使计算机能理解图像的意义。对个人机器人来说，就是要使其能把人和其他景物区分开来，能识别人脸，能识别人类面部表情。

（5）通信技术　实现网络和机器人之间的交互功能。

（6）计算机技术　计算机就像人的大脑和神经系统一样构成个人机器人的核心部件，承担信息的采集、处理、存储、计算等任务。个人机器人所具有的智能和情感都需要计算机根据人工智能和人工心理等有关理论及模型进行计算才能获得。可以采用单片机技术或基于PC 的嵌入式系统来实现。

（7）人工心理数字化技术　个人机器人应该具有人工智能和人工情感，应该使人感到聪明、活泼、有趣。要做到这一点，除了需要上述的有关技术作为基础外，还需要相应的科学理论支持。要使个人机器人具有智能，它就要能够识别环境、存储与使用知识、推理和计算，这就需要有人工智能的理论来支持；要使个人机器人具有情感，能够根据外界环境的变化产生各种情绪、表情及相应的行为，并能体现出机器人所具有的性格，这也需要人工心理的数字化技术来支持。

8.1.3　情感机器人

情感机器人（Emotional Robotics）是近年来机器人研究领域兴起的一个新的研究热点。情感机器人既是人工情感的重要研究和应用对象，也是研究开发人工情感的高效实验和演示平台[1]。世界各国的实验室都在这一领域展开研究，如日内瓦大学的 Klaus Scherer 领导的情感研究实验室、布鲁塞尔自由大学的 D. Canamero 领导的情感机器人研究小组及英国伯明翰大学的 A. Sloman 领导的认知与情感研究项目（Cognition and Affect Project）等。我国对这一领域的研究始于 20 世纪 90 年代，大部分研究工作是针对人工情感单元理论与技术实现，如多功能感知机[2]，主要包括表情识别、人脸识别、人脸检测与跟踪、手语识别、表情合成、唇读等基于人工情感的机器人控制体系结构的研究[3]。

日本索尼公司生产的“AIBO”、美国 Tiger Electronics 公司生产的“Fabee”和韩国科学技术高等研究院生产的“RITY”都是属于情感机器人。尽管它们之间复杂程度悬殊，但都可通过同人进行交流来“学习”某些动作，表现某种感情。它们的共同特点有：对外界的刺激，能产生有情感的反应，并且能学习、成长，像活的动物一样，可以同人进行生动的交流。情感机器人使人有一种“只属于自己”的感觉，人们认为情感机器人的出现，正像当年个人计算机的出现一样标志着一个崭新时代的到来，有一天机器人也会和个人计算机一样，成为到处都在使用的工具，成为人类的好朋友。机器人发展方向的一个重要特点，就是具有情感，并且与人类能够进行情感的交互。

随着计算机、微电子、信息技术的快速进步，未来机器人的发展呈现以下趋势：

1）传感型智能机器人进一步发展。作为传感型智能机器人基础的机器人传感技术有了新的发展，各种新型传感器不断出现，多传感器集成与融合技术在智能机器人上获得应用。采用多传感器集成和融合技术，利用各种传感信息，获得对环境的正确理解，使机器人系统具有容错性，保证系统（尤其是移动机器人系统）信息处理的快速性和正确性。在多传感器集成和融合技术研究方面，人工神经网络的应用特别引人注目，成为一个研究热点。

2）新型智能技术不断开发与应用。临场感技术能够测量和估计人对预测目标的拟人运动和生物学状态，显示现场信息，用于设计和控制拟人机构的运动。多媒体和虚拟现实（VR）技术是新近研究的智能技术，它是一种对事件的现实性从时间和空间上进行分解后重新组合的技术。这一技术包括三维计算机图形学技术、多功能传感器的交接口技术及高清晰度的显示技术。多智能机器人系统是近年来开始探索的一项智能技术，它是在单体智能机器发展到需要协调作业的条件下产生的。在诸多新型智能技术中，基于人工神经网络的识别、检测、控制和规划方法的开发和应用占有重要的地位。基于专家系统的机器人规划获得新的发展。遗传算法和进化编程已成为机器人系统的新型优化、编程和控制技术。

3）采用模块化设计技术。智能机器人和高级工业机器人的结构要力求简单紧凑，其高性能部件甚至全部机构的设计已向模块化方向发展；其驱动采用交流伺服电动机，向小型和高输出方向发展；其控制装置向小型化和智能化发展，采用高速和位芯片、多处理器和多功能操作系统，提高机器人的实时和快速响应能力。机器人软件的模块化简化了编程，发展了离线编程技术，提高了机器人控制系统的适应性。

4）微型机器人的研究有所突破。已经开发出手指大小的微型移动机器人，可用于进入小型管道进行检查作业。微型驱动器是开发微型机器人的基础和关键技术之一。

5）机器人应用领域向非制造业和服务业扩展，行走机器人研究引起重视，开放式网络机器人技术初见端倪。[6]

8.2 机器人实验平台

本节介绍一个具有情感交互能力的机器人实验系统，并介绍对机器人的情感信息处理和情感表达进行研究的情况，叙述人工心理情感模型在机器人中的应用，并对多情感信息刺激下情感状态的转移规律进行介绍。

8.2.1 情感机器人的主要技术

1. 语音合成

语音是一个交流情绪的有效方法。语音的基本情绪内容有音高、音调（水平、变调、范围）和韵律。Murray 和 Arnott 认为情绪引起的声音效果是大致相同的，仅有微小差别[53]。尽管综合语音的质量与面部表情的合成和身体语言相比还很欠缺，但已经证明可产生带有情感的语音。Cahn 描述了一个系统把情感品质映射到语音综合装置中，包括音阶，声音品质和音调[54]。

目前情感语音已经被使用在几个机器人系统中。Breazeal 描述了 Kismet 机器人声音系统的设计，用语音传达机器人的情感状态[55]。Nourbakhsh 描述了在一个游客向导机器人中，情绪如何影响语音合成，例如当机器人沮丧时，音阶和音调升高[56]。

2. 脸部表达

由于机械设计和控制方式的局限，机器人的面部表达行为一般不自然，例如表情转换显得突然、不连贯和剧烈，这些在现实中是很少发生的。一般使用的主要面部部位是嘴、面颊、眼、眼眉和前额。大多数机器人依照 Ekman 和 Frieser 的脸部表情编码系统表达情绪。

Sparky[57] 和 Feelix[58] 这两个机器人的面部表情比较简单（见图 8-7、图 8-8）。Sparky 的脸有多个自由度（眼眉、眼睑和嘴唇），表现一系列的基本情绪。Feelix 是使用 LEGO Mindstorm 机器人构造工具包而构建的机器人。Feelix 机器人也有 4 个自由度（两个眼眉、两个嘴唇），设计展示了 6 个基本表情（生气、难过、恐惧、快乐、惊奇和中性）加上一些复合表情。

与 Feelix 和 Sparky 机器人相比，Kismet 机器人的脸有 15 个激发器，它们常常协同工作显示专门的表情。Kismet 是基于插补技术在一个三维成分的情感空间来产生面部表情的。面部表情显得更为丰富。

图 8-7 Sparky 机器人

东京理工大学设计的机器人可能是面部表情最生动的机器人（见图 8-9）[59]。这些机器人有头发、牙齿和用硅树脂层制作的皮肤，皮肤下面有多个控制器，这些控制器可以使机器人产生丰富的脸部运动和情绪表达。

相对于采用机械激发的机器人，用计算机图形和动画技术来产生面部表情就要丰富和自然得多。例如卡内基梅隆大学开发的 Vikia 机器人，是基于 Delsarte 的脸部表情编码系统制作的三维女性面孔（见图 8-10）[60]。因为她的脸是采用图像的，用来产生表情的自由度就多一些，表情也显得自然丰富。

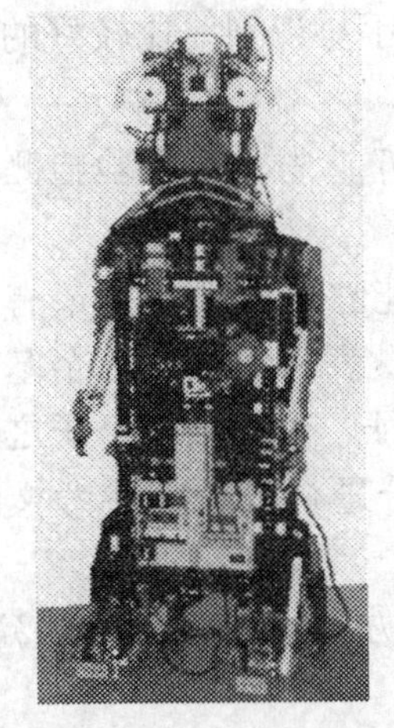

图 8-8 Feelix 机器人

图 8-9 东京理工大学设计的机器人

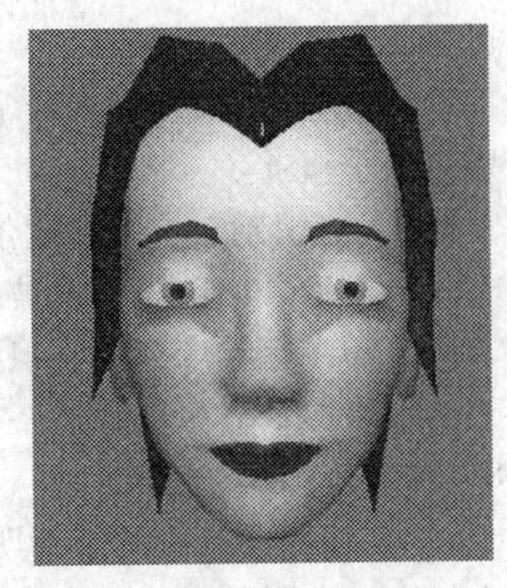

图 8-10 Vikia 机器人脸部

3. 身体语言

除脸部表情之外，手势和身体动作也常用来表现情绪。到目前为止，在自然中发生的大多数情绪性身体运动已经被定性。比如在参考文献［61］中，Frijda 描述了一些基本情绪所产生的身体运动。

在参考文献［62］中，提到对于舞蹈的分析显示人会由于身体运动而产生情绪影响。在参考文献［57］中，Scheet 介绍了如何给 Sparky 机器人设计平滑自然的运动。参考文献［63］中，介绍了可以用走步的姿态（脚步迟缓、身体弯曲）来表达情绪。

4. 感知环境信息

要想与人有意义的交互，理想的机器人应该能够像人那样感知外部环境，即感知和诠释人所观察到的同样的现象。这就意味着感知除了要求一般的功能（定位、导航、避障），还需要有以人为导向的感知能力。因此智能体需要追踪人的特征（脸、手、身体），也需要诠释人的语言，包括情感语音、分解命令和自然语言。另外，智能体常常需要有能力识别人的表情手势和人的行为，并且像人那样能发现某些显著刺激也是非常重要的。

（1）感知类型　大多数以人为方向的感知属于基于被动传感，典型的是计算机视觉和语音识别。被动传感器，诸如 CCD 摄像机，因为有结构简单、价格低廉的优点，常常被用作视觉感知的设备。

主动传感器（声呐、红外等）尽管与被动传感器相比缺少灵活性，也已经引起人们的注意。尤其，主动传感器常常被使用在动态环境下检测和定位目标。

（2）一些感知的应用。

1）人体追踪：对于人机交互来说，人体追踪的难点是寻找有效的方法在多光源和多变的背景下对人体进行追踪。参考文献［64］中对人体追踪的方法有概括性的描述。

2）语音识别：语音识别的处理过程一般有两步，即信号处理（把听觉信号转换成特征向量），然后进行搜索匹配发声到词汇。目前大多数系统使用隐马尔可夫链来寻找最可能的匹配。在参考文献［65］中，对语音识别有较好的介绍。

3）手势识别：在人的交流中，常使用手势作为语言的补充，并且能简洁地传达几何信息（定位、方向等）。有很多方法可用来实现手势识别，比如数据手套或电磁波发射器等，但基于视觉的方法不需要硬件，有灵活、自然的优点。对基于视觉的手势识别，比较好的概述可参阅参考文献［66］。

4）人脸检测：识别人最常用的方法是人脸检测。在参考文献［67］中，对人脸检测和识别有一个概述。

5）表情识别：自从有达尔文的研究以来，面部表情已经被认为能够传达情绪的最有效的方式。最近，面部表情也被认为有表明意图的作用。Lisetti. C 认为，表情识别有三个基本的方法，即在图像序列中，识别脸部肌肉运动；解剖模型追踪脸部特征，诸如眼和鼻子之间的距离；主成分分析（PCA）把图像的面部描述缩小为几个主要成分进行分析。参考文献［68］中，对其有概述。

6）视线跟踪：视线能指明一个人在看和注意着什么。人的视线方向被两个因素决定，即头的方向和眼的方向。大多数用被动传感器系统仅追踪头的方向。

8.2.2　机器人的系统结构

建立实验系统的主要目的，就是为服务机器人研究提供一个综合试验平台。研究需要包括语音合成、语音识别、机器人视觉、机器人多信息融合、机器人运动规划、人脸识别、表情识别、人工心理理论的验证和演示等方面。所以依据这些特点，机器人平台采用了上下位机结构，上位机采用计算速度快具有各种外部接口设备、连接存储空间大的 PC 主板，下位机采用性能价格比高的 PIC16F877 单片机，上位机和下位机通过 RS-232 串行口进行连接和通信。上位机主要负责运算量大、计算复杂的图像处理、语音识别和语音合成工作；下位机主要负责传感器信息接收及初级处理、电动机驱动和运动控制等工作。

机器人外观采用中国神话中的孙悟空造型，其外形如图 8-11 所示。机器人的眼睛由两个 USB 接口的 CCD 摄像头组成，负责图像的采集，可以实现机器人视觉效果。机器人的每只手臂由肩部舵机、大臂舵机、肘部舵机、手腕舵机等 4 个电动机组成，形成 4 个自由度的多舵机组合系统，能完全模仿人类手臂的全部功能（如握手、挥舞手臂、拥抱等富有人类情感的动作）。机器人胸前有一块 800 像素 ×600 像素的 LCD，主要功能是为机器人系统设置提供可视化操作界面，为语音交互显示提示信息和用于机器人视觉所采集到图像的显示。机器人的语音输出使用音响，音响固定在机器人腿部。机器人的语音输入可以采用有线和无线传声器来实现。机器人的移动由下位机控制的直流电动机来实现轮式移动，并通过胸前和底部的传感器感知障碍来实现避障。机器人硬件结构如图 8-12 所示。

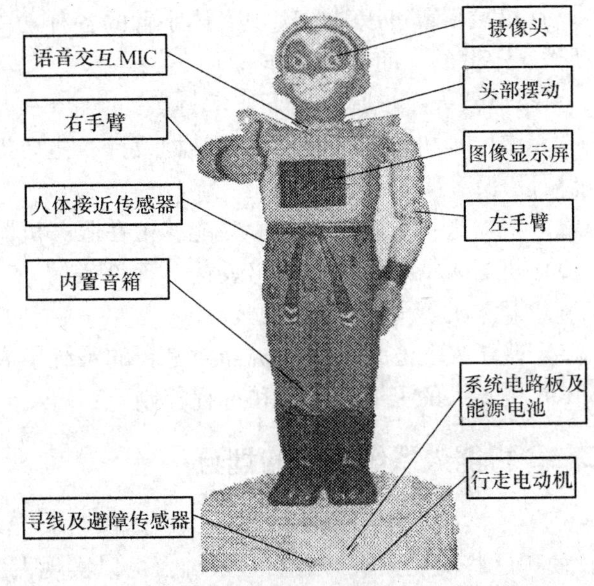

图 8-11　机器人外形

悟空机器人系统具有如下功能：

1）可通过遥控器控制其行为动作。

2）眼部为两个 CCD 摄像机。

3）通过到达三个传声器的声音之间的相位差，可推断出声音发出的方向，并使头部转向声音发出的方向。

4）在头部安装了指向前方的传声器。人还可使用无线传声器和机器人进行远距离语音交互。这样机器人就能和人进行更加自然的交互。交互内容主要涉及闲谈、诗词、脑筋急转弯、生活常识、科学常识、旅游常识、地理、文化（饮食文化、风土人情）、点播歌曲、肢体语言、情感交流与表达。

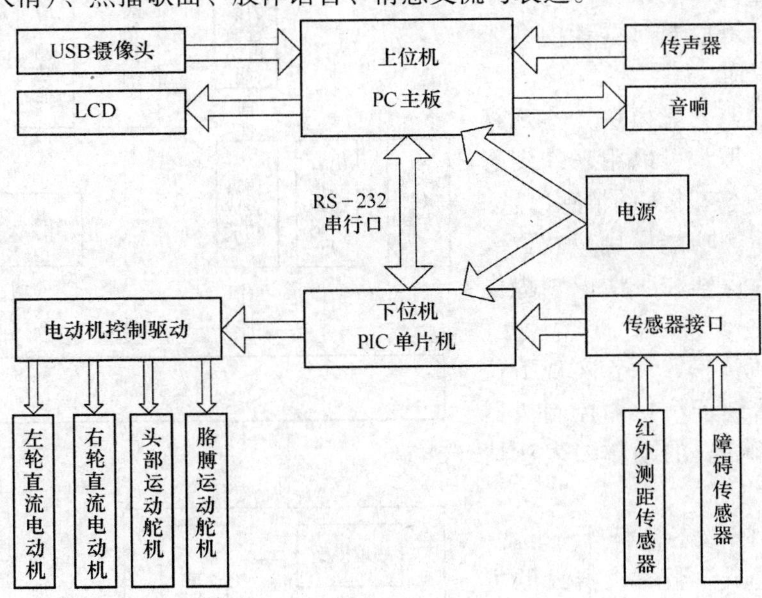

图 8-12　机器人硬件结构

5）可利用超声波传感器测量其到物体的距离。

6）它高兴时，或是靠近主人，或是闪动 LED（发光二极管），或是翩翩起舞，或是与主人亲密交谈等。

机器人头部有几种不同颜色的 LED 灯。当它高兴时，会不停地闪动绿灯，不高兴时，会不停地闪动红灯，当它在思考时，也会闪动 LED 灯。

7）机械手臂可以基本实现人体手臂的各种功能，例如臂部的抬举动作、臂部的前后摆动动作、手臂的弯曲旋转动作。

悟空机器人系统具有如下技术特点：

1）多电动机协调控制及机械结构设计，主要涉及手臂、颈部、机器人头部的电动机控制机械设计；

2）机器人情感模型构建，并能移植在服务机器人中；

3）机器人情感识别与情感表达（面部表情）；

4）服务机器人多信息的融合；

5）基于人工心理的服务机器人平台的系统集成；

6）机器人的可遥控操作和远程控制。

8.2.3 机器人系统模块的划分

机器人实验系统提供下位机通信、图像获取、人脸检测、语音识别、语音合成等主要功能，使用这些功能在机器人实验系统上可以实现人工心理相关技术和理论的试验。其功能模块结构如图 8-13 所示。机器人系统包括下列模块：

（1）语音识别功能模块　实现中文语音的识别，并可以通过基于内容的语音情感识别来获取情感信息。

（2）语音合成功能模块　实现中文语音的合成，可以通过语音内容来表达机器人的情感。

（3）图像获取功能模块　实现视频图像的实时获取，可以用来作姿态识别，并提供与姿态相关的情感信息。

（4）人脸检测功能模块　获取人脸图像，为人脸识别和表情识别提供良好的功能模块。

（5）下位机通信模块。实现下位机通信，获取传感器信息和控制机器人动作，通过机器人的动作来表达情感。

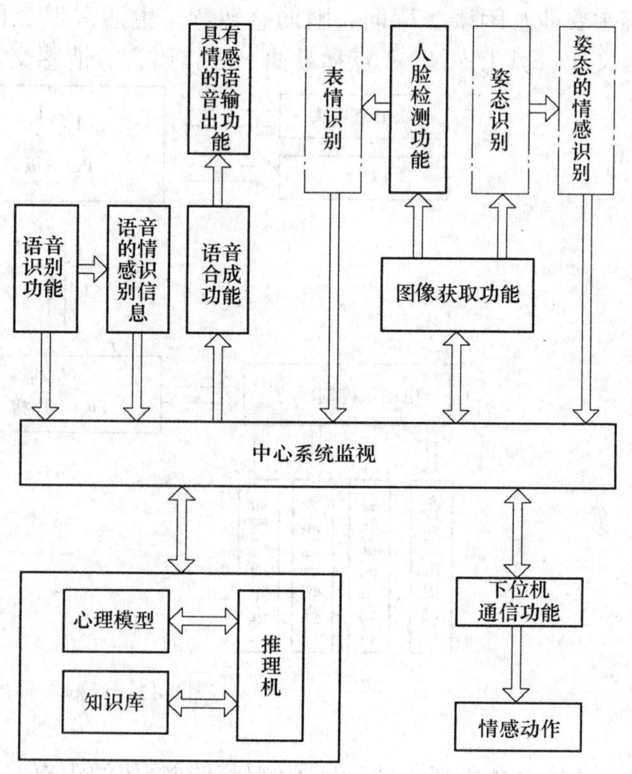

图 8-13　机器人功能模块结构

1. 语音识别方案的选择

语音识别是个人服务机器人的主要支撑技术之一。语音识别技术以语言为研究对象，涉及生理学、语言学、计算机及信号处理等多个领域，是语言信号处理的一个重要研究方向。典型的语音识别系统如图 8-14 所示。其中，预处理包括语音信号采样，反混叠带通滤波去除个体发音差异和设备与环境引起的噪声影响等，并涉及语音识别基元的选取和端点监测问题；特征提取部分用于提取语音中反映本质特征的声学参数，如平均能量、平均跨零率、共振峰等；训练在识别前进行，通过让讲话者说出一些句子，有时需多次重复某些语音，从原始样本中去除冗余信息，保留关键数据，再按照一定规则对数据加以聚类，形成语音模式库；模式匹配部分是整个语音识别系统的核心，它是根据一定的准则（如某种距离测度）及专家知识（如构词规则、语法规则、语义规则等），计算输入特征与库存模式之间的相似度（如距离匹配、似然概率），判断出输入语音的语义信息。

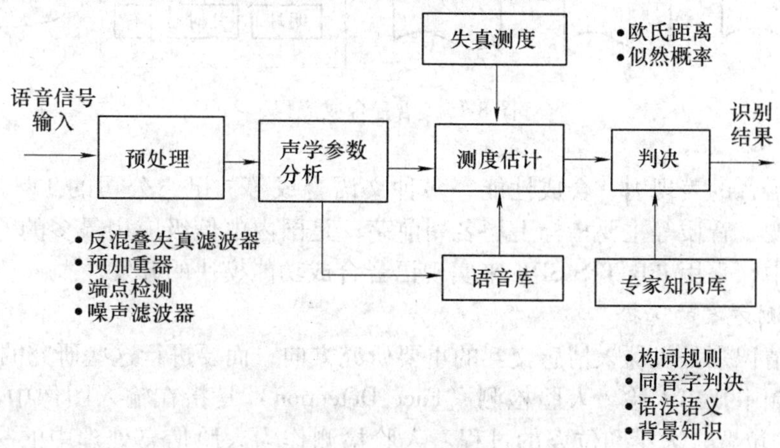

图 8-14　语音识别系统

目前关于中文语音识别的研制和开发的厂商有：Speechworks、Nuance、Philips、Microsoft、IBM、L&H、Infotalk、中科模式识别、天朗、得意音通、安可尔通信、声硕科技等公司。衡量一个语音识别系统的优劣的标准包括：

1）对说话者的依赖程度，是否能识别非特定人的说话。

2）识别语音的类型，能识别孤立词的、断续的语音，还是连续的语音。

3）系统的词汇量，是小词汇量、中词汇量，还是大词汇量。

中科模式识别公司提供的 ASR 识别引擎具有易用性强、识别率高的特点，用户无需进行训练，引擎的设计已经保证了非特定人这一重要特点；API（应用程序接口）提供的管理工具可以使得用户自如地定义自己所需的词表和语法，以便应付不同的应用需求。因此，在机器人语音识别系统中，采用 Pattek ASR SDK 来实现语音识别功能模块。

2. 语音合成方案的选择

语音合成是通过机械的、电子的方法产生人造语音的技术。TTS 技术（语音转换技术）隶属于语音合成，它是将计算机自己产生的，或外部输入的文字信息，转变为可以听得懂的、流利的汉语口语输出的技术。当前，语音合成的研究已经进入文字-语音转换（TTS）阶段，其功能模块可分为文本分析、韵律建模和语音合成三大模块。语音合成系统的流程如图 8-15 所示。

目前进行中文语音合成的研制和开发的厂商有：捷通华声、炎黄新星、Infotalk、科大讯飞、IBM、Microsoft 等公司。评价一个 TTS 引擎的优劣，主要有这么几个方面：合成语音的

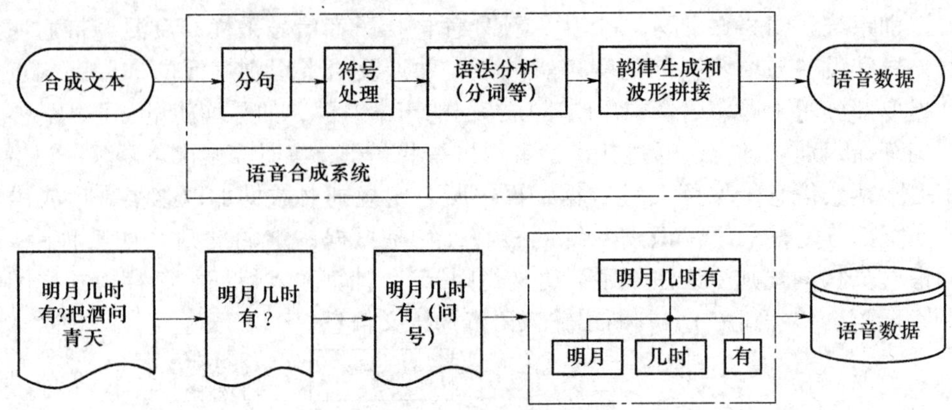

图 8-15　语音合成流程

自然度、合成语音的表现力、合成性能、多种文语合成等。讯飞公司的 TTS 在中文合成的自然度、可懂度、音质等主要指标上均名列前茅，是国内电信级应用最多的一个 TTS 产品。在机器人平台中，采用 iFly TTS SDK 来实现语音合成功能模块的开发。

3. 人脸检测方案的选择

人脸和表情识别是机器人情感交互的重要研究方向，而要进行这些研究的第一步，就是要在图像或视频中找出人脸。人脸检测（Face Detection）是指在输入图像中确定所有人脸（如果存在）的位置、大小和位姿的过程。人脸检测作为人脸信息处理中的一项关键技术，近年来已成为模式识别与计算机视觉领域内一项受到普遍重视，研究十分活跃的课题。人脸识别或辨认、人脸定位以及人脸追踪等都与人脸检测密切相关。在机器人平台中，将人脸检测作为完整的单独功能模块，为将来机器人进行人脸识别和表情识别提供前期工作。

4. 上下位机通信

（1）通信方式的选择　机器人的上下位通信结构如图 8-16 所示。上位机通过 RS-232 串行口与由单片机组成的下位机实现通信。

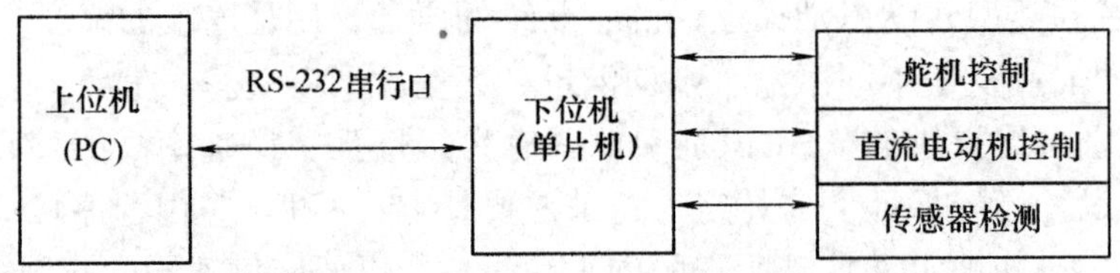

图 8-16　上下位机通信构架

PC 串行通信接口标准经过使用和发展，目前已经有几种，但都是在 RS-232 标准的基础上经过改进而形成的。RS-323C 标准是美国 EIA（Electronic Industry Association，电子工业协会）与 BELL 等公司一起开发的、于 1969 年公布的通信协议。RS-232C 标准（协议）的全称是 EIA-RS-232C 标准，其中 EIA 代表美国电子工业协会，RS（Recommended Standard）代表推荐标准，232 是标识号，C 代表 RS-232 的最新一次修改（1969）。RS-232C 标准最初是远程通信连接数据终端设备（Data Terminal Equipment——DTE）与数据通信设备（Data Communication Equipment——DCE）而制定的。因而，它的电平与 TTL 电平之间需要转换。

上位PC通信软件采用Visual C ++编程。Visual C ++支持面向对象的程序设计，具有结构化的事件驱动编程模式。在标准串行口通信方面，Visual C ++提供了具有强大功能的串行口编程控件MSComm。MSComm控件可设置串行通信的数据发送和接收，对串行口状态及串行口通信的信息格式和协议进行设置。这是一个标准的10位串行口通信，包括8位标准数据和数据的起始位与停止位。在发送或接收数据过程中，触发OnComm事件，通过编程访问CommEvent属性，了解通信事件的类型，分别进行各自的处理。每个MSComm控件对应一个串行口，可以设计多个MSComm控件来访问多个串行口。

MSComm控件提供了功能完善的串行口数据的发送和接收功能，MSComm控件具有两种处理方式：①事件驱动方式，由MSComm控件的OnComm事件捕获并处理通信错误及事件；②查询方式，通过检查CommEvent属性的值来判断事件和错误。

（2）上下位机通信协议　在上位机和单片机的通信中，确定一个明确而合理的通信协议是关键，包括对数据结构、通信方式、传输速率、检验纠错方式及控制字符定义问题做出统一规定。上位机向下位机发送一个字节的数据信息，上位机发送信息后便等待该下位机的接收应答。当下位机接收到信息后，将接收到的数据返回上位机，如果上位机的发送数据和接收到的反馈数据一致，则表明这次通信成功。下位机根据接收到的内容给上位机发送相应的反馈信息。如果下位机反馈信息和发送信息不一致，则表明此次通信失败，上位机界面弹出发送失败提示消息。

上位机和下位机每次发送一个8位数据。数据的低4位定义了由直流电动机控制的机器人移动动作，高4位定义了由舵机控制的机器人上肢动作，其中定义了两个特殊的数据来表示胸前测距红外传感器和机器人底部的避障传感器。传感器的传输数据、机器人移动运动和上肢体动作定义分别见表8-1～表8-3。

表8-1　传感器信息定义

控制符	定义说明	控制符	定义说明
11101110	胸前	10110001	避障

表8-2　移动动作控制字符定义

低4位控制符	定义动作	低4位控制符	定义动作
0000	前进	1100	后退
0100	左转	1111	停止
1000	右转		

表8-3　上肢动作控制字符定义

高4位控制符	定义动作	高4位控制符	定义动作
0000	双臂下垂	0111	前进摆臂
0001	摇头	1000	拥抱
0011	挥舞右臂	1001	召唤
0100	挥舞左臂	1010	敬礼
0101	挥舞右臂,左右臂合拢	1111	停止
0110	双手恭礼		

8.3 机器人实验系统的技术实现

8.3.1 机器人语音识别的实现

机器人语音识别功能模块利用 Pattek ASR SDK 在 Visual C ++6.0 环境下进行开发。Pattek ASR 具有易用性强、识别率高的特点，用户无需进行训练，引擎的设计已经保证了非特定人这一重要特点；API 提供的管理工具可以使得用户自如地定义自己所需的词表和语法，以便应付不同的应用需求。机器人语音识别功能模块的程序流程图如图 8-17 所示。

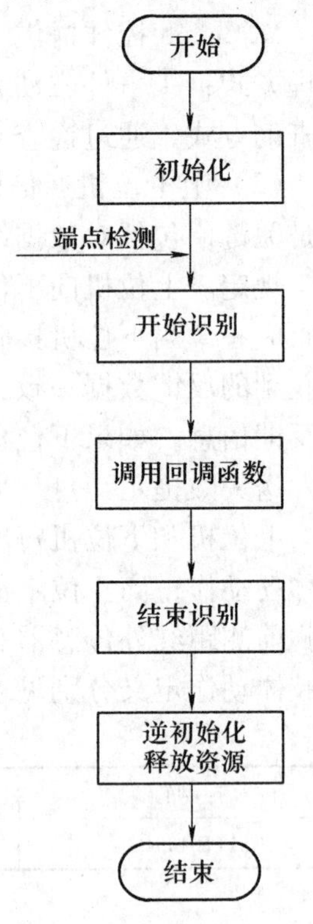

图 8-17 语音识别流程图

语音识别的初始化过程如下：在程序的开始，首先要利用 SDK 提供的 Asr _ SetSystemDir( ) 函数设置识别引擎工作的系统目录，主要是指定声学模型所在的目录，然后利用 Asr _ SysInit( ) 初始化语音识别系统。如果语音识别系统初始化成功，则可以利用 Asr _ LineInit(ResultProc) 函数来创建一个识别引擎 hLine，并指定该引擎识别结果出来时的回调函数及用户定义数据。

在本节中，把回调函数定义为

DWORD ResultProc (HASRLINE hLine, const PASR _ NOTIFY pNotify, DWORD dwUserData)

其中，pNotify 是回调通知，它的结构体如下：

```
typedef struct _ ASR _ NOTIFY
{
   int  NotifyType;
   int  data;
   DWORD dwReserve;
} ASR _ NOTIFY, * PASR _ NOTIFY;
```

这个结构，在回调函数中，返回与语音及识别结果相关的数据，其中 NotifyType 为通知类型，包括：

```
NOTIFY _ RESULT              1  //识别结果
NOTIFY _ VOICE _ LEVEL       2  //声音大小
NOTIFY _ UTT _ BEGIN         3  //一句话开始
NOTIFY _ UTT _ END           4  //一句话结束
```

data：当 NotifyType 为 NOTIFY _ VOICE _ LEVEL 时，表示当前录音的大小。NotifyType：为其他值时无意义。

dwReserve：保留，无意义。

成功创建一个识别引擎后，利用 Asr _ GrammarLoad （ ） 函数来导入语法规则文件中的语法规则，并对语法规则进行设置。语法规则文件可以由用户按照语法规则的要求依据需要自己进行编写，语音识别所需要用到的语法规则，遵循 ABNF （Augmented Backus-Naur Form 扩展巴克斯-诺尔范式），兼容 W3C （World Wide Web Consortium 万维网联盟）语法定义。

语法规则的结构体如下所示：

```
typedef struct _GRAMMAR_ACTIVATE
{
  int  nNum;
  char * szRuleName[100];
}HASR_GRAMMAR, * PHASR_GRAMMAR;
```

可以使用该结构来设置、切换、关闭识别引擎所对应的语法规则。其中：

nNum：是语法规则的数量。

szRuleName：是语法规则的名字，一个语音识别引擎可以设置多个语法规则。

成功导入语法规则后，利用 Asr _ GrammarActivate（）函数来激活语法规则，设置 Asr _ RecSetAutoWork（true）由引擎内部自动采集语音数据，调用 Asr _ SetParam（）设置录音及引擎相关的参数，调用 Asr _ RecStartX（hLine）函数开始自动识别。

1. 识别并调用回调函数

当端点检测到语音大于系统设置的起始话音音量时，进行录音；当语音小于设置的结束音量时，停止录音。语音识别系统对语音进行识别，通过回调函数获取回调通知，利用 Asr _ GetNBestResult（）获得识别结果。

2. 释放系统资源

如果不再需要语音识别，利用 Asr _ RecStopX（hLine）函数停止由 Asr _ RecStartX 函数开启的识别任务，利用 Asr _ LineRelease（hLine）关闭 hLine 语音识别引擎，并且释放其相关的资源，利用 Asr _ SysRelease（）推出系统，清除识别系统申请的资源。

8.3.2 机器人语音合成的实现

机器人语音合成功能模块利用 iFly TTS SDK 在 Visual C ++6.0 环境下进行开发。本节采用 iFly TTS SDK 开发语音合成模块具有高质量的文本语音转换效果，采用了大型语料库合成技术；采用了超大规模的自然语流数据库的制作，并以此作为数据统计和机器学习的训练数据；依据语言学、语音学、人工智能知识基础，利用机器学习中的决策树、神经网络系统，分别建立了较为完善的基频、时长、能量、停顿模型；具有高效的集成策略，系统可以通过边合成边播放的策略，避免了由于合成长文本带来的较大的延时，系统在分段播放语音时，用户的任何打断都可以中止该次合成任务，免去了无谓的资源消耗；支持对语速、合成风格、音量等合成参数的调整；能保证合成语音连续、可懂、自然，相当于普通人说话标准。机器人语音合成模块的程序流程如图 8-18 所示。

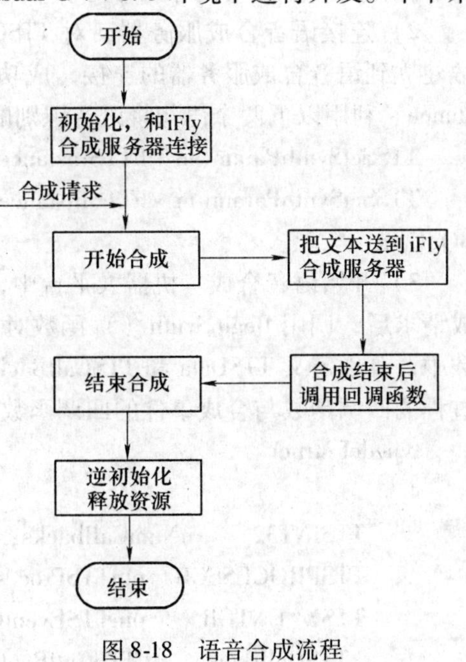

图 8-18　语音合成流程

1）初始化。在程序开始，首先要利用 SDK

提供的 TSInitialize（）函数全局初始化语音合成系统，把语音合成系统使用的一些全局数据装载到系统内存中。如果语音合成系统初始化成功，则创建一个 TTSConnectStruct 对象，并对其进行初始化，设置结构体的各个成员的值。TTSConnectStruct 结构体的定义如下所示：

```
typedef struct
{
    TTSDWORD dwSDKVersion;
    CHAR      szUserName[TTS_USER_NAME_MAX];
    CHAR      szCompanyName[TTS_COMPANY_NAME_MAX];
    CHAR      szSerialNumber[TTS_SERIAL_NO_MAX];
    CHAR      szServiceUID[TTS_SERVICE_UID_MAX];
    CHAR      szProductName[TTS_PRODUCT_NAME_MAX];
    CHAR      szTTSServerIP[TTS_IP_MAXLEN];
    TTSDWORD dwServiceID;
    TTSDWORD dwErrorCode;
    TTSBOOL       bUseDefault;
    TTSINT16      nCodePage;
    TTSINT16      nVID;
    TTSINT16      nAudioFmt;
    TTSINT16      nSpeed;
    TTSDWORD dwReserved[TTS_RESERVED_LEN];
} TTSConnectStruct, * PTTSConnectStruct;
```

其中，结构体成员包括结构体版本号、连接 TTS 服务时的用户名、连接 TTS 服务时的公司名、连接 TTS 服务时的序列号等。

2）连接语音合成服务器。对 TTSConnectStruct 对象初始化后，利用 TTSConnect（）函数建立到语音合成服务器的连接，成功时返回连接到 TTS 服务的服务实例句柄 m_hTTSInstance。利用以下两个语句将语音识别的音库设置为女声发音，停顿风格设置为一气呵成。

```
TTSSetSynthParam(m_hTTSInstance, TTS_PARAM_AVAILABLEVID, 1);
TTSSetSynthParam(m_hTTSInstance, TTS_PARAM_STALL_STYLE, TTS_SSL_VERBOSE);
```

3）开始语音合成。机器人平台中，采用消息机制来发送语音合成请求。当产生语音合成请求后，调用 BeginSynth（）函数对需要合成的语音文本进行合成。在 BeginSynth（）函数中，分别定义 TTSData 和 TTSCallBacks 结构体来表示合成过程中的输入/输出信息和合成过程的回调函数与合成事件的回调函数。其中 TTSCallBacks 结构体的定义如下所示：

```
typedef struct
{
    TTSINT32       nNumCallbacks;
    TTSPROCESSCB   pfnTTSProcessCB;
    TTSEVENTCB     pfnTTSEventCB;
} TTSCallBacks, * PTTSCallBacks;
```

其中，结构体成员 nNumCallbacks 说明每次 TTS 服务（客户连接）中使用的回调函数个数，在本节中，它的取值为 1；结构体成员 pfnTTSProcessCB 是合成过程控制的回调函数指针；结构体成员 pfnTTSEventCB 是合成过程中一些事件的回调函数，一般情况下，不用设置该函数。通过下面这条语句定义了合成过程控制的回调函数：

m _ TtsCB. pfnTTSProcessCB = SynthProcessProc;

4）利用 TTSSynthTextEx（）异步合成函数，把 this 指针作为用户数据传递到合成服务实例句柄。

5）合成过程中，每个分句合成完毕时调用合成处理过程的回调函数，在回调函数中，PlaySound（）函数播放合成语音。回调函数如下所示：

TTSRETVAL SynthProcessProc (HTTSINSTANCE m _ hTTSInstance, PTTSData pTTSData, TTSINT32 lParam, PTTSVOID pUserData)

6）合成结束，释放资源。当 TTSData -> dwOutFlags 等于 TTS _ FLAG _ DATA _ END 时，表示语音合成结束。如果不需要再合成文本，需要释放语音合成占用的资源。TTSClean（m _ hTTSInstance）语句清除合成缓冲区，把当前服务的状态设置成初始状态；TTSDisconnect (m _ hTTSInstance) 语句断开与语音合成系统建立的连接；TTSUninitialize（）语句实现全局逆初始化语音合成系统，从系统内存中移出语音合成系统。

8.3.3 机器人视觉的实现

目前，在 Windows 平台下进行图像采集一般采用两种方式：一种是基于视频采集卡所附带的二次软件开发包（Software Development Kit——SDK）进行，这种方式的优点是应用方便，容易上手，缺点是对硬件的依赖性较强，灵活性差，且功能参差不齐，不能充分满足各种视频应用程序的开发需要；另一种方式是基于 VFW（Video for Windows，微软的视窗视频操作环境）进行的，它的特点是播放视频时不需要专用的硬件设备，而且应用灵活，可以满足视频应用程序开发的需要，Windows 操作系统自身就携带了 VFW，系统安装时，会自动安装 VFW 的相关组件。

目前，大多数的视频采集卡驱动程序都支持 VFW 接口，它主要包括多个动态连接库，通过这些组件间的协调合作，来完成视频的捕获、视频压缩及播放功能。VFW 以消息驱动方式对视频设备进行存取，可以很方便地控制设备数据流的工作过程。为了能够实时采集并处理图像信息，我们在机器人平台中采用 VFW 作为应用层的图像采集工具，直接对内存中的视频数据进行操作。

1. VFW 简述

VFW 是 Microsoft 公司推出的基于 Windows 的视频操作环境，它提出了 AVI 文件标准，其中规定了视频和音频的交错存放格式。VFW 的开发工具为用户提供了一套应用编程接口 (API)，通过开发工具，主要利用回调函数开发实现机器人视觉处理。VFW 工具包主要由 6 个模块组成：

AVICAP. DLL：包含执行视频采集的函数，它给 AVI 文件 I/O 和视频、音频设备驱动提供高层接口。

MSVIDEO. DLL：用一组 DrawDib 函数回放视频。

MCIAVI. DRV：该驱动提供对 VFW 的 MCI 命令的解释。

AVIFILE. DLL：支持由标准多媒体 I/O（mmio）函数提供的高层命令来访问文件。

视频压缩管理器（VCM）：管理用于视频压缩/解压的编码器（Codec）。

音频压缩管理器（AVM）：提供与 VCM 类似的功能，不同的是它适用于波形音频。波形音频是计算机播放音频的一种重要形式，它存储声音的波形信息。其特点是当播放波形音频时，不管播放文件的设备是何种类型，都会得到相似声音。

2. 实时图像采集

1）在实现视频采集之前，首先利用 Windows API 的 AVICAP 组件函数 capCreateCaptureWindo w（）建立视频捕获窗口初始化采集窗体的各项属性，如设置窗体大小、位置属性、标志位等。它是所有捕获工作及设置的基础，其主要功能包括：①动态地同视频和音频输入器连接或断开；②设置视频捕获速率；③提供视频源、视频格式以及是否采用视频压缩的对话框；④设置视频采集的显示模式为 Overlay 或 Preview；⑤实时获取每一帧视频数据；⑥将一视频流和音频流捕获，并保存到一个 AVI 文件中；⑦捕获某一帧数字视频数据，并将单帧图像以 DIB 格式保存；⑧指定捕获数据的文件名，并能将捕获的内容复制到另一个文件中。

2）通过 capDriveConnect（）宏连接捕获窗口与视频捕获卡。

3）通过 capDriverGetCaps（）宏来获取视频设备的能力，通过 capGetStatus（）宏来获取视频设备的状态。

4）通过 capPreview（m _ hCapWnd，TRUE）宏设置视频采集的显示模式为 Preview。视频显示有 Overlay 和 Preview 两种模式。在 Preview 模式下，要占用系统资源，视频由系统调用 GDI 函数在捕获窗口显示，显示速度慢，它支持 RGB 视频格式。在 Overlay 下，捕获视频数据不占系统资源，显示速度快，视频采集格式为 YUV（Y 代表亮度信号，U、V 是两个色差信号）格式。

5）通过 capPreviewRate（m _ hCapWnd，30）宏设置视频采集的显示图像更替率为 30 帧/s。

6）采集数据进行实时处理，则利用回调机制，由 capSetCallbackOnFrame（m _ hCapWnd，OnFrame）完成单帧视频采集。

8.3.4 人脸检测的实现

对于摄像头采集的彩色图像，包含复杂的背景，需要将人脸检测出来，并把检测出来的人脸进行归一化处理。

采用 YC_bC_r 颜色模型。对输入彩色图像进行颜色空间转换，将其从相关性较高的 RGB 空间转换到颜色分量互不相关的 YC_bC_r 颜色空间。转换公式如下式所示：

$$\begin{bmatrix} Y \\ C_r \\ C_b \end{bmatrix} = \begin{bmatrix} 0.2989 & 0.5866 & 0.1145 \\ 0.5000 & -0.4184 & -0.0817 \\ -0.1688 & -0.3312 & 0.5000 \end{bmatrix} \begin{bmatrix} R \\ G \\ B \end{bmatrix} \tag{8-1}$$

为了检测场景中的人脸区域，建立一个有效的肤色模型是非常重要的。统计方法是一种常用的工具，在此用一个随机变量表示像素值的变化。该随机变量的概率密度函数具有特定的统计分布形式，其参数通过训练数据来估计。为了得到这个统计分布，在 30s 内取 1000 帧图像对人脸面部肤色的某一像素值进行观察。从实验中发现，人的肤色在色度空间的分布

符合二维高斯分布 $N(\mu,\delta_o)$，其中均值 $\mu=E\{\chi\}$，$\chi=(C_r,\ C_b)^T$；假设 C_r，C_b 颜色分量相互统计独立，则协方差 $\delta=E\{(x-\mu)(x-\mu)^T\}$。根据肤色在色度空间的高斯分布，对于图像上任意一点从 RGB 颜色空间变换到 YC_bC_r 颜色空间，从而得到该点属于肤色区域的概率如下式所示：

$$P(C_r,C_b)=\frac{\exp[-(x-u)^T\boldsymbol{\delta}^{-1}(x-u)/2]}{(2\pi)^{3/2}|\boldsymbol{\delta}|^{1/2}} \tag{8-2}$$

在实验中，属于肤色的 C_r、C_b 颜色分量的均值取 $\boldsymbol{\mu}=(117.4361,156.5599)^T$，协方差 $\boldsymbol{\delta}$ 如下式所示：

$$\boldsymbol{\delta}=\begin{pmatrix}160.1301 & 12.1430\\ 12.1430 & 299.4574\end{pmatrix} \tag{8-3}$$

通过肤色模型，将一副彩色图像转变为灰度图像，灰度值对应于该点属于皮肤区域的程度。然后，采用动态平均阈值法对图像进行二值化处理，结合水平灰度投影和垂直灰度投影，找到人脸区域的上下边界，对人脸进行标记。

为方便对视频进行处理，定义了一个处理视频像素的结构体，其定义如下。

```
typedef struct tag _ PixelRGB
{
        BYTE b;
        BYTE g;
        BYTE r;
} PixelRGB;
```

视频数据是按 BGR 顺序在缓存中排列，利用 capGetVideoFormatSize(hWnd) 得到图像大小，利用 capGetVideoFormat(hWnd，&bmi，dwFormatSize) 获取图像格式，定义一个视频像素的指针指向视频数据 PixelRGB * pRGB =(PixelRGB *) (lpVHdr - >lpData)。这样就可以对数据进行处理了。

机器人实验系统利用肤色模型成功地进行了人脸检测，人脸检测结果如图 8-18 所示。其中图 8-19a 为标志后的人脸，图 8-19b 为预处理后的人脸。

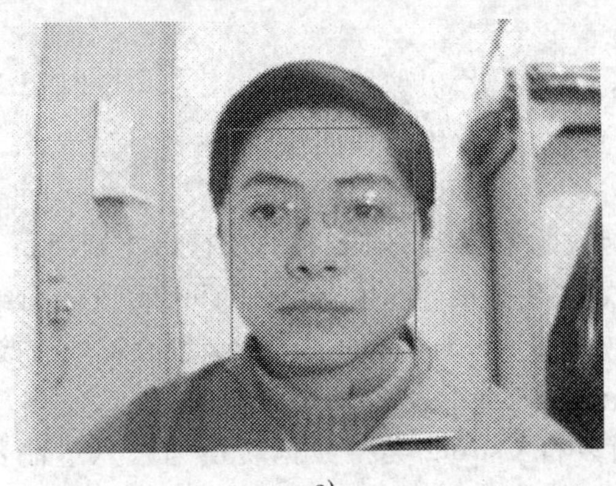

a)

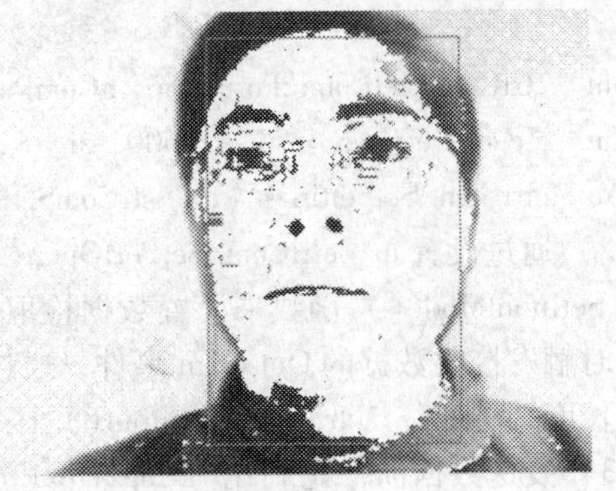

b)

图 8-19　人脸检测结果

a）标志后的人脸　b）预处理后的人脸

8.3.5 上下位机通信的实现

上位机通过 RS-232 串行口与由单片机组成的下位机实现通信。上位机通过 Mscomm 控件编程实现向下位机发送上肢动作控制指令，下位机通过单片机串行口编程实现向上位机反馈信息和发送传感器信息。上位机实现向下位机发送控制指令的流程如图 8-20 所示。在通信过程中，采用事件驱动方式来处理通信，用 OnComm 事件捕获并处理通信事件，还可以检查和处理通信错误，具有程序响应及时、可靠性高的特点，适用于机器人控制。

1）初始化。通过下面语句实现对串行口的初始化。串行口初始化后，串行口号设置为 1，串行口属性设置波特率为 9600bit/s，无校验，8 个数据位，1 个停止位。可以通过单击"通信"按钮，弹出对话框对串行口属性进行设置，如图 8-21 所示。

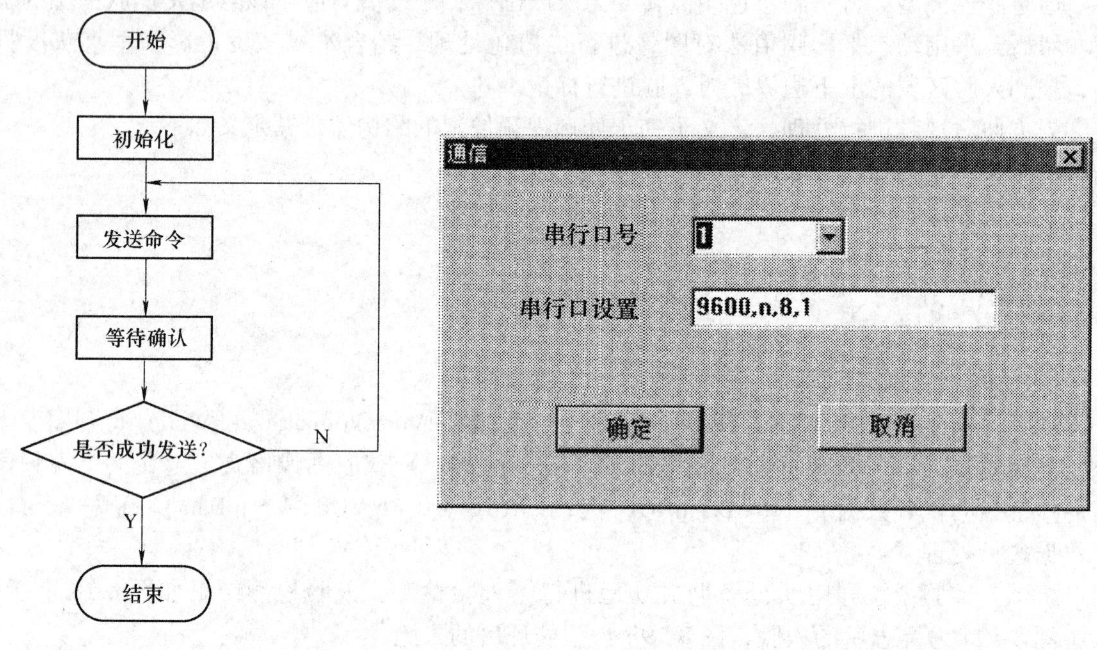

图 8-20 上下位机通信流程　　　　图 8-21 串行口属性设置窗口

```
m_ctrlCom.SetCommPort (m_nComPort);              //设置串行口号
m_strComSettings = _T ("9600, n, 8, 1");         //串行口属性赋值
m_ctrlCom.SetSettings (m_strComSettings);        //设置串行口属性
```

2）通过设置 m_ctrlCom.SetPortOpen( ) 函数的参数为 TRUE 打开串行口，调用 m_ctrlCom.SetInputMode( ) 函数来设置数据检取方式，通过 m_ctrlCom.SetRThreshold( ) 函数设置何时触发接收数据的 OnComm 事件，通过 m_ctrlCom.SetInputLen( ) 函数设置当前接收区数据长度；调用 m_ctrlCom.GetInput( ) 函数先预读缓冲区，以清除残留数据。

3）发送数据前，先利用 String2Hex( ) 函数将 Cstring 类型数据转换为十六进制数据，然后调用 SendInHex( ) 函数发送控制指令信息。等待 OnComMscomm( ) 函数接收反馈信息，如果反馈信息与发送信息相同，则结束发送过程。

8.3.6 机器人情感交互的实现

在用户和机器人交互的过程中，机器人实验系统由传声器、USB 摄像头和传感器获取当前语音、图像和传感器信息，并做出相应的动作。在机器人实验系统中，通过 Windows 的消息机制来触发事件。机器人情感交互的流程如图 8-22 所示。

1）定义消息映射 ON_MESSAGE(UM_VOIC_INFO，VoiRecoIf)，处理语音识别结果。在语音识别的 ResultProc() 回调函数中，填加如下语句发送消息：::PostMessage（dDlg->m_hWnd，UM_VOIC_INFO，0，0)；如果识别有效信息后，调用 VoiRecoIf() 消息处理函数。

2）定义消息映射 ON_MESSAGE(UM_SENS_INFO，SenRecoIf)，处理传感器信息；在 OnComMscomm() 串行口数据帧听函数中填加如下语句发送消息：::PostMessage(dDlg->m_hWnd，UM_SENS_INFO，0，0)；如果侦听到有效信息后，调用 SenRecoIf() 消息处理函数。

3）定义消息映射 ON_MESSAGE(UM_PIC_INFO，PicRecoIf)，处理图像识别结果。在图像识别的 OnFrame() 回调函数中填加如下语句发送消息：::PostMessage(dDlg->m_hWnd，UM_PIC_INFO，0，0)；如果识别有效信息后，调用 PicRecoIf() 消息处理函数。

为了实现机器人对用户的交互动作的情感理解，定义了一个 Robot_feel 结构体，其中结构体成员包括 Question、Picture、Sensor、ActEmotion，它们分别表示用户和机器人交互中的语音识别结果、图像识别结果、传感器信息、对应的情感刺激。

```
typedef struct WukongFeel
  {
      CString Quesiton;
      Cstring Picture;
      Cstring Sensor;
      long ActEmotion [3];
  } Robot_feel;
```

为了方便实现机器人具有情感的行为表达，定义了一个 Robot_show 结构体，其中结构体成员包括 Answer、Act、Music、Emotion，它们分别表示机器人情感交互时的具有感情的语音回答、具有情感的动作、具有情感的音乐、对应的情感状态。

```
typedef struct WukongShow
  {
      CString Answer;
      CString Act;
      Cstring Music;
      long Emotion [3];
  } Robot_show;
```

在机器人实验系统中，建立了一个简单的 Wukongdb.mdb 数据库。针对机器人平台情感交互的需要，该数据库包括了情感刺激表 Robotfeel 和情感行为表 Robotshow。

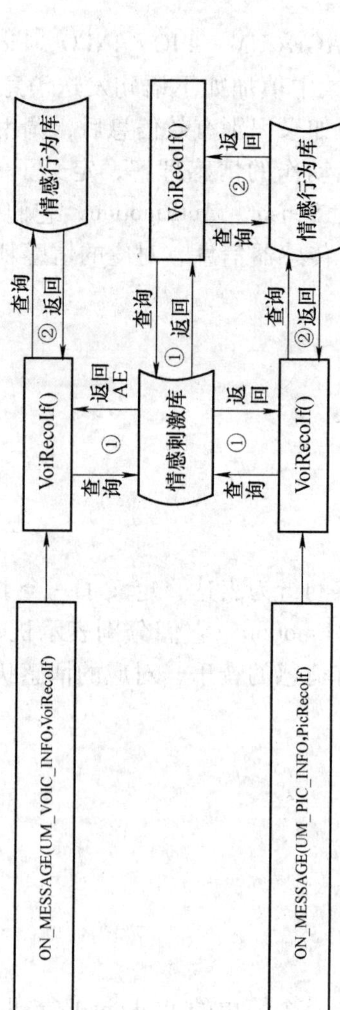

ON_MESSAGE(UM_VOIC_INFO,VoiRecoIf)
ON_MESSAGE(UM_PIC_INFO,PicRecoIf)
ON_MESSAGE(UM_SENS_INFO,SenRecoIf)
VoiRecoIf()
VoiRecoIf()
VoiRecoIf()
情感刺激库
情感行为库
情感行为库
查询
①
返回AE
查询
②返回
查询
①返回
查询
②返回
查询
①
返回
查询
②返回

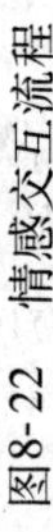
图8-22 情感交互流程

在消息处理函数中，首先定义一个 Robot _ feel 对象 Wukong _ feel 和 Robot _ show 对象 Wukong _ show，并用当前获取的信息对 Robot _ feel 的成员赋值。如图 8-21 中①所示，使用结构化查询语言（Structure Query Language，SQL）查询数据库，以机器人获取的信息为关键字在数据库中查询，数据库则以符合发问条件的记录来获取与当前行为对应的情感刺激。获取当前的情感刺激后，利用人工心理规则对当前情感进行转移，产生新的情感状态。如图 8-22 中②所示，以当前情感状态为关键字在数据库中查询，数据库则以符合发问条件的记录来获取当前情感状态的行为，并执行相应的情感行为。

8.3.7 实验结果

这里利用 Pattek ASR SDK 在 Visual C ++ 实现了语音识别功能，利用 iFly TTS SDK 开发实现了语音合成功能，利用 Mscomm 控件编程实现对单片机通信，通过 VFW 实现视频图像的采集，并利用肤色模型来检测人脸。机器人在获取语音识别信息、人脸检测信息或单片机发送的传感器信息后，利用消息机制触发消息处理函数。消息处理函数通过查询情感刺激库对当前信息进行情感理解，然后对当前机器人情感产生影响而得到当前情感，并通过查询情感行为表做出相应的情感行为。运行程序后试验结果表明，机器人可以和人实现简单的情感交互。机器人实验系统工作界面如图 8-23 所示。

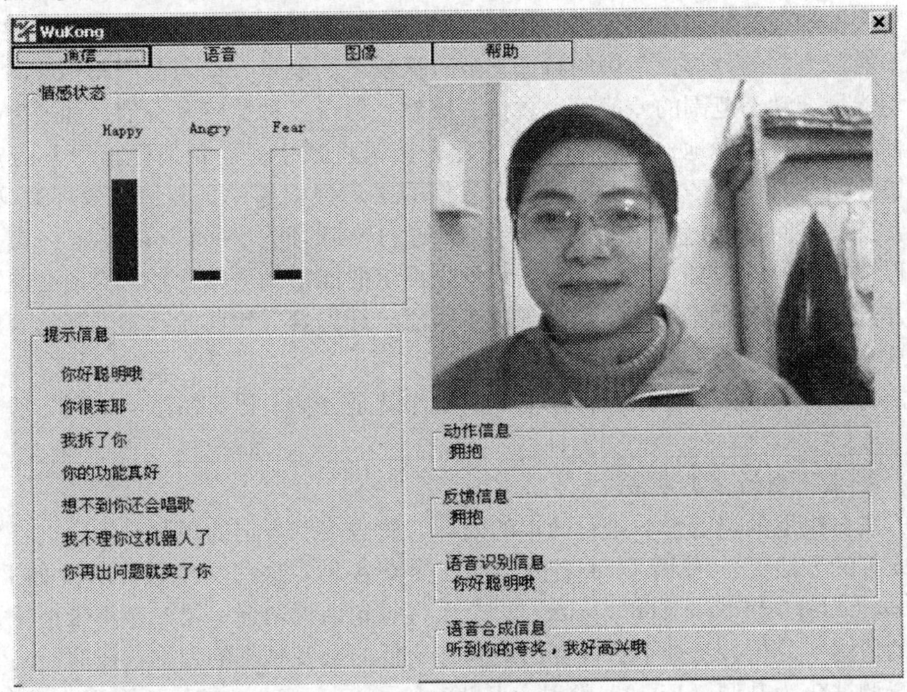

图 8-23　机器人实验系统工作界面

8.4 机器人的情感信息处理

以人为服务对象的机器人系统，必须具有机器情感和人工心理的人机交互能力，否则不能称之为具有人工智能的机器人系统。所谓的情感信息处理能力，主要是指基于生物特征、以自然语言和动态图像的理解为基础的“以人为中心”的智能信息处理和控制技术能力。

8.4.1 语音情感信息处理

语言是人类交际的最重要的交流工具。人类的话语中，不仅包含了文字符号信息，而且还包含了人们的感情和情绪等信息。目前从语音中提取情感，只是研究了少数几种情感的识别，比如喜悦、愤怒、忧伤、惊奇等，或只识别平静（Neutral）和紧张（Stresssed）两种类型情感。Xiao Lin 等认为，与一般说话相比，带情感的语音在以下三组参数中存在变化：语音质量、音调和说话速度[15]。

一般地说，识别语音中的情感的工作流程分为以下几个部分：对语音信号根据需要进行预处理，然后提取跟情感相关的特征信息，进一步根据这些特征进行分类，最后得出识别结果。研究发现，基音是语音情感识别中最重要的特征，其次是语音的能量，然后才是发音持续时间、发音速率等其他声学参数。①基音频率在语音的情感识别中具有很大的重要性，浊音的声带振动基本频率称为基音频率。基音频率的最大值、最小值、平均值、范围等经常被用作情感识别的特征参数。②共振峰是反映声道特性的一个重要参数。声道可以看成是一根具有非均匀截面的声管，在发音时起共鸣器作用。当元音激励进入声道时，会引起共振特性，产生一组共振频率，这就是共振峰，它一般包括共振峰频率的位置和频带宽度。语音信号的前 4 个共振峰经常用作情感识别的特征参数。③能量是用于识别语音中情感的重要特征之一。对于能量方面的分析，常用的特征参数有振幅平均能量、动态范围和相应的平静语句的振幅平均能量、动态范围的差值等。欢快、愤怒、惊奇三种情感发音信号和平静发音信号相比，振幅将变大；相反地，悲伤和平静相比，振幅将减小。而且情感信号具有这样的倾向，即欢快、愤怒、惊奇的平均振幅越大，悲伤的平均振幅越小，其情感效应表现越明显。④语句发音持续时间是指每一语句从开始到结束的持续时间。Nicholson 确定一句话的开始和结束的位置采用的方法是：把语音能量和预先设定的能量阈值作比较。当语音能量超过这个阈值，并且在接下来的连续几帧都高于这个阈值，标志着一句话的开始。当语音能量连续几帧低于这个阈值时，表示一句话的结束。[16]

在选定特征并提取出特征以后，接下来的工作就是分类。语音情感的识别方法主要有以下几种：

1. *基于一定规则的分类方法*

这类方法对提取的语音参数进行简单的处理，然后按照一定的规则对情感进行分类，比如 Xiao Lin 等的方法[15]。他请了 74 名大学生，男女各半。这些学生被要求说如下两句话：① This is my table；②I have won a prize。每个人将每句话说两遍，第一遍不带情感，第二遍带有预定的情感。分析方法如下：计算出最高和最低的基音频率的差别，按照最高和最低值的顺序，音调被分为升调（Rise）、降调（Fall）和平声（Flat）。它们用下列公式表示：

$$\text{Flat} = |F_{0k} - F_{0k+1}| \leqslant \delta \tag{8-4}$$

$$\text{Rise} = (F_{0k} - F_{0k+1}) < -\delta \tag{8-5}$$

$$\text{Fall} = (F_{0k} - F_{0k+1}) > \delta \tag{8-6}$$

式中，k 为时间槽；δ 为音调平缓程度（Flatness）的阈值；F_{0k} 为在 k 时段采样的声音频率（音高或音调）。

为了研究句子音调的平缓程度，使用了不同的阈值 δ。当音调的平缓程度超过一定百分比时，就认为句子是不带情感的，否则认为句子带有某种情感。实验发现，总的识别率在82%左右，对男声的识别准确率高于女声。这个实验所用到的语句集很小，且只区别不带情感和带有某种情感两种情况，虽然识别率比较高，但是这并不能说明这种方法是十分有效的方法，只能说明音调对于提取语音中的情感是有效的。

2. 模式识别方法

Chul Min Lee 等[17]把语音情感识别归结为模式识别问题，并提出了三种方法：线性差异识别法（Linear Discriminant Classifier，LDC）、k 领域识别法（k-Nearest Neighbour Classifier，k-NNC）、支持向量机分类器（Support Vector Machine Classifier，SVC）。LDC 是带有高斯概率分布的参数方法，估算完参数的均值和方差后，LDC 利用贝叶斯（Bayes）准则，计算出最大后验概率对情感进行分类。k-NNC 通过计算 k 邻域的平均值估计每类情感的局部后验概率。在 SVC 方法中，用非线性的映射方法将输入向量映射到更高维的特征空间中进行计算。

Bjom Schulle 对将 HMM 运用于语音情感识别做了研究[18]。他采用了两种方法：一种是从语音信号的音高（Pitch）和能量轮廓（Energy Contour）中提取参数，用单一状态 HMM 对全局参数进行计算；另一种方法使用了连续的隐含马尔可夫模型（CHMM），使用语音信号的瞬时特征来取代全局参数，这是一个 6 维特征向量 $\underset{\rightarrow}{m_i}$，如下式所示：

$$\underset{\rightarrow}{m_i} = \left(F_{0i}, \frac{\mathrm{d}F_{0i}}{\mathrm{d}t}, \frac{\mathrm{d}^2 F_{0i}}{\mathrm{d}t^2}, \frac{\mathrm{d}E_i}{\mathrm{d}t}, \frac{\mathrm{d}^2 E_i}{\mathrm{d}t^2}, \frac{\mathrm{d}^3 E_i}{\mathrm{d}t^3} \right) \tag{8-7}$$

式中，F_0 表示瞬时音高；E 表示瞬时能量；i 表示窗口编号。研究发现，采用更多状态的模型能够达到更好的效果。

3. 基于神经网络的方法

T. Yamada 等对将神经网络应用于提取语音中的情感进行了研究，这些情感包括悲伤、兴奋、欢乐和愤怒。对于这些基本的人类情感，运用神经网络可以达到 70% 识别率[19]。

H. Sato 等也采用了神经网络技术，其方法分为两步：第一步是语音韵律的提取；第二步使用神经网络对情感进行分类。神经网络有三层，采用 BP 方法进行学习。29 个输入节点中的 28 个用来输入第一步所提取的语音信息，最后一个用来输入它们的平均值。2 个输出节点中，一个代表平静时的情感，另一个代表愤怒、悲伤或欢乐。该方法只能把平静时的情感和其他三种情感区分开来，还不能具体识别每一种情感[20]。

语音情感识别的难点主要在于定量地描述语音特征与情感的关系，目前还缺乏这方面的数学模型。从识别的结果来看，识别率还比较低，目前独立于说话者的识别率在 50% 左右，针对说话者的识别率比较高，一般在 70% 以上，如果只区分紧张和不紧张可以得到更高一些识别率。对某些情感，识别率较高，某些情感容易被混淆，原因正如 Silva 所说的，即使是人，也不一定能准确区分某些情感，比如忧伤和厌恶经常被混淆，愤怒和惊奇亦是如此。一般认为，将语音的情感识别技术和其他技术相结合，有助于提高情感识别的准确率。许多学者已经把语音情感识别和人脸表情识别结合起来研究。另外，语音中情感的识别和合成带有情感的语音是相辅相成的。合成情感语音最重要的韵律参数包括振幅和基音频率，通过修改平静时语音的发音持续时间、基音和振幅来产生带有情感的语音。

8.4.2 表情信息处理

人脸表情识别是人工心理研究的重要技术部分，也是机器人平台获取情感信息的重要方法。人脸表情含有丰富的人体行为信息，对它的研究，可以进一步了解人类对应的心理状态。计算机和机器人如果能够像人类那样具有理解和表达情感的能力，并能够自主适应环境，这将从根本上改变人与计算机之间的关系，使计算机能够更好地为人类服务。

人脸面部表情的产生是由于肌肉的牵引将正常的人脸变形成为有表情的人脸。Ekman 和 Friesen 提出的面部运动编码系统（FACS）中，采用 44 个能够独立运动的表情活动单元（AU）描述面部动作，这些单元与使面部表情改变的肌肉结构紧密相连，在这个系统中，还定义了六种最基本的表情：惊奇、恐惧、厌恶、愤怒、高兴、悲伤，以及 33 种不同的表情倾向，说明了具有这六种表情的人脸特征与无表情的人脸特征相比，有相对独特的肌肉运动规律[20]。后来进一步的研究，大多数都是在 FACS 的基础上构建人脸表情模型，所以说这一系统的提出具有里程碑的意义。后来，研究者们进一步揭示了运动单元与肌肉运动之间的关系，提供了表情识别的心理学方面的依据。I. A. Essa 等人把提取的新运动单元命名为 FACS+，它是基于物理和几何模型，用模板匹配的方法识别表情的。国内的研究中，提出了 FACS'（转换 FACS）的表情编码，把运动单元的运动转化为基于物理结构和肌肉模型的运动特征向量序列，对眼部和嘴部分别进行表情编码，相应的运动基于 FACS 的规则，同时又克服了 FACS 的弱点[22]。

8.4.3 其他情感信息处理

除了听觉、视觉这两项主要情感信息外，情感信息还包括触觉情感信息，味觉情感信息、嗅觉情感信息。嗅觉是沉默的知觉，无言的官能，人们随着每一次呼吸，时时在嗅闻。薄荷、花香、幽香、麝香及恶臭等是嗅觉中的情感信息；甜、酸、苦、咸等是味觉中的情感信息；光滑、粗糙、寒冷、柔软及坚硬等就是触觉中的情感信息。

目前在国外，有关情感信息处理的研究，大多是以眼、耳、肤（视觉、听觉、触觉）的感觉所给出的物理信息作为计算机的输入信号，如果使用红外分光仪、质量分析器、气体色谱分析仪等，那么由舌、鼻（味觉、嗅觉）的感觉所给出的化学信息也可以作为情感信息处理的对象[23]。

从生理信号中抽取出来的特征模式也可以用来识别情感信息。如图 8-24 所示，计算机在人做出表情（如悲痛或愤怒）时，观察多种收集到的信号，然后分析哪种生理信号模式和特定情感状态关系最密切。然后计算机系统应用先前分析的结果，根据收集到的原始数据来识别包含在信号中最有可能的情感信息。美国 MIT 大学媒体实验室 Picard 教授的同事 Elias Vyzas 的实验证明生理信号特征怎样和模式识别工具结合起来判断一个人的情感状态[24]。

8.4.4 情感信息融合

人类的情感变化多端，面部表情、肢体语言、语音语调及心率、血压等生理特征，都能从不同侧面反映人类情感的波动[25]。这些信息虽然在表达方式、可信度、侧重点上不尽相同，但它们表现的是同一情感的有关信息，它们之间有着必然的联系。因此，通过融合来自

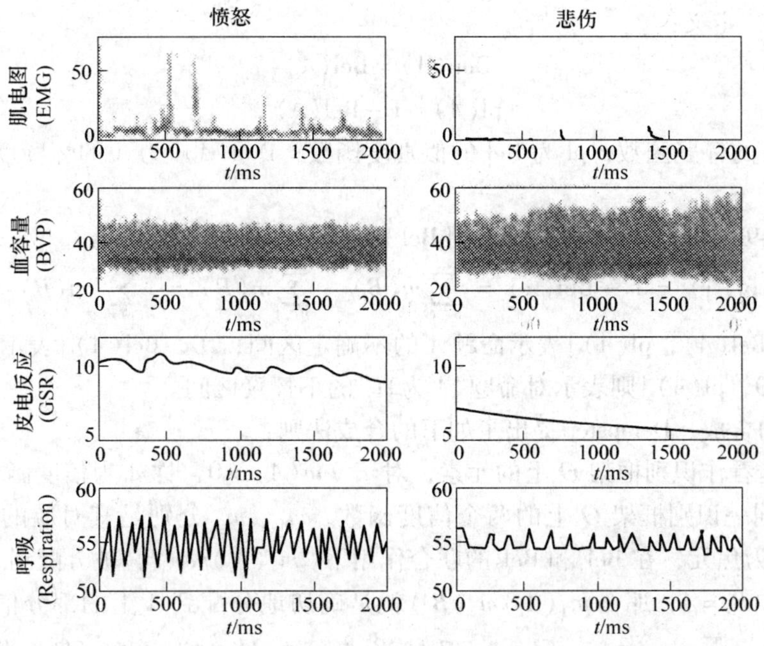

图 8-24 愤怒和悲伤两组生理信号

不同途径的信息，并依据一定准则对其加以分析、优化、评估，就可以得到比单一途径更优越的辨识性能。在机器人实验系统中，可以模仿人类对感情辨识手段，利用语音、图像技术和传感器技术“查颜观色”，通过 D-S（Dempster-Shafer）证据理论完成多分类器的决策融合，以达到更可靠的识别效果。

D-S 证据理论提出基本概率分配（BPA）、信任函数（Bel）和似然函数（Pl）的概念，用［Bel，Pl］区间描述不确定信息，继而能够区分“不知道”与“不确定”。与主观 Bayes 方法相比，D-S 证据理论不需要先验信息，并且可以处理由不知道或知识不确定而引起的不确定性。因此，在目标识别领域的各种推理算法中，D-S 证据理论具有独特的优势。

D-S 证据理论用“识别框架 Θ”表示所感兴趣的命题集，识别框架为待识别对象所有可能结果的集合所构成的空间，并把 Θ 中所有子集组成的集合记作 2^{Θ}，对于 2^{Θ} 中任何假设集合 A 有 $m(A)\in[0,1]$，并记作 $m:2^{\Theta}\rightarrow[0,1]$。它满足下列公式的要求：

$$m(\Phi) = 0 \tag{8-8}$$

$$\sum_{A\subseteq\Theta} m(A) = 1 \tag{8-9}$$

称 m 为识别框架 Θ 上的基本可信度分配；假如有 A 属于识别框架 Θ，则 m（A）称为 A 的基本可信数，基本可信数反映了对 A 本身的可信度大小。

对于任何命题集，D-S 证据理论还提出了信度函数的概率，如下式所示：

$$\mathrm{Bel}(A) = \sum_{B\subset A} m(B) \quad (\forall A \subset \Theta) \tag{8-10}$$

即 A 的信度函数为 A 中每个子集的信度值之和。

关于一个命题 A 有信任，单用信度函数来描述是不够的，因为 $\mathrm{Bel}(A)$ 不能反映出怀疑 A 的程度，为此须引入一个怀疑 A 的程度的量。

对于$A \subset \Theta$，定义：

$$\mathrm{Dou}(A) = \mathrm{Bel}(\bar{A}) \tag{8-11}$$

$$\mathrm{pl}(A) = 1 - \mathrm{Bel}(\bar{A}) \tag{8-12}$$

则称 Dou 为 Bel 的怀疑函数，pl 为 Bel 的似真度函数；Dou(A) 为 A 的怀疑度，pl(A) 为 A 的似真度。

根据式（8-9）和式（8-10），可以用 Bel 对应的 m 来重新表示 pl：

$$\mathrm{pl}(A) = 1 - \mathrm{Bel}(\bar{A}) = \sum_{B \subset \Theta} m(B) - \sum_{B \subset A} m(B) = \sum_{B \cap A \neq \varnothing} m(B) \tag{8-13}$$

实际上，[Bel(A)，pl(A)]表示命题 A 的不确定区间；[0，Bel(A)]表示命题 A 完全可信的区间；而[0，pl(A)]则表示对命题“A 为真”的不怀疑区间。

有关信度的合成，Dempster 提出了如下的合成法则：

如果将命题看作识别框架 Θ 上的元素，对于$\forall m(A) > 0$，称 A 为信度函数 Bel 的焦元。设 $\mathrm{Bel}_1/\mathrm{Bel}_2$是同一识别框架 Θ 上的两个信度函数，m_1、m_2 分别是其对应的基本可信度分配，设 A_i 和 B_j 为焦元，在 Bel_1和 Bel_2的联合作用下，$m_1(A_i)m_2(B_j)$被分配到 $A_i \mathrm{I} B_j$ 上。给定$A \subset \Theta$，若有 $A_i \cap B_j = A$，那么 $m_1(A_i)m_2(B_j)$就是确切地分配到 A 上的部分信度，而分到 A 上的总信度为：$\sum_{A_i \mathrm{I} B_j = A} m_1(A_i)m_2(B_j)$，但是当 $A = \Phi$ 时，按这种理解，将有部分信度 $\sum_{A_i \cap B_j = \varnothing} m_1(A_i)m_2(B_j)$ 分到空集上，这显然不合理，为此可在每一信度上乘以一个系数：$\left(1 - \sum_{A_i \cap B_j = \varnothing} m_1(A_i)m_2(B_j)\right)^{-1}$ 使总信度满足 1 的要求。至此，可以得到两个信度的合成法则，如下式所示：

$$m(A) = m_1 \oplus m_2(A) = \frac{\sum_{A_i \cap B_j = A} m_1(A_i)m_2(B_j)}{1 - \sum_{A_i \cap B_j = \varnothing} m_1(A_i)m_2(B_j)} \tag{8-14}$$

对于多个信度的合成（融合），令 $m_1 - m_n$ 表示 n 个信息的信度分配，如果它们是由独立的信息推得的，则融合后的信度函数如下式所示：

$$m(A) = \frac{\sum_{\cup A_i = A} \prod_{i=1}^{m} m_i(A_i)}{1 - \sum_{\cap A_i = \varnothing} \prod_{i=1}^{m} m_i(A_i)} \tag{8-15}$$

在机器人平台中，采用传声器、摄像头、传感器作为信息输入通道，通过分析语音、脸部表情及辅助动作来判断用户情感的变化。基于 D-S 证据理论的情感信息识别系统框架如图 8-25 所示。

各模态信息分别得到各自的目标分类排序，并形成命题证据区间后，依据一定的准则将满足条件的目标作为目标假设集，再根据 D-S 合成规则计算融合的基本概率分配（BPA）、信任函数（Bel）和似然函数（Pl）的值，最后按照决策规则输出识别结果。D-S 证据理论通常需要知识库的支持，为了使系统具有一定的自学习、自适应机制，需要对知识库不断进行更新和完善。

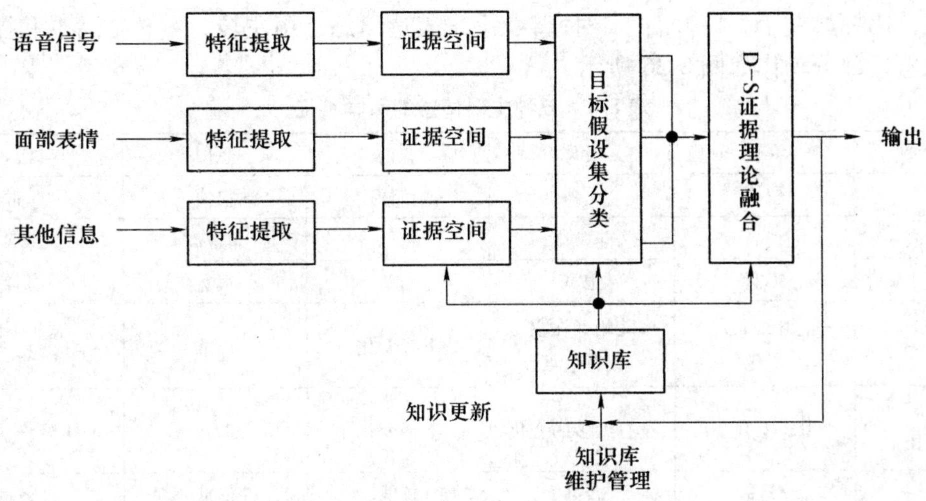

图 8-25　基于 D-S 证据理论的情感信息识别系统

8.4.5　机器人情感行为的表达

同样，机器人在与用户进行交互的过程中，可以通过多种方式来表达机器人情感。目前国内外的研究包括情感语音合成、情感动作表达、情感音乐表达等。

1. 情感语音合成

情感语音合成是指以更贴近人的生活和接近人自然的感情流露的方式来输出合成语音。人的情感被分为基本类和扩展类两种[26]，基本类对情感的描述起到重要的作用。通常情况下，情感语音的研究主要集中在情感基本类与语音声学参数的关联分析上。目前，针对情感基本类的常见定义有：害怕、发怒、高兴、悲伤、惊奇和厌恶等六种，尽管如此，针对不同的场合，其分类标准依然会有所区别。通常的扩展，包括区别发怒的特征，增加蔑视、懊恼、厌倦、担心、傲慢和爱慕等，这些可以由性别特征及其他特征区别开。每一种语言均包含着一些特殊的情感用语，Whissell 收集了 107 种反映情感状态的词[27]，Plutchik 则列出了 142 种反映情感状态的词[28]，这些词覆盖了很大范围的情感状态，只有很少一部分可以被归纳到基本类。

情感发音的实现，需要通过语音的声学参数体现人的情感特性。Sylvie J. L. Mozziconacci 在 IPO（Hart 等，1990）语调方法的基础上，初步加入了情感控制参数，增加了语音合成的表现力。Cohn 针对情感的声学特性编写了简单的情感编辑器，使研究人员可以细致地观测情感控制参数对语音输出的影响，对情感语音合成的研究起到了较好的推动作用[29]。为建立较为完整的情感语音合成系统，涉及情感语料库设计，情感韵律特征分析及情感建模，语法、语义对情感发音的影响，面向口语的韵律分析及建模，情感语音声学模型的建立，场景分布对情感发音的影响，以及韵律个性化等一系列的研究。

由于情感表现的多样性和复杂性，导致情感声学参数的数值分布多呈现较大的离散特性，表 8-4 则针对五种基本情感状态列出了几种基本声学参数的较为平均的体现。

2. 具有情感的动作表达

人类的不同肢体动作在很多情况下都表达了自己的不同感情。在机器人中，可以通过机器人的不同肢体动作来表达机器人的感情状态。机器人可以用双手恭礼、拥抱、敬礼动作来表达喜悦，用挥舞左手、挥舞右手、挥舞双手来表达愤怒，用左转、右转、后退和摇头表达悲伤。机器人部分动作如图 8-26 所示。

表 8-4　五种主要情感的声学特征

项目	喜悦	发怒	悲伤	恐惧	厌恶
语速	较快	稍快	稍慢	很快	非常慢
平均音高	很高	非常高	稍低	非常高	非常低
音高范围	很宽	很宽	稍窄	很宽	稍宽
音节基频高线变化	平滑，上升变化	陡峭，在重读音节处	下降变化	正常	宽、下降终端变化
音节基频低线变化	平滑，上升变化	没有太多的变化	下降变化	正常	下降终端变化
音强	较高	较高	较低	正常	较低
音质	有呼吸声，响亮	有呼吸声，胸腔声调	共鸣声	不规则发音	嘟囔的胸鸣声
清晰度	正常	焦急	模糊	准确	正常

a)

b)

c)

图 8-26　机器人情感动作
a）敬礼　b）拥抱　c）挥舞双手

3. 音乐的主要表现内容是情感[30]

音乐的情感是通过不同的音符在时域中巧妙地组合来表达的。通常对于音乐情感的研究都是从音乐学和心理学的角度出发，通过分析音乐作品的结构特点来解释其所表现的情感色彩；也可以从一个新的角度来研究音乐的情感特征，就是从物理学来说音乐是一种波动信号，探讨具有不同舒缓激越情感色彩的音乐所具有的特征是音乐情感特征提取与识别的核心内容[31]。

为了对情感特征进行合理的描述，根据在音乐心理学领域得到广泛认可的 Hevner 词表[32]，给出一种“情感环”的结构，如图 8-27 所示，以此模型作为音乐的情感分类。

在机器人音乐中，存放着大量的音乐，每个音乐片断体现了不同的情感特征。机器人可以依据不同的情感状态，随机地播放相应的音乐来表示自己的感情。对于音乐的情感特征的区分，则可以采用专家的意见分好后，赋予不同的情感值。

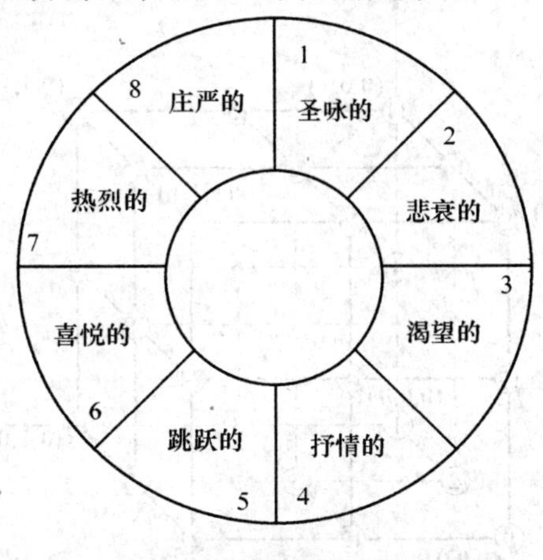

图 8-27　情感环示意图

8.5　人工心理在机器人实验系统中的应用

情感建模是情感机器人研究中的关键和难点，一个机器人是否能够表现出类人的情感，取决于其是否有一个合理的情感模型[33]。但是情感究竟包括那些状态呢？我们可以举出饥饿、恐惧、伤心、疲劳、高兴、放松、紧张、激动等。它们都是模糊的概念，都表征着复杂的生理活动和心理特点。然而想完全地研究出情感空间的所有子集，并给予严格的定义，是极其困难的，本节中不把此问题进行专门讨论，但可以从科学研究的常用方法出发，即先把问题简单处理，试图寻求一些有意义的结论。

生命体的不同情感构成了一个情感集合 U_e。为简单起见，在本节的机器人平台的研究中，仅包含最简单的恐惧、愤怒与高兴的三个子集构成的 U_e。显然，生命体的情感状态，不仅仅是单单处于某一种的状态，即可能出现即恐惧又有生气的状态，然而恐惧与高兴是不可能同时出现的。那么，把恐惧、生气与高兴看作三维的坐标，那么生命体的情感状态就存在一个三维情感空间里。同理，可以研究更复杂的情感，这样情感空间就是 n 维的情感空间。这里只能猜想，情感空间的维数是有限的。因为，尽管人类的情感是复杂的，但能感受到并能用语言表达的情感是有限的，所以在这里，单就上述三种简单的情感进行讨论。

为进一步简化问题，规定情感状态的每一个维数仅取 0、0.5、1 三个数值。比如就恐惧而言，则具有不恐惧、有点恐惧和恐惧三个状态。这种三维情感空间里就有 27 个情感状态。用 a 表示恐惧，b 表示愤怒，c 表示喜悦，于是有 $a \in (0,\ 0.5,\ 1)$，$b \in (0,\ 0.5,\ 1)$，$c \in (0,\ 0.5,\ 1)$。规定这三个坐标的顺序为 abc，于是构成图 8-28 所示三维坐标的情感空间。于是可枚举的情感状态有 27 个状态，见表 8-5。

那么很有意思的一点就是原点（0，0，0），这一点不仅仅代表为平静，而且还代表其他未知的情感状态。也就是说，当生命体仅仅存在上述三种情感时，这就是完全的情感空间，原点就是平静点。而当生命体的情感不仅仅是这三种情感时，那么称这是不完全的情感空间，其原点可能是平静点，也可能是其他某种情感状态，但这种情感状态并未包含在所构造的这个情感空间之内。

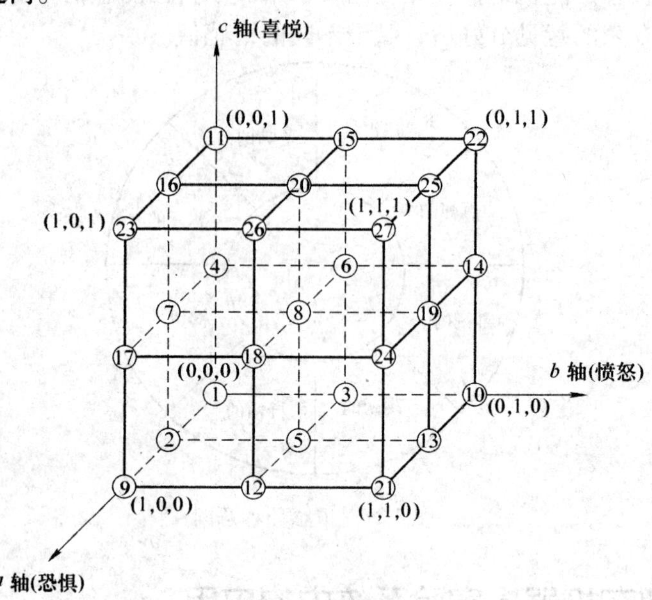

图 8-28　三维情感坐标

表 8-5　情感状态空间中的 27 种状态

状态编号	情感状态	状态编号	情感状态	状态编号	情感状态
1	平静：(0，0，0)	10	愤怒：(0，1，0)	19	愤怒、有点恐惧、有点喜悦：(0.5，1，0.5)
2	有点恐惧：(0.5，0，0)	11	喜悦：(0，0，1)	20	喜悦、有点愤怒、有点恐惧：(0.5，0.5，1)
3	有点愤怒：(0，0.5，0)	12	恐惧、有点愤怒 (1，0.5，0)	21	恐惧、愤怒：(1，1，0)
4	有点喜悦：(0，0，0.5)	13	愤怒、有点恐惧：(0.5，1，0)	22	愤怒、喜悦：(0，1，1)
5	有点恐惧、有点愤怒 (0.5，0.5，0)	14	愤怒、有点喜悦：(0，1，0.5)	23	恐惧、喜悦：(1，0，1)
6	有点愤怒、有点喜悦：(0，0.5，0.5)	15	喜悦、有点愤怒：(0，0.5，1)	24	恐惧、愤怒、有点喜悦：(1，1，0.5)
7	有点喜悦、有点恐惧：(0.5，0，0.5)	16	喜悦、有点恐惧：(0.5，0，1)	25	愤怒、喜悦、有点恐惧：(0.5，1，1)
8	有点恐惧、有点愤怒、有点喜悦：(0.5，0.5，0.5)	17	恐惧有点喜悦：(1，0，0.5)	26	恐惧、喜悦、有点愤怒：(1，0.5，1)
9	恐惧：(1，0，0)	18	恐惧、有点愤怒、有点喜悦：(1，0.5，0.5)	27	恐惧、喜悦、愤怒：(1，1，1)

当生命体的情感在这个状态空间内变化时，是具有统计性规律的，这就是一个马尔科夫过程。由于存在 27 个状态，故构成了 27 维的概率转移矩阵。

因此，各个状态互相转移的概率 P_{ij}，$(i, j \in [1, 2, 3, \cdots, 27])$ 构成了 27 维的概率矩阵 $\boldsymbol{A}_P$：

$$\boldsymbol{A}_P = \begin{bmatrix} P_{1,1} & P_{1,2} & \cdots & P_{1,27} \\ P_{2,1} & P_{2,2} & \cdots & P_{2,27} \\ \vdots & \vdots & & \vdots \\ P_{27,1} & P_{27,2} & \cdots & P_{27,27} \end{bmatrix} \tag{8-16}$$

式中，P_{ij}为第 i 状态到第 j 状态的概率，并且有如下关系：

$$\sum_{j=1}^{8} P_{ij} = 1 \qquad i \in [1,2,3,\cdots,27] \tag{8-17}$$

这里，可以进一步得出以下结论：

把每一种情感变化划分为 n 个级别，m 种情感可以构成 m 维的情感空间，那么就具有 n^m 个情感状态。令 $l = n^m$，于是得到 l 维的概率矩阵如下：

$$\boldsymbol{A}_P = \begin{bmatrix} P_{11} & P_{12} & \cdots & P_{1l} \\ P_{21} & P_{22} & \cdots & P_{2l} \\ \vdots & \vdots & & \vdots \\ P_{l1} & P_{82} & \cdots & P_{ll} \end{bmatrix} \tag{8-18}$$

式中，$P_{ij}(i,j \in [1,2,3\cdots,l])$，为第 i 状态到第 j 状态的概率，并且满足如下关系：

$$\sum_{j=1}^{l} P_{ij} = 1 \qquad i \in [1,2,3,\cdots,l] \tag{8-19}$$

到此，构建了情感变化的概率性模型。进一步的工作就在于研究概率矩阵中的每一个元素的取值问题。

情感模型建立是个人机器人研究中的重点，一个情感机器人是否能够表现出类人的情感，取决于其是否有一个合理的情感模型。本节中建立了一个如图 8-28 所示的情感空间，在这个情感空间模型中，某一时刻情感总是处于某一特定的点，而下一时刻情感将如何转移？情感在这个空间的转移过程不仅仅与情感的前一时刻的位置有关，还与外界环境对机器人的刺激有关。下面我们主要研究个人机器人在多感觉信息作用下的情感转移。

外部环境的刺激是情感转移的最大原因。建立情感模型的意义就在于希望其能对外部刺激产生反应，得到一个新的情感状态。外界对机器人的刺激包括声音、图像、其他信息等。上面这些机器人通过传感器获得的信息构成了机器人的环境模型。

首先建立一个情感空间模型，如图 8-28 所示。情感空间是机器人所有情感的活动空间，其中的每一个点都表示一个特定的情感状态。机器人在感受到外部的刺激后会在情感空间发生情感状态的转移，通过读取机器人情感空间的状态，可以使机器人表现出各种不同的情感，确定情感在情感空间内是怎样变化的，即情感状态是怎样由情感空间中某一点转移到另一点的。情感机器人通过传感器感知外界刺激，应用第 4 章中所述的情感信息融合，外界刺激推动情感状态的转移，机器人达到一个新的情感状态，情感信息处理结构如图 8-29 所示，S 表示外界激励程度，p 表示基本可信度。

首先，需要设定一个初始状态，即要设定在初始时刻，情感处于那个节点上。那么要判

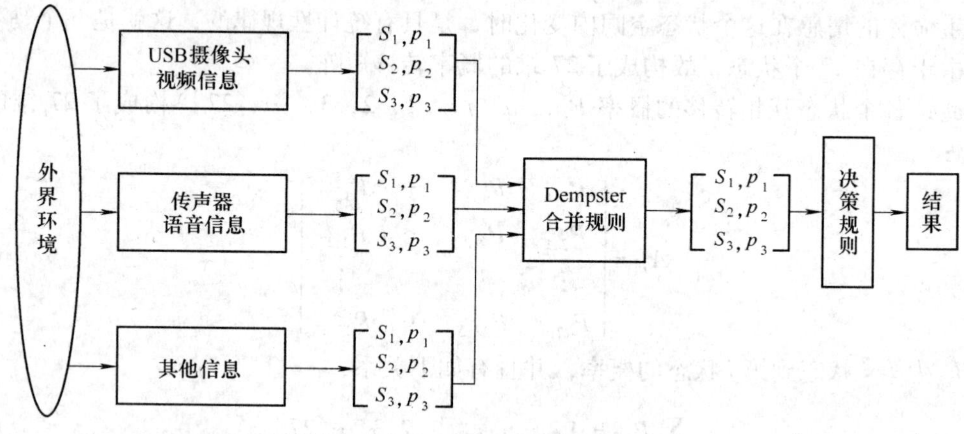

图 8-29　情感信息处理结构

定下一时刻情感将到达什么状态呢，这是具有概率性的行为。假定初始情感处于平静状态，即处于情感空间的原点，也就是说，在没有外界干扰的情况下，情感的状态是趋于平静的；然而情感是不可能绝对平静的，情感的状态是有一定波动的；当受到外界刺激时，情感状态会发生转移。

下面就根据不同参数的设定，模拟一个在外界刺激的情况下的情感的变化过程。只考虑在受到外界威胁刺激时，个人机器人恐惧情感的状态转移，为进一步简化问题，则规定情感状态的每一个维数仅取 0、0.5、1 三个数值。就高兴而言，则具有平静、有点高兴和很高兴三个状态。

对于原点（0，0，0），这一点不仅仅代表平静，而且还代表其他未知的情感状态。也就是说，当生命体仅仅存在上述三种情感时，这就是完全的情感空间，原点就是平静点。而当生命体的情感不仅仅是这三种情感时，那么称这是不完全的情感空间，其原点可能是平静点，也可能是其他某种情感状态。但不管它是那种情感状态，在受到外部刺激时，都会依照概率最大方向发生转移。

对外部刺激因素，选择来自视觉、语音、其他信息。从这三个感官中，提取出环境的激励因素，激励强度 I 在［0，1］区间内取值，按其激励大小，分为三个级别：轻度激励、中度激励、重大激励。选择阈值 β_1、β_2，当 $0 \leqslant I < \beta_1$ 时，判定为轻度激励；当 $\beta_1 \leqslant I < \beta_2$ 时，判定为中度激励；当 $\beta_2 \leqslant I$ 时，判定为重大激励。根据人类经验，假定在受到轻度激励时，高兴状态向高兴强度减小方向转移概率最大；在受到中度激励时，高兴状态保持原状态概率最大；在受到重大激励时，高兴状态向高兴强度增加方向转移概率最大。当受到外界激励时，机器人情感状态将向转移概率最大的方向转移，状态转移如图 8-30 所示。

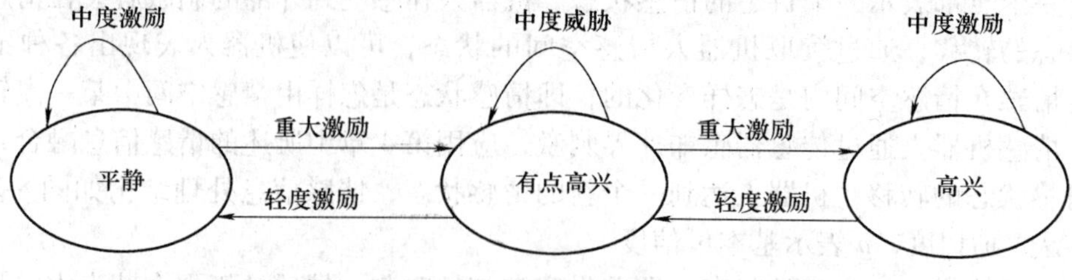

图 8-30　情感状态转移

应用 D-S 证据理论，分别融合来自视觉和语音、视觉和其他、语音和其他信息因素，设 T_l 表示轻度激励，T_m 表示中度激励，T_h 表示重大激励，目标识别框架为 $U=\{T_l,T_m,T_h\}$。$m_v(\cdot)$ 表示由视觉确定的基本概率赋值；$m_s(\cdot)$ 表示由语音确定的基本概率赋值；$m_t(\cdot)$ 表示由其他信息确定的基本概率赋值，则由三种情感信息确定的基本概率赋值见表 8-6 所示。

表 8-6　由三种信息确定的基本概率赋值

	T_l	T_m	T_h	U
$m_v(\cdot)$	0.50	0.30	0.10	0.10
$m_s(\cdot)$	0.20	0.50	0.20	0.10
$m_t(\cdot)$	0.10	0.30	0.50	0.10

按 Dempster 合并规则对视觉和语音关于激励状况的基本概率赋值进行组合，$m_v(\cdot)$和 $m_s(\cdot)$组合情况如表 8-7 所示，其中，∅表示空集。$m_v(\cdot)$和 $m_s(\cdot)$两批证据的不一致因子 K 为

$$K=0.06+0.02+0.25+0.05+0.10+0.06=0.54 \tag{8-20}$$

于是，视觉和语音情感信息融合后的基本概率赋值为

$$m_{v\times s}(T_l)=\frac{0.10+0.02+0.05}{1-K}=0.37 \tag{8-21}$$

$$m_{v\times s}(T_m)=\frac{0.15+0.03+0.05}{1-K}=0.50 \tag{8-22}$$

$$m_{v\times s}(T_h)=\frac{0.02+0.02+0.01}{1-K}=0.11 \tag{8-23}$$

$$m_{v\times s}(U)=\frac{0.01}{1-K}=0.02 \tag{8-24}$$

表 8-7　$m_v(\cdot)$和 $m_s(\cdot)$组合情况

		$m_v(\cdot)$			
		$T_l(0.50)$	$T_m(0.30)$	$T_h(0.10)$	$U(0.10)$
$m_s(\cdot)$	$T_l(0.20)$	$T_l(0.10)$	∅(0.06)	∅(0.02)	$T_l(0.02)$
	$T_m(0.50)$	∅(0.25)	$T_m(0.15)$	∅(0.05)	$T_m(0.05)$
	$T_h(0.20)$	∅(0.10)	∅(0.06)	$T_h(0.02)$	$T_h(0.02)$
	$U(0.10)$	$T_l(0.05)$	$T_m(0.03)$	$T_h(0.01)$	$U(0.01)$

由计算结果可以看出，通过融合，不确定性的基本概率赋值下降到 0.02。当采用基于基本概率赋值的决策方法时，若选择门限 $\varepsilon_1=\varepsilon_2=0.1$，则最终的决策结果是 T_m，即外界激励程度为中度，高兴情感状态维持原状态。同理，随机产生 100 组数据，分别融合来自视觉和语音、视觉和其他信息、声音和其他信的情感信息（外界鼓励程度），引起情感状态转移。视觉和语音激励因素综合作用引起高兴情感状态转移情况如图 8-31 所示，视觉和其他信息因素综合作用引起高兴情感状态转移情况如图 8-32 所示，语音和其他信息综合作用引

起高兴情感状态转移情况如图 8-33 所示。

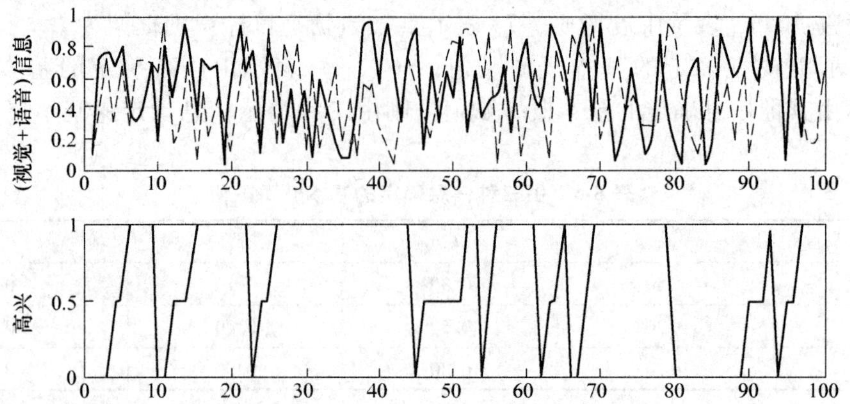

图 8-31　视觉和语音信息综合作用引起高兴情感状态转移情况（横坐标单位为“组”）

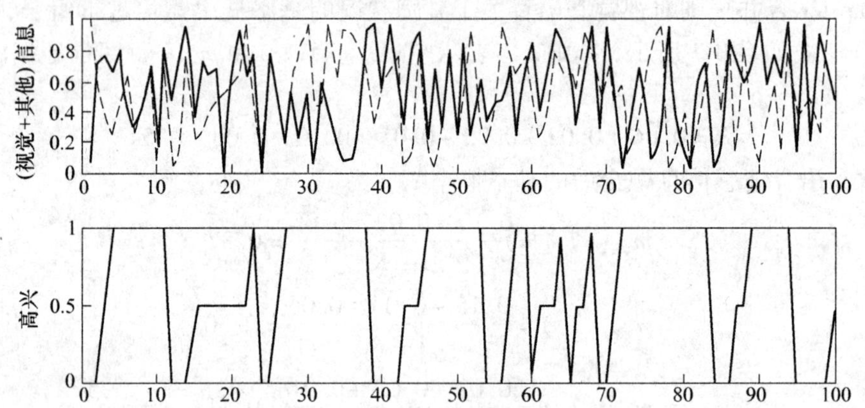

图 8-32　视觉和其他信息因素综合作用引起高兴情感状态转移情况（横坐标单位为“组”）

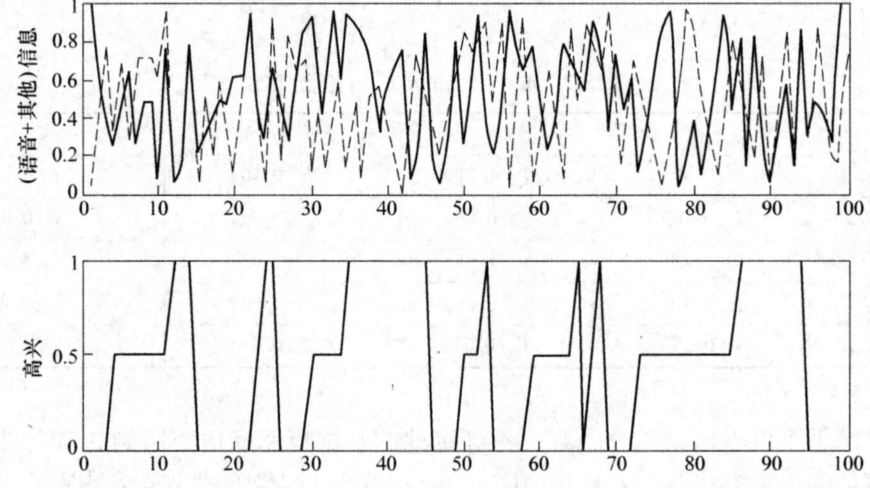

图 8-33　语音和其他信息因素综合作用引起高兴情感状态转移情况（横坐标单位为“组”）

视觉、语音和其他信息因素综合作用引起高兴情感状态转移情况，如图 8-34 所示。在机器人实验系统中，每种情感信息提供的环境特征都是彼此独立的，即感知的是环境各个不同的侧面，将这些特征综合起来就可以构成一个更为完整的环境描述，这些信息称为互补信息。从以上各图可以看出，视觉、语音和其他信息对环境信息的理解可能是不一致的，经过两种信息融合处理后，系统对环境信息理解的一致性提高。三种信息经融合后，最终获得对环境的一致性解释。互补信息的融合减少了由于缺少某些环境特征而产生的对环境理解的歧义，提高了系统描述环境的完整性和正确性，增强了系统正确决策的能力。

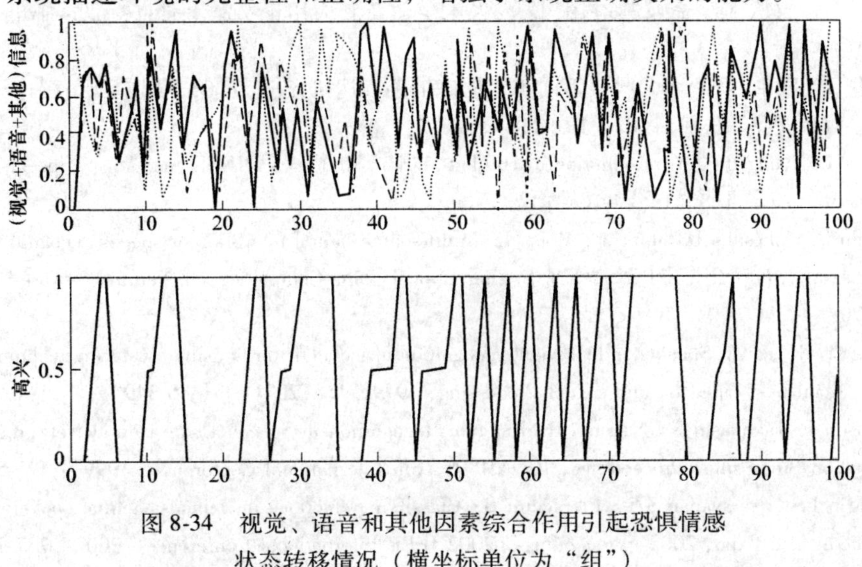

图 8-34 视觉、语音和其他因素综合作用引起恐惧情感状态转移情况（横坐标单位为“组”）

因此，采用信息融合技术对多方面的情感信息进行融合，降低了机器人平台的不确定性，提高了系统的识别能力，获得对环境的正确全面理解，使机器人实验系统具有容错性，可以保证系统情感信息处理的快速性和正确性。

《国家中长期科学和技术发展规划纲要（2006～2020 年）》中，已经把对个性化的智能机器人和智能服务机器人列入其中，这是国家对机器人研究提出期望的任务，同时也是机器人研究者难得的机遇。服务机器人研究是多学科、多技术的交叉融合研究，它带来的挑战也是多方面的，需要我们进行长期深入的研究。以上所介绍的研究工作还只是初步的，而具有人工智能和机器情感的个人服务机器人，是人工心理研究所追求的目标。

参考文献

[1] 涂序彦．智能机器人、情感机器人、拟人机器人[J]．华中科技大学学报(自然科学版)，2004，10(32)：1-4.

[2] 金辉，高文．人脸面部混合表情识别系统[J]．计算机学报，2000，23(6)：602-608.

[3] 宋亦旭，贾培发．基于人工情感的拟人机器人控制体系结构[J]．机器人，2004，26(6)：491-495.

[4] 陶建华，谭铁牛．语音和人脸表情同步双模态情感表达研究[C]//第一届中国情感计算及智能交互学术会议论文集，北京，2003(12)：248-253.

[5] Ekman P. An argument for basic emotions[J]. Cognition and Emotion, 1992.

[6] 蔡自兴，我国智能机器人的若干发展战略思考[C]//2001 年中国智能自动化会议论文集，2001：890-896.

[7] 陈熙霖．视觉计算——人类感知能力的延伸[J]．测控技术，2000，5：7-14.

[8] Gupta V, Lenning M, Mermelstein P. A language model for very large-vocabulary speech recognition[J]. Computer Speech and Language, 1992, 56(6): 331-344.

[9] LUO R C, SUKL, SEHEN SHEN H. Networked intelligent robots through the Internet: issue and opportunities [J]. Proceedings of the IEEE, 2003, 91(3): 371-382.

[10] 涂序彦．广义人工生命及其应用[C]//人工生命及其应用论文集．北京：北京邮电大学出版社，2004.

[11] 陶建华，谭铁牛．语音和人脸表情同步双模态情感表达研究[C]//第一届中国情感计算及智能交互学术会议论文集，北京，2003，12：248-253.

[12] Rabiner L, Juang B. An Introduction to Hidden Markov Models[J]. IEEE Acoustics, Speech & Signal Processing Magazine, 1986(1): 4-16.

[13] Gemello R, Albesano D, Mana F, Moisa L. Multi source neural networks for speech recognition: a review of recent results[C]//IEEE2INNS2 ENNS International Joint Conference on Neural Networks. Italy: 2000, 265-270.

[14] Rabiner L R, et al. Speaker independent recognition of isolated words using clustering techniques[J]. IEEE Trans. Acoustics, Speech, and Signal Processing, 1979, ASSP227(4): 336-349.

[15] Nicholson J, Takahashi K, Nakatsu R. Emotion Recognition in Speech Using Neural Networks[C]//Neural Information Processing, Proceedings, ICONIP'99, 6th International Conference, 1999,: 495-501.

[16] Chul Min Lee, Narayanan S S, Pieraccini R. Classifying emotions in human-machine spoken dialogs[C]// Multimedia and Expo, 2002. Proceedings. 2002 IEEE International Conference, 2002: 737-740.

[17] Schuller B, Rigoll G, Lang M. Hidden Markov Model-Based Speech Emotion Recognition, Acoustics[C]// Speech, and Signal Processing[C]//(ICASSP'03)2003 IEEE International Conference, 2003, 2: 1-4.

[18] Yamada T, Hashimoto H, Tosa N. Pattern Recognition of Emotion with Neural Network. [C]//Proceeding of the 1995 IEEE IECON 21″International Conference on Industrial Electronics, Control, and Instrumentation, 1995, 1: 183-187.

[19] H Sato, Y Mitsukura, M Fukumi, et al. Emotional Speech Classification with Prosodic Paramters by Using Neural Networks[C]//Seventh Australian and New Zealand Intelligent Information Systems Conference, 2001: 395-398.

[20] Ekman P I A, et al. Facial Action Coding System[M]. Consulting Psychologists Press , 1978.

[21] H Schlosberg. Three dimensions of emotion [J]. Psychol. Rev. 61. 1954: 81-881.

[22] Essa I A, et al. Coding, andysis, interpretation and recogniftion of facial expressions IEEE Trans. PAMI , 1997: 757-763.

[23] Shuji Hashimoto. Introduction to Kansei Information Processing[J]. Journal of Japan Society for Image Information Media, 1998, 52 (1): 41-45.

[24] http: //affect. media. mit. edu/AC _ reaserch/recongnizing. html[OL].

[25] 叶奕乾．心理学[M]．北京：中央电大出版社，1994.

[26] Schroder M, Cowie R, Douglas-Cowie E. Acoustic Correlates of Emotion Dimensions in View of Speech Synthesis[C]//Eurospeech. 2001.

[27] Oatley K. Cognitive science and the understanding of emotions[J]. Cognition and Emotion, 1987, 3(1): 209-216.

[28] Murray I R, Amott J L. Towards the simulation of emotion in synthetic speech: A review of the literature on human vocal emotion[J]. Journal of the acoustic society of America, 1993, 93(2): 1097-1108.

[29] Cahn J. Gererating Expression in Synthersized Speech[D]. Master thesis, MIT, 1989.

[30] 王次昭. 音乐美学[M]. 北京：高等教育出版社，1994.

[31] VOSS R F, CLARKE J. 1/ f noise in music : music from 1/ f noise[J]. The Journal of the Acoustical Society of America, 1978, 63(1): 258-263.

[32] LIU D, ZHANG N Y, ZHU H C. A fuzzy expert system to recognize sentiment of music and it's application in music fountains[C]//Proceedings of the International Conference on Control and Automation, 2002.

[33] Zhiliand Wang, Yanling Zhao. A Computer System Designed for Fashion Fitting Based on an Artificial Psychology Model[C]//WCICA2000: 318-321.

[34] Masahiro Fujita. Digital Creatures For Future Entertaiment Robotics[C]//Proceedings of the 2000 IEEE International Conference On Robotics & Automation. San Francisco, CA, 2000: 801-806.

[35] NEC (2004). Personal Robot PaPeRo. http: //www. incx. nec. co. jp/robot/english/robotcenter _ e. html [OL].

[36] Bartneck C, Okada M. Robotic User Interfaces[C]//Proceedings of The Human And Computer Conference, 2001.

[37] Kort B, Reilly R, Pcard R. An affective model of interplay between emotions and learning: reengineering educational pedagogy-building a learning companion[C]//Proceedings of IEEE International Conference on Advanced Learning Technologies. Madision, USA, 2001.

[38] De Vicente A, Pain H. A computational model of affective educational dialogues[C]//2000 AAAI fall symposium: building dialogue systems for tutorial applications, north falmouth, massachusetts, 2000.

[39] Dautenhahn K. Robots As Social Actors: Aurora and the case of autism[C]//proc. CT99, the third international cognitive technology conference. San Francisco, 1999.

[40] AndrE E, Klesen M, Gebhard P, et al. Integrating models of personality and emotions into lifelike characters: Affect In Interactions[M]. Heidelberg: Springer, 2000.

[41] Christine Lisetti, Cynthia Lerouge. Affective computing in tele-home health[C]//proceedings of the 37th IEEE hawaii international conference on system sciences. 2004.

[42] Kawamura K, et al. ISAC: foundations in human-humanoid interaction[J]. IEEE trans. IEEE intelligent systems, 2000(7, 8): 38-45.

[43] Goetz J, Kiesler S. Cooperation with a robotic assistant[C]//CHI 02 Extended Abstracts. NewYork: ACM Press, 2002.

[44] Davison A J, Montemerlo M, Pineau J, et al. Experiences with a mobile robotic guide for the elderly[C]//proceedings of the AAAI national conference on articial intelligence, 2002.

[45] Gemperle F, Disalvo C, Forlizzi J, et al. The hug: a new form for communication[C]//proceedings of the DUX 2003 (designing the user experience) conference. New York: ACM, 2003.

[46] Valerie. the roboceptionist, carnegie mellon university[OL]. http: //www. roboceptionst. com.

[47] Kobayashi H, Hara F, Tange A. A basic study on dynamic control of facial expressions for face robot[C]//Proceedings of The International Workshop On Robots And Human Communication, 1994.

[48] Nourbakhsh I. An affective mobile robot educator with a full-time job[J]. Artificial Intelligence, 1999, 114 (1-2): 95-124.

[49] Elinas P, Hoey J, Lahey D, et al. Waiting with jose, a vision-based mobile robot[C]//in proc. icra, Washington DC., 2002.

[50] Helmut Prendinger, Sonja Mayer, Junichiro Mori, et al. Persona effect revisited. Using bio-signals to measure and reflect the impact of character-based interfaces[C]//Fourth International Working Conference on Intelligent Virtual Agents. (IVA-03), 2003.

[51] Hugo Liu, Henry Lieberman, Ted Selker. A model of textual affect sensing using real-world knowledge

[C]//Proceedings of The 2003 International Conference on Intelligent User Interfaces. Miami, FL, USA: 125-132.

[52] Scott Brave. User Responses To Emotion In Embodied Agents [C]//Proceedings of The CHI2003 Workshop. Lauderdale, Florida, USA, 2003.

[53] Murray I, Arnott J. Towards the simulation of emotion in synthetic speech: a review of the literature on human vocal emotion[J]. Journal of Acoustic Society of America, 1993, 93(2).

[54] Cahn J. The generation of affect in synthesized speech[J]. Journal of American Voice I/O Society, 1990 (8): 1-19.

[55] Breazeal C. Designing Sociable Robots[M]. Cambridge, MA: MIT Press, 2002.

[56] Elinas P, Hoey J, Lahey D. Waiting with jose, a vision-based mobile robo[C]//proc. icra, washington DC, 2002.

[57] Scheeff M, et al. Experiences with Sparky: A socialrobot[C]//Proceedings of the Workshop On Interactive Robot Entertainment, 2000.

[58] Cañamero L, Fredslund J. I Show You How I Like You-Can You Read It In My Face? [J]. IEEE Transactions On Systems, Man And Cybernetics, 2001, 31 (5).

[59] Kobayashi H, Hara F, Tange A. A basic study on dynamic control of facial expressions for face robot[C]// Proceedings of The International Workshop On Robots And Human Communication, 1994.

[60] Bruce A, Nourbakhsh I, Simmons R. The role of expressiveness and attention in human-robot interaction [C]//Proceedings of The AAAI Fall Symposium Emotional And Intelligent II: The Tangled Knot of Society of Cognition, 2001.

[61] Frijda N. Recognition of emotion[G]//Advances In Experimental Social Psychology. 1969.

[62] Nakata T, et al. Expression of emotion and intention by robot body movement[C]//Proceedings of the 5th International Conference on Autonomous Systems. 1998.

[63] Lim H, Ishii A, Takanishi A. Basic emotional walking using a biped humanoid robot[C]//Proceedings of The IEEE SMC, 1999.

[64] Gavrilla D. The visual analysis of human movement: A survey[J]. Computer Vision And Image Understanding 1999, 73 (1).

[65] Rabiner L, Jaung B. Fundamentals of speech recognition, englewood cliffs[M]. Prentice-Hall, 1993.

[66] Pavlovic V, Sharma R, Huang T. Visual interpretation of hand gestures for human-computer interaction: a review[J]. IEEE Transactions On Pattern Analysis And Machine Intelligence1997, 19 (7).

[67] Chellappa R, et al. Human and machine recognition of faces: a survey[C]//Proceedings of The IEEE 1995, 83 (5).

[68] Lisetti C, Schiano D. Automatic facial expression interpretation: where human-computer interaction[J]. Artificial Intelligence, And Cognitive Science Intersect, Pragmatics And Cognition 2000, 8 (1).

第9章　未 来 研 究

人工心理还是一个新概念，其理论和技术方面的研究还有很长的路要走，用机器（计算机）人工模拟人类的心理有许多难题需要人们去研究攻克。比如：人工模拟自然心理的可信度；人类心理是个复杂大系统，心理活动普遍存在模糊性、混沌性；如何建立准确的心理模型是困难的。在今后的研究中，以下课题需要关注：

1）人工心理统一模型；

2）情感形式化问题；

3）情感计算机的体系结构、操作系统和程序语言；

4）机器情感的图灵测试问题；

5）非线性情感建模；

6）情感建模的仿真平台；

7）机器意识。

应用领域需要关注研究的人工心理问题有：

1）服务机器人的人工心理和人工情感技术；

2）数字媒体中的人工心理和人工情感技术；

3）人工心理技术在教育信息化领域认知教学中的应用；

4）智能交通系统中驾驶行为和心理数字化技术；

5）实时表情识别新方法。

下面举几个例子，以作为对人工心理未来研究的思考。

9.1　基于马斯洛需求层次论的人工心理模型

传统的人与计算机之间的交互，多是借助于被动式的中介手段（如键盘、鼠标等），无法理解和适应人的情绪或心境，没有这种情感能力，就很难指望计算机具有类似人一样的智能，也很难期望人机交互真正做到和谐与自然。研究表明，由于人类相互之间的沟通与交流是自然而富有感情的，因此在人机交互的过程中，人们也很自然地期望计算机具有情感和自然和谐的交互能力。情感计算与智能交互就是要赋予计算机类似于人一样的观察、理解和生成各种情感特征的能力，最终能达到像人一样能进行自然、亲切和生动的智能交互。

这里依据马斯洛的需求层次论和西米诺夫情绪信息论构建了机器情感模型。按照马斯洛的需求层次论，可将人的需求分成7个层次，自底向上分别为：生理需要、安全需要、归属与爱的需要、自尊需要、认知需要、审美需要和自我实现需要。有关各层次需要的关系，马斯洛认为，人类的基本需要是按优势或力量的强弱排成等级的。其主要动力原则是健康人的优势需要一经满足，相对弱势的需要便会出现。

马斯洛提出的需求层次论可用不同状况曲线来表示，如图9-1所示。这个图可以解释许多人生心理需求现象和成长过程。从图中可以看到，人们达到马斯洛的上层需求层次是需要时间和培养过程的。图 9-1 中的正弦曲线 1 所示为少年天才型，但它们虽提前达到心理高层需求，但也提前下降到底层心理需求；正弦曲线 2 为正常人的心理需要的曲线描述；正弦曲线 3 是大器晚成型的心理需要曲线，而非正常人型的心理需要如正弦曲线 4 所示，它们达不到较高层次的心理需要。

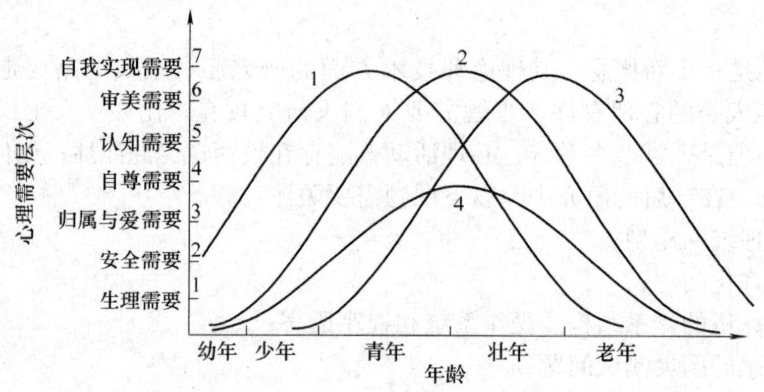

图 9-1　马斯洛心理需要模型的曲线描述

1—少年天才型　2—正常人　3—大器晚成型　4—非正常人型

下面主要讨论人类的生理需要、安全需要及它们对人机情感交互建模的影响，并结合西米诺夫情绪信息论构建人机情感交互系统的结构框架。

9.1.1　人机交互结构模型

通过各种传感器获取由人的情感所引起的生理和行为特征信号，建立“情感模型”，从而创建一个具备感知、识别和理解人类情感能力的，并能针对用户的情感做出智能、灵敏、友好反应的个人计算机系统，缩短人机之间的距离，营造真正和谐的人机环境。人机交互平台系统结构如图 9-2 所示。系统主要由环境输入、内部模型、情绪行为输出 3 个层次构成，

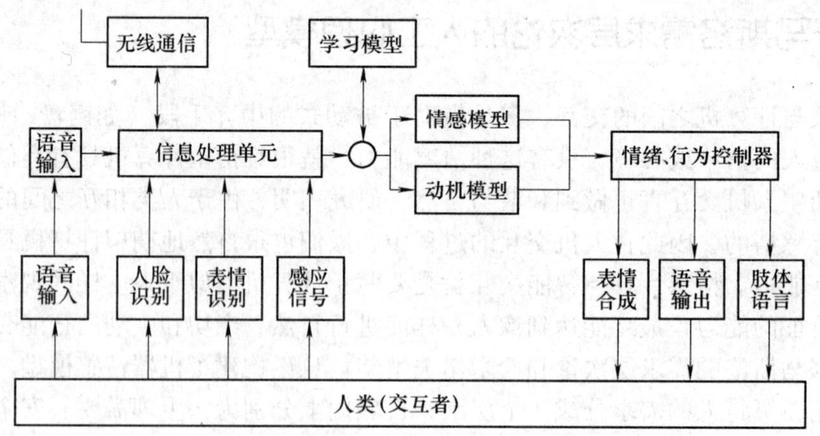

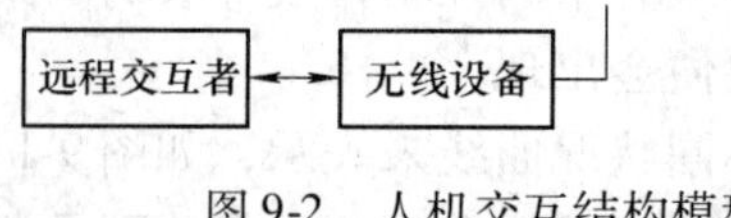

图 9-2　人机交互结构模型

同时有交互者的参与，整体构成人机交互平台的闭环系统。

机器通过语音识别、人脸识别、表情识别和感应信号，获取人的生理和行为特征信号。信息处理单元负责对获取的信息进行分类和处理，并将结果送给情感模型、动机模型、学习模型。情绪、行为控制器接收内部模型的输出，通过表情合成、语音输出和肢体语言表达行为（智能、情感两方面）。

9.1.2 基本生理、安全模型

人类的动机可分为7层：第一层为生理动机，即劳累、饮水、体内平衡、饥饿等；第二层为安全动机，即安全、威胁、稳定、恐惧、焦虑、规范需要、界限、法律等；第三层为社会归属和爱的需求，即归属感、工作任务、爱情、友谊、摆脱孤独等；第四层为尊重需求，即自尊、自卑、虚荣、地位、荣誉、公认等；第五层为认知动机，即学习、认知、好奇心、了解欲望、优势层次等；第六层为美学需求，即音乐、电影、诗歌、体育等；第七层为创作动机，即音乐创作、写诗、画画、科技发明等。其中第一、二层是人类的低级需要；其余的第三～七层是人类的高级需要。

生理需要是人需要之根本。生理需要在尚未得到满足时，会主宰机体，同时迫使所有能力为其服务，并组织它们，以使服务达到最高效率。相对的满足平息了这些需要，使下一个阶层的需要得以出现。后者继而主宰、组织这个人，结果他刚从饥饿的困境中逃离出来，继而又为安全需要所困扰。上述原则也同样适用于归属与爱、自尊、自我实现层次的需要。

本书试图从能量角度出发，使机器模拟人类的基本生理需要。人类生理需求的饥饿曲线如图9-3所示，图中，E_s 表示人类能承受摄入食物的极限值；E_g 表示正常摄入最大量；E_b 表示饥饿的低限报警；0表示死亡。能量以指数形式衰减。

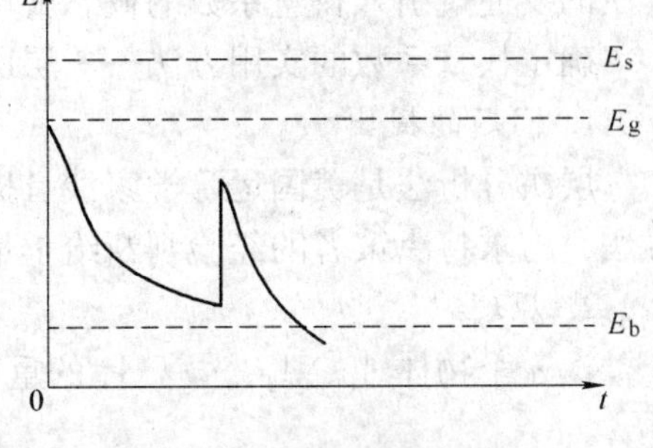

图9-3 饥饿-能量变化曲线

机器能量变化方程为

$$E(t) = e_{oi} e^{-a(t-t_i)} \tag{9-1}$$

式中，$E(t)$ 为人机在 t 时刻的能量；e_{oi} 为最近一次补给能量值；t_i 为最近一次能量补给时间；a 为能量衰减系数（$a>0$）。

以此类推，我们可以为干渴、睡眠、劳累、体内平衡等的生理需要，从能量角度出发，建立它们的指数形式衰减方程。通过 a 可以调整能量变化率。

马斯洛指出，如果生理需要相对充分地获得了满足，接着就会出现一种新的需要，即安全需要。安全需要的直接语义是避免危险，人类需要安全，在这里引入了安全系数 λ（$0<\lambda\leqslant1$），当 $\lambda>\lambda_T$ 时人类认为自己是相对安全的，其中 λ_T 为安全阈值。如果交互者对于机器来说是陌生的，则 λ 便被初始化为小于 λ_T 的值，在交互中，λ 值会随之改变；当机器受到恐吓时，λ 值会变为提示警惕。

9.1.3 情感模型

可以在机器中实现情感模型的构造存在着两种途径：其一是直接模拟人的神经系统的构造与活动特性，这是最本质的模拟，但由于人对脑的认识局限性和计算机运算能力的限制，在目前是难以实现的；其二就是从情感活动结果的特点出发，有限度地去模拟人或动物的基本情感，以获得具有机器人特有的情感行为，实现和谐人机交互，本书选用此法。

著名的西米诺夫提出了有机体的信息与情绪之间的关系，他的理论直接表现为信息理论。我们从信息的角度出发可以构建机器的情感模型为

$$E = -N(I_{\rm n} - I_{\rm a}) \tag{9-2}$$

式中，E 为机器情绪；N 为需要系数，受生理需要、安全需要控制，它们直接影响机器对信息的敏感度，N 将随着机器的虚拟生理需要、安全需要不断发生变化，需要系数 N 等于生理需要因子 $N_{\rm p}$ 和安全需要因子 $N_{\rm s}$ 权重的和，即 $N=(N_{\rm p}\oplus N_{\rm s})$；$I_{\rm n}$ 为需要信息，指机器和人在交互过程中机器期望获得的信息；$I_{\rm a}$ 为所得信息，指机器和人在交互过程中机器所获得的信息。

按照这个公式，信息按一定形式进行交流便可达到目的。因此，如果机器因缺乏信息而不能适当地组织自己，那么就会使消极的情绪开始行动。但是，如果信息过剩，信息为机器所感兴趣的内容，积极的情绪便会产生。按照公式，$I_{\rm a}>I_{\rm n}$，即所得信息超过需要信息。

机器的情绪生成是与其情感信息需求及其满足程度直接相关的。机器的期望获得的信息和所获得的信息是多层次的，属于多目标问题。对于多目标问题，各目标的重要程度不同，决策者对目标重要程度所进行的比较及量化称为“价值权衡”，价值权衡最终体现在各个目标的“加权系数”的赋值上，或体现在“影子价格”或决策者为实现某一目标所“愿意支付的代价”上。上述价值权衡、加权系数、影子价格和愿意支付的代价这 4 个概念是同一本质的。通过引入权重系数的概念就可以对 I 进行归一量化。

确定权重系数的实用方法——层次分析法：

1. 问题的提出

层次分析法是美国运筹学家沙旦提出来的，是一种定性与定量相结合的多目标决策分析方法，力求将决策者的经验判断给予量化。

2. 原理

设 n 个物体 A_1、A_2、…、A_n 的重量分别为 w_1、w_2、…、w_n，两两比较重量，得比值矩阵 $\boldsymbol{A}$。

$$\boldsymbol{A}=\begin{pmatrix} \frac{w_1}{w_1} & \frac{w_1}{w_2} & \cdots & \frac{w_1}{w_n} \\ \frac{w_2}{w_1} & \frac{w_2}{w_2} & \cdots & \frac{w_2}{w_n} \\ \vdots & \vdots & & \vdots \\ \frac{w_n}{w_1} & \frac{w_n}{w_2} & \cdots & \frac{w_n}{w_n} \end{pmatrix}$$

用重量向量 $\boldsymbol{W}=\begin{pmatrix} w_1 \\ w_2 \\ \vdots \\ w_n \end{pmatrix}$右乘 $\boldsymbol{A}$

$$AW=\begin{pmatrix}\frac{w_1}{w_1} & \frac{w_1}{w_2} & \cdots & \frac{w_1}{w_n}\\ \frac{w_2}{w_1} & \frac{w_2}{w_2} & \cdots & \frac{w_2}{w_n}\\ \vdots & \vdots & & \vdots\\ \frac{w_n}{w_1} & \frac{w_n}{w_2} & \cdots & \frac{w_n}{w_n}\end{pmatrix}\begin{pmatrix}w_1\\ w_2\\ \vdots\\ w_n\end{pmatrix}=n\begin{pmatrix}w_1\\ w_2\\ \vdots\\ w_n\end{pmatrix}=nW$$

可见：1）$\boldsymbol{W}$ 为特征向量；n 为特征根。

2）$\boldsymbol{A}$ 有如下特点：

① $a_{ii}=1$（a_{ij}为矩阵 A 中第 i 行，第 j 列的元素）；

② $a_{ij}=1/a_{ji}$；

③ $a_{ik}=a_{ij}a_{jk}$；

④ $\boldsymbol{A}$ 具有唯一非零的最大特征根 n。

若判断矩阵具有上述特征，则该矩阵具有完全一致性，而人为的判断总会有误差。

3. 步骤

1）建立层次结构模型。

2）构造判断矩阵：决策者对多个属性的重要程度作比较，同时进行比较和判断的属性不能过多，实验表明，不能超过 7 个因素。

“两两比较法”是每次在 n 个属性中只对两个属性进行比较，对 i、j 两个因素进行比较时，作如下约定：

i、j 比较：
- “极为重要”记为 9
- “重要得多”记为 7
- “重　　要”记为 5
- “稍 重 要”记为 3
- “一样重要”记为 1
- “稍次要”记为 1/3
- “次　　要”记为 1/5
- “次要得多”记为 1/7
- “极为次要”记为 1/9

和决策者对话，进行两两因素之间重要程度的比较，有如下结果：

	x_1	x_2	$\cdots$	x_n
x_1	a_{11}	a_{12}	$\cdots$	a_{1n}
x_2	a_{21}	a_{22}	$\cdots$	a_{2n}
$\vdots$	$\vdots$	$\vdots$		$\vdots$
x_n	a_{n1}	a_{n2}	$\cdots$	a_{nn}

根据上述对话结果，得到比较矩阵 $\boldsymbol{A}$：$\boldsymbol{A}=|a_{ij}|_{n\times n}$

矩阵 $\boldsymbol{A}$ 具有如下性质：

1）$a_{ij}=1$

2）$a_{ij}=\dfrac{1}{a_{ji}}$

根据上述性质，和决策者对话进行两两比较的次数不是 n^2 次，而是 $n(n-1)/2$ 次。

3）求矩阵 $\boldsymbol{A}$ 最大特征根 $\lambda_{\max}$，然后求出相应的规范化的特征向量 $\boldsymbol{W}$，即

$$\boldsymbol{AW}=\lambda_{\max}\boldsymbol{W}$$

对于其中的各分量就是对应于各因素的权重系数。

4）一致性检验：用两两比较法和决策者对话可得到比较矩阵，但是可能会发生判断不一致，所以需要进行一致性检验。一致性检验，就是检查决策者对多属性评价的一致性。完全一致时，应该存在如下关系：

$$a_{ik}=a_{ij}a_{jk}$$

反之，就是不一致。由于不一致性在所难免，那么存在多大的不一致性是可以被接受的呢？这就是一致性检验所要讨论的内容。

一致性检验：当判别不一致时，一般 $\lambda_{\max}\geqslant n$，此时

$$\lambda_{\max}+\sum\lambda_i=\sum a_{ii}=n$$

$$\lambda_{\max}-n=-\sum\lambda_i$$

为检验判断矩阵一致性，定义一致性指标为

$$CI=\frac{\lambda_{\max}-n}{n-1}$$

1）当 $\lambda_{\max}=n$，$CI=0$，为完全一致。

CI 值越大，判断矩阵的一致性越差。

2）一般，$CI\leqslant0.1$ 认为可以接受。

维数 n 越大，一致性越差，引入修正值 CR：

Saaty 构造了最不一致的情况，就是对不同 n 的比较矩阵中的元素，采取 1/9、1/7、…、1、…、7、9 随机取数的方式赋值，并且对不同 n 用了 100～500 个子样，计算其一致性指标，再求得平均值，记为 RI，结果见表 9-1。

表 9-1　一致性指标平均值

维数	3	4	5	6	7	8	9	10	11
RI	0.58	0.96	1.12	1.24	1.32	1.41	1.45	1.49	1.51

取 $CR=CI/RI$ 作为更合理的检验判断矩阵一致性指标，只要满足 $CR\leqslant0.1$，就认为所得比较矩阵的判断可以接受。

4. 常用的简便计算方法

上述计算权重系数的方法比较麻烦，还有近似算法可以简便地计算权重系数，下面介绍两种常用方法。

（1）和积法　这种方法的步骤如下：

1）对 $\boldsymbol{A}$ 按列规范化

$$\overline{a_{ij}} = \frac{a_{ij}}{\sum_{i=1,j=1}^{n} a_{ij}} \qquad (i, j = 1,2,\cdots,n)$$

2）再按行相加得和 $\overline{w_i}$

$$\overline{w_i} = \sum_{i=1}^{n} \overline{a_{ij}}$$

3）再规范化,即得权重系数 w_i

$$w_i = \frac{\overline{w}}{\sum_{i=1}^{n} \overline{w_i}}$$

（2）方根法　这种方法的步骤如下：

1）按行元素求积，再求 $1/n$ 次幂，得

$$\overline{w_i} = \sqrt{\prod_{j=1}^{n} a_{ij}} \qquad (i, j = 1, 2, \cdots, n)$$

2）规范化,即得权重系数 w_i

$$w_i = \frac{\overline{w}}{\sum_{i=1}^{n} \overline{w_i}}$$

5. 建模

假设机器的需求分别为 x_1、x_2、x_3、x_4。其中，x_1 为归属与爱的需求（多指渴望得到用户的认同、接受，与用户建立良好和谐的人际关系），x_2 为自尊的需求（多指希望自已能够胜任所担负的工作，希望得到用户的高度评价，自尊需要的满足将产生自信、有价值和“天生我才必有用”等的感受），x_3 为认知需求（机器渴望了解用户的信息，或从用户处学到新的知识），x_4 为自我实现欲望（多指机器对于自我发挥和完成的欲望）。在建模中，权重系数完全取决于设计者对机器的性格要求，不同的设计者所得到的权重系数不尽相同。在个性化建模时，与设计者或用户对话的结果是：

1）x_1 与 x_2 相比，两者重要性差不多，所以 $a_{12}=1$；

2）x_1 与 x_3 相比，x_1 重要，所以 $a_{13}=5$；

3）x_1 与 x_4 相比，x_1 重要得多，所以 $a_{14}=7$；

4）x_2 与 x_3 相比，x_2 重要，所以 $a_{23}=5$；

5）x_2 与 x_4 相比，x_2 重要得多，所以 $a_{24}=7$；

6）x_3 与 x_4 相比，x_3 稍重要，所以 $a_{34}=3$。

得比较矩阵 $\boldsymbol{A}$ 为

$$\boldsymbol{A} = \begin{bmatrix} 1 & 1 & 5 & 7 \\ 1 & 1 & 5 & 7 \\ 1/5 & 1/5 & 1 & 3 \\ 1/7 & 1/7 & 1/3 & 1 \end{bmatrix}$$

用“和积法”计算权重系数，得

$$
\boldsymbol{A}
\Downarrow (\text{按列规范化})
\begin{bmatrix} 0.427 & 0.427 & 0.441 & 0.389 \\ 0.427 & 0.427 & 0.441 & 0.389 \\ 0.085 & 0.085 & 0.088 & 0.167 \\ 0.061 & 0.061 & 0.029 & 0.056 \end{bmatrix}
\Downarrow (\text{行平均})
\boldsymbol{W}=\begin{bmatrix} 0.421 \\ 0.421 \\ 0.093 \\ 0.052 \end{bmatrix}
$$

通过计算，各 w_i 值达到小数点后 3 位，由于和决策者对话显然达不到如此高的精度，因此取到小数点后两位已经足够了，所以权重系数可取为 $w_1=0.42$、$w_2=0.42$、$w_3=0.1$、$w_4=0.05$。

最大特征根的简易算法是：

$$\lambda_{\max} = \sum_{i=1}^{n} \frac{[\boldsymbol{AW}]_i}{nw_i}$$

对上例中的 $\lambda_{\max}$ 计算如下：

$$[\boldsymbol{AW}]_i = \begin{bmatrix} 1\times0.42+1\times0.42+5\times0.1+7\times0.05 \\ 1\times0.42+1\times0.42+5\times0.1+7\times0.05 \\ (1/5)\times0.42+(1/5)\times0.42+1\times0.1+3\times0.05 \\ (1/7)\times0.42+(1/7)\times0.42+(1/3)\times0.1+1\times0.05 \end{bmatrix} = \begin{bmatrix} 1.69 \\ 1.69 \\ 0.418 \\ 0.203 \end{bmatrix}$$

$$\lambda_{\max} = \frac{1}{4}\left(\frac{1.69}{0.42}+\frac{1.69}{0.42}+\frac{0.418}{0.1}+\frac{0.203}{0.05}\right)=4.072$$

计算 CI 得

$$CI=\frac{\lambda_{\max}-n}{n-1}=\frac{4.702-4}{4-1}=0.024$$

查 $n=4$ 时，$CI=0.9$，计算得

$$\frac{CI}{CR}=\frac{0.024}{0.9}=0.027<0.1$$

所以与用户对话所得结果的不一致性可以被接受。求得的权重系数 w_i 可以使用，即

$$I=w_1x_1+w_2x_2+w_3x_3+w_4x_4=0.42x_1+0.42x_2+0.1x_3+0.05x_4 \tag{9-3}$$

这样，就可以得到归一化的 I 了。对于设计一个特定性格的机器来说，它的信息归一化的权重系数 w 是固定不变的。在某一个具体交互主题下，通过初始化 x_1、x_2、x_3、x_4，就可以得到机器在交互过程中期望获得的信息 I_n，即

$$I_n=w_1x_1+w_2x_2+w_3x_3+w_4x_4 \tag{9-4}$$

在实际机器和人的交互过程中，机器从每句对话或某几句关联的对话所获得的信息是不同的，通过计算他们的评价值 x_1'、x_2'、x_3'、x_4'的权重和，就可以得到机器和人在交互过程中机器所获得的信息 I_a，即

$$I_a = w_1x_1' + w_2x_2' + w_3x_3' + w_4x_4' \tag{9-5}$$

9.1.4 学习模型

按照人工智能大师西蒙的观点，学习就是系统在不断重复的工作中，对本身能力的增强或者改进，使得系统在下一次执行同样任务或类似任务时，会比现在做得更好或效率更高。学习模型就是为了使机器能对自己的行为“自知”，进而更好地表达情感，和主人进行和谐的交互。学习模型主要用概率与统计的方法来解决，建立概率模型。举例说明，当对某种刺激做出反应动作时，如受到夸奖，则以后提高做这种动作的概率；如受到批评，则降低以后做这种动作的概率。

设机器行为事件集 R 为 $\{R_1, R_2, \cdots, R_N\}$（独立事件）；用户行为事件集 U 为 $\{U_1, U_2, \cdots, U_M\}$；用户对机器行为反映事件集 W 为 $\{A, B, C\}$（互斥事件）。A、B、C 分别表示用户对机器行为的肯定、无反应、否定，用户行为事件集 U 被映射到 W 中。

设机器在行为表达时各种行为发生概率的初始值 $P(R_i)=1/N$，N 为机器行为事件个数 $(i=1, 2, \cdots, N)$，$P(R_i)$ 随着用户对机器行为的反映发生变化，即

$$P(R_i) = \begin{cases} P(R_i)(1+0.1) & \text{if} P(A)=1 \\ P(R_i) & \text{if} P(B)=1 \\ 0.5P(R_i) & \text{if} P(C)=1 \end{cases} \quad (i=1, 2, \cdots, N) \tag{9-6}$$

根据机器行为发生概率的变化，可以进行如下分类：

$$\text{if} P(R_i)\text{满足} \begin{cases} P(R_i) > 1/N & \text{then} P(R_i)\text{属于正向事件集} \\ 1/2N < P(R_i) <= 1/N & \text{then} P(R_i)\text{属于一般事件集} \\ P(R_i) <= 1/2N & \text{then} P(R_i)\text{属于负向事件集} \end{cases} \tag{9-7}$$

$$(i=1, 2, \cdots, N)$$

机器在行为表达时，首先要确定行为分类事件集，接下来在集合内挑选出一种恰当的具体行为方式。

9.2 基于意识的人工心理模型研究

机器意识是人工心理的未来需要研究的内容之一。其应用对象就是支持开发有情感、意识和智能的数字虚拟人和物理机器人。这里所提出的人工心理模型，是基于心理学理论中有意识和无意识理论，引入了脑波和阈值概念，通过对人脑的思维、推理活动进行模拟，研究意识的建模及其机器实现。基于此模型的对话虚拟人，能够不断地感知外界和自身的状态变化，具有一定的认知功能，并且能够自主地产生情绪反应，对自己的行为做出评价，从而研究实现较为全面的情感-意识-智能统一人工心理模型。

9.2.1 意识的基本概念

意识是指人以感觉、知觉、记忆和思维等心理活动过程为基础的系统整体对自己身心状态与外界环境变化的觉知和认识，是脑与心智的重大问题。意识产生的大脑机制的研究是当今自然科学发展的必然趋势，是当前的崭新前沿领域，它包括有意识的和无意识的心理活

动。心理学研究表明，意识是人类所特有的一种心理现象，是人脑对客观现实反映的机能，是心理活动的高级形式。心理活动中，只有少数可以被个体意识到，而多数是未进入意识，不会被个体意识到的。那些被个体觉知的心理活动，一般称之为有意识的，而那些未被个体觉知的心理活动，称之为无意识的。

神经学家认为：意识是脑功能的一种表现，只有脑在活动，即脑内一些神经元处于兴奋状态，才能产生意识。但并不是所有的脑活动都一定会产生意识，比如小脑的兴奋活动就不会产生意识。这说明意识只能在特定的脑内活动情况下才能产生。据此，通常把脑内的活动分为两类：不产生意识的无意识脑活动和产生意识的有意识脑活动。另外，意识是在进化过程中形成的，只有生物的神经系统达到足够复杂时才会出现。因为，随着神经系统逐步复杂，出现了多种信息的同时输入的情况，这一方面为机体有效地了解环境提供了便利，但另一方面，却由于不同信息的相互干扰，给信息的选择制造了困难。选择和突出当前的主要信息，从而做出快速而有效的反应，就是意识出现的主要原因。有意识的脑活动成为了脑内多种活动的中心，在当前的信息处理中占据着支配地位。

9.2.2 人脑的信息处理机制

人脑位于颅腔内，有大脑、间脑、中脑、脑桥和延髓等部分构成。神经细胞是大脑的功能单元，人脑中布满了由 140 多亿个神经细胞构成的精密的神经网，它比现在的任何计算机都要先进，并且有多种多样的功能。大脑是脑的最大一部分，它的重要特征是外面有一层薄薄的膜——大脑皮层，它是人脑中最发达的部分，人类思想的知、情、意都是在它的作用下产生的。大脑的左、右两个半球各有 4 个脑叶（即额叶、顶叶、枕叶和颞叶），褶皱非常深，如果铺开，它的面积将扩大 3 倍。人脑的功能有无数多个，其中大部分都是由不同组成部分相互作用产生的，而大脑本身这一特殊部分是产生思想、控制语言和储存信息的场所。

脑的主要功能是接受和处理来自体内外环境的各种信息，并以此为依据调节、控制机体活动，实现个体的生存和发展。人脑中并不存在直接与外界的每种功能或行为相对应的单一中枢，脑的功能的实现有赖于各个部分的相互协调。科学研究发现，脑在心理活动中可以区分为四个基本机能联合区，任何一种心理活动的实现都必须要有它们参与。它们是：①保证、调节紧张度和觉醒状态的联合区；②接受、加工和存储信息的联合区；③制定程序、调节控制心理活动和行为的联合区；④评估信息和产生情绪体验的联合区。

人脑是长期自然进化的高度复杂和精巧的智能系统，能灵活处理各种复杂的、不精确的和模糊的信息，不仅具有形象思维和逻辑思维功能，而且具有灵感思维、创造性思维及直觉认知、联想推理、分析决策、预测决策的功能。为了建立机器可实现的心理模型，需要尽可能多地了解人脑，并且从工程学的观点去研究人脑的机能、算法和结构。

9.2.3 模型的建立

意识问题是一个涉及心智-身体的问题，这一问题相当复杂，并且还处于发展的初始阶段，各家各派说法不一。但一般说来，各理论对意识现象进行的解释主要分为 3 大类：一是基于神经生物学的意识理论，这种理论注重于意识的神经生物学根源，主要从大脑的神经生物学原理来解释意识现象，他们认为脑干在维持大脑的清醒状态上起着关键作用，而丘脑和大脑皮层的活动决定着意识的内容；二是基于信息处理的意识理论，主要从意识的功能性角度来理解意识现象，他们关注的是意识是怎样作用于物理世界的，因此采用信息处理的框架来解释意识现象；三是基于社会学的意识理论，他们认为对意识现象的理解需要考虑意识的社会学功能，意识经验是一种社会构建的现象。我们这里主要从信息处理的角度对意识理论进行分析，从而建立可仿真实现的信息流程。

脑是一个并行分布的信息处理机构，外部环境通过人的感觉、视觉、听觉等外部器官将多种信息传入大脑，开始了信息处理的第一个阶段——信息融合。

1. 信息融合机制

在意识的作用下，外部环境输入大脑的原始信息，按照一定的规则对信息进行分类、综合，并通过抽象形成概念，进而在脑内形成有效的信息存储结构。这种结构可以整合新、旧信息，并可以适应当前的任务需要，将存储内容随意地组合和分解，从而提取和构造出有效的信息。基于大脑信息处理的模式，根据马斯洛的“七层需要”理论，我们建立了可实现的知识规则库和数据规则库。

2. 信息加工机制

认知心理学认为，在人脑的认知过程中，脑内信息加工分为受控加工模式和自动加工模式。其中，受控加工模式是受控制的、有注意参与的加工模式；自动加工模式是不受控制的、不需要注意参与的加工模式。同时，这两种加工模式又可以相互转变。

科学研究表明，人类的大脑会不时地发出电波——脑波。按照发出脑波的频率，科学家们把它分成了 α、β、θ、δ 四类。当 β 波出现时，说明大脑皮质处于兴奋、清醒状态；当 α 波出现时，说明健康人处于安静、闭目状态；当 θ 波出现时，说明处于困倦、缺氧状态；当 δ 波出现时，说明处于睡眠状态。可以通过 ERP 检测装置，用脑波作为仿真系统信息输入的一部分。通过对脑波的检测，借助于脑波理论，可以判断大脑所处的状态，从而根据注意与否，决定人脑的工作模式，当人脑工作在非注意模式时，说明大脑可以使熟悉的任务转为自动化处理，发挥并行系统中无意识活动的作用。反之，则进入受控加工模式，发挥并行系统的有意识活动的作用。

3. 有意识和无意识行为决策机制

科学研究表明，意识体验遵从以下 4 个定律：①当激活脑区的激活水平达到意识的临界条件时，涌现意识；②意识体验的内容由专一性脑区的激活来表征；③意识体验的强度随着脑区激活水平的提高而增加；④注意的作用是增强有关脑区的激活水平，使之进入意识，同时抑制其他脑区的活动。

意识是脑的四个联合区中许多联合区协同活动的结果，脑内信息加工系统中大脑皮层相关区域的激发，是大脑进行信息的有意识和无意识加工的基本脑机制。必须既有脑内各个联合区的支持和调控，又有大脑皮层相关区域的激发，并且这种激发的能量超过一定的阈值（称之为意识的阈值），才会涌现出意识。同样，无意识也是大脑皮层相关区域的激发，只是这种激发能量低于意识的阈值，而未能进入意识。

根据以上理论，我们在模型里引入了阈值的概念，认为当人脑工作在受控加工模式状态情况下，对周围事物注意的程度，决定了人类大脑的激发区域的位置，当某一种激发使某些区域处于激活状态，并且激活的能量超过我们所设的阈值时，我们说这种信息进入了有意识状态。反之，我们就认为进入了无意识状态。

4. 情绪和行为的输出

人脑是一个非常复杂的并行处理系统，每一个动作和表情都不能用单纯的拥有意识和无意识来划分，比如对于一个射手来说，射箭这个动作既包含了有意识的活动，也包含了无意识的活动。由于长时间的训练，弯弓搭箭这种动作已经逐渐成为大脑所熟悉的内容，通常是作为无意识来处理的，射手自己也没有意识到大脑正在对他的身体的姿势、肌肉的紧张度以及双眼的焦距进行调整，此时他的注意力都集中于靶心，以便准确判断出最佳发射时间，而后一种动作明显是有意识的。

另外，人的情绪和行为输出后，自身会对此做出评价，以便不断调整自己的行为、举止，提高个人的素质。我们这里根据人的这一行为，设计了一套数据库自动更新机制。这一更新机制主要是依据人类的自我评价能力给出的，它引入了人类的行为趋避度、情绪愉悦度、生理唤醒度和心理满足度等几个参考量，使系统能够在仿真过程中不断地进化、学习，以实现更新决策、智能升级的功能。

综上所述，基于意识的人工心理模型信息处理过程如图 9-4 所示。

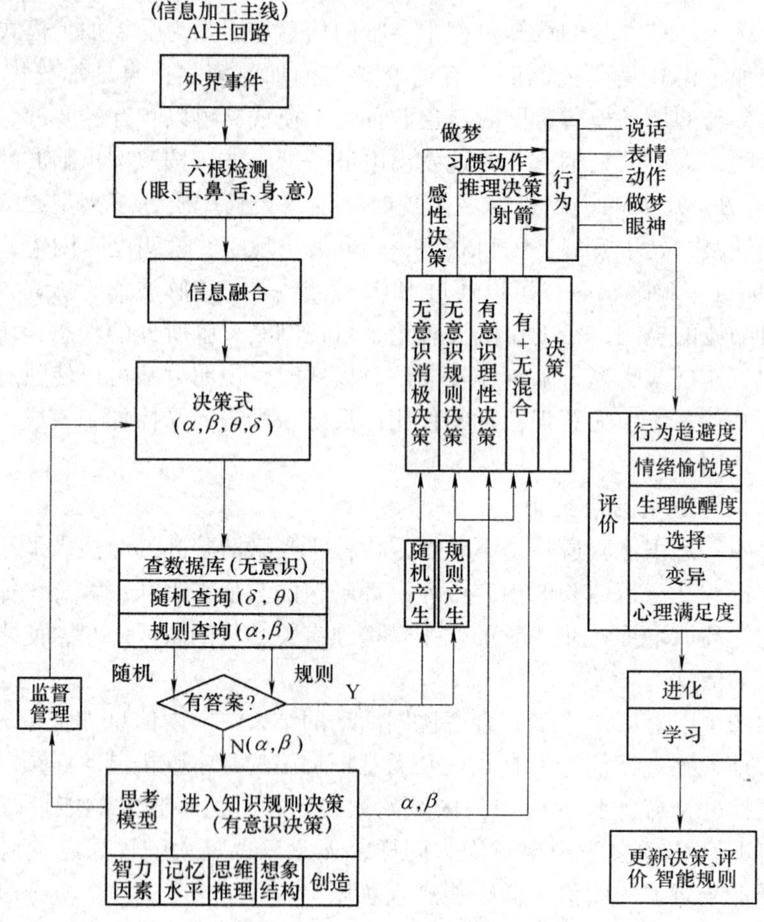

图 9-4　基于意识的人工心理模型信息处理过程

9.2.4　系统仿真的实现

为了验证上述所提出的人工心理模型的正确性和有效性，开发了相应的应用软件，在一定的使用限制条件下，编写了整个对话虚拟人系统软件，这里以某一特定信息咨询情感机器人为应用对象，验证了本模型在完成任务的思维推理过程中，进行无意识决策（查数据库）和有意识决策（推理模型）的可行性和合理性。软件流程如图 9-5 所示。系统界面及运行结果如图 9-6 所示。

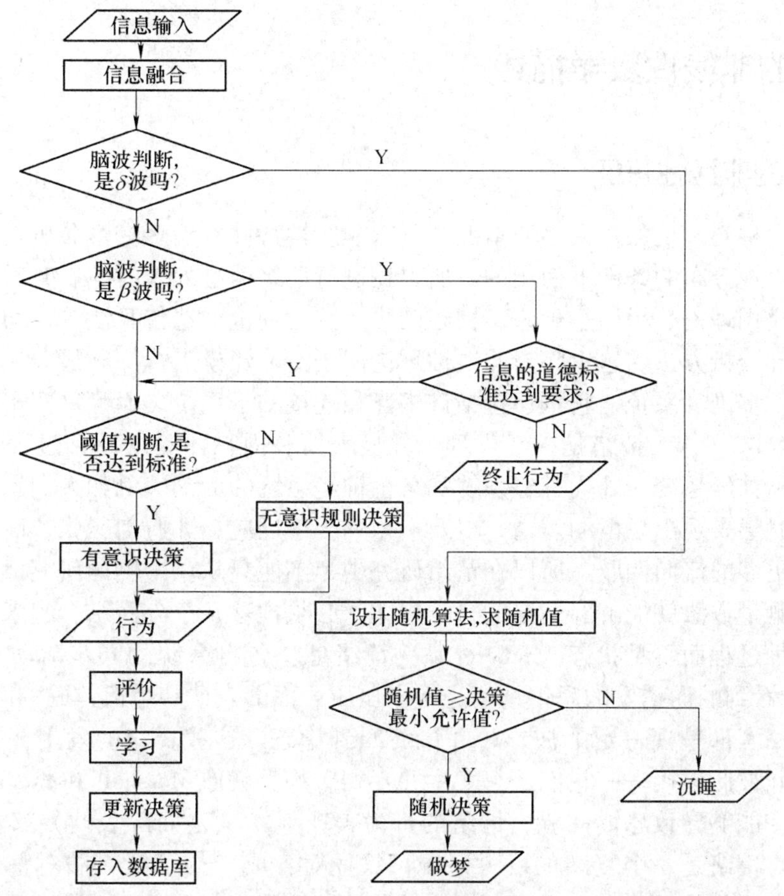

图 9-5　软件系统流程图

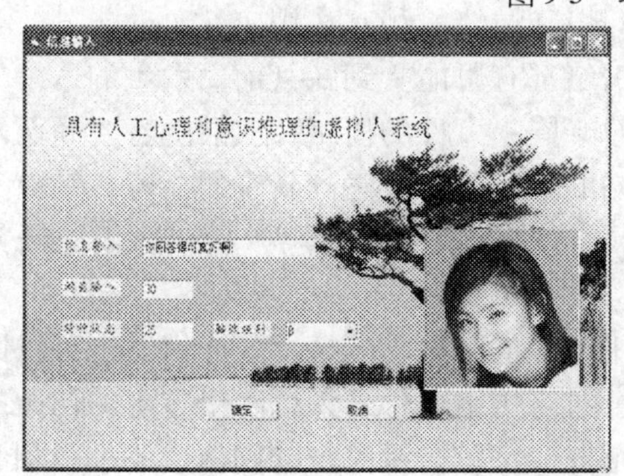

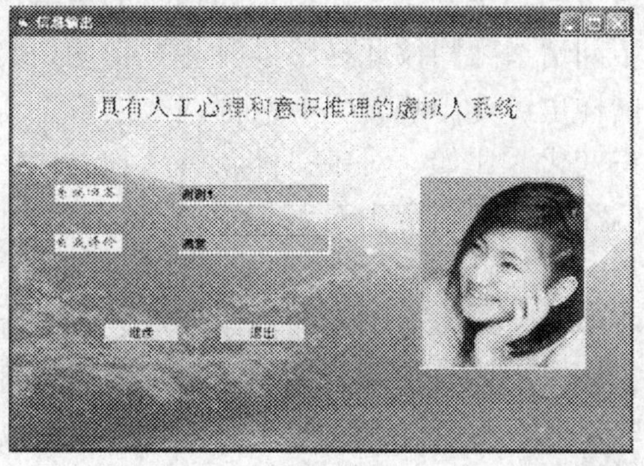

图 9-6　软件系统输入输出界面

这里构建出基于意识的人工心理模型，设计了可以仿真实现的信息流程，并编写了针对某一特定信息咨询员的软件系统，验证了此模型的有效性和合理性。其目的在于借助有意识和无意识理论，试图模拟人类的认知、情绪和意识，为情感机器人的实现提供一种理论研究方法和信息处理模型。但由于意识问题的研究仍然处于发展阶段，我们只是做了初步的探讨，今后会在此模型的基础上，对系统的行为评价及有意识和无意识理论的软件化等方面进一步加以完善。

9.3 情绪的非线性数学描述

9.3.1 情绪的非线性特征

情绪作为一种心理现象，大多数情况下具有非线性特性。而多变量分析是在数据为线性结构、误差为正规分布的条件下使用的。所以在进行情绪信息处理时，有时需要使用非线性分析方法，如模糊理论、粗糙集理论、神经网络、混沌理论、遗传算法等，均为情绪信息处理的有效非线性分析方法。这里将对非线性理论用于情绪建模进行探索研究。

情绪是一个多维度系统，它不但包括许多互相连接的子系统，而且这些子系统的活动也是动态变化的。Izard 认为情绪是神经生理、外显表情和内在体验的综合过程。情绪的神经基础包括了中枢神经系统、外周神经系统和自主神经系统的活动。例如人们恐惧时，伴随着恐惧体验，同时会表现出恐惧的表情，以及一系列生理反应，如肌肉紧张、面色苍白、腹中空虚感、血液更多的流向四肢。所以在情绪研究中，不能只从一个侧面研究情绪过程，也无法只凭借一种测量方法就能解释情绪的科学规律，必须把这几个方面结合起来。

情绪是一种过程而不是状态。Scherer 认为情绪是“各自系统的同步活动和动态连接”。Tracy 等对由于看到蛇而诱发的恐惧情绪进行了血压、面部表情和恐惧体验的同步动态测量。测量的结果是三者都呈现一定的波形，并最终回到稳态。这些反应的发生并不是彼此孤立的，各反应之间彼此连接——它们一起发生并互相影响。就像 Marshall 和 Zimbardo 曾证明的那样，生理激活能够导致恐惧体验；情绪的行为表现（尤其是面部表情）又能导致生理唤醒和情绪体验。情绪是一个复杂的巨大系统，只凭对各成分的了解无法对整个系统做出解释。在探索研究途径的过程中，要明白情绪系统的整体大于部分之和。情绪的过程性不但指单次情绪的动态变化，还指不同情绪的更替以及心境和情绪的相互作用。

不同情绪之间彼此易感染且相互作用，每次情绪都有可能受到在其前面发生的情绪的影响，同样也可能影响着下一次情绪。同样，人们对于同一事件的情绪反应会随着时间而发生着动态变化。比如，对于一件新鲜事物，人们最初的反应是由于感到新奇而靠近，然而随着了解的深入，逐渐产生对其好感或者讨厌的情绪。这些都说明，不能孤立和静止地研究情绪。

心境与特定事件诱发的情绪反应之间相互作用，心境可以影响情绪，而情绪也可以影响心境，所以心境是情绪研究的一个重要组成部分。对于情绪事件来说，一个重要的初始条件便是心境。有些理论学家假设：心境的主要功能是改变特定情绪兴奋的阈值。一个冷刺激作用于皮肤会有两种不同情况：如果皮肤原本过热，该冷刺激就诱发快乐情绪；相反，如果原先皮肤就很冷，那么该冷刺激就成了负性刺激。同样，一个偶然事件（如在公车上被别人不小心踩了一下）发生于快乐心境时，情绪系统不会被激活；然而如果该事件发生于愤怒心境时，则会激活情绪系统。这些都显示情绪的动态性依赖于系统的初始状态。

举一个常见的生活场景实例来说明一天中情绪的动态变化，以及心境和情绪的相互作用。尽管睡眠不足，然而早晨刺耳的闹铃声还是准时把你从梦中惊醒，这就导致了烦躁的心境，也是你敏感化的初始状态。在你赶去上班的途中，你又碰到了几件诸如交通阻塞等偶然事件，在烦躁的心境下，这些事件使你愤怒。到了公司后，这种愤怒心境使你和上司吵了一架。这次吵架又使得自己认为会葬送本该到来的升迁机会，于是你的心境转变为悲伤（一个新的敏感化的初始状态）。这天还发生了一些其他事件：复印机坏了、老板又给你安排一件棘手的任务、一个同事被降职了等。悲伤的心境使得这些事件诱发出悲伤的情绪。这时，你的一个友好的同事注意到了你的糟糕的心境，于是他给你发了一个有趣的电子邮件，这也许使你的心境转变成快乐。后来你又看了一次那个邮件，你笑了。这样的快乐反馈到系统，并促使你重新调整系统。当那天即将结束的时候，这种快乐的心境又增强了，因为又有几件事情让你觉得高兴（下班后和几个好友一起喝啤酒，又到了自己喜欢看的电视连续剧开播的时间了）。从这个例子可以看出，人类的情绪具有动态变化的特点，并且依赖于系统的初始状态。而这些特点正符合非线性动态系统的特点。

9.3.2 非线性动态理论可以用于情绪建模的原因

根据前面对情绪的分析，情绪是一个多维的系统，过去的情绪对现在的情绪有影响。而动态系统是一个和时间直接相关的多维现象。动态系统中的时间不仅仅是一个指标或一系列事件的序列。动态系统中的事件是与时间紧密相关的，未来衔接着过去，当前的行为受到过去事件的影响。前面所举的例子正说明了情绪也具有这个性质，所以用动态系统来描述情绪是恰当的。

情绪揭示的内容与生理、认知、行为、社会和文化系统等各方面都有关系，所以在相关的各个专业知识领域专家们都构建了自己的情绪定义、度量标准以及作用理论等。这样做的结果是不存在一个真正的情感科学的领域。专业化和偏见是造成情绪研究领域一些基本分歧的一个原因。另一个原因则是情绪研究一直以来都是依靠着线性的统计数据以及静态模型进行研究的。基于平均分配的统计数据，对于像情绪这样复杂的现象而言是不够发达的，并且没有足够大的模型以及预测情绪的能力。但这并不意味着它们是无用的或是没有促进情绪科学的发展，但是它们却对将情绪视为一个复杂过程的更完整的理解造成了阻碍。情绪包括了生理上的激发以及行为上的表露；它包括自我意识以及口头的表达；它具有天生固有的以及后天培养的影响力——但是所有的这些东西还是不能足以使人们了解情绪到底是什么。真正对情绪的了解和掌握来源于对情绪各个微小组成部分的大量观察，以及对它们互相作用的多次观察。下面先从线性理论来进行分析，探讨线性理论在情绪描述上的固有的局限性，同时也说明非线性理论的潜在的优越性和先进性。

1. 线性理论不能确切地描述情绪的原因

在数学上，线性方程与非线性方程之间有着本质性的差别，主要表现为一个线性方程的任意两个解加在一起仍然是该方程的解，这一原理就是著名的线性方程的叠加原理。它为解决“线性”问题提供了一条思路，即可以把整个问题分解成许多个“小”问题，再把各个“小”问题的解叠加起来而得到整个问题的解，但是对于一个“非线性”问题，则不可以如此处理，因为非线性方程不再满足“叠加原理”，因此必须整体地考虑原来的问题才行。这个简单的说明告诉我们，非线性问题包含着不可忽视的复杂性。

下面从线性方程的数学角度来分析线性理论用于情绪建模的局限性。

（1）线性方程的3种基本类型　线性方程存在3种基本类型：点斜式方程、微分方程和差分方程，下面分别进行讨论。

1）点斜式方程：点斜式方程最基本的形式为

$$y_t = \alpha + \beta x_t \tag{9-8}$$

式中，y_t 为因变量；α 为添加的常数（或是一个扰动）；β 是斜率系数，也称为回归系数；x_t 是自变量。

此方程也称为一元线性回归方程，从统计学的意义上来说，是自变量每变化一个单位，因变量平均变化的单位数。

如果两个变量是线性相关的，比如受教育程度和收入，当知道一个人的受教育程度和两者的关系时，就能利用这个公式来预测收入。

简单的线性关系在心理学中是很罕有的，绝大多数现象都有复合的自变量。因此，复合的线性回归方程被研究，以使其能在复合的变量下预测结果。虽然更复杂，但这些方程仍然利用同样基本的形式：

$$y_t = \alpha + \beta_1 x_1 + \beta_2 x_2 + \beta_3 x_3 + \varepsilon \tag{9-9}$$

式中，y_t 为因变量；α 为添加的常数（或是一个扰动）；β_i（$i=1$，2，3）为偏回归系数；x_i（$i=1$，2，3）为自变量。

此方程也称为自变量数目为3的多元线性回归方程。3个自变量 x_1、x_2、x_3 对因变量 y 的影响是：①每个自变量的影响是线性的；②3个自变量影响的总体效果是简单叠加的关系（无交互效应）。

举例说明：因变量 y_t 表示某些人焦虑程度的值，它能被这些人的心跳频率 x_1、面部恐惧表情的程度 x_2、对一个害怕事物的接近度 x_3，加上一个常数 α 和一个误差值 ε 来表示。可以将这个常数用来表示焦虑的基本等级，将误差值用来表示测量中的错误和没有经过测量的各种因素的集合。

2）微分方程：微分方程最基本的形式为

$$\mathrm{d}y_t = \alpha + \beta y_t \tag{9-10}$$

式中，y_t 为存在等级；$\mathrm{d}y_t$ 为瞬时变化率。

3）差分方程：差分方程的表现形式为

$$\nabla y_t = \alpha + \beta y_{t-1} \tag{9-11}$$

差分方程描述的是在一段给定时期内变量离散的变化。

（2）线性方程不能完整地构建情绪模型的原因

1）对于点斜式方程：对于单变量的点斜式方程来说，如果情绪能够被定义为一个单一变量的系统，那么这些方程就能很好地构建情绪的模型。但是现在并不存在一个一致的情绪的度量尺度。人们可以说血压是142/95，也可以说扁桃体的活性增加了20%，但是不能说某人的焦虑等级为12。尽管情感计算有很多检测人体情感信息信号的方法，但是到目前为止，还没有人能把一致的度量标准放在一起组成一个简单的检测，而这种检测对于点斜式方程是必要的。

多重回归对情绪度量的设计可能是有帮助的，能比较和结合多个变量（例如面部特定肌肉的紧张度、血压、血浆中的肾上腺素、扁桃体活性等），以此来发展一个回归方程，使其能够在一个特别的时刻及时地产生一个单一的情感的测量值。但是在一个单独时刻描述一个情绪时，有效性总会受到限制——相比之下，了解或预测它下一次会出现怎样的情绪或是单独的组成部分是怎样互相作用的，则更为困难。最好的是线性回归能表现出情绪的一个组成部分（如恐惧思想），它是和其他部分（血压和行为）相关的。但是当这种使人感兴趣的现象变为一个复杂系统时，线性回归的逻辑就变为循环的了：自我报告预测血压，而血压预测面部情绪，面部情绪预测对恐惧事物的接近度，而这个接近度又预测自我汇报，以此类推。因此，虽然线性方程可以在系统的各个部分建模中使用，但是线性方程不能为整个情绪系统建模。

2）对于差分方程和微分方程：差分方程优于点斜式方程的地方是，前者能模拟一个变量随时间的变化；微分方程也是类似的，但在实际应用中，只有离散的差分方程才可以计算。下面举一个简单的例子，说明为什么简单的差分方程和微分方程不能准确地模拟情绪的复杂性。

$$y' - 0.5y = 0 \tag{9-12}$$

$$y'' + y = 0 \tag{9-13}$$

$$y'' + 0.5y + y = 0 \tag{9-14}$$

方程式（9-12）的解是

$$y_1(t) = 0.25e^{0.5t} \tag{9-15}$$

方程式（9-13）的解是

$$y_2(t) = 0.5\sin t + 2\cos t \tag{9-16}$$

方程式（9-14）的解是

$$y_3(t) = 0.5e^{-0.25t}[\cos(0.968 \times 0.25t) + 2\sin(0.968 \times 0.25t)] \tag{9-17}$$

这 3 个方程式的解的曲线如图 9-7 所示。

从图 9-7 中可以看到，情绪不会具有式（9-15）所描述的无限的指数级增长的特性，情绪也不像式（9-16）所显示的是无衰减的反应，它有清楚的内部与外部压力去规则和限制情绪的反应。在以上 3 个公式中，式（9-17）可能是最接近模拟情绪反应波形的，但情绪不具有一个规则振动的固定周期、振幅和频率。如果它有的话，预测情绪反应将是一个相对简单的任务。因此，简单的差分方程和微分方程都不能准确地模拟情绪的复杂性。

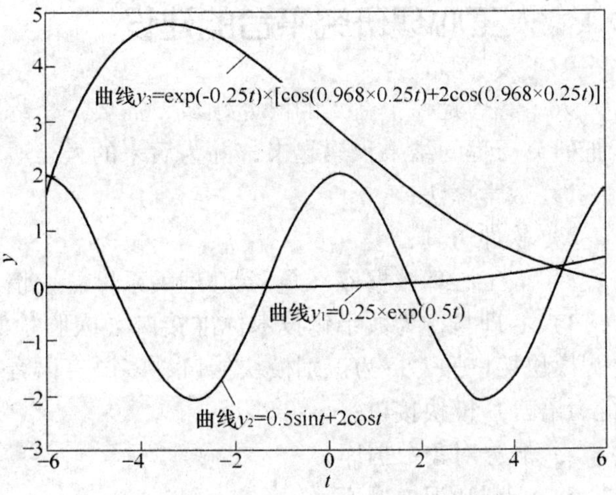

图 9-7　3 个微分方程的解

总之，情绪是包括时间变化和不能被线性准确描述的复杂现象。

2. 非线性理论在情绪建模研究中的优越性

在某种定义上，非线性科学是研究复杂性的科学，这句话这样理解比较贴切：非线性科学有可能使现实世界中那些杂乱无章的空间形态和似乎毫无规律的时间序列成为研究对象，并从中发现它们的“复杂”规律性。而情绪正是一种对初值敏感、动态变化的复杂现象。非线性动态系统分析具有描述和模拟复杂现象的能力，在情绪研究中应用非线性动态方程可解答大量的问题。

9.3.3 将非线性动态理论应用到情绪系统中的设想和困难性

1. 将非线性动态理论应用到情绪系统中的设想

根据情绪的特点和非线性系统的特点，可以将非线性动态理论应用到情绪系统中，情绪系统采用非线性系统的形式，系统的输入可以是人类的生理信号或者其他可以表示人类情绪的信号，通过对系统进行控制，就可以消除初始状态对运动不确定性的影响，使系统的运动最终按照人们的意愿发展，得到人们需要的情感信息输出。

2. 将非线性动态理论应用到情绪系统中的困难性

尽管非线性科学有了很大的发展，但是无论在理论上还是在实践上，非线性科学面前都有重重障碍难以逾越，例如关于多重分形的奇异点集的标度结构、图像形成系统的系列方程、复杂图形对湍流边界层的作用、确定性混沌系统的预测等，而且由于非线性理论描述和模拟复杂现象，需要充分了解系统的内部特性和各个子系统的特点，并充分考虑到各个子系统之间的联系，所以用非线性动态理论建立数学模型也存在着很大的困难性。

人类情绪是复杂的和多维的，我们需要确实理解情绪的演变过程以及各成分动态连接过程，在这方面，心理学的研究还存在一定的问题。情感科学也确实需要转变传统的研究模式，然而在目前的条件下，非线性动态模式只能是一个具有潜在价值的分析工具或者说是未来的方向，所以只能从理论上讨论非线性动态理论在情绪建模上的可行性，提出我们的设想。

9.4 人工心理研究平台的建设

人工心理是一个新兴的研究领域，需要一个综合性的理论仿真与技术研究平台，目的在于把研究历程的结果积累起来，并为后来的人工心理与人工情感研究者提供以下内容：

1）数学算法；

2）软件仿真；

3）人工心理数据库（色彩-心理关系库、表情库、行为库、消费心理库）；

4）心理与行为数字化技术标准接口（人脸检测模块接口——表情识别模块接口、人体检测模块接口——行为识别模块接口、多语言语音识别/合成模块接口、机器视觉人脸/视线/行为语言）模块接口；

5）服务对象数据库；

6）心理知识模型库；

7）虚拟人像合成制作模块；

8）多电机控制模块；

9）多传感器信息融合；

10）网络通信与控制；

11）多信息集成软件环境与编程实现练习平台。

其目的在于提供以上诸方面内容的研究基础平台，推动人工心理的研究进展。这部分是人工心理未来研究至关重要的内容。下面是平台建设中的人工心理建模仿真软件的部分实现过程。

该软件是人工心理模型的仿真软件，包括了几种模型：概率空间、欧式空间、灰色方法、隐马氏方法、纬度论方法、模式计算、神经计算。其目的在于积累人工心理以往的研究结果，并向后来者提供基本方法与仿真环境，不再做重复的工作。

开始是主界面，包括各种模型选择，然后根据选择进入各个模型的仿真界面。图 9-8 所示为人工心理仿真平台建模界面。

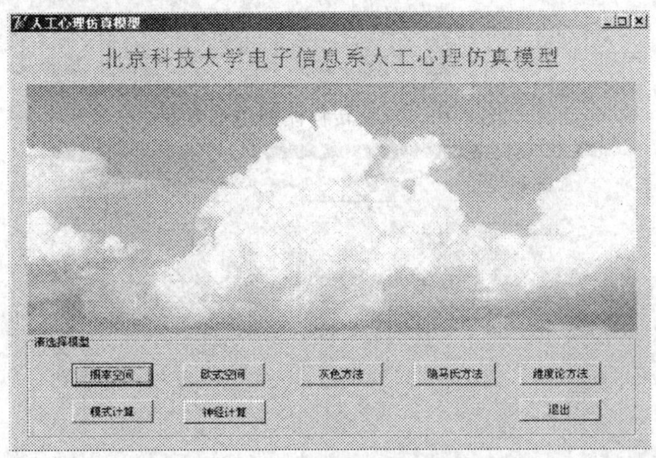

图 9-8　人工心理仿真平台建模界面

（1）概率空间界面　图 9-9 所示为概率模型仿真界面。

图 9-9　概率模型仿真界面

先要选择模型类型：自发转移模型或刺激转移模型。

若选择自发转移模型（见图 9-10），则需要输入的参数有：初始状态概率（包括 X 轴、Y 轴、Z 轴概率），θ 参数。

确定后计算。点击退出返回上一界面。图 9-11 所示为自发转移模型仿真曲线。

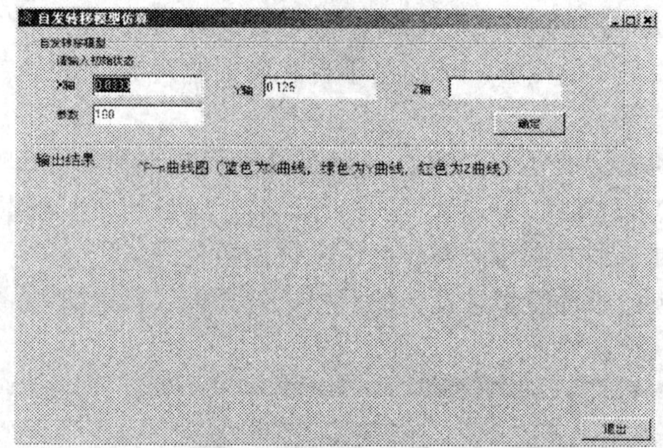

图 9-10　自发转移模型仿真界面

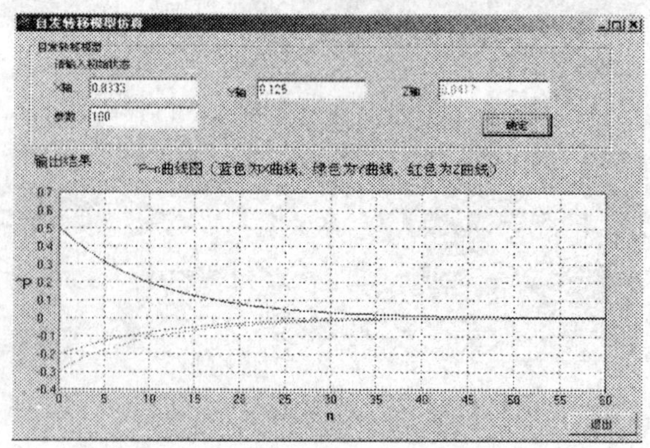

图 9-11　自发转移模型仿真曲线

若选择刺激转移模型，则需要输入的参数有 r 值和 N 值，确定后计算。刺激转移模型仿真界面如图 9-12 所示。

点击退出返回上一界面。

（2）欧式空间方法仿真界面　如图 9-13 所示。

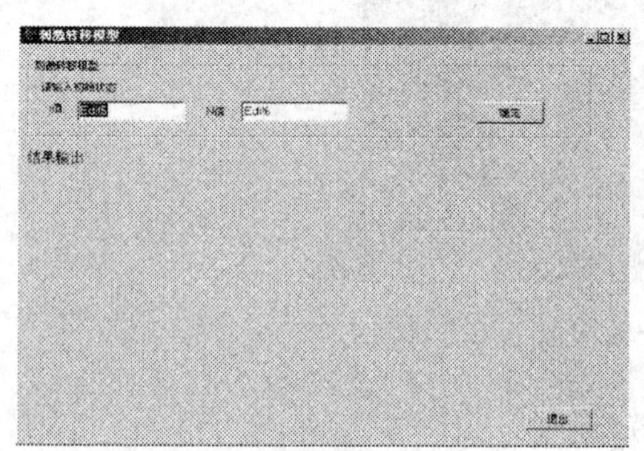

图 9-12　刺激转移模型仿真界面

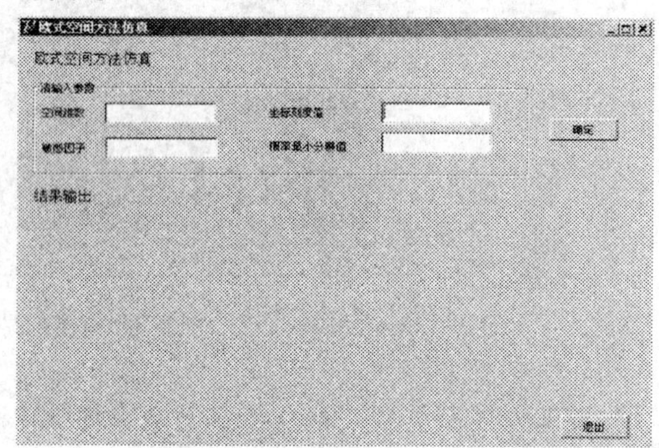

图 9-13　欧式空间方法仿真界面

需要输入的参数包括空间的维数、坐标刻度值、敏感因子和概率最小分辨值。

确定后计算，输出结果。点击退出，则返回主界面。

(3) 灰色建模方法界面　如图 9-14 所示。

需要输入的参数有情感生成数值、外界刺激输入、性格、欲望需求满足程度。

确定后计算，输出模型方程以及残差分析结果。点击退出，则返回主界面。

(4) 隐马尔可夫方法界面　如图 9-15 所示。

需要输入的参数有初始状态、刺激、状态转移概率矩阵。

点击计算后输出表情。点击退出，则返回主界面。

其他方法模型设计待定。

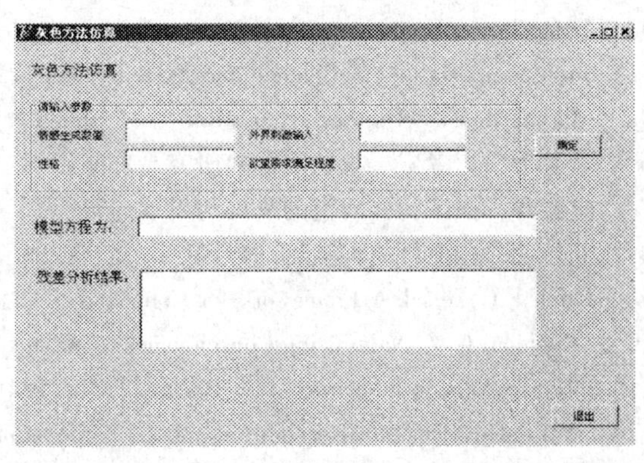

图 9-14　灰色建模方法仿真界面

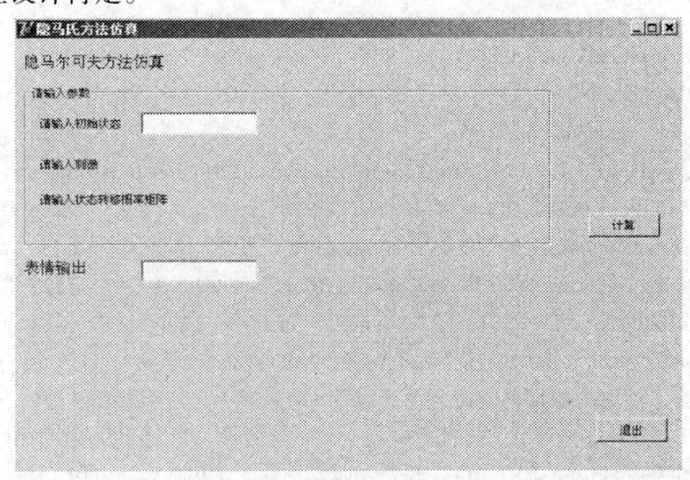

图 9-15　隐马尔可夫方法仿真界面

以上谈到了人工心理研究中的若干内容：马斯洛人工心理模型、机器意识建模与实现、情绪的非线性数学描述以及人工心理研究平台。列举以上这些例子，目的是想说明人工心理未来需要研究的内容，当然还有感情计算机、人工心理研究用编程计算语言等重要研究方向需要人们去研究。

人工心理是具有交叉性前沿科学特征的研究领域，其探索性研究内容较多，适合于原始创新，但其困难之处也正在于此，尤其是如何取得技术上的创新与突破，为国民经济发展和人民生活做出贡献。只要着眼未来，贵在坚持，培养人才，不断努力，总有一天，人工心理的研究是会有重大突破的。

参考文献

[1] 宗成庆. 计算机能理解自然语言吗——关于人工智能问题的哲学思考[J]. 山东工业大学学报，1997 (2)：84-86.

[2] 黄秉宪. 脑的高级功能与神经网络[M]. 北京：科学出版社，2000.

[3] 唐孝威. 脑功能原理[M]. 杭州：浙江大学出版社，2003.

[4] Diego Doval. From Neurons to Consciousness[C]//IJSIS archiuè Proceedings of the 1996 IEEE International Joint Symposia on Jntelligence and Systems table of contents，1996：38-43.

[5] Marvin Monsky. The Society of Mind[J]. Simon & Schuster，Inc，1988.

[6] 程邦胜，唐孝威. 意识问题的研究与展望[J]. 自然科学进展，2004，14(3).

[7] 盛锦华. 人工智能研究的进展与发展趋势[J]. 安徽大学学报，1996(1)：102-106.

[8] 符晓明，张丽译. 大脑与心智[M]. 北京：中国青年出版社，2002.

[9] Crick F C，et al. A Framework for Consciousness[J]. Nature Neuroscience，2003(6).

[10] Edelman G M. Naturalzing Consciousness：A Theoretical Framework[J]. Proc Natl Acad Sci，USA，2003.

[11] Zeman A. Consciousness[J]. Brain，2001，124(7)：1263-1289.

[12] Nakatsu R. Emotion Recognition and Its Application to Computer Agents With Spontaneous Interactive Capabilities[J]. Knowledge-Based Systems，2000(13)：20-26.

[13] http：//www. nicve. salford. ac. uk/agents/Miscellaneous/AAAI98-009. pdf. [OL].

[14] http：//www. cs. bham. ac. uk/research/ cogaff/scheutz-sloman-logan-gameon. pdf. [OL].

[15] http：//artificial-emotion. com. [OL].

[16] 陈金宽. 论个性心理学的地位[J]. 郑州大学学报：哲学社会科学版，1994，(6)：22-27.

[17] http：//www. aphr. org/research/. [OL].

[18] Tracy J Mayne，James Ramsey. The Structure of Emotion：A Nonlinear Dynamic Systems Approach[M]. New York：The Guilford Press，2001：1-36.

[19] Izard C. Human Emotions[M]. New York：Plenum Press，1977.

[20] Scherer K R. The Future of Emotion Research[J]. Affect Scientist，1998，(12)：6-8.

[21] Marshall G，Zimbardo P G. The Affective Consequence of Inadequately Explained Physiological Arousal[J]. Journal of Personality and Social Psychology，1979，(49)：85-94.

[22] 吴健辉，罗跃嘉. 情绪的认知科学研究途径[C]. 第一届中国情感计算及智能交互学术会议论文集，2003，12：6-11.

[23] 曹建福. 非线性系统理论及应用[M]. 西安：西安交通大学出版社，2001.

[24] 余建祖，苏楠. 混沌 Lorenz 系统的控制研究[J]. 物理学报，1998，3(47)：397-403.

附录　缩　略　语

AAAI	American Association for Artificial Intelligence	美国人工智能协会
ABNF	Augmented Backus-Naur Form	扩展巴克斯-诺尔范式
ACM	Association for Computer Machinery	（美国）计算机协会
ADO	ActiveX Data Objects	ActiveX 数据对象
AI	Artificial Intelligence	人工智能
AIML	Artificial Intelligence Markup Language	人工智能标记语言
ANN	Artificial Neutral Network	人工神经网络
API	Application Programming Interface	应用编程接口
AR	Augmented Reality	增强现实技术
ARPA	Advanced Research Project Agency	（美国国防部）高级研究计划局
ASP	Active Server Page	活动服务器页面
ATR	Advanced Telecommunications Research	先进通信技术
AU	Action Unit	动作单元
BAB	Biological Artificial Brain	生物人工脑
BAEP	Brainstem Auditory Evoked Potentials	脑干听觉诱发电位
BBN	Bayesian Belief Network	贝叶斯信念网络
BEAB	Biological-Engineering Artificial Brain	生物工程人工脑
BIC	Brain-Computer Interface	脑机接口技术
BMBF	Bundesministerium für Bildung und Forschung	（德国）教育及研究部
BMP	Bitmap-File	位图文件
CBM	CAM-Brain Machine	细胞自动机-仿脑机
CCD	Charge Couple Device	电荷耦合器件
CGI	Common Gateway Interface	公共网关接口
CIF	Common Interchange Format	通用交换格式
CKACFEID	Cohn-Kanade AU-Coded Facial Expression Image Database	康-卡纳得基于动作单元的人脑表情图像数据库
CMV	Carnegie Mellon University	卡内基梅隆大学
CNV	Contingent Negative Variation	伴随性负变化
COM	Component Object Model	组件对象模型
CRM	Customer Relationship Management	客户关系管理
CT	Computerized Tomography	计算机断面成像
DCE	Data Communication Equipment	数据通信设备
DES	Differential Emotions Scale	分化情绪量表
DFFD	Dirichlet Free-Form Deformation	基于加权狄里克利的自由变形造型
DFKI	German Research Center for Artificial Intelligence	德国人工智能研究中心
DRS	Dimensional Rating Scale	维度评定量表
D-S	Dempster-Shafer Evidence Theory	一种处理不确定性问题的理论

DTE	Data Terminal Equipment	远程通信连接数据终端设备
DTW	Dynamic Time Warping	动态时间规整
DV	Desire Vector	愿望向量
EAB	Engineering Artificial Brain	工程人工脑
ECOG	Electrocorticographic	皮层脑电波
EDA	Electronic Design Automation	电子设计自动化
EEG	Electroencephalography	脑电图
EIA	Electronic Industry Association	电子工业联合会
EM	Emotion Model	情感模型
EM	Expectation Maximization	期望值最大化算法
EMBASSI	Elektronische Multimediale Bedien-und Service-Assistenz	网络型电子商务系统
EMG	Electromyographic	肌电图
EML	Extrication of Mental Load	解脱波
EP	Evoked Potential	诱发电位
e-PSA	e-Public Securities Association	电子公共安全联合会
ERP	Enterprise Resource Planning	企业资源管理计划
ERP	Event-Related Brain Potential	事件相关脑电位
ES	Expert System	专家系统
FACS	Facial Action Coding System	脸部表情编码系统
FAP	Facial Animation Parameter	人脸动画参数
FDS	Face Data Style	面部特征数据存储格式
FEM	Finite Element Method	有限元素法
FFM	Five-Factor Model	五要素模型
fMRI	Functional Magnetic Resonance Imaging	功能性核磁共振成像
GA	Genetic Algorithm	遗传算法
GAL	Generalized Artificial Life	广义人工生命
GLAUX	OpenGL Auxiliary Library	OpenGL 辅助库
GLU	OpengGL Utility Library	OpengGL 实用库
GLX	OpenGl Extension to the X Window System OpengGL	视窗系统扩展库
GPS	General Problem Solver	通用问题求解器
GUI	Graphical User Interfaces	图形用户界面
HA	Heuristic Algorithm	启发式算法
HCI	Human Computer Interaction	人机交互
HII	Human Information Interaction	人与信息交互
HMM	Hidden Markov Model	隐马尔可夫模型
HRL	Harvard Robot Lab	哈佛大学机器人实验室
HSV	Hue、Saturation、Value	色调、饱和度和亮度
HTML	Hyper Text Markup Language	超文本标记语言
HTTP	Hyper Text Transport Protocol	超文本传输协议
HULIS	Human Living System	人性化居住环境设计系统
IGA	Interactive Genetic Algorithm	交互式遗传算法
IKDES	Interior Kansei Design System	乘用车室内感性设计支持系统
ISAPI	Internet Server Application Programming Interface	因特网服务器应用编程接口

IUI	Intelligent User Interaction	智能用户界面
Java3d	基于 Java 的用于三维游戏编程的高阶应用程序开发接口	
KIPS	Knowledge Information Progressing System	知识信息处理系统
k-NN	k-Nearest Neighbour Classifier	k 最近邻分类器
LDC	Linear Discriminant Classifier	线性判别分类器
LED	Lighting Emitting Diode	发光二极管
LPC	Late Positive Complex	晚正复合波
MAS	Multi Agent System	多智能体系统
MEG	Magnetoencephalogram	脑磁图
MEI	Motion Energy Images	运动能量图像
MHI	Motion History Images	运动历史图像
MIS	Management Information System	管理信息系统
MIT	Massachusettes Institute of Technology	（美国）麻省理工学院
MM	Markov Model	马尔可夫模型
MMN	Mismatch Negativity	失匹配负波
Mpeg4	Moving Pictures Expert Group 4	动态图像专家组 4
MSE	Mean Square Error	均方误差
NBIC	Nano-Bio-Info-Cognition	纳米-生物-信息-认知
NE	Neural Engineering	神经工程
NN	Neural Network	神经网络
NSF	National Science Foundation	美国国家科学基金会
NURBS	Non-Uniform Rational B-Splines	非均匀有理 B 样条曲面
ODBC	Open Database Connectivity	开放式数据库互连
OLE DB	Object Link Embedded Database	对象链接和嵌入数据库
OpenGL	Open Graphics Library	开放图形库
PAN	Personal Area Network	个人局域网
PCA	Principal Component Analysis	主元分析法
PDA	Personal Digital Assistant	个人数字助理
PET	Positron Emission Tomography	正电子断层扫描
PN	Processing Negativity	加工负波
PSW	Positive Slow Wave	正慢波
QBIC	Query By Image Content	基于图像内容的检索系统
RBFNN	Radial Basis Function Neutral Network	径向基神经网络
RFFD	Rational Free-Form Deformation	有理自由变形技术
RS	Recommended standard	推荐标准
SDA	Schmelcher-Diakonos Algorithm	比例共享式的资源调度算法
SDK	Software Development Kit	软件开发包
SeMoA	Mobile Agent Server	移动代理服务器
SGI	Silicon Graphics Incorporated	硅图公司
SHI	Saturation-Hue-Intensity	色度、饱和度、亮度模型
SQL	Structure Query Language	结构化查询语言
SVC	Support Vector machine Classifier	支持向量机分类器
SVM	Support Vector Machine	支持向量机

TTS	Text-to-Speech	从文本到语音
UDA	Universal Data Access	统一数据访问
UIMS	User Interface Management System	用户界面管理系统
VEP	Visual Evoked Potentials	可视诱发电位
VFW	Video for Windows	微软的视窗视频操作环境
VHDL	Very High Speed Integrated Circuit Hardware Description Language	超高速集成电路硬件描述语言
VPP	Vertex Positive Potential	顶正电位
VR	Virtual Reality	虚拟现实
VRML	Virtual Reality Modeling Language	虚拟现实建模语言
VSAM	Virtual Storage Access Method	虚拟存储访问方法
W3C	World Wide Web Construction	万维网联盟
WIDIAS	Word Image Diagnosis Fuzzy Expert	文字图像感性诊断模糊专家系统
XML	Extensible Markup Language	扩展性标识语言